国家科学技术学术著作出版基金

渤海底栖生物次级生产力与生物多样性

Secondary Production and Biological Diversity of Marine Benthos in the Bohai Sea

张志南　刘素美　周　红　等　著

国家自然科学基金重点项目
国家海洋公益性行业科研专项　资助

科学出版社

北京

内 容 简 介

本书以水层-底栖耦合的学术思考和研究思路贯穿始终,全书共分 12 章。以绪论和渤海的自然环境作为开头两章,4~9 章是本书的核心,即生物生产力和生物多样性,既显示了大型底栖动物和小型底栖动物的同步观测和综合分析,将粒径谱应用于次级生产力,也体现了传统生物多样性与现代分子多样性的交叉和融合。第 3 章和最后 3 章生源要素的底-水交换过程、摄食过程、生物扰动过程以及水层-底栖耦合模式的建立,展示了多学科交叉,属于水层-底栖耦合的关键生态学过程。本书对于渤海生态系统健康评估和管理及生物多样性保护和可持续利用具有重要的理论意义和实践价值。

本书可供从事海洋科学、水产科学、环境科学、生命科学研究的科技人员、管理人员和高校师生阅读参考。

图书在版编目（CIP）数据

渤海底栖生物次级生产力与生物多样性/张志南等著. —北京：科学出版社,2017.1
ISBN 978-7-03-051557-5

Ⅰ.①渤… Ⅱ.①张… Ⅲ.①渤海–海洋底栖生物–生物生产力–研究 ②渤海–海洋底栖生物–生物多样性–研究 Ⅳ.①Q178.535

中国版本图书馆 CIP 数据核字(2017)第 014461 号

责任编辑：万　峰 / 责任校对：张小霞　郭瑞芝
责任印制：肖　兴 / 封面设计：北京图阅盛世文化传媒有限公司

科学出版社 出版
北京东黄城根北街 16 号
邮政编码：100717
http://www.sciencep.com

北京通州皇家印刷厂 印刷
科学出版社发行　各地新华书店经销
*

2017 年 1 月第 一 版　开本：787×1092　1/16
2017 年 1 月第一次印刷　印张：26 1/2
字数：628 000

定价：**189.00 元**
(如有印装质量问题,我社负责调换)

序

海洋底栖生物是生活在海洋底表和底内的动物，是海洋生物三大生态类群之一，数量巨大、物种繁多、多样性之高为三大类群之冠。海洋底栖生物在海洋生态系统的能量流动和物质循环中，发挥着重要的作用，许多种类是养殖和采捕的对象，更多的种类是经济鱼虾的饵料生物，许多种类还具有药用价值。国际上，海洋底栖生物的研究已有 100 余年的历史，新中国成立以来，海洋底栖生物的研究先后经历了 20 世纪 50 年代的群落定性描述阶段，80 年代改革开放后的群落动态定量分析阶段，以及 90 年代海洋生态动力学阶段，进入 21 世纪以来，与海洋生物多样性交叉融合并使用 DNA 条形码技术，使海洋底栖生物的研究跨入分子生物多样性研究的新时代。

渤海为深入中国大陆的近封闭型海湾，以黄河为主的 42 条大大小小的江河携带的多种营养盐使渤海具有较高的初级生产力，为多种鱼、虾、蟹提供了优良的产卵场、育幼场和养成场。然而，近几十年来，由于气候、水文条件的变化，各种形式人类活动的影响，导致渤海基础生产力的变动和下降，渔业资源处于全面过度开发利用状态。

自 20 世纪 50 年代末全国海洋普查以来，有关渤海的水文物理、化学、生物、渔业资源和环境污染调查已积累了不少资料，其中应特别提到的是国家自然科学基金委员会启动和资助的国家基金重大研究计划："渤海海洋生态系统动力学研究"（CHINESE GLOBEC I，1997~2001 年），该项目在中国首次从水层-底栖耦合（benthic-pelagic coupling）的角度，深入探讨了渤海生态系统的结构和功能，取得了一批令人瞩目的成果，其中成果之一就是成功地模拟并预测渤海初级生产量在水层和向底层转移的规律。

这本书是国家自然科学基金委员会资助重点项目"渤海中南部底栖生物生产过程和生物多样性的集成研究"（No.40730847）一系列成果的概括，也包括了作者近几十年来承担的国家自然科学基金委员会资助的多个面上项目及"中-英"渤海和胶州湾合作（1995~1997年，1997~2000 年）的部分成果，为了集成的需要，也引用了部分已发表的相关资料。该书以水层-底栖耦合的思路贯穿始终，全书共分 12 章，以绪论、渤海的自然环境和渤海生源要素的地球化学循环作为开头 3 章，而最后 3 章是水层-底栖耦合的两个关键过程：摄食过程和生物扰动过程，以及模式的建立，显示了多学科交叉，中间的 6 章则是本书的核心，即生物生产力和生物多样性，既展示了大型底栖动物和小型底栖动物的同步观测和综合分析、粒径谱应用于次级生产力，也看到了传统生物多样性与现代分类学多样性以及与分子多样性的交叉和融合。实际上，该书可看成是"渤海生态系统动力学（1997~2001 年）"水层-底栖耦合部分的延续和拓展，特色明显，亮点突出，特此推荐并作序。

中国水产科学研究院黄海水产研究所
中国工程院院士

前　言

渤海是西太平洋最小的一个边缘海，也是我国最大和唯一的近乎封闭的内海。渤海生态系统以其独有的水文环境特色、资源优势和地缘优势，支撑着环渤海地区快速发展的经济。然而，近几十年来，在全球变化和人类扰动的大趋势下，渤海生态系统的生态功能和服务功能明显衰退，赤潮频发，生物多样性锐减，优质渔业资源濒临枯竭，由此对渤海生态系统结构、功能、变化过程和衰退机制的了解，已构成渤海生态系统可持续发展的一项重大科学问题。

正是在上述背景下，"渤海中南部底栖生物生产过程和生物多样性的集成研究"得到国家自然科学基金委员会重点项目的资助（No. 40730847）。本书是该项目成果的全面总结和论述。绝大部分是该项目野外观测和实验室分析的第一手资料。同时，本着集成和综合的思路，对作者过去几十年来有关渤海的工作进行了回顾、比较和分析，其中，所涉及的重要项目有，"中-美"黄河口沉积动力学（1985~1987 年），分别于 1985 年、1986 年和 1987 年使用"东方红 1 号"开展了大型底栖动物和小型底栖动物的 3 个航次综合调查，面上基金"生物扰动对浅海沉积-海水界面的通量效应和机制"（No. 49676300）、"渤海小型底栖生物多样性的研究"（No. 39770145），教育部博士点基金"渤海海洋线虫群落的生态多样性"（No. 97042300），"中-英"合作-英国环境部项目达尔文行动计划（Darwin initative）："渤海小型底栖生物多样性对环境改变和人类扰动的响应"。此外，刘光兴教授和陈洪举博士应邀撰写第 4 章渤海浮游动物部分（No. 40876066，No. 41076085），邓可博士参编生物扰动部分内容。应特别提出的是，由国家自然科学基金委员会资助的重大项目"渤海生态系统动力学生物资源可持续利用"（No. 497901001-2），先后在"科学 1 号"和"东方红 2 号"开展的 3 个航次的现场观测（1997 年 6 月、1998 年 9 月和 1999 年 4 月）为本项目开展 10 年际比较分析提供了十分宝贵的资料，此外，作者还借鉴和引用了其他项目相关的资料，分别在引用处有标注。

"水层-底栖耦合"的学术思想和研究思路贯穿本书，这源自欧洲的区域模型（ERSEM Ⅰ、Ⅱ，1990~1995 年）的启迪和带动，ERSEM 强调多学科交叉的现场观测、过程研究，更强调大尺度、系统建模分析和预测研究。20 世纪 90 年代中期，原国家教育委员会启动了"九五"重大项目预研究，由文圣常院士领导的团队率先在胶州湾开展了生态动力学研究，并与英国 Plymouth 研究所合作，引进了 ERSEM 模型，建立了我国第一个水层-底栖耦合模型。其后，分别在我国的渤海和黄海、东海、（GLOBEC Ⅰ、Ⅱ）中建立了渤海和南黄海的"水层-底栖耦合"模型，本书遵照这一思路，在渤海再次开展了与生物海洋学相关的摄食过程、生物沉降和再悬浮、生物扰动过程并改进了新的水层-底栖耦合模式，为进一步开展渤海生态系统结构、功能、建模和预测，以及渤海生态系统健康评估提供了借鉴和参考。

本书的编写分工如下：

第 1 章：绪论（张志南）；

第 2 章：渤海的自然环境（张志南、华尔）；

第 3 章：渤海生源要素的地球化学循环（刘素美、李玲伟）；

第 4 章：渤海的浮游生物（李正炎、刘光兴、陈洪举、刘晓收）；

第 5 章：渤海大型底栖动物群落结构与次级生产力（刘晓收、周红）；

第 6 章：底栖细菌、小型底栖动物群落结构及生物多样性（华尔、慕芳红、杜宗军、张志南）；

第 7 章：底栖生物粒径谱与次级生产力（华尔、邓可、张志南）；

第 8 章：底栖动物的分类学多样性及其对环境的指示（周红）；

第 9 章：底栖动物的分子生物多样性及系统演化（周红）；

第 10 章：底栖动物的摄食过程（慕芳红）；

第 11 章：底栖动物的生物扰动过程（张志南、于子山、邓可、刘素美）；

第 12 章：渤海生态动力学水层-底栖耦合模式的研究（李杰、吴增茂）。

附录 1：2008~2009 年渤海大型底栖动物种名录（刘晓收）；

附录 2：渤海自由生活海洋线虫种名录（张志南、华尔）；

附录 3：渤海底栖桡足类种属名录（慕芳红）；

附录 4：多元统计软件 PRIMER 在底栖群落生态学中的应用（周红）；

附录 5：海洋底栖动物的分子鉴定（周红）。

本书作者衷心感谢中国科学院院士、中国海洋大学文圣常教授、冯士筰教授，国家海洋局第二海洋研究所苏纪兰院士，中国水产科学研究院黄海水产研究所唐启升院士对海洋生态动力学工作的开拓、支持，对"水层-底栖耦合"概念和思路的理解、海纳和支持，感谢英国普里茅斯海洋研究所（PML）R.M. Warwick 教授及其团队通过英国环境部达尔文计划（Darwin initiative）对渤海底栖生物多样性研究的资助和对年青一代人的培养，感谢 PML J. Widdow 博士对"AFS"生物扰动实验系统提供的支持和协助，感谢法国巴黎自然历史博物馆 Guy Boucher 教授对底栖生物水下测试系统的引进安装和现场实验指导。十分感谢"东方红 1 号"、"东方红 2 号"、"科学 1 号"和"向阳红 9 号"全体船员及参与出海的所有师生所付出的劳动。特别的感谢应给予国家自然科学基金委员会和教育部提供的持续不断的项目支持。最后，我永远不会忘记我的所有学生（本科生、硕士研究生、博士研究生），他们在不同的时期以不同的形式，为本书的内容贡献了自己的一份力量。

本书的出版获得了 2015 年度国家科学技术学术著作出版基金、国家自然科学基金重点项目（No. 40730847）、海洋公益性行业科研专项（No. 201505004）、泰山学者工程专项（No.20151101）和国家自然科学基金（No. 41376146）的资助。

张志南
2016 年 5 月

目　　录

序
前言

第1章　绪论 1
  1.1　海洋底栖生物的主要类群 1
    1.1.1　定义 1
    1.1.2　按系统分类划分的门类 1
    1.1.3　按生活方式底栖生物可划分为以下5类 3
    1.1.4　按照体型大小的不同划分的类群 4
    1.1.5　按摄食类型划分的类群 4
  1.2　海洋底栖生物的研究历史 5
    1.2.1　早期开始 5
    1.2.2　底栖生物群落定量分析研究 5
    1.2.3　进入海洋生态系统动力学研究阶段 6
    1.2.4　底栖生物与生物多样性 6
  1.3　我国底栖生物研究历史及现状 7
    1.3.1　群落定性描述阶段 7
    1.3.2　群落动态研究阶段 7
    1.3.3　海洋生态动力学研究阶段 7
  1.4　海洋底栖生物研究意义 8
    1.4.1　在海洋生态系中的作用 8
    1.4.2　研究意义 9
  1.5　当今底栖生物生态学研究热点 9
    1.5.1　全球变化对海洋生态系统结构与功能的影响 9
    1.5.2　海洋生态系统对全球变化的响应 9
    1.5.3　海洋生物多样性-生态功能的考虑 10
    1.5.4　深海或极端条件下化能合成生态系统（ChEss） 10
    1.5.5　大尺度的水层-底栖耦合过程的研究 11
    1.5.6　海洋底栖动物的DNA条形编码和分子生物多样性 11
  参考文献 11

第2章　渤海的自然环境 14
  2.1　渤海的物理环境特征 15
  2.2　渤海的生态环境特征 16

2.2.1 地形、地貌与沉积环境 16
   2.2.2 营养盐浓度和营养盐结构 17
   2.2.3 生物群落特征 17
   2.2.4 渤海的渔业资源 18
  2.3 渤海底栖环境因子的分布特征 18
   2.3.1 方法概述 18
   2.3.2 渤海海域水深的分布特征 20
   2.3.3 渤海海域底层水温与盐度分布的变化趋势 20
   2.3.4 渤海海域沉积物的粒度特征与类型 22
   2.3.5 沉积物有机质分布及变化趋势 22
   2.3.6 沉积物叶绿素 a 和脱镁叶绿酸分布及变化趋势 24
   2.3.7 渤海海域底栖环境的主成分分析 27
   2.3.8 各环境因子间的相关性 27
   2.3.9 渤海底栖环境因子的分布特征及影响因子 29
   2.3.10 与历史资料的比较 30
   2.3.11 小结 31
  参考文献 31
第 3 章 渤海生源要素的地球化学循环 33
  3.1 样品采集及预处理 33
  3.2 渤海营养盐的组成特征 35
   3.2.1 渤海营养盐的组成特征 35
   3.2.2 渤海营养盐比例的分布规律 38
  3.3 渤海沉积物中营养盐的再生及其关键调控因素 38
   3.3.1 沉积物间隙水中营养盐的垂直分布 38
   3.3.2 沉积物-水界面营养盐交换通量的估算 41
   3.3.3 沉积物-水界面营养盐交换通量的影响因素 54
   3.3.4 实验室培养法与扩散通量法所得结果的比较 59
  3.4 渤海不同来源营养盐的对比分析 63
   3.4.1 近年来渤海中部营养盐浓度及相对比值的变化 63
   3.4.2 渤海不同来源营养盐的对比分析 63
  3.5 小结 64
  参考文献 65
第 4 章 渤海的浮游生物 67
  4.1 渤海的浮游植物 67
   4.1.1 渤海水体的叶绿素含量 67
   4.1.2 渤海浮游植物的种类组成 69
   4.1.3 渤海浮游植物的细胞丰度 70

  4.1.4 渤海浮游植物的多样性 ·· 70
4.2 渤海的初级生产力 ·· 70
  4.2.1 海洋初级生产力及其测定方法 ·· 70
  4.2.2 渤海海域初级生产力 ··· 72
4.3 渤海的浮游动物 ·· 74
  4.3.1 渤海浮游动物的种类组成 ··· 74
  4.3.2 渤海的浮游动物生物量 ·· 81
  4.3.3 渤海浮游动物丰度的平面分布 ·· 82
4.4 黄河口及邻近水域浮游动物生态特征 ··· 83
  4.4.1 种类组成和优势种 ·· 85
  4.4.2 浮游动物丰度的平面分布 ··· 86
  4.4.3 生物多样性 ··· 87
  4.4.4 群落划分 ·· 89
4.5 浮游动物的摄食及食物网结构 ·· 93
  4.5.1 微型浮游动物对浮游植物的摄食 ··· 94
  4.5.2 浮游桡足类摄食及营养级 ··· 96
4.6 渤海浮游桡足类的分类学多样性 ··· 99
  4.6.1 研究方法 ·· 100
  4.6.2 渤海浮游桡足类的种类组成 ··· 100
  4.6.3 渤海浮游桡足类平均分类差异指数与等级差异变异指数 ·························· 100
4.7 两种浮游动物采样网具的比较 ·· 102
  4.7.1 两种网型采集浮游动物的种类组成和丰度的比较 ··································· 103
  4.7.2 两种网型采集浮游动物生物多样性的比较 ··· 106
  4.7.3 群落结构分析比较 ·· 109
参考文献 ··· 110

第 5 章 渤海大型底栖动物群落结构与次级生产力 ·· 115
5.1 渤海的大型底栖动物群落结构 ·· 115
  5.1.1 2008 年夏季渤海大型底栖动物的群落结构 ·· 116
  5.1.2 2009 年 6 月莱州湾大型底栖动物的群落结构 ······································· 130
5.2 渤海大型底栖动物群落结构的年代际变化 ··· 139
  5.2.1 研究方法 ·· 139
  5.2.2 结果 ·· 140
  5.2.3 讨论和结论 ··· 147
5.3 渤海大型底栖动物次级生产力 ·· 149
  5.3.1 大型底栖动物的次级生产力计算公式 ··· 150
  5.3.2 2008 年 8 月夏季渤海大型底栖动物的次级生产力和 P/B 值 ···················· 150
  5.3.3 2009 年 6 月莱州湾大型底栖动物的次级生产力 ···································· 150

5.3.4　影响大型底栖动物次级生产力的环境和生物因素 151
　　5.3.5　与历史数据的对比 151
　参考文献 152

第6章　底栖细菌、小型底栖动物群落结构及生物多样性 157
　6.1　细菌多样性 157
　　6.1.1　山东近海可培养细菌多样性研究 157
　　6.1.2　拟杆菌的分离及系统分类学分析 160
　　6.1.3　海洋琼胶降解细菌及其琼胶酶研究 162
　　6.1.4　本书发现的海洋细菌新物种介绍 165
　6.2　小型底栖生物丰度、生物量和次级生产力 169
　　6.2.1　方法概述 170
　　6.2.2　渤海海域小型底栖生物的类群组成 171
　　6.2.3　渤海海域小型底栖生物的丰度与分布 171
　　6.2.4　渤海海域小型底栖生物的生物量和生产量 173
　　6.2.5　影响小型底栖动物数量分布及类群组成的环境因子 173
　　6.2.6　渤海十年际小型底栖动物群落数量变化趋势 178
　　6.2.7　渤海海域分区小型底栖动物群落数量变化趋势 179
　　6.2.8　渤海海域小型底栖动物次级生产力 181
　6.3　渤海自由生活海洋线虫群落结构及生物多样性 182
　　6.3.1　研究方法概述 182
　　6.3.2　渤海中南部海洋线虫群落结构 184
　　6.3.3　渤海中南部海洋线虫多样性 189
　　6.3.4　渤海中南部海洋线虫群落多样性十年际变化 193
　6.4　渤海底栖桡足类群落结构及生物多样性 196
　　6.4.1　研究方法 196
　　6.4.2　底栖桡足类的分类和生物多样性 197
　　6.4.3　底栖桡足类的群落结构 204
　　6.4.4　结论 210
　参考文献 210

第7章　底栖生物粒径谱与次级生产力 215
　7.1　概念、图形表达和图形特征 215
　　7.1.1　概念 215
　　7.1.2　粒径谱的图形表达方式 215
　　7.1.3　粒径谱图形的特征 216
　7.2　理论基础 217
　　7.2.1　Kerr模型 218
　　7.2.2　Thiebaux-Dickie模型 218

		7.2.3 粒径谱理论与宏生态学幂法则的统一	219
7.3	应用及前景		220
	7.3.1	反映群落结构，研究环境变化的影响	220
	7.3.2	构建生态系统动力学模型	221
7.4	渤海水域底栖动物粒径谱		222
	7.4.1	研究方法概述	222
	7.4.2	环境因子	224
	7.4.3	底栖动物丰度和生物量	224
	7.4.4	生物量粒径谱	224
	7.4.5	标准化生物量粒径谱	227
	7.4.6	与黄、东海粒径谱的比较	228
7.5	粒径谱与底栖次级生产力		230
	7.5.1	研究方法概述	231
	7.5.2	NBSS 计算底栖动物次级生产力	232
	7.5.3	次级生产力研究方法的比较	232
7.6	我国粒径谱研究现状和展望		233
参考文献			234

第8章 底栖动物的分类学多样性及其对环境的指示 ... 240

8.1	航次和站位分布		240
8.2	生物多样性的度量方法		241
	8.2.1	多样性指数	241
	8.2.2	多样性指数及其他群落特征对渤海底栖环境健康状况的指示	243
8.3	结果		244
	8.3.1	渤海大型底栖动物多样性的空间分布规律	244
	8.3.2	渤海大型底栖动物多样性的十年际变化	247
	8.3.3	渤海物种多样性与分类多样性之间的关系	256
	8.3.4	大型底栖动物多样性与渤海环境变量之间的关系	256
	8.3.5	黄渤海大型底栖动物分类差异度和系统演化多样性总体评估	256
	8.3.6	分类差异度和其他群落特征对渤海底栖生态环境的指示	259
参考文献			262

第9章 底栖动物的分子生物多样性及系统演化 ... 264

9.1	多毛类的分子生物多样性及系统演化		264
	9.1.1	中国海多毛类和其他底栖无脊椎动物 DNA 条形码参考数据库	264
	9.1.2	中国海多毛类隐存物种和分子生物多样性现状	265
	9.1.3	多毛类群落生态学与 DNA 条形码和分子系统演化的整合研究	269
9.2	自由生活海洋线虫的分子生物多样性及系统演化		282
	9.2.1	海藻附植线虫的分子生物多样性及系统演化	282

9.2.2　中国海自由生活海洋线虫 DNA 条形码参考数据库 ········· 283
参考文献 ········· 286

第 10 章　底栖动物的摄食过程 ········· 288
10.1　研究进展 ········· 288
10.1.1　摄食及营养关系的研究 ········· 289
10.1.2　类群层次 ········· 291
10.1.3　功能群或营养种层次 ········· 292
10.1.4　粒径谱层次 ········· 292
10.1.5　生态系统食物网研究 ········· 293
10.2　国内研究概况 ········· 293
10.3　主要研究方法 ········· 294
10.3.1　食性分析法 ········· 294
10.3.2　荧光标记技术 ········· 295
10.3.3　放射性同位素技术 ········· 295
10.3.4　稳定同位素技术 ········· 295
10.3.5　特定化合物同位素分析技术 ········· 295
10.4　莱州湾小型底栖动物对底栖微藻的摄食研究 ········· 296
10.4.1　材料和方法 ········· 297
10.4.2　实验结果与讨论 ········· 298
参考文献 ········· 303

第 11 章　底栖动物的生物扰动过程 ········· 309
11.1　生物扰动研究动态、定义 ········· 309
11.2　心形海胆的生物扰动对沉积物颗粒垂直分布的影响 ········· 310
11.2.1　取样站位、实验生物和实验设计 ········· 311
11.2.2　数据处理 ········· 311
11.2.3　由于海胆的扰动而悬浮进入水体的示踪沙的量 ········· 311
11.2.4　海胆的扰动使示踪沙向下垂埋迁移量 ········· 311
11.2.5　心形海胆的生物扰动效应评价 ········· 313
11.3　菲律宾蛤仔的生物扰动对沉积物颗粒垂直分布的影响 ········· 313
11.3.1　材料与方法 ········· 313
11.3.2　结果与分析 ········· 314
11.3.3　讨论 ········· 316
11.4　应用生物扰动实验系统（AFS）研究双壳类生物沉降作用 ········· 317
11.4.1　材料与方法 ········· 317
11.4.2　数据处理 ········· 318
11.4.3　结果 ········· 318
11.5　生物扰动与生物地化循环 ········· 320

11.5.1　样品采集、培养方法、数据处理 320
　　11.5.2　结果 322
　　11.5.3　讨论 324
　　11.5.4　小结 327
　参考文献 328
第12章　渤海生态动力学水层-底栖耦合模式的研究 331
　12.1　海洋生态系统与动力学模型 332
　　12.1.1　海洋生态系统 332
　　12.1.2　海洋生态动力学模型 334
　12.2　渤海水层-底栖耦合生态系统多箱模型 339
　　12.2.1　模型介绍 339
　　12.2.2　模拟区域的物理环境 349
　　12.2.3　模式初值 351
　12.3　模拟结果分析 353
　　12.3.1　水层生态系统模拟结果 353
　　12.3.2　底栖生态系统模拟结果 358
　　12.3.3　结论 359
　参考文献 359
附录1　2008~2009年渤海大型底栖动物种名录 365
附录2　渤海自由生活海洋线虫种名录 382
附录3　渤海底栖桡足类种属名录 386
附录4　多元统计软件PRIMER在底栖群落生态学中的应用 396
　参考文献 404
附录5　海洋底栖动物的分子鉴定 405
　参考文献 408

第1章 绪 论

1.1 海洋底栖生物的主要类群

1.1.1 定义

海洋底栖生物（marine benthos）是栖息于海洋基底表面或沉积物中的生物。广泛分布于自潮间带直到水深万米以上的超深渊带（深海沟底），是海洋生物中物种多样性最高的一个生态类群，涵盖了大多数海洋动物门类、大型海藻和海洋种子植物。由于海洋底栖生物绝大多数是动物，且本书所涉及的研究对象是动物，故底栖生物（benthos）一词在本书是指底栖动物。

1.1.2 按系统分类划分的门类

海洋无脊椎动物中大多数门类为底栖生活种类，共包括34个门（Ruppert et al.，2004；Brusca and Brusca，2003）。其中，在我国近海调查中习见大型底栖动物有8个门，小型底栖动物有15个门。

1. 大型底栖动物

（1）多孔动物门 **Porifera**（海绵动物门 **Spongia**）

现存种8000余种，属于4纲25目，除了1科生活于淡水外，其余全部营海洋底栖生活。

（2）刺胞动物门 **Cnidaria**（腔肠动物门 **Coelenterate**）

现存2个亚门4纲，约10000种，除20个淡水种外，其他全部海生。

（3）扁形动物门 **Plathyhelminthes**

现存20000种现存种，属4纲34目。

（4）纽形动物门 **Nemertea**

现存种1150种，属2纲4目，大多营海底生活。

（5）环节动物门 **Annelida** 中的多毛纲 **Polychaeta**

约有10000种已知种，属于80余科，大多行底栖生活，是海洋底栖动物的重要类群。

（6）软体动物门 **Mollusca**

现存种类约100000种，其中无板纲（Aplacophora）300种、多板纲（Polyplacophora）800种、单板纲（Monoplacophora）20种深海种类、掘足纲（Scaphopoda）500种和头足纲（Cephalopoda）700种全部海生。双壳纲（Bivalvia）8000种，其中6700种生活

于海洋中，腹足纲（Gastropoda）约 60000 种，大多数海生底栖生活。

（7）节肢动物门 Arthropoda 中的甲壳纲 Crustacea

海洋底栖动物的一个重要类群，现存种类 42000 种，许多种类是海生营底栖生活。

（8）棘皮动物门 Echinodermata

有 6000 余种，全部海生，绝大多数行底栖生活，其中现存种类海百合纲（Crinoidea），是比较古老的类群，700 种，海参纲（Holothuroidea）1200 种，海星纲（Asteroidca）1500 种，海胆纲（Echinoidea）950 种，海蛇尾纲（Ophiuroidea）2000 种（Ruppert et al., 2004）。

2. 小型底栖生物

在近岸浅海，小型底栖生物的丰度往往比大型底栖动物高出 1~2 个数量级，生物量为大型底栖动物的 8%~20%，但由于小型底栖生物高的周转率，其生产量约相当于大型底栖动物的一半甚至相当或超过它，小型底栖生物研究手册中列举了 38 个大的门类和纲类（Higgins and Thiel，1988），但在潮间带近岸浅海常见的门类有：

（1）自由生活海洋线虫（free living marine nematodes）

已描述的海洋线虫约 5000 种，分属 450 属 61 个科，是小型底栖生物中数量上占绝对优势的类群，也是生物量和生产量的优势类群之一，中国海洋物种和图集（上卷）记录海洋线虫 207 种（黄宗国和林茂，2012），我国黄渤海已鉴定的海洋线虫约有 237 种，其中，渤海 116 种（附录 2）（张志南和周红，2003；黄宗国和林茂，2012）。

（2）底栖猛水蚤（Copepoda：Harpacticoida）

仅次于海洋线虫的第二个重要类群，数量占小型底栖生物总丰度的 10%~30%。已描述有 4000 余种，分属于 55 个科，除 1000 种淡水生活外大部分为海洋种类。中国海洋物种和图集（下卷）记录 213 种（黄宗国和林茂，2012），我国渤海已记载 232 种。

（3）多毛类（Polychaeta）

小型多毛类和大型多毛类的幼龄个体（temporary meiofauna）是小型底栖生物的重要类群，生物量往往占优势，近岸浅海常见的科有海女虫科 Hesionidae、裂虫科 Syllidae 和小头虫科 Capitellidae。

（4）介形类（Otracoda）

约 5000 种，除 2000 种淡水生活外，其余均海生，广泛分布于从潮间带直到深海底。化石种类很多，在古生物学和古海洋学中占有重要位置。

（5）动吻类（Kinorhyncha）

约有 2 目 18 属 170 种，栖息于泥质至细沙海底，为潮间带、浅海习见种类。

（6）腹毛虫（Gastrotricha）

2 目 15 科 720 种，大部分为海洋底栖种类。

（7）缓步类（Tardigrada）

2 纲 4 目约 1000 种，其中的异缓步类（Heterotardigrada）300 种，大部分为海生底栖生活，广泛分布在潮间带至深海底。

（8）寡毛类（Oligochaeta）

750 种，约 450 种为海洋种类，其中颤蚓科 Tubificidae 和线蚓科 Enchytraeidae 内大部分种类为海洋底栖生活。

（9）扁形动物涡虫（Platyhelminthes，turbellarians）

约 3000 种，部分淡水生活，大部分为海洋底栖生物。

（10）颚咽动物（Gnathostomulida）

包括 25 属 100 种，其中 6 种为世界性分布。

（11）海蜘蛛（Pycnogonida，Pantopoda，sea spider）

属于海蜘蛛纲，小型海蜘蛛有 10 种，分属 3 个属，广泛分布于从潮间带到深海和极地。

（12）海螨类（Halacaroidea）

约 700 种，大部分为海洋种类，广泛分布于从潮间带到极地海洋。

（13）异足类（Tanaidacea）

世界性分布，多数栖息于泥质中的栖管内，少数为沙间生活。

（14）有孔虫（Foraminifera）

约 4000 种，分布在浅海至深海底。

（15）纤毛虫（Ciliophora，Ciliata）

3000 种以上，约有 1000 种属于小型种类，沙质沉积物中物种数、个体数占有相当优势（Higgins and Thiel，1988）。

1.1.3 按生活方式底栖生物可划分为以下 5 类

1. 底上动物（epifauna）

底上动物是匍匐爬行于基底表面的动物，如软体动物腹足类、海星、寄居蟹等，也包括固着或附生于岩礁、坚硬物体和沉积物表面的动物，如海绵动物、苔藓动物、腔肠动物的珊瑚虫类和水螅虫类、软体动物的牡蛎、贻贝和扇贝。

2. 底内动物（infauna）

底内动物是埋栖于沉积物表面下的动物，如双壳蛤类、梭子蟹等，也包括穴居于底内管道中的多毛类、多种蟹类等。

3. 游泳性底栖动物（nectonic benthos）

游泳性底栖动物是能在近底的沙层中游动，但又沉降于底上活动的某些虾类、鲽形目鱼类等。

4. 海洋污着生物（marine fouling organisms）

海洋污着生物是附着生长于船底、浮标、水雷或其他水下设施表面的底栖生物，如牡蛎、藤壶、水螅、海鞘和某些藻类等。

5. 海洋钻孔生物（marine boring organisms）

海洋钻孔生物是穿孔穴居于木材或岩礁内的底栖生物，如船蛆（*Teredo*）、海笋（*Pholas*）和甲壳类的蛀木水虱（*Limnoria*）和团水虱（*Sphaeroma*）等。

1.1.4 按照体型大小的不同划分的类群

以分选时使用的筛孔大小又可将底栖生物分成三类：

1. 大型底栖动物（macrofauna，macrobenthos）

大型底栖动物是指分选时能被 0.5 mm 或 1.0 mm 孔径网筛阻留的生物，如多毛类、虾蟹类等。

2. 小型底栖动物（meiofauna，meiobenthos）

小型底栖动物是指能通过 0.5 mm 或 1.0 mm 网孔但被 0.04 mm（深海适用 0.031 mm）网筛阻留的生物，如自由生活海洋线虫、底栖桡足类、介形类、动吻类、腹毛类等。

3. 微型底栖生物（microbenthos）

微型底栖生物是分选时能通过 0.042 mm 孔径网筛的生物，如原生动物（主要是纤毛虫类）和细菌（Higgins and Thiel，1988）。

1.1.5 按摄食类型划分的类群

1. 滤食性动物（filter feeders）

滤食性动物也称为悬浮食性动物（suspension feeders），依靠各种过滤器官滤取水体中的悬浮有机碎屑或微小生物。例如，软体动物双壳类通过出入水管系统形成水流，借助具纤毛的黏液膜获取食物；甲壳类用肢体活动吸入海水，用附肢刚毛网获取食物。

2. 沉积食性动物（deposit feeders）

沉积食性动物吞食沉积物，在消化道内摄食其中的有机物质，如棘皮动物门中的海胆类和海参类，多数种是毫无选择地吞食海底沉积物，只有少数种类是有选择地摄食。

3. 肉食性动物（carnivores）

肉食性动物捕食小型动物和动物的幼体，如对虾、龙虾和鲽形鱼类等，捕食者一般都有发达的捕食器官。

4. 草食性动物（herbivores）

草食性动物从岩石表面或大型藻类表面刮取单胞藻类，如多种底栖桡足类和部分线虫种类，有些种类与自养性的藻类营共生生活。

5. 寄生性动物（parasite）

寄生性动物多缺乏捕食器官，吸取寄主体内的营养。绝大多数海洋底栖动物属于前4种摄食类型。海洋底栖动物的不同摄食类型，体现了不同类群不同种类在食物网中的地位，在近代海洋生态系统研究中，常以摄食类型的差异而划分为不同的功能群（functional groups），对海洋生态系统结构与功能的研究有重要意义。

1.2 海洋底栖生物的研究历史

1.2.1 早期开始

底栖生物（benthos）一词源于希腊语 bevθös，意指生活在水底（底内和底上）的生物，由德国生物学家 E. H. 赫克尔于 1891 年首先提出，尽管公元前 4 世纪亚里士多德已观察记录了 180 种海洋动物（主要是大型底栖动物）。但海洋底栖生物的定性研究始于 19 世纪。1818 年 J. 罗斯已从格陵兰西部巴芬湾的 920 m 深处采到了底栖样品，主要是蠕虫和海星等。英国的博物学家 E. 福布斯（1815~1854 年）是第一位系统地从事海洋底栖生物群落研究的学者，他率先使用拖网采集海洋底栖动物样品，他发现不同的物种出现在不同的深度层，他的专著《欧洲海的自然历史》于 1859 年，与达尔文的《物种起源》同时出版。其后，J. 罗斯指挥了 1839~1843 年赴南大洋的远征，并从 730 m 深处采到了底栖动物。作为 E. 福布斯的接班人，爱丁堡大学自然哲学教授 C.W. 汤姆森于 1873 年，依据早先远征考察的资料，出版了第一本海洋学教科书：《海洋的深度》。汤姆森也是首次环球海洋考察的组织者和领导者，这就是 1872~1876 年的"挑战者"号远征，考察了除北极以外的所有的大洋，航程 110900 km。英国皇家学会组织的这次远征主要是调查了解世界各大洋的物理、化学和生物特征，依据拖网资料整理出版了 50 多部专著，其中海洋生物研究，共鉴定发现了海洋生物 715 个新属和 4717 个新种，是国际上生物海洋学和海洋底栖生物研究的第一个里程碑。

1.2.2 底栖生物群落定量分析研究

丹麦学者 C. G. J. 彼得松于 1908~1913 年首先使用 Peterson 型采泥器，在丹麦的菲因岛和西兰岛附近的卡特加特海峡，后又扩展到斯卡格拉克海峡和北海，共在 193 个站位，采到了 294 种动物（260 种鉴定到种），依据稳定性和优势度确定的 7 个特征种，将调查海域划分为 7 个底栖生物群落，并依据各营养级的生物量推算出食物网各级的生物量，估算出各营养级之间的转换效率约为 10%（Peterson，1914，1915）。其后，丹麦学者 Thorson（1957）拓展了彼得松的优势种群落概念，结合沉积物参数更精确地定义了所研究的 7 个底栖生物群落。彼得松被誉为海洋底栖生物定量研究的创始人和奠基人。而 Peterson-Thorson 划分群落的系统，被认为是以优势种和特征种划分群落的经典学派代表者（Gray，1981；Gray and Elliott，2009）。

1.2.3 进入海洋生态系统动力学研究阶段

底栖生物研究跨入海洋生态系统整体研究时代，20 世纪 60 年代计算机的广泛使用极大地推动了已有海上调查资料的处理分析，北海食物网模型（Steele，1975）、波罗的海生态系统模型（Ankar，1977）等一大批生态模型的建立，推动了海洋各底栖生物群落中不同营养级之间的能量流动和物质转换过程研究。经典的平行群落的概念也逐渐与连续统的刚性群落的概念相融合（Mills，1969；Hughes and Thomas，1971），后者主要是借助计算机的数值分类和多元统计分析进行群落界定。20 世纪 90 年代开始，国际上海洋底栖生物的研究跨入了海洋生态系统整体研究的阶段。其代表是欧洲区域性模型的建立（Baretta et al.，1995；Ebenhöh et al.，1995）及切萨皮克湾和波罗的海新一代模型的建立（Baird et al.，1991）。北海模型的底栖变量由 5 个功能群组成，即滤食者、沉积食性者、小型底栖动物、底内捕食者和底表捕食者，借助颗粒物质沉降、摄食和被摄食过程，与水层系统的两个变量：浮游植物和鱼类连接起来，构成了一个完整、统一的水层-底栖耦合系统。该系统强调：①来自水层系统的颗粒物质的沉降；②碳和其他生源要素通过底栖食物网的循环；③间隙水中溶解营养盐的好氧和厌氧矿化；④与水柱中营养盐库的分子交换。

显然，北海模型的建立，开创了水层系统与底栖生态系统耦合的研究，在全球变化和生态系统响应的主题下，海洋底栖生物构成了全球碳、氮循环的一个重要环节。

1.2.4 底栖生物与生物多样性

海洋底栖生物渗透、融合和交叉的另外一个领域是生物多样性。生物多样性包括物种多样性、遗传多样性、生境多样性和生态系统多样性，国际生物多样性计划（DIVERSITAS）和西太平洋亚洲区域性计划（DWIPA），其核心内容是探讨生物多样性和生物系统功能之间的关系。为期 10 年的全球海洋生物普查计划（CoML），已查明海洋生物约 220 万种，约占全球生命种类的 1/4，据估计，有超过 90%的海洋生物尚待发现、分类和鉴定。CoML 的目标是研究处于"变化中的海洋里的生命世界"（life in changing ocean），核心内容和科学问题包括：①生物多样性与生态系统服务功能；②海洋生物多样性全球尺度的分布格局与时空变化；③海洋生物多样性观测；④海洋生物多样性保护与海洋可持续利用。

2004 年成立了国际生物条码合作组织（CBOL），2005 年 2 月在英国伦敦自然历史博物馆召开了第一届 CBOL 会议，CBOL 的宗旨是为全球生物（动物、植物、微生物等）的分类鉴定提供一种快速而准确的 DNA 条形码鉴定手段。CBOL 的成立是国际生物多样性研究的一个里程碑，标志着底栖生物学的研究伴随着全球生态系统和生物多样性研究进入了分子生物学研究的新时代。生物多样性保护的目标从最初的物种多样性，扩展到功能多样性、生态过程及其与地球演变过程相关的生命演化过程和适应机制。

1.3 我国底栖生物研究历史及现状

新中国成立前,国内外学者对中国大型底栖动物研究有一些零星的报道。作为现代海洋底栖生物学和生态学的研究,新中国成立以来随着经济藻类和无脊椎动物养殖业的大发展,海洋底栖生物的研究历经三个阶段取得了长足的进展。

1.3.1 群落定性描述阶段

1958~1959 年进行的中国近海海洋普查和此前开展的"中-苏"合作,首次编写了我国第一部海洋调查规范,引进了当时苏联采用的大洋型采泥器(一种改进型的 Peterson 采泥器)和各类底拖网,获得了我国近海底栖生物(大型底栖动物)定性定量资料,培养了一批基础调查人才,为后继的局域性和全国性的有关资源、环境、专属经济区及海域划界等调查奠定了基础。调查内容局限于区系分类鉴定、群落定性描述及初步的动物地理学分析,结合生物量的测定探讨了次级生产力的分布格局(李荣冠,2010;李新正等,2010)。

1.3.2 群落动态研究阶段

20 世纪 80 年代初期先后进行的"中-美"长江口和黄河口沉积动力学联合调查,引进欧美国家 70 年代使用的大型箱式取样器、X 射线现场摄影、现场生物测试、放射性同位素测定等技术,研究底栖生物关键种群对沉积物的扰动,首次在我国特大河口区确定了高沉积速率-生物扰动-陆架浅海这一特定环境梯度下的底栖生物(包括大型底栖动物和小型底栖动物)分布模式,并同时开展了大型、小型底栖生物的现场室内同步研究,同期开展的还有太平洋西部调查(张志南,1991;张志南等,1989,1990a,1990b,1990c,2000a,2000b,2001a,2001b)。

1.3.3 海洋生态动力学研究阶段

20 世纪 90 年代伴随全球变化和生态系统响应,需要对海洋生态系统结构和功能有进一步的了解,国家自然科学基金委员会和科技部启动了重大研究计划和国家 973 重点规划项目,前后在渤海(GLOBEC Ⅰ)和黄海、东海(GLOBEC Ⅱ)开展了长达 10 年之久的海洋生态动力学研究,其中的海洋底栖生物生态是重要议题之一。结合"中-英"(1995~2001 年)合作,开展了养虾池生态系和浅海生态动力学研究,建立了养虾池生态模型(翟雪梅和张志南,1998a,1998b)和我国第一个水层底栖耦合模型——胶州湾北部水层-底栖耦合模型,继而在渤海中南部和黄海冷水团建立了第二代水层-底栖耦合模型(吴增茂等,1996,2002),同时,结合"中-英"合作开展了一系列生物扰动现场实验,建立了生物扰动实验系统(AFS),开展了生物沉降、再悬浮和侵蚀率的实验研究(张志南等,2000b;Han et al.,2001),21 世纪初引进底栖生物粒径谱概念建立了胶州湾、渤海和南黄海底栖生物的生物量谱(BBS)(林岿旋等,2004;邓可等,2005;Hua et al.,2013),《中国近海沉积物-海水界面化学》一书提供了各海域沉积物-海水界面生源要素及溶氧通量的资料,为水层-底栖生态系统耦合提供了借鉴(宋金明,1997)。以上研究和一系列国际合作,把我国的底栖生态学研究提高到海洋生态系统整体研究的水平,其中,水层-底栖耦合概念的引入和应用对我国底栖生物生态学和生物海洋学具有深远的影响。20世纪末还有太平洋多金属结核勘查区调查、北极大型底栖生物研究等合作(李荣冠,2010)。

1.4 海洋底栖生物研究意义

1.4.1 在海洋生态系中的作用

1. 在生物泵碳垂直转移中的作用

底栖生物是生物泵垂直向下转移初级生产碳通量的终端环节,也是水层-底栖耦合过程的启动环节。一般在温跃层10~15 m的广阔沿海水域,有30%~40%的初级生产量沉降到海底。平均而言,近岸沿海的浮游植物生产量一般在100~200 g C/($m^2 \cdot a$),因而可预测沉降到海底的碳有30~80 g C/($m^2 \cdot a$),这一数值不包括陆地径流和来自大型海藻碎屑的碳。波罗的海、北海和基尔湾的初级生产量的沉降量分别占总初级生产量的40%、33%、53%(Steele,1975;Ankar,1977)。渤海水层-底栖耦合模型模拟的结果指出,在渤海生态系统年循环中,浮游植物光合作用吸收的碳量约有13%进入水层主食物链,约20%向底层亚系统食物链转移,呼吸代谢消耗的碳量约占44%(苏纪兰和唐启升,2002)。

2. 在海洋生态系食物网中的位置

底栖生物在海洋食物链中,不同类群分别处在不同的营养层次。底栖植物为生产者,处于食物链的第一级。植食性底栖动物,有的以大型藻类为食(如鲍、藻虾);有的以浮游植物或有机碎屑为食,处于食物链的第二级。许多肉食性种类以植食性浮游动物和底栖动物为食,处于食物链的第三级,如螺类、虾、蟹、贝类和一些底层鱼类。更多一些小型种类,如虾、蟹、贝、多毛类和大部分小型底栖动物种类,则是鱼类和其他动物的捕食对象。阐明底栖生物的数量变动规律,掌握其生产力及其资源补充机制,对渔业生产有重要意义(刘瑞玉和崔玉珩,1987;刘瑞玉,1992)。底栖食物网在水层-底栖耦合模型中占有显著的位置。在欧洲区域模型(ERSEM)中,水层亚模型与底栖亚模型的"状态变量"数之比为8∶5;切萨比克湾和波罗的海模型中的两者之比均为8∶7(Baretta et al.,1995;Baird et al.,1991)。

3. 对沉积物的扰动

底栖动物对沉积物的扰动、改造、搬运和再悬浮,底栖动物的爬行、觅食、沉积食性动物对沉积物的大量摄食(选择和非选择性)、底内动物挖穴、造管、黏液的分泌等都会改变沉积物的物理和化学性质。据对沉积食性者4种多毛类和2种双壳类的现场实验结果,两者对沉积物的搬运速率分别是246~400 ml 湿泥/(ind·a)和257~365 ml 湿泥/(ind·a)。加利福尼亚州沿岸潟湖美人虾每年可搬运75 cm厚的沉积物(Rhoads,1974);对菲律宾蛤仔示踪沙的实验表明,实验周期内(15天),表层示踪沙有28.2%悬浮进入水体,36.1%由表层垂直向下迁移,沉积物8 cm深处的示踪沙分别有27%向上和12%向下迁移

(杜永芬和张志南，2004)。应用生物扰动实验系统（AFS）对菲律宾蛤仔和缢蛏所做的生物沉降实验证明，前者个体的平均净生物沉降速率为自然颗粒沉降率的 3.05 倍，后者为自然颗粒沉降率的 2.63 倍（张志南等，2000b）。在某些区域或局域环境条件下，滤食性双壳类是控制浮游植物生物量的关键因子，如美国旧金山湾，黑龙江蓝蛤每天可将该湾海水过滤一次（Cloern，1982）。

4. 沉积物中营养盐的再生

沉积物中的营养盐再生对水体中的营养盐吸收及循环发挥重要作用（Berner，1980）。渤海研究结果指出，对整个渤海水域而言，沉积物是铵态氮、溶解无机氮、磷酸盐及硅酸盐的源，是硝酸盐的汇；磷酸盐向上覆水中迁移，可在一定程度上缓解渤海浮游植物生长的硝酸酸限制，而溶解无机氮和硅酸盐向上覆水的迁移则增加了渤海的氮、硅负荷（详见本书第 3 章）。沉积物中有机质的降解矿化及营养盐的再生主要是由底栖小食物网（small food web）来完成的。小食物网主要是由小型和微型底栖动物、大型动物的幼龄个体及多种微生物组成（Kuipers et al.，1981；Giere，2009）。

1.4.2 研究意义

海洋底栖生物同人类的关系十分密切。

1. 大型底栖生物

鱼、虾、贝、藻可供食用，是渔业采捕养殖的对象，具有重要的经济价值。更多的大型底栖动物是经济鱼类、虾类的天然饵料，是海洋碎屑食物链中关键的一环。已有记录来自海洋的药用生物有近百种，珊瑚骨骼、贝壳和珍珠可用作观赏、工艺及装饰品。

2. 小型底栖生物和微型生物

小型底栖生物和微型生物（底栖硅藻、细菌和部分原生动物）是碎屑食物链的重要环节，它们与大型动物的幼龄个体一起构成小食物网（benthic small food web）是沉积物中营养盐再生的重要贡献者。

1.5 当今底栖生物生态学研究热点

1.5.1 全球变化对海洋生态系统结构与功能的影响

全球变化对海洋生态系统结构与功能的影响主要表现在不同时空尺度的海上观测、现场实验和实验室模拟实现对生态系统结构和功能的深入了解。关键种的生态动力学，特别是对顶级捕食者的动态及生活史的研究，海洋增温和酸化对关键种群、群落、生物多样性和生态系统的影响。

1.5.2 海洋生态系统对全球变化的响应

开展区域尺度乃至全球尺度的状态转换（regim shifts）研究，实施大尺度长期的关键种群与非生物因子的监测、鉴别并检验两者的相关及耦合程度及实施有效的管理决策。

海洋生态系统在结构和功能上，从一种局域的稳态向另一种局域稳态的突然转变称为状态转移（regime shifts）。驱动状态转移有三种过程：①非生物过程，如全球变暖（温度升高）及大气和海洋大尺度的振荡（oscillation）；②生物过程由过度捕捞导致的食物网重建和关键种的动态变化，如上升流系统、沙丁鱼和鳀鱼种群的更替；③生境结构的改变，可由自然的非生物事件引起，如飓风，或由人类活动导致，如珊瑚礁的炸鱼及由于红树林的破坏导致育幼场的丢失，外来种的引入是人类活动影响的另外一个例子。

以上三种驱动过程往往综合在一起，难以分开。以上过程及其响应的空间尺度依生态系统类型不同而异。可从几千米（如珊瑚礁）到几千千米的海盆尺度（如北太平洋），然而，以上三种驱动过程和响应过程的时间尺度从数年到跨越数个年代际。当今，国际上已确定的状态转移，大多集中在鱼类、浮游动物和浮游植物。大型底栖动物的状态转移研究历史尚短，小型底栖动物的状态转移研究则刚刚起步。

状态转移的研究需要多学科交叉和大数据支持，特别是长时间系列数据（至少跨越4个年代际）的支持，为了探测系统内部的机制，往往需要跨越几个营养级。借助多元统计分析和多种模型，探测诊断已经出现的状态转移，并预测未来可能发生的状态转移，为生态系统健康评估和管理提供科学依据是当今全球变化和生态响应热点之一。

1.5.3 海洋生物多样性-生态功能的考虑

必须考虑时、空尺度及生物结构尺度，即从基因到生物系统；与生态学过程（如生产力过程、竞争与摄食过程）紧密联系，开展多学科交叉，特别是与生物地化循环相联系。

从功能多样性的角度，应考虑海洋生物多样性在生物地球化学循环中的作用，生态系统生产力和食物网结构。

海洋生物多样性与陆地生物多样性最大的区别在于，它与生态学过程紧密联系在一起，这是基于海洋的三维立体空间，物种的生命周期短，周转率高，微型生物驱动的初级生产力和物质的分解过程，高的门类多样性以及立界分明的沿岸系统生态学过程、离岸的生物海洋学过程和野外的实验生态学。在海洋生物多样性的研究中，既要考虑水层系统的多样性，又需考虑底栖生态系统，包括沉积物环境的多样性。因为两者是借助能流、物质循环和生活史紧密联系在一起的。

除了时间尺度和空间尺度，还应考虑生物结构的尺度，即从基因一直到生态系统。生物多样性的计算不应只停留在一个营养级上，应开展多个营养级功能多样性的比较。海洋生物多样性的生态功能考虑已成为当今海洋生物多样性和生物海洋学的另外一个研究热点（Heip et al., 2003）。

1.5.4 深海或极端条件下化能合成生态系统（ChEss）

ChEss 包括热液、冷泉、鲸骨，以及其他高度还原生境形成的生态系统，是当今国际海洋生物普查计划的现场研究项目之一。由于对极端条件高压、低温、缺氧或无氧环境的适应，该生态系统的研究对全球生物地理学、物种形成、深海资源开发和生命起源探索，具有重大理论意义和潜在的应用价值。

自 1977 年热液生物群落被发现后，在全球海洋系统中 100 多个热液口生物群落中已发现超过 550 种大型底栖动物,其特点是生物量非常高,但生物多样性很低且具有极高比例的地方种。

2010 年在比利时根特大学召开的 ChEss 研讨会,搭建了一个研究还原条件与小型底栖生物的平台 RoMeio,以总结和推动这一年轻的科学领域。已有的成果显示,大型和小型底栖动物的数量与热液排出量呈负相关,小型动物与大型动物的数量呈负相关,暗示与摄食有关。深海自由生活海洋线虫已报道近 700 种,而严格意义的 ChEss 生境中记载的线虫不足 100 种,线虫丰度往往超过邻近正常海底区,但往往单一种占优势,属的丰度与热液和冷渗的溢出呈负相关;冷渗中出现的线虫种和属,类似于栖息在深水处的浅水种,而非典型的深海类群,热液口线虫区系与邻近海底有高度的相似性,说明是对极端条件适应的结果。当前,除了进行小型底栖生物的分类,还应联系特定环境条件开展还原生态系统的整体研究,以及活动性和非活动性化能合成系统之间的过渡带(ecotone)的研究(Vanreusel et al.,2010)。

1.5.5 大尺度的水层-底栖耦合过程的研究

底栖生态系统(底栖生物及沉积环境)作为碳的"汇"对生物泵和全球碳循环的贡献;生物沉降与自然沉降的共同作用对碳循环的作用;有机物质的降解过程及营养盐的再生过程,生物扰动过程及沉积物再悬浮过程;底栖食物网内的各类摄食过程;水层和底栖食物网的 top-down 和 bottom-up 控制过程;与生物地化循环相关的微生物过程。

1.5.6 海洋底栖动物的 DNA 条形编码和分子生物多样性

得益于分子生物学技术(特别是 DNA 和基因组测序技术)和生物信息学的进步,DNA 条形码经过十年的发展为生物科学带来了一场深刻的变革,影响到生物多样性的研究方法并改变了我们对生态系统的认识(详见附录 5)。

参 考 文 献

邓可, 张志南, 黄勇, 等. 2005. 南黄海典型站位底栖动物粒径谱及其应用. 中国海洋大学学报, 35(6): 1005-1010

杜永芬, 张志南. 2004. 菲律宾蛤仔的生物扰动对沉积物颗粒垂直分布的影响. 中国海洋大学学报, 34(6): 1988-1992

黄宗国, 林茂. 2012. 中国海洋物种和图集(上、下卷). 北京: 海洋出版社

莱莉 C M, 帕森斯 T R. 2000. 生物海洋学导论. 张志南, 周红译. 青岛: 青岛海洋大学出版社

李荣冠. 2010. 福建海岸带与台湾海峡西部海域大型底栖生物. 北京: 海洋出版社

李新正, 刘录三, 李宝泉, 等. 2010. 中国海洋大型底栖生物——研究与实践. 北京: 海洋出版社

林岿旋, 张志南, 王睿照. 2004. 东、黄海典型站位底栖动物粒径谱研究. 生态学报, 24(2): 241-245

刘瑞玉, 崔玉珩. 1987. 海洋底栖生物. 见: 中国大百科全书(大气科学、海洋科学、水文科学). 北京: 中国大百科全书出版社

刘瑞玉. 1992. 胶州湾生态学和生物资源. 北京: 科学出版社

宋金明. 1997. 中国近海沉积物-海水界面化学. 北京: 海洋出版社

苏纪兰, 唐启升. 2002. 中国海洋生态系统动力学研究 II——渤海生态系统动力学过程. 北京: 科学出版社

孙松. 2012. 中国区域海洋学——生物海洋学. 北京: 海洋出版社

唐启升. 2012. 中国区域海洋学——渔业海洋学. 北京: 海洋出版社

吴增茂, 俞光耀, 娄安刚. 1996. 浅海环境物理学与生物学过程相互作用研究. 青岛海洋大学学报, 26(2): 165-171

吴增茂, 张新玲, 俞光耀, 等. 2002. 水层-底栖生态动力学的箱式模型研究. 见: 苏纪兰, 唐启升. 中国海洋生态动力学研究Ⅱ渤海生态系统动力学过程. 北京: 科学出版社: 24-25

翟雪梅, 张志南. 1998a. 虾池生态系统能流结构分析. 青岛海洋大学学报, 28(2): 275-282

翟雪梅, 张志南. 1998b. 虾池生态系统浮游生物亚模型. 青岛海洋大学学报, 29(1): 94-106

张志南, 李永贵, 图立红. 1989. 黄河口水下三角洲及其邻近水域小型底栖动物的初步研究. 海洋与湖沼, 20(3): 197-207

张志南, 谷峰, 于子山. 1990a. 黄河口水下三角洲海洋线虫空间分布的研究. 海洋与湖沼, 21(1): 11-19

张志南, 图立红, 于子山. 1990b. 黄河口及邻近海域大型底栖动物的初步研究(一)生物量. 青岛海洋大学学报, 20(1): 37-45

张志南, 图立红, 于子山. 1990c. 黄河口及其邻近海大型底栖动物的初步研究(二)生物与沉积环境的关系. 青岛海洋大学学报 20(2): 45-52

张志南, 周红, 郭玉清. 2000a. 渤海海洋线虫生物多样性的比较研究. 中国学术期刊文摘(科技快报), 6(1): 93-95

张志南, 周宇, 韩洁, 等. 2000b. 应用生物扰动实验系统(Annular Flux System)研究双壳类的生物沉降作用. 青岛海洋大学学报, 30(2): 270-276

张志南, 周红, 郭玉清. 2001a. 黄河口水下三角洲及其邻近水域线虫群结构的比较研究. 海洋与湖沼, 32(4): 436-444

张志南, 周红, 慕芳红. 2001b. 渤海线虫群落的多样性及中性模型分析. 生态学报, 23(6): 120-127

张志南, 周红. 2003. 自由生活海洋线虫的系统分类学. 青岛海洋大学学报, 33(6): 891-900

张志南. 1991. 秦皇岛砂滩海洋线虫的数量研究. 青岛海洋大学学报, 21(1): 63-75

Ankar S. 1977. The soft bottom ecosystem of the Northern Baltic proper with special reference to the macrofauna. Contributions from the Askö Laboratory, 19: 1-62

Baird D, McGlade J M, Ulanowicz R E. 1991. The comparative ecology of six marine ecosystems. Philosophical Transactions of the Royal Society B, 333: 15-29

Baretta J W, Ebenhöh W, Ruardij P. 1995. The European regional seas ecosystem model, a complex marine ecosystem model. Netherlands. Journal of Sea Research, 33(3/4): 233-246

Berner R A. 1980. Early Diagenesis: A Theoretical Approach. Princeton: Princeton University Press

Brusca R C, Brusca G J. 2003. Invertebrates. second edition. Sinauer Associates, Inc.

Cloern J E. 1982. Does the benthos control phytoplankton biomass in South San Francisco Bya. Marine Ecological Progress Series, 9: 191-202

Ebenhöh W, Kohlmeier C, Radford P J. 1995. The benthic biological model in the European reginal seas ecosystem model. Netherlands Journal of Sea Research, 33: 423-452

Giere O. 2009. Meiobenthology the Microscopic Motile Fauna of Aquatic Sediments. second edition. Berlin Heidelberg: Springer-Verlay Press

Gray J S. 1981. The Ecology of Marine Sediments, An Introduction to the Structure and Function of Benthic Communities. Cambridge: Cambridge University Press.

Gray J S, Elliott M. 2009. Ecology of Marine Sediments: from Science to Management, second edition. New York: Oxford University Press.

Han J, Zhang Z N, Yu Z S. 2001. Differences in the benthic-pelagic particle flux (biodeposition and sediment erosion) at intertidal sites with and without clam (*Ruditapes philippinarum*) cultivation in eastern China. Journal of Experimental Marine Biology and Ecology, 261: 245-261

Heip C H R, Hummel H, Van Avesaath P H, et al. 2005. High level scientific conference activity "Biodiversity of coastal marine ecosystems. A functional approach to Coastal Marine

Biodiversity"-Book of abstracts, Renesse, The Netherlands 11-15 May 2003. Netherlands Institute of Ecology- Centre for Estuarine and Marine Ecology: Yerseke, The Netherlands, 85

Higgins R P, Thiel H. 1988. Introduction to the Study of Meiofauna. Washington D C: Smithsonian Institution Press

Hua E, Zhang Z N, Warwick R M, et al. 2013. Pattern of benthic biomass size spectra from shallow waters in the East China Sea. Marine Biology, 160(7): 1723-1736

Hughes R G, Thomas M L. 1971. The classifiaction and ordination of shallow-water benthic samples from Prince Edward Island, Canada. Journal of Experimental Marine Biology and Ecology, 7: 1-39

Kuipers B R, de Wilde PAWJ, Creutzberg F. 1981. Energy flow in a tidal flat ecosystem. Marine Ecological Progress Series, 5: 215-221

Lalli C M, Parsons T R. 1997. Biological Oceanography, An Introduction. second edition. Oxford: Butterworth Heinemann

Mills E L. 1969. The community concept in marine zoology, with comments on continua and instability in some marine communities: A review. Journal of the Fisheries Research Board of Canada, 26: 1415-1428

Peterson C G J. 1914. Valuation of the sea II The animal communities of the Sea bottom and their importance for marine Zoogeography. Reports of the Danish Biological Station, 21: 1-44

Peterson C G J. 1915. On the animal communities of the sea bottom in the Skaggerak, the Charistiania fjord and Danish waters. Reports of the Danish Biological Station, 23: 3-28

Rhoads D C. 1974. Organism-sediment relations on the muddy sea floor. Oceanography and Marine Biology Annual Review, 12: 263-300

Ruppert E E, Fox R S, Barnes R D. 2004. Invertebrate Zoology: A Functional Evolutionary Approach, seventh edition. Belmont: Thomson Brooks Cole

Steele J. 1975. The Structure of Marine Ecosystem. Cambridge, Massachusetts: Harvard University Press

Thorson G. 1957. Bottom communities (sublittoral or shallow shelf). In: Hedgpeth J W. Treaties on marine ecology and palaeoecology, Vol. 1 Ecology. Baltimore: Waverly Press. Memoirs of the Geological Society of America, 67: 461-574

Vanreusel A, Groote A D, Gollner S, et al. 2010. Ecology and biogeography of free-living nematodes associated with chemosynthetic environments in the deep sea: A review. PLoS ONE, 5(8): 1-15

第 2 章 渤海的自然环境

渤海为深入中国大陆的近封闭型海湾（37°07′~41°00′N，117°35′~121°10′E），北起辽东半岛南端的老铁山角，南至山东半岛北端的蓬莱角一线与黄海相隔。渤海东北-西南向长约 555 km，东西向宽约 346 km，面积为 7.7 万 km^2，平均深度为 18 m，深度小于 30 m 的极浅海水域占渤海总面积的 95%，最深处位于老铁山水道西侧 86 m，是西太平洋我国边缘海域中面积最小、深度最浅的海域。海区北、西和南分别为辽东湾、渤海湾和莱州湾。渤海是我国近海生物资源比较丰富的海域，改革开放以来，环渤海地区的海洋产业总值以年均超过 20%的高速率增长，2009 年环渤海经济区海洋生产总值达到 10706 亿元。渤海是我国沿海经济发展的重要基地之一（图 2-1）。

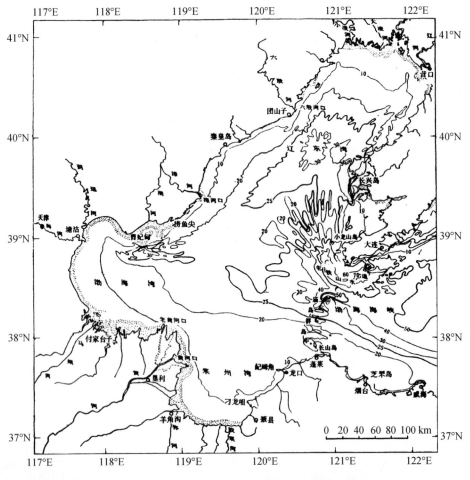

图 2-1 渤海地形及周边情况（中国科学院海洋研究所海洋地质研究室，1985）

2.1 渤海的物理环境特征

注入渤海的河流有 42 条，分属黄河、海河、滦河和辽河四大水系，年径流总量约为 888 亿 m^3，其中黄河径流量最大，多年平均径流量约占入渤海径流量的 78%（李泽刚，2000），但仅为长江的 5%；多年平均输沙量约为长江的 2 倍。黄河径流量及泥沙含量有明显的季节变化和年际变化，1996~2000 年的平均入海水沙量为 1950~1960 年的 1/10 左右（杨作升等，2005），其中的"黄河断流"起至 20 世纪 60 年代，至 80 年代愈演愈烈，至 90 年代，除 1990 年外，每年都发生"断流"，至 1997 年断流天数高达 226 天，黄河的断流给渤海的地形、地貌、沉积环境、营养盐的平衡、海洋生物的初级生产力、生物多样性、渔业资源，以及渤海的水文动力特征带来了极大的负面效应。"黄河断流"概括来说是人类活动和全球变化气候影响的结果，黄河断流的机制研究和生态恢复是 21 世纪我国乃至国际上最重要的前沿科学和重大工程问题之一（王爱军和朱诚，2000）。

渤海海区受季风影响，冬季干寒主要受亚洲大陆高压和阿留申低压活动的影响，多偏北风，平均风速 6~7 m/s。强偏北大风常出现寒潮并伴有大雪，是冬季主要灾害性天气。夏季大风多伴有台风，且常有暴雨和风暴潮，是夏季的主要灾害性天气。

渤海气温变化具有明显的大陆性，1 月平均气温为 -2℃，7 月为 25℃，年温差达 27℃，年平均降水量为 500 mm 左右，其中一半集中在 6~8 月。冬季渤海的水温，由于陆架浅水区对流混合直到海底，表、底层冬季水温分布趋势大体类同，渤海表层水温在 -1.5~3.6℃，夏季，渤海水温为 24~27℃，渤海 6 月温跃层明显，深度在 10~20 m，强度为 1.2~1℃/m，温跃层持续达 5 个月，至 11 月水温垂直分布又恢复到冬季的表、底均一状态（孙湘平，2008）。

渤海的盐度，平均为 30.0，由近岸（26.0 左右）向东部及海峡递增达 31.0，夏季入海径流盛期，河口及邻近海区的盐度降至 24.0，渤海盐度的垂直分布和温度相似，即冬季，表、底均匀，而夏季从 6 月开始存在明显的盐跃层。近几十年来，以黄河为代表的径流量的锐减、降水量减少和蒸发量的增大，导致渤海的盐度分布格局发生重要变化，即渤海海水盐度逐步变咸，2000 年夏季和 2001 年冬季的两次海洋调查表明，冬季，渤海 5 m 层盐度为 32.1~32.7；夏季，渤海表层盐度为 31.5~32.2（鲍献文等，2004；吴德星等，2004），比多年平均结果上升 1.0~2.0，致使渤海盐度高于渤海海峡和北黄海的盐度。

渤海冬季有海冰出现，冰期一般从 11 月中旬到翌年 3 月下旬，结冰范围由辽东半岛顶向南伸展达 120 km，结冰宽度达 8~10 km，厚度可达 0.6 m。渤海湾和莱州湾冰期较短，范围仅为 30 km 左右，近几十年来，冰情开始减轻，冰期锐减（冯士筰等，1999，2007）。

渤海是一个潮汐、潮流显著的海区，但环流弱且相对稳定。渤海的环流包括外海的暖流流系和沿岸流系。黄海暖流的余脉在北黄海北部折向西，由海峡北部入渤海，西进至渤海西海岸受阻分为南北两支。北支沿西海岸进入辽东湾与沿岸流构成顺时针环流（图 2-2）。

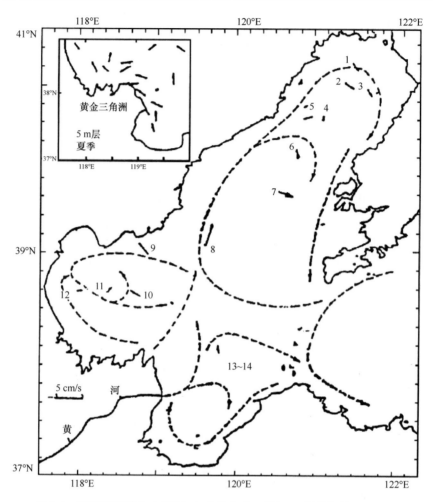

图 2-2 渤海环流模式（虚线）与余流分布（箭矢）（赵保仁等，1995）
图中数字表示石油平台测流的站号，数字旁矢量表示余流的方向，虚线表示环流示意分布

夏季流向情况有些不同，南支沿西海岸边南折进入渤海湾与沿岸流构成逆时针环流，最后由海峡南部流出渤海（赵保仁等，1995）。在莱州湾存在一个顺时针环流（管秉贤，1962；李繁华，1989），在此环流的北部黄河口附近，最大流速可达 20 cm/s，流向为东北，南部湾顶及东部流速较弱，一般为 3~5 m/s。渤海环流的另外一个成分是沿岸流，包括辽东湾沿岸流和渤莱沿岸流。

2.2 渤海的生态环境特征

2.2.1 地形、地貌与沉积环境

渤海是中国近海大陆架上的浅海盆地，由黄河等河流带来大量泥沙堆积而成，水深较浅，海底地形平坦，地形类型单一。按海底地貌可划分为辽东湾、渤海湾、莱州湾、中央盆地和渤海海峡 5 个类型，其中，位于渤海湾和莱州湾之间的黄河口外有发育很好的水下三角洲。三角洲岸线平均每年外延 150~420 m，平均每年造陆面积 23 km²。渤海

沉积物主要来自河流携带入海的陆源物质。三大海湾表层沉积物颗粒较细，向渤海中部逐渐变粗。辽东湾以粗粉砂、细砂为主，渤海湾以粉砂和黏土为主，莱州湾则以粉砂为主，中央盆地为分选良好的细砂，周围为粉砂，海峡北部海底为砾石、粗砂。

2.2.2 营养盐浓度和营养盐结构

渤海海水中溶解无机氮（DIN）年均浓度，从 20 世纪 60 年代初到 80 年代中期，约为 3 μmol/L，到 90 年代中期达 17 μmol/L，至 21 世纪初降到 5 μmol/L 左右，近几年又猛增到 25 μmol/L。渤海海水中的 PO_4^{3-}-P 年均浓度整体出现缓慢降低，再逐渐增加，后又锐降，近几年又有回升的趋势，目前渤海海水中的 PO_4^{3-}-P 年均浓度维持在 0.6 μmol/L 左右。

20 世纪 60 年代至 80 年代中期，渤海 N/P（氮/磷）值远低于 Redfield 比值，DIN 构成浮游植物生长的限制因子，即 N 限制，80 年代中期到 90 年代中期，由于陆地经济和工业的发展，渤海 N/P 值迅速升高，至 21 世纪初期 N/P 值已远超过 Redfield 比值，目前磷已成为渤海浮游植物生长的限制因子，即所谓 P 限制。但营养盐结构有海域差异，研究指出，渤海南部的莱州湾为显著的磷限制（邹立和张径，2001）。

Si/N 值，自 20 世纪 60 年代初至 21 世纪初，渤海海水中的（SiO_3^{2-}-Si）/DIN 值年平均值呈现不规则的缓慢降低趋势，最近的 908 专项调查发现，渤海硅酸盐含量有所升高，但因 DIN 的升高，Si/N（硅/氮）值仍有所下降。

海水-沉积物界面是渤海营养盐的重要内源性输入，大约占渤海营养盐总需求量的 12%（王保栋等，2002）。利用船基沉积物现场培养法，测得 2002 年夏季渤海溶解无机态营养盐交换速率和通量分别为 $F_{SiO_3^{2-}}$：2.59×10^{13} mmol，$F_{PO_4^{3-}}$：2.59×10^{11} mmol，F_{DIN}：8.62×10^{12} mmol。沉积物交换过程提供了 65%的 Si、12%的 P 和 22%的 N，用以维持夏季渤海初级生产力（王修林等，2007）。

2.2.3 生物群落特征

海洋浮游植物和初级生产力是海洋食物链的基础环节，也是驱动海洋生态系统结构、功能和能量运转的有机物质来源。渤海的叶绿素和初级生产力具有典型的一般温带特征，由于受到沿岸工业化和城镇化等人类活动的影响，也显示出一定的富营养化特征。

渤海浮游植物群落基本上由硅藻和甲藻构成，硅藻占绝对优势，近几十年来，甲藻所占比例显著地增加，这与 N/P 值明显升高和 Si/N 值显著下降有关。浮游群落组成中，>20 μm 的小型浮游植物占有重要地位，春季所占比例达到 83.1%。

渤海叶绿素 a 浓度一般在 1 mg/m^3 以上，莱州湾海域最高可达 5 mg/m^3 以上。一般的分布规律是近岸高、中部低，季节变化为双峰形，峰值一般出现在春季和夏末秋初，与温带海域浮游植物的生物量变化相一致。渤海初级生产力夏季最高，平均初级生产力一般在 400 mg C /(m^2·d)，春季平均为 300 mg C/(m^2·d)，冬季最低小于 150 mg C /(m^2·d)。（吕瑞华等，1999；孙军等，2002；赵赛等，2004；孙松，2012）。

至今，渤海浮游动物共记录 99 种，幼虫 17 类，水母类物种多样性最高，其次为桡足类，近几十年来暖水性和大洋性种类出现频率和数量均有所增加。浮游桡足类对浮游植物现存量的摄食压力为 5%~12%，对初级生产力的摄食压力为 53%~87%，其中，中小型桡足类对浮游植物的种群变动起到主要的调控作用（孙松，2012）。

渤海大型底栖动物至今已记录 413 种，物种多样性的高低依次为环节动物多毛类（131 种）、甲壳动物（110 种）、软体动物（95 种）、棘皮动物（20 种）和其他类群（57 种）。

渤海大型底栖动物生物量为 19.83 g/m^2，软体动物占绝对优势，其次是多毛类、棘皮动物、甲壳动物和其他类生物，总的趋势是生物量与往年相比明显下降。渤海大型底栖动物密度为 474 ind/m^2，其中多毛类和软体动物分别为 42.2%和 32.8%。

2.2.4 渤海的渔业资源

1. 渔业生物种类组成

2006~2008 年 4 个季节的底拖网调查，共捕获渔业生物 135 种，其中，鱼类 83 种，无脊椎动物 52 种。83 种鱼类中属于渤海地方性种群、能在渤海越冬的有 36 种，占捕获鱼类总数的 54.5%，不在渤海越冬、做长距离洄游的有 30 种，占捕获鱼类总数的 45.5%。按栖息水层，底层或近底层生活的有 49 种，占捕获鱼类总数的 74.2%；中上层鱼类有 17 种，占捕获鱼类总数的 25.8%。按食性类型，底栖动物食性 36 种，占捕获鱼类总数的 54.5%；浮游动物食性有 14 种，占捕获鱼类总数的 21.2%。浮游动物食性的有 13 种，占捕获鱼类总数的 19.7%；碎屑或植物食性的有 3 种，占捕获鱼类总数的 4.5%。

在渤海近岸水域中，经济价值比较大的种类是赤鼻棱鳀、黄鲫、鳀、银鲳、斑鲦和蓝点马鲛，这 6 种鱼类均属于浮游生物食性的中小型、中上层鱼类。

渤海近岸重要的经济无脊椎动物依次是口虾蛄、三疣梭子蟹、火枪乌贼、日本蟳和鹰爪虾，合计约占 90%。

2. 资源变动及渔业结构变化

20 世纪 50 年代至 60 年代渤海捕捞对象主要是经济价值比较大的种类，如中国明对虾、小黄鱼、三疣梭子蟹、银鲳、带鱼、真鲷、花鲈等，随着捕捞船只的机动化和网具的改革，绝大部分经济种类已被捕捞过度。50 年代至 80 年代初期，渤海的年渔获量波动在 28×10^4~32×10^4 t。近 20 年来，渔业资源的种类组成和数量发生了显著的变化，营养级较高的重要经济种类小黄鱼和棘头梅童鱼，这两种优势底层鱼类或者被营养级较低的底层鱼类小带鱼取代，或被营养级更低的中、上层鱼类，如赤鼻棱鳀和斑鲦所取代，单位捕捞量渔获量（CPUE）急剧下降，渔业资源处于全面过度开发利用状态（唐启升，2012）。

2.3 渤海底栖环境因子的分布特征

2.3.1 方法概述

1. 研究海域与站位

研究样品分别于 2008 年 8 月和 2009 年 6 月采自 37°~41°N，118°~122°E 的渤海海域，共计 33 个站位，站位分布见图 2-3。

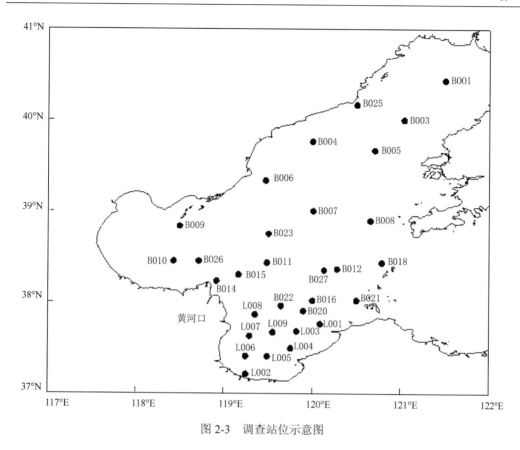

图 2-3 调查站位示意图

2. 取样及样品分析方法

（1）取样方法

利用改进型 Gray-O'Hara 0.1 m² 箱式取样器采集沉积物样品，使用内径 2.9 cm 的小采样管（由注射器改造）取表层 0~8 cm 沉积物 4 个芯样，2 个芯样按 0~2 cm、2~5 cm、5~8 cm 分别装袋，用于叶绿素 a 和脱镁叶绿酸分析；另 2 个芯样用于沉积物有机质含量和粒度分析。所有样品–20℃低温遮光保存，带回实验室进行分析。由 CTD 提供水文资料，包括水深、底层水温度和盐度等。

（2）测定方法

沉积物粒度的测定参照 GB/T 12763.8—2007，2007 年颁布的海洋调查规范（第 8 部分，海洋地质地球物理调查）中沉积物粒度的测定方法进行。本研究使用激光粒度分析仪测定沉积物粒度参数。激光粒度分析仪的基本原理是根据光的散射现象，即颗粒越小散射角越大的现象（可称为静态光散射）进行测定。采用激光粒度分析仪操作简便、重复性好、测量速度快。

叶绿素 a 和脱镁叶绿酸的测定参照 GB/T 12763.6—2007，2007 年颁布的海洋调查规范（第 6 部分，海洋生物调查）中的荧光分光光度法进行测定。取湿样 2 g 左右，放入离心管中，加入 10 ml 90%丙酮溶液，同时加入少量碱式碳酸镁，拧紧瓶盖，低温避光，振荡摇匀置于冰箱冷藏室中 24 h 后,以 4000 r/min 的转速离心 15 min,萃取沉积物中的叶绿素 a 和脱镁叶绿酸,使用日本岛津公司生产的 RF-5301PC 荧光计测定样品的荧光光度值,根据王荣在 1986 年提出的修正公式进行计算。

有机质测定参照 GB/T 12763.8—2007,2007 年颁布的海洋调查规范(第 8 部分,海洋地质地球物理调查)中的有机质测定方法进行。在加热条件下,用一定量的标准重铬酸钾-硫酸溶液来氧化有机碳,多余的重铬酸钾用硫酸亚铁标准溶液回滴,从所耗去的重铬酸钾计算出有机碳含量,然后乘以 1.724(假定有机质含碳量平均值为 58%),即得有机质含量。

3. 数据处理与统计分析

本研究使用 Surfer8.0 软件绘制站位图分布和等值线图。为了解环境因子的分布规律及关系,应用统计软件 SPSS17.0 对获得的数据进行相关分析。另外,采用大型多元统计软件(Plymouth:PRIMER5.0),包括等级聚类(Cluster)、非度量多维标度(MDS)、主分量分析(PCA)、相似性分析检验(ANOSIM)、相似性百分比分析(SIMPER)研究海域沉积环境特征。

2.3.2 渤海海域水深的分布特征

研究海区平均水深为 19.2 m(3~37.9 m),海区整体水深较浅,莱州湾、辽东湾以及近岸水域水深普遍小于 20 m,最浅处水深为 3 m,出现在莱州湾海域的 L007 站位(37.63°N,119.29°E)。1976 年黄河改道莱州湾入海后入海泥沙中的细颗粒泥沙大部分在莱州湾中、南部沉淤(蔡德陵和蔡爱智,1993),因此莱州湾海域大部分站位水深都在 15 m 以下。旅顺港附近海域水深较深,最深水位出现在 B008 站位(38.89°N,120.65°E),水深为 37.2 m。水深由黄河口及海湾沿岸向外逐渐增加,但加深不是十分明显(图 2-4)。

2.3.3 渤海海域底层水温与盐度分布的变化趋势

渤海海域是相对封闭的内海,同时受到黄河、辽河等入海河流冲淡水的影响,因此渤海海域尤其是莱州湾海域的温、盐分布与黄河径流量有密切联系。

1. 底层水温的变化趋势

200808 航次调查的渤海海域底层平均水温为(22.96±2.20)℃,夏季淡水入海的增温作用对底层水温也有所影响,由分布图(图 2-5)可以看出,黄河口及其邻近海域底层水温较高;同时受陆地工业等影响,环渤海近岸底层水温也普遍较高,底层水温由近岸向外海逐渐降低,调查海区东部靠近外海的区域底层水温较低。200906 航次的调查范围主要是莱州湾海域,底层平均水温为(18.87±2.43)℃,因采样时间的不同,比其他区域平均温度低。

2. 底层盐度的变化趋势

调查站位盐度普遍较低,低于 32。最低盐度出现在莱州湾海域的 L007 站位

第 2 章 渤海的自然环境

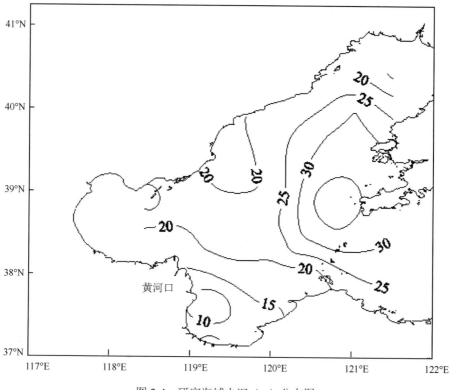

图 2-4 研究海域水深（m）分布图

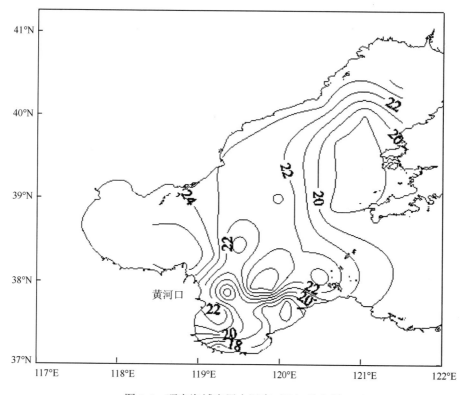

图 2-5 研究海域底层水温度（℃）分布图

（37.63°N，119.29°E，图 2-6），且莱州湾部分区域盐度低于平均水平，可能是受到黄河冲淡水影响的原因。底层盐度和底层水温没有体现明显的相关性（ANOVA，$P>0.05$），但底层盐度和水深呈极显著的正相关（Pearson's $r = 0.798$；$P<0.01$）。

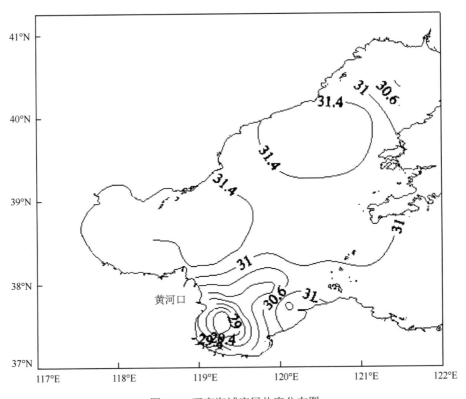

图 2-6 研究海域底层盐度分布图

2.3.4 渤海海域沉积物的粒度特征与类型

由图 2-7 可以看出，研究海域沉积物的粉砂-黏土含量由黄河口及近岸海域向外海逐渐降低，粉砂-黏土含量的高值区主要分布在黄河口外水下三角洲及以西的近岸水域。受海洋动力学因素的影响，大量泥沙在黄河口下端沉降，形成粉砂-黏土含量很高的水下三角洲，另外一些悬浮颗粒随海流继续飘移，在距离河口更远的区域沉积。由近岸向外，随水深的增加沉积物中砂含量逐渐增加。

中值粒径（MD_ϕ）的分布规律与粉砂-黏土含量分布趋势一致（图 2-7 和图 2-8），两者呈极显著的正相关（Person's $r = 0.864$；$P<0.01$）。

研究海域沉积物类型受入海泥沙和海洋动力学因素的影响而具有较复杂的分布趋势。主要优势类型为黏土质粉砂（YT），粉砂-黏土含量 82.25%~98.87%，中值粒径 5.43~6.95；另外一种为砂质粉砂（ST），粉砂-黏土含量 60.99%~82.86%，中值粒径 4.15~5.13。

2.3.5 沉积物有机质分布及变化趋势

调查海区有机质平均含量为 1.17%±0.68%，最高值出现在 40°N、120°E 附近的 B004

第 2 章 渤海的自然环境 ·23·

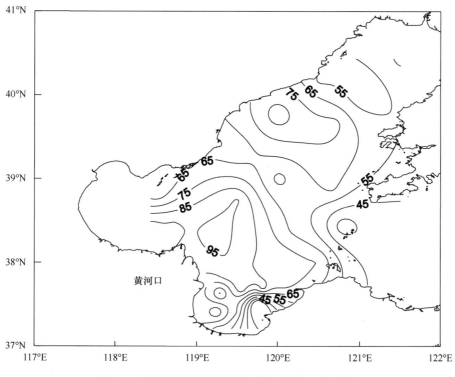

图 2-7 研究海域沉积物粉沙-黏土含量（%）分布

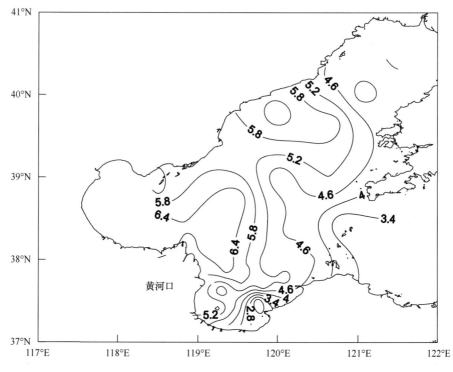

图 2-8 研究海域沉积物中值粒径分布

站位（2.99%），最低值出现在位于 37.5°N、119.8°E 的 L004 站位（0.16%）。由其分布图（图 2-9）可以看出，两个高值区分别位于黄河入海口附近以及靠近秦皇岛的近岸区域。有机质的高值区和粉砂-黏土含量的高值区分布基本一致（图 2-7、图 2-9）。6~8 月的夏季，黄河径流量相对较大，冲淡水的影响较广。黄河入海带来的陆源有机碎屑进入河口并向外扩散，一部分在黄河口外水下三角洲区沉积，使该海区有机质含量增加；另外还有一部分碎屑在不稳定的沉积环境下难以沉积，随冲淡水继续向外扩散，使得黄河口外的部分区域有机质含量增加。海峡附近的区域受淡水冲淡作用较弱，沉积于底层的有机质含量也相对较低。莱州湾海域沉积物中有机质含量也普遍较低，可能是受到 1998 年以来黄河入海口由东南方向入海改道东北方向入海的影响。

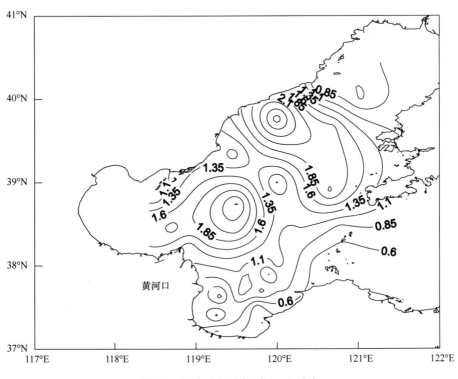

图 2-9 研究海域有机质（%）分布

2.3.6 沉积物叶绿素 a 和脱镁叶绿酸分布及变化趋势

底栖藻中除了各种大型藻以外，还有许多微藻，主要是硅藻，有时还含有一些海水中沉降到沉积物中的其他浮游藻。这些微藻是小型底栖动物的主要摄食对象，由此启动了整个底栖食物链（吴以平和刘晓收，2005）。沉积物中叶绿素 a（Chl-a）的含量表示底栖动物食物的重要来源及底质环境状况的好坏，脱镁叶绿酸（Pheo-a）的高低反映了底质中已降解的活性物质或死亡植物的多寡。

1. 沉积物叶绿素 a 和脱镁叶绿酸的水平分布

调查海区叶绿素含量总体较低，沉积物中 Chl-a 平均含量为（0.812±0.643）µg/g。

Chl-a 最高浓度值出现在靠近渤海海峡的 B008 站位 [(2.663±0.592) μg/g],并且在靠近渤海海峡的海区(L001)形成两个高浓度区。最低浓度值出现在莱州湾海域的 L004 站位 [(0.041±0.008) μg/g],黄河口附近形成低值区。Chl-a 浓度呈现由黄河口向邻近海域逐渐增加、由近岸向海峡方向逐渐增加的趋势(图 2-10)。在靠近黄河口的站位,虽然有入海淡水带来的大量陆源有机碎屑和营养盐,但是同时受到大量入海泥沙的影响,水体中悬浮体含量高,海水透明度低,各种底栖藻类难以存活,浮游藻类的生长也受到限制。因而 Chl-a 的含量相对较低。随离岸距离的增加悬浮体含量减少(杨光复等,1992),海水透明度增加,有利于底栖和浮游藻类的生长。

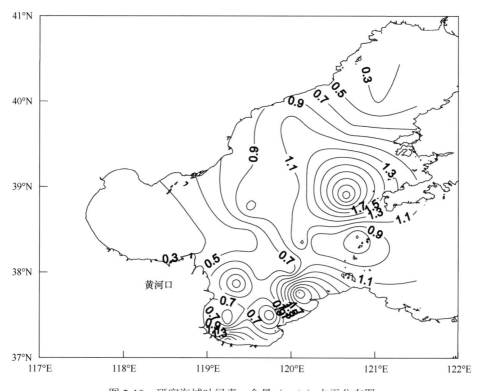

图 2-10　研究海域叶绿素 a 含量(μg/g)水平分布图

脱镁叶绿酸的水平分布与叶绿素 a 的分布趋势基本一致,平均含量为 (2.543±1.628) μg/g。在靠近渤海海峡的海区形成两个高浓度区,而近黄河入海口的站位表现为低浓度区(图 2-11)。

2. 沉积物叶绿素 a 和脱镁叶绿酸的垂直分布

沉积物表层(0~2 cm)、次表层(2~5 cm)和深层(5~8 cm)中,叶绿素 a(Chl-a)含量的变化范围分别是 0.060~5.363 μg/g、0.022~3.212 μg/g 和 0.073~0.917 μg/g,平均含量分别是 (1.174±1.103) μg/g、(0.745±0.636) μg/g 和 (0.408±0.253) μg/g,50.5%的 Chl-a 分布在表层。沉积物表层、次表层和深层中,脱镁叶绿酸(Pheo-a)含量的变化范围分别是 0.196~13.474 μg/g、0.084~8.457 μg/g 和 0.532~2.961 μg/g,平均含量分别为

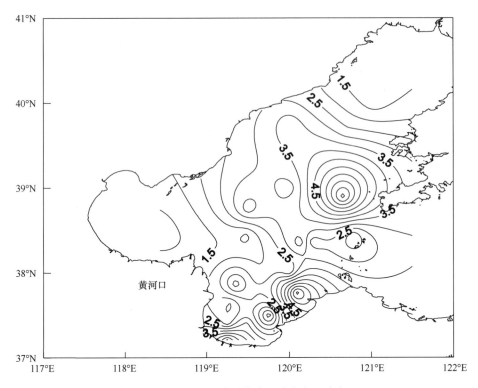

图 2-11 研究海域脱镁叶绿酸的水平分布

（3.505±2.726）μg/g、（2.388±1.645）μg/g、（1.520±0.684）μg/g，平均 47.28% 的 Pheo-a 分布在表层。Chl-a 和 Pheo-a 的垂直空间分布见图 2-12 和图 2-13。

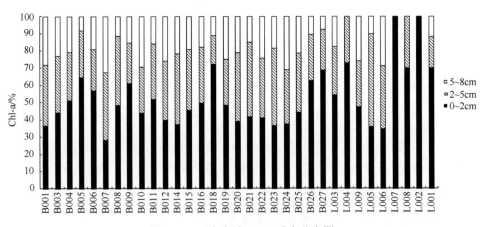

图 2-12 研究海域 Chl-a 垂直分布图

由以上分析可知，Chl-a 和 Pheo-a 的分布趋势基本一致。沉积物中 Chl-a 和 Pheo-a 的含量高低受海水中营养盐、海水透明度和沉积物特性等多种因素的影响。Pearson's 2-tailed rank Correlation 相关分析表明，研究海域 Chl-a 和 Pheo-a 含量与水温呈极显著的正相关（$P<0.01$），详见表 2-1。

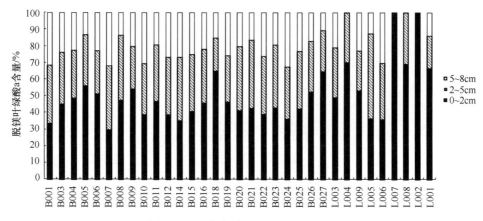

图 2-13 研究海域 Pheo-a 垂直分布图

表 2-1 沉积物叶绿素 a 和脱镁叶绿酸的相关系数

沉积物垂直分层	Chl-a (0~2 cm)	Chl-a (2~5 cm)	Chl-a (5~8 cm)	Chl-a (0~8 cm)	Pheo-a (0~2 cm)	Pheo-a (2~5 cm)	Pheo-a (5~8 cm)
Chl-a (2~5 cm)	0.771**						
Chl-a (5~8 cm)	0.691**	0.800**					
Chl-a (0~8 cm)	0.955**	0.915**	0.830**				
Pheo-a (0~2 cm)	0.992**	0.783**	0.705**	0.953**			
Pheo-a (2~5 cm)	0.772**	0.990**	0.809**	0.911**	0.794**		
Pheo-a (5~8 cm)	0.670**	0.774**	0.977**	0.804**	0.693**	0.804**	
Pheo-a (0~8 cm)	0.942**	0.915**	0.841**	0.992**	0.955**	0.927**	0.834**

**表示显著性 $P<0.01$。

2.3.7 渤海海域底栖环境的主成分分析

对各站位的环境因子进行主成分（PCA）分析，从分析结果可以看出（图 2-14、表 2-2），两个排序轴保留的信息量占总信息量的 56.2%。对第一主分量贡献较大的是沉积物的 Chl-a 浓度 (0.559)、Pheo-a (0.551)、底层水温 (−0.425)；对第二主成分影响较大的因素是中值粒径 (0.502)、底层盐度 (0.472)、有机质含量 (0.451)、粉砂-黏土含量 (0.411) 和水深 (0.345)。

从 PC1 轴上，从左到右代表了沉积物的 Chl-a 浓度、Pheo-a 逐渐变大，而底层水温逐渐减小。在 PC2 轴上，从下到上代表沉积物的中值粒径、底层盐度、有机质含量和粉砂黏土含量逐渐变大。

2.3.8 各环境因子间的相关性

对研究海域受测环境因子进行 Pearson's 相关分析揭示了各环境因子间的相关关系（表 2-3）。沉积物有机质含量和粒度参数（中值粒径、粉砂黏土含量）间存在极显著的正相关（表 2-3，$P<0.01$），与底层盐度和水深呈正相关（表 2-3，$P<0.05$）。

Chl-a、Pheo-a 和底层水温之间呈现出极显著的负相关（表 2-3，$P<0.01$），Pheo-a 还和粉砂-黏土含量呈现出显著的正相关（表 2-3，$P<0.05$）。

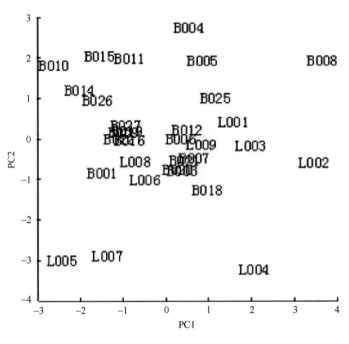

图 2-14 渤海海域环境变量主成分分析排序图

表 2-2 被测环境变量主成分分析结果

环境因子	PC1 轴	PC2 轴	PC3 轴	PC4 轴	PC5 轴
水深/m	0.228	0.345	−0.476	0.281	0.123
底层水温/BWT ℃	−0.425	0.116	−0.168	−0.563	0.669
底层盐度/BWS	0.145	0.472	−0.369	0.297	0.248
粉砂-黏土含量/%	−0.255	0.411	0.492	0.162	0.056
中值粒径 MD/ϕ	−0.25	0.502	0.388	0.157	−0.064
Chl-a（0~8 cm）/（μg/g）	0.559	0.076	0.314	−0.147	0.21
Pheo-a（0~8 cm）/（μg/g）	0.551	0.12	0.269	−0.274	0.243
有机质含量/%	0.053	0.451	−0.212	−0.606	−0.605
贡献率/%	30.6	26.6	22.3	10.3	6.0

表 2-3 环境因子间的相关系数

环境因子	水深/m	底层水温/℃	底层盐度	粉砂-黏土含量/%	中值粒径/ϕ	Chl-a/（μg/g）	Pheo-a/（μg/g）
底层水温/℃	−0.032						
底层盐度	0.798**	−0.010					
粉砂-黏土含量/%	0.054	0.151	0.057				
中值粒径/ϕ	0.043	0.166	0.158	0.867**			
Chl-a/（μg/g）	0.089	−0.543**	0.043	0.273	0.105		
Pheo-a/（μg/g）	0.153	−0.478**	0.070	0.431*	0.242	0.977**	
有机质含量/%	0.404*	0.143	0.386*	0.520**	0.747**	−0.003	0.106

** 表示显著性 $P<0.01$；* 表示显著性 $P<0.05$。

沉积物中 Chl-a、Pheo-a 和有机质含量等生物环境因子与非生物环境因子粉砂-黏土含量、中值粒径、底层水温、底层盐度、水深等的相关分析（BVSTEP 分析）显示，沉积物中值粒径和底层盐度对其影响最为突出（$r = 0.438$）。

2.3.9 渤海底栖环境因子的分布特征及影响因子

根据沉积物类型的分布规律可以将研究海域划分为 2 个不同的沉积物类型区，分别代表莱州湾及黄河口邻近水域（Ⅰ区），渤海中部和辽东湾水域（Ⅱ区，图 2-15、图 2-16）。ANOSIM 检验证实了 2 个区域间受测环境因子的显著差异（$R=0.286$，$P<0.01$）。

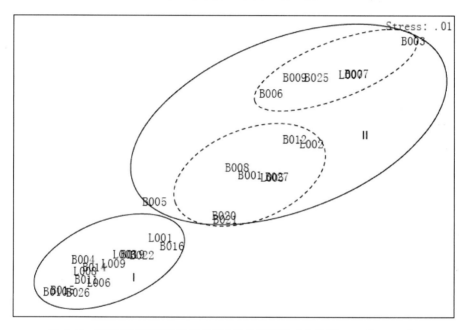

图 2-15　研究海域沉积物粒度参数 MDS 排序图（未排序 L004 和 B018）

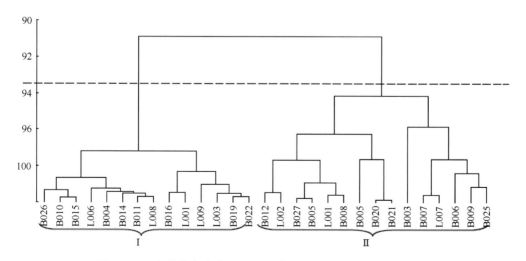

图 2-16　沉积物粒度参数 Cluster 聚类图（未包括 L004 和 B018）

Ⅰ区以黏土质粉砂（YT）为主，粉砂-黏土含量80%，平均中值粒径（MD$_\phi$）5.43，包括站位：B010、B011、B014、B015、B016、B019、B020、B022、B026、L001、L002、L003、L004、L005、L006、L007、L008、L009。该区位于莱州湾及黄河口邻近水域，有机质含量和Chl-a、Pheo-a浓度较低。

Ⅱ区以粉砂质砂（TS）和砂质粉砂（ST）为主，粉砂-黏土含量64%，平均中值粒径（MD$_\phi$）4.92，包括站位：B001、B003、B004、B005、B006、B007、B008、B009、B012、B018、B021、B023、B025、B027。该区包括渤海中部及辽东湾站位，有机质含量及Chl-a、Pheo-a浓度均较Ⅰ区高。

渤海底质沉积物类型的分布与沿岸河流所携带的入海泥沙密切相关。渤海沉积物主要来自周边的河流入海物质、外海进入和大气沉降物质，其中河流入海物质对渤海沉积物的贡献量大，约占90%，并以黄河、辽河、滦河等为主（乔淑卿等，2010）。黄河多年平均入海泥沙为778 Mt，其中2/3以上堆积在河口附近形成三角洲，其余的向口门外的沿岸区和陆架区扩散，主要是泥沙的细粒级部分（乔淑卿等，2010）。莱州湾及黄河口邻近水域（Ⅰ区）受到黄河径流影响，泥沙淤积和冲淡水的影响在沉积物粒度特征、水深和表层盐度上的体现最为明显。入海河流泥沙中细颗粒直接或通过悬浮的方式被搬运，并在河口以外的地区沉积，因此Ⅱ区内的粉砂-黏土含量也偏高，砂含量由近岸到靠近外海的区域逐渐增大，沉积物类型由砂质粉砂转变为粉砂质砂。

研究海域沉积物中Chl-a、Pheo-a和有机质含量等生物环境因子的分布与非生物环境因子粉砂-黏土含量、中值粒径、底层水温、底层盐度、水深等的异质性有关，尤其是沉积物粒度参数和底层水温。

本研究中，沉积物的有机质含量与粒度参数（中值粒径、粉砂-黏土含量）间存在显著的正相关表明，沉积物粒度是影响有机质水平分布更为直接的因素之一。由于沉积物颗粒越细，透气性越差，容易形成缺氧状态，不利于有机质的分解，因此有机质含量也就较高。Chl-a、Pheo-a则受底层水温和粉砂-黏土含量的影响较多。夏季，黄河径流量较大，冲淡水对渤海海域的影响较广，底层水温在一定程度上代表了夏季高温陆源冲淡水对海区的影响。靠近河口的站位受河水冲淡作用底层温度较高，同时水体因富含泥沙和有机碎屑透明度较低，不利于浮游藻类和底栖藻类的生长，叶绿素a含量较低。

2.3.10 与历史资料的比较

与远克芬1990年在黄河口及邻近海域所做的调查相比（表2-4），本节所研究的海域的叶绿素a、脱镁叶绿酸和有机质含量都与其相差不大（远克芬，1990）。但是从周红等（Zhou et al.，2007）对渤海海域20世纪80年代和90年代所做的统计来看，本次研究渤海海域的粉砂-黏土含量有所下降，中值粒径与历史资料相比也偏低，这可能与黄河径流量的变小有关。一方面，与我国其他海域近年来的资料（王家栋等，2009；华尔等，2005）相比，本节获得的渤海海域叶绿素a、脱镁叶绿酸和有机质含量都比黄海、东海和南海等外海略高，沉积物颗粒也更细，这是因为渤海受陆源影响较大的缘故。另一方面，与长江口及其邻近海域和其他河流入海口相比，渤海海域的叶绿素a、脱镁叶绿酸和有机质含量却偏低，这可能与黄河径流量偏低有关。

表 2-4 研究海域环境因子与历史资料及其他海域的比较

研究区域及时间	Chl-a/(μg/g)	Pheo-a/(μg/g)	有机质含量/%	粉砂-黏土含量/%	中值粒径/φ	文献
渤海 2008 年 8 月和 2009 年 6 月	0.812±0.643	2.543±1.628	1.17±0.68	72.2	5.15	本章
渤海 20 世纪 80 年代	—	—	0.54	85.6	5.29	Zhou et al., 2007
渤海 20 世纪 90 年代	—	—	2.65	87.0	6.96	Zhou et al., 2007
黄河口及邻近海域 1990 年	0.78	2.8	0.26~2.2	—	—	远克芬, 1990
长江口及邻近海域 2003 年 6 月	2.469	5.656	8.09	—	—	华尔等, 2005
长江口及邻近海域 2004 年 9 月	1.784	5.689	0.92	—	—	华尔, 2006
黄海 2007 年 9 月~2007 年 10 月	0.26	1.20	1.08	—	4.4	王家栋等, 2009
东海 2007 年 9 月~2007 年 10 月	0.60	2.39	1.03	—	5.0	王家栋等, 2009
南海 2007 年 9 月~2007 年 10 月	0.08	0.47	1.50	—	5.0	王家栋等, 2009
西班牙 Palmones River Estruary 2004 年	0.52~15.19	—	—	—	—	Moreno and Niell, 2004

2.3.11 小结

1）渤海海域总体水深较浅，底质类型受黄河入海泥沙影响，主要优势类型为黏土质粉砂和砂质粉砂。调查季节为夏季，底层水温和盐度受黄河水冲淡作用的影响较大。

2）沉积物中的叶绿素 a 和脱镁叶绿酸是同源的，是由浮游藻类沉降到底部或底栖藻类形成的。影响二者分布的主要环境因子是底层水温和粉砂-黏土含量。

3）影响研究海域有机质含量的主要因子是沉积物的粒度，与陆源有机碎屑的沉降以及底层泥沙的悬浮和沉降密切相关。另外，底层盐度和水深也对其分布有一定影响。

4）根据沉积物类型的分布规律可以将研究海域划分为 2 个不同的沉积物类型区，分别代表莱州湾和黄河口邻近水域（Ⅰ区）及渤海中部和辽东湾水域（Ⅱ区）。

5）渤海海域叶绿素 a、脱镁叶绿酸和有机质含量高于我国其他海域，但低于长江口及其邻近海域。与同海域历史资料的比较显示，叶绿素 a、脱镁叶绿酸和有机质含量在不同年份相差不大，但粉砂-黏土含量和中值粒径都有所降低，沉积物颗粒变粗。

参 考 文 献

鲍献文, 万修全, 吴德星, 等. 2004. 2000 年夏季和翌年初冬渤海水文特征. 海洋学报, 126(1): 13-24
蔡德陵, 蔡爱智. 1993. 黄河口有机碳同位素地球化学研究. 中国科学(B 辑), 23(10): 1105-1112
冯士筰, 李凤岐, 李少菁. 1999. 海洋科学导论. 北京: 高等教育出版社
冯士筰, 张径, 魏皓, 等. 2007. 渤海环境动力学导论. 北京: 科学出版社
管秉贤. 1962. 有关我国近海海流研究的若干问题. 海洋与湖沼, 4(3-4): 121-141
华尔. 2006. 长江口及其邻近海域小型底栖生物群落结构和多样性研究. 中国海洋大学博士学位论文.

华尔, 张志南, 张艳. 2005. 长江口及邻近海域小型底栖动物丰度和生物量. 生态学报, 25(9): 2234-2242

李繁华. 1989. 山东近海水文图集与水文状况. 济南: 山东省地图出版社

李泽刚. 2000. 黄河口附近海域水文要素基本的特征. 黄渤海海洋, 18(3): 20-28

吕瑞华, 夏滨, 李宝华, 等. 1999. 渤海水域初级生产力10年间的变化. 黄渤海海洋, 17(3): 80-86

乔淑卿, 石学法, 王国庆, 等. 2010. 渤海底质沉积物粒度特征及输运趋势探讨. 海洋学报, 32(4): 139-147

孙军, 刘东艳, 杨世民, 等. 2002. 渤海中部和渤海海峡及邻近海域浮游植物群落结构的初步研究. 海洋与湖沼, (5): 461-471.

孙松. 2012. 中国区域海洋学——生物海洋学. 北京: 海洋出版社

孙湘平. 2008. 中国近海区域海洋. 北京: 海洋出版社

唐启升. 2012. 中国区域海洋学——渔业海洋学. 北京: 海洋出版社

王爱军, 朱诚. 2000. 黄河断流对全球气候变化的响应. 自然灾害学报, 11(2): 103-107

王保栋, 单宝田, 藏家业. 2002. 黄、渤海无机氮的收支模式初探. 海洋科学, 26(2): 33-36

王家栋, 类彦立, 徐奎栋, 等. 2009. 中国近海秋季小型底栖动物分布及与环境因子的关系研究. 海洋科学, 33: 62-70

王荣. 1986. 荧光法测定浮游植物色素计算公式的修正. 海洋科学, 10(5): 1-5

王修林, 辛宇, 石峰, 等. 2007. 溶解无机态营养盐在渤海沉积物-海水界面交换通量研究. 中国海洋大学学报, 7(5): 795-800

吴德星, 万修全, 鲍献文, 等. 2004. 渤海1958年和2000年夏季温盐场及环流结构的比较. 科学通报, 49(3): 287-369

吴以平, 刘晓收. 2005. 青岛湾潮间带沉积物中叶绿素的分析. 海洋科学, 29(11): 8-12

杨光复, 吴景阳, 高明德, 等. 1992. 三峡工程对长江口区沉积结构及地球化学特征的影响. 海洋科学集刊, 33: 69-108

杨作昇, 戴慧敏, 王开荣. 2005. 1950~2000年黄河入海水沙的逐日变化及其影响因素. 中国海洋大学学报, 35(2): 237-244

远克芬. 1990. 黄河口及邻近海域沉积物中的叶绿素和有机质. 青岛海洋大学学报, 20(1): 46-51

赵保仁, 庄国文, 曹德明, 等. 1995. 渤海、黄海和东海的潮余流特征及其对沉积物分布的影响. 海洋与湖沼, 26(5): 466-473

赵赛, 田纪伟, 赵仁兰, 等. 2004. 渤海冬夏季营养盐和叶绿素a的分布特征. 海洋科学, 28(4): 34-39

中国科学院海洋研究所海洋地质研究室. 1985. 渤海地质. 北京: 科学出版社

邹立, 张径. 2001. 渤海春季营养盐限制的现场实验. 海洋与湖沼, 32(6): 672-678

Moreno S, Niell F X. 2004. Scales of variability in the sediment chlorophyll content of the shallow Palmones River Estuary, Spain. Estuarine, Coastal and Shelf Science, 60: 49-57

Zhou H, Zhang Z N, Liu X S, et al. 2007. Changes in the shelf macrobenthic community over large temporal and spatial scales in the Bohai Sea, China. Journal of Marine Systems, 67: 312-321

第 3 章　渤海生源要素的地球化学循环

随着环渤海经济的迅速发展，渤海近岸的污染情况越来越严重，大量陆源物质的输入，导致渤海海域水质恶化，生物资源衰退，赤潮频繁发生，因此对渤海海域的生态环境的研究就显得尤为重要。本书拟在进一步认识渤海海域营养盐的组成、沉积物中营养盐的再生及其调控因素，以及渤海不同营养盐的来源，希望能够为渤海海域生态环境的保护和治理提供一定的理论依据。

3.1　样品采集及预处理

2008 年 8 月 26 日至 9 月 11 日在渤海大部分海域（莱州湾除外）及 2009 年 6 月 1 日至 6 月 3 日在渤海莱州湾海域进行采样调查，采样站位见图 3-1（以"B"开头的站位代表 2008 年航次，以"C"开头的站位代表 2009 年航次）。海水样品使用 Niskin 采水器采集，样品采集后用 Nalgen 滤器和 0.45 μm 的醋酸纤维膜进行过滤，过滤后的样品装入聚乙烯瓶中加氯化汞固定保存；沉积物使用箱式采泥器采集，然后用内径为 10 cm 的

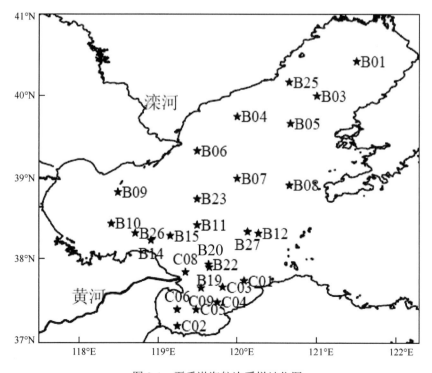

图 3-1　夏季渤海航次采样站位图

有机玻璃管垂直插入沉积物中取得柱状沉积物样品,在采样后 4 h 内分层切割沉积物(前 2 cm 间隔 0.5 cm 进行切割,2 cm 以后间隔 1 cm 切割一层),间隙水采用 Rhizon sampler 间隙水采样器在现场采集,样品采集后装入聚乙烯小瓶中加氯化汞固定保存(Seeberg-Elverfeldt et al., 2005)。

2009 年 6 月在莱州湾的 C01 站位,用高度为 30 cm、内径为 5 cm 的有机玻璃管(16 根)采集无扰动的柱状沉积物样品,用于在船上实验室进行沉积物-水界面交换受控培养。有机玻璃管内沉积物深度为 15 cm,在沉积物上方缓慢加入现场采集的底层海水(未过滤),水深为 15 cm,尽量避免扰动沉积物。培养柱底部采用橡胶塞密封,顶部采用特制的有机玻璃盖和硅胶圈密封并排除气体。管盖有一个进水口和一个采样口,采用磁力搅拌器带动管内的磁力搅拌子进行搅拌,搅拌子距沉积物-水界面高度约为 5 cm,搅拌速度为 60~80 r/min,以保证培养管内水体的充分混合且不搅动沉积物(图 3-2),有机玻璃管放置于与现场温度相似的水浴条件下避光培养。分别于 0 h、1 h、2 h、4 h、6 h、8 h 随机采集两根培养柱中的上覆水,过滤并加氯化汞固定保存,用于营养盐的测定。

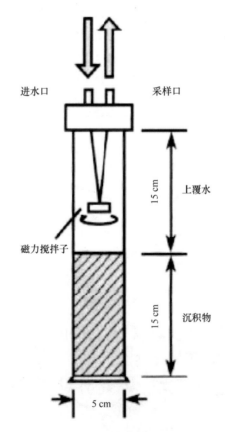

图 3-2　沉积物-水界面通量培养装置示意图(邓可等,2009)

3.2 渤海营养盐的组成特征

3.2.1 渤海营养盐的组成特征

图 3-3 和图 3-4 为调查海区表、底层海水温度、盐度和各溶解态营养盐的平面分布图。由于将 2008 年和 2009 年两个航次观测数据放在一起，除了对温度有一定影响外，营养盐放在一起不会影响各海域营养盐的分布情况，故将两个航次的数据放在一起进行讨论。渤海夏季表层温度呈现由西向东降低的分布特征，渤海湾内温度较高（25.5℃），渤海海峡和辽东湾内温度则相对较低（均小于 23.5℃），莱州湾由于是夏初采样，故温度最低（20.9℃）；底层海水温度分布特征与表层基本类似，底层平均水温（21.6℃）低于表层（23.3℃）；渤海夏季盐度在渤海湾（31.4）和辽东湾（31.5）内有较高值，莱州湾（29.1）则相对较低，主要与黄河水的输入有关，表、底层盐度差异不大。

夏季渤海各溶解态营养盐均呈现"近岸高，中部低"的分布特征。表层铵态氮在辽东湾含量最高（5.1 μmol/L），渤海湾（4.6 μmol/L）次之，而在莱州湾（3.2 μmol/L）和渤海中部（2.8 μmol/L）含量则相对较低，底层铵态氮与表层分布规律相似，表、底层铵态氮的平均浓度分别为 3.5 μmol/L、4.1 μmol/L；表层硝酸盐在莱州湾内浓度最高（24.5 μmol/L），渤海湾（10.1 μmol/L）及辽东湾（13.8 μmol/L）内也有较高含量，渤海中部含量则较低（1.2 μmol/L），表、底层硝酸盐平均浓度分别为 10.1 μmol/L、9.9 μmol/L；亚硝酸盐、溶解无机氮及溶解有机氮的分布规律与硝酸盐相似，其中亚硝酸盐在黄河口附近海域有一高值区，溶解无机氮的平均浓度为 14.8 μmol/L（表）、15.3 μmol/L（底），溶解有机氮的平均浓度为 16.2 μmol/L（表）、17.2μmol/L（底），溶解无机氮占总溶解态氮的 42%（表）、44%（底），溶解有机氮占总溶解态氮的 58%（表）、56%（底）。渤海溶解无机氮主要由铵态氮和硝酸盐组成，表层铵态氮占溶解无机氮的 40%，硝酸盐占溶解无机氮的 50%；底层铵态氮占溶解无机氮的 34%，硝酸盐占溶解无机氮的 56%。一般而言，在富氧水体中，硝酸盐是溶解无机氮的主要存在形式，铵态氮主要来源于含氮有机物的分解、动物排泄及农业施肥等的流失，降水也有一定的贡献（米铁柱等，2001），而在污水中溶解无机氮一般以铵态氮为主（2001~2005 年中国海洋环境质量公报）。环渤海经济的快速发展，工业废水、生活污水的排放及农业生产中氮肥的流失，可能是导致渤海无机氮中铵态氮含量较高的主要原因。

渤海表层磷酸盐、溶解有机磷及总溶解态磷分布特征相似，均在渤海湾和辽东湾内有较高的含量，莱州湾次之，渤海中部海区含量则相对较低。渤海湾和辽东湾表层磷酸盐的含量分别为 0.20 μmol/L 和 0.15 μmol/L，表层溶解有机磷的含量分别为 0.24 μmol/L 和 0.27 μmol/L，而在渤海中部海区表层磷酸盐和溶解有机磷的浓度分别为 0.08 μmol/L 和 0.21 μmol/L；底层海水中磷酸盐、总溶解态磷呈现由南至北增加的趋势，在渤海西北部的滦河口附近有较高的含量（磷酸盐浓度大于 0.42 μmol/L，总溶解态磷浓度大于 0.71 μmol/L），溶解有机磷在辽东湾内有较高含量（0.29 μmol/L），滦河口（0.26 μmol/L）、渤海湾（0.25 μmol/L）与莱州湾（0.25 μmol/L）含量次之，渤海中部海区含量则相对较低。溶解有机磷是总溶解态磷的主要存在形式，占总溶解态磷的 69%（表）和 58%（底）。

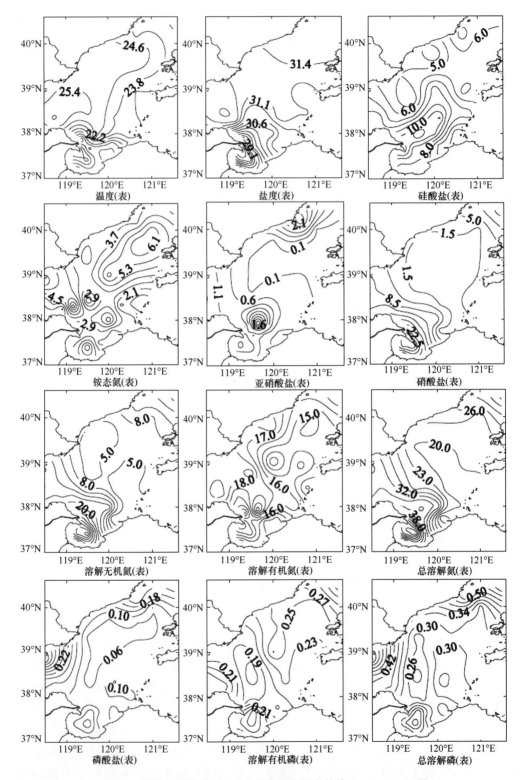

图 3-3 渤海表层温度（℃）、盐度及溶解态营养盐（μmol/L）的平面分布（Liu et al., 2011）

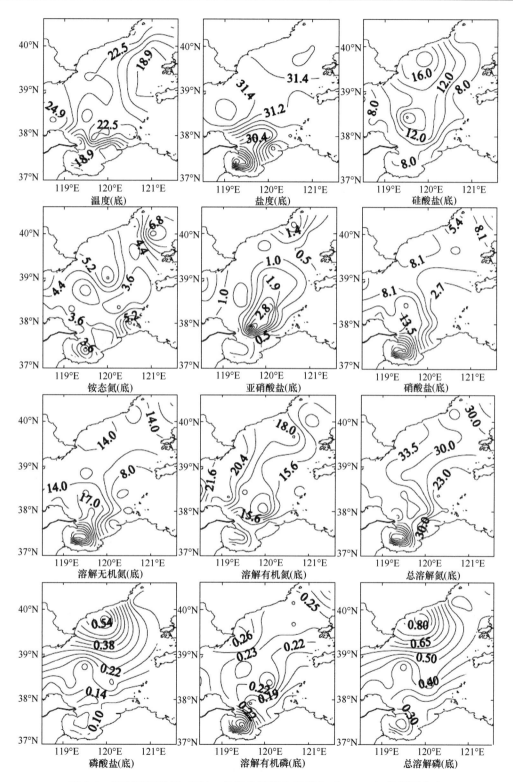

图 3-4 渤海底层温度（℃）、盐度及溶解态营养盐（µmol/L）的平面分布

渤海表层硅酸盐在黄河口附近含量最高（>10.3 μmol/L），渤海中部海区也有较高含量，底层海水中硅酸盐在滦河口附近和渤海中部海域有较高的含量。表、底层硅酸盐的浓度分别在 3.2~12.0 μmol/L、4.2~19.4 μmol/L，平均浓度为 7.6 μmol/L、9.7 μmol/L，底层硅酸盐浓度明显高于表层，浮游植物的吸收可能是导致表层硅酸盐浓度低的主要原因。

3.2.2 渤海营养盐比例的分布规律

海水中营养盐的水平与组成对浮游植物的生长起着非常重要的作用，适宜的营养元素之间的比值有利于浮游植物的生长和繁殖，反之当某种营养元素缺乏时，可对其生长和繁殖产生限制，当海水中 Si、N、P 的相对比值接近 16∶16∶1（Redfield 比值）时，适宜于浮游植物生长的需要。Justic 等（1995）和 Dortch（1992）提出了评估营养盐化学计量限制的标准：①若溶解无机氮浓度与磷酸盐浓度比值小于 10 和硅酸盐浓度与溶解无机氮浓度比值大于 1，则氮为限制因素；②若硅酸盐浓度与磷酸盐浓度比值大于 22 和溶解无机氮浓度与磷酸盐浓度比值大于 22，则磷为限制因素；③若硅酸盐浓度与磷酸盐浓度比值小于 10 和硅酸盐浓度与溶解无机氮浓度比值小于 1，则硅为限制因素。基于对营养盐吸收的动力学研究，水体中溶解无机氮浓度为 1.0 μmol/L、硅酸盐浓度为 2.0 μmol/L、磷酸盐浓度为 0.1 μmol/L 时，为浮游植物生长所需的最低阈值（Nelson and Brzezinski，1997）。

表 3-1 为调查海区溶解无机态氮、磷、硅浓度及相对比例的统计，结合营养盐的化学计量限制标准及实际营养盐限制浓度最低阈值，渤海不同海区浮游植物的生长均存在不同程度的磷酸盐限制，与以往的研究结果相一致（Turner et al.，1990；Zhang et al.，2004；Li et al.，2003）；辽东湾、渤海湾及莱州湾硅酸盐与溶解无机氮浓度的比值相对偏低，这主要是近岸海区陆源输入的大量氮营养盐所致。

表 3-1　调查区域溶解无机态氮、磷、硅营养盐浓度及相对比值（单位：μmol/L）

调查区域	氮	磷	硅	硅/氮	氮/磷	硅/磷
辽东湾	12.6	0.20	7.3	0.64	77.2	48.1
渤海湾	15.3	0.20	7.5	0.50	94.5	46.4
莱州湾	26.5	0.12	8.3	0.38	219	76.8
渤海中部	7.8	0.15	10.4	1.75	71.7	90.0
全渤海	15.0	0.15	8.6	0.87	127	75.5

3.3 渤海沉积物中营养盐的再生及其关键调控因素

3.3.1 沉积物间隙水中营养盐的垂直分布

图 3-5 给出沉积物间隙水中 NH_4^+ 的垂直分布，随沉积深度的加深，NH_4^+ 浓度均有明显的增加。对于大多数站位，NH_4^+ 浓度在 5 cm 以浅的沉积物中迅速增加，随后增加趋势减缓；B08、B10、B12 及 B23 等站位，NH_4^+ 浓度在 5 cm 以浅迅速增加，在沉积物中部出现最大值，随后浓度随沉积深度的加深而降低。

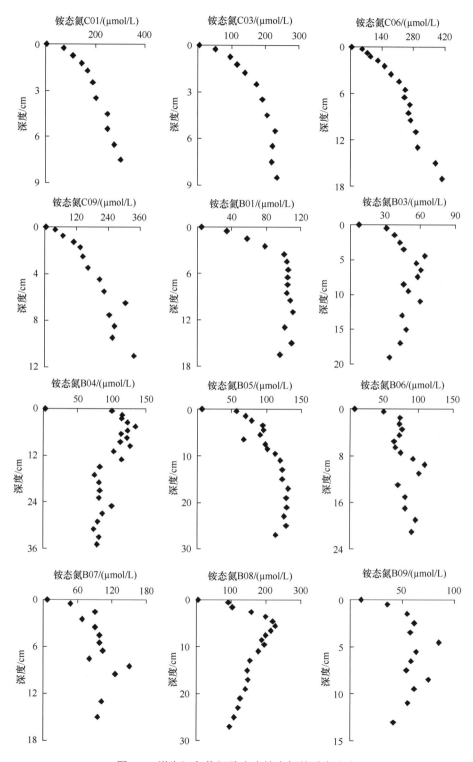

图 3-5 渤海沉积物间隙水中铵态氮的垂直分布

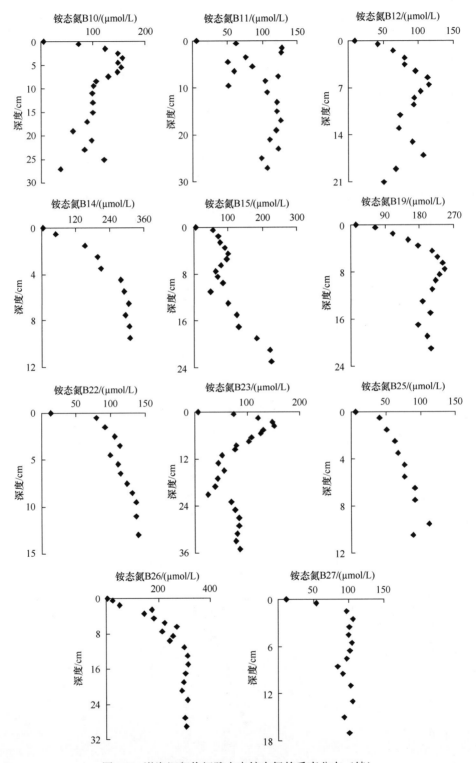

图 3-5 渤海沉积物间隙水中铵态氮的垂直分布（续）

从图 3-6 和图 3-7 可以看出，各站位 NO_2^- 和 NO_3^- 随深度的增加均有不同程度的降低。其中，C01 和 B26 站的 NO_2^- 和 NO_3^- 在 0~1cm 内浓度有明显的增加，1~2 cm 浓度又显著降低，2 cm 以深浓度在一较小值附近保持稳定，这一变化规律很好地呈现沉积物中氮元素的硝化过程和反硝化过程。沉积物中的有机氮在矿化作用下降解为 NH_4^+，NH_4^+ 再被进一步氧化为 NO_3^- 或 NO_2^-，即发生硝化反应。硝化作用主要与沉积物中可渗透氧的含量有关，通常发生在沉积物表层几厘米深的薄层内，且随深度的增加而减弱（杨龙云和 Gardner，1998）。硝化作用产生的 NO_3^- 可在缺氧条件下被反硝化细菌还原为 N_2O 或 N_2，即发生反硝化反应，环境中的 DO、NO_3^-、OC、pH 及温度都是影响反硝化反应的主要因素（Ogilvie et al.，1997）。其他站位 NO_2^- 和 NO_3^- 在 0~2 cm 深度内浓度明显降低，之后浓度基本保持稳定。表层间隙水中 NO_2^- 在黄河口附近海域含量较高，NO_3^- 在莱州湾及黄河口附近海域含量较高，渤海湾内也有较高含量，可能与沉积物粒度及陆源输入等因素有关。

间隙水中 DIN 以 NH_4^+、NO_3^- 及 NO_2^- 等形式存在，其中 NH_4^+ 是 DIN 的主要存在形式，占 DIN 的 94%以上，表层沉积物中由于 NO_3^- 和 NO_2^- 浓度相对较高，NH_4^+ 所占的比例相对偏小（37%~75%）。由于 NH_4^+ 是 DIN 的主要存在形式，所以 DIN（图 3-8）的变化趋势同 NH_4^+ 一致，随着深度增加浓度明显增加。

由图 3-9 可以看出，各站位 PO_4^{3-} 浓度均在 0~1 cm 深度内有显著增加；B07、B08、B10 及 C09 等站位，PO_4^{3-} 浓度在沉积物上层随深度增加有显著的增加趋势，随后浓度又有所降低。PO_4^{3-} 在辽东湾、黄河口附近及渤海中部海域含量相对较高，而在莱州湾和渤海湾内含量则较低。Williams 等（1976）曾报道，在沉积物-水界面下的氧化带内有一层没有完全结晶的铁的氢氧化物，这些氢氧化物的存在会对磷产生很强的吸附，因此导致表层间隙水中磷的含量很低；但到一定深度时，由氧化环境转变为还原环境，由于铁的氢氧化物的还原作用，可溶性磷克服沉积物的吸附而溶入间隙水中，从而使间隙水中磷含量升高；而在更深处，沉积物中可溶入间隙水中的磷的数量已大大减少，且间隙水中磷的饱和度也会随压力的增加而降低，从而会使间隙水中的部分磷再次被沉积物所吸附。

图 3-10 为间隙水中 SiO_3^{2-} 的垂直分布图，对于大多数站位，SiO_3^{2-} 浓度在上层有明显的增加，随后增加趋势减缓浓度基本保持稳定；B04、B09、B12 及 B23 等站的 SiO_3^{2-} 变化趋势相似，先是随深度的增加浓度增加，随后又有一定程度的降低。SiO_3^{2-} 在黄河口及渤海中部海域浓度较高，黄河口附近海域黄河输入渤海的大量的 SiO_3^{2-} 是导致间隙水中 SiO_3^{2-} 浓度较高的主要原因。

3.3.2 沉积物-水界面营养盐交换通量的估算

沉积物中的营养盐再生对水体中的营养盐收支及循环起着重要作用（Berner，1980）。沉积物-水界面处的营养盐交换对近岸水体中营养盐的收支有很大的贡献，可引起水体中营养盐浓度的明显变化（Berelson et al.，1998；Zabel et al.，1998）。海水中的氮、磷、硅等营养元素是支持浮游植物生长繁殖的重要成分，研究这些营养元素在沉积物-水界面的扩散通量，对研究沉积物中氮、磷及硅的再生、转移以及早期成岩过程有重要意义。

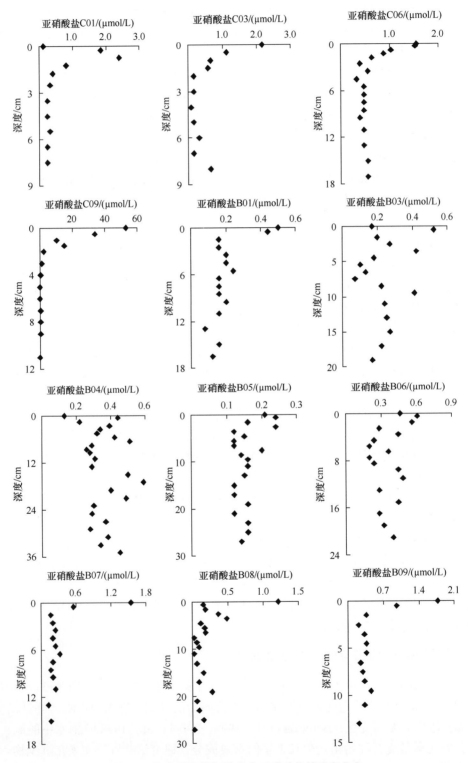

图 3-6 渤海沉积物间隙水中亚硝酸盐的垂直分布

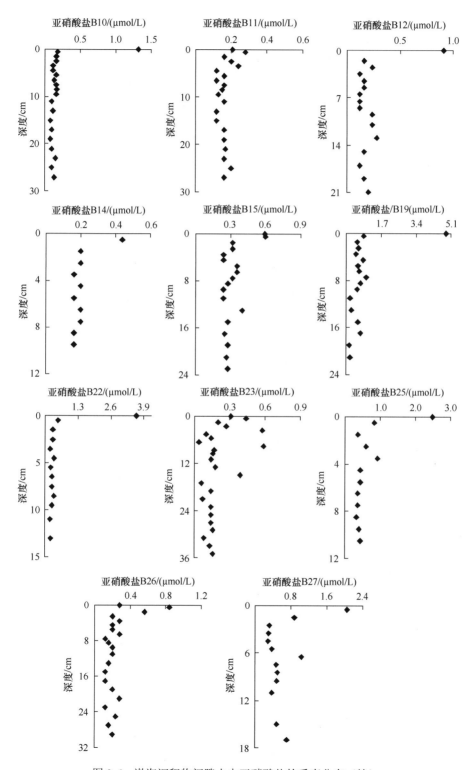

图 3-6 渤海沉积物间隙水中亚硝酸盐的垂直分布（续）

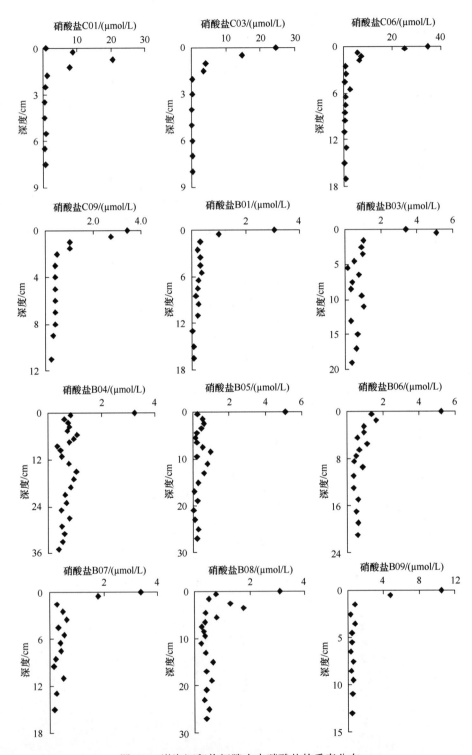

图 3-7 渤海沉积物间隙水中硝酸盐的垂直分布

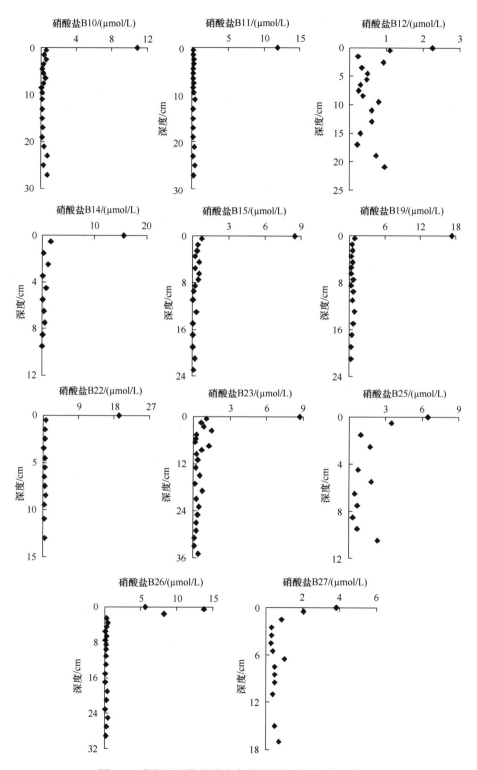

图 3-7 渤海沉积物间隙水中硝酸盐的垂直分布（续）

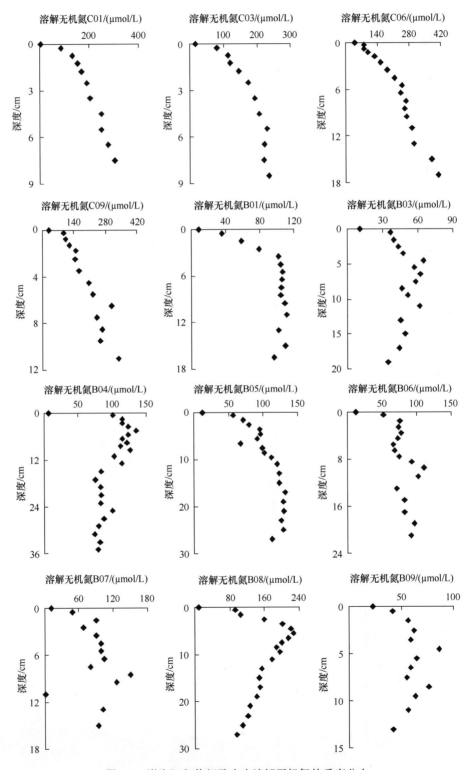

图 3-8 渤海沉积物间隙水中溶解无机氮的垂直分布

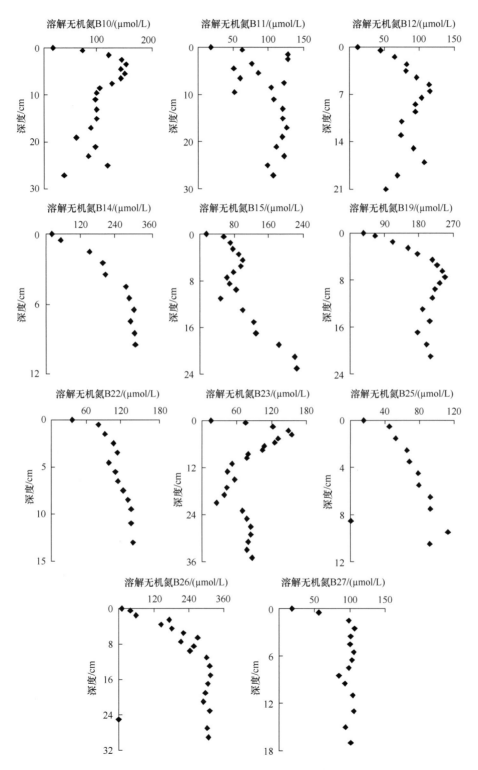

图 3-8 渤海沉积物间隙水中溶解无机氮的垂直分布（续）

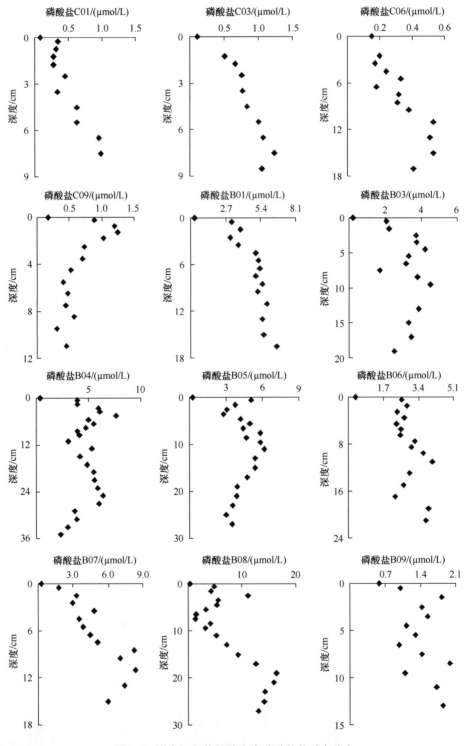

图 3-9 渤海沉积物间隙水中磷酸盐的垂直分布

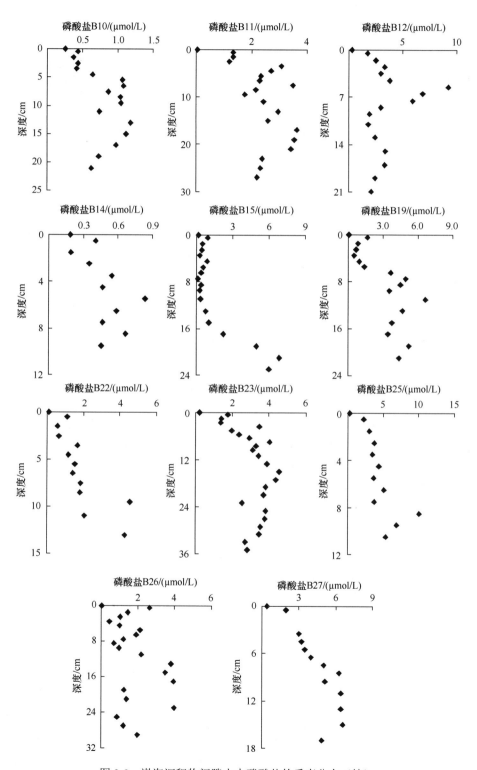

图 3-9 渤海沉积物间隙水中磷酸盐的垂直分布(续)

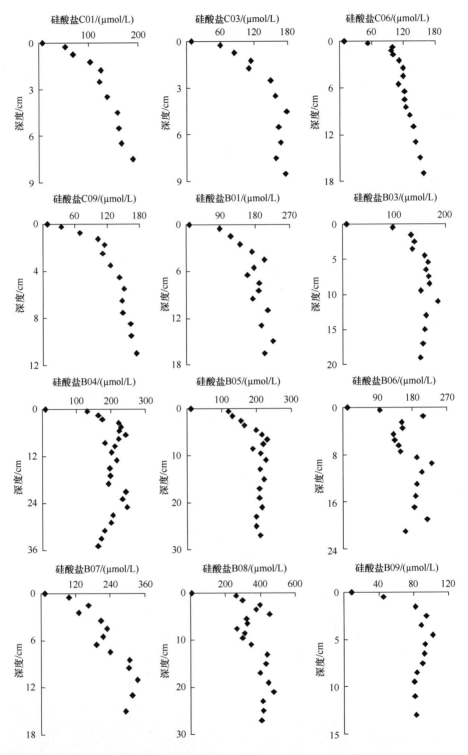

图 3-10 渤海沉积物间隙水中硅酸盐的垂直分布

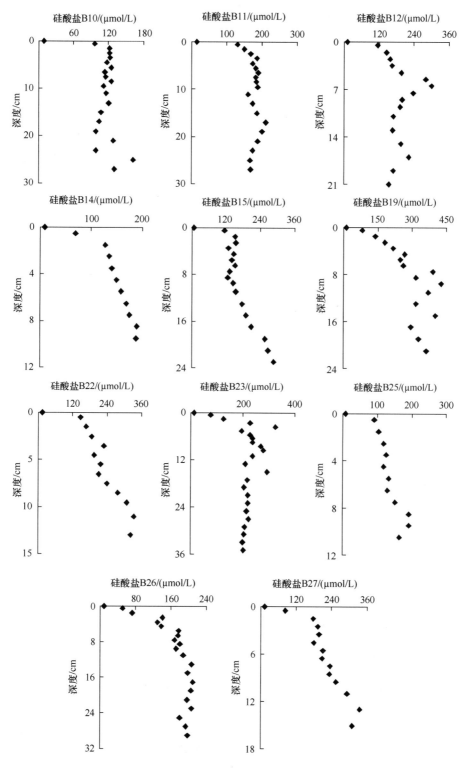

图 3-10 渤海沉积物间隙水中硅酸盐的垂直分布（续）

刘素美等（2005）结合 Berner（1980）和 Vanderborght 等（1977）提出的早期成岩作用概念，建立了成岩模型来计算渤海沉积物-水界面营养盐的交换通量，将沉积物分为生物扰动层（$x \leqslant x_p$）和分子扩散层（$x \geqslant x_p$）。各种营养盐均按照稳态过程处理，忽略水流、压实及孔隙度梯度的变化（Liu et al.，2003）。利用成岩方程计算的扩散通量，将生物扰动等因素考虑在内，在一定程度上提高了数据的可靠性，表层间隙水浓度采用上覆水中所测得的营养盐浓度，所用的沉积速率（ω）数据均来自李凤业等（2002）的文章。

沉积物-水界面营养盐的交换通量除受分子扩散影响外，还与界面附近的氧化还原环境、温度、溶解氧浓度、底栖生物扰动、水动力条件等因素有关，因而造成不同区域通量差别较大，迁移方向也不尽相同。利用成岩方程得出沉积物-水界面铵态氮、硝酸盐、磷酸盐和硅酸盐的扩散通量见图 3-11，模型中所用参数见表 3-2。其中，正的扩散通量代表营养盐由沉积物向上覆水方向扩散，而负的扩散通量代表营养盐由上覆水体进入沉积物中。

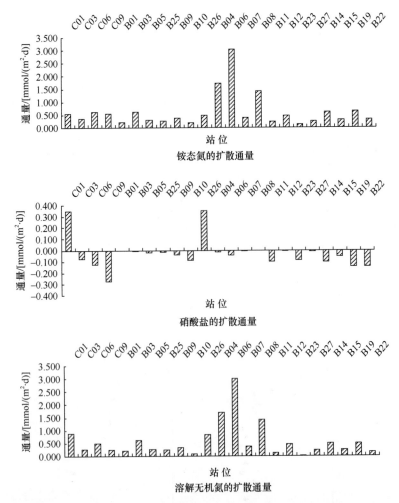

图 3-11　扩散通量法（成岩方程）计算各站位底界面溶解态营养盐迁移通量
（Liu et al.，2011）

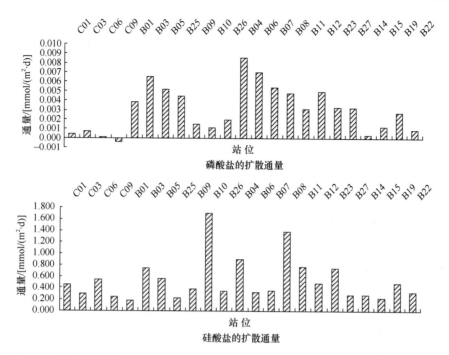

图 3-11 扩散通量法（成岩方程）计算各站位底界面溶解态营养盐迁移通量（续）
（Liu et al., 2011）

表 3-2 成岩模型中所用参数

参数	范围	单位	备注
Φ	0.55~0.83		沉积物孔隙率*
Ds（NO_3^-）	9.28~13.2	$10^{-6}\,cm^2/s$	沉积物中硝酸盐的分子扩散系数*
Ds（NH_4^+）	9.58~13.7	$10^{-6}\,cm^2/s$	沉积物中铵态氮的分子扩散系数*
Ds（PO_4^{3-}）	3.81~5.06	$10^{-6}\,cm^2/s$	沉积物中磷酸盐的分子扩散系数*
Ds（SiO_3^{2-}）	5.18~6.89	$10^{-6}\,cm^2/s$	沉积物中硅酸盐的分子扩散系数*
ω	0.15~5.00	cm/a	沉积速率*
R_{nit}	0~124×10^{-5}	μmol/L	硝化速率
K_{denit}	1.5~100	$10^{-6}/s$	反硝化速率常数
x_p	0.5~1.0	cm	生物扰动层厚度
k_m	2~680	$10^{-7}/s$	硅酸盐的溶解速率常数
k_m'	1~50	$10^{-6}/s$	生物扰动带内铵态氮的氧化速率常数
K_N	1~10		铵态氮的平衡吸附常数
K_p	2~7		磷酸盐的平衡吸附常数
k	1~400	$10^{-12}/s$	有机磷的分解速率常数
k'	31~1560	/a	一级分解速率常数
K_m	6~2000	10^{-9}	自生磷矿物沉淀速率常数
P_o	2.07~6.28	μmol/g	与自生沉淀饱和的磷酸盐浓度*
N_o	10.0~150	μmol/g	不可扩散的可代谢有机氮的浓度*

注：带 * 的为测定值，其余为模型输出的最佳值。

从图 3-11 可以看出，渤海不同区域底界面处的铵态氮均是由沉积物向上覆水中迁移，扩散通量在 0.117~3.050 mmol/($m^2 \cdot d$)，平均通量 0.607 mmol/($m^2 \cdot d$)，在滦河口附近海域底界面铵的交换通量较高；硝酸盐主要是由上覆水向沉积物中迁移，扩散通量在-0.349~0.353 mmol/($m^2 \cdot d$)，平均通量为-0.029 mmol/($m^2 \cdot d$)，黄河口附近海域硝酸盐向沉积物中的扩散通量较大，可能与黄河输入的大量硝酸盐有关。莱州湾 C01 站 [0.349 mmol/($m^2 \cdot d$)] 和渤海湾的 B026 站 [0.353 mmol/($m^2 \cdot d$)] 硝酸盐从沉积物向上覆水中扩散通量较大，从这两个站间隙水的垂直分布得出（各站位间隙水浓度分布见图 3-11），在沉积物表层硝酸盐有明显的硝化作用存在，这可能是导致硝酸盐向上覆水中迁移的主要原因；溶解无机氮均表现为由沉积物向上覆水中迁移，扩散通量为 0.031~3.007 mmol/($m^2 \cdot d$)，平均通量为 0.577 mmol/($m^2 \cdot d$)，亦在滦河口附近海域有较高的扩散通量；磷酸盐除在莱州湾 C09 站有一定程度的向沉积物中迁移外，其余站位均是由沉积物向上覆水中迁移，通量在-0.0004~0.0086 mmol/($m^2 \cdot d$)，平均通量为 0.0031 mmol/($m^2 \cdot d$)，滦河口附近海域扩散通量最高，渤海湾及渤海西部海域亦有较高的扩散通量。从图 3-11 可以看出，莱州湾内磷酸盐的扩散通量相对较低；硅酸盐均是由沉积物向上覆水中迁移，通量为 0.182~1.702 mmol/($m^2 \cdot d$)，平均通量 0.532 mmol/($m^2 \cdot d$)，渤海湾内的 B10 站扩散通量最高。

对整个渤海海域而言，沉积物是铵态氮、溶解无机氮、磷酸盐及硅酸盐的源，是硝酸盐的汇；磷酸盐由沉积物向上覆水中迁移，可在一定程度上缓解渤海浮游植物生长的磷酸盐限制，而溶解无机氮和硅酸盐向上覆水迁移则增加了渤海的氮、硅负荷。

3.3.3 沉积物-水界面营养盐交换通量的影响因素

为了更好地讨论沉积物-水界面营养盐交换通量的影响因素，本节选取了莱州湾、渤海湾、辽东湾及黄河口海域的某些站位进行影响因素的分析讨论。利用成岩模型，通过改变不同的参数来分析沉积物-水界面营养盐交换通量的主要影响因素。

1. 沉积物-水界面硝酸盐交换通量的影响因素

硝酸盐成岩模型的基本假设为①硝酸盐无吸附作用；②生物扰动层有硝化作用，扰动层以下有反硝化作用。考虑平流作用、扩散作用及硝化和反硝化作用的成岩方程，较好地模拟了沉积物间隙水中硝酸盐的垂直分布。本书选取莱州湾 C01 站和黄河口海域的 B19 站，分析讨论沉积物-水界面硝酸盐交换通量的影响因素（图 3-12）。莱州湾 C01 站硝酸盐成岩模型的输入值为 ω=0.28 cm/a，Φ=0.67，Ds=10.79×10^{-6} cm^2/s，最佳模拟值：x_p=1 cm，md=1，R_{nit}=85×10^{-5} μmol/(L·s)，K_{denit}=192×10^{-7}/s，得到通量 J=0.349 mmol/($m^2 \cdot d$)。经模拟知硝化速率、反硝化速率常数、生物扰动及孔隙率显著地影响了沉积物间隙水中硝酸盐的垂直分布及底界面的交换通量（图 3-12a）。硝化速率降低 4 倍，上层间隙水中硝酸盐浓度显著降低，通量降低 4.1 倍；反硝化速率常数降低 4 倍，间隙水中的硝酸盐浓度明显升高，通量增加 1.1 倍；生物扰动层的增加会使间隙水中硝酸盐浓度及底界面通量均显著增加，x_p 从 1 cm 增加至 2 cm 时界面处通量增加近 2 倍；当孔隙率降低时表层硝酸盐浓度明显增加，通量却降低近 1.2 倍，而当孔隙率增加时硝酸盐浓度的垂直变

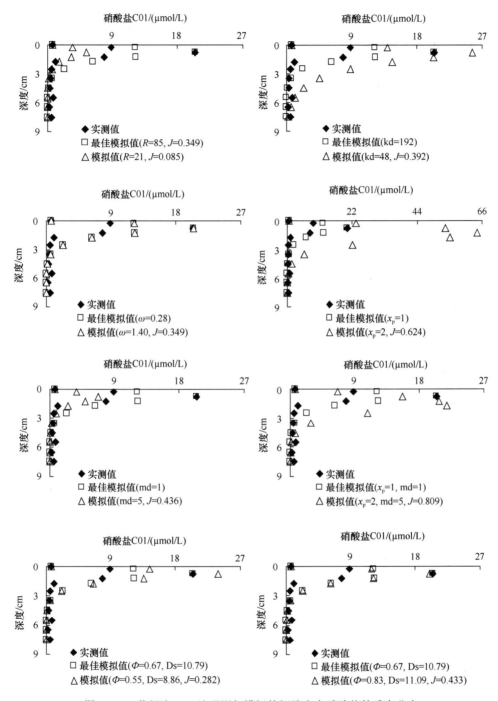

图 3-12a 莱州湾 C01 站观测与模拟的间隙水中硝酸盐的垂直分布

化不明显,通量增加 1.2 倍;从图中可以看出,沉积速率的改变对硝酸盐的垂直分布及通量均不产生明显影响。

黄河口海域 B19 站输入值为 $\omega=1.29$ cm/a,$\varPhi=0.68$,Ds=12.99×10^{-6} cm^2/s,最佳模拟值时,$x_p=0.5$ cm,md=1,$R_{nit}=1\times10^{-7}$ μmol/(L·s),$K_{denit}=800\times10^{-7}$/s,得到通量 $J=-0.146$ mmol/(m^2·d)。

经模拟知反硝化速率常数及生物扰动作用显著地影响了沉积物间隙水中硝酸盐的垂直分布及底界面的交换通量（图 3-12b）。反硝化速率常数降低 20 倍，间隙水中的硝酸盐浓度明显升高，通量降低 2.7 倍；生物扰动的加剧会使间隙水中硝酸盐浓度升高，通量也发生显著变化；孔隙率的改变对硝酸盐的交换通量有一定的影响，而沉积速率的增加对硝酸盐的垂直分布及界面交换均没有明显影响。

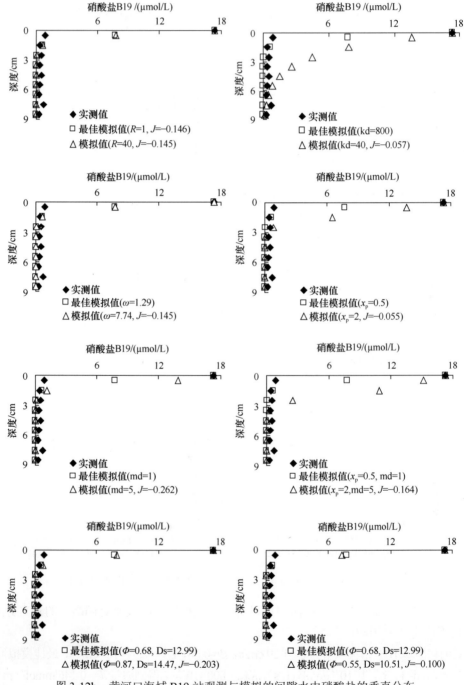

图 3-12b　黄河口海域 B19 站观测与模拟的间隙水中硝酸盐的垂直分布

2. 沉积物-水界面铵态氮交换通量的影响因素

沉积物中铵态氮的化学反应主要有：①铵态氮与沉积物结合的其他阳离子发生交换反应；②在氧化还原界面，铵态氮被氧化为硝酸盐和亚硝酸盐，成岩模型很好地模拟了沉积物间隙水中铵态氮的垂直分布。本节选取莱州湾的 C01 站和渤海湾的 B14 站，分析讨论沉积物-水界面铵态氮交换通量的影响因素（图 3-13）。莱州湾 C01 站铵态氮成岩模型的输入值为 ω=0.28cm/a，Φ=0.67，Ds=11.26×10^{-6} cm^2/s，N_o=120 μmol/g，最佳模拟值时，x_p=1 cm，md=1，k=88/a，k_m=50×10^{-6}/s，k_N=4，得到通量 J=0.536 mmol/(m^2·d)；渤海湾 B14 站铵态氮成岩模型的输入值为 ω=2.79 cm/a，Φ=0.72，Ds=10.26×10^{-6} cm^2/s，N_o=18 μmol/g，最佳模拟值时，x_p=1 cm，md=1，k=1083/a，k_m=10×10^{-6}/s，k_N=1，得到通量 J=0.608 mmol/(m^2·d)。生物扰动带内铵态氮的氧化速率常数（k_m）会对底界面的交换通量产生显著影响，但对间隙水中铵态氮的垂直分布影响较小；沉积物中有机氮的含量（N_o）及有机氮的分解速率常数（k）会显著影响沉积物间隙水中铵态氮的垂直分布及底界面的交换通量。

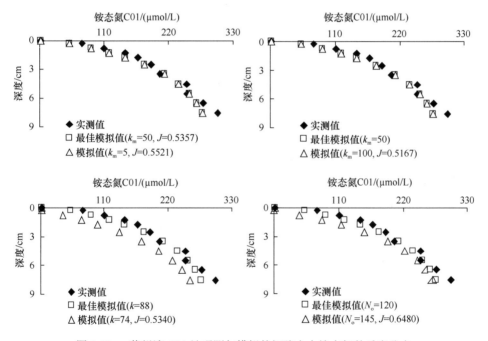

图 3-13a 莱州湾 C01 站观测与模拟的间隙水中铵态氮的垂直分布

3. 沉积物-水界面磷酸盐交换通量的影响因素

沉积物间隙水中磷酸盐的化学反应主要有：①沉积物颗粒的吸附作用；②沉淀形成自生矿物，主要是磷灰石和蓝铁矿。考虑自生矿物的形成、有机磷的分解作用以及平衡吸附作用，对沉积物间隙水中的磷酸盐进行成岩模拟。本节选取莱州湾的 C01 站和辽东湾的 B25 站，分析讨论沉积物-水界面磷酸盐交换通量的影响因素。莱州湾 C01 站磷酸盐成岩模型的输入值为 ω=0.28 cm/a，Φ=0.67，Ds=4.92×10^{-6} cm^2/s，P_o=4.22 μmol/g，最佳模拟值时，x_p=1 cm，md=1，k=4×10^{-12}/s，k_m=10.2×10^{-9}，k_P=1.3，得到通量 J=0.0004 mmol/(m^2·d)。

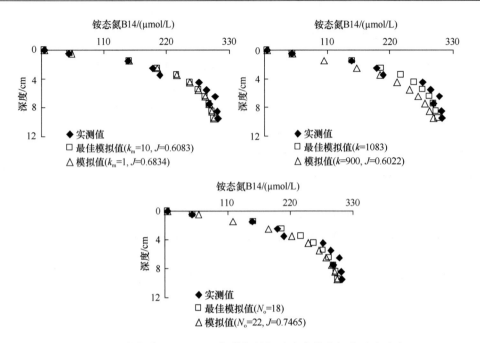

图 3-13b 渤海湾 B14 站观测与模拟的间隙水中铵态氮的垂直分布

对莱州湾 C01 站间隙水中磷酸盐进行成岩模拟分析得出（图 3-14a），有机磷的降解、自生磷矿物的形成等会显著影响间隙水中磷酸盐的垂直分布及底界面的交换通量；生物扰动作用能显著影响磷酸盐的垂直分布，但对底界面的交换通量影响不明显；孔隙率的变化则会对底界面的交换通量产生一定的影响。

辽东湾 B25 站磷酸盐成岩模型的输入值为 $\omega=0.26\text{cm/a}$，$\Phi=0.55$，$Ds=4.04\times10^{-6}\text{cm}^2/\text{s}$，$P_o=4.02$ μmol/g，最佳模拟值，$x_p=1\text{cm}$，md=1，$k=28\times10^{-12}/\text{s}$，$k_m=500\times10^{-9}$，$k_p=1$，得到通量 $J=0.0038$ mmol/（m$^2\cdot$d）。成岩模型较好地模拟了 B25 站位间隙水磷酸盐的垂直分布（图 3-14b），自生磷矿物的形成以及生物扰动等显著地影响间隙水中 PO_4^{3-} 的垂直分布及底界面的交换通量，如当 k_m 降低 4 倍，底界面处的通量降低近 2 倍；有机磷的降解会对间隙水中磷酸盐的垂直分布产生一定的影响，但对通量的影响较小；孔隙率的变化则会对底界面的交换通量产生明显的影响。

4. 沉积物-水界面硅酸盐交换通量的影响因素

沉积物中硅酸盐的化学反应主要为生物硅的溶解，并假设其为一级动力学反应。本节选取莱州湾 C01 站和渤海湾 B09 站，分析讨论沉积物-水界面硅酸盐交换通量的影响因素。莱州湾 C01 站硅酸盐成岩模型的输入值为 $\omega=0.28$ cm/a，$\Phi=0.67$，$Ds=6.7\times10^{-6}$ cm^2/s，最佳模拟值，$x_p=1$ cm，md=1，$k_m=36\times10^{-7}$，得到通量 $J=0.454$ mmol/（m$^2\cdot$d）。对莱州湾 C01 站间隙水中硅酸盐进行成岩模拟分析得出（图 3-15a），硅质成分的溶解速率常数、生物扰动会显著影响沉积物间隙水中硅酸盐的垂直分布及交换通量；沉积速率的增加对硅酸盐的浓度及通量均未产生影响；当孔隙率降低间隙水中的硅酸盐浓度略有升高，通量则有一定程度的增加。

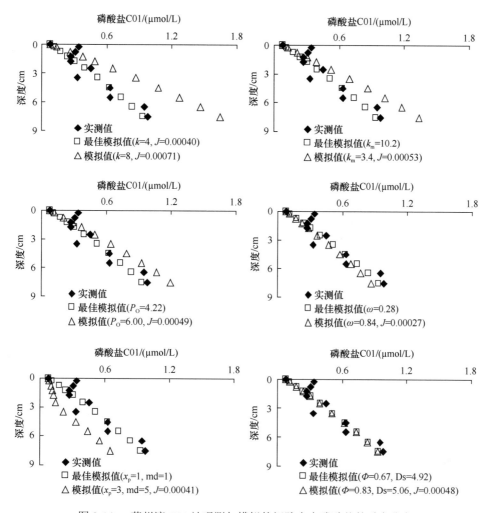

图 3-14a 莱州湾 C01 站观测与模拟的间隙水中磷酸盐的垂直分布

渤海湾 B09 站硅酸盐成岩模型输入值为 $\omega=0.15$ cm/a，$\Phi=0.57$，Ds=5.7×10^{-6} cm^2/s，最佳模拟值，$x_p=0.5$ cm，md=1，$k_m=200\times10^{-7}$，得到通量 $J=0.387$ mmol/（m$^2\cdot$d）。由图 3-15b 可以看出，B09 站在 3~8 cm 深度内模拟值明显低于实测值，硅质成分的溶解速率常数、生物扰动作用明显地影响了沉积物间隙水中硅酸盐的垂直分布；硅质成分的溶解速率常数、生物扰动作用及沉积物孔隙率对底界面硅酸盐的交换通量有明显的影响。

3.3.4 实验室培养法与扩散通量法所得结果的比较

表 3-3 给出了利用实验室培养法（L）、直接浓度梯度的扩散通量计算法（D）和利用成岩方程的扩散通量计算法（E）得出的莱州湾 C01 站位各营养盐的交换通量。利用浓度梯度法和成岩方程得出的沉积物-水界面营养盐的交换通量的差异均小于 4 倍；对比扩散通量法和实验室培养法所得底界面营养盐的交换通量，对于磷酸盐和硅酸盐后者结果要明显高于前者，而两种方法在铵态氮和硝酸盐通量的结果上得到了很好的一致。

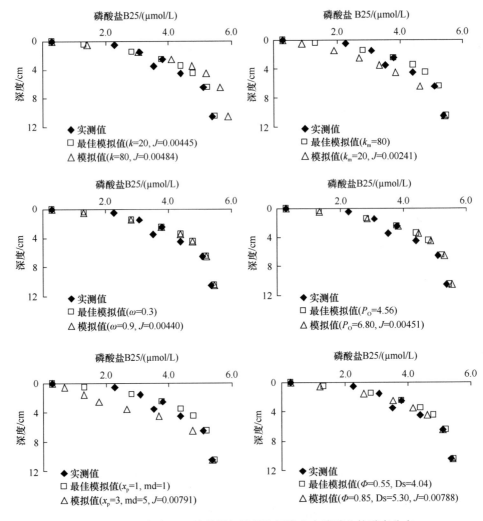

图 3-14b　辽东湾 B25 站观测与模拟的间隙水中磷酸盐的垂直分布

扩散通量法和实验室培养法得到的沉积物-水界面营养盐交换通量存在差异的主要原因可能有以下几方面：①由于下扩散层的存在，实测的上覆水中营养盐的浓度往往与界面处上覆水中营养盐的实际浓度不一致，但成岩模型中界面处营养盐的浓度常用测得的上覆水中营养盐浓度代替（刘素美等，2005）。②不同营养盐的通量有其各自的影响因素，特别是当间隙水采样分层间隔较大时（Mortimer et al.，1999）。例如，沉积物表层的铁氧化物能够与磷酸盐形成不溶于水的沉淀，阻止间隙水中磷酸盐向上扩散，同时还能够吸收上覆水中的磷酸盐（Jarvie et al.，2008）；硅酸盐能与陆源输入的铝和沉积物表层黏土物质形成沉淀（Michalopoulos et al.，2000；Michalopoulos and Aller，2004），底栖硅藻在底界面处对硅酸盐也有显著吸收（Tyleery and Anderson，2003），硅质成分的组成对硅酸盐的成岩模型会有一定的影响；表层生物代谢过程产生的铵态氮、沉积物对铵态氮的吸附或解吸、硝化作用和光合作用对铵态氮的消耗都能改变底界面处铵态氮的交换通量（Widdows et al.，2004；侯立军等，2003）。③成岩模型中确定的生物扰动层

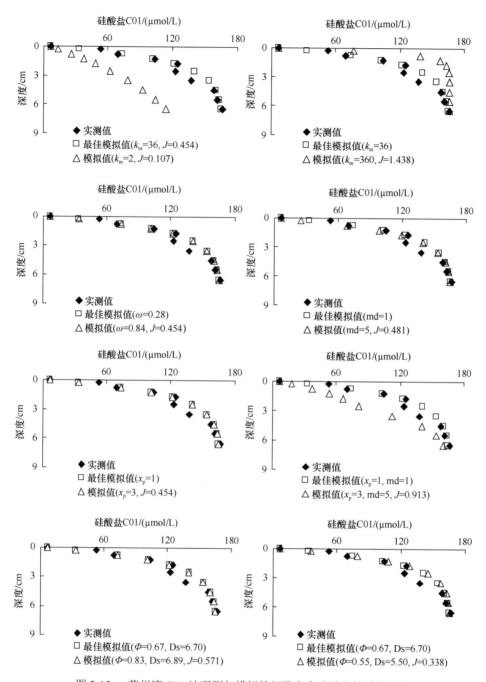

图 3-15a　莱州湾 C01 站观测与模拟的间隙水中硅酸盐的垂直分布

可能与实际扰动层略有差异，如硝酸盐模型中的硝化反应层及反硝化反应层的确定与沉积物中的溶解氧含量和硝酸盐浓度有关；铵态氮模型中的上层铵态氮氧化层的确定与溶解氧的含量有关。

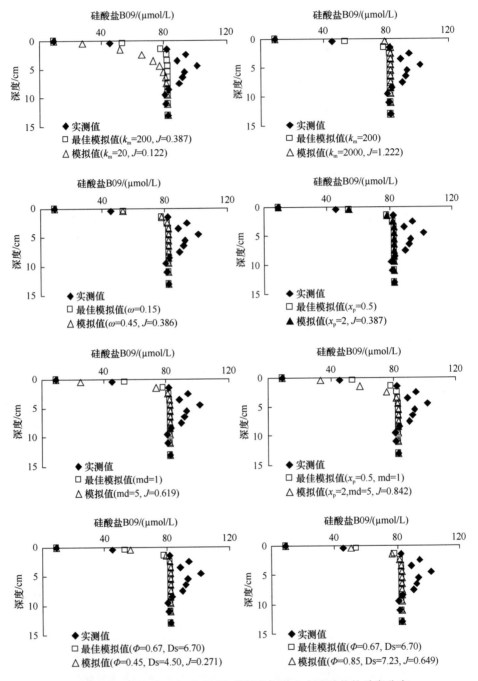

图 3-15b 渤海湾 B09 站观测与模拟的间隙水中硅酸盐的垂直分布

表 3-3 实验室培养法（L）、直接利用浓度梯度的扩散通量计算法（D）和利用成岩方程的扩散通量计算法（E）测得的莱州湾 C01 站沉积物-水界面营养盐交换通量的对比［单位：mmol/（m²·d）］

方法	亚硝酸盐	硝酸盐	铵态氮	溶解无机氮	磷酸盐	硅酸盐
L	0.145	0.508	0.768	1.445	0.047	3.660
D	0.005	0.101	0.330	0.436	0.000	0.130
E	—	0.349	0.536	0.885	0.000	0.454

3.4 渤海不同来源营养盐的对比分析

3.4.1 近年来渤海中部营养盐浓度及相对比值的变化

为了保证资料的可比性，同时为避开近岸水域受偶然事件影响较大的问题，选取渤海中部海域营养盐历年数据进行对比分析，数值取表、底层平均值。表 3-4 给出了 1982~2008 年渤海中部海域溶解无机态营养盐的平均浓度及氮/磷和硅/氮值的变化。

表 3-4　1982~2009 年渤海中部海区溶解无机态营养盐浓度及相对比例（单位：μmol/L）

年份	铵态氮	亚硝酸盐	硝酸盐	溶解无机氮	磷酸盐	硅酸盐	氮/磷	硅/氮	文献
1982~1983	0.57	0.08	1.10	1.75	1.06	23.0	1.65	13.1	Zhang et al.，2004
1992~1993	0.24	0.16	1.32	1.72	0.33	6.70	5.21	3.90	Zhang et al.，2004
1998~1999	0.82	0.63	3.55	5.00	0.31	6.60	16.1	1.32	蒋红等，2005
2000~2001	1.56	0.71	1.82	4.99	0.50	8.12	9.98	1.63	Li et al.，2003
2008	3.24	0.79	3.48	7.80	0.15	10.4	52.0	1.33	本书

从表 3-4 可以看出，1982~2008 年，渤海中部海域各溶解态无机氮均呈现不同程度的上升趋势；磷酸盐浓度呈现持续下降的趋势，近 30 年来渤海磷酸盐浓度下降了 7 倍；硅酸盐浓度总体来看亦呈现下降趋势。

渤海的氮/磷值呈明显的升高趋势，在 1998~2008 年这种升高趋势尤为显著。1992~1993 年前的渤海存在明显的氮限制，1998~1999 年氮/磷值接近 Redfield 比值，而到 2008 年氮/磷值（52.0）明显高于 Redfield 比值，渤海海域浮游植物的生长存在明显的磷限制；渤海硅/氮值的变化也非常明显，1982~1983 年渤海硅/氮值（13.1）明显高于 Redfield 值，到 1992~1993 年硅/氮值已下降了 3 倍，而到了 1998 年后硅/氮值已非常接近 Redfield 值，若按此趋势继续发展，会导致硅供给的相对不足。

3.4.2 渤海不同来源营养盐的对比分析

氮、磷、硅等营养盐是浮游植物生长所必需的元素，也是引起水体富营养化的主要因素之一。由前文可知，近 30 年来渤海海域的营养盐供给从 N 限制向 P 和 Si 限制方向演化，主要原因是 DIN 的增加而磷酸盐和硅酸盐浓度下降。研究表明，近年来我国大河流营养元素的含量均有升高的趋势（Zhang，1996），这不仅影响河流的水质，而且对河口和近海的营养盐结构也会造成很大影响；海底沉积物作为海水中营养盐的重要"源"和"汇"，其中营养盐的再生对水体中营养盐的循环和收支也起着重要作用。

为了弄清夏季沉积物-水界面各项营养盐的交换对水体中现存营养盐的贡献，本节将渤海夏季沉积物-水界面营养盐交换通量结果（成岩模型计算）与水体中营养盐现存量进行对比，估计各营养盐的贡献程度。渤海海域总面积约为 7.7 万 km^2，其中粉砂质沉积面积约为 56%，砂质沉积面积约为 25%，黏土质沉积面积约为 19%，根据不同类型沉积物加权的扩散通量平均值可以估算出夏季渤海溶解无机态营养盐在沉积物-水界面的交换通量（表 3-5）；渤海平均水深 18 m，结合渤海海域总面积，可估算渤海海水体积约为 $1.4×10^{12}\ m^3$，可以得出渤海夏季各溶解无机态营养盐的现存量（表 3-5）。

表 3-5　2009 年夏季（6~8 月）沉积物-水界面营养盐交换及黄河输入对渤海营养盐的贡献

	铵态氮	亚硝酸盐	硝酸盐	磷酸盐	硅酸盐
水体中营养盐现存量/10^9 mol	5.57	1.53	14.5	0.22	12.3
底界面营养盐交换通量/（10^9mol/季）	4.06	—	−0.19	0.025	3.63
黄河营养盐年输入通量/（10^9 mol/季）	0.016	0.007	1.55	0.003	0.84
滦河营养盐年输入通量/（10^9 mol/季）	—	0.0003	0.09	0.0006	0.10
大辽河营养盐年输入通量/（10^9 mol/季）	0.013	0.036	0.22	0.007	0.14
双台子河营养盐年输入通量/（10^9 mol/季）	0.003	0.00005	0.18	0.0004	0.10
底界面通量对水体营养盐的贡献/%	73	—	−1.3	11	30
四大河流输入对水体的贡献/%	0.6	2.8	14	5.1	9.7

渤海周围有黄河、海河、滦河以及辽河等大量河流的输入，年径流总量约 $888 \times 10^8 m^3$（杨作升等，2005），其中以黄河的径流量为最大，平均年径流量 $423 \times 10^8 m^3$。为了保证资料的可比性，本节给出了 2009 年夏季黄河（Liu et al.，2012）、滦河（Zhang，1996）、大辽河（蒋岳文等，1995）、双台子河（Zhang et al.，1997）输入渤海的各营养盐的入海通量。同样，取渤海夏季（6~8 月）营养盐水平估算水体中营养盐现存量，进而可得出四大河流夏季营养盐输送量对渤海营养盐的贡献（表 3-5）。

由表 3-5 可以看出，夏季沉积物-水界面间释放的铵态氮对水体营养盐的贡献高达 73%，而河流输入对水体中营养盐的贡献较小，表明沉积物的释放是渤海中铵态氮的主要来源；河流输入的硝酸盐对水体营养盐贡献较大（14%），而水体中硝酸盐向沉积物中的埋藏（−1.3%）可在一定程度上缓解水体中营养盐的氮负荷；沉积物-水界面的释放以及河流输入，均对渤海水体中的磷酸盐和硅酸盐的现存量有一定的贡献。

3.5　小　　结

渤海海域营养盐主要在河口和近岸区浓度较高，而中部海区浓度则相对较低，与其他海域相比渤海铵态氮所占溶解无机氮比例较高，工业废水及生活污水的排放、农业生产中氮肥的流失是导致铵态氮所占比例较高的主要原因；渤海营养盐绝对浓度可以满足浮游植物生长的需要，但从硅/氮/磷值来看，渤海海域存在明显的磷限制，且莱州湾的磷限制更为显著。

近 30 年来，渤海中部海域各溶解态无机氮均呈现不同程度的上升趋势；磷酸盐浓度呈现持续下降的趋势；硅酸盐浓度总体来看亦呈现下降趋势。渤海海域的营养盐供给从氮限制向磷和硅限制方向演化，主要原因是溶解无机氮的增加而磷酸盐和硅酸盐浓度下降。

对沉积物-水界面营养盐的交换通量研究结果表明，沉积物是铵态氮、溶解无机氮、磷酸盐及硅酸盐的源，是硝酸盐的汇。沉积物向上覆水中释放磷酸盐可在一定程度上缓解水体中浮游植物生长所需的磷酸盐，而溶解无机氮和硅酸盐向上覆水迁移则增加了渤海的氮、硅负荷；利用成岩模型对沉积物间隙水中的营养盐进行模拟，分析得出硝化速率、反硝化速率常数、有机氮含量及其分解速率常数、自生磷矿物的形成、硅质成分的溶解速率常数、生物扰动及沉积物孔隙率等影响沉积物-水界面营养盐的交换。

夏季沉积物-水界面间释放的铵态氮对水体营养盐的贡献高达73%，是渤海中铵态氮的主要来源；河流输入的硝酸盐对水体营养盐贡献较大（14%），而水体中硝酸盐向沉积物中的埋藏（−1.3%）可在一定程度上缓解水体中营养盐的氮负荷；沉积物-水界面的释放以及河流输入，均对渤海水体中的磷酸盐和硅酸盐的现存量有一定的贡献。

参 考 文 献

邓可, 杨世伦, 刘素美. 2009. 长江口崇明东滩冬季沉积物-水界面营养盐通量. 华东师范大学学报(自然科学版), 3: 17-27

国家海洋局. 2001~2005 年中国海洋环境质量公报. 北京: 国家海洋局

侯立军, 刘敏, 蒋海燕, 等. 2003. 河口潮滩沉积物对氨氮等的等温吸附特性. 环境科学, 22(6): 568-572

蒋红, 崔毅, 陈碧鹃, 等. 2005. 渤海近 20 年来营养盐变化趋势研究. 海洋水产研究, 26(6): 61-67

蒋岳文, 陈淑梅, 关道明, 等. 1995. 辽河口营养元素的化学特征及其入海通量估算. 海洋环境科学, 14: 39-45

李凤业, 高抒, 贾建军, 等. 2002. 黄/渤海泥质沉积区现代沉积速率. 海洋与湖沼, 33(4): 364-369

刘素美, 江文胜, 张经. 2005. 用成岩模型计算沉积物-水界面营养盐的交换通量——以渤海为例. 中国海洋大学学报, 35(1): 145-151

米铁柱, 于志刚, 姚庆祯, 等. 2001. 春季莱州湾南部溶解态营养盐研究. 海洋环境科学, 20(3): 14-18

杨龙云, Gardner W S. 1998. 休伦湖 Saginaw 湾沉积物反硝化速率的测定及其时空特征. 湖泊科学, 10(3): 32-38

杨作升, 戴慧敏, 王开荣. 2005. 1950~2000 年黄河入海水沙的逐日变化及其影响因素. 中国海洋大学学报, 35(2): 237-244

中国科学院海洋研究所. 1985. 渤海地质. 北京: 科学出版社

Berelson W M, Heggie D, Longmore A, et al. 1998. Benthic nutrient recycling in Port Phillip Bay, Australia. Estuarin, Coastal and Shelf Science, 46: 917-934

Berner R A. 1980. Early Diagenesis: A Theoretical Approach. Princeton: Princeton University Press

Jarvie H P, Mortimer R J G, Palmer-Felgate E J, et al. 2008. Measurement of soluble reactive phosphorus concentration profiles and fluxes in river-bed sediments using DET gel probes. Journal of Hydrology, 350(324): 261-273

Justic D, Rabalais N N, Turner R E, et al. 1995. Changes in nutrient structure of river-dominated coastal waters: stoichiometric nutrient balance and its consequences. Estuarine, Coastal and Shelf Science, 40: 339-356

Li Z Y, Bai J, Shi J H, et al. 2003. Distributions of inorganic nutrients in the Bohai Sea of China. Journal of Ocean University of Qingdao (Oceanic and Coastal Sea Research), 2(1): 112-116

Liu S M, Li L W, Zhang G L, et al. 2012. Impacts of human activities on nutrient transports in the Huanghe (Yellow River) Estuary. Journal of Hydrology, 430-431: 103-110

Liu S M, Li L W, Zhang Z N. 2011. Inventory of nutrients in the Bohai. Continental Shelf Research, 31: 1790-1797

Liu S M, Zhang J, Jiang W S. 2003. Pore water nutrient regeneration in shallow coastal Bohai Sea China.Journal of Oceanography, 59: 377-385

Michalopoulos P, Aller R C, Reeder R J. 2000. Conversion of diatoms to clays during early diagenesis in tropical, continental shelf muds.Geology, 28(12): 1095-1098

Michalopoulos P, Aller R C. 2004. Early diagenesis of biogenic silica in the Amazon delta: alteration, authigenic clay formation, and storage. Geochimica et Cosmochimica Acta, 68(5): 1061-1085

Mortimer R J G, Krom M D, Watson P G, et al. 1999. Sediment-water exchange of nutrients in the intertidal zone of the Humber Estuary, U K. Marine Pollution Bulletin , 37: 261-279

Nelson D M, Brzezinski M A. 1997. Diatom growth and productivity in an oligotrophic mid-ocean gyre: A 3-yr record from the Sargasso Sea near Bermuda. Limnology and Oceanography, 42(3): 473-486

Ogilvie B G, Nedwell D B, Harrison R M, et al. 1997. High nitrate, muddy estuaries as nitrogen sinks: The nitrogen budget of the River Colne Estuary (UK). Marine Ecology Progress Series, 150: 217-228

Seeberg-Elverfeldt J, Schlüter M, Feseker T, et al. 2005. Rhizon sampling of pore waters near the sediment/water interface of aquatic systems. Limnology and Oceanography: Methods, 3(8): 361-371

Turner R E, Rabalais N N, Zhang Z N. 1990. Phytoplankton biomass, production and growth limitation on the Huanghe (Yellow River) continental shelf. Continental Shelf Research, 10: 545-571

Tyleery K J, Anderson I C. 2003. Benthic algae control sediment-water column fluxes of organic and inorganic nitrogen compounds in a temperate lagoon. Limnology and Oceanography, 48(6): 2125-2137

Vanderborght J P, Wollast R, Billen G. 1977. Kinetic models of diagenesis in disturbed sediments. Part 1 Mass transfer properties and silica diagenesis. Linmol Oceanog, 22: 787-793

Widdows J, Blauw A, Heip C H R, et al. 2004. Role of physical and biological processes in sediment dynamics of a tidal flat in Westerschelde Esuary, SW Netherlands. Marine Ecology Progress Series, 274: 41-56

Williams L D, Jaquet J M, Thomas R L. 1976. Forms of phosphorus in the surficial sediments of lake Erie. Journal of the Fisheries Research Board of Canada, 33: 413-429

Zabel M, Dahmke A, Schulz H D. 1998. Regional distribution of diffusive phosphate and silicate fluxes through the sediment-water interface: The eastern south Atlantic. Deep Sea Research, 1(45): 277-300

Zhang J, Yu Z G, Liu S M, et al. 1997. Dynamics of nutrient elements in three estuaries of north China: The Luanhe, Shuangtaizihe, and Yalujiang. Estuaries, 20: 110-123

Zhang J, Yu Z G, Raabe T, et al. 2004. Dynamics of inorganic nutrient species in the Bohai Sea waters. Journal of Marine System, 44: 189-212

Zhang J. 1996. Nutrient elements in large Chinese estuaries. Continental Shelf Research, 16: 1023-1045

第4章 渤海的浮游生物

4.1 渤海的浮游植物

浮游植物（phytoplankton）是指在水体中营自养浮游生活的单细胞生物或多细胞聚合体，通常是指浮游藻类。海洋浮游植物主要依靠叶绿素通过光合作用合成有机物，其固定的有机物占海洋总初级生产量的 90%~95%，因此海洋浮游植物是海洋食物链中的基础环节，为各级消费者提供了主要能量来源，浮游植物数量和种类的变化将会影响后续营养级生物，成为制约鱼虾贝类资源数量变动的主要因素之一（郑重等，1984）。浮游植物受水体中营养盐含量和比例的控制，当水体出现富营养化时，某些浮游植物种类大量繁殖还会引起赤潮，引起海洋生态系统的异常变化。

渤海浮游植物群落结构的研究可以追溯到 20 世纪 30 年代。早期的工作以物种的分类和生态习性为主，其后的工作则以浮游植物群落结构和生态动力学研究为主，近 30 年来由于赤潮频发，浮游植物的研究重点转移到赤潮科学研究。

4.1.1 渤海水体的叶绿素含量

叶绿素是各类海洋浮游植物所共有的光合色素，因此水体叶绿素含量是海洋浮游植物现存量的一个良好指标（邹景忠等，1983）。通过同化系数还可以把叶绿素含量换算为海洋初级生产力，因此水体叶绿素含量也可以揭示海洋初级生产力的高低（李宝华，2004）。

1. 渤海叶绿素含量的水平分布

2008 年夏季（2008 年 8 月 26 日至 9 月 11 日）国家重点基金"渤海中南部底栖生物生产过程与生物多样性集成研究"项目组成员开展了渤海外业综合航次调查，设置了 17 个站位，具体位置见图 4-1。

根据该航次调查结果，渤海海域水柱叶绿素 a 含量变化范围为 1.80~7.50 mg/m^2，平均 4.79 mg/m^2。其空间分布大致呈现湾口附近及近岸海域高、中间海域低的趋势。极高值出现在渤海南部黄河口延伸海域，说明黄河淡水输入是影响该海域叶绿素 a 分布的重要因素。叶绿素低值区出现在秦皇岛以东的中部海域，且浓度变化较小（图 4-2a）。

渤海海域表层水体中叶绿素 a 浓度范围为 1.08~11.6 mg/m^3，平均 5.68 mg/m^3。高值区出现在莱州湾以北海区以及渤海湾和辽东湾湾口海区，呈马鞍形分布，而在秦皇岛外海至辽东湾湾口的中部狭长海区浓度较低（图 4-2b）。

渤海海域底层水体中叶绿素 a 浓度范围为 0.80~6.91 mg/m^3，平均为 3.44 mg/m^3，明显低于表层和 10 m 层。高值区出现在莱州湾以北、渤海湾湾口以及辽东湾中部海域，而秦皇岛至大连一线的中部海域浓度较低且在此区域出现极低值（图 4-2c）。

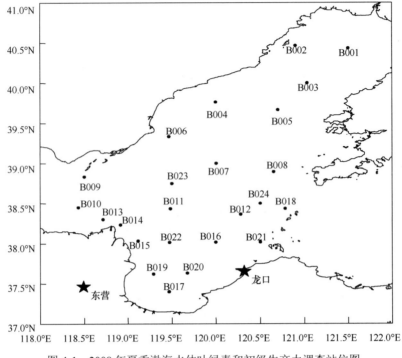

图 4-1 2008 年夏季渤海水体叶绿素和初级生产力调查站位图

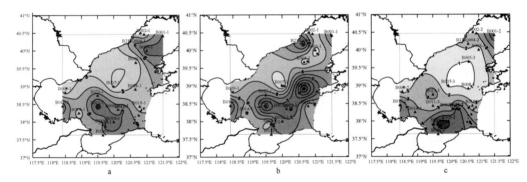

图 4-2 渤海海域叶绿素 a 含量的空间分布

a. 水柱含量分布图；b. 表层浓度分布图；c. 底层浓度分布图

总体来说，渤海海域夏末秋初叶绿素 a 浓度分布大体呈现边缘浅海地区高，中间海区低的规律。渤海是我国的内海，仅有东面一狭窄的水道——渤海海峡与外海相通，整个海域基本呈封闭状态，营养物质的陆源输入影响明显。

2. 渤海水体叶绿素含量的历史变化

从 20 世纪 60 年代至今，叶绿素 a 含量除 1992 年和 2000 年稍有下降外，基本处于上升趋势（图 4-3）。60 年代至 80 年代渤海水体叶绿素 a 平均浓度在 1.0 mg/m³ 以下，80 年代至 2000 年为 1.0~2.0 mg/m³，而在 2000 年以后则增加到 2.0 mg/m³ 以上。这说明渤海海域的富营养化趋势还在加剧，这与近年来渤海赤潮频发的趋势相一致（周名江等，2001）。

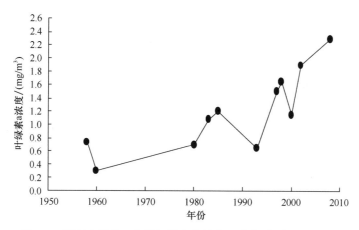

图 4-3　渤海叶绿素 a 含量年际变化趋势（改自 郭全，2005）

4.1.2　渤海浮游植物的种类组成

1. 种类组成

渤海是一个近封闭的内海，受外海水的影响较小，沿岸入海河流较多，海水盐度较低，营养盐比较丰富，有利于浮游植物的生长繁殖。自 20 世纪 30 年代开始对渤海浮游植物分类学开展研究以来，经过历次的调查和研究，渤海共鉴定有浮游植物 432 种，其中硅藻类约占 400 种。王俊（2003）于 21 世纪初在渤海近岸开展了浮游植物群落结构的综合调查，春季鉴定浮游植物有 16 属 31 种，其中，硅藻 13 属 24 种，甲藻 3 属 7 种；夏季有 20 属 44 种，其中，硅藻 16 属 36 种，甲藻 4 属 8 种。孙军和刘东艳（2005）基于 973 项目于 2000 年秋季对渤海网采浮游植物进行了调查，共鉴定浮游植物 3 门 35 属 64 种，其中，硅藻 29 属 53 种，甲藻 5 属 10 种，金藻 1 属 1 种。2001 年冬季，孙军等在渤海海域鉴定浮游植物 3 门 37 属 73 种，其中，硅藻 32 属 63 种，甲藻 4 属 9 种，金藻 1 属 1 种（孙军等，2004a）。

从生态类型来看，渤海的浮游植物多属于温带近岸性种类，主要由本地种（autochthonous species）组成。外源性种类（allochthonous species）只在特定时期出现，主要受黄海和黑潮的影响从渤海海峡北部输入渤海，但对渤海的浮游植物群落贡献不大。

2. 优势种

优势种是群落中数量丰富，对群落结构具有明显控制作用的物种。渤海浮游植物的优势种以硅藻为主。夏季渤海的优势种主要有浮动弯杆藻、窄隙角毛藻、星脐圆筛藻、三角角藻和夜光藻等（王俊，2003）。秋季渤海的优势种主要包括偏心圆筛藻、浮动弯角藻、圆海链藻和劳氏角毛藻等（孙军和刘东艳，2005）。冬季渤海的优势种主要是尖刺伪菱形藻、浮动弯角藻、偏心圆筛藻、具槽帕拉藻和环纹劳德藻等（孙军等，2004a）。近几十年来渤海的优势种变化总体表现为由以硅藻为绝对优势转变为硅藻和甲藻的联合优势，甲藻数量在显著增加（孙军等，2002）。甲藻的增加反映了渤海营养盐结构的改变，人为的营养盐输入使得渤海的氮磷比显著升高。另外，近几十年来渤海浮游植物群落的细胞丰度也有大幅度增加（王俊和康元德，1998；孙军等，2004a）。

4.1.3 渤海浮游植物的细胞丰度

渤海海域浮游植物细胞丰度随季节不同有明显的变化,春季渤海海域浮游植物细胞丰度平均为 132×10^4 ind/m³,渤海湾细胞丰度最高,为 301×10^4 ind/m³,其次为莱州湾,为 95.2×10^4 ind/m³,辽东湾的丰度最低,仅为 5.7×10^4 ind/m³(王俊,2003)。而夏季渤海海域浮游植物细胞丰度的平均值仅为 12.9×10^4 ind/m³,高值区出现在辽东湾和莱州湾东北部水域,渤海湾和莱州湾大部分水域浮游植物的细胞丰度低于 2×10^4 ind/m³。秋季浮游植物细胞丰度为 $(1.19\sim873)\times10^4$ ind/m³,平均为 119×10^4 ind/m³,高值区分布在渤海中北部、渤海湾南部和渤海海峡南部,浮游甲藻在渤海湾北部存在高值区。冬季浮游植物细胞丰度为 $(3.16\sim18000)\times10^4$ ind/m³,平均为 629×10^4 ind/m³,南部海域高于北部,在莱州湾和渤海湾南部存在高值区(孙军等,2004b)。

从细胞丰度的季节变化来看,渤海的浮游植物通常呈现春季和秋季两次数量高峰的季节分布规律(王俊和康元德,1998;孙军等,2004a),但个别年份冬季由于水温偏高也出现细胞数量的高峰,而夏季细胞丰度往往出现最低值,这与夏季营养盐的耗竭有一定的关系。

4.1.4 渤海浮游植物的多样性

2000 年秋季渤海海域浮游植物的 Shannon-Wiener 多样性指数为 0.467~4.040,平均值为 2.30,高值区分布在渤海中部和北部,这主要是由于中北部水体稳定性较好,群落可以演替达到稳定特征而具有高的多样性水平。但在多样性低的海域,由于浮游植物群落中优势类群突出,生物量较高,易暴发赤潮,渤海湾和辽东湾都是赤潮的高发区。渤海海域浮游植物的均匀度指数为 0.282~0.953,平均 0.721,高值区位于渤海中部、渤海海峡北部和辽东湾南部(孙军和刘东艳,2005)。

2001 年冬季渤海海域浮游植物的多样性指数为 0.863~3.66,平均 2.17,渤海南部高于北部,并在渤海湾、渤海中南部和渤海海峡南部形成高值区。尽管莱州湾存在细胞丰度高值区,但多样性指数却是低值区,因为此处的浮游植物群落形成了以尖刺伪菱形藻为单一优势种(其细胞丰度占总细胞丰度的 47%)的群落结构。冬季渤海海域浮游植物的均匀度指数为 0.227~0.787,平均为 0.553,南部海域形成团块状的高值区。冬季渤海由于受大风天气影响,浮游植物群落受水团运动控制比较明显,整个调查区均匀度都较低,尤其是在水浅的辽东湾和莱州湾(孙军等,2004a)。

4.2 渤海的初级生产力

4.2.1 海洋初级生产力及其测定方法

海洋初级生产是生产者通过同化作用将无机物转化为有机物的过程,主要是将 CO_2 和 H_2O 通过光合作用转化为碳水化合物同时释放出氧气的过程,海洋初级生产所合成的有机物是海洋生态系统食物网的起点。海洋中主要的初级生产者是约 29000 种隶属于不同门类、大小在 0.2~2000 μm 的浮游植物,它们提供了海洋初级生产的 90%~95%;其余的初级生产主要是由生长在沿岸的大型底栖海藻、底栖微藻、海草和红树林等提供；还有一部分由化能合成生物（如海洋细菌、热泉生物）提供。

1. 初级生产力

初级生产力（primary productivity）即自养生物通过光合作用或化能合成作用制造有机物的速率。初级生产力包括总初级生产力（gross primary productivity）和净初级生产力（net primary productivity），前者是指自养生物生产的总有机碳量，后者是指总初级生产量扣除自养生物自身呼吸消耗后剩余的部分。

2. 初级生产力的测定方法

（1）^{14}C 示踪法

^{14}C 示踪法由丹麦科学家 Steemann Nielsen 在 20 世纪 50 年代首先应用于海洋学方面的研究。其主要原理是把一定量的放射性碳酸氢盐 $H^{14}CO_3^-$（或碳酸盐，$^{14}CO_3^{2-}$）加入到已知 CO_2 总量的海水样品中，经过一段时间培养后，测定浮游植物细胞内有机 ^{14}C 的量，就可以计算浮游植物的光合作用速率。在实际工作中，水样采自不同的深度，每一层水样分装在白瓶（透光）和黑瓶（空白）里。实验开始时，向各水样中加入一定量的 ^{14}C 溶液，然后把水样浸入原来采样的水层中。一段时间（通常为 2~4 h）后，取出水样，经过滤洗涤和酸雾处理后测定滤物的 ^{14}C 量，按式（4-1）计算同化的初级生产力：

$$P = \frac{(R_a - R_b)W}{R \times N} \tag{4-1}$$

式中，P 为初级生产力 [mgC/（m^3·h）]；R_a 为白瓶水样有机 ^{14}C 的放射性计数（Bq）；R_b 为黑瓶有机 ^{14}C 的放射性计数（Bq）；R 为加入 ^{14}C 的总放射性计数（Bq）；W 为海水中总二氧化碳量（mgC/m^3）；N 为培养时间（h）。

通过将各层水样所得的生产力结果积分可以得到每平方米海面下的总生产力 [mgC/（m^2·d）]。

^{14}C 示踪法测定初级生产力的优点是准确性高，对于生产力水平较低的海域也可获得较为满意的结果。一般认为 ^{14}C 法所得结果接近净初级生产量的数值。

原则上 ^{14}C 示踪法应当把采集水样加入 ^{14}C 后放回采样时的不同深度进行现场培养，称为原位培养法（*in situ* method）。但是，调查船只在大范围海区进行测量时很难进行原位培养，因而通常采用模拟现场海区的方法来测定，即采集水样后在调查船上用不同透光度的培养瓶或人造光模拟采水层的光强和温度条件进行培养，以代替现场测定过程，称为原位模拟法（simulated *in situ* method）。

（2）叶绿素同化指数法

叶绿素同化指数法根据一定条件下植物细胞内叶绿素含量和光合作用产量之间存在一定相关性的原理，以叶绿素含量和同化指数来计算初级生产力。

同化指数（assimilation index）或称为同化系数（coefficient of assimilation）是指单位叶绿素 a 单位时间内合成的有机碳量。该方法中初级生产力的计算公式如下：

$$P = \text{Chl a} \times Q \tag{4-2}$$

式中，P 为初级生产力 [mg C/($m^3 \cdot h$)]；Chl a 为叶绿素 a 含量（mg/m^3）；Q 为同化指数 [mg C/(mg Chl a·h)]。

该方法的最大优点是在同一海区调查时不必每个站位都采用 ^{14}C 示宗法，而是取几个代表性站位用 ^{14}C 示宗法测得 Q 值，其余站位只测 Chl a 含量，即可应用式（4-2）估算各站位的初级生产力。

4.2.2 渤海海域初级生产力

1. 渤海海域初级生产力的空间分布

2008 年夏季航次设置了三个初级生产力研究站位，站位号为 B10、B27 和 B20（图 3-1），分别位于渤海湾外侧、渤海中部和莱州湾口。结果表明，渤海表层水体的初级生产力为 21.7~32.0 mgC/($m^3 \cdot h$)，10%透光层的初级生产力为 22.7~36.7 mgC/($m^3 \cdot h$)，底层水体在 13.6~22.7 mgC/($m^3 \cdot h$)。初级生产力最大值位于 10%透光层，而非表层，这是由于采样季节表层光强较高，出现了光抑制现象。表层水体叶绿素的同化系数为 3.56~9.98，10%透光层的叶绿素同化系数为 2.36~5.26，1%透光层的同化系数为 2.06~5.14，说明同化系数表层最大，随水体深度增加同化系数逐渐降低。渤海水柱的初级生产力为 111~289 mgC/($m^3 \cdot h$)，最大值出现在渤海中部的 B00JQ021 站位，这与该站位水体清澈、真光层较深有关。

渤海初级生产力的空间分布很不均匀，局部海区生产力相差悬殊。吕瑞华等（1999）在 1982~1983 年和 1992~1993 年两次对渤海水域初级生产力的调查结果显示，在这十年中，初级生产力的空间分布格局基本一致，均为莱州湾>渤海湾>辽东湾>渤海中央。而王俊和李洪志（2002）对渤海水域进行的调查结果则显示，从整个渤海海域来看，春季初级生产力分布呈北高南低的趋势，与之前的调查结果刚好相反，其中初级生产力大于 680 mgC/($m^2 \cdot d$) 的高值区出现在辽东湾和秦皇岛外海的部分水域。夏季渤海近岸初级生产力的高值区出现在渤海湾中部、辽东湾北部和秦皇岛外海水域，低值区多出现于各湾的边缘水域，但总体上也呈现南高北低之势。秋季渤海近岸水域初级生产力的高值区出现在渤海湾和莱州湾东北部水域，辽东湾及秦皇岛外海则为低值区。本书在 2008 年夏季的调查中发现初级生产力高值区位于渤海中部，与王俊和李洪志（2002）的结果基本一致。

2. 渤海初级生产力的季节变化

渤海初级生产力空间差异较大且有明显的季节变化特征。例如，1982~1983 年的调查结果显示，5~6 月莱州湾、渤海湾和中央海区北部初级生产力较高，其他海区较低；7~8 月整个海区的初级生产力普遍升高，尤其是黄河口和莱州湾海域高达 800 mgC/($m^2 \cdot d$)；9~10 月渤海湾初级生产力开始下降，高值区位于莱州湾；11 月至翌年 1 月全渤海初级生产力普遍下降，为全年的最低期，通常低于 100 mgC/($m^2 \cdot d$)；2 月中央海区和莱州湾海域初级生产力开始增加；3~4 月除渤海湾外，其他海区普遍增加，莱州湾的初级生产力达到 800 mgC/($m^2 \cdot d$) 以上（费尊乐等，1988）。

整体而言,渤海初级生产力的季节变化呈双峰结构。1982~1983 年的调查结果显示初春和秋季出现高峰,冬季最低(费尊乐等,1988)。而 1984~1985 年的调查结果为夏季最高,春季与秋季相当,冬季最低(费尊乐等,1991)。1992~1993 年的调查结果显示渤海海域初级生产力同样在夏季达到最高值,冬季最低,春季与秋季相当(吕瑞华等,1999)。而 1998~1999 年的调查结果则是春季明显高于秋季(王俊和李洪志,2002)。本研究在 2008~2009 年的调查结果为夏季高于春季。由此可见,渤海初级生产力的季节变化趋势大致为夏季>春秋季>冬季(表 4-1),其原因主要是夏季日照时间长,透明度高,真光层深度大,而冬季,日照时间短,水温低,而且冬季季风强,海水垂直混合可达海底,导致海水浑浊,真光层深度浅,初级生产力也相应最低。

表 4-1 渤海水域初级生产力的季节变化 [单位:mgC/($m^2 \cdot d$)]

调查年份	春季	夏季	秋季	冬季	文献
1982~1983	208	537	297	207	吕瑞华等,1999
1992~1993	162	419	154	127	吕瑞华等,1999
1998	319	420	189	NA*	王俊和李洪志,2002
2008~2009	266	1318	NA	NA	本书

*NA 表示未分析。

3. 渤海海域初级生产力的年际变化

渤海初级生产力研究始于 20 世纪 70 年代末,1982~1983 年进行了周年逐月调查,1984~1985 年又连同黄海按季节进行了调查,1992~1993 年在渤海进行了季节调查,1997 年春末在渤海生态系统动力学研究项目中也进行过调查,因此渤海初级生产力的资料较为丰富(表 4-2)。

表 4-2 渤海水域初级生产力的年际变化 [单位:mgC/($m^2 \cdot d$)]

调查年份	初级生产力	文献
1982~1983	312(年平均)	费尊乐等,1998
1992~1993	216(年平均)	吕瑞华等,1999
1998~1999	244(春季和秋季赤潮期平均)	孙军等,2003
2008~2009	792(春季和夏季平均)	本书

吕瑞华等(1999)利用 1982~1983 年和 1992~1993 年两次渤海水域调查的结果,研究了渤海初级生产力 10 年间的变化时指出,渤海的初级生产力总体呈下降趋势,由 20 世纪 80 年代的 312 mgC/($m^2 \cdot d$) 降到 216 mgC/($m^2 \cdot d$),下降了近 1/3。特别是渤海中央海域初级生产力已经由 394 mgC/($m^2 \cdot d$) 下降到了 185 mgC/($m^2 \cdot d$)。而王俊和康元德在 1998 年对渤海水域的调查研究中发现,1998 年渤海初级生产力的平均值为 327 mgC/($m^2 \cdot d$),比 5 年前又有所上升。本研究在 2008~2009 年的调查结果表明春季和夏季渤海的初级生产力分别 166 mgC/($m^2 \cdot d$) 和 1318 mgC/($m^2 \cdot d$),平均为 792 mgC/($m^2 \cdot d$)。由此可见,渤海的初级生产力在近几十年中的变化较大,目前的生产力水平约为 30 年前的 2 倍。但从水体中的叶绿素来看,目前的叶绿素含量约为 30 年前的 4 倍,因此近 30 年来渤海

叶绿素的同化效率下降了一半。关于叶绿素同化效率下降的原因目前尚不清楚，今后还需要开展进一步的研究。

4.3 渤海的浮游动物

海洋浮游动物是指生活在海洋水体中，自主游动能力较弱，主要靠随波漂流运动的小型动物。浮游动物数量大、种类繁多、分布极广，是海洋生态系统中不可缺少的组成部分。其种类主要涉及原生动物、刺胞动物、栉水母动物、轮虫、环节动物、甲壳动物、软体动物、毛颚动物和尾索动物（被囊类）九大门类及浮游幼虫。浮游动物生命周期较长，种群相对稳定，其种类组成、丰度分布和空间分布等定量数据，能为揭示海洋生态过程的演变机制提供很多有价值的信息。浮游动物种群动态变化和生产力的高低对于整个海洋生态系统结构功能、生态容纳量以及生物资源补充量都有着十分重要的影响。另外，浮游动物对海洋环境变化敏感，因此，浮游动物常常作为反映海洋环境变化的理想研究对象。

1950 年以前，鲜有关于渤海浮游动物的报道。自 20 世纪 50 年代末以来，我国针对渤海进行了多次调查研究。1958~1959 年的全国海洋普查取得了大量的浮游动物资料。1982~1983 年，白雪娥等对渤海浮游动物进行了逐月调查（白雪娥和庄志猛，1991）。1984~1985 年孟凡等先后进行了 4 个季度的浮游动物调查（孟凡等，1993）。1998~1999 年，王克和张武昌等借助国家自然科学基金重大项目"渤海生态系统动力学和生物资源持续利用"，对渤海中南部浮游动物的群落结果进行了研究。2006~2007 年执行的"我国近海海洋综合调查与评价专项"（908 专项）、"ST-01 区块"也针对渤海浮游动物进行了 4 个季节的调查研究。

本节在概述已有研究成果基础上重点介绍黄河口的浮游动物生态特征，并就常用的两种浮游动物采样网具的研究结果进行对比。此外，综合整理了渤海浮游桡足类总名录以及分类系统组成，采用分类学多样性指数求得渤海浮游桡足类等级多样性的理论平均值和 95%置信漏斗曲线，可为渤海浮游桡足类多样性研究提供重要的本底资料。

4.3.1 渤海浮游动物的种类组成

1. 种类组成

毕洪生等（2000）利用 1959 年全国海洋普查在渤海所获取的中性浮游生物网样品，对渤海的浮游动物群落结构进行了研究，共记录到浮游动物 87 种，浮游幼虫 17 类。其中，桡足类是浮游动物的主要组成部分，共记录 30 种，水母类次之，共记录到 29 种。白雪娥和庄志猛（1991）根据渤海 1982 年 6 月至 1983 年 5 月周年大型浮游动物调查资料，记录到浮游动物 45 种（水母类未鉴定到种），浮游幼虫 12 类，其中桡足类 21 种（白雪娥等，1991）。王克等（2002）和张武昌等（2002）分别根据"渤海生态系统动力学和生物资源持续利用"项目所获取的大型和中型浮游动物网采样品，对渤海浮游动物进行了分析。大网共记录到浮游动物 53 种，浮游幼虫 13 类，小网共记录到浮游动物 41 种，浮游幼虫 10 类。渤海 908 专项调查共记录到各类浮游动物 75 种，浮游幼虫 17 类，其中，水母类最多（33种），桡足类其次（18种）（孙松，2012）。

根据在黄河口的调查资料（4.4节）并综合历次的调查和研究资料（全国海洋综合调查报告，1977；白雪娥和庄志猛，1991；孟凡等，1993；焦玉木和田家怡，1999；毕洪生等，2000；王克等，2002；张武昌等，2002），渤海共记录浮游动物166种，浮游幼虫28类，其中，原生动物5种，水螅水母47种，管水母2种，钵水母4种，栉水母2种，鳃足类5种，介形类2种，桡足类46种，端足类5种，等足类3种，涟虫9种，糠虾16种，磷虾2种，十足类7种，毛颚类3种，有尾类4种，海樽4种。详细名录见表4-3。

表4-3 渤海浮游动物种名表

中文名	拉丁名	文献
原生动物	**PROTOZOA**	
夜光虫	*Noctiluca scientillans* Kofoid et Swezy	
运动类铃虫	*Codonellopsis mobilis* Wang	张武昌和王荣，2000
似铃虫	*Tintinnopsis* sp.	
巴拿马网纹虫	*Favella panamensis* Kofoid et Campbell	
钟形网纹虫	*Favella campanula*（Schmidt）	
刺胞动物门	**CNIDARIA**	
水螅水母亚纲	**Hydromedusae**	
单肢水母	*Nubiella* sp.	
不列颠高手水母	*Bougainvillia britanica*（Forbes）	
鳞茎高手水母	*Bougainvillia muscus*（Allman）	
首要高手水母	*Bougainvillia principis*（Steenstrup）	全国海洋综合调查报告，1977
盾形高手水母	*Bougainvillia superailiaris*（L. Agassiz）	焦玉木和田家怡，1999
高手水母	*Bougainvillia* sp.	
贝氏拟线水母	*Nemopsis bachei* Agassiz	马喜平和高尚武，2000
灯塔水母	*Turritopsis nutricula*（McCrady）	全国海洋综合调查报告，1977
小介穗水母	*Podocoryne minima*（Trinci）	
简单介穗水母	*Podocoryne simplex* Kramp	
芽介穗水母	*Podocoryne minuta*（Mayer）	
双手水母	*Amphinema dinema*（Peron et Lesueur）	全国海洋综合调查报告，1977
厦门隔膜水母	*Leuckartiara hoepplii* Hsu	全国海洋综合调查报告，1977
日本长管水母	*Sarsia japonica*（Nagao）	马喜平和高尚武，2000
耳状囊水母	*Euphysa aurata* Forbes	全国海洋综合调查报告，1977
真囊水母	*Euphysora bigelowi* Maas	全国海洋综合调查报告，1977
刺胞真囊水母	*Euphysora knides* Huang	
杜氏外肋水母	*Ectopleura dumontieri*（Van Beneden）	
双手外肋水母	*Ectopleura minerva* Mayer	
嵴状镰螅水母	*Zanclea costata* Gegenbaur	全国海洋综合调查报告，1977
八斑芮氏水母	*Rathkea octopunctata*（Sars）	
嵊山秀氏水母	*Sugiura chengshanense*（Ling）	
盘形美螅水母	*Clytia discoideum*（Mayer）	马喜平和高尚武，2000

续表

中文名	拉丁名	文献
单囊美螅水母	*Clytia folleatum*（McCrady）	马喜平和高尚武，2000
半球美螅水母	*Clytia hemisphaerica*（Linnaeus）	
球形美螅水母	*Clytia globosum*（Mayer）	马喜平和高尚武，2000
美螅水母	*Clytia* sp.	
四手触丝水母	*Lovenella assimilis*（Browne）	
触丝水母	*Lovenella* sp.	
真拟杯杯水母	*Phialucium mbenga*（Agassiz et Mayer）	马喜平和高尚武，2000
带玛拉水母	*Malagazzia taeniogonia*（Chow et Huang）	马喜平和高尚武，2000
卡玛拉水母	*Malagazzia carolinae*（Mayer）	
玛拉水母	*Malagazzia* sp.	
薮枝螅水母	*Obelia* spp.	
锡兰和平水母	*Eirene ceylonensis* Browne	
六辐和平水母	*Eirene hexanemalis*（Goette）	全国海洋综合调查报告，1977
细颈和平水母	*Eirene menoni* Kramp	
短腺和平水母	*Eirene brevigona* Kramp	
塔状和平水母	*Eirene pyramidalis*（Agassiz）	
马来侧丝水母	*Helgicirrha malayensis*（Stiasny）	全国海洋综合调查报告，1977
玻璃优托水母	*Eutonina indicans*（Romanes）	马喜平和高尚武，2000
黑球真唇水母	*Eucheilota menoni* Kramp	
四枝管水母	*Proboscidactyla flavicirrata* Brandt	
异枝管水母	*Proboscidactyla mutabilis*（Browne）	马喜平和高尚武，2000
六枝管水母	*Proboscidactyla stellata*（Browne）	毕洪生等，2000
四叶小舌水母	*Liriope tetraphylla*（Chamisso et Eysenhardt）	马喜平和高尚武，2000
烟台异手水母	*Varitentaculata yantaiensis* He	
管水母亚纲	**Siphonophorae**	
双生水母	*Diphyes chamissonis* Huxley	马喜平和高尚武，2000
五角水母	*Muggiaea atlantica* Cunningham	全国海洋综合调查报告，1977
钵水母纲	**Scyphomedusae**	
红斑游船水母	*Nausithoe punctata* Kölliker	马喜平和高尚武，2000
海月水母	*Aurelia aurita*（Linnaeus）	马喜平和高尚武，2000
白色霞水母	*Cyanea nozakii* Kishinouye	马喜平和高尚武，2000
海蜇	*Rhopilema esculentum* Kishinouye	马喜平和高尚武，2000
栉水母动物门	**CTENOPHORA**	
球型侧腕水母	*Pleurobrachia globosa* Moser	
瓜水母	*Beröe cucumis* Fabricius	马喜平和高尚武，2000
节肢动物门	**ARTHROPODA**	
无甲目	**Anostraca**	
咸水丰年虫	*Artemia salina*（Linnaeus）	焦玉木和田家怡，1999
枝角目	**Cladocera**	
鸟喙尖头溞	*Penilia avirostris* Dana	

续表

中文名	拉丁名	文献
诺氏三角溞	*Evadne nordmanni* Loven	白雪娥和庄志猛,1991
肥胖三角溞	*Evadne tergestina* Claus	
史氏大眼溞	*Podon schmackeri* Poppe	
介形亚纲	**Ostracoda**	
格氏星萤	*Asteropina grimaldi*（Skogsberg）	
介形类	other Ostracoda	白雪娥和庄志猛,1991
桡足亚纲	**Copepoda**	
中华哲水蚤	*Calanus sinicus* Brodsky	
强额拟哲水蚤	*Paracalanus crassirostris* Dahl	
小拟哲水蚤	*Paracalanus parvus*（Claus）	
拟哲水蚤	*Paracalanus* sp.	白雪娥和庄志猛,1991
叉真刺水蚤	*Euchaeta rimana* Bradford	毕洪生等,2000
精致真刺水蚤	*Euchaeta concinna* Dana	毕洪生等,2000
太平洋真宽水蚤	*Eurytemora pacific* Sato	
腹针胸刺水蚤	*Centropages abdominalis* Sato	
背针胸刺水蚤	*Centropages dorsispinatus* Thompson et Scott	
瘦尾胸刺水蚤	*Centropages tenuiremis* Thompson et Scott	
中华胸刺水蚤	*Centropages sinensis* Chen et Zhang	王克等,2002
细巧华哲水蚤	*Sinocalanus tenellus*（Kikuchi）	
中华华哲水蚤	*Sinocalanus sinensis*（Poppe）	
海洋伪镖水蚤	*Pseudodiaptomus marinus*（Sato）	
火腿伪镖水蚤	*Pseudodiaptomus poplesia*（Shen）	
指状伪镖水蚤	*Pseudodiaptomus inopinus*（Burckhardt）	王克等,2002
瘦乳点水蚤	*Pleuromamma gracilis*（Claus）	王克等,2002
汤氏长足水蚤	*Calanopia thompsoni* A.Scott	
双刺唇角水蚤	*Labidocera acuta*（Dana）	
真刺唇角水蚤	*Labidocera euchaeta* Giesbrecht	
左突唇角水蚤	*labidocera sinilobata* Shen et Lee	焦玉木和田家怡,1999
刺尾角水蚤	*Pontella spinicauda* Mori	王克等,2002
宽角水蚤	*Pontella latifurca* Chen et Zhang	焦玉木和田家怡,1999
叉刺角水蚤	*Pontella chierchiet* Giesbrecht	孟凡等,1993
瘦尾筒角水蚤	*Pontellopsis tenuicauda*（Giesbrecht）	
钝筒角水蚤	*Pontellopsis yamadae* Mori	王克等,2002
克氏纺锤水蚤	*Acartia clausi* Giesbrecht	
双刺纺锤水蚤	*Acartia bifilosa* Giesbrecht	
太平洋纺锤水蚤	*Acartia pacifica* Steuer	
刺尾歪水蚤	*Tortanus spinicaudatus* Shen et Bai	
钳歪水蚤	*Tortanus forcipatus*（Giesbrecht）	
瘦歪水蚤	*Tortanus gracilis*（Brady）	全国海洋综合调查报告,1977
捷歪水蚤	*Tortanus derjugini* Smirnov	全国海洋综合调查报告,1977

续表

中文名	拉丁名	文献
拟长腹剑水蚤	*Oithona similis* Claus	
短角长腹剑水蚤	*Oithona brevicornis* Giesbrecht	
伪长腹剑水蚤	*Oithona fallax* Farran	
坚长腹剑水蚤	*Oithona rigida* Giesbrecht	王克等,2002
小长腹剑水蚤	*Oithona nana* Giesbrecht	王克等,2002
日本大眼剑水蚤	*Corycaeus japonicus* Mori	白雪娥和庄志猛,1991
近缘大眼剑水蚤	*Corycaeus affinis* Mcmurrichi	
掌刺梭剑水蚤	*Lubbockia squillimana* Claus	毕洪生等,2000
角双桅剑水蚤	*Neopontinus angulari* Scott	毕洪生等,2000
温剑水蚤	*Thermocyclops* sp.	
挪威小毛猛水蚤	*Microsetella norvegica*（Boeck）	
华贵西屋猛水蚤	*Diarthrodes nobilis*（Baird）	毕洪生等,2000
怪水蚤	*Monstrilla* sp.	
端足目	**Amphipoda**	
细足法虫戎	*Themisto gracilipes*（Norman）	
河蝶蠃䗪	*Corophium acherusicum* Costa	焦玉木和田家怡,1999
麦秆虫	*Caprella* sp.	焦玉木和田家怡,1999
一种管栖端足类	*Cerapus* sp.	白雪娥和庄志猛,1991
钩虾	Gammaridea	
等足目	**Isopoda**	
日本圆柱水虱	*Cirolana japonensis*（Richardson）	焦玉木和田家怡,1999
腔齿海底水虱	*Dynaides dentisinus* Shen	焦玉木和田家怡,1999
小寄虱	*Microniscus* sp.	
涟虫目	**Cumacea**	
三叶针尾涟虫	*Diastylis tricincta*（Zimmer）	焦玉木和田家怡,1999
纤细长涟虫	*Iphinoe tenera* Lomakina	王克等,2002
蛇头女针涟虫	*Gynodiastylis anguicephala* Harada	焦玉木和田家怡,1999
亚洲异针涟虫	*Dimorphastylis asiatica* Zimmer	焦玉木和田家怡,1999
太平洋方甲涟虫	*Eudorella pacifica* Hart	焦玉木和田家怡,1999
光亮拟涟虫	*Cumella arguta* Gamo	焦玉木和田家怡,1999
梭形驼背涟虫	*Campylaspis fusiformis* Gamo	焦玉木和田家怡,1999
无尾涟虫	*Leueon* sp.	
针尾涟虫	*Diastylis* sp.	
糠虾目	**Mysidacea**	
美丽拟节糠虾	*Hemisiriella pulchra* Hansen	王克等,2002
原新糠虾	*Proneomysis* sp.	白雪娥和庄志猛,1991
漂浮小井伊糠虾	*Iiella pelagicus*（Ii）	
台湾小井伊糠虾	*Iiella formosensis* Ii	焦玉木和田家怡,1999
儿岛小井伊糠虾	*Iiella kojimocnsis* Nakasawa	王克等,2002
小红糠虾	*Erythrops minuta* Hansen	

续表

中文名	拉丁名	文献
黑褐新糠虾	*Neomysis awatschensis*（Brandt）	
东方新糠虾	*Neomysis orientails*（Ii）	
日本新糠虾	*Neomysis japonica*（Nakazawa）	
长额刺糠虾	*Acanthomysis longiristris*（Ii）	
朝鲜刺糠虾	*Acanthomysis koreana* Ii	
冈山刺糠虾	*Acanthomysis okayamaensis*（Ii）	
粗糙刺糠虾	*Acanthomysis aspera* Ii	
黄海刺糠虾	*Acanthomysis hwanhaiensis* Ii	
中华刺糠虾	*Acanthomysis sinensis* Shen	王克等，2002
藤永刺糠虾	*Acanthomysis fujinagai* Ii	
磷虾目	**Eupdausiacea**	
太平洋磷虾	*Euphausia pacifica* Hansen	全国海洋综合调查报告，1977
中华假磷虾	*Pesudeuphausia sinica* Wang et Chen	张武昌等，2002
十足目	**Decapoda**	
亨生莹虾	*Lucifer hanseni* Nobili	王克等，2002
中型莹虾	*Lucifer intermedius* Hansen	王克等，2002
中国毛虾	*Acetes chinensis* Hansen	
日本毛虾	*Acetes japonicus* Kishinouye	
细螯虾	*Leptochela gracilis* Stimpson	
东方长眼虾	*Ogyrides orientalis*（Stimpson）	白雪娥和庄志猛，1991
脊腹揭虾	*Crangon affinis* De Haan	白雪娥和庄志猛，1991
毛颚动物门	**CHEAETOGNATHA**	
肥胖箭虫	*Sagitta enflata* Grassi	毕洪生等，2000
拿卡箭虫	*Sagitta nagae* Alvarino	全国海洋综合调查报告，1977
强壮箭虫	*Sagitta crassa* Tokioka	
尾索动物亚门	**UROCHORDATA**	
北方褶海鞘	*Fritillaria borealis* Lohmann	
异体住囊虫	*Oikopleura dioica* Fol	
长尾住囊虫	*Oikopleura longicauda*（Vogt）	
住囊虫	*Oikopleura* sp.	白雪娥和庄志猛，1991
羽环纽鳃樽	*Cyclosalpa pinnata*（Forskål）	毕洪生等，2000
长吻纽鳃樽	*Brooksia rostrata*（Traustedt）	毕洪生等，2000
软拟海樽	*Doliolettta gegenbauri* Uljanin	
小齿海樽	*Doliolum denticulatum* Quoy et Gaimard	毕洪生等，2000
浮游幼虫	**Pelagic larvae**	
水螅水母幼体	hydromedusa larva	
担轮幼虫	trochophore larva	
多毛类疣足幼体	polychate larva	
瓣鳃类后期幼体	lamellibranchiate post larva	
腹足类后期幼体	Gastropoda post larva	

续表

中文名	拉丁名	文献
浮游幼虫	Pelagic larvae	
蔓足类无节幼虫	cirripedia nauplii	
腺介幼虫	cypris larva	
桡足类无节幼虫	Copepoda nauplii	
桡足幼体	copepodite larva	
糠虾类幼虫	Mysidacea larva	
原溞状幼体	protozoea larva	
磷虾节胸幼虫	calyptopis larva	
短尾类溞状幼虫	Brachyura zoea	
短尾类大眼幼虫	megalopa larva	
歪尾类溞状幼虫	porcellana zoea	
阿利玛幼虫	alima larva	
长尾类幼体	Macrura larva	
帽状幼虫	pilidium larva	
辐轮幼虫	actinotrocha larva	
海胆长腕幼虫	echinopluteus larva	
海蛇尾长腕幼虫	ophiopluteus larva	
海星羽腕幼虫	bipinnaria larva	
棘皮动物幼体	Echinodermata larva	
外肛类双壳幼虫	Ectoprocta cyphonautes larva	
腕足类幼虫	*Lingula* larva	
柱头幼虫	tornaria larva	
鱼卵	fish eggs	
仔稚鱼	fish larva	

渤海因其内海性的特殊条件，大部分海域受沿岸低盐水控制，所以渤海浮游动物群落主要由近岸低盐类群和广温广盐类群组成；湾中部和湾口水域受相对高盐的黄海水影响，也有少量的外海高盐类群分布。近岸低盐类群主要分布在沿岸及河口附近水域，其适应的盐度范围较低，种类较多，数量较大。主要代表种有以夜光虫（*Noctiluca scintillans*）、强壮箭虫（*Sagitta crassa*）、克氏纺锤水蚤（*Acartia clausi*）、真刺唇角水蚤（*Labidocera euchaeta*）、双刺纺锤水蚤（*Acartia bifilosa*）、肥胖三角溞（*Evadne tergestina*）、鸟喙尖头溞（*Penilia avirostris*）、嵊山秀氏水母（*Sugiura chengshanense*）、汤氏长足水蚤（*Calanopia thompsoni*）、拟长腹剑水蚤（*Oithona similis*）和近缘大眼剑水蚤（*Corycaeus affinis*）等；此外，还包括以细巧华哲水蚤（*Sinocalanus tenellus*）、中华华哲水蚤（*Sinocalanus sinensis*）和火腿伪镖水蚤（*Pseudodiaptomus poplesia*）等为代表种的河口低盐类群；广温广盐类群适应的盐度范围相对较广，主要代表种有中华哲水蚤（*Calanus sinicus*）和小拟哲水蚤（*Paracalanus parvus*）；外海高盐类群适应较高的盐度，代表种为细足法戎（*Themisto gracilipes*）和太平洋磷虾（*Euphausia pacifica*）等。

渤海也时常有记录到暖水种的报道。毕洪生等（2000）采用 1959 年海洋普查中网样品作分析时，在夏季（1959年6月）记录到了精致真刺水蚤、叉真刺水蚤、肥胖箭虫和小齿海樽等暖水种，并分析指出从出现的时间和当时的水文条件看，难以证明这些种类在渤海存活，可能是由黄海海流带入的；并且，在秋季（1959年10月）又记录到四叶小舌水母、刺尾角水蚤、羽环纽鳃樽和长吻纽鳃樽等暖水种。无独有偶，在2006~2007年的国家908专项秋季调查中，也在渤海记录到有较多的小齿海樽和软拟海樽（孙松，2012），与之同步进行的北黄海区块调查也记录到有大量的小齿海樽分布（姜强，2010）。近年来，随着全球变暖的加剧，暖水种北移的现象已多有报道。考虑到在半个世纪前就曾记录到有较多的暖水种分布，此次在渤海记录到暖水种较大量的出现是否源于受全球变暖的影响还需进行更深入的观测研究。

2. 优势种

渤海浮游动物优势种主要为桡足类和毛颚类。1959年全国海洋普查中，渤海浮游动物的主要优势种有小拟哲水蚤（*Paracalanus parvs*）、双刺纺锤水蚤（*Acartia bifilosa*）、强额拟哲水蚤（*Paracalanus crassirostris*）、拟长腹剑水蚤（*Oithona similis*）、腹针胸刺水蚤（*Centropages abdominalis*）、中华哲水蚤（*Calanus sinicus*）、真刺唇角水蚤（*Labidocera euchaeta*）、强壮箭虫（*Sagitta crassa*）等；1982年6月至1983年5月周年调查中，渤海浮游动物主要优势种有强壮箭虫、真刺唇角水蚤、腹针胸刺水蚤、刺尾歪水蚤（*Tortanus spinicaudatus*）、太平洋纺锤水蚤（*Acartia pacifica*）和双刺纺锤水蚤等；1998~1999年春秋季调查的优势种主要有拟长腹剑水蚤、小拟哲水蚤、双刺纺锤水蚤、真刺唇角水蚤、腹针胸刺水蚤、中华哲水蚤、肥胖三角溞（*Evadne tergestina*）、八斑芮氏水母（*Rathkea octopunctata*）和强壮箭虫等。从上述调查结果来看，历次调查中浮游动物优势种变化不大，在种类组成上以沿岸性低盐的种类为其主要特征。

4.3.2 渤海的浮游动物生物量

1982~1983年的调查结果显示，春季（3~5月），渤海浮游动物在冬季低量的基础上逐步升高，3月、4月的生物量一般在50~100 mg/m^3，5月随着水温的升高和浮游植物的大量繁殖，调查区生物量普遍升高，渤海湾升高尤为明显，较大面积海域生物量为100~250 mg/m^3，但莱州湾则普遍较低，一般为50~100 mg/m^3；夏季（6~8月），渤海的饵料生物较春季更为茂盛，特别是初夏的6月，大部分水域为100~250 mg/m^{3}的分布量。渤海湾的生物量尤为丰富，生物量在250~500 mg/m^3，莱州湾则只有局部水域为250~500 mg/m^{3}的分布量，其余为50~100 mg/m^{3}的分布区；初秋的9月，调查区的生物量持续升高，如渤海湾和莱州湾近岸一带，以及海峡口出现超过500 mg/m^{3}的分布量，渤海湾近岸个别水域，由于近岸性低盐种类太平洋纺锤水蚤、真刺唇角水蚤和刺尾歪水蚤等的大量聚集，生物量甚至超过1400 mg/m^3。10月渤海湾近岸和莱州湾的中央区，生物量达100~250 mg/m^{3}外，其他水域均低于100 mg/m^3，尤其是渤海中部和辽东湾口外一带，生物量只有25~50 mg/m^3。11月渤海的生物量较10月略有回升；冬季（12月至次年2月）浮游动物生物量相对较低，12月至翌年1月除辽东湾口少数站及莱州湾内一带仍保持100 mg/m^{3}多的生物量外，其他海域生物量较小，为25~50 mg/m^3。2月随着水温进一步下降，生物量更为降低，普遍为 50 mg/m³ 的分布区。在海峡口北，辽东湾口和莱州湾个别站，生物量甚至低于 25 mg/m³。周年调查资料表明，渤海调查区浮游动物的数量变动是双周期型（图 4-4），第一个峰值出现在 6 月，平均生物量达 255.9 mg/m³，6 月高峰期后，7 月生物量即大幅度下降为 98.9 mg/m³，8 月又逐步持续上升，9 月出现秋季次高峰，平均生物量为 198.1 mg/m³（白雪娥和庄志猛，1991）。

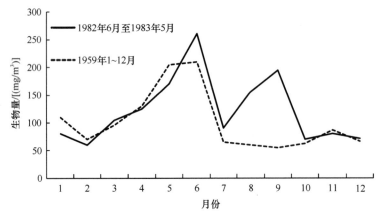

图 4-4　1982 年 6 月至 1983 年 5 月和 1959 年渤海浮游动物生物量的季节变化
（白雪娥和庄志猛，1991）

1982~1983 年调查结果，全年平均生物量为 125 mg/m³，而 1959 年渤海的平均生物量为 107.1 mg/m³，呈升高趋势（白雪娥和庄志猛，1991）。1998~1999 年王克等（2002）在渤海进行的春秋 2 季节 4 个航次的结果表明，秋季浮游动物总生物量平均值为 155 mg/m³（两航次生物量分别为 143 mg/m³ 和 167 mg/m³），春季浮游动物总生物量平均值为 307 mg/m³（两航次生物量分别为 293 mg/m³ 和 321 mg/m³），全年的均值为 231 mg/m³。该结果与 1982~1983 年结果相比，呈上升趋势。2006~2007 年的 908 专项调查结果显示，渤海浮游动物生物量全年平均值为 258 mg/m³（孙松，2012）。由此可见，渤海的浮游动物半个世纪以来呈上升趋势，其中 2006~2007 年浮游动物生物量已达到全国海洋普查时的 2 倍。

4.3.3　渤海浮游动物丰度的平面分布

基于 1958 年全国海洋普查所获取的中型浮游生物网样品分析表明，全年大部分时间（春季、夏季和秋季）渤海沿岸水域的浮游动物丰度显著高于中央水域。冬季则浮游动物数量较低，大部分水域丰度低于 600 ind/m³，中央水域的数量比沿岸水域的数量高。丰度的变化趋势显著与海水表层温度变化趋势一致（毕洪生等，2001）。

1998 年 9 月，渤海浮游动物丰度的变化范围为 136~31270 ind/m³，平均丰度为 4076 ind/m³，10 月变化范围为 558~6719 ind/m³，平均丰度为 3377 ind/m³，总丰度的分布趋势主要受优势种的影响。1999 年 4 月渤海浮游动物丰度的变化范围为 508~13843 ind/m³，平均丰度为 3455 ind/m³，1999 年 5 月渤海浮游动物丰度的变化范围为 521~12945 ind/m³，平均丰度为 5349 ind/m³（张武昌等，2002）（图 4-5）。

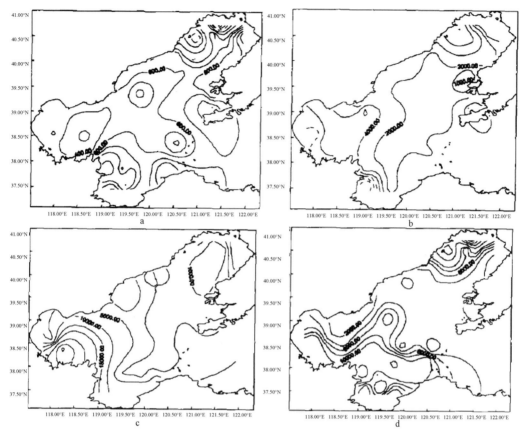

图 4-5 渤海浮游动物丰度季节分布图
a. 冬季；b. 春季；c. 夏季；d. 秋季（毕洪生等，2001）

4.4 黄河口及邻近水域浮游动物生态特征

黄河口位于渤海湾和莱州湾的交汇处，是黄河进入渤海的通道，也是我国最重要的河口之一。地属暖温带北缘，在季风气候、黄河冲淡水和黄海冷水团次级水团-渤海水团交互影响下，该水域温、盐等变化显著；同时受渤海逆时针环流、往复流性质的潮流及 M_2 潮汐余流的影响，形成错综复杂的海洋生态环境，是黄、渤海区渔业资源生物重要的产卵场和育肥场。

长期以来，针对黄河口及其邻近水域浮游动物的研究较少，涉及黄河口水域的浮游动物调查包括全国海洋综合调查（1958~1960 年）、全国海岸带和海涂资源综合调查（1980~1985 年）及中美黄河口联合调查（1985~1987 年）等。2004 年，国家海洋局在我国近岸海区部分生态环境脆弱区和敏感区组织建立了 15 个生态监控区。其中，黄河口生态监控区面积约 2600km²，调查内容包括化学指标以及海洋生物等，有关浮游动物的调查包括种类组成、丰度、优势种和生物多样性等，这为研究黄河口海域浮游动物的长期变化提供了基础资料。白雪娥和庄志猛（1991）、孟凡等（1993）、毕洪生等（2000）、王克等（2002）关于渤海浮游动物的较大尺度的调查涉及黄河口水域的仅有极个别站位；

田家怡和李洪彦（1985）研究了黄河口附近海区浮游动物的平面分布及环境因子对其分布的影响；焦玉木和田家怡（1999）研究指出，黄河口近岸水域浮游动物以低盐性种类为主，还有少量河口种和偏高盐外海种；巩俊霞等（2010）研究了春季黄河入海口浮游动物种类组成、丰度和生物多样性；张达娟等（2008）研究了黄河口海域浮游动物及桡足类的种类数和生物量的长期变动趋势。这些研究都为揭示该水域浮游动物的长期变化提供了重要的基础资料，但由于河口环境的复杂多变性，仍需要对河口的生境组成和浮游动物进行长期的基础性研究。

2009 年 7 月（夏季）、2010 年 9 月（秋季）和 2011 年 5 月（春季）在黄河口及其邻近水域进行的 3 次调查（图 4-6）所采集的大中型浮游动物样品，对该水域浮游动物的种类组成、丰度和优势种进行了研究，采用多元统计方法分析了该水域浮游动物的群落结构和生物多样性。

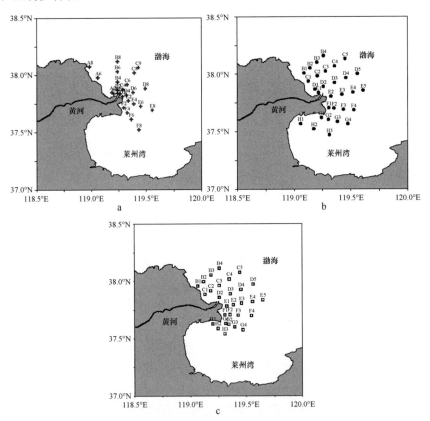

图 4-6　黄河口及其邻近水域浮游动物研究站位
a. 2009 年 7 月；b. 2010 年 9 月；c. 2011 年 5 月

样品采用浅水 I 型浮游生物网（网口内径为 50 cm，筛绢孔径约为 0.505 mm），以 0.8~1.0 m/s 的拖网速度，从底到表垂直拖网。样品保存在 5%的福尔马林海水溶液中，运回实验室后鉴定计数。

将各站位浅水 I 型浮游生物网采集样品做定量分析，各种类的丰度（abundance），根据采样时的滤水体积，以每立方米水体中的个体数（ind/m^3）来表示。

浮游动物的优势种类根据每个种的优势度值（Y）来确定：

$$Y=(n_i/N) \times f_i \qquad (4\text{-}3)$$

式中，n_i 为第 i 种的个体数；N 为所有种类总个体数；f_i 为出现频率。Y 值大于 0.02 的种类为优势种类（徐兆礼和陈亚瞿，1989）。

浮游动物多样性研究主要使用群落种类数量（S）、丰富度（d）、香农-威纳指数（Shannon-Weaner index）（H'）和均匀度（J）等指标。

数据的多元统计分析采用英国普利茅斯海洋研究所（Plymouth Marine Laboratory，PML）开发的多元统计软件 PRIMER V6.1.10（Plymouth Routines In Multivariate Ecological Research）中的相关程序进行。

将调查站位内各种浮游动物的总丰度由大到小排序，选取累计占丰度 95% 的浮游动物作为用于群落结构分析的种类（Souissi et al.，2001）。为降低浮游动物种类间数据的极化程度，将作为分析对象的各站位的浮游动物丰度进行对数转化（Field et al.，1982）：

$$Y_i=\log(X_i+1) \qquad (4\text{-}4)$$

式中，X_i 为原始丰度；Y_i 为转换后数值。

计算站位间的 Bray-Curtis 相似性指数。Bray-Curtis 相似性指数高的站位可以认为具有相同的生态群落组成（Souissi et al.，2001）。将得到的相似矩阵，分别进行聚类分析和非度量多维标度分析（multidimensional scale analysis，MDS）。MDS 图的可信程度根据其压力系数 stress 确定。一般来说，stress<0.2 时，表示该图的结果是可信的（Kruskal，1964）。

4.4.1 种类组成和优势种

3 个航次共计鉴定各种类浮游动物 73 种，浮游幼虫 21 类，合计种类数为 94。其中，原生动物 2 种；水螅水母 24 种；栉水母 1 种；浮游甲壳动物共计 42 种，包括：桡足类 21 种，占浮游甲壳动物种类组成的 50%；枝角类 2 种；等足类 1 种；端足类 2 种；涟虫 2 种；糠虾 11 种；十足类 2 种；毛颚类 1 种；被囊类 2 种；浮游幼虫 21 类（图 4-7）。

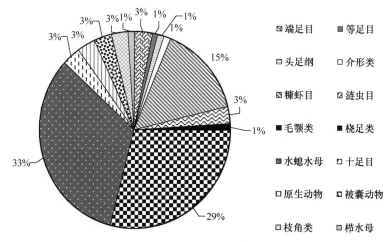

图 4-7 浮游动物主要类群种类组成比例

其中，夏季记录各种类浮游动物 49 种、浮游幼虫 16 类，合计种类数 65 个。优势种类包括强壮箭虫（*Sagitta crassa*）、长尾类幼体（Macrura larvae）、中华哲水蚤（*Calanus sinicus*）、小拟哲水蚤（*Paracalanus parvus*）和真刺唇角水蚤（*Labidocera euchaeta*）等。其中强壮箭虫的平均丰度最高，占总丰度比例为 50.4%，其他各种类的丰度比例均小于 10%。秋季航次记录各种类浮游动物 38 种、浮游幼虫 15 类，合计种类数 53 个。优势种类有强壮箭虫、中华哲水蚤、背针胸刺水蚤（*Centropages dorsispinatus*）、锡兰和平水母（*Eirene ceylonensis*）和球型侧腕水母（*Pleurobrachia globosa*），其丰度比例分别为 40.3%、23.6%、24.2%、9.63%和 5.45%；春季航次，共记录各种类浮游动物 33 种、浮游幼虫 13 类，合计种类数 46 个。优势种类包括克氏纺锤水蚤（*Acartia clausi*）、双刺纺锤水蚤（*Acartia bifilosa*）、腹针胸刺水蚤（*Centropages abdominalis*）、强壮箭虫、中华哲水蚤和短尾溞状幼虫（Brachyura zoea larvae）。其中，克氏纺锤水蚤和双刺纺锤水蚤的优势度最高。

3 个航次共有的优势种为强壮箭虫和中华哲水蚤。优势种更替率均为 75%，更替显著。从 3 个航次的种类组成来看，浮游动物的主要类群为浮游甲壳动物、刺胞动物和浮游幼虫等，其中浮游甲壳动物的种类数量占到总种类数的 1/3 以上，桡足类是其主要类群。根据浮游动物对温盐适应性不同的生态及地理分布特点，研究水域已鉴定的浮游动物种类可归为河口生态类群、近岸低盐类群、广温广盐类群和低温高盐类群 4 种生态类型。

4.4.2 浮游动物丰度的平面分布

黄河口及邻近水域浮游动物丰度存在显著的季节变化，其中以春季最高（平均丰度为 1824.7 ind/m^3），夏季浮游动物丰度大幅下降（平均丰度 303.8 ind/m^3），秋季最低（平均丰度 229.6 ind/m^3）。桡足类、浮游幼虫和毛颚类是数量最丰富的类群，浮游动物总丰度的变动主要由这 3 个类群的分布决定。

夏季，研究水域浮游动物丰度平均值为 303.8 ind/m^3。高值区主要位于调查海区北部近岸和河口东部水域，最高值出现在 A4 站位，为 1120.0 ind/m^3；最低值出现在 B2 站，为 27.8 ind/m^3。A4 站的高丰度是由于桡足类（507.1 ind/m^3）和毛颚类（400.0 ind/m^3）的聚集造成的。桡足类的平均丰度为 77.1 ind/m^3，最高值出现在 A4 站，最低值则出现在 B2 站（9.4 ind/m^3）。毛颚类的平均丰度为 153.3 ind/m^3，最高值出现在 A4 站，在 F2 站位的丰度为零。浮游幼虫在调查海区北部近岸水域的丰度较高，且分布相对均匀，平均丰度为 58.8 ind/m^3（图 4-8）。

秋季，研究水域浮游动物丰度平均值为 229.6 ind/m^3。高值区主要位于调查海区的北部，最高值出现在 E2 站（490.0 ind/m^3）；最低值出现在 E1 站（20.0 ind/m^3）。E2 站的高丰度主要由桡足类和毛颚类的聚集造成的。桡足类的平均丰度为 72.2 ind/m^3，在河口附近水域丰度较高，最高值出现在 E2 站（264.3 ind/m^3），最低值则出现在 E1 站（5.0 ind/m^3）。水螅水母的丰度较夏季航次高，呈现出由河口向东北部水域递增的趋势，高值区位于调查海区北部，平均丰度为 24.2 ind/m^3。毛颚类在河口及调查水域的北部聚集显著，平均丰度为 97.1 ind/m^3，最高值出现在 E2 站，最低值出现在 E1 站，仅为 5.0 ind/m^3（图 4-9）。

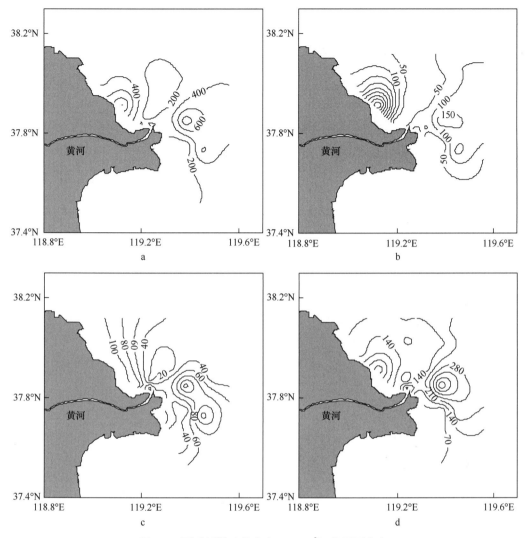

图 4-8 夏季浮游动物丰度（ind/m³）的平面分布
a.总丰度；b.桡足类；c.浮游幼虫；d.毛颚类

春季，研究水域浮游动物丰度平均值为 1814.7 ind/m³。在河口和调查海区的西北部均有一个高值区，最高值出现在 D2 站（21322.5 ind/m³）；最低值出现在 E4 站（202.8 ind/m³）。桡足类分布趋势与总丰度分布趋势相同，由近岸向外海递减，平均丰度 1567.1 ind/m³。毛颚类在调查水域的西北和西南部聚集显著，平均丰度为 85.3 ind/m³，最高值出现在 H2 站，最低值出现在 C4 站（图 4-10）。

4.4.3 生物多样性

夏季航次调查海区浮游动物种数的平均值 21，香农-威纳指数平均值为 2.49，均匀度为 0.59，种丰富度为 2.49。种数最高的是 B6 站为 32 种，最低的是 F2 站，仅有 6 种；香农-威纳指数最高值出现在 B6 站，值为 3.32，最低值出现在 E6 站，为 1.67；均匀度指数最高值出现在 F2 站，值为 0.94，C6 站最低为 0.40；种丰富度指数最高值为 4.68，

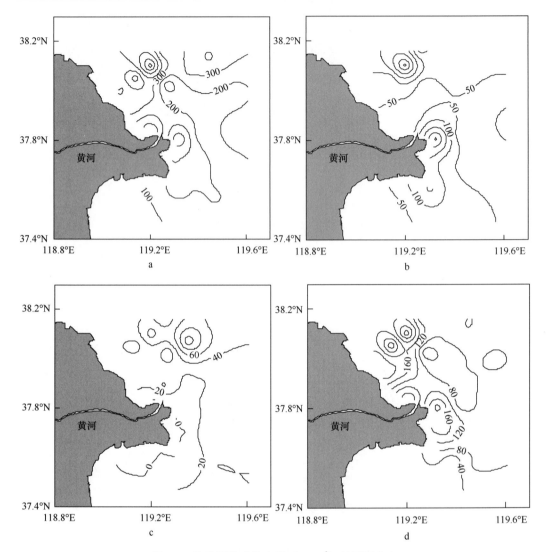

图 4-9 秋季浮游动物丰度（ind/m³）的平面分布
a.总丰度；b.桡足类；c.水螅水母；d.毛颚类

出现在 B6 站，最低值为 0.75，出现在 F2 站。浮游动物种类数和丰富度指数呈现近岸向调查海区东部水域递增的趋势；香农-威纳指数和均匀度指数呈现近岸水域高、东部水域低的分布格局。浮游动物生物多样性指数的平面分布见图 4-11。

秋季航次调查海区浮游动物的种数、香农-威纳指数、均匀度指数和种丰富度指数的平均值分别为 15、2.31、0.64 和 1.80。种数最高值出现在 C5 站为 21 种，最低值在 E1 站，仅有 4 种。香农-威纳指数最高值出现在 H2 站，值为 3.76，最低值出现在 F1 站，值为 1.07；均匀度指数在 E1 站最高，为 1.0，在 F2 站最低为 0.35；种丰富度指数最高值为 2.81，出现在 H2 站，最低值为 0.24，出现在 F1。各多样性指数平面分布趋势相近，均呈现由近岸水域向调查海区东部递增的趋势。多样性指数的平面分布见图 4-12。

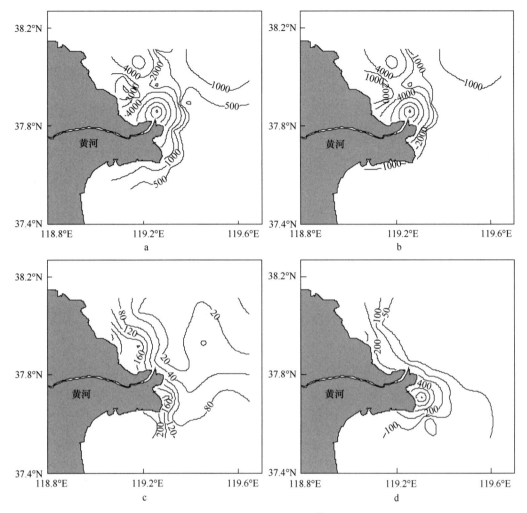

图 4-10 春季浮游动物丰度（ind/m³）的平面分布
a.总丰度；b.桡足类；c.毛颚类；d.浮游幼虫

春季航次调查海区浮游动物的种数、香农-威纳指数、均匀度指数和种丰富度指数的平均值分别为 16、1.60、0.58 和 1.65。种数最高值出现在 C2 站，为 22 种，最低值在 C5 站，11 种。香农-威纳指数最高值出现在 G2 站，值为 2.10，最低值出现在 B3 站，值为 0.26；均匀度指数在 B3 站最高，为 0.10，在 E5 站最低，为 0.77；种丰富度指数最高值为 2.25，出现在 G2 站，最低值为 0.92，出现在 C5。各多样性指数平面分布趋势相近，均呈现出由调查海区西北部向东南部递增的趋势。各多样性指数的平面分布见图 4-13。

4.4.4 群落划分

采用多元统计分析方法对夏、秋季黄河口及邻近海域的浮游动物群落结构进行了研究。

分别对夏、秋季 2 航次累计占 95%的浮游动物丰度数据进行对数转化，作出 Bray-Curtis 相似性矩阵，然后进行 Cluster 聚类和 MDS 排序。2 个航次的结果见图 4-14 和图 4-15。

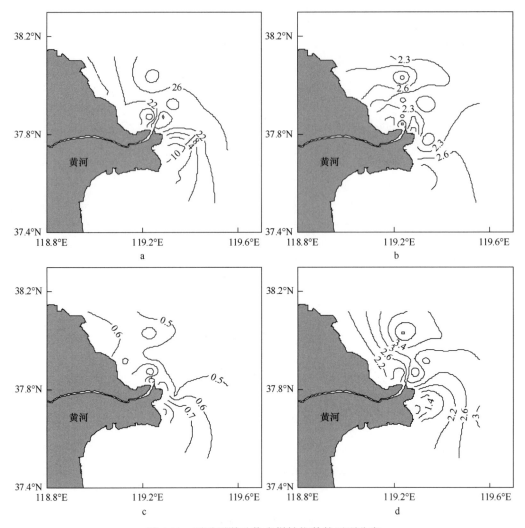

图 4-11　夏季浮游动物多样性指数的平面分布
a.种数；b.香农-威纳指数；c.均匀度；d.种丰富度

夏季航次，根据浮游动物丰度-站位聚类分析结果，可将调查海区的 26 个站位划分为 3 组（图 4-14）。考虑到 B2 和 E4 站位出现的浮游动物种类数极少，并且在 MDS 序列图中与组群 G2 相距较远，故将其归入组群 G1，二维 MDS 排序结果的压力系数（stress）值为 0.14，表明该图对解释样本间的相似关系的结果是可信的。

秋季航次，根据浮游动物丰度-站位聚类分析结果，可将调查海区的 29 个站位划分为 3 个组群（图 4-15）。H1 和 H2 站位在 50% 的水平上相似，因此可归为组群 G3。考虑到 G3 站位在 MDS 序列图中与组群 G2 相距较近，故将其归入组群 G2。二维 MDS 排序结果的压力系数（stress）值为 0.15，表明该图对解释样本间相似关系的结果是可信的。将多元统计结果叠加到站位图中，可清晰展示各组群在研究水域的地理分布（图 4-16）。

夏季，各组群在研究水域的地理分布见图 4-16。组群 G1 位于河口附近，组群 G2 位于河口外混合水域；秋季，各组群在研究水域的地理分布见图 4-16。组群 G3 位于调查海区南部水域，组群 G1 位于河口及其南部水域，组群 G2 主要位于河口外混合水域。

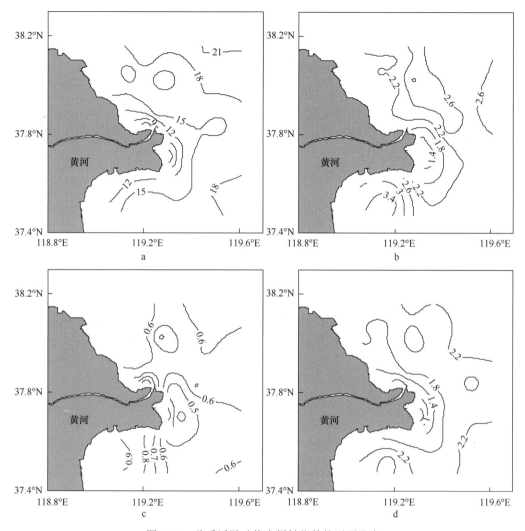

图 4-12 秋季浮游动物多样性指数的平面分布
a.种数；b.香农-威纳指数；c.均匀度；d.种丰富度

夏季，组群 G1 位于河口附近水域，此水域受黄河径流的影响较大，具有高温低盐的特征，表层盐度小于 27，为受径流影响显著的水域，将此组群命名为组群Ⅰ即近河口群落。组群 G2 位于渤海沿岸水位置，其范围较广，受沿岸水和渤海中央高盐水的共同影响，盐度范围 27~31，将此组群命名为沿岸水群落；秋季，组群 G3 位于莱州湾水域，即处于黄河冲淡水和莱州湾水的影响范围，也称为黄莱混合水，因此，将此组群命名为冲淡水群落。本研究中显示，该水域的盐度小于 27，但高于组群 G1 所处的水域。组群 G1 位于河口附近水域，即处于黄河混合水的势力范围，盐度最低。组群 G2 位于调查海区的北部和东部水域，即受渤海沿岸水影响，其种类组成较为丰富，大部分种类属于近岸低盐种。

根据以上分析，将夏季黄河口海区浮游动物划分为两个组群，即组群Ⅰ近河口群落和组群Ⅱ沿岸水群落，各组群分布区盐度的范围分别为 $S<27$ 和 $27<S<31$；秋季航次的

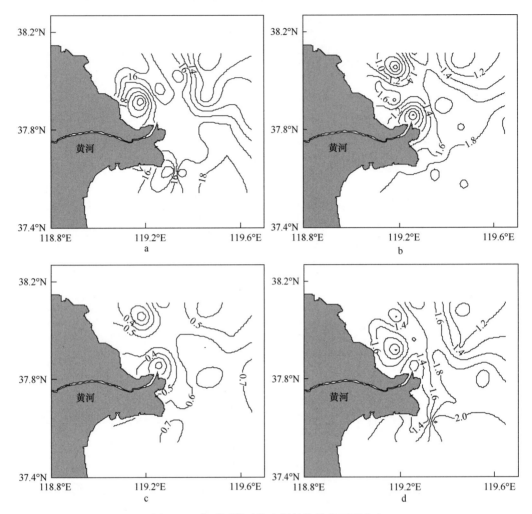

图 4-13　春季浮游动物多样性指数的平面分布
a.种数；b.香农-威纳指数；c.均匀度；d.种丰富度

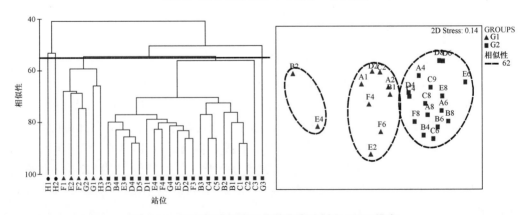

图 4-14　夏季航次调查站位的聚类分析和 MDS 排序

调查范围相对夏季较大，可将秋季黄河口海区浮游动物划分为 3 个组群，即组群Ⅰ近河口群落、组群Ⅱ沿岸水群落和组群Ⅲ冲淡水群落。夏季，黄河冲淡水势力较强，冲淡水

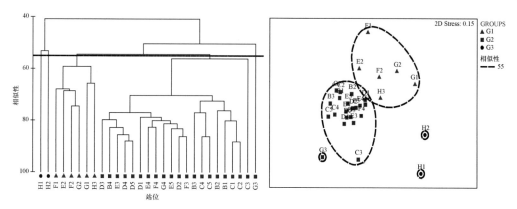

图 4-15 秋季航次调查站位的聚类分析和 MDS 排序

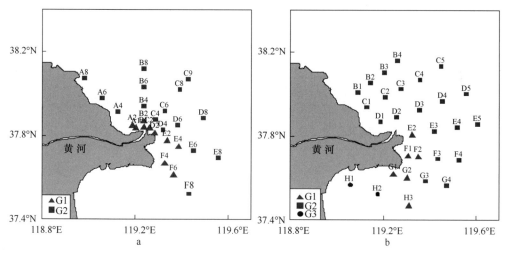

图 4-16 各组群在调查海区的地理分布
a. 夏季；b. 秋季

舌伸向海区东北方向，组群Ⅰ黄河径流影响显著，主要位于河口附近及河口北部近岸水域。秋季，受大陆东北季风的影响，冲淡水堆积在河口附近，并向莱州湾水域扩散，组群Ⅰ向南移动。可见，浮游动物群落结构受环境影响，在不同季节随着冲淡水移动范围的变化，浮游动物群落也呈现出季节性的变动。

4.5 浮游动物的摄食及食物网结构

浮游动物是海洋生态系统物质循环和能量流动中的重要环节，其动态变化控制着初级生产力的同时也控制着上层营养级的数量变动。浮游动物种群的动态变化和生产力的高低，对于整个海洋生态系统的结构功能、生态容纳量及生物资源补充量都有着十分重要的影响作用。

浮游动物摄食是海洋生产过程中一个重要组成部分，它既是初级生产的调控因子，传递初级产量的主要途径，浮游动物-浮游植物的相互作用直接关系到整个生态系统的功能运转。因此，浮游动物摄食研究是海洋生物生产过程与机制研究的核心内容之一。

饵料和摄食是决定浮游动物种群动态变化的关键因素，因而开展浮游动物的摄食生态研究，对于研究海洋生态系统动力学十分必要。浮游动物在大尺度范围内的动态变化，与其种间竞争、捕食竞争和食物来源也密切相关，但这些都是通过其摄食行为来调控的。此外，浮游动物作为有机物由初级生产向更高营养阶层转移的关键环节，其摄食率的大小将对整个生态系统的物质循环和能量流动产生影响，是建立海洋生态系统动力学模型的关键参数。所以，对于浮游动物的摄食研究一直是海洋生态学研究的活动领域，也是重大国际计划（GLOBEC、JGOFS、LOICZ 等）的重点研究内容。

人类对于海洋食物网的认识正在逐步加深。关于海洋食物链（网）的认识，人们除了认识到大洋食物链和近海食物链存在差异外，还发现了微食物环，并揭示了组成微食物环的溶解有机物、细菌、异养鞭毛虫等的作用及其与浮游植物-浮游动物-鱼类食物链的关系（Azam et al., 1983）。

4.5.1 微型浮游动物对浮游植物的摄食

微型浮游动物通常是指体长处于 20~200μm 的异养原生动物，包括如纤毛虫、鞭毛虫、异养甲藻和浮游幼虫等。微型浮游动物被证明在海洋浮游食物网中起着非常重要的作用，它们是较小颗粒的主要消费者，这些小颗粒无法被中型或大型浮游动物所利用，所以微型浮游动物在微小的饵料（如细菌和微微型浮游生物）和大型捕食者之间起着重要的营养连接作用（Gifford and Daag, 1991）。微型浮游动物对浮游植物的摄食是决定"微食物环"营养效率的重要环节，微型浮游动物对浮游植物摄食的研究对于揭示海区初级生产的碳流途径以及海洋生物泵的运作效率等具有重要意义。微型浮游动物在海洋生态系统中的位置见图 4-17。

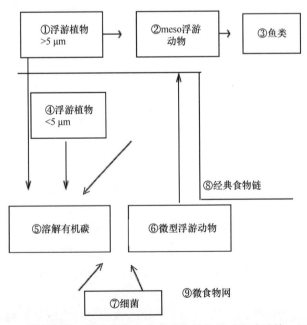

图 4-17　微型浮游动物在海洋生态系统中的位置（张武昌等，2001）

有研究表明，微型浮游动物是浮游植物的主要摄食者（Verity et al.，1993），可以消耗浮游植物 60%~70%的初级生产量（Calbert and Edwards，2004），是控制浮游植物群落的关键因子，也有学者认为微型浮游动物的摄食是高营养盐低叶绿素（NHLP）的成因之一（Pitchford and Brindley，1999）。在寡营养海区，由于大型摄食者的缺乏，微食物环对物质和能量流动的贡献将远高于高生产力的海区（Azam et al.，1983）。

微型浮游动物对浮游植物的摄食多采用"稀释法"。稀释法最早由 Landry 和 Hasserr（1982）提出，其原理为，采用线性回归模型求得浮游植物的生长率（k）和微型浮游动物的摄食率（g）。假设浮游植物处于指数生长期，培养前的浓度为 P_0，培养后的浓度为 P_t，即有 $P_t=P_0e^{(k-g)t}$，将过滤海水与现场海水按一定比例混合，稀释浓度 d 为海水体积与混合后总体积的比值。混合海水中，浮游植物的生长率 k 不会改变，浮游动物的摄食率却因动物数量的减少而按比例下降（$d×g$）。培养时间 t 以后，$P_t=P_0e^{(k-dg)t}$。因此，观测培养前、后混合海水中浮游植物浓度的变化，只需两个稀释度就能求出 k 和 g。微型浮游动物对浮游植物现存量及生产力的摄食压力用以下公式计算（Verity et al.，1993）：

$$P_i = 1 - e^{-gt} \times 100\% \tag{4-5}$$
$$P_p = [e^{kt} - e^{(k-g)t}] / (e^{kt} - 1) \times 100\% \tag{4-6}$$

目前，国内针对微型浮游动物的研究较少。除少量分类学方面研究工作外，近年来也有一些学者（张武昌等，2001）开展了关于微型浮游动物丰度及生物量等的研究工作。针对微型浮游动物在渤海中的生态作用，张武昌和王荣（2000）借助"渤海生态系统动力学和生物资源持续利用"项目开展了研究工作。

1997 年 6 月，采用稀释法在渤海的 5 个站位进行的浮游植物生长率和微型浮游动物对浮游植物的摄食压力研究结果显示，渤海微型浮游动物主要由砂壳纤毛虫和桡足类无节幼虫组成。其中，砂壳纤毛虫的种类组成比较单一，几乎全部是铃壳虫（*Codonellopsis* spp.）。浮游植物的生长率为 0.43~0.73/天（相当于 0.9~1.6 天加倍），微型浮游动物对浮游植物的摄食率为 0.42~0.69/天。渤海是高生产率、高周转率的海区，微型浮游动物控制了浮游植物的数量，不致发生水华（张武昌和王荣，2000）。稀释法在很多海区得到过应用，微型浮游动物对浮游植物现存量的摄食压力为 0%~75%，对初级生产力的摄食压力为 0%~270%（张武昌和王荣，2000），渤海的浮游植物生长率和摄食率处于上述范围之内，属于高生产率、高周转率的海区。

6 月，渤海初级生产力的 85%~100%被微型浮游动物所摄食。相比之下，大中型浮游动物仅摄食浮游植物现存量的很小一部分（2%~14%）。大中型浮游动物摄食的颗粒较大，但水体中大于 20 μm 的浮游植物很少（<1%），小于 20 μm 的微型藻类占浮游植物现存量的绝大部分。大中型浮游动物摄食的藻类不能满足其代谢的能量需要，还需摄食其他的食物。微型浮游动物摄食微型藻类，自身却可能成为大中型浮游动物的食物，从而将初级生产力输送到较高的营养级。所以，微型浮游动物在渤海生态系统的能量传递中扮演重要角色。这种营养结构也会影响渤海的碳通量。微型浮游动物的粪便颗粒较小，沉降慢，未沉出真光层就被分解，使得碳通量减小。大型浮游动物的蜕皮和粪便颗粒较大，能迅速沉降出真光层，所以大型浮游动物是碳通量的主要贡献者（王荣，1992）。大型浮游动物通过摄食微型浮游动物，使得初级生产经过一或两个摄食过程转化为

可以迅速沉降的大颗粒，其转化效率取决于大型浮游动物对小型浮游动物的摄食压力（张武昌和王荣，2000）（表 4-4）。

表 4-4 不同海区微型浮游动物的摄食压力

文献	地点	浮游植物的瞬时生长率/(/天)	微型浮游动物的摄食率/(/天)	对植物现存量的摄食压力/%	对初级生产力的摄食压力/%
Landry 和 Hassett（1982）	华盛顿沿岸	0.455~0.628	0.065~0.278	6~24	17~52
Landry 等（1984）	夏威夷湾	1.2~2.0	0.1~1.1	29~37	—
Landry 等（1995）	赤道太平洋中部	0.22~1.00	0.21~0.72	—	55~83
Burkill 等（1987）	英国 Celtic Bay	—	0.4~1.0	13-65	—
Strom 等（1991）	亚北极太平洋	0~0.8	0~0.6	—	40~50
Burkill 等（1993）	东北大西洋	—	—	—	39~115
Verity 等（1993）	北大西洋	—	—	—	37~100
Verity 等（1996）	140°W 赤道太平洋	0.4~1.1	0.2~1.0	—	70~123
Kamiyama（1994）	Hiroshima Bay	0.26~1.88	0.2~1.39	15.3~75.2	—
Chavez 等（1991）	赤道太平洋	0.7	0.5	—	75
Froneman 等（1996a）	Subtropical Convergence	0.07~1.32	0~0.66	14~48	45~81
Froneman 和 Penssionotto（1996）	Lazarev Sea	0.019~0.080	0.012~0.052	1.3~7.0	45~97
Froneman 等（1996b）	南大西洋和南大洋的大西洋部分	0.06~1.87	0~0.58	0~44	0~60

资料来源：张武昌和王荣，2000。

4.5.2 浮游桡足类摄食及营养级

海洋桡足类是一种小型的海洋甲壳动物，其遍布于世界各大海域，种类繁多（约 4500 种），数量极大，在繁殖旺盛期常能在浮游动物群落中形成优势（郑重等，1992）。作为海洋生态系统物质循环和能量流中的重要环节之一。桡足类的种群动态变化和生产力的高低，对于整个海洋生态系统的结构功能、生态容纳量以及生物资源补充量都有着十分重要的影响（李超伦和王克，2002）。

李超伦（2001）借助国家自然科学基金重大项目"渤海生态系统动力学和生物资源持续利用"1998~1999 年春秋季 2 个航次，在渤海的 5 个典型站位研究了不同大小浮游桡足类摄食的空间及季节变化特点以及不同粒级桡足类对浮游植物及初级生产力的摄食压力。在其研究中，按个体大小将桡足类划分成不同的功能群，有助于研究不同粒级的桡足类功能群在生态系统能量传递中的作用。结果表明：桡足类的肠道色素含量随着个体的增大而增加。大中型桡足类的个体摄食率春季大于秋季，而小型桡足类摄食率春季小于秋季。虽然小型桡足类的个体摄食率较小，但是由于其巨大的生物量，渤海小型桡足类（双刺纺锤水蚤、拟长腹剑水蚤、近缘大眼剑水蚤和小拟哲水蚤等）在整个浮游桡足类摄食中的贡献远远大于大中型桡足类，是渤海浮游植物的主要摄食者。其中，春季小型桡足类占整个桡足类群体摄食浮游植物总量的 60%（33.8%~88.9%），秋季桡足类对浮游植物的摄食量中小型浮游桡足类的贡献占到 80%（66.9%~97.5%）。春季渤海浮游桡足类群体对浮游植物的摄食率平均为 173 mg C/（m²·d）[50~472 mg C/（m²·d）]，秋季平均为 105 mg C/（m²·d）[28~204 mg C/（m²·d）]。渤海浮游桡足类群体对初级生产力的摄食压力分别为春季 53.3%（24.7%~96.4%），秋季 86.5%（25.7%~141.4%），对浮游植物的种群变动有一定的调控作用（图 4-18）。

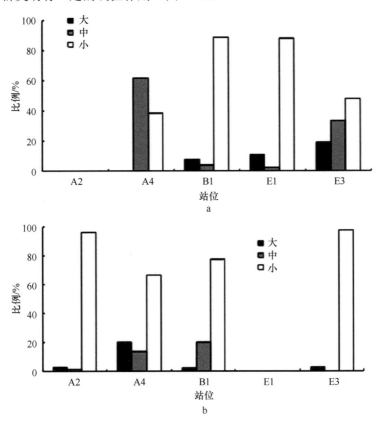

图 4-18　不同体长组桡足类对群体摄食的贡献（李超伦，2001）
a. 春季；b. 秋季

渤海桡足类的生物量一年之中有两个高峰，随着春季浮游植物的大量繁殖，桡足类的数量也迅速增长，在 6 月达到第一个高峰。这个高峰主要是由于随黄海水团进入渤海的中华哲水蚤的迅速发展以及近岸种类腹针胸刺水蚤和剑水蚤等的大量增殖。浮游植物的生物量则逐渐降到低谷，饵料的减少首先导致大中型浮游桡足类的生长受到限制，随之而来的是大中型桡足类的迅速减少。整个浮游动物的生物量随之降低。浮游动物的第二个高峰出现在秋季，主要由于小型浮游动物数量的不断发展和肉食性浮游动物的出现。因此即使在春季浮游植物的高峰期，由于大型桡足类在渤海大部分海区难以形成足够的数量密度，小型桡足类成为主要的摄食类群（李超伦，2001）。

杨纪明（2001）采用消化道内食物分析法，对渤海 11 种桡足类的食性和营养级进行了研究。结果表明，渤海 11 种常见桡足类中，有 7 种（小拟哲水蚤、太平洋纺锤水蚤、腹针胸刺水蚤、瘦尾胸刺水蚤、钳形歪水蚤、汤氏长足水蚤和中华哲水蚤）的营养级为 2.0 级，双刺纺锤水蚤和刺尾歪水蚤的营养级为 2.1 级，双刺唇角水蚤和真刺唇角水蚤的营养级分别为 2.7 级和 2.8 级（表 4-5）。

表 4-5　渤海桡足类的营养级

种名	营养级
小拟哲水蚤 Paracanlanus parvus	2.0
双刺纺锤水蚤 Acartia bifilosa	2.1
太平洋纺锤水蚤 Arctarria pacifica	2.0
腹针胸刺水蚤 Centropages abclominalis	2.0
瘦尾胸刺水蚤 Centropages tenuiremis	2.0
刺尾歪水蚤 Tortanus spinicaudatus	2.1
钳形歪水蚤 Tortanus forcipatus	2.0
汤氏长足水蚤 Calanopta thompsoni	2.0
双刺唇角水蚤 Labidocera bipinnata	2.7
真刺唇角水蚤 Labidocera euchaeta	2.8
中华哲水蚤 Calanus sinicus	2.0

　　小拟哲水蚤营浮游植物食性，主要摄食硅藻类，占其食物组成的 99.6%（重量比例）。其中，辐射圆筛藻（Coscinodiscus radiatus）、圆筛藻未定种（Coscinodiscus sp.）和偏心圆筛藻（Coscinodiscus excentrus）都是它的主要摄食对象，分别占其食物组成的 36.8%、30.7%和 14.2%，此外还摄食很少量的甲藻类。双刺纺锤水蚤营浮游植物食性，主要摄食硅藻类，占其食物组成的 87.1%。其中，圆筛藻未定种（35.8%）、星脐圆筛藻（Coscinodiscus asteromphalus）（21.0%）和偏心圆筛藻（14.3%）都是它的主要摄食对象，此外，它也摄食少量的似铃虫（Tintinnopsis sp.）和多甲藻（Peridinium sp.）。太平洋纺锤水蚤营浮游植物食性，摄食硅藻类，占其食物组成的 100%。其中，星脐圆筛藻和辐射圆筛藻都是它的主要摄食对象，分别占食物组成的 51.7%和 36.6%。腹针胸刺水蚤营浮游植物食性，主要摄食硅藻类，占其食物组成的 97.2%。其中，星脐圆筛藻、辐射圆筛藻和圆筛藻未定种都是它的主要摄食对象，分别占食物组成的 48.7%、17.8%和 13.8%。此外它也摄食很少量的甲藻类（1.2%）和似铃虫（1.6%）。瘦尾胸刺水蚤营浮游植物食性，主要摄食硅藻类．占其食物组成的 99.5%，其中，星脐圆筛藻（53.6%）、辐射圆筛藻（24.0%）和未查明的圆筛藻（11.7%）都是它的主要摄食对象。刺尾歪水蚤营浮游植物食性，主要摄食硅藻类，占其食物组成的 83.9%，其中未查明的圆筛藻（36.9%）、星脐圆筛藻（18.9%）和辐射圆筛藻（10.7%）都是它的主要摄食对象，此外它也摄食少量原生动物中的似铃虫（6.2%）和甲藻类中的三角角藻（Ceratium tripos）（5.3%）和多甲藻（4.5%）。钳形歪水蚤营浮游植物食性，摄食硅藻类，占其食物组成的 100%。其中，星脐圆筛藻（47.3%）、辐射圆筛藻（37.6%）和中心圆筛藻（12.9%）都是它的主要摄食对象。汤氏长足水蚤营浮游植物食性，摄食硅藻类，占其食物组成的 100%。其中辐射圆筛藻（49.0%）、星脐圆筛藻（28.5%）和中心圆筛藻（16.3%）都是它的主要摄食对象。中华哲水蚤营浮游植物食性，主要摄食硅藻类，占其食物组成的 94.6%，其中辐射圆筛藻（35.8%）、偏心圆筛藻（24.8%）、未查明的圆筛藻（15.7%）和星脐圆筛藻（10.2%）都是它的主要摄食对象，此外它也摄食少量的甲藻类（3.8%）、金藻类（0.2%）和似铃虫（1.4%）。双刺唇角水蚤既摄食大量动物性饵料（73.0%），又摄食植物性饵料（27.0%），

可称为杂食性。小拟哲水蚤是双刺唇角水蚤的最重要摄食对象，占其食物组成的比例达到 62.8%，辐射圆筛藻也是它的主要摄食对象之一，占 12.5%。大眼剑水蚤（3.3%）和其他桡足类（6.7%）及星脐圆筛藻（5.1%）、中心圆筛藻（2.7%）、条纹小环藻（*Cyclotella striata*）（1.8%）、柱状小环藻（*Cyclotella stylorum*）（1.8%）等是它的次要摄食对象。真刺唇角水蚤也营小型浮游生物食性，既摄食大量动物性饵料（77.9%），又摄食不少植物性饵料（22.1%）。小拟哲水蚤（74.7%）是真刺唇角水蚤的最重要摄食对象，其他桡足类（1.7%）、似铃虫（1.1%）和辐射圆筛藻（7.8%）、未查明的圆筛藻（4.6%）、星脐圆筛藻（3.4%）、偏心圆筛藻（2.4%）等是它的次要摄食对象（杨纪明，2001）。

海洋生态系统动力学研究中，食物网中的营养关系、物质与能量的流动途径、浮游生物与底栖生物之间的耦合等都是十分重要的问题。蔡德陵等（2001a）通过 1997 年 6 月在渤海采集悬浮体、浮游生物、底栖生物和沉积物样品，采用碳稳定同位素方法研究了渤海生态系统的营养关系。在该研究中，将浮游动物样品按粒级分为 >1000 μm、500~1000 μm 和 200~500 μm 三个组。结果显示，渤海生态系统各级各类生物 $\delta^{13}C$ 值的范围为 $-25.67 \times 10^{-3} \sim -17.42 \times 10^{-3}$，其中浮游生物群体（不包括游泳动物）$\delta^{13}C$ 值相差约 3.68×10^{-3}。参考实验室培养试验和崂山湾现场分析等（蔡德陵等，2001a，b）所得到的食物链每营养级 ^{13}C 的富集度为 1.7×10^{-3}，则相当于渤海的生态系统有 3.2 个营养层次。中型浮游动物随粒径的增大，其 $\delta^{13}C$ 值增大，显示出营养层次的碳同位素富集作用，但不同粒级组分相互间 $\delta^{13}C$ 值也存在着相当程度的重叠，实际上这也是其生物组分有重叠的反映。但总体而言，粒级小的营养层次低，粒级大的，营养层次高。

渤海底栖生物的 $\delta^{13}C$ 值一般要比浮游生物的 $\delta^{13}C$ 值高，这并不意味着底栖生物的营养层次要比浮游生物的高，而是反映其食物来源的差异及底栖与浮游两个食物网底部（bottom）同位素组成的不同。底栖生物样品的同位素分析结果表明渤海底栖生物食物网有 4 个营养层次。各种底栖生物的碳同位素组成也反映了它们的食物来源和营养位置（蔡德陵等，2001 a，b）。

4.6 渤海浮游桡足类的分类学多样性

群落的多样性一般包括生物在组成、结构和功能等方面表现出的差异性，虽然功能多样性的研究非常重要，但目前生物多样性的研究内容主要仍侧重于群落组成和结构的多样性研究（Whittaker，1972）。生物多样性一般是指生态学意义上的物种多样性指数，如 Shannon-Wiener 指数、均匀度指数和丰富度指数等，在浮游动物群落中应用广泛。常用的生物多样性指数综合了群落丰富度（richness）和均匀度（evenness）两方面的信息，但不同指数的敏感性不同，而且反映的群落多样性信息也有差异，如观测值严重依赖于取样方法及样本大小，忽视了物种在分类学范畴上存在的多样性差异，种类多样性不能直接反映系统发生的多样性，没有衡量其偏离期望值多少的统计方法，对环境变化的响应不是单调的，随生境类型不同而变化剧烈等（Clarke and Warwick，2001）。

群落水平上的生命系统是一个复杂的等级系统，物种多样性指数相同的群落，既可以由分类学距离较近的物种组成，也可以由分类上存在显著差异、分类学距离较远的物种组成，即物种多样性相同的群落，其多样性的分类等级水平可以不同（Warwick and Clarke, 1995），因此在研究群落的多样性时，应充分利用群落中关于物种分类学地位的信息。

4.6.1 研究方法

Clarke 和 Warwick（1998，2001）定义了新的多样性指数来分析海洋生物群落的多样性，用分类多样性指数来度量和解释群落中种类间形态关系的差异，它根据种类间分类关系的路径长度量化群落的分类多样性和分类差异性。

（1）平均分类差异指数

平均分类差异指数（average taxonomic distinctness，AvTD）Δ^+在计算两个个体之间平均的路径长度时，不考虑物种出现的丰度，其公式为

$$\Delta^+ = \frac{\Sigma\Sigma_{i<j}\omega_{ij}}{S(S-1)/2} \tag{4-7}$$

式中，ω_{ij}为连接种 i 和种 j 的路径长度；S 为群落中出现物种的数目。

（2）分类差异变异指数

分类差异变异指数（variation in taxonomic distinctness，VarTD）Λ^+表征每对路径长度的变异性，并反映分类树的不均衡性，其公式为

$$\Lambda^+ = \frac{\Sigma\Sigma_{i<j}(\omega_{ij}-\Delta^+)^2}{S(S-1)/2} \tag{4-8}$$

与传统生物多样性指数相比，分类学多样性指数将分类学信息融入到多样性的计算中，并且可以进行统计检验，有效地弥补了传统物种多样性指数的不足。

海洋浮游桡足类是一种小型的海洋甲壳动物，种类繁多，数量极大，遍布于世界各大海域，是海洋食物链中的一个重要环节，在海洋生物资源补充和海洋生态学中都具有重要价值，开展海洋浮游桡足类多样性研究具有重要的理论和实践意义。本节在系统整理渤海［包括北黄海（刘光兴等，2010）］浮游桡足类总种名录的基础上，计算了渤海浮游桡足类平均分类差异指数和分类差异变异指数的理论平均值及95%置信区间，为渤海浮游桡足类分类学多样性研究提供基础资料。

4.6.2 渤海浮游桡足类的种类组成

根据系统整理的渤海（含北黄海）浮游桡足类总名录，渤海浮游桡足类共有57种，隶属于4目18科25属。表4-6列出了渤海海域浮游桡足类各目、各科的种类数组成。由表4-6可以看出，渤海浮游桡足类大多数种类属于哲水蚤目，此外，剑水蚤目也占有较大比例。

4.6.3 渤海浮游桡足类平均分类差异指数与等级差异变异指数

根据不同分类阶元种类丰富程度的差异，等级间 ω_k 的权重赋值如表4-7所示。根据渤海浮游桡足类总名录，计算了总体桡足类的平均分类差异指数和分类差异变异指数的理论平均值及95%置信漏斗曲线，如图4-19所示。从图中可以看出，渤海桡足类的平

表 4-6　渤海浮游桡足类种类组成

目	科	种类数
哲水蚤目	哲水蚤科	2
	拟哲水蚤科	4
	厚壳水蚤科	1
	真刺水蚤科	4
	胸刺水蚤科	6
	长腹水蚤科	1
	伪镖水蚤科	3
	宽水蚤科	1
	角水蚤科	11
	纺锤水蚤科	3
	歪水蚤科	4
剑水蚤目	长腹剑水蚤科	6
	隆剑水蚤科	2
	大眼剑水蚤科	4
	剑水蚤科	1
猛水蚤目	长猛水蚤科	2
	小肢猛水蚤科	1
怪水蚤目	怪水蚤科	1
合　计		57

均分类差异指数和分类差异变异指数的理论平均值分别为 80.0 和 440.9。平均分类差异指数的理论平均值不随种类数的变化而变化,等级差异变异指数只有在种类数很小时才出现值降低的情况。

表 4-7　渤海浮游桡足类分类系统的路径权重

k	分类阶元	个数	ω_k
1	种	57	23.7
2	属	25	35.5
3	科	18	68.3
4	目	4	100

生物多样性是生物群落的重要生态学特征,反映了群落自身及其与环境之间的相互关系,已经成为生态学研究中一个极为活跃的领域。具有相同物种多样性的群落,既可以是由分类学上彼此紧密联系的种类组成,也可以是由分类学上存在显著差异的种类组成(Warwick and Clarke,1995)。尽管物种多样性相同,但多样性的等级水平可以发生变化。在物种多样性相同的情况下,多样性的等级水平可以发生变化。然而依靠传统的多样性指数并不可能区分分类等级水平的变化,这需要充分利用群落中个体数量和物种分类地位的信息。分类学多样性指数的引入,成功地解决了这一问题。Warwick 和 Clarke(1995),Clarke 和 Warwick(1998,2001)定义了新的多样性指数来分析海洋生物群落的多样性,用分类多样性指数来度量和解释群落中种类间形态关系的差异,它根据种类间分类关系的路径长度量化群落的分类多样性和分类差异性。

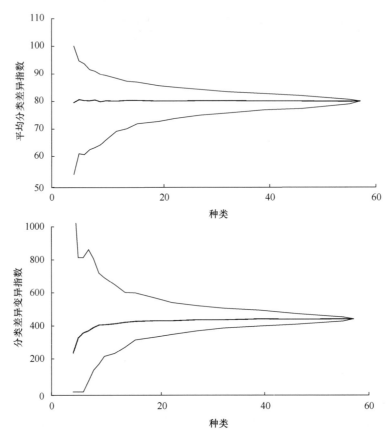

图 4-19　渤海浮游桡足类平均分类差异指数和分类差异变异指数 95%置信漏斗曲线

基于物种分类学组成的平均分类差异指数 Δ^+ 和分类差异变异指数 Λ^+ 的计算只考虑群落中种类的出现与否，不考虑群落中种类的数量，实际上是对群落中优势种与常见种权重的最简化处理，它是群落中随意选择的任意 2 个种类之间平均分类等级路径的长度，其平均值不受样本大小和取样性质的影响，因此该特性对不同取样区域、不同生境间和历史数据的比较研究，以及其他取样性质不同时的研究具有深远的意义，这在很大程度上推动了生物多样性的研究工作。

由于调查时间、调查频率、调查范围和调查网具的有限性，以及所查文献的局限性，种类的遗漏在所难免。但本书中建立的渤海浮游桡足类总名录，已能较全面地反映渤海浮游桡足类的种类组成。且 Clarke 和 Warwick（1998）研究表明，当少数额外种类增加到总名录后，对平均分类差异指数的理论平均值及置信范围影响不大。所以，基于本节中的浮游桡足类总名录对该水域浮游桡足类分类学多样性的分析是可信的。这一结果也可为渤海浮游桡足类多样性研究提供本底资料。

4.7　两种浮游动物采样网具的比较

浮游动物涵盖了从原生动物到脊索动物不同门类的动物，大小差异很大，丰度各有不同，浮游生物网具的选择对不同的粒径的浮游动物的采样效率存在差异。采用一种网具取样，并不能满足所有浮游生物类群研究的需要。浅水I型浮游生物网（网口内径为 50 cm，筛绢孔径约为 0.505 mm），采用普通锥形网型，多用于采集浅水海域体型较大的浮游动物，如水母类，大中型浮游桡足类、箭虫和鱼类浮游生物等。浅水II型浮游生物网（网口内径为 31.6 cm，筛绢孔径约为 0.160 mm），采用 Juday 网型，多用于采集浅水海域中小型浮游动物，如小型浮游桡足类、枝角类等。

目前国内有关浮游动物的资料（种类组成、丰度、群落结构等）多是基于较大网目（大型浮游生物网或浅水I型浮游生物网）网采样品的，其数据不能真实反映小型种类的真实的种类组成及数量。本书于 2011 年 5 月在黄河口及邻近水域（图 4-20）分别以浅水I型浮游生物网和浅水II型浮游生物网由底到表进行垂直拖网采集浮游动物样品，对两种网型的采集效率进行了比较。采集的样品保存于浓度 5%的福尔马林海水溶液中，运回实验室后显微镜下鉴定、计数和测量。

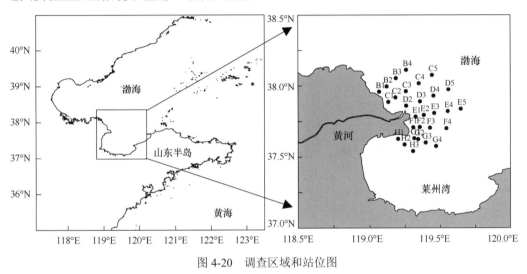

图 4-20 调查区域和站位图

4.7.1 两种网型采集浮游动物的种类组成和丰度的比较

浅水I型浮游生物网采集的样品，共记录各种类浮游动物 32 种（包括未定种），浮游幼虫 13 类，合计种类数 45 个。其中的浮游动物成体分别隶属于刺胞动物门、栉水母动物门、节肢动物门和毛颚动物门 4 个门。列举如下：水螅水母 4 种，栉水母 1 种，介形类 1 种，桡足类 13 种，端足类 2 种，涟虫类 2 种，等足类 1 种，糠虾类 6 种，十足类 1 种，毛颚类 1 种。其中，出现频率>80%的种类有中华哲水蚤、小拟哲水蚤、克氏纺锤水蚤、双刺纺锤水蚤、强壮箭虫、长尾类幼体和短尾类蚤状幼虫。

浅水II型浮游生物网采集的样品，共记录各种类浮游动物 34 种（包括未定种），浮游幼虫 16 类，合计种类数 50 种。浮游动物成体分别隶属于纤毛动物门、刺胞动物门、栉水母动物门、节肢动物门和毛颚动物门 5 个门类。列举如下：纤毛动物 1 种，水螅水母 7 种，栉水母 1 种，介形类 1 种，桡足类 15 种，等足类 1 种，涟虫类 2 种，糠虾类 3 种，端足类 2 种，毛颚类 1 种。其中，出现频率>80%的种类有：似铃虫、中华哲水蚤、小拟哲水蚤、强额拟哲水蚤、克氏纺锤水蚤、双刺纺锤水蚤、拟长腹剑水蚤、近缘大眼剑水蚤、强壮箭虫、多毛类疣足幼体、辐轮幼虫、双壳类幼体、腹足类幼体、桡足类无节幼虫和短尾类蚤状幼虫。

综合两种网型的采集数据来看，浮游动物的主要类群为浮游甲壳类、浮游幼虫和水螅水母类。浮游甲壳动物的种类数达到总种类数的50%，桡足类是浮游甲壳类的主要类群。

浅水Ⅰ型网和浅水Ⅱ型网采集的浮游动物在种类数量和种类组成上均存在一定的差别（图4-21）。从纤毛虫、水螅水母、桡足类和浮游幼虫等类群上看，浅水Ⅱ型网采集的种类比浅水Ⅰ型网多。从糠虾类和十足类等类群上看，浅水Ⅰ型网采集的种类比浅水Ⅱ型网多。总体上讲，浅水Ⅱ型网采集的种类数量比浅水Ⅰ型网采集的多。

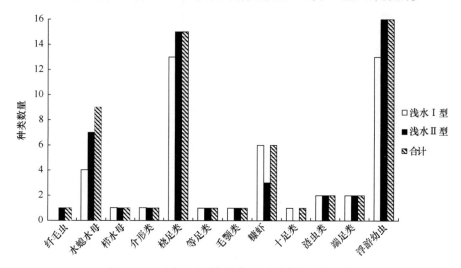

图4-21 两种网型采集的各类群种类数量的比较

桡足类在各站位丰度中均占很大的贡献，尤其在浅水Ⅱ型网中。在两种网型中，各类浮游动物丰度贡献率显著不同（图4-22）。与浅水Ⅰ型网中样品相比，在浅水Ⅱ型网中，各站位纤毛虫丰度贡献率都出现显著的上升，其中又以F2和F3站位幅度最高；毛颚类的丰度贡献率在各站位均有显著下降；浮游幼虫的丰度贡献率在B1、F1、H1等近岸站位所占比例有所下降，而在B4、C5、D5等外海站位所占比例则有所上升。

各站位浅水Ⅰ型网采集的浮游动物丰度为202.8~21322.5 ind/m^3，平均值为1814.7 ind/m^3。在调查海区的西北部以及河口均有高值区，最高值出现在D2站（21322.5 ind/m^3）；最低值出现在E4站（202.8 ind/m^3）。总体呈现出由西北向东南降低的趋势。各站位浅水Ⅱ型网采集的浮游动物的丰度为19146.1~265057.5 ind/m^3，平均值为100971.2 ind/m^3。丰度最低值出现在E4站（19146.1 ind/m^3），最高值出现在C1站（265057.5 ind/m^3）。高值区主要分布于黄河入海口两侧近岸区域，而外海区域丰度较低。基本呈现由近岸向外海降低的趋势。浮游动物丰度的平面分布见图4-23。

王荣和张鸿雁（2002）通过对渤海中型浮游动物网样品的分析，同时将大型浮游动物网中的大型桡足类的优势种中华哲水蚤与小型桡足类的优势种小拟哲水蚤、强额拟哲水蚤和双刺纺锤水蚤在生物量的分布、季节变动以及年产量等方面进行比较，发现小型

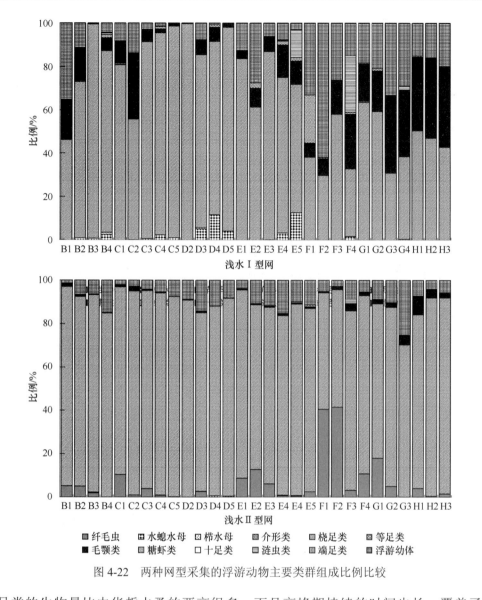

图 4-22 两种网型采集的浮游动物主要类群组成比例比较

桡足类的生物量比中华哲水蚤的要高很多,而且高峰期持续的时间也长,覆盖了几乎所有仔稚鱼大量出现的月份;另外,小型桡足类的卵、无节幼虫、桡足幼体和成体从粒级上更适合作为仔稚鱼的饵料,因此认为小型桡足类在维持渔业资源方面较大型桡足类起着更为重要的作用。王荣和王克(2003)还通过对大网和中网捕获能力的比较,指出虽然两种网具对较大体型浮游动物的捕获能力差别不大,但是对体型较小浮游动物的捕获能力差别却很大。例如,两种网具对 4 种优势小型桡足类的捕获效率相差 164 倍。

本次调查中,从种类数量上看,无论是浮游动物成体,还是浮游幼虫,浅水Ⅱ型网采集的种类都比浅水Ⅰ型网采集的多。从种类组成上看,浅水Ⅰ型网和浅水Ⅱ型网采集样品的种类存在一定的差别。浅水Ⅱ型网采集的种类比浅水Ⅰ型网在纤毛虫、水螅水母、桡足类和浮游幼虫类群等多,浅水Ⅰ型网采集的种类比浅水Ⅱ型网在糠虾类和十足类等

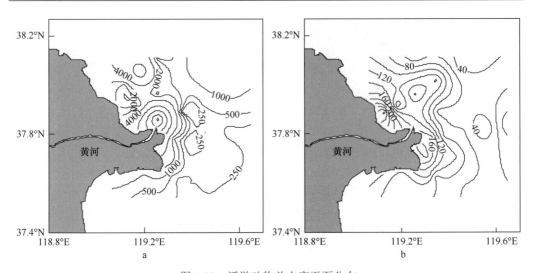

图 4-23 浮游动物总丰度平面分布

a. 浅Ⅰ型网（ind/m³）；b. 浅Ⅱ型网（×10³ ind/m³）

类群多（图 4-24）。可见，浅水Ⅰ型网在采集中小型浮游动物方面具有显著优势，浅水Ⅰ型网则在采集大中型浮游动物方面具有一定优势。该水域浮游动物的优势种多为中小型浮游动物，所以采用浅水Ⅰ型网采集的浮游动物更能准确地反映种类组成的真实情况。从个体丰度上看，大中型浮游动物丰度平均值为 1814.7 ind/m³；中小型浮游动物的丰度平均值为 100971.2 ind/m³，平均丰度相差 50 多倍。该差异主要来自于浅水Ⅱ型网采集的样品中似铃虫、中小型桡足类和水螅水母等丰度比例大幅上升（图 4-22）。

浮游动物采样方法上的不恰当会导致对整个调查区域浮游动物分布模式、对浮游植物的摄食压力以及渔场分布等的评估产生较大偏差。在进行浮游动物生态研究时，只对浅水Ⅰ型网中的样品进行分析也很可能会导致关键种群信息的缺失，因此必须结合浅水Ⅱ型网甚至筛绢孔径更小的浮游生物网采集的样品，以达到对浮游动物生态特征较为全面和准确的认识。

4.7.2 两种网型采集浮游动物生物多样性的比较

各站位浅水Ⅰ型网采集的浮游动物种类数为 11~22，平均值为 16，最高值出现在 C1 站，最低值出现在 C5 站；香农-威纳指数为 0.26~2.10，平均值为 1.60，最高值出现在 G2 站，最低值出现在 B3 站；丰富度为 0.92~2.25，平均值为 1.65，最高值出现在 G2 站，最低值出现在 C5 站；均匀度为 0.10~0.77，平均值为 0.58，最高值出现在 E5 站，最低值出现在 B3 站。浅水Ⅰ型网采集的浮游动物种类数和丰富度在河口海区北侧呈现一个高值区；香农-威纳指数和均匀度均呈现由调查区域西北侧向东南侧递增的趋势。各多样性指数的平面分布如图 4-24 所示。

各站位浅水Ⅱ型网采集的浮游动物种类数为 17~29，平均值为 22，最高值出现在 C1 站，最低值出现在 F1 站；香农-威纳指数为 0.49~1.22，平均值为 0.86，最高值出现在 F2 站，最低值出现在 B1 站；丰富度为 0.91~1.55，平均值为 1.31，最高值出现在 C1 站，最低值出现在 F1 站；均匀度为 0.16~0.37，平均值为 0.28，最高值出现在 F2

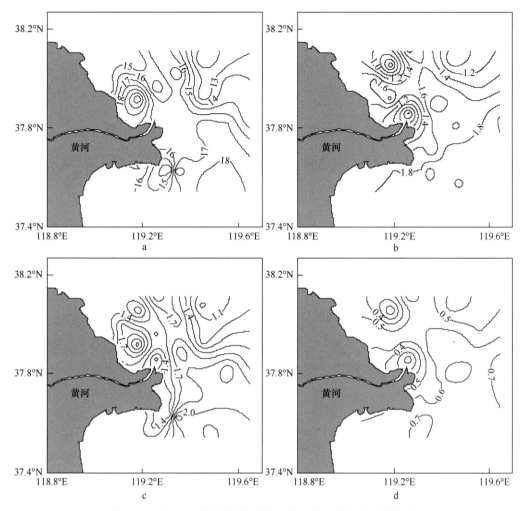

图 4-24 浅水 I 型网采集的浮游动物多样性指数的平面分布
a.种类数；b.香农-威纳指数；c.丰富度；d.均匀度

站，最低值出现在 B1 站。浅水 II 型网采集的浮游动物种类数和丰富度分布情况较为复杂，在河口海区北侧同样也呈现一个高值区，但也在河口海区南侧有一个显著的低值区；香农-威纳指数和均匀度则呈现中部高、东西两侧低的分布格局。各多样性指数的平面分布如图 4-25 所示。

在 k-优势度曲线比较中，浅水 II 型网网采浮游动物种类间数量差异较大，1 种浮游动物就几乎构成了总丰度的 80%，而浅水 I 型网网采浮游动物种类间的数量差异相对较小（图 4-26）。

尹建强等（2008）在南海近海珊瑚礁海区研究表明，浅水 II 型网采集的浮游动物样品多样性指数要高于浅水 I 型网采集的浮游动物样品。本书结果与其有所不同。浅水 I 型网网采浮游动物香农-威纳指数为 0.26~2.10，丰富度为 0.92~2.25，均匀度为 0.10~0.77；浅水 II 型网网采浮游动物香农-威纳指数为 0.49~1.22，丰富度为 0.91~1.55，均匀度为 0.16~0.37。通过两种网型中浮游动物 k-优势度曲线的比较，发现浅水 I 型网中浮游

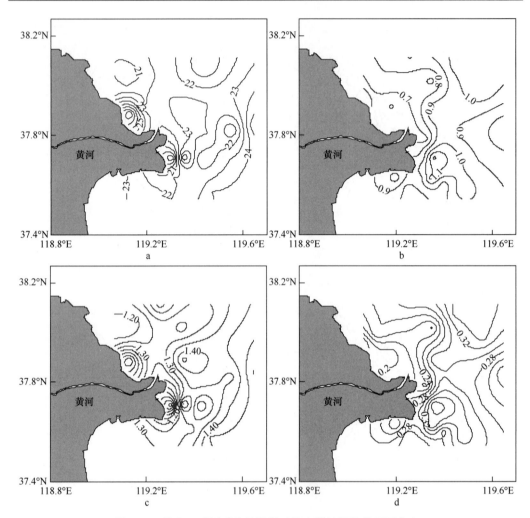

图 4-25　浅水 II 型网采集的浮游动物多样性指数的平面分布
a.种类数；b.香农-威纳指数；c.丰富度；d.均匀度

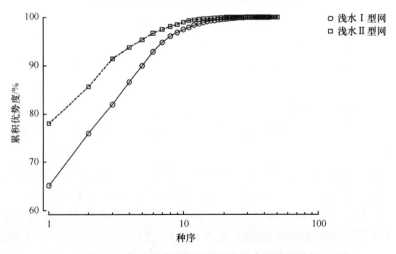

图 4-26　两种网型采集的浮游动物 k-优势度曲线

动物的生物多样性反而较浅水Ⅱ型网中浮游动物要高。分析原因主要是由于黄河口及其邻近水域春季浮游动物的种类较少。浅水Ⅱ型网中种类间数量差异较大，而浅水Ⅰ型网采集种类间的数量差异相对较小。浅水Ⅱ型网采集浮游动物样品较浅水Ⅰ型网采集的浮游动物样品在粒径大小和组成方面有较大区别。

4.7.3 群落结构分析比较

分别对 2 种网型中累计占 95%的浮游动物丰度数据进行对数转化，作出 Bray-Curtis 相似性矩阵，然后进行 Cluster 聚类和 MDS 标序。

根据浅水Ⅰ型网采集浮游动物丰度-站位的聚类分析结果，可将调查水域的 29 个站位划分为 3 组（图 4-27）。二维 MDS 排序结果的压力系数（stress）值为 0.12，表明该图对解释样本间的相似关系的结果是可信的。

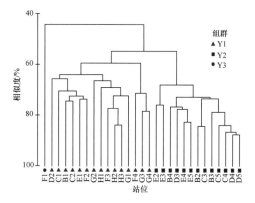 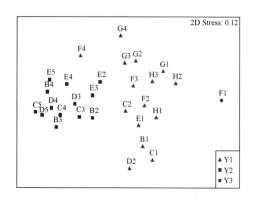

图 4-27 浅水Ⅰ型网采集的浮游动物调查站位的聚类分析和 MDS 排序

根据浅水Ⅱ型网采集浮游动物丰度-站位的聚类分析结果，可将调查水域的 29 个站位划分为 3 组（图 4-28）。二维 MDS 排序结果的压力系数（stress）值为 0.11，表明该图对解释样本间的相似关系的结果是可信的。

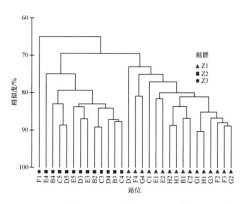 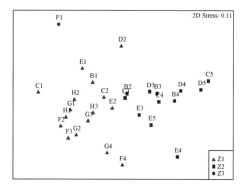

图 4-28 浅水Ⅱ型网采集的浮游动物调查站位的聚类分析和 MDS 排序

将上述分析结果叠加到调查海域的站位图中，可得到各组群在该水域的地理分布情况，如图 4-29 所示。

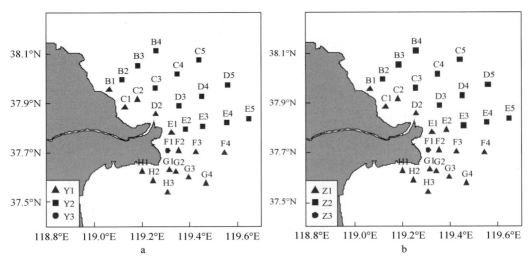

图 4-29 各组群在调查海区的地理分布
a. 浅水 I 型网；b. 浅水 II 型网

浅水 I 型网采集浮游动物各组群在研究水域的地理分布见图 4-32a。组群 Y1 位于河口以及河口两侧近岸水域；组群 Y2 位于河口外混合水域；组群 Y3 较为特殊，只有一个站位，位置属于黄河口南部的浅滩区域。

浅水 II 型网采集浮游动物各组群在研究水域的地理分布见图 4-32b。与大中型浮游动物组群分布相同，组群 Z1 位于河口以及河口两侧近岸水域；组群 Z2 位于河口外混合水域；组群 Z3 同样只有一个站位，位置也属于黄河口南部的浅滩区域。

采用浅水 II 型网对浮游生物进行分析研究时，如何与前期浅水 I 型网采集浮游动物历史数据进行比较是面临的一个重要问题。本研究结果显示，对两种网型采集的浮游动物进行群落划分呈现相同的结果，二者在群落划分的结果上具有很高的可比性。

参 考 文 献

白雪娥, 庄志猛. 1991. 渤海浮游动物生物量及其主要种类数量变动的研究. 海洋水产研究, 12: 71-92

毕洪生, 孙松, 高尚武, 等. 2000. 渤海浮游动物群落生态特点 I. 种类组成与群落结构. 生态学报, 20(5): 715-721

毕洪生, 孙松, 高尚武, 等. 2001. 渤海浮游动物群落生态特点 II. 桡足类数量分布及变动. 生态学报, 20(2): 177-185

蔡德陵, 王荣, 毕洪生. 2001a. 渤海生态系统的营养关系: 碳同位素研究的初步结果. 生态学报, 21(8): 1354-1359

蔡德陵, 洪旭光, 毛兴华, 等. 2001b. 崂山湾潮间带食物网结构的碳稳定同位素初步研究. 海洋学报, 23(4): 41-47

曹春晖, 孙之南, 王学魁, 等. 2006. 渤海天津海域的网采浮游植物群落结构与赤潮植物的初步研究. 天津科技大学学报, (3): 34-37

崔毅, 陈碧鹃, 任胜民, 等. 1996. 渤海水域生物理化环境现状研究. 中国水产科学, 3(2): 1-12

董旭辉, 羊相东, 王荣. 2006. 长江中下游地区湖泊硅藻-总磷转换函数. 湖泊科学, 18(1): 1-12

费尊乐, 毛兴华, 朱明远, 等. 1988. 渤海初级生产力研究. 海洋学报, 10(4): 481-489

费尊乐, 毛兴华, 朱明远, 等. 1991. 渤海生产力研究 I. 叶绿素 a、初级生产力与渔业资源开发潜力. 海

洋水产研究, 17: 55-70
冯士筰, 李凤岐, 李少菁. 1999. 海洋科学导论. 北京: 高等教育出版社
冯士筰, 张经, 魏皓, 等. 2007. 渤海环境动力学导论. 北京: 科学出版社
高会旺, 杨华, 张英娟, 等. 2001. 渤海初级生产力的若干理化影响因子初步分析. 青岛海洋大学学报, 31(4): 487-494
巩俊霞, 杨秀兰, 段登选, 等. 2010. 黄河入海口水域春季浮游动物群落特征研究. 广东海洋大学学报, 30(6): 1-6
郭全. 2005. 渤海夏季营养盐和叶绿素分布特征及富营养化状况分析. 中国海洋大学硕士学位论文
姜强. 2010. 春、秋季北黄海大中型浮游动物群落生态学研究. 中国海洋大学硕士学位论文
焦玉木, 田家怡. 1999. 黄河口三角洲附近海区浮游动物多样性研究. 海洋环境科学, 18(4): 33-38
康元德. 1991. 渤海浮游植物的数量分布和季节变化. 海洋水产研究, 12: 31-44
乐凤凤, 宁修仁. 2006. 南海北部浮游植物生物量的研究特点及影响因素. 海洋学研究, (2): 60-69
李宝华. 2004. 南极长城站码头及临近海域夏季叶绿素 a 含量及变化. 极地研究, 16(4): 332-337
李超伦. 2001. 海洋桡足类摄食生态及其对浮游植物的摄食压力. 中国科学院海洋研究所博士学位论文
李超伦, 王克. 2002. 植食性浮游桡足类摄食生态学研究进展. 生态学报, 22(4): 593-596
李冠国, 范振刚. 2004. 海洋生态学. 北京: 高等教育出版社
刘光兴, 姜强, 朱延忠, 等. 2010. 北黄海浮游桡足类分类学多样性研究. 中国海洋大学学报, 40(12): 89-96
吕培顶, 费尊乐, 毛兴华, 等. 1984. 渤海水域叶绿素 a 的分布及初级生产力的估算. 海洋学报, 6(1): 90-98
吕瑞华, 夏滨, 李宝华, 等. 1999. 渤海水域初级生产力 10 年间的变化. 黄渤海海洋, 17(3): 80-86
马喜平, 高尚武. 2000. 渤海水母类生态的初步研究——种类组成数量分布与季节变化. 生态学报, 20(4): 533-540
孟凡, 丘建文, 吴宝铃. 1993. 黄海大海洋生态系的浮游动物. 黄渤海海洋, 11(3): 30-37
宁修仁, 刘子琳, 蔡昱明. 2000. 我国海洋初级生产力研究二十年. 东海海洋, 18(3): 13-20
沈国英, 施并章. 2002. 海洋生态学(第二版). 北京: 科学出版社
宋书群. 2010. 黄、东海浮游植物功能群研究. 中国科学院海洋研究所博士学位论文
孙军, 刘东艳, 王宗灵, 等. 2004a. 浮游动物摄食在赤潮生消过程中的作用. 生态学报, 24(7): 1514-1522
孙军, 刘东艳, 白洁, 等. 2004b. 2001 年冬季渤海的浮游植物群落结构特征. 中国海洋大学学报, 34(3): 413-422
孙军, 刘东艳, 柴心玉, 等. 2003. 1998—1999 年春秋季渤海中部及其邻近海域叶绿素 a 浓度及初级生产力估算. 生态学报, 23(3): 517-526
孙军, 刘东艳, 王威, 等. 2004a. 1998 年秋季渤海中部及其邻近海域的网采浮游植物群落. 生态学报, 24(8): 1644-1656
孙军, 刘东艳, 杨世民, 等. 2002. 渤海中部和渤海海峡及邻近海域浮游植物群落结构的初步研究. 海洋与湖沼, (5): 461-471
孙军, 刘东艳. 2005. 2000 年秋季渤海的网采浮游植物群落. 海洋学报, 27(3): 124-132
孙松. 2012. 中国区域海洋学——生物海洋学. 北京: 海洋出版社
孙向卫. 2006. 铁、磷和光照强度对三种浮游植物生长的影响. 浙江大学博士学位论文
孙育平. 2010. 营养盐加富、滤食性鱼类和浮游动物对水库浮游植物群落结构的影响. 暨南大学博士学位论文
田家怡, 李洪彦. 1985. 黄河口附近海区浮游动物的分布特征及其与环境因子的关系. 海洋环境科学, 4(32): 32-41
王俊. 2003. 渤海近岸浮游植物种类组成及其数量变动的研究. 海洋水产研究, 24(4): 44-50
王俊, 康元德. 1998. 渤海浮游植物种群动态的研究. 海洋水产研究, 19(1): 43-52

王俊, 李洪志. 2002. 渤海近岸叶绿素和初级生产力研究. 海洋水产研究, 23(1): 23-28
王克, 张武昌, 王荣, 等. 2002. 渤海中南部春秋季浮游动物群落结构. 海洋科学集刊, 44: 34-42
王荣. 1992. 海洋生物泵和全球变化. 海洋科学, 1: 18-21
王荣, 王克. 2003. 两种浮游生物网捕获性能的现场测试. 水产学报, 27(增刊): 98-102
王荣, 张鸿雁. 2002. 小型桡足类在海洋生态系统中的功能作用. 海洋与湖沼, 33(5): 453-460
王勇. 2001. 中国若干典型海域作用于浮游植物上、下行效应的研究. 中国科学院海洋研究所博士学位论文
徐兆礼, 陈亚瞿. 1989. 东黄海秋季浮游动物优势种聚集强度与鲐鲹渔场的关系. 生态学杂志, 8(4): 13-15
许夏玲. 2008. 滴水湖浮游植物群落结构及其与环境因子之间关系的研究. 上海师范大学硕士学位论文
杨持. 2008. 生态学. 北京: 高等教育出版社
杨纪明. 2001. 渤海桡足类(Copepoda)的食性和营养级研究. 现代渔业信息, 16(6): 6-10
杨金森. 2000. 海岸带和海洋生态经济管理. 北京: 海军出版社
尹健强, 黄晖, 黄良民, 等. 2008. 雷州半岛灯楼角珊瑚礁海区夏季的浮游动物. 海洋与湖沼, 39(2): 131-138
张达娟, 闫启仑, 王真良. 2008. 典型河口浮游动物种类数及生物量变化趋势的研究. 海洋与湖沼, 39(5): 536-540
张培玉. 2005. 渤海湾近岸海域底栖动物生态学与环境质量评价研究. 中国海洋大学博士学位论文
张武昌, 王克, 高尚武, 等. 2002. 渤海春季和秋季的浮游动物. 海洋与湖沼, 33(6): 630-639
张武昌, 王荣. 2000. 渤海微型浮游动物及其对浮游植物的摄食压力. 海洋与湖沼, 31(3): 252-258
张武昌, 肖天, 王荣. 2001. 海洋微型浮游动物的丰度和生物量. 生态学报, 21(11): 1893-1908
赵帅营. 2009. 营养盐加富和鲢对南亚热带贫中营养型水库浮游生物群落的影响——大型围隔实验. 暨南大学博士学位论文
郑重, 李少菁, 连光山. 1992. 海洋桡足类生物学. 厦门: 厦门出版社: 234-292
郑重, 李少菁, 许振祖. 1984. 海洋浮游生物学. 北京: 海洋出版社
中华人民共和国科学技术委员会海洋组海洋综合调查办公室. 1977. 全国海洋综合调查报告第八册中国近海浮游生物的研究
周名江, 朱明远, 张经. 2001. 中国赤潮的发生趋势和研究进展. 生命科学, 13(2): 54-59
邹景忠, 董丽萍, 秦保平. 1983. 富营养化和赤潮问题的初步研究. 海洋环境科学, 2(2): 41-54
邹立, 张经. 2001. 渤海春季营养盐限制的现场实验. 海洋与湖沼, 32(6): 672-678
Azam F T, Fenchel J G, Field J G et al. 1983. The ecological role of water-column microbes in the sea. Marine Ecology Progress Series, 10: 257-263
Bergreen U, Hansen B, Kiorboe T. 1988. Food size spectra, ingestion and growth of the copepod Acartia tonsa during development: implications for determination of copepod production. Marine Biology, 99: 341-352
Burkill P H, Edwards E S, John A W G. 1993. Microzooplankton and their herbivorous activity in the north eastern Atlantic Ocean. Deep-Sea Research II, 40: 479-493
Burkill P H, Mantoura R F C, Llewellyn C A. 1987. Microzooplankton grazing and selectivity of phytoplankton in coastal water. Marine Biology, 93: 581-590
Calbet A, Landry M R. 2004. Phytoplankton growth, microzooplankton grazing, and carbon cycling in marine systems. Limnology and Oceanography, 49: 51-57
Chavez F P, Buck K R, Coale K H. 1991. Growth rates, grazing, sinking, and iron limitation of equatorial Pacific phytoplankton. Limno logy and Oceanography, 36: 1816-1833
Clarke K R, Warwick R M. 1998. A taxonomic distinctness index and its statistical properties. Journal of Applied Ecology, 35: 523-531
Clarke K R, Warwick R M. 2001. A further biodiversity index applicable to species list: variation in

taxonomic distinctness. Marine Ecology Progress Series, 216: 265-278

Deason E E. 1980. Grazing of Aeartia hudsonica on Skeletonema costatum in Narragansett Bay (USA): Influence of food concent ration and temperature. Marine Biology, 60: 101-113

Demott W R, Moxter F. 1991. Foraging on cyanobacteria by copepods: Rosponse to chemical defenses and resource abundance. Ecology, 72: 1820-1834

Field J G, Clarke K R, Warwick R M. 1982. A practical strategy for analysis multispecies distribution patterns. Marine Ecology Progress Series, 8(1): 37-52

Froneman P W, Penssinotto R, McQuaid C D. 1996a. Seasonal variations in microzooplankton grazing in the region of the subtropical convergence. Marine Biology, 126: 433-442

Froneman P W, Pehssinoffo R, Mcquaid CD. 1996b. Dynamics of microplankfon communities af the ice-eclgezone of the Lazarev sea cluring a summer drogue stucly. Journal of Plankfon Research, 18(8): 1455-1470

Froneman P W, Penssinotto R. 1996. Microzooplankton grazing and protozooplankton community structure in the South Atlantic and in the Atlantic sector of the Southern Ocean. Deep-Sea Res. I, 43: 703-761

Frost B W. 1972. Effeets of size and concentration of food particles on the feeding behavior of the marine planktonic copepod Calanus pacific. Limnology and Oceanogrphy, 17: 805-815

Frost B W. 1974. Feeding Proeesses at lower trophic levels in Pelagic communities. In: Miller C B. The Biology of the Oceanic Pacific. Corvallis: Oregon State University Press: 59-77

Gifford D J, Daag M J. 1991. The microzooplankton-mesozooplankton link: consumption of the planktonic protozoa by the calanoid Acartia tonsa Dana and Neocalanus plumchrus Murukawa. Mar Microb Food Webs, 5: 161-177

Haberman K L, Ross R M, Quetin L B. 2003. Die of the Antarctic krill (Euphausia superdana): Selective grazing in mixed phytoplankton assemblages. Journal of Experimental Marine Biology and Ecology, 283: 97-113

Huntley M. 1988. Feeding biology of Calanus: A New perspective., 18(2): 339-346

Kamiyama T. 1994. The impact of grazing by microzooplakton in northem Hiroshima Bay, the Seto Inland Seam, japan. Marine Biology 119(1): 77-88

Kruskal J B. 1964. Multidimensional scaling by optimizing goodness of fit to a non-metric hypothesis. Psychometrika, 29(1): 1-27

Lalli C M, Parsons T R. 2000. 生物海洋学导论. 张志南, 周红等译. 青岛: 青岛海洋大学出版社

Landry M R, Constantinou J, Kirshtein J. 1995. Microzooplankton grazing in the central equatorial Paclfic during Febrary and August, 1992. Deep-Sea Research II, 42: 657-671

Landry M R, Hassett R P. 1982. Estimating the grazing impact of marine micro-zooplankton. Marine Biology, 67: 283-288

Landy M R, Haas L W, Fagemess V L. 1984. Dynamics of microbial plankton communities: Experiments in Kaneohe Bay, Hawaii. Marine Ecology Progress Series, 16: 127-133

Li C L, Wang R, Sun S. 2003. Grazing impact of copepods an phytoplankton in the Bohai Sea. Estuarine, Coastal and shelf science, 58: 487-498

Mullin M M, Stewart E F, Fuglister F J. 1975. Ingestion by Planktonic grazer as a function of concentration of food. Limnology and Oceanography, 20: 259-262

Nejstgaard J C, Gisemervik I, Solberg P T. 1997. Feeding and reproduction by Calanus finmarchicus and microzooplankton grazing during mesocosm bloom of diatoms and the coccolithophore Emiliania huxleyi. Marine Ecology Progress Series, 147: 197-217

Pielou E C. 1969. An Introduction To mathematical Ecology. New York: Wiley-Interscience

Pitchford J W, Brindley J. 1999. Iron limitation, grazing pressure and oceanic high nutrient-low chlorophyll (HNLC) regions. Journal of Plankton Research, 21: 525-547

Shannon C E, Weaver W. 1949. The Mathematical Theory of Communication. Illionos: University of Illinois Press

Souissi S, Ibanez F, Ben Hamadou R, et al. 2001. A new multivariate mapping method for studying species assemblages and their habitats: Example using bottom trawl surveys in the Bay of Biscay (France).

Sarsia, 86: 527-542

Strom S L, Welschmeyer N A. 1991. Pigment specific rates of phytoplankton growth and microzooplankton in the open subarctic Pacific Ocean. Limnology and Oceanography, 36: 50-63

Verity P G, Stoceker D K, Sieracki M E. 1996. Microzooplankton grazing of primary production at 140°W in the equatorial Pacific. Deep-Sea Research II, 43: 1227-1255

Verity P G, Stoecker D K, Sieracki M E, et al. 1993. Grazing growth and mortality of microzooplankton during the 1989 North Atlantic spring bloom at 47°N, 18°W. Deep-Sea Research II, 40: 1793-1814

Verity P G, Stoecker D K, Sieracki M E. 1993. Grazing, growth and mortality of microzooplankton during the 1989 North Atlantic spring bloom at 47°N, 18°W. Deep-sea Research I, 40: 1793-1514

Wang R, Conover R J. 1986. Dynamics of gut pigment in the copepod Temora longicornis and the determination of in situ grazing rates. Limnology and Oceanography, 31: 867-877

Warwick R M, Clarke K R. 1995. New 'biodiversity' measures of reveal a decrease in taxonomic distinctness with increasing stress. Marine Ecology Progress Series, 129: 301-305

Whittaker R H. 1972. Evolution and measurement of species diversity. Taxon, 21: 213-251

第 5 章 渤海大型底栖动物群落结构与次级生产力

5.1 渤海的大型底栖动物群落结构

大型底栖动物是指在分选时能被 0.5 mm 或 1 mm 孔径的网筛所筛留的、生活在海洋沉积物的底内或底上的动物，它们多为无脊椎动物，主要包括腔肠动物、环节动物多毛类、软体动物、节肢动物甲壳类和棘皮动物 5 个类群。此外，常见的还有纽虫、苔藓虫和底栖鱼类等。大型底栖动物在海洋生态系统中属于消费者亚系统，它们与海洋中的生产者、其他消费者和分解者共同构成海洋生态系统的生物成分，再加上无机环境中的非生物成分，就共同组成了海洋生态系统的四大基本成分。其中大型底栖动物主要是通过摄食、掘穴和建管等扰动活动直接或间接地影响着所在的这一生态系统。大型底栖动物是海洋生态系统中物质转移和能量流动中积极的消费者和转移者；某些大型底栖动物具有耐污的特性而被用来作为监测环境状况的指示生物。因此，深入开展大型底栖动物的生态学研究，进而对实现海洋生物资源的持续利用和海洋农牧化生产具有十分重要的科学意义。

渤海是我国主要的海洋渔场之一，许多重要的鱼、虾在此产卵、育幼和索饵。对渤海大型底栖动物进行多次综合调查，如 1988 年邓景耀等报道过渤海主要无脊椎动物及其渔业生物学；张志南等 1990 年对黄河口及其邻近海域大型底栖动物作了研究（张志南等，1990a，b）；崔玉珩和孙道远于 1983 年对渤海湾排污区的底栖动物调查作过初步报告；孙道元和刘银城 1991 年曾对渤海底栖动物种类组成和数量分布做过初步分析。另外，20 世纪 80 年代和 90 年代进行的全国海岸带和海涂资源综合调查及全国海岛调查也包括了对渤海海岸带和海涂及海岛的大型底栖动物的调查和研究。已有的研究表明，近年来渤海生态系统的结构和功能的变化导致渔业生物资源结构变化很大，数量和质量均大幅度地下降，生物多样性和初级生产力降低，浮游动、植物的生物量也明显减少（邓景耀，1988）。生态系统的变化一方面可能受全球气候变化的影响，但沿岸经济的快速发展可能对渤海的环境和资源具有更为直接的干扰，如赤潮事件的频繁发生表明渤海富营养化的进程（国家海洋局，1999，2000）。此外，过度捕捞、石油天然气开发、海上运输和排污等，均使其资源和健康状况急剧下降，高生产力区受到不同程度的破坏。据 1998 年的统计，渤海水体无机氮和无机磷分别超标 45%和 45%，近岸水体油类、铅、总汞和化学需氧量分别超标 1%、81%、42%。为了让渤海远离"死海"的阴影，国家环境保护总局于 1998 年 12 月 8 日在北京召开了渤海环境保护工作会议，并正式启动"渤海碧海行动计划"，以期控制沿岸污染物的入海。国家自然科学基金重大项目"渤海生态系统动力学与生物资源的持续利用"，也是近年来对渤海生态系统进行全方位研究的具体实施。

5.1.1 2008年夏季渤海大型底栖动物的群落结构

本部分通过研究渤海 23 个站位的大型底栖动物样品的丰度、生物量，分析渤海大型底栖动物的群落结构及生物多样性，并探讨其与环境因子的相互关系，以期了解渤海生态环境现状，并为保护其生态资源实现可持续利用及生态系统健康评价提供科学参考依据。

1. 材料与方法

（1）研究海域和站位分布

2008 年 8 月在渤海进行了底栖定量采泥，以获取研究海域底内生活的大型底栖动物资料。调查船为"方红 2 号"共设 23 个站位，B01、B03、B04、B05、B06、B07、B08、B09、B10、B11、B12、B14、B15、B16、B18、B19、B20、B21、B22、B23、B24、B25、B26、B27，站位分布见图 5-1。

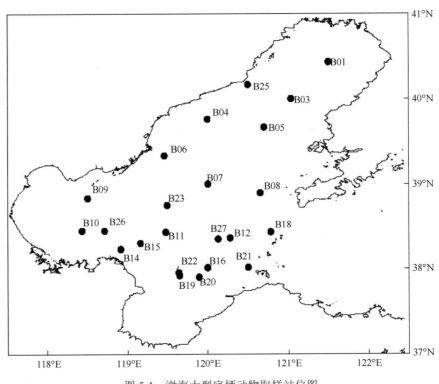

图 5-1 渤海大型底栖动物取样站位图

（2）样品的采集与处理

在取样站位使用 0.1 m² 箱式采泥器，采集未受扰动的沉积物样品，现场分选大型底栖动物所用网筛孔径为 0.5 mm，取 3 个样品合为 1 个样品，将生物标本及残渣全部转移至样品瓶，并用 5%福尔马林固定。同时在采样点取一定量的表层沉积物，用于沉积物粒度、叶绿素等环境因子的分析。带回实验室放入−20℃低温冰柜，冷冻保存，进行挑拣时在体式显微镜下尽量鉴定到种并计数，底栖生物样品在体式显微镜下尽量鉴定到种并计数，每站每种的样品使用 0.001 g 感量的电子天平进行称重，以湿重作为重量，称重前使用滤纸将生物体吸干。样品的处理、保存、计数和称量等均按《海洋调查规范》和《海洋底栖生物研究方法》进行。软体动物带壳称重,寄居蟹去壳称重,管栖多毛类去管称重,群体标本不计算个数。

(3) 样品丰度和生物量的测定方法

丰度和生物量的测定是生态系统研究中两个最基本的参数。首先用 1‰的虎红溶液对筛选所得的大型底栖动物标本和残渣进行染色,静置 24 h 之后,用网筛孔径 0.5 mm 的网筛冲洗去泥沙,在普通解剖镜下进行分选鉴定并记数。残渣倒回样品瓶中用 5%甲醛溶液保存,选出的生物体放入 75%的乙醇中固定,便于二次检查、筛选。分类记数后的标本用滤纸吸干固定液,用感量为 0.001 g 的电子天平称重,鉴定、称重等均按《海洋调查规范》和国际有关规范进行,其中残体要计入生物量的计数,而不计入丰度的统计。

(4) 数据处理与统计分析

生物多样性采用了种数(S)、丰富度(D)、均匀性指数(J)和香农-威纳指数(Shannon-Wiener index,H')。分别采用如下计算公式:

物种丰富度指数:

$$D = (S - 1) / \log_2 N \tag{5-1}$$

丰富度指数用来描述生物群落所含物种的多寡,是大型动物群落中的动物种类数目,是一种简单的多样性测定方法。计数中应排除偶然迁入的物种,但在实践中要确定哪些是偶然迁入的物种相当困难。大型底栖动物取样中,一般而言,取样量大的样品,其种数相对较多,所以多用丰富度来表示群落物种的丰富性(Magurran,2003)。

Shannon-Wiener 指数:

$$H' = -\sum (P_i \times \log_2 P_i) \tag{5-2}$$

香农-威纳指数是用来描述种的个体出现的紊乱和不确定性,不确定性越高,多样性也就越高,说明群落复杂程度高,对环境的反馈能力就越强,从而能应对更剧烈的环境变化。在有机质污染环境中,由于大量对污染敏感的种类的消失,而少数对污染有较好的适应能力的种有机会发展成很大种群,导致群落中单一种的优势显著升高,群落多样性指数值降低。因此,可以用多样性指数来反映污染状况(蔡立哲等,2002)。式(5-2)表明底栖动物种类越多,H'值越大,水质或底质越好;反之,种类越少,H'值越小,水体或底质污染越严重。

Pielou 均匀度指数:

$$J = H'/\log_2 S \tag{5-3}$$

均匀度指数 J 反映各物种个体数目分配的均匀程度。J 的大小为 0~1,J 越大说明样品中各种类个体数分布越均匀。

式中,S 为物种数;N 为样品的总个体数;P_i 为第 i 个物种的个体数。本书采用 PRIMER 6.0 软件包中一系列的多元统计程序计算上述多样性指数。

在进行群落结构分析时,为减少机会种对群落结构的干扰,先去掉总体中相对丰度小于 1%的种,但保留其中在任一站位相对丰度大于 3%的种。原始的丰度数据经 4 次方根转化和标准化后,以 Bray-Curtis 相似性系数为基础构建相似性矩阵,然后使用等级聚类分析将样品逐级连接成组,通过树枝图来表示群落结构(周红和张志南,2003)。在聚类分析的基础上,应用单因子相似性分析(analysis of similarities,ANOSIM)检验各聚类组间种类组成的差异显著性。用 SIMPER(similarity percentage program)分析来计算不同物种对样本组内相似性和组间差异性的平均贡献率。

群落结构与环境变量的关系采用 BIOENV 分析(采用 weighted spearman 相关系数),找出单一环境变量与群落结构的相关关系及与群落结构形成最佳匹配(最大相关)的环境变量组合。

ABC 曲线,即丰度/生物量比较曲线(abundance/biomass curves),根据生态演替理论,将生物量和丰度的 k-优势度曲线绘入同一张图中,通过比较丰度和生物量这两个单位不同的指标,分析大型底栖动物群落受污染或其他因素扰动的状况。对于未受扰动的群落,趋向于由少量的大个体、长生活史的物种主导,生物量曲线完全在丰度曲线之上,这反映出个体的平均生物量较大。在中度干扰的群落,持续的扰动将会去除掉群落内种群增长率较低的物种,而群落将会被短生活史和高种群增长率的物种占据,此时生物量曲线和丰度曲线较为接近。在受严重扰动的群落,群落由小个体机会性物种占据,丰度曲线将完全位于生物量曲线之上。Warwick(1986)曾对不同海域、不同生境的大型底栖动物实验数据进行验证,表明 ABC 曲线对任何物理性或生物性的自然扰动及污染引起的扰动都很敏感。

2. 结果与分析

(1) 大型底栖动物的类群组成分析

本书共采集到大型底栖动物 300 种,包括环节动物多毛类、节肢动物甲壳类、软体动物、棘皮动物、星虫动物、螠虫动物、腔肠动物、腕足动物、扁形动物、纽形动物、脊椎动物、鱼类,各类群丰度、生物量及其所占比例见图 5-2。

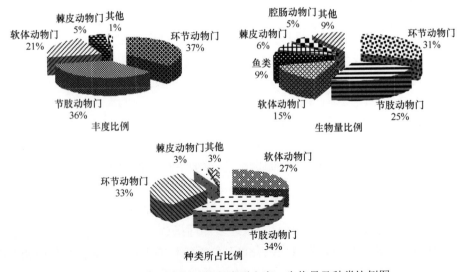

图 5-2 渤海大型底栖动物各类群丰度、生物量及种类比例图

从丰度来看，大型底栖动物各站位总平均丰度为 1094.7 ind/m², 环节动物多毛类的平均丰度为 405.9 ind/m², 占总平均丰度的 37%; 节肢动物甲壳类的平均丰度为 389.6 ind/m², 占总平均丰度的 36%; 软体动物的平均丰度为 230.14 ind/m², 占总平均丰度的 21%; 棘皮动物平均丰度为 53.99 ind/m², 占总平均丰度的 5%; 其他种类的总平均丰度为 15.07 ind/m², 共占总平均丰度的 1%。可见丰度方面，环节动物多毛类、节肢动物甲壳类、软体动物占据优势。

从生物量看，各站位大型底栖动物总平均生物量为 11.79 g/m², 虽然占优势的仍是环节动物多毛类（3.64 g/m², 占 31%）及节肢动物甲壳类（3.00 g/m², 占 25%）、软体动物（1.73 g/m², 占 15%），但鱼类（1.04 g/m², 占 9%）、棘皮动物（0.70 g/m², 占 6%）和腔肠动物（0.63 g/m², 占 5%）的比例明显增加，主要由于鱼类、棘皮动物和腔肠动物个体比较大。从物种数来看，节肢动物甲壳类（100 种，占 34%）、环节动物多毛类（99 种，占 33%）和软体动物（81 种，占 27%）种数较多。

（2）各个站位的丰度和生物量

渤海 23 个站位的大型底栖动物丰度水平分布如图 5-3 所示，可见 B25 站位的丰度值最大，为 4040 ind/m², 且明显高于其他站位, B01 站位（2973.33 ind/m²）次之, B10 站位（303.33 ind/m²）最少。优势种方面，以丰度较大的 4 个站位为例，B01 站位的优势种为日本长尾虫、长尾亮钩虾; B05 站位的优势种为日本镜蛤、微小海螂; B08 站位的优势种为纤细长涟虫、寡鳃齿吻沙蚕; B25 站位优势种为河蜾蠃蜚、日本倍棘蛇尾。

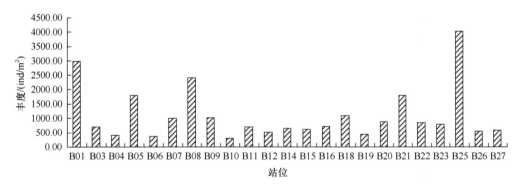

图 5-3 渤海各站位丰度的水平分布图

渤海大型底栖动物生物量如图 5-4 所示，与丰度相比出现了明显的变化，B07 站位的生物量最大，为 33.28 g/m², 其中贡献最大的为泥虾（50%），其次为海鼠鳞沙蚕（20%）。另外变化较大的是 B16, 其丰度只有 723.33 ind/m², 而其生物量却为 20.47 g/m², 仅次于 B07 站位，这主要是由于其中某些样品体型较大，如鳚虎鱼科一种（67%）、毛蚶（23%）等。此外，B12 站位中对生物量贡献较大的是日本鼓虾（33.6%）、绒毛近方蟹（30.5%）; B06 站位中主要是由于海葵一种（78.5%）; B22 站位中长吻沙蚕（30.9%）和塞切尔泥钩虾（27.6%）对其生物量影响较大。

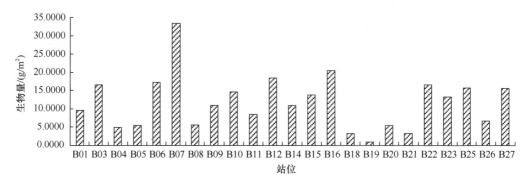

图 5-4　渤海各站位生物量的水平分布图

（3）大型底栖动物群落结构分析

对各站位的大型底栖动物种类丰度进行平方根转化，作出 Bray-Curtis 相似性矩阵，以此进行 Cluster 聚类和 MDS 排序，结果见图 5-5。

辽东湾：B01 和 B25 站位，相似性指数约 38%。这两个站位的丰度值较大，优势种为河螺蠃蜚、长尾亮钩虾、日本长尾虫、背尾水虱等甲壳类，日本倍棘蛇尾、钩倍棘蛇尾等棘皮动物。此群落生活水域离岸较近，水深 13.72~20.99m，底温 23.58~24.90℃，底盐 30.05~31.42，底质类型为砂质粉砂和粉砂质砂。B05 和 B08 站位，相似性约 35%。这两个站位的丰度较高，优势种为不倒翁虫、寡鳃齿吻沙蚕等多毛类，日本镜蛤、微小海螂、细纹河口螺等软体动物和纤细长涟虫等。该群落生活在 30.26~37.91 m 的较深海域，底温为 18.784~12.818℃，底盐为 31.12~31.65，底质类型为砂-粉砂-黏土和砂质粉砂。

渤海湾：B03、B10、B23 和 B22 站位，相似性约 35%。这几个站位的丰度较低，为 303.33~830.00 ind/m^2，优势种为拟特须虫、角海蛹等多毛类，塞切尔泥钩虾、弯指伊氏钩虾、麦秆虫等甲壳类，银白壳蛞蝓、紫壳阿文蛤、秀丽波纹蛤、江户明樱蛤等软体动物。此群落生境的水深一般较深，为 17.30~29.96 m，底温 18.94~25.40℃，底盐为 30.15~31.61，底质类型为粉砂质砂、黏土质粉砂。B09 和 B18 站位，其相似性约 50%。这两个站位的丰度近似，分别为 1025 ind/m^2 和 1090 ind/m^2，优势种为拟特须虫、寡鳃齿吻沙蚕等多毛类，日本倍棘蛇尾、微小海螂和背尾水虱等。该群落生活在 26.5~33.7 m 的较深海域，底温为 24.53~20.72℃，底盐为 31.10~31.52，底质类型为粉砂质砂。

莱州湾和渤海海峡：B11、B14、B15、B16、B19、B21、B22 和 B26 站位，其群落相似性为 40%。这 8 个站位的丰度都较低，平均丰度为 785 ind/m^2，优势种为塞切尔泥钩虾。该群落生活在 16.91~23.88 m 的浅水海域，底温为 20.19~25.78℃，底盐为 30.03~31.56，底质类型为粉砂、砂质粉砂和黏土质粉砂。

渤海中部：B04、B06、B07、B12 和 B27 站位，该群落的相似性为 35%，丰度很小，其平均丰度为 574.67 ind/m^2，优势种为小头虫、不倒翁虫、长须沙蚕等多毛类，江户明樱蛤、龙氏拟美蛤等软体动物，塞切尔泥钩虾、中华螺蠃蜚等甲壳类。该群落生活在 17.3~28.2 m 的浅水海域，底温为 21.95~23.20℃，底盐为 31.21~31.46，底质类型为粉砂质砂、砂质粉砂和黏土质粉砂。

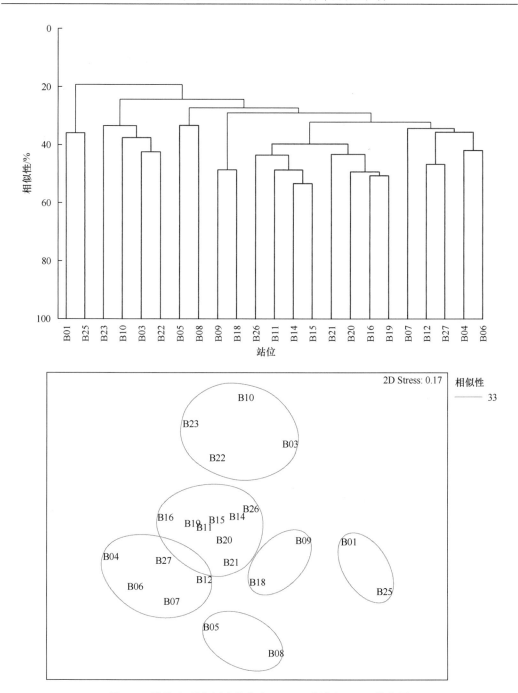

图 5-5 渤海大型底栖动物丰度 Cluster 聚类和 MDS 排序图

（4）生物多样性分析

1）各个站位的种数、丰富度、均匀度。从各站位生物种数来看，B25 站位的生物种数最多，109 种；B01 站位其次，95 种；B04 站位最少，为 19 种。

从各站位生物丰富度指数来看，B25 站位最大，为 13.01；B01 站位次之，为 11.75；B03 站位其次，为 10.82；B04 站位最小，为 3。因此，B25 站位的群落物种的丰富性最高，B01 站位次之，B04 站位最低。

从各站位的均匀度指数来看，B03 站位最大，为 0.92；B26 站位次之，为 0.90；B21 站位最小，为 0.61。说明 B03 站位的样品中各种类个体数分布最均匀，B26 站位次之，B21 站位均匀性最低。

2）各个站位的香农-威纳多样性指数。渤海大型底栖动物的多样性指数（基于丰度）如图 5-6 所示。其中，香农-威纳指数是最常用的多样性指数，它综合了群落的丰富性指数和均匀性指数两个方面的影响，B04 站位的香农-威纳指数最小，其丰富度指数也最小，可见其多样性指数相对较低，这主要是 B04 站位采集到了大量的不倒翁虫（36.4%）、长须沙蚕（20.7%）和中华蜾蠃蜚（16.5%）。B03 站位香农-威纳指数最大，其均匀度指数也最大，可见其多样性指数相对较高，其优势种为拟特须虫（5.7%）、紫壳阿文蛤（5.7%）、背蚓虫（5.2%）、独指虫（4.7%）、光洁钩虾科一种（3.8%）、寡鳃齿吻沙蚕（3.3%）、麦秆虫（3.3%）、梳鳃虫（3.3%）、双栉虫科一种（3.3%）等。

此外，香农-威纳指数所得数据为 1.992~3.928，平均值为 3.04。根据《海洋污染生物学》（李永祺和丁美丽，1991），将污染评价范围分为 3 类，即 H' 值小于 1，严重污染；H' 值在 1~2，中等污染；H' 值在 2~3，轻度污染；H' 值大于 3，清洁。据此，B04、B05、B06、B07、B08、B16、B19、B21、B22、B23 站位的 H' 值在 2~3，属于轻度污染，其他站位的 H' 值皆大于 3，属于清洁。

（5）ABC 曲线分析

利用丰度和生物量对 23 个站位作 ABC 曲线图如图 5-7 所示。

根据下列规律：在未受扰动的群落中，绘出的图形是生物量 k-优势度曲线始终位于丰度曲线之上；在受到中等程度的污染时，丰度和生物量曲线接近重合，或出现部分交叉；当环境严重污染时，丰度曲线位于生物量曲线之上。参照 ABC 曲线可知，B01、B05、B21、B23 四个站位的丰度 k-优势度曲线与生物量 k-优势度曲线出现交叉，说明所在海域环境受到中等程度的扰动；B18 站位的生物量曲线虽然在丰度曲线之上，但是有一段曲线接近重合，显示出某种大型底栖生物群落倾向于受到中等程度的污染的状况；其他站位的生物量 k-优势度曲线始终位于丰度曲线之上，且优势度明显，表明大型底栖动物群落尚未受到干扰。

（6）环境因子与底栖动物群落结构的关系

对各站的群落结构丰度数据进行平均处理，经平方根转化，作出 Bray-Curtis 相似性矩阵，与各站的环境因子进行 BIOENV 分析，找出与群落结构最为匹配的环境因子。结果如表 5-1。

分析表明，与渤海大型底栖动物的群落结构最匹配的环境因子是水深（m）、粉砂-黏土含量（%）、脱镁叶绿酸含量（μg/g）3 个因素，其相关系数最大，为 0.324。此外，大型底栖动物的丰度还受叶绿素含量、有机质含量和底温的综合影响。丰度最高的 B25 站位是粉砂质砂，丰度较高的 B01、B08、B21 站位都是砂质粉砂，其粉砂-黏土含量在 50%~80%，即随着沉积物粉砂-黏土含量的降低和砂含量的增加，大型底栖动物的丰度

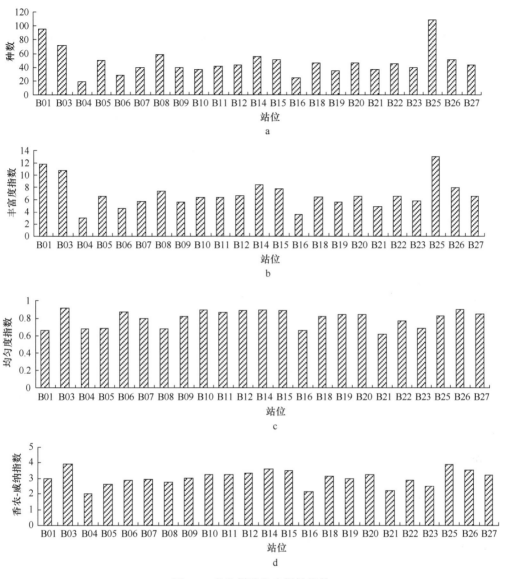

图 5-6 各取样站位多样性指数
a. 种数；b. 丰富度指数；c. 均匀度指数；d. 香农-威纳指数

会显著或极显著地增加，这也说明渤海含砂量相对高的生境有利于动物丰度的增加。除了 B08 站位，丰度较高的 B01、B05、B21、B25 站位的水深和脱镁叶绿酸含量都处于较低水平。

（7）与历史数据的对比

按自然分区，渤海由辽东湾、渤海湾、莱州湾和渤海中部组成。本次调查将渤海水域作为一个整体进行比较，在各海区分别选取一定站位，探讨大型底栖动物在渤海不同海区的分布格局。为了解渤海海域的大型底栖群落结构状况，本节把本次研究所得渤海海区大型底栖动物丰度和生物量与历史资料进行了对比（表 5-2）。

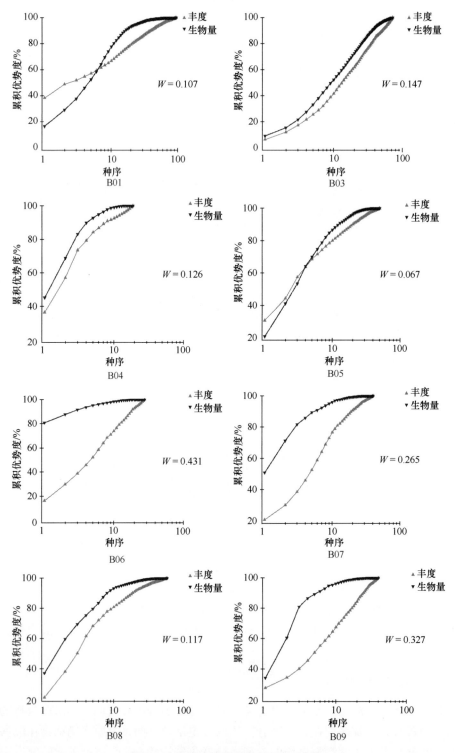

图 5-7 渤海各取样站位的 ABC 曲线

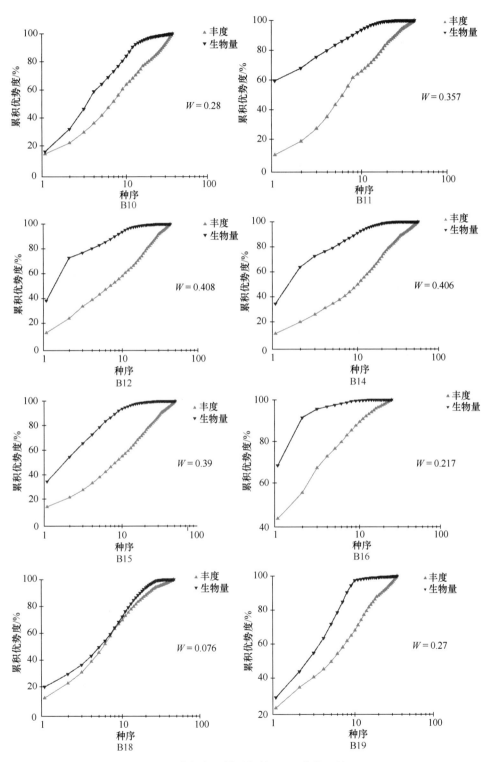

图 5-7 渤海各取样站位的 ABC 曲线（续）

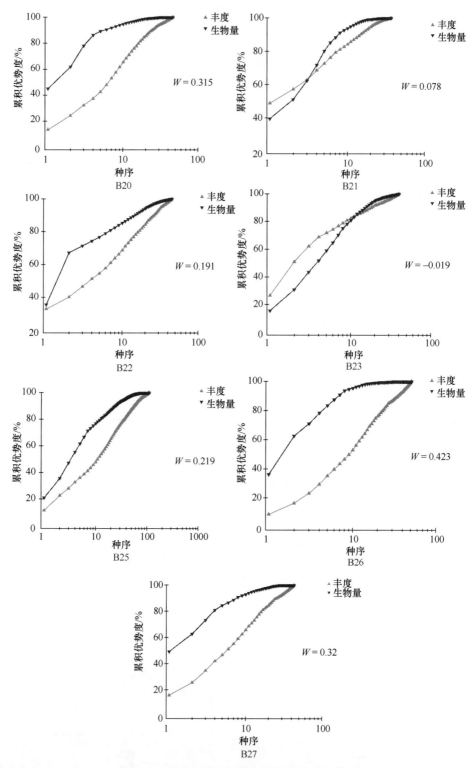

图 5-7 渤海各取样站位的 ABC 曲线（续）

▲代表丰度 k-优势度曲线，▼代表生物量 k-优势度曲线

表 5-1 丰度与环境因子匹配关系

环境因子组合	相关系数
水深（m）粉砂黏土含量（%）脱镁叶绿酸含量（μg/g）	0.324
粉砂黏土含量（%）脱镁叶绿酸含量（μg/g）	0.313
水深（m）粉砂黏土含量（%）叶绿素含量（μg/g）	0.300
水深（m）粉砂黏土含量（%）叶绿素含量（μg/g）脱镁叶绿酸含量（μg/g）	0.298
水深（m）粉砂黏土含量（%）脱镁叶绿酸含量（μg/g）有机质（%）	0.297
水深（m）粉砂黏土含量（%）叶绿素含量（μg/g）脱镁叶绿酸含量（μg/g）有机质（%）	0.294
粉砂黏土含量（%）叶绿素含量（μg/g）脱镁叶绿酸含量（μg/g）	0.291
水深（m）底温（℃）粉砂黏土含量（%）脱镁叶绿酸含量（μg/g）有机质（%）	0.291
底温（℃）粉砂黏土含量（%）脱镁叶绿酸含量（μg/g）有机质（%）	0.290
粉砂黏土含量（%）叶绿素含量（μg/g）	0.289

表 5-2 渤海大型底栖动物丰度和生物量历史数据与本研究数据对比

调查时间	采集地点	采泥器类型	网筛孔径	平均丰度/（ind/m^2）	平均生物量/（g/m^2）	文献
1982 年 7 月	渤海	0.1 m^{2}HNM,	1	343	2.76	孙道远和唐质灿（1989）；孙道远和刘银城（1991）
1985 年 5 月	渤海中南部	0.1 m^{2}HNM, Smith-McIntyre 型	0.5	557	35.28	张志南等（1990a, b）
1997 年 6 月~1999 年 4 月	渤海中南部大部分海区	0.1m^2 箱式	0.5	2576	44.47	韩洁等（2001）
2006 年 11 月	邻近莱州湾的渤海中部海域	0.1m^2 箱式	0.5	1217	31.20	周红等（2010）
2005 年 5 月~2005 年 8 月	渤海湾近岸	0.05m^{2}HNM	0.5	57.5	16.52	房恩军等（2006）
2008 年 4 月	渤海湾近岸	0.1m^2 静力式	1	228.81	36.03	王瑜等（2010）
2007 年 7 月	辽东湾北部	0.1m^2 静力式	1	68.28	22.75	刘录三等（2008，2009）
2008 年 8 月	渤海大部分海区	0.1m^2 箱式	0.5	1094.7	11.78	本书

通过与周红等（2010）对邻近莱州湾的渤海中部海域的研究比较，本次调查的平均丰度与邻近莱州湾的渤海中部海域的调查结果相近，而与其他 5 次调查的结果相差很远；本次调查的平均生物量只有 11.78 g/m^2，与历史资料对比最低。通过与韩洁等（2001）渤海中南部大部分海区大型底栖生物丰度和生物量的研究资料比较可知，渤海大部分海区的大型底栖动物丰度在近 10 年来有明显下降，生物量也明显降低：渤海中南部在 20 世纪 90 年代的总丰度和总生物量的平均值分别为 2576 ind/m^2 和 44.47 g/m^2；而该研究对渤海大部分海区的调查的总丰度和总生物量分别为 1094.7 ind/m^2 和 11.78 g/m^2，而且研究海域大型底栖动物以多毛类和甲壳类占丰度优势，这说明近年来频繁的人类活动对该海域生物类群有所影响，致使某些物种在该海域消失。Huston 的非平衡假说能较好地解释这种现象，即人为扰动导致的富营养化降低了底栖动物的多样性（Huston，1979；Moodley et al., 1998）。与孙道元和刘银城（1991）的调查比较，本次调查的渤海大部分

海区的平均丰度值有较大幅度的增加，平均生物量虽然也比以前的调查结果高，但增加幅度相对较小；与张志南等（1990a）的报道比较，也发现类似结果。本研究中的渤海大部分海区的平均丰度远高于黄河口及其邻近海域，但其中的生物量相对较低，不同的生境条件和人类活动影响程度可能是造成上述差异的主要原因。

通过与刘录三等（2008）的调查比较，渤海大部分海区总丰度平均值高于辽东湾北部海域大型底栖动物，而生物量略低，但是整体情况与之前的调查比较基本相同：本次调查总丰度平均值最高区也出现在辽东湾，且明显高于其他站位，同样位于辽东湾的B01站位（辽河口附近）次之，而该站位的优势种与之前的调查区内总生物量的最主要贡献者棘皮动物情况类似。

Liu等（1983）基于20世纪50年代至70年代的调查资料，将渤海大体划分为4种底栖动物群落类型，优势种都是个体较大的棘皮动物、甲壳类、双壳类等。韩洁等（2003）在1997~1999年对渤海大型底栖动物群落结构的研究与孙道远和刘银城（1991）在1982年对渤海底栖动物种类组成研究时的描述基本是一致的，即渤海的动、植物区系贫乏、单调，多样性很低，占优势的种主要是低盐、广温性暖水种，最南端和最北端有不少种同时出现，区系成分没有明显的差异，仅在湾口深水区沉积物颗粒组成显著不同的底质区才表现出种组成方面的某些区别，但渤海大型底栖动物的种类组成和群落结构20世纪90年代和80年代已有显著不同（Zhou et al., 2007）。在80年代莱州湾穴居型的双壳类和棘皮动物在数量上和生物量上均占明显优势（张志南等，1990a），形成一个以凸壳肌蛤（*Musculista senhousia*）-心形海胆（*Echinocardium cordatum*）为优势种的群落（孙道远和唐质灿，1989；孙道远和刘银城1991）。到了90年代，原来莱州湾丰度和生物量很高的心形海胆和凸壳肌蛤被较小的紫壳阿文蛤（*Alvenius ojianus*）和银白齿缘蛏螂（*Yokoyamaia argentata*）取代（韩洁等，2003）。而20世纪以后，又进一步被更小的种类小亮樱蛤代替（周红等，2010）。莱州湾自90年代以来大型底栖动物群落结构已发生变化，总体呈现小型化变化趋势，如类群的替代（小型多毛类动物和甲壳类动物取代大个体的棘皮动物和软体动物）和类群内种类小型化的趋势。在胶州湾也观察到了类似的变化。毕洪生等（2001）在对胶州湾的底栖生物群落进行的为期5年的连续监测中发现，90年代与80年代相比，丰度一直呈稳步上升趋势，尤其是小型底泥食性种类。在胶州湾西北部海域大型底栖动物的研究中（袁伟等，2006）发现胶州湾的原有优势种棘皮动物棘刺锚参（*Protankyra bidentata*）和细雕刻肋海胆（*Temnopleurus toreumaticus*）数量明显增加，群落结构发生变化。

造成群落结构的长期变化的原因可能主要有地方性污染、富营养化、过度捕捞及大型底拖网等（Gao et al., 2014；Handley et al., 2014），底栖动物捕食者的改变和自然界的长期变化等（邓景耀等，1988，1997；李新正等，2001）。地方性污染尚未对渤海群落结构造成明显影响，而自然界长期变化则不可能在十年间就显露出来，看来快速的富营养化进程、过度捕捞、大型底拖网的捕捞方式以及底栖动物捕食者的改变，可能是造成渤海大型底栖动物群落结构变化的主要原因。对 1959~1962 年、1982~1983 年和1992~1993年渔业资源的研究表明（邓景耀等，1988），从新中国成立以后，特别是1962年秋捕捞对虾以来，渤海区的捕捞量不断增加，直到1988年拖网渔业才退出渤海，这种较长时间的定向、大力的捕捞造成了渤海鱼类种群结构的变化。"过捕"的直接后果是作为渤海传统捕捞对象的底层经济鱼类资源不断衰退，经济鱼种低龄化和劣质化，许多以大型底栖动物为食的鱼类结构也相应发生了变化，这种食物链的改变，必然会造成大型底栖动物群落结构的改变，即大型底栖动物的幼龄化、小型化，以及某些大型代表动物（特别是棘皮动物和软体动物）的缺失或消失（周红等，2010）。这种趋势在世界其他海域也有所发现（Handley et al.，2014；Rinsdorp et al.，1996）。

对于底栖生物来说，水层环境和沉积环境条件的变化情况都可能对生物群落结构的空间和时间分布格局有影响。在本研究的渤海大部分海域中，对于形成大型底栖动物群落结构空间格局影响较大的是沉积环境、有机质、叶绿素含量，而水深和底层水的环境的影响次之。

从沉积物特征和大型底栖生物的相关分析来看，本次研究发现总丰度平均最高值出现在辽东湾B04站位，B02站位次之。底质主要是粉砂质砂，而丰度平均最低值出现在B10站位，粉砂-黏土含量最高，即随着沉积物粉砂-黏土含量的降低和砂含量的增加，大型底栖动物的丰度会显著或极显著地增加，这也说明渤海含砂量相对高的生境有利于动物丰度的增加。生物量最高值区在B07站位，较低的的渤海湾B18、B21站位的粉砂含量最低，黏土较高，中值粒径较低，B21站位有机质含量最低，即说明了随着黏土含量的降低，有机质和水分含量降低也很明显，其原因可能是由于底质越细，其通气性越差，易形成缺氧状态。

本次研究中各站位的叶绿素a和脱镁叶绿酸含量在渤海湾中部达到最高值，此海域的B07站位所在群落的生物量达到最高值。说明生物量与叶绿素含量和脱镁叶绿酸含量都呈正相关关系，研究表明沉积物中叶绿素含量是水体和底栖初级生产较为可靠的指示因子（Moodley et al.，1998），生物量与沉积物叶绿素含量和脱镁叶绿酸含量的这种正相关关系也说明了水层初级生产量是大型动物食物的重要来源。这与韩洁等（2001）描述的随沉积环境特征变化的趋势基本一致。

现有的研究资料在各个海区进行的大型底栖动物研究较为零散，且出于研究目的的不同，研究者在野外调查中的站位设置疏密不一，采样范围各不相同，以及海上取样和室内分选方法的差异等，造成了数据间的可比性较差。同时本次调查海域较广、可比资料较少，使得大型底栖动物丰度和生物量与历史资料的比较异常困难，所以渤海大型底栖动物群落演替的具体特点和趋势尚需通过长期的、连续的调查数据进一步得到证实。

3. 结论

1）本书2008年8月对渤海调查共鉴定出大型底栖动物300种，平均丰度为1094.7 ind/m^2，平均生物量为11.78 g/m^2，其中丰度最高区位于辽东湾，最低区位于渤海湾；生物量最高值区位于渤海中部，最低值区出现在渤海海峡湾口处。影响生物群落的决定因素是沉积物、脱镁叶绿酸含量、有机质、叶绿素含量等环境因子。

2）分析表明，大型底栖动物平均丰度较20世纪90年代减少，物种数目也明显减少，优势物种出现小型化趋势。同时通过对渤海大部分海域的环境因子分析表明，渤海大部分海域的底栖生物群落受到人类活动、化学因素、生物因素和物理因素的共同影响，变化特点和环境因素的改变情况基本符合。

目前渤海海区由于人类活动等原因已受到不同程度的污染，渤海海岸生境退化与改变已成为渤海另外一个重要的问题。为此，增加渤海及周边海域底栖动物的生态学调查，深入了解渤海底栖动物的生物组成群落结构，正确判断人为活动导致的海域生态系统退化范围与程度，对合理开发海洋生物资源具有重要意义。希望在此研究调查的基础上，适当采取措施，维护生态环境，保护生物多样性。

5.1.2 2009年6月莱州湾大型底栖动物的群落结构

本小节通过研究莱州湾9个典型站位大型底栖动物的丰度、生物量和种类组成，分析大型底栖动物在莱州湾的群落结构及生物多样性，并探讨其与环境因子的相互关系，同时与历史资料进行对比，以期了解莱州湾生态环境现状和年代际变化，为保护其生态资源实现可持续利用及生态系统健康评价提供科学依据。

1. 材料和方法

（1）研究海域和现场取样

于 2009 年 6 月 1~5 日在渤海莱州湾海域 9 个站位进行了大型底栖动物的定量取样，站位分布见图 5-8。采用 0.1 m^2 的箱式采泥器，在取样站位采集未受扰动的沉积物样品，每个站位取 3 个平行样，现场使用 0.5 mm 孔径的网筛分选大型底栖动物，将生物标本及残渣全部转移至样品瓶，并用 5%福尔马林固定。同时在采样点取一定量的表层沉积物，用于沉积物粒度、叶绿素等环境因子的分析。以上用于测定非生物环境因子的样品立即放入−20℃低温冰柜，冷冻保存。水层环境因子包括水深、表温、表盐、底温、底盐等，现场使用 YSI600XLM-M 水质分析仪测得。水体透明度使用透明度盘测定。

（2）样品的采集与处理

同 5.1.1 小节中材料和方法中的相关内容。

（3）样品丰度和生物量的测定方法

同 5.1.1 小节中材料和方法中的相关内容。

（4）数据处理与统计分析

同 5.1.1 小节中材料和方法中的相关内容。

2. 结果与分析

（1）大型底栖动物的类群组成

经鉴定，本书共采集到大型底栖动物 96 种，包括节肢动物甲壳类、软体动物、多毛类、棘皮动物、螠虫等，各类群平均丰度、生物量及其所占比例见图 5-9。从丰度来看，大型底栖动物总平均丰度为 1902.21 ind/m^2，软体动物平均丰度 1241.85 ind/m^2

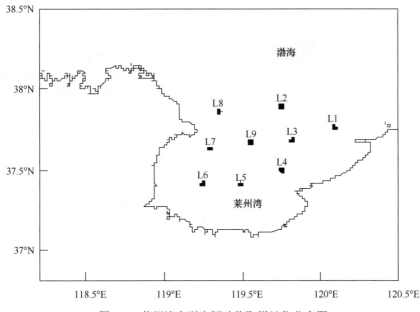

图 5-8 莱州湾大型底栖动物取样站位分布图

占总平均丰度的 65%；甲壳类 430.74 ind/m², 占总平均丰度的 23%；多毛类 203.33 ind/m², 占总平均丰度的 11%；其他种类 26.28 ind/m²，共占 1%。可见丰度方面，软体动物、节肢动物甲壳类、环节动物多毛类占据优势。从生物量看，总平均生物量为 8.3044 g/m²，虽优势种仍是软体动物（2.9486 g/m²，占 36%）及节肢动物甲壳类（2.0843 g/m²，占 25%），但纽虫（0.7670 g/m²，占 9%）和棘皮类（0.9468 g/m²，占 11%）比例明显增加，主要由于纽虫和棘皮动物个体比较大。从物种数来看，节肢动物甲壳类（40 种，占 41.7%）和软体动物（32 种，占 33.3%）种数较多。另外，在 L4 站的三个平行样中均发现了白氏文昌鱼的存在，平均丰度为 16.67 ind/m²，平均生物量为 0.0777 g/m²。

（2）大型底栖动物生物量和丰度的分布

莱州湾 9 个站位大型底栖动物平均丰度如图 5-10 所示，可见 L9 站位[（5163.33±3516.96）ind/m²]最大，L3 站位[（4406.67±1700.36）ind/m²]次之，L8 站位[（266.67±45.09）ind/m²]最少。有机质含量较低的几个站位如 L2、L4、L7 站位平均丰度也较低，有机质含量较高的 L1、L3、L6、L9 站中大型底栖动物平均丰度也较高，可见沉积物中有机质含量与底栖动物丰度密切相关，而 L8 站位平均丰度可能受多方面因素的影响。此外，优势种方面，L1、L2、L3、L8、L9 站位双壳类占绝对优势，如微形小海螂、紫壳阿文蛤、江户明樱蛤等；L4 站位，多毛类的奇异稚齿虫、寡鳃齿吻沙蚕、小头虫占优势；L6 站位甲壳类三叶针尾涟虫、纤细长涟虫、绒毛近方蟹占优势；L7 站位甲壳类二齿半尖额涟虫和小头弹钩虾占优势。

平均生物量如图 5-11 所示，与平均丰度相比出现了变化，首先 L3 站位（18.31±20.76）g/m² 为最大，其中贡献最大的为异足倒颚蟹（33.8%）、纽虫（21.3%）等体型较大的物种；另外，变化较大的是丰度平均值只有（300±36.07）ind/m² 的 L4 站

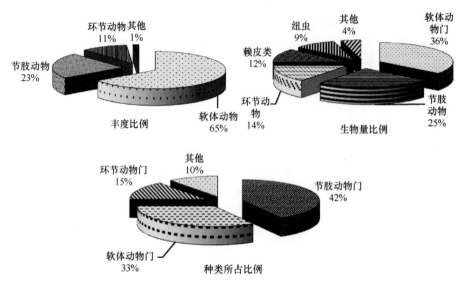

图 5-9 莱州湾大型底栖动物各类群丰度、生物量及种类比例图

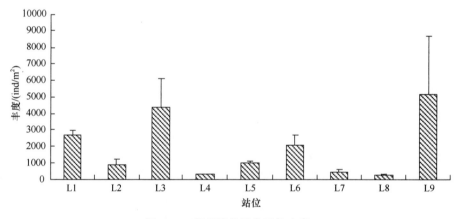

图 5-10 莱州湾各站位平均丰度

位,生物量平均值 [(16.52±0.89) g/m^2] 却仅次于 L3 站,主要也是由于其某些样品体型较大的缘故,如异足索沙蚕(占 34.3%)、紫蛤(占 28.3%)等。L5 站位中对平均生物量贡献最大的物种是棘刺锚参(59%),L6 站位 [(14.05±7.43) g/m^2] 中红带织纹螺(25.2%)、橄榄胡桃蛤(17%)、仿盲蟹(10.8%)贡献最大。

(3) 大型底栖动物的群落结构分析

对各站位的大型底栖动物种类丰度进行平方根转化,作出 Bray-Curtis 相似性矩阵,以此进行 Cluster 聚类分析,结果见图 5-12。

L2 站位和 L8 站位相似性约 45%。二者丰度较其他站位小,优势种为微形小海螂、紫壳阿文蛤等小型双壳动物,此群落生活在离海岸较远的海域,水深 13~16.8 m,底温 15.81~16.87℃,底盐 30.86~30.33,底质类型为砂质粉砂和黏土质粉砂。L1、L3、L5、L6、L9 站位,5 个站相似性约 40%。这几个站位物种丰度较大,优势种有微形小海螂、

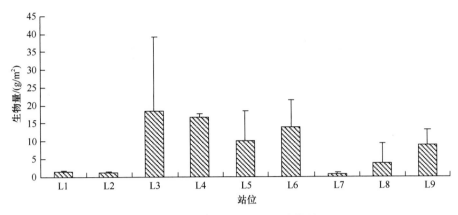

图 5-11　莱州湾各站位平均生物量

紫壳阿文蛤、江户明樱蛤等双壳类和三叶针尾涟虫、纤细长涟虫、绒毛近方蟹等甲壳类，此群落生活在湾内，水深 10~15.5 m，底温 16.65~21.42℃，底盐 28.5~31.5，底质类型主要有黏土质粉砂和砂质粉砂。L4、L7 站位，相似性约 30%，丰度小，优势种有寡鳃齿吻沙蚕、奇异稚齿虫等多毛类和二齿半尖额涟虫、小头弹钩虾等甲壳类，该群落生活在近岸海域，水深 3~13 m，底温 19.5~23.04℃，底盐 28.18~31.32，底质类型主要是砂和粉砂质砂。

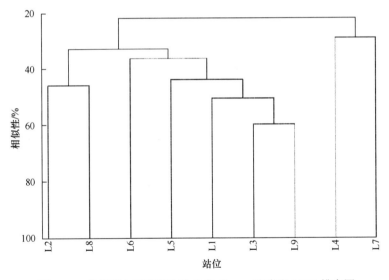

图 5-12　莱州湾大型底栖动物丰度 Cluster 聚类和 MDS 排序图

（4）群落结构的多样性分析

多样性指数如图 5-13 所示：香农-威纳多样性指数是最常用的多样性指数，它综合了群落的丰富性和均匀性两个方面的影响，9 个站位的香农-威纳指数大小顺序为 L5>L6>L4>L1> L8>L7>L2>L3>L9，L9 站位的香农-威纳指数最小，多样性相对较低，主要由于 L9 站位采集到了大量的紫壳阿文蛤，平均丰度为 3893.33 ind/m^2，占本站位总平均丰度的 75%。L5 站位虽丰富度指数次于 L1 站位，但其均匀度指数较高，其优势种江户明樱蛤、三叶针尾涟虫、小荚蛏、口虾蛄分别占21%、12%、9%、7%，没有占绝对优势的物种，故其多样性指数为最高。此外，研究海域香农-威纳指数为1.143~2.923，平均值为2.1，据蔡立哲等（2002年）结合群落结构的变化以及有机质等参数的分析，将多样性指数污染评价范围分为5级，即无底栖动物为严重污染；H'值小于1，重度污染；H'值在1~2，中度污染；H'值在2~3，轻度污染；H'值大于3，清洁。据此，L2、L3、L7、L8、L9站位H'值都在1~2，属于中度污染；其他站位H'值都在2~3，属轻度污染。

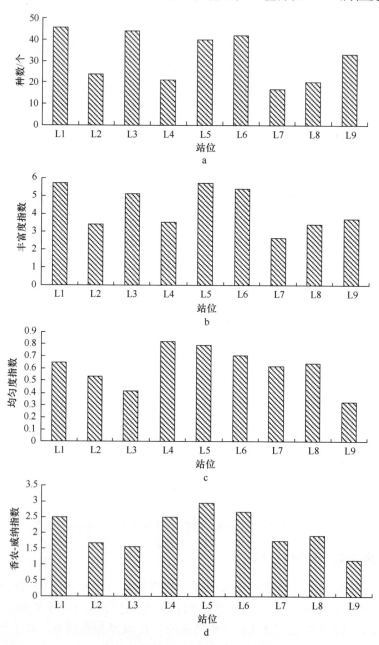

图 5-13 莱州湾各取样站位多样性指数
a. 种数；b. 丰富度指数；c. 均匀度指数；d. 香农-威纳指数

（5）ABC 曲线的分析

本书分别利用丰度和生物量对 9 个站位作 ABC 曲线图，如图 5-14 所示。

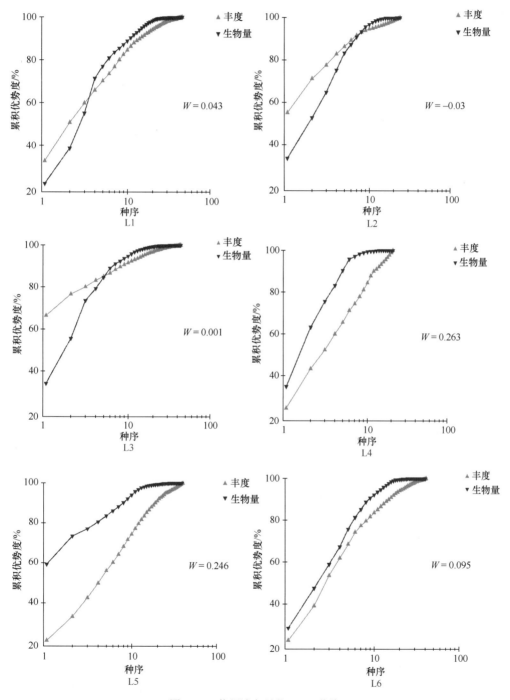

图 5-14　莱州湾各站位 ABC 曲线

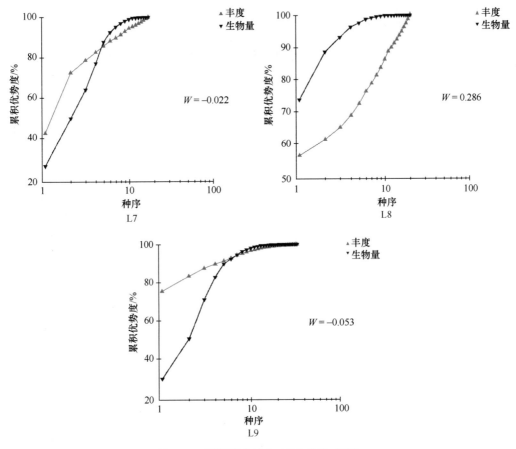

图 5-14 莱州湾各站位 ABC 曲线（续）
▲代表丰度 k-优势度曲线，▼代表生物量 k-优势度曲线

在未受扰动的群落中，生物量往往由一个或几个体形较大的种占优势，其数量很少，而数量占优势的是个体相对较小的种类，其丰度具有很强的偶然性，此时的种类丰度曲线比生物量曲线平滑，而生物量曲线则显示较强的优势度，因此，绘出的图形是生物量的 k-优势度曲线始终位于丰度曲线之上；在受到中等程度的污染时，较大个体的优势种被削弱，数量和生物量优势度的不均等程度减弱，所以丰度和生物量曲线接近重合，或出现部分交叉；当环境严重污染时，底栖群落逐渐由一个或几个个体较小的种类占优势，此时的丰度曲线位于生物量曲线之上。

由图可知，L1、L2、L3、L7、L9 站位的丰度 k-优势度曲线与生物量 k-优势度曲线出现交叉，说明其所在海域环境受到中等程度的扰动；L4、L6 站位丰度 k-优势度曲线和生物量 k-优势度曲线未重合，但生物量曲线起点不高，即优势不是很明显，且与丰度曲线距离较近，显示出一种大型底栖生物群落倾向于受到中等程度的污染的状况；L5、L8 站位生物量 k-优势度曲线始终位于丰度 k-优势度曲线之上，且优势度明显，表明大型底栖动物群落尚未受到干扰。而按照之前 H 值判断污染的方法中，L2、L3、L7、L8、L9 站位属于中度污染；其他站位 H 值都属轻度污染，所以判断某海域是否污染需要综合判断各方面的因素。

(6) 环境因子与群落结构的关系

对各站的丰度和生物量数据进行平均处理，经平方根转化，作出 Bray-Curtis 相似性矩阵，与对应的环境参数进行 BIOENV 分析，找出与丰度和生物量最为匹配的环境因子（表 5-3）。

表 5-3　丰度与环境因子匹配关系

环境因子组合	相关系数
水深（m）底温（℃）中值粒径（mm）有机质（%）	0.766
水深（m）底温（℃）中值粒径（mm）叶绿素含量（μg/g）	0.766
水深（m）底温（℃）偏态 Ski 中值粒径（mm）有机质（%）	0.748
水深（m）底温（℃）偏态中值粒径（mm）叶绿素含量（μg/g）	0.748
水深（m）中值粒径（mm）	0.745
水深（m）底盐 中值粒径（mm）有机质（%）叶绿素含量（μg/g）	0.74
水深（m）表盐 底温（℃）中值粒径（mm）有机质（%）	0.734
水深（m）表盐 底温（℃）中值粒径（mm）叶绿素含量（μg/g）	0.734
水深（m）底温（℃）中值粒径（mm）	0.734
水深（m）底温（℃）中值粒径（mm）有机质（%）叶绿素含量（μg/g）	0.733

由表 5-3 可知，与莱州湾大型底栖动物群落结构最匹配的环境因子组合为水深（m）、底温（℃）、中值粒径（mm）、有机质（%）、叶绿素含量（μg/g）5 个因素，其相关系数最大，为 0.766。除水层环境因子外，大型底栖动物丰度主要受沉积物类型及其中的有机质含量及叶绿素含量综合影响，丰度较高的 L9、L3、L6 站位，都是位于粉砂-黏土含量较高的、有机质含量较高的海域。L4 站位则位于粉砂-黏土含量很低的砂质底质中，其有机质和叶绿素 a 含量都比较低，故其丰度也比较小。

(7) 与历史数据的对比

通过与 20 世纪 80 年代中美黄河口联合调查及 90 年代渤海生态系统动力学与生物资源可持续利用国家自然基金重大项目及 2006 年秋季渤海莱州湾大型底栖动物取样调查所获得的数据进行对比发现（表 5-4）。研究海域沉积物有机质含量在 90 年代明显高于 80 年代、2006 年和本书的数据；沉积物粒度方面，本书的中值粒径值低于历史数据，说明沉积物粉砂-黏土含量升高，虽然莱州湾属于远离黄河口的低沉积速率区（张志南等，1990a，b），但长期以来仍有大量泥沙沉积。大型底栖动物的丰度与 80 年代、90年代及 2006 年相比均有所上升，而生物量和种数减少，生物多样性下降，说明近年来人类活动的加剧致使某些物种在该海域消失，而某些机会种（特别是小型多毛类）得以大量繁衍（周红等，2010）。

除了丰度与生物多样性以外，莱州湾大型底栖动物的群落结构也发生了明显变化，这种变化主要体现在优势种的小型化的趋势，即小型多毛类、双壳类和甲壳类取代大个体的棘皮动物和软体动物（周红等，2010）。20 世纪 80 年代莱州湾的生物量很高，穴居型的双壳类和棘皮动物在数量和生物量上均占明显优势（张志南等，1990b），形成一个以凸壳肌蛤-心形海胆为优势种的群落（孙道元和唐质灿，1989；孙道元和刘银城，1991）。

到 90 年代在莱州湾丰度和生物量很高的心形海胆（*Echinocarium cordatum*）和凸壳肌蛤（*Musculista senhousia*），被较小的紫壳阿文蛤（*Alvenius ojianus*）和银白齿缘壳蛏蜎（*Yokoyamaia argentata*）取代（韩洁等，2001），而 20 世纪以后，除了紫壳阿文蛤继续占优势地位外，更小的种类小亮樱蛤、微型小海螂等相继成为优势种。90 年代以后，对生物量贡献很大的大型种类已在莱州湾失去优势，可以解释湾内生物量的下降（表 5-4）；而周红等（2010）对莱州湾 2006 年的研究与本研究类似，都是体型较小的多毛类、双壳类和甲壳动物占优势。

表 5-4 莱州湾大型底栖动物及环境因子历史数据对比

研究年份	平均丰度	每站平均种数	有机质/%	优势种	文献
1985~1987	1610	44	0.53	心形海胆和凸壳肌蛤	张志南等（1990a, b）
1997~1999	1851	47	2.05	紫壳阿文蛤和银白壳蛏蜎	韩洁等（2001）
2006	698	41	0.39	不倒翁虫、小亮樱蛤、杯尾水虱	周红等（2010）
2009	1902	32	0.76	寡鳃齿吻沙蚕、微形小海螂、紫壳阿文蛤、江户明樱蛤、细长涟虫	本书

然而与历史资料真正意义上的比较是困难的，本书与 20 世纪 80 年代和 90 年代在调查时间上有一定出入， 80 年代是 6 月、8 月、10 月 3 个航次的平均值，而 90 年代则是 4 月、6 月、9 月的平均值），2006 年则是 11 月取样的数据，本研究取样时间为 2009 年 6 月，所以这种比较的结论尚需通过长期的、连续的调查数据进一步得到证实。

3. 结论

本次调查共鉴定出大型底栖动物 96 种，类群包括软体动物、节肢动物甲壳类、环节动物多毛类、棘皮动物、脊索动物、扁形动物、纽形动物、螠虫动物共 8 类，大型底栖动物平均丰度为 1902.21 ind/m^2，平均生物量为 8.3044 g/m^2。其中软体动物在丰度上占绝对优势，占 65%，主要是采集到了大量的紫壳阿文蛤的缘故，而生物量方面，软体动物所占比例仍居第一位，但比例下降到了 36%，体型较大的棘皮动物和纽虫所占比例分别上升到了 12% 和 9%。L9 站位丰度（5163.33 ind/m^2）最大，L3 站位（4406.67 ind/m^2）次之，L8 站位（266.67 ind/m^2）最少。生物量方面 L3 站位 18.31 g/m^2 居首，L4 站（16.52 g/m^2）次之，L7 站位最小。

本书海域底质类型包括黏土质粉砂、粉砂质砂、砂质粉砂、砂 4 种，沉积物中（T+Y）含量与中值粒径呈负相关，而与有机质含量呈正相关，即颗粒粒级越细，沉积物中有机质含量越高，也越有利于底栖生物生存。叶绿素 a 与脱镁叶绿酸也是影响大型底栖生物生态结构的重要因素，其含量除了受海水中营养盐含量影响外，也受海水的透明度和沉积物环境的稳定性的影响。经 BIOENV 分析，与大型底栖动物丰度匹配最佳的环境因子组合是水深（m）、底温（℃）、中值粒径（mm）、有机质（%）、叶绿素含量（μg/g），与生物量匹配最佳的环境因子组合是水深（m）、偏态、中值粒径（mm），相关系数为 0.539。

通过多样性指数中的单个变量分析和 ABC 曲线分析，L5 站位受到的扰动最小，H' 值最大，即生物多样性最高；丰度最大的 L9 站位由于污染等原因，紫壳阿文蛤过于集中，多样性最低。此外本海域 L1、L2、L3、L7、L9 站位所处位置受到中等程度的污染；

L4、L6 站位有受到中度污染的趋势；L5、L8 站位扰动较小，环境还没有受到很明显的污染。另外，在 L4 站位发现白氏文昌鱼的存在。莱州湾东部海区文昌鱼的出现，说明在相似的海况底质条件下，辅以适当保护措施，其群体在我国近海得到生存繁衍是可能的（高天翔等，2000）。

近 20 年来，莱州湾海域大型底栖动物的丰度有所增加，但生物量和物种数目有所减少，生物多样性下降。造成该变化的主要原因是优势种小型化的趋势，即小型多毛类、双壳类和甲壳类取代大个体的棘皮动物和软体动物。

5.2 渤海大型底栖动物群落结构的年代际变化

地处北太平洋 $37°07'\sim41°00'N$ 和 $117°35'\sim121°10'E$ 的渤海，是一个边缘内陆海，被辽东半岛和山东半岛包围并通过渤海海峡与北黄海相连，面积约 $7.7\times10^4\ km^2$，平均水深 18 m，最大水深 80 m。有 100 多条河流流入渤海，年总径流量为 $888\times10^8 m^3$，其中近一半由黄河所贡献。黄河对于控制渤海生态系统动力学和功能起到至关重要的作用。每年黄河输出大约 $12\times10^8 t$ 沉积物，占世界河流总沉积物的 10%~15%（Zhang et al.，1990），从而在河口区快速形成水下三角洲。黄河还通过总径流量的变化影响着渤海的营养盐通量和盐度。渤海作为我国重要的捕鱼区和鱼、虾、贝的产卵场和摄食地，具有重要的商业价值。但渤海同时又是受到过度捕捞和污染最为严重的海域。每年大约有 $28\times10^8 t$ 污水和 $70\times10^4 t$ 其他污染物通过河流进入渤海，占中国海洋污染排放总量的 50%。近几十年来，对渤海近海天然气和石油的集中开采加速了渔业资源的枯竭（Fan and Zhang，1988）。富营养化导致赤潮和无法控制的海水养殖种类病害频现。自 20 世纪 80 年代，鱼类养殖在华北作为渔业的支柱而一度盛行，但到 90 代便快速下滑，"死海"的警告开始引起中国政府和相关机构的关注，对渤海的环境监测给予了更多的投入。但是，在全球变化的大背景下，人类活动到底是否显著地改变渤海的生态系统结构和功能，这样的问题必须结合长期的历史数据才可能回答。1997~1999 年，中国启动了第一个 GLOBEC 项目，即渤海生态系统动力学。该项目对渤海的大型和小型底栖动物开展了大尺度的每年同步取样和观测（苏纪兰和唐启升，2002），从而使我们能够将 20 世纪 90 年代的数据与 80 年代中-美黄河口沉积动力学调查所获得的历史数据进行比较，以回答这样几个具体问题：①渤海大型底栖动物种类组成和群落结构在 20 世纪 80 代和 90 年代是否出现了年代际变化？②渤海的底栖环境发生了哪些改变？③哪些环境变量的改变可以用来解释大型底栖动物群落结构的变化？

5.2.1 研究方法

1. 野外采样和样品处理

本书基于 20 世纪 80 年代（856、868、8710 航次）和 90 年代（976、989、994 航次）在渤海中南部分别进行的 3 个航次的数据整合而成。共计 92 个样品，采自 53 个站位，其中 12 个位于莱州湾，25 个位于渤海中部，16 个位于渤海湾东部（图 5-15）。样品采集由中国海洋大学的"东方红 1 号"和"东方红 2 号"调查船完成。20 世纪 80 年代，采用 0.1 m² HNM 抓斗采泥器或 0.1 m² Gary-O'Hara 箱式采泥器对软底进行采集，配合使用针对较硬底质的 Smith-McIntyre 采泥器。90 年代全部采用 0.1 m² Gary-O'Hara 箱式采泥器。大型底栖动物样品现场用 0.5 mm 网筛过筛，保存于 10% 福尔马林溶液。用于测定环境因子的沉积物样品−20℃冷冻保存。大型底栖动物在实验室镜检计数，并鉴定到种或科的水平（Holme and McIntyre，1984；Kramer et al.，1994）。

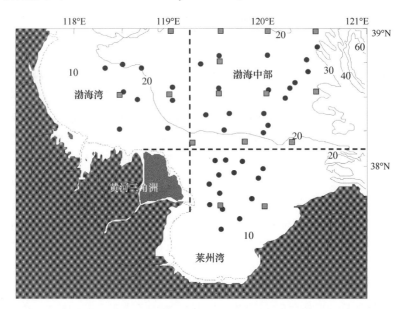

图 5-15 渤海取样站位图
20 世纪 80 年代取样站位；20 世纪 90 年代取样站位

2. 数据分析

沿用张志南等（1990a，b）基于 18 个环境变量和 68 种大型底栖动物优势和常见种类对渤海中南部划分的 4 个区系，即①水下三角洲；②莱州湾；③渤海中部；④渤海湾东部。为了使两个年代的数据具有可比性，本书没有包括 80 年代的水下三角洲站位和 90 年代的辽东湾站位，而将群落数据按照其地理位置划分为 3 个组，即莱州湾（L）、渤海中部（C）和渤海湾（B）（图 5-15）。

群落结构的时间变化利用 PRIMER 6.0 中的 MDS 非度量多维标度排序和 ANOSIM 相似性分析进行。分析前数据经双平方根转换以减少优势种对群落结构的影响并基于 Bray-Curtis 相似性产生相似性矩阵。将同一时间处于同一地理组内的站位作为平行样，并利用 ANOSIM 对年代间和地理组间群落结构的差异进行统计学检验。通过 SIMPER 分析鉴定对群落结构差异贡献较大的种或科并通过 BIOENV 找出最大限度上能对群落结构变化作出解释的环境变量组合。

5.2.2 结果

1. 大型底栖动物类群组成的变化

共鉴定出 460 种大型底栖动物，其中，莱州湾 249 种，渤海中部 271 种，渤海湾东部 168 种。就渤海整体而言，多毛类和甲壳类占全部种数的 60%以上（图 5-16）。从 20 世纪 80 年代至 90 年代，多毛类相对种数有下降趋势，而甲壳类呈增加的趋势。

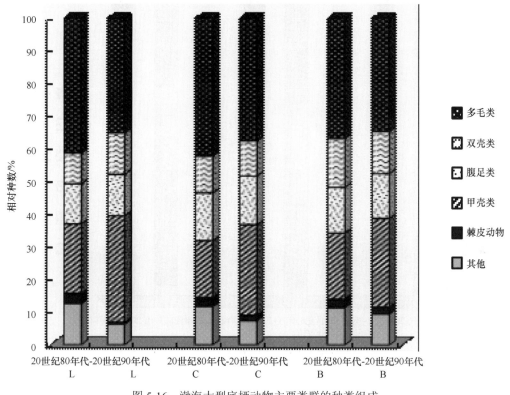

图 5-16 渤海大型底栖动物主要类群的种类组成
L. 莱州湾；C. 渤海中部；B. 渤海湾

渤海大型底栖动物的总平均丰度为 1700 ind/m^2，其中以多毛类和双壳类占优势，二者占总丰度的 50%以上（图 5-17）。一个例外是渤海湾在 20 世纪 80 年代棘皮动物的优势度超过了 25%。但值得注意的从 80 年代至 90 年代，棘皮动物在渤海所有地理组都出现了下降的趋势，而 t-检验显示在渤海中部棘皮动物丰度的减少是显著的（表 5-17）。相反，多毛类和双壳类在渤海中部和渤海湾，腹足类在渤海中部以及甲壳类在渤海湾分别呈现出丰度的显著增加（图 5-17）。但这些类群的优势度可能增加、减少或未有改变（图 5-17）。

2. 群落结构在种和科水平上的改变

图 5-18 是根据大型底栖动物在种和科水平上的丰度数据所作的 MDS 二维排序构型图。结果显示 20 世纪 80 年代和 90 年代群落结构在种的水平上出现了明显的变化，但在莱州湾、渤海中部和渤海湾这 3 个地理区之间群落结构的差异却不明显（图 5-18a）。在科的水平上 MDS 分析难以揭示任何群落分组（图 5-18b），然而，ANOSIM 检验（表 5-5）的结果却显示在种和科的水平上，两个年代间（$P = 0.001$）以及不同地理位置之间（$P < 0.01$）都存在群落结构的显著差异。R 统计量的值指示当 P 值相同情况下群落的相对非

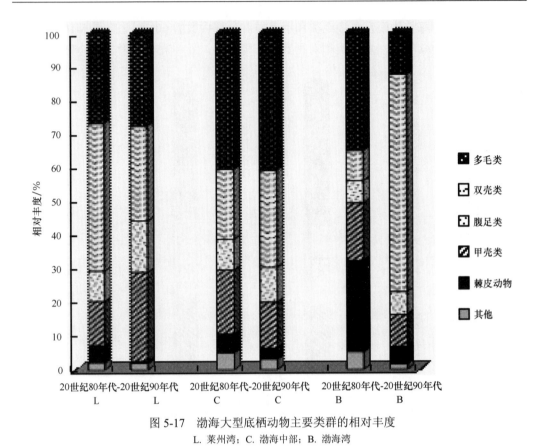

图 5-17　渤海大型底栖动物主要类群的相对丰度
L. 莱州湾；C. 渤海中部；B. 渤海湾

相似性程度。在科水平上与种水平上的 R 值相比要低（$R=0.289$ 和 $R=0.585$），反映出群落结构的年代际变化在科的水平上相对于在种的水平上要小。类似地，R 值的相对大小也表明大型底栖动物群落结构在渤海湾和莱州湾之间的差异最大。

3. 对于群落结构年代际变化贡献较大的种和科

通过 SIMPER 分析，获得的对大型底栖动物年代际变化贡献最大的（对非相似性贡献>25%）种和科列于表 5-6 和表 5-7。这些种或科的丰度在渤海的 3 个地理位置呈现一致增加。丰度增加的种多数个体较小，包括 4 种多毛类：不倒翁虫（*Sternaspis scutata*）、拟特须虫（*Paralacydonia paradoxa*）、巴氏钩毛虫（*Sigambra bassi*）、寡鳃齿吻沙蚕（*Nephtys oligobranchia*），3 种双壳类：江户名樱蛤（*Moerella jedoensis*）、长偏顶蛤（*Modiolus elongatus*）（现已更名为长乔利蛤 *Jolya elongata*）、微小海螂（*Leptomya minuta*）和 1 种腹足类：银白齿缘壳蛞蝓（*Yokoyamaia argentata*）。相反，仅有 1 种双壳类：凸壳弧蛤（*Arcuatula senhousia*）和 2 种棘皮动物：日本倍棘蛇尾（*Amphioplus japonicus*）、心形海胆（*Echinocardium cordatum*）的丰度 10 年间出现了一致而明显的减少。在莱州湾一度丰度很高的心形海胆，在 20 世纪 90 年代几乎从调查海域消失，尽管在渤海海峡仍有记录（韩洁，2001；韩洁等，2003）。其余种类的丰度在渤海不同位置呈现出不一致的时间变化。在科的水平上，丰度明显增加的 5 个多毛类科有不倒翁虫科 Sternaspidae、

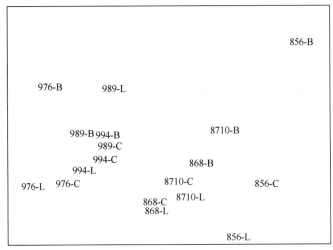

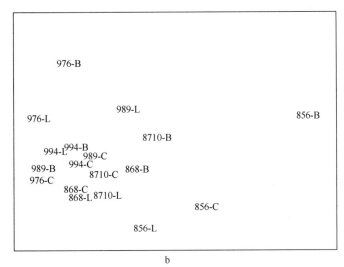

图 5-18 基于各地理组平均丰度数据的 MDS 排序
a. 种水平,应力值=0.10; b. 科水平,应力值=0.11

表 5-5 二因素交叉相似性分析 ANOSIM 的整体检验和成对比较

	年代间		不同地理位置间	
	R	*P*	*R*	*P*
整体检验(种水平)	0.585	0.001	0.222	0.001
成对比较(种水平)	—	—	C/B: 0.228	0.001
			C/L: 0.163	0.005
			B/L: 0.406	0.001
整体检验(科水平)	0.289	0.001	0.256	0.001
成对比较(种水平)	—	—	C/B: 0.257	0.001
			C/L: 0.207	0.001
			B/L: 0.446	0.001

注:基于平方根转换的种和科丰度数据计算 Bray-Curtis 相似性。结果显示在 20 世纪 80 年代和 90 年代之间,以及在 3 个地理位置之间群落结构均存在着显著差异。

特须虫科 Lacydoniidae、齿吻沙蚕科 Nephtyidae、白毛虫科 Pilargidae、角吻沙蚕科 Goniadidae 和 2 个双壳类科：樱蛤科 Tellinidae、双带蛤科 Semelidae（表 5-7）。显然，这映射出各科优势种的时间变化格局。

4. 物种多样性的年代际变化

从 20 世纪 80 年代至 90 年代，除了均匀度 J' 在渤海中部显著下降外，物种多样性指数和总丰度在研究海域似乎都呈上升的趋势（表 5-6）。不过，t-检验的结果显示这些指数的差异只有少数是统计上显著的，其中的原因可能是样本大小的不平衡设计导致了较低的统计学功效，特别是莱州湾的情况（80 年代 $n=25$，而 90 年代 $n=5$）。物种多样性要考虑到物种丰富度和均匀度两个方面。Lambshead 等（1983）采用 k-优势度曲线描述"本征多样性"，即结合了多样性的这两个方面。与其他多样性指数相比，这种多样性的图示法被认为是受样本大小影响最小的方法。k-优势度曲线的相对高低清楚地表明，经过 10 年，渤海中部和渤海湾的多样性有所下降，而在莱州湾则有所增加（图 5-19a）。渤海大型底栖动物的多样性总体而言有略微的降低（图 5-19b）。在空间上比较渤海 3 个地理位置的多样性顺序为渤海中部>莱州湾>渤海湾（图 5-19c）。

表 5-6 年代间群落结构的 Bray-Curtis 非相似性贡献比例较大种的平均丰度（ind/m²）差异

物种	莱州湾			渤海中部			渤海湾		
	20 世纪 80 年代（$n=25$）		20 世纪 90 年代（$n=5$）	20 世纪 80 年代（$n=22$）		20 世纪 90 年代（$n=22$）	20 世纪 80 年代（$n=11$）		20 世纪 90 年代（$n=7$）
Arcuatula senhousia	382	>	0	3	>	0	1	>	0
Amphioplus japonicus	13	>	0	60	>	44	120	>	97
Echinocardium cordatum	67	>	0	1	>	0	0	=	0
Ampelisca sp.	46	>	8	43	>	2	16	>	0
Rissoina bureri	46	>	19	39	>	31	0	<	83
Glycinde gurjanvae	45	>	31	15	<	21	11	>	9
Aricidea fragilis	28	>	8	11	>	28	2	<	3
Alvenius ojianus	188	<	249	36	>	31	0	<	1327
Iphinoe tenera	5	<	83	18	>	17	6	<	25
Moerella jedoensis	56	<	99	54	<	203	3	<	192
Modiolus elongatus	0	<	7	1	<	42	1	<	452
Leptomya minuta	2	<	19	24	<	56	2	<	63
Yokoyamaia argentata	0	<	195	0	<	23	0	<	16
Sternaspis scutata	50	<	55	31	<	89	11	<	21
Paralacydonia paradoxa	9	<	27	66	>	84	28	<	50
Sigmabra bassi	18	<	57	33	<	70	12	<	40
Nephtys oligobranchia	8	<	46	24	<	88	7	<	41
Total abundance（N）	1610±309	ns	1851±552	1153±236	*	1654±242	457±133	**	3483±1567
Species richness（S）	44±3	ns	47±8	45±5	ns	51±2	23±4	**	52±6
Shannon-Wiener H'（$\log_e$）	2.65±0.17	ns	2.89±0.14	3.07±0.01	ns	3.08±0.05	2.36±0.18	ns	2.66±0.25
Evenness J'	0.70±0.04	ns	0.77±0.04	0.86±0.01	**	0.79±0.01	0.81±0.05	ns	0.68±0.07

注：ns 为不显著；*$P<0.05$；**$P<0.01$。
基于平方根转换的种丰度数据。累积非相似性 25%为种名录截断下限。年代间多样性指数的差异用 t-统计检验表示。

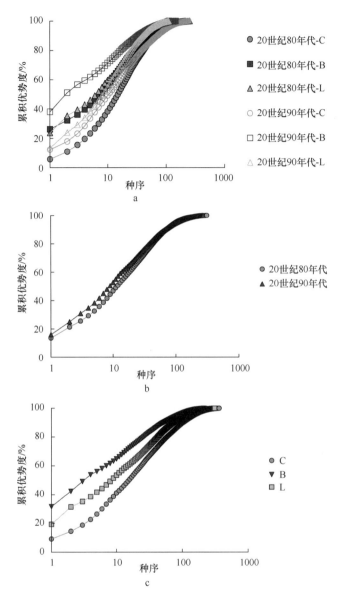

图 5-19 k-优势度曲线比较年代间和渤海不同地理区之间的多样性大小

a.两个年代（20 世纪 80 年代，20 世纪 90 年代），每个年代 3 个地理位置之间的比较；b.两个年代间的比较；
c.3 个地理位置间的比较。C.渤海中部；B.渤海湾；L.莱州湾

5. 底栖环境的相关改变

从 20 世纪 80~90 年代，底栖环境的某些改变可从表 5-8 所列的环境变量中看出。在渤海，沉积物组成表现在粉砂含量的增加和黏土含量的减少，相应地沉积物粒度参数发生了改变：中值粒径（MDϕ）和分选系数（QDϕ）增大，表明沉积物变细及分选变差。偏态在莱州湾有所减小，但在渤海中部和渤海湾略有增加。在沉积物组成方面莱州湾的变化最为明显，其粉砂含量增加了 7%。伴随着沉积物特征的改变，有机质含量在十年间增加了 4 倍，而沉积物叶绿素 a 在莱州湾有所减少，但在渤海中部和渤海湾却有增加。

表 5-7 年代间群落结构的 Bray-Curtis 非相似性贡献比例较大科的平均丰度（ind/m²）差异

科	类群	莱州湾			渤海中部			渤海湾		
		20世纪80年代（n=25）		20世纪90年代（n=5）	20世纪80年代（n=22）		20世纪90年代（n=22）	20世纪80年代（n=11）		20世纪90年代（n=7）
Sternaspidae	Poly	50	<	55	31	<	83	11	<	39
Lacydoniidae	Poly	9	<	27	66	<	72	28	<	89
Nephtyidae	Poly	19	<	46	42	<	85	10	<	51
Pilargidae	Poly	18	<	57	34	<	58	12	<	77
Goniadidae	Poly	46	<	78	17	<	32	11	<	20
Tellinidae	Biva	82	<	119	78	<	223	10	<	218
Semelidae	Biva	9	<	29	29	<	68	6	<	76
Philinidae	Gast	28	<	195	26	>	19	4	<	29
Kelliellidae	Biva	188	<	249	36	>	34	0	<	1319
Lumbrinereidae	Poly	26	<	33	36	>	34	25	<	26
Ampeliscidae	Crus	46	<	49	43	>	27	16	<	38
Mytilidae	Biva	382	>	7	3	<	116	1	<	220
Amphiuridae	Echi	15	>	12	62	<	65	124	<	144
Rissoidae	Gast	50	>	19	51	>	26	0	<	110
Capitellidae	Poly	25	>	19	51	>	42	6	<	49
Polychaeta	Poly	429±70	ns	509±163	467±95	*	674±127	160±45	*	429±129
Bivalvia	Biva	706±267	ns	520±281	240±67	**	477±109	41±15	***	2249±1516
Gastropoda	Gast	147±45	ns	284±165	105±32	*	171±36	30±14	ns	235±135
Crustacea	Crus	210±37	ns	489±124	221±44	ns	225±43	79±33	**	332±77
Echinodermata	Echi	83±48	ns	12±9	63±36	*	55±18	124±80	ns	181±53

注：ns 为不显著；*P<0.05；**P<0.01；***P<0.001。
基于平方根转换的科丰度数据。累积非相似性 25%为种名录截断下限。各主要类群年代间总丰度的差异用 t-统计检验表示。

表 5-8 渤海测定环境变量的平均值和标准误（括号内）

环境变量	莱州湾		渤海中部		渤海湾	
	20世纪80年代（n=9）	20世纪90年代（n=4）	20世纪80年代（n=9）	20世纪90年代（n=20）	20世纪80年代（n=4）	20世纪90年代（n=6）
砂含量/%	3.85（0.62）	1.43（0.65）	35.62（9.52）	35.76（6.98）	0.56（0.16）	1.63（0.83）
粉砂含量/%	66.65（5.11）	73.96（5.51）	32.74（5.69）	38.35（4.94）	46.60（4.19）	50.95（3.79）
黏土含量/%	26.24（1.95）	24.56（6.09）	31.61（5.39）	25.86（3.14）	52.83（4.20）	47.43（4.61）
中值粒径 MD ϕ	2.08（0.06）	6.62（0.45）	6.10（0.68）	6.04（0.35）	7.68（0.52）	8.22（0.47）
分选系数 QD ϕ	0.66（0.10）	2.39（0.30）	2.08（0.25）	2.65（0.11）	1.79（0.08）	2.68（0.06）
偏态	1.22（0.33）	0.48（0.07）	0.50（0.19）	0.55（0.05）	−0.10（0.09）	0.31（0.04）
沉积物叶绿素 a Chl-a/（μg/g）	6.50（1.09）	2.98（0.64）	2.53（0.50）	4.29（0.82）	1.42（0.27）	3.56（1.20）
沉积物有机质含量/%	0.54（0.05）	2.05（0.77）	0.53（0.05）	2.21（0.31）	0.55（0.06）	3.80（0.14）
表层水盐度	28.6（0.9）	—	31.7（0.2）	—	31.8（0.4）	—
间隙水溶氧 DO/（mg/L）	—	0.93（0.06）	—	1.47（0.23）	—	0.84（0.19）
水深/m	—	16~17	—	22~38	—	19~24

生物与环境格局的连接通过 BIOENV 程序实现，这是一个用来找出影响群落结构潜

在因素的解释工具（Clarke and Warwick，1994）。生物和非生物相似性矩阵之间的 Spearman 相关显示在所测定的各环境变量中，沉积物黏土含量、偏态和有机质含量的组合与群落结构的变化之间存在最大相关性（$r = 0.882$，表 5-9）。

表 5-9 利用 PRIMER 软件中的 BIOENV 程序计算的环境变量与大型底栖动物群落结构之间的 Spearman 相关分析结果，给出了单个环境变量的 r 值以及生物和非生物相似性矩阵之间具有最佳匹配（最大相关）的几个环境变量组合

变量	相关系数 r
砂含量/%	−0.207
粉砂含量/%	−0.389
黏土含量/%	0.171
中值粒径 MD ϕ	−0.146
分选系数 QD ϕ	0.411
偏态	0.282
叶绿素 a Chl-a/（μg/g）	0.307
有机质含量/%	0.654
最大相关	黏土含量，偏态，有机质含量 $r = 0.882$

5.2.3 讨论和结论

已有很多证据表明渤海生态系统发生了显著的改变。从 1960~1997 年，渤海的表层水温和盐度都有增加的趋势（邓景耀等，1999）。温度的升高与全球变暖相一致，而盐度的增加与淡水的排放减少有关，特别是黄河断流：黄河断流的天数从 20 世纪 80 年代的 18 天增加到 90 年代的 94 天。同时，径流所携带的陆源污染物以及与快速发展的虾池养殖有关的有机物排放却在增加。营养盐水平也发生了改变：总体上硅和磷水平下降，但无机氮，尤其是硝酸氮和亚硝酸氮水平上升，结果导致 1998 年的 N∶P 比达到 23.15，比 1982 年高出 8 倍，并远高于 Redfield 比（于志刚等，2002）。渤海被认为已从氮限制转变为磷限制。水层生态系统的改变也有记录，1997 年的初级生产力水平 [132 mg C/（m²·d）] 比 1983 年同月 [208 mg C/（m²·d）] 低很多（宁修仁等，2002；孙军等，2003a，b）。1998~1999 年，鱼类生物量只有 1982~1983 年的 4%~19%，并且具有商业价值的种类多样性大幅度减少（金显仕，2000；Jin，2004）。加上过捕和栖息地破坏，渤海适合鱼、虾、贝的育幼场正以惊人的速度减少。其中的一个例证是对虾渔业的快速崩溃，从 80 年代的最大产量 10 万 t 减少到 90 年代的 1000 t（邓景耀等，1999）。

从 20 世纪 80 年代开始，对渤海的大型和小型底栖动物群落开展了多次调查并对底栖生态系统的某些变化有所观察（张志南等，1990a，b；孙道元和刘银城，1991；韩洁，2001）。然而，由于采用了不同的取样和分选方法，没有进行直接的比较研究，而对渤海底栖生态系统变化的评估也只能是推测。不过，根据对海洋线虫研究结果，尽管不同的取样方法可引起群落结构的显著差异，但这种差异较小而且也不能指示发生了真正意义上的生态学改变（Somerfield and Clarke，1997）。通过采用抓斗采泥器和箱式采泥器对渤海软底大型底栖动物的采集结果比较，我们未发现丰度和生物量的明显差别（未发表结果）。本书采用的网筛孔径前后一致，并且取样站位的地理覆盖和取样季节也有较大

的重叠，因此，取样工具的不同不太可能成为观察到的动物区系显著改变的主要原因。

1. 随时间变化的变化

经过了 10 年，我们观察到渤海陆架的大型底栖动物群落结构发生了显著的改变（图 5-18 和表 5-9）。通过对 20 世纪 80 年代和 90 年代的群落特征比较发现，种类组成和相对丰度发生了改变：大部分优势种和总丰度都增加了，而只有几个种如棘皮动物的日本倍棘蛇尾（Amphioplus japonicus）和甲壳类双眼钩虾（Ampelisca sp.）的丰度减少。棘皮动物的数量有所下降，特别是沉积食性的心形海胆（Echinocardium cordatum），作为一种底栖生物量的主要贡献者，在莱州湾的分布似乎已不复存在（表 5-6 和表 5-7）。棘皮动物是对生态胁迫最为敏感的门类（Clarke and Warwick，1994），因而这些大型种类数量下降或消失的现象可能表明环境胁迫的增加。此外，像凸壳弧蛤这样的悬浮食性者从莱州湾消失，而被另一种捕食性的腹足类银白齿缘壳蛞蝓（Yokoyamaia argentata）取代。张志南等（1990b）根据 80 年代的调查结果，认为莱州湾的沉积环境相对稳定，具有显著的生物活动。Rowden 等（1998）描述了北海南部的一个泥沙底质的蛇尾-海胆大型底栖群落并证实穴居蛇尾（Am•phiura filiformis）的丰度与海底的硬度之间存在反向关系。于子山等（2000）通过室内实验测定了心形海胆对沉积物的扰动效应。莱州湾的沉积环境似乎变得更不稳定，而作为对增加物理胁迫的生物学响应，大型的掘穴种类已被小型的表栖机会种取代。卫星图像清楚地显示自 1976 年黄河口的位置被人工改变之后，海岸线发生了改变同时黄河三角洲已延伸至莱州湾（黄大吉和苏纪兰，2002）。河流所携带的大部分物质为中粗粉砂（Shanming，1986），莱州湾沉积物组成粉砂比例的增加可能与黄河三角洲的延伸有关，成为能够说明观察到变化的因素之一（表 5-9）。

在渤海中部和渤海湾东部，尽管物种替代没有像在莱州湾那样明显，小个体的多毛类和双壳类丰度及优势度也有所增加。虽然多样性指数没有表现明显的变化（表 5-6），但 k-优势度曲线却显示出多样性从 20 世纪 80 年代到 90 年代有下降的趋势（图 5-19），不过多样性的下降只在渤海中部和渤海湾能观察到，而渤海整体上多样性的下降却并不明显（图 5-19c）。莱州湾多样性的上升（图 5-19a）并不一定表明干扰水平的下降。中度干扰理论（Connell，1978；Huston，1979）和经验观察（如 Dauvin，1984）都说明多样性对环境胁迫的响应并非具有单调或可预测的行为，略微增加的胁迫水平或干扰频率有助于放松竞争，从而使多样性增加（Clarke and Warwick，1994）。Guo 等（2001）基于对分类差异度（Δ^+）和分类差异度变异指数（Λ^+）说明渤海的小型底栖生物总体而言尚没有遭受严重的污染胁迫。韩洁（2001）利用丰度-生物量比较曲线法也证实渤海近海大型底栖动物群落没有受到显著的人为干扰，不过一些站位已经出现中等干扰的迹象。

在渤海所观察到的变化与世界其他地方发生的情况具有一致性（Reise，1982）：像多毛类这样的小个体、短命的机会生物正在成为优势类群，而另一些类群的优势度则在下降；悬浮食性生物则被肉食性和沉积食性生物所取代。这些变化往往伴随着底层鱼类现存量的减少（Rijnsdorp et al.，1996；金显仕，2000；Jin，2004）。上述变化的主要原因可归结为对底层鱼类的捕捞（Reise，1982；Bradshaw et al.，2002；Chicaro et al.，2002；Cryer et al.，2002；Dolmer，2002）。这种捕捞作业通过压碎、掩埋底栖生物或将底栖生物暴露于捕食者之下或改变沉积物和水体的生物地球化学（Waltling and Norse, 1998），从而对陆架和陆坡底栖系统产生了超越其他自然和人为干扰的影响。在渤海，底拖网在20世纪60年代初随着对虾渔业的繁荣开始增加，直到1988年才被禁止。心形海胆数量的显著减少在时空上与底拖网捕捞是相呼应的，因为这种生物的壳非常脆弱，易于受到底拖网的破坏，而沉积物粒度和有机质含量的改变对它的影响相对较小。

利用测定的变量对变化的原因作出解释总是存在一定风险，因为真正能说明变化发生原因的一些变量可能并没有测定。然而，渤海陆架沉积物的有机质含量增加了4~7倍（表5-8），通过BIOENV分析的结果（表5-9）表明从20世纪80年代到90年代的十年间，小个体多毛类和双壳类丰度的增加以及底栖动物多样性的下降，很可能是生物群落对有机质富集响应的结果。这与张志南等（2001b）对线虫食性组成的研究结果是一致的，即十年来，线虫食性组成中非选择沉积食性（1B）与表面刮食者（2A）之比增加了1倍。

2. 随空间变化的变化

尽管空间变化不是本书研究的重点，但离开空间变异来考虑时间的变化是不实际的。统计学分析证实在莱州湾、渤海中部和渤海湾东部三个海域之间大型底栖动物群落结构存在显著差异（表5-5）。这个结果支持之前依据生物和环境特点将渤海划分为4个部分的建议，即水下三角洲、莱州湾、渤海中部和渤海湾东南部（张志南等，1989，1990b）。然而，值得注意的是渤海大型底栖动物群落结构在年代际尺度上的时间变化要比在区域尺度上的空间差异更加突出（图5-8和表5-5）。韩洁等（2003）对渤海中南部的研究中未发现大型底栖动物物种多样性的空间格局。本研究的结果显示（表5-6），无论是20世纪80年代还是90年代，渤海中部的多样性在3个比较的海域中都是最高的（H'=3.07~3.08，J'=0.79~0.86）。而k-优势度曲线也清楚地显示出相同的结果，即多样性的排序为渤海中部>莱州湾>渤海湾东部（图5-19c）。渤海中部的线虫多样性与莱州湾和水下三角洲相比也是最高的（张志南等，2001a）。渤海中部具有最高的底栖动物多样性是符合预期的，因为大部分站位都没有受到直接的自然或人为干扰，因此，对这个海域大型底栖动物群落结构的显著改变和多样性的降低值得给予更多的关注。

3. 结论

从20世纪80年代至90年代，渤海的底栖动物群落结构发生了显著的变化，而物种多样性只有略微下降。小个体的多毛类和双壳类丰度有所增加而棘皮动物的数量则下降了。在渤海的3个区域之间，群落结构和多样性也存在显著的空间变异。渤海底栖系统年代际的改变与世界的总趋势是相符的，并且也与半封闭陆架环境的退化趋势相吻合。

5.3 渤海大型底栖动物次级生产力

大型底栖动物是海洋环境中的一个重要的生态类群，它在海洋生态系统的能流和物流中占有十分重要的地位。探讨大型底栖动物群落的次级生产力，对海洋生物资源的持续利用及深入研究海洋生态系统动力学过程,都是必不可少的研究内容(于子山等,2001)。大型底栖动物大多生活在氧气和有机质丰富的沉积物表层,它们的次级生产量是海洋生态系统中能流和物流的重要环节(韩洁等,2003)。寿命较长的大型动物及小型动物的现存量提供了一个能反映一定时间段内底栖动物资源的平均量或碳通量的信息(Schaff and charistensen,1992)。同时,大型底栖动物还影响着沉积物中有机质降解的时间和数量级(Kanneworff and christensen,1986)。

Boysen-Jensen(1919)在莱姆峡湾的研究是关于大型底栖动物生产力最早的报道,他对单个种群进行测量,获得了其丰度和个体重量,再根据现存量和排除量来计算生产力,这种方法至今仍在使用。继 Boysen-Jensen 的工作之后,Sanders(1956)首次报道了生产力(P/B)。现在,人们已经能够用各种方法来估算各个种的生产量。但是,这些方法都相当烦琐,以致于不可能绘出有可比性的图形。在估算生产力时,为了得到各个年龄组的补充量、生长率和死亡率,至少要对重要的种类做到连续采样,但是许多底栖种的年龄组又是很难划分的。目前,只有很少的海域有了大型底栖动物群落生产力的数据,而这一般也都是采用 P/B 或动物体大小估算出来的近似值(Brey,1990;袁伟等,2007)。

本节利用 2008 年 8 月渤海大部分海域和 2009 年 6 月莱州湾海域的大型底栖动物数据,估算了大型底栖动物的次级生产力,并与历史资料进行了对比,以期为大型底栖动物在海洋生态系统的物质循环和能量流动中的作用提供参考数据。

5.3.1 大型底栖动物的次级生产力计算公式

根据 Brey(1990)和于子山等(2001),次级生产力的计算公式如下:

$$\lg P = 0.27 \lg A + 0.737 \lg B - 0.4 \tag{5-4}$$

式中,P 为次级生产力;A 为平均丰度(ind/m^2);B 为去灰干重平均生物量($g\ AFDW/m^2$)。生物量湿重(wwt)转换为干重的比例采用 5:1,干重转换为去灰干重(AFDW)的比例采用 10:9。

5.3.2 2008 年 8 月夏季渤海大型底栖动物的次级生产力和 P/B 值

渤海 23 个站位的大型底栖动物的次级生产力分布如图 5-20 所示。其中,B07 站位的次级生产力值最大,为 9.61 g(AFDW)/($m^2 \cdot a$),明显高于其他站位,B25 站位[7.19 g(AFDW)/($m^2 \cdot a$)]次之,B19 站位[0.49 g(AFDW)/($m^2 \cdot a$)]最低。这可能是由于 B07 站位生物量值最大,特别是出现了生物量较大的泥虾(*Lamoedia astacina*),平均生物量达 16.79 g wwt/m^2,以及海鼠鳞沙蚕(*Aphrodita talpa*)(6.79 g wwt/m^2)。而 B19 站位的生物量最小。整个研究海区的平均次级生产力值为 3.76 g(AFDW)/($m^2 \cdot a$)。

5.3.3 2009 年 6 月莱州湾大型底栖动物的次级生产力

莱州湾 9 个站位的大型底栖动物的次级生产力分布如图 5-21 所示。其中,L3 站位的次级生产力值最大,为 7.96 g(AFDW)/($m^2 \cdot a$)。其次是 L6 站位[6.17 g(AFDW)/($m^2 \cdot a$)]和 L9 站位[5.42 g(AFDW)/($m^2 \cdot a$)],而 L7 站位(0.45 g(AFDW)/($m^2 \cdot a$)和 L2 站位[0.71 g(AFDW)/($m^2 \cdot a$)]站位的次级生产力值都很小。整个研究海域的次级生产力平均值为 3.45 g(AFDW)/($m^2 \cdot a$),略低于整个渤海海区的次级生产力值。

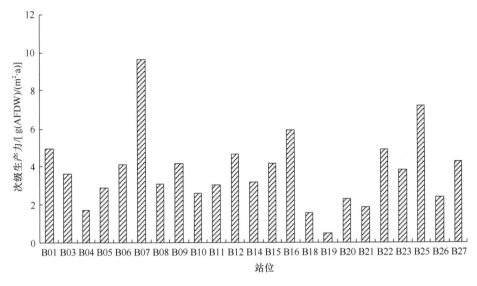

图 5-20 渤海 2008 年 8 月各站位大型底栖动物次级生产力的水平分布图

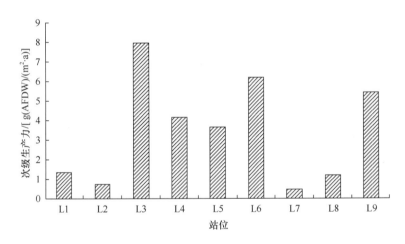

图 5-21 莱州湾 2009 年 6 月各站位大型底栖动物次级生产力的水平分布图

5.3.4 影响大型底栖动物次级生产力的环境和生物因素

将两个航次大型底栖动物的次级生产力与对应的研究站位的环境因子（水深、温度、盐度、粉砂-黏土含量、沉积物中值粒径）和生物因子（丰度、生物量、生物多样性）进行相关分析（Spearman，1-tailed），发现生物量与次级生产力呈显著正相关（表 5-10）。有关次级生产力的控制因素还需要进一步探讨。

5.3.5 与历史数据的对比

于子山等（2001）利用 1998 年 9 月和 1999 年 4 月对渤海 20 个站位的调查数据估算了大型底栖动物的次级生产力。整个研究海域大型底栖动物年次级生产力平均值为 6.49 g（AFDW）/（m²·a），高于本书整个渤海海域的结果 [3.45 g（AFDW）/（m²·a）]（表 5-10）。

表 5-10 次级生产力与环境和生物因素的相关分析结果

环境因子	水深	底温	底盐	粉砂-黏土含量	中值粒径	叶绿素	脱镁叶绿酸
相关系数	0.014	0.092	−0.069	−0.073	−0.065	−0.247	−0.023
P 值	0.469	0.308	0.354	0.347	0.362	0.087	0.132
样本数	32	32	32	32	32	32	32
环境因子	有机碳	生物量	丰度	物种数	丰富度指数	均匀度指数	香农-威纳指数
相关系数	0.097	0.383*	0.261	0.253	0.228	0.042	0.113
P 值	0.299	0.015	0.074	0.082	0.104	0.410	0.269
样本数	32	32	32	32	32	32	32

*$P<0.05$。

参 考 文 献

蔡德陵, 蔡爱智. 1993. 黄河口有机碳同位素地球化学研究. 中国科学(B 辑), 23(10): 1105-1112
蔡立哲, 马丽, 高阳, 等. 2002. 海洋底栖动物多样性指数污染程度评价标准的分析. 厦门大学学报: 自然科学版, 41(5): 641-646
毕洪生, 孙松, 孙道远. 2001. 胶州湾大型底栖生物群落结构的变化. 海洋与湖沼, 32(2): 132-138
崔玉珩, 孙道远. 1983. 渤海湾排污区底栖动物调查初步报告. 海洋科学, (3): 29-35
邓景耀. 1988. 渤海渔业资源增殖与管理的生态学基础. 海洋水产研究, 9: 1-10
邓景耀, 朱金声, 程济生, 等. 1988. 渤海主要无脊椎动物及其渔业生物学. 海洋水产研究, 9: 90-120
邓景耀, 姜卫民, 杨纪明, 等. 1997. 渤海主要生物种间关系及食物网的研究. 中国水产科学, (4): 1-7
邓景耀, 庄志猛, 朱金声. 1999. 渤海湾对虾发生量与补充量动态特征的研究. 动物学研究, 20(1): 46-49
房恩军, 李军, 马维林, 等. 2006. 渤海湾近岸海域大型底栖动物(Macrofauna)初步研究. 现代渔业信息, (10): 11-15
高天翔, 张宏义, 姜卫蔚, 等. 2000. 莱州湾东部海域出现的文昌鱼幼体的初步调查. 海洋湖沼通报, 3: 20-23
郭玉清, 张志南, 慕芳红. 2002a. 渤海小型底栖动物丰度的分布格局. 生态学报, 22(9): 1463-1469
郭玉清, 张志南, 慕芳红. 2002b. 渤海海洋线虫与底栖桡足类数量之比的应用研究. 海洋科学, 26(12): 27-31
郭玉清, 张志南, 慕芳红. 2002c. 渤海小型底栖动物生物量的初步研究. 海洋学报, 24(6): 76-83
郭玉清, 张志南, 慕芳红. 2002d. 不同采样时期渤海自由生活海洋线虫种类组成的比较. 生态学报, 2(10): 1622-1628
国家海洋局, 1999. 1998 年中国海洋灾害公报
国家海洋局, 2000. 1999 年中国海洋灾害公报
国家质量监督局和国家标准化委员会. 2008. 海洋调查规范. 第 6 部分: 海洋生物调查. 中华人民共和国国家标准 GB/ T12763. 6—2007. 北京: 中国标准出版社
韩洁. 2001. 渤海大型底栖动物的生态学研究. 中国海洋大学博士学位论文
韩洁, 张志南, 于子山. 2001. 渤海大型底栖动物丰度和生物量的研究. 青岛海洋大学学报, 31(6): 889-896
韩洁, 张志南, 于子山. 2003. 渤海中、南部大型底栖动物物种多样性的研究. 生物多样性, 11(1): 20-27
黄大吉, 苏纪兰, 2002. 黄河三角洲岸线变迁对莱州湾流场和对虾早期栖息地的影响. 海洋学报, 24(6): 104-111
华尔, 张志南, 张艳. 2005. 长江口及邻近海域小型底栖动物丰度和生物量. 生态学报, 25(9): 2234-2242
金显仕. 2000. 渤海主要渔业生物资源变动的研究. 中国水产科学, 5(4): 18-24

金显仕, 唐启升. 1998. 渤海渔业资源结构、数量分布及其变化. 中国水产科学, 5(3): 18-24
李玲伟, 刘素美, 周召千, 等. 2010. 渤海中南部沉积物中生源要素的分布特征. 海洋科学, 34(11): 59-68
李任伟, 李原. 2008. 渤海沿岸环境沉积调查: As、重金属、氮和磷污染. 沉积学报, 26(1): 128-138
李新正, 于海燕, 王永强, 等. 2001. 胶州湾大型底栖动物的物种多样性现状. 生物多样性, (1): 80-84
李永祺, 丁美丽. 1991. 海洋污染生物学. 北京: 海洋出版社: 445-449
刘录三, 孟伟, 郑丙辉, 等. 2008. 辽东湾北部海域大型底栖动物研究: Ⅰ. 种类组成与数量分布. 环境科学研究, 21(6): 118-123
刘录三, 孟伟, 李新正, 等. 2009. 辽东湾北部海域大型底栖动物研究: Ⅱ. 生物多样性与群落结构. 环境科学研究, 22(2): 155-161
吕丹梅, 李元洁. 2004. 黄河口及渤海中南部沉积特征变化及其环境动力分析. 中国海洋大学学报(自然科学版), 34(01): 133-138
马绍赛, 赵俊, 陈碧鹃, 等. 2006. 莱州湾渔业水域生态环境质量分析与综合评价研究. 海洋水产研究, 27(5): 13-16
慕芳红, 张志南, 郭玉清. 2001. 渤海底栖桡足类群落结构的研究. 海洋学报, 23(6): 120-127
宁修仁, 刘子林, 蔡昱明, 等. 2002. 渤海晚春浮游植物粒度分级生物量与初级生产力. 海洋科学集刊, 44(00): 1-8
乔淑卿, 石学法, 王国庆, 等. 2010. 渤海底质沉积物粒度特征及输运趋势探讨. 海洋学报, 32(4): 139-147
宋金明, 马红波, 李学刚, 等. 2004. 渤海南部海域沉积物中吸附态无机氮的地球化学特征. 海洋与湖沼, 35(04): 315-322
苏纪兰, 唐启升. 2002. 中国海洋生态系统动力学研究——Ⅱ: 渤海生态系统动力学过程. 北京: 科学出版社: 北京, 1-445
孙道元, 刘银城. 1991. 渤海底栖动物种类组成和数量分布. 黄渤海海洋, 9(1): 42-50
孙道远, 唐质灿. 1989. 黄河口及邻近水域底栖动物生态特点. 海洋科学集刊, 30: 261-275
孙军, 刘冬艳, 柴玉心, 等. 2003a. 1998~1999年春秋季渤海中部及其邻近海域叶绿素a浓度及初级生产力估算. 生态学报, 23(3): 517-526
孙军, 刘冬艳, 张晨, 等. 2003b. 渤海中部和渤海海峡及其邻近海域浮游植物粒级生物量的初步研究 Ⅰ. 浮游植物粒级生物量的分布特征. 海洋学报, 25(5): 103-112
田胜艳, 于子山, 刘晓收, 等. 2006. 丰度、生物量比较曲线法监测大型底栖动物群落收污染扰动的研究. 海洋通报, 25(1): 92-96
王家栋, 类彦立, 徐奎栋, 等. 2009. 中国近海秋季小型底栖动物分布及与环境因子的关系研究. 海洋科学, (33): 62-70
王荣. 1986. 荧光法测定浮游植物色素计算公式的修正. 海洋科学, 10(5): 1-5
王瑜, 刘录三, 刘存歧, 等. 2010. 渤海湾近岸海域春季大型底栖动物群落特征. 环境科学研究, 23(4): 430-436
吴以平, 刘晓收. 2005. 青岛湾潮间带沉积物中叶绿素的分析. 海洋科学, 29(11): 8-12
杨光复, 吴景阳, 高明德, 等. 1992. 三峡工程对长江口区沉积结构及地球化学特征的影响. 海洋科学集刊, 33: 69-108
袁华茂, 吕晓霞, 李学刚, 等. 2003. 自然粒度下渤海沉积物中有机碳的地球化学特征. 环境化学, 22(2): 115-120
于志刚, 刘素美, 张经, 等. 2002. 影响对虾栖息地环境的关键生物地球化学过程. 见: 苏纪兰, 唐启升, 中国海洋生态系统动力学研究——Ⅱ: 渤海生态系统动力学过程. 北京: 科学出版社, 39-50
于子山, 张志南, 韩洁, 等. 2000. 心形海胆的生物扰动对沉积物颗粒垂直分布的影响. 中国学术期刊文摘(科技快报), 6(1): 95-97

于子山, 张志南, 韩洁. 2001. 渤海大型底栖动物次级生产力的初步研究. 青岛海洋大学学报, 31(6): 867-871

袁伟, 张志南, 于子山. 2006. 胶州湾西部海域大型底栖动物次级生产力初步研究. 应用生态学报, 18(1): 145-150

袁伟, 张志南, 于子山. 2007. 胶州湾西部海域大型底栖动物群落研究. 中国海洋大学学报, 36(Z1): 91-97

远克芬. 1990. 黄河口及邻近海域沉积物中的叶绿素和有机质. 青岛海洋大学学报, 20(1): 46-51

张志南, 谷峰, 于子山. 1990c. 黄河口水下三角洲海洋线虫空间分布的研究. 海洋与湖沼, 21(1): 11-19

张志南, 李永贵, 图立红, 等. 1989. 黄河口水下三角洲及邻近水域小型底栖生物生态学的初步研究. 海洋与湖沼, 20(3): 197-208

张志南, 图立红, 于子山. 1990a. 黄河口及其邻近海域大型底栖动物的初步研究(一)生物量. 青岛海洋大学学报(自然科学版), 20(1): 37-45

张志南, 图立红, 于子山. 1990b. 黄河口及其邻近海域大型底栖动物的初步研究(二)生物与沉积环境的关系. 青岛海洋大学学报(自然科学版), 20(1): 45-51

张志南, 谷峰, 于子山, 等. 1990c. 黄河口水下三角洲海洋线虫空间分布的研究. 海洋与湖沼, 21(1): 11-19

张志南, 钱国珍. 1990. 小型底栖生物取样方法的研究. 海洋湖沼通报, 4: 37-42

张志南, 周红, 慕芳红. 2001a. 渤海线虫群落的多样性及中性模型分析. 生态学报, 21(11): 1808-1814

张志南, 周红, 郭玉清, 等. 2001b. 黄河口水下三角洲及其邻近水域线虫群落结构的比较研究. 海洋与湖沼, 32(4): 436-444

张志南, 周红, 于子山, 等. 2001c. 胶州湾小型底栖动物的丰度和生物量. 海洋与湖沼, 32(2): 139-147

张志南. 2000. 水层-底栖耦合生态动力学研究的某些进展. 青岛海洋大学学报, 30(1): 115-122

张志南, 李永贵, 图立红, 等. 1989. 黄河口水下三角洲及其邻近水域小型底栖动物的初步研究. 海洋与湖沼, 20(3): 197-208

周红, 华尔, 张志南. 2010. 秋季莱州湾及邻近海域大型底栖动物群落结构的研究. 中国海洋大学学报, 40(8): 080-087

周红, 张志南. 2003. 大型多元统计软件 PRIMER 的方法原理及其在底栖群落生态学中的应用. 中国海洋大学学报, 33(1): 58-64

Boysen-Jensen P. 1919. Valuation of the limoord: I. Report of the Danish Biological Station, 26: 1-24

Brey T. 1990. Estimating productivity of macrobenthic invertebrates from biornass and mean individual weight. Meeresforsch, 32: 329-343

Cai L-Z, Ma L, Gao Y, et al. 2002. Analysis on assessing criterion for Polluted situation using species diversity index of marine macrofauna. Journal of Xiamen University (Natural Science), 19(2): 65-70

Chicaro L, Chicharo A, Gaspar M, et al. 2002. Ecological characterization of dredged and non-dredged bivalve fishing areas off south Portugal. Journal of the Marine Biological Association of the United Kingdom, 82: 41-50

Clarke K R, Warwick R M. 1994. Change in marine communities: An approach to statistical analysis and interpretation. Plymouth: Plymouth Marine Laboratory

Connell J H. 1978. Diversity in tropical rain forests and coral reefs. Science N. Y., 199: 1302-1310

Coull B C. 1988. Ecology of the marine meiofauna. In: Higgins R P, Thiel H. Introduction to the Study of Meiofauna. Washington, DC: Simthsonian Institution Press: 18-38

Cryer M, Hartill B, O'Sheab S. 2002. Modification of marine benthos by trawling: toward a generalization for the deep ocean. Ecological Applications, 12: 1824-1839

Dauvin J C. 1984. Dynamique d'ecosystemes macrobenthiques des fonds sedimentaires de la Baie de Morlaix et leur perturbation par les hydrocarbures de l'Amoco-Cadiz. Doctoral thesis, Univ. Pierre et Marie Curie, Paris.

Dolmer P. 2002. Mussel dredging: impact on epifauna in Limfjorden, Denmark. Journal of Shellfish Research,

21: 529-537

Fan Z, Zhang Y F. 1988. Levels and trends of oil pollution in the Bohai Sea. Marine Pollution Bulletin, 19: 572-575

Gao X, Zhou F, Chen C T A. 2014. Pollution status of the Bohai Sea: An overview of the environmental quality assessment related trace metals. Environment International, 62(4): 12-30

Gerlach S A. 1977. Attraction of decaying organisms as a possible cause for patchy distribution of nematodes in a Bermuda beach. Ophelia, 16: 151-165

Giere O. 1993. Meiobenthology. Berlin: Springer-Verlay Press: 327

Guo Y, Somerfield P J, Warwick R M, et al. 2001. Large scale patterns in the community structure and biodiversity of freeliving nematodes in the Bohai Sea, China. Journal of the Marine Biological Association of the United Kingdom, 81: 755-763

Handley S J, Willis T J, Cole R G, et al. 2014. The importance of benchmarking habitat structure and composition for understanding the extent of fishing impacts in soft sediment ecosystems. Journal of Sea Research, 86(1): 58-68

Heip C, Vincx M, Vranken G. 1985. The Ecology of Marine Nematodes. Oceanography and Marine Biology: An Annual Review, 23: 399-489

Hopper, B E, Meyers, S P. 1967. Population studies on benthic nematodes within a subtropical seagrass community. Marine Biology, 1: 85-96

Holme N A, McIntyre A D. 1984. Methods for the Study of Marine Benthos. Oxford: Blackwell Scientific Publications

Huston M. 1979. A general hypothesis of species diversity. American Naturalist, 113: 81-101

Jin X S. 2004. Long-term changes in fish community structure in the Bohai Sea, Ching Estuarine. Coastal and Shelf Science, 59: 163-171

Kanneworff E, Christensen H. 1986. Benthic community respiration in relation to sedimentation of phytoplankton in the esund. Ophelia, 26: 269-284

Kramer K J M, Brockmann U H, Warwick R M, 1994. Tidal Estuaries: Manual of Sampling and Analytical Procedures. Rotterdam: Balkema

Lambshead P J D, Platt H M, Shaw K M. 1983. The detection of differences among assemblages of marine benthic species based on an assessment of dominance and diversity. Journal of Natural History, 17: 859-874

Liu R Y, Cui Y H, Xu F S, et al. 1983. Ecology of Macrobenthos of the East China Sea and Adjacent WATERS, Proceedings of International Symposium on Sedimentation on the Continental Shelf, with Special Reference to the East China Sea. Beijing: China Ocean Press: 879-903

Magurran A E. 2003. Measuring Biological Diversity. Oxford: Blackwell Science Ltd: 1-264

McIntyre, A D. 1964. The Meiofauna of Sub-Littoral Muds. Journal of the Marine Biological Association of the United Kingdom, 44: 665-674

Moreno S, Niell F X. 2004. Scales of variability in the sediment chlorophyll content of the shallow Palmones River Estuary, Spain. Estuarine, Coastal and Shelf Science, 60: 49-57

Moodley L, Heip C H R, Middelburg J J. 1998. Benthic activity in sediments of the northwestern Adriatic Sea: sediment oxygen consumption, macro- and meiofauna dynamics. Journal of Sea Research, 40(s 3–4): 263-280

Platt H M, Warwick R M. 1980. The significance of free-living nematodes to the littoral ecosystem. In: price J H, Irvine DEG, Farnham W F. The Shore Environment and Ecosystem. London and New York: Academic Press: 729-759

Reise K. 1982. Long-term changes in the macrobenthic invertebrate fauna of the Wadden Sea——are polychaetes about to take over. Netherlands Journal of Sea Research, 16: 29-36

Rijnsdorp A D, van Leeuwen P I, Daan N, et al., 1996. Changes in abundance of demersal fish species in the North Sea between 1906–1909 and 1990–1995. ICES Journal of Marine Science, 53: 1054-1062

Rowden A A, Jago C F, Jones S E. 1998. Influence of benthic macrofauna on the geotechnical and geophysical properties of surficial sediment, North Sea. Continental Shelf Research, 18: 1347-1363

Rysgaard S Risgaard-Petersen N, Peter S N, et al. 1994. Oxygen regulation of nitrification and denitrification in sediments. Limnology and Oceanography, 39: 1643-1652

Sanders H L. 1956. Oceanography of long island sound, 1952·4. X. The biology of marine bottom communities. Bulletin of the Birgham Oceanographic Collection, 15: 345-414

Schratzberger M, Whomersley P, Kilbride R, et al. 2004. Structure and taxonomic composition of subtidal nematode and macrofauna assemblages at four stations around the UK coast. Journal of the Marine Biological Association of the United Kingdom, 84(2): 315-322

Schaff T, Levin L, Blair N, et al. 1992. Spatial heterogeneity of benthos on the Carolina continental slope: large (100km) -scale variation. Marine Ecology Progress Series, 88: 143-160

Shanming G. 1986. The effects of sediments from rivers to the Bohai Gulf on changes in coastlines. Third International Symposium on River Sedimentation. University of Mississippi, Jackson: 579-587

Somerfield P J, Clarke K R, 1997. A comparison of some methods commonly used for the collection of sublittoral sediments and their associated fauna. Marine Environmental Research, 43: 145-156

Soltwedel T. 2000. Metazoan meibenthos along continental margins: a review. Progress in Oceanography, 46: 59-84

Somerfield P J, Warwick R M. 1996. Meiofauna in marine pollution monitoring programmes: a laboratory manual. MAFF Directorate of Fisheries Research Technical Series: 71

Watling L, Norse E A. 1998. Disturbance of the seabed by mobile fishing gear: a comparison to forest clear-cutting. Conservation Biology, 12: 1180-1197

Warwick R M, Buchanan J B. 1970. The meiofauna of the coast of Northumberland I: The structure of the nematode population. Journal of the Marine Biological Association of the United Kingdom, 50: 129-146

Warwick R M. 1986. A new method for detecting pollution effects on marine macrobenthic communities. Marine Biology, 92: 557-562

Wieser W. 1960. Benthic studies in Buzzards Bay, II. The meiofauna. Limnology and Oceanography, 5: 121-137

Widbom B. 1984. Determination of average individual dry weight and ash-free dry weight in different sieve fractions of marine meiofauna. Marine Biology, 84: 101-108

Zhang J, Huang W W, Shi M C. 1990. Huanghe (Yellow River) and its estuary: sediment origin, transport and deposition. Journal of Hydrology, 120: 203-223

Zhou H, Zhang Z N, Liu X S, et al. 2007. Changes in t he shelf macrobenthic community over large temporal and spatial scales in the Bohai Sea, China. Journal of Marine Systems, 67: 312-321

第 6 章 底栖细菌、小型底栖动物群落结构及生物多样性

6.1 细菌多样性

6.1.1 山东近海可培养细菌多样性研究

微生物是地球上生物量最大的生物类群，其生活的范围最广、生物多样性也最为丰富。浩瀚的海洋是生物资源的宝库，而海洋细菌是其中最具特色的部分。通常人们把海洋细菌定义为，分离自海洋环境，其正常生长需要海水，并可在寡营养、低温条件（也包括海洋中的高压、高温、高盐等极端环境）下长期存活并能持续繁殖子代的细菌。

辽阔、特殊的海洋环境赋予海洋微生物生理、代谢类型和物种的极大的多样性。海洋细菌以革兰阴性菌为主，通常具有嗜盐、耐冷或嗜冷、耐压或嗜压、低营养性等特点。大多数海洋细菌具有运动能力，有些海洋细菌能够产生丰富多样的次级代谢产物，还有些细菌具有产电、发光等特殊生理代谢机制（图6-1、图6-2）。

利用基因组测序的方法，研究者们通过分析从太平洋和大西洋海底不同地点采集到的海水样品后发现，平均每升海水中微生物的种类超过 2 万个，而早先的研究认为每升海水中微生物品种的数量应该为 1000~3000。海洋中微生物的种类可能多达 1000 万种，种群的丰富程度远远超出人类先前的认识，且大部分属于人类未知的物种。

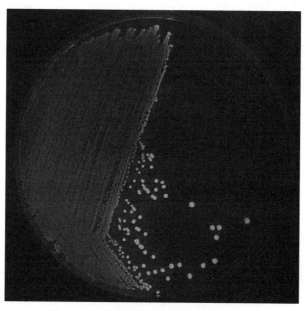

图 6-1 海洋中的发光细菌（杜宗军摄）

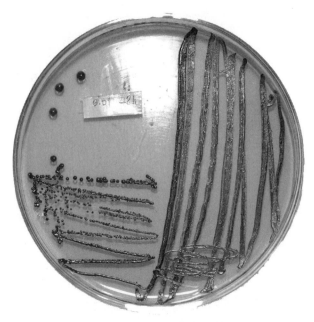

图 6-2　海洋产色素细菌（杜宗军摄）

基于 16S rDNA 序列分析的研究方法显示，海洋中的绝大多数微生物尚未获得纯培养。尽管分析环境中的海洋微生物基因组能够获得大量的信息，但是要获得对海洋微生物生理学的深入了解，或者要了解基因组中某些基因表达产物的代谢途径，必须对海洋微生物进行培养。只有获得这些微生物的纯培养，才能对其生理学、生态学和进化学进行更好的研究。海洋微生物的分离培养，对于开发利用海洋微生物具有十分重要的意义。

由于海洋微生物的生长环境特殊，部分物种的分离培养难度比较大。近年来，一些研究者开始尝试新的分离培养方法来增加海洋样品中可培养细菌的种类，这些新方法多采用稀释的培养基或模拟自然环境直接用无菌海水进行培养，所采用的主要新方法如下：①向微生物培养基中添加信号分子或电子受体；②稀释培养法；③包埋培养法；④海洋微生物的高通量分离培养技术。

1. 近海海水和海洋沉积物中的细菌区系

本书利用常规的海洋细菌分离培养技术，利用 16S rDNA 序列分析技术，分析了山东近海环境中海水、海洋沉积物及部分海洋动物样品中可培养的异养细菌区系。从海水中分离鉴定了 78 株细菌，从鉴定结果看，这些菌株分布在 3 个门 25 个属。其中属于变形细菌门的有 61 株，从属的级别来看，分别是 *Vibrio* 25 株，*Pseudoalteromonas* 10 株，*Rhodobacteraceae* 3 株，*Sulfitobacter* 1 株，*Pseudomonas* 2 株，*Psychrobacter* 3 株，*Ahrensia* 1 株，*Alteromonas* 2 株，*Halomonas* 1 株，*Marinobacterium* 3 株，*Ruegeria* 2 株，*Arcobacter* 1 株，*Mesorhizobium* 1 株，*Acinetobacter* 1 株；*Kangiella* 2 株，*Nautella* 3 株；属于厚壁菌门的有 8 株，分别是 *Bacillus* 3 株，*Staphyloccus* 1 株，*Thalassobius* 3 株，*Exiguobacterium* 1 株；属于拟杆菌门的 7 株，分别是 *Cytophaga* 1 株，*Cellulophaga* 2 株，*Gelidibacter* 1 株，*Stenotrophomonas* 1 株，*Tenacibaculum* 2 株。从结果上看，变形菌门中的细菌在可

培养细菌中占绝对优势，尤其是弧菌属（*Vibrio*）和假交替单胞菌属（*Pseudoalteromonas*）的菌株是海水中的优势类群。

从海洋沉积物中分离鉴定出细菌 74 株，分布在 4 个门 26 个属，其中，变形细菌门 54 株，从属的级别来看，分别是 *Vibrio* 9 株，*Pseudoalteromonas* 3 株，*Rhodobacteraceae* 10 株，*Pseudomonas* 3 株，*Psychrobacter* 3 株，*Alteromonas* 2 株，*Halomonas* 2 株，*Marinobacterium* 3 株，*Acinetobacter* 2 株，*Ruegeria* 3 株；*Erythrobacter* 5 株，*Loktanella* 1 株，*Roseobacter* 1 株，*Oceanimonas* 2 株，*Thalassomonas* 1 株，*Aeromonas* 1 株，*Sneathia* 1 株，*Photobacterium* 1 株，*Phyllobacterium* 1 株；厚壁菌门 14 株，分别是 *Bacillus* 10 株，*Thalassobius* 3 株，*Exiguobacterium* 1 株；拟杆菌门 4 株，分别是 *Tenacibaculum* 3 株，*Salegentibacter* 1 株；放线菌门 2 株，其中，*Micrococcus* 1 株，*Corynebacterium* 1 株。

比较近岸海水和海洋沉积物中的细菌区系，发现它们有较大区别。弧菌属（*Vibrio*）在海水和沉积物中都是优势菌群，但是海水中假交替单胞菌属（*Pseudoalteromonas*）的菌株所占的比例明显比沉积物中要高。海水中和沉积物中都能分离到拟杆菌门的菌株，但是这两个样品中的拟杆菌区系明显不同，尽管本实验中分离到的拟杆菌门菌株相对较少，但是这个结果还是能够在一定程度上反映出海水和沉积物中的拟杆菌区系差别。本次实验所用培养基为海洋细菌 2216 培养基，因此分离出的放线菌比较少，仅从沉积物中分离到 2 株属于放线菌门的细菌。另外，有 12 个属的菌株在沉积物中被分离到，而在海水中未分离出；有 11 个属的菌株在海水中出现，而在沉积物中未分离出。

2. 海洋动物附生细菌区系分析

从山东威海近海采集柄海鞘（*Styela clava*）样品，从其胃肠消化系统、咽部、生殖腺及体腔液中分离到 78 株海洋细菌，通过细胞显微形态观察，以及 TCBS 培养基培养实验进行排重，最终选择 30 株进行 16S rDNA 序列分析，结果表明，30 个菌株属于细菌域的 4 个大系统发育类群：放线菌门（Actinobacteria），拟杆菌门（Bacteroidetes），厚壁菌门（Firmicutes），变形菌纲（Proteobacteria），分布在 11 个属（*Agarivorans，Arthrobacter，Bacillus，Cytophaga，Flammeovirga，Halomonas，Shewanella，Staphylococcus，Tenacibaculum，Pseudomonas，Vibrio*）。其中，变形菌门细菌 22 株，占 73.3%，其次是拟杆菌门（4 株，13.3%），厚壁菌门（3 株，10%），放线菌门（1 株，3.3%）。

从池塘养殖的刺参肠道中分离出来 85 株细菌进行了 16S rDNA 测序和序列分析，结果表明这 85 株细菌分布在 17 个属中。其中有 49.4%属于弧菌属（*Vibrio*），14.1%属于假交替单胞菌属（*Pseudoalteromonas*）。其余的测序菌株分布在 *Acinetobacter* 1 株，*Endozoicimonas* 2 株，*Ruegeria* 4 株，*Roseobacter* 1 株，*Paracoccus* 2 株，*Brachybacterium* 2 株，*Jeotgalicoccus* 1 株，*Pontibacillus* 2 株，*Micrococcus* 5 株，*Planococcus* 2，*Bacillus* 5，*Glaciecola* 1 株。

从海参、柄海鞘附生细菌区系的分析结果来看，变形细菌门的菌株都是丰度最高的细菌类群，在海参肠道中，弧菌属（*Vibrio*）菌株占到可培养细菌的 49.4%，远高于海水及海洋沉积物中的比例。海参肠道中的大量微生物来源于食物中的海泥和藻类的碎屑，尽管其消化道很短，但是其中的微生物区系仍然具有这个物种明显的特点。

6.1.2 拟杆菌的分离及系统分类学分析

拟杆菌类群在海洋环境中分布非常广泛,是海洋环境物质循环中重要的异养生物,荧光原位杂交研究结果表明,拟杆菌门细菌在许多海洋环境中的丰度仅次于变形菌门而居于第二位。由于许多成员具有降解多种生物大分子的活性,拟杆菌门细菌被视为是海洋生态系统中高分子质量溶解有机质的主要利用者,也是海洋环境中物质循环的重要成员。

1. 拟杆菌的分类学现状

根据 2010 年出版的《伯杰氏系统细菌学手册》第二版第四卷(Krieg et al., 2010),拟杆菌门分为 4 个纲,即拟杆菌纲(Bacteroidia)、黄杆菌纲(Flavobacteriia)、鞘脂杆菌纲(Sphingobacteriia)和噬纤维菌纲(Cytophagia)。拟杆菌类群分布在拟杆菌纲,拟杆菌纲只有一个目,即拟杆菌目(Bacteroidales)。截至目前,拟杆菌纲共包括 27 个属,根据目前的分类学观点,其中 23 个属分布在拟杆菌目的 5 个科里,2 个属是拟杆菌目位置未定的属,另外有 2 个属(*Marinifilum* 和 *Prolixibacter*)不能放到拟杆菌目,分类位置未定。拟杆菌纲细菌的系统发育关系请参见图 6-3。

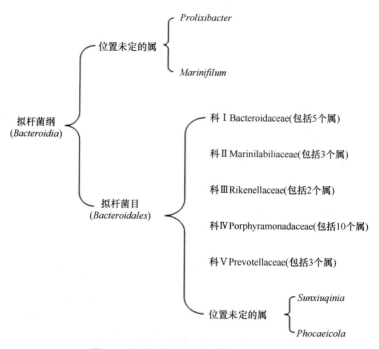

图 6-3 拟杆菌纲细菌的系统发育关系

长期以来,研究者对拟杆菌类群的系统学研究,主要集中在厌氧菌方面,所采用的分离培养方法主要也是厌氧分离和培养的方法,而对非厌氧性拟杆菌类群的关注严重不足。目前拟杆菌的 27 个属当中,有 23 个属只包含厌氧菌,只有拟杆菌目 Marinilabiliaceae 科的 *Marinilabilia* 属,以及分类位置未定的 *Marinifilum* 属、*Prolixibacter* 属、拟杆菌目 *Sunxiuqinia* 属中某些菌株可以在有氧情况下生长。

2007 年 Holmes 等从美国近海沉积物中分离到拟杆菌新属新种 *Prolixibacter bellariivorans*；2009 年 Na 等从韩国潮间带沉积物样品中分离了一个兼性厌氧的拟杆菌新类群，鉴定为新属新种 *Marinifilum fragile*；2011 年我国学者曲凌云等（Qu et al., 2011）分离鉴定出拟杆菌新属新种椭圆孙修琴菌（*Sunxiuqinia elliptica*），上面报道的三个属都是好氧或兼性厌氧的拟杆菌，其分类地位都比较特殊，目前分类位置都未定。海洋沉积物是一个低氧或厌氧的环境，含有丰富的微生物类群。本书在前期工作中发现，海洋环境中存在有大量的未被发现的拟杆菌新类群。对于环境中大量的未被发现的菌株而言，有些菌株并非难以培养，而是没有被分离到。因此设计合适的细菌分离方法，是十分重要的基础性工作。

2. 本书分离的非厌氧性拟杆菌新类群

本书已经在非厌氧性拟杆菌的分离培养策略方面进行了大量前期工作，积累了丰富的研究经验，初步尝试建立了拟杆菌富集培养的新方法。目前已经分离培养出一批分类地位十分独特的拟杆菌，其中有潜在的新属和新科，下面对已经分离出的拟杆菌新类群做以下介绍：

（1）拟杆菌 SS12 类群（**新属新种，拟杆菌门深度分支海洋细菌**）

细菌 SS12 的 16S rDNA 序列收录号为 JQ683776，这个菌株分离自鲨鱼鳃样本，它代表了海洋拟杆菌的一个新属，其 16S rDNA 序列和 *Cytophaga fermentans* 模式菌株的相似性为 94.1%，与其他可培养细菌种类的相似性都小于 90%，与本书分离的菌株 HY2、HY3 等相似性也只有 91%左右。《伯杰氏系统细菌学手册》（第二版第四卷）（Krieg et al., 2010）已经指出了 *Cytophaga fermentans* 这个物种的分类地位是错误的，它不应属于噬纤维菌纲，而应该属于拟杆菌纲，但是其分类位置一直没有得到订正。本研究准备将菌株 SS12 和 *Cytophaga fermentans* 的模式菌株一起进行系统学研究，将 *Cytophaga fermentans* 的分类学地位问题一并理清。

（2）拟杆菌 HY2 类群（**新属新种，拟杆菌门深度分支海洋细菌**）

细菌 HY2 和 HY3 的 16S rDNA 序列收录号分别为 JQ683774 和 JQ683775。这个类群的代表菌株为分离自威海近海的细菌 HY2 和 HY3，另外还包括菌株 FH8（威海近海）、FX12（威海近海）和 SS1（分离自鲨鱼鳃样本）。这些菌株处于拟杆菌门深度分支，至少是新属级别。与这些菌株最相似的物种是 *Cytophaga fermentans*，其 16S rDNA 相似性为 92%左右。菌株 HY3 和 HY2 的 16S rDNA 序列相似性小于 97%，可能是同一个属的不同物种。将 HY2 类群的菌株和上面介绍的 SS12 菌株，以及 *Cytophaga fermentans* 的模式菌株一起进行系统学分析，可望建立拟杆菌的高级分类单元。

另外，这个类群的菌株从山东近海海洋沉积物的不同样品中都能分离得到，说明它们分布广泛，在生态系统中可能承担了比较重要的角色。

（3）拟杆菌 G22 类群（**新属新种，拟杆菌门深度分支**）

细菌 G22 的 16S rDNA 序列收录号为 JQ683777，这个菌株分离自沉积物样本，其

16S rDNA 序列和分类系统中所有已培养菌株的同源性都小于 88%，分类地位十分特殊。与 G22 的 16S rDNA 具有较高同源性的序列都来自未培养细菌，有墨西哥盐湖的细菌克隆（GenBank 收录号：JN452960），有来自台湾东部泥火山的和甲烷产生相关细菌的克隆（GenBank 收录号：HQ916590），有罗马尼亚喀尔巴阡山脉泥火山的与甲烷和碳氢化合物产生相关细菌的克隆（GenBank 收录号：AJ937700），也有我国青藏高原小柴旦湖的细菌克隆（GenBank 收录号：HM128071）。

（4）拟杆菌 FH5 类群（新属新种，拟杆菌门深度分支）

细菌 FH5 的 16S rDNA 序列收录号为 JQ683778，这个类群包括菌株 FH4、FH5 和 SS4，其中菌株 FH4、FH5 为分离自威海近海沉积物样品，SS4 分离自鲨鱼腮样品。系统发育分析的结果表明，这些菌株处于拟杆菌门的深度分支，与菌株 FH5 同源性最高的物种是 *Marinifilum fragile*，其模式菌株和 FH5 的 16S rDNA 序列相似性只有 89.4%。细菌 *Marinifilum fragile* 本身处于拟杆菌的深度分支，这个属的分类位置未定。本研究将把菌株 FH5 和三个分类位置未定的属（*Marinifilum*、*Prolixibacter* 和 *Sunxiuqinia*）的模式菌株一起进行系统学研究，能够发表新科以上的高级分类单元，并完善拟杆菌的分类系统。

3. 增加拟杆菌新目——龙菌目（Draconibacteriales ord. nov.）的建议

目前拟杆菌纲仅有一个目，即拟杆菌目，包括 5 个科。本研究通过对拟杆菌纲拟杆菌目及各科、各属的生理生化特征、化学组分特征，以及 16S rRNA 基因进行系统分析，根据本研究分离的拟杆菌纲新菌株 FH5，建议设立龙菌属和龙菌科（Draconibacteriaceae），并建议在拟杆菌纲增加设立龙菌目。把原属于拟杆菌目的海洋滑动菌科（Marinilabiliaceae）划到新成立的龙菌目，这样龙菌目至少包括两个科。

建立龙菌目首要的证据是，从系统发育树上分析，拟杆菌纲的菌株聚为两大类群（图 6-4）。其中一个类群为拟杆菌目，包括 4 各科，即科Ⅰ：Rikenellaceae；科Ⅱ：Prevotellaceae；科Ⅲ：Bacteroidaceae；科Ⅳ：Porphyromonadaceae。另外一个类群建议设立龙菌目，目前看至少包括两个科，其中科Ⅰ：Marinilabiliaceae；科Ⅱ：Draconibacteriaceae。其中科Ⅱ是本研究通过新物种的分离与分类而建议的新科。随着研究工作的进一步进行，应该会在龙菌目设立更多的科（表 6-1）。

从生理生化特征方面来看龙菌目和拟杆菌目也有重要区别，可以支持两个目的划分（表 6-1）。更多、更细的证据和数据支持还有待于进一步的工作。

6.1.3 海洋琼胶降解细菌及其琼胶酶研究

海藻中含有多种具有某些生物学活性的多糖类物质，其中琼胶、褐藻胶和卡拉胶是目前世界上用途最广泛的三种。琼胶（Agar），又名琼脂、冻粉，是一种从江蓠、石花菜、鸡毛菜等红藻类（Rhodophyceae）海藻中提取出来的一种具有高凝胶强度的天然水溶性多糖。石花菜属海藻是琼胶生产的首选来源，但是它的天然资源不像江蓠属那么丰富，而且它的养殖比较困难，而江蓠属海藻的培育和养殖在一些国家和地区已经形成了较大的商业规模，成为琼胶生产的最主要原材料来源。

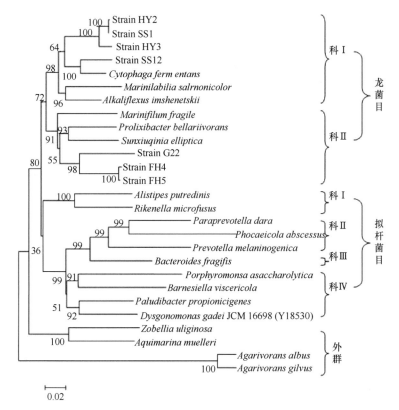

图 6-4 基于 16S rRNA 基因序列的拟杆菌纲系统发育树

表 6-1 龙菌目和拟杆菌目菌株的生理生化特征比较

特征	龙菌目	拟杆菌目
分离来源	水生环境	陆生环境为主
与氧的关系	好氧、兼性厌氧和厌氧	厌氧
主要醌组分	MK7	MK8,MK9,MK10,MK11,MK12

琼胶（琼脂）由琼脂糖（agarose）和琼脂胶（agaropectin）组成，琼脂糖是由（1→3）-O-β-D-半乳糖和（1→4）-O-3,6-内醚-α-L-半乳糖交替组成的线形链状分子；琼脂胶由复杂的长短不一的半乳糖残基的多糖链组成，其中包含有多种取代基如硫酸基、甲基等，对于其结构的具体细节还不是很清楚。根据琼胶酶降解琼脂糖的作用方式不同，可以把它们分为两类：α-琼胶酶（EC3.2.1.-），作用于琼脂糖的 α（1→3）糖苷键，产物为琼胶寡糖，以 3,6-内醚-α-L-半乳糖作为还原性末端；β-琼胶酶（EC3.2.1.81）水解 D-半乳糖残基和 3,6-内醚-α-L-半乳糖残基之间的 β（1→4）糖苷键，产生的琼胶寡糖以 D-半乳糖残基作为还原性末端。

1. 琼胶酶的来源及应用

微生物来源的琼胶酶主要来自于海洋细菌。琼胶酶能够水解琼胶多糖，在这些海藻的单细胞分离、酶解破壁制备原生质体等过程中具有重要的使用价值，是一种海藻遗传工程的工具酶；在分子生物学实验中经常用琼胶酶水解琼脂糖来帮助回收核酸；近年来，寡糖由于具有多种生理功能而倍受关注，琼胶酶降解琼胶的产物具有抗肿瘤、抗病毒、增强免疫等作用，是近年来研究的热点。

发展生物质能源包括燃料乙醇，对于解决世界性化石能源危机、粮食问题和环境污染等问题具有重要意义，已成为我国能源发展战略的重要组成部分。生物质除包括陆地生长的各类植物外，还应包括水体特别是海洋中生长的藻类。利用大型海藻作为生物质能源与陆生生物质相比有显著的优势，近年来受到研究者们的高度重视。首先，海藻分布广泛，可以大规模地栽培，繁殖速度快；其次，海藻养殖不会与粮食作物竞争耕地，不涉及粮食的供应与安全，并且其生长可直接从海洋里汲取营养和水分，不需要施肥或灌溉，生产成本低；海藻细胞多糖含量丰富，藻类所含的细胞壁多糖和储存的其他多糖物质理论上都可以被微生物所利用，可以作为液体生物燃料的原料来源，且不需要进行复杂而成本高昂的前期预处理。因此，海藻作为生产藻类生物燃料或第三代生物燃料的原料越来越受到重视，包括琼胶酶在内的海藻多糖降解酶在此过程中具有重要的应用价值。

2. 海洋细菌 HQM9 的琼胶酶研究

本研究从红藻门江蓠表面附生微生物中，分离得到一株黄杆菌科（Flavobacteriaceae）新菌株 HQM9（Du et al., 2011b），该菌株在固体平板上生长，会表现出明显的琼脂降解现象（图 6-5）。

进一步的研究发现，在培养基中添加琼脂对 HQM9 的琼胶酶产生有明显的诱导作用。经过培养条件优化，在摇瓶培养条件下其最大酶活可稳定在 35 IU/ml 左右。利用活性电泳展示技术对 HQM9 发酵液中琼胶酶的酶谱进行了分析，结果显示 HQM9 在粗发酵液中至少分泌 8 种胞外琼胶酶组分（图 6-6）。

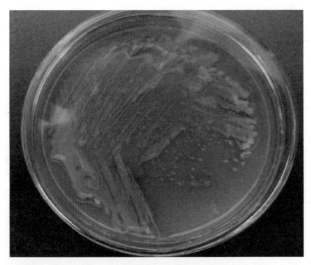 

图 6-5　海洋细菌 HQM9 水解琼脂平板情况　　图 6-6　菌株 HQM9 粗酶液中
　　　　　（杜宗军　摄）　　　　　　　　　　　　琼胶酶的活性展示

本研究完成了细菌 HQM9 全基因组测序和序列分析,根据 BLAST 结果推断出该菌具有 34 个可能的琼胶酶基因,其中,14 个属于糖苷酶 GH-16 家族,6 个属于 GH-86 家族,2 个属于 GH-50 家族,另外 12 个可能的琼胶酶不属于任何已知的糖苷水解酶家族,应为新的琼胶酶基因。这是迄今为止在一种微生物基因组中发现的最多的琼胶酶基因。

6.1.4 本书发现的海洋细菌新物种介绍

物种资源是生物资源的重要组成部分,新的物种就会有新的基因、新的代谢途径和新的代谢产物。分离、培养和鉴定微生物新类群,是对微生物进行生理代谢研究和开发利用的前提,本研究近年来在海洋细菌系统学研究领域开展了大量工作,在国际权威的细菌分类学刊物 International Journal of Systematic and Evolutionary Microbiology(IJSEM)上发表了海洋细菌的 3 个新属新种和 2 个新种,下面对这些细菌新类群进行介绍。

1. 海洋放线菌新属新种——黄海黄色弯曲菌(Flaviflexus huanghaiensis gen. nov., sp. nov.)

海洋放线菌 H5 是从海洋沉积物中分离到的放线菌科新物种,经过多相分类,确定为新属新种黄海黄色弯曲菌(Flaviflexus huanghaiensis gen. nov., sp. nov.)(Du et al., 2013a)。

黄色弯曲菌属(Flaviflexus gen. nov.)的特点是:革兰氏阳性、非运动、直或略弯的杆状菌,兼性厌氧。在 TSA 培养基上培养 72~96 h 后,菌落呈黄色、圆形突起、边缘整齐、直径 0.5~1.5 mm。细胞壁肽聚糖类型为 A5alpha L-Lys-L-Ala-L-Lys-D-Glu。细胞主要的极性脂是磷脂酰甘油(PG)、一个未知的磷脂(PL1)和两个未知的磷酸糖脂(PGL1,PGL2)。细胞主要的脂肪酸是 $C_{18:1}\omega 9c$,$C_{16:0}$,$C_{14:0}$,$C_{18:0}$ 和 $C_{16:1}\omega 9c$,主要的醌是 MK-9(H4)。这个属的模式种为黄海黄色弯曲菌(Flaviflexus huanghaiensis gen. nov., sp. nov.)。

黄海黄色弯曲菌(Flaviflexus huanghaiensis gen. nov., sp. nov.)的特点是:这个物种的形态学及化学分类特征与黄色弯曲菌属描述的一致。细胞是直或略弯的杆状,长 1.8~2.2 μm,宽 0.4~0.5 μm。在 TSA 培养基上 28℃培养 4 天后,菌落呈黄色、光滑、圆形突起、边缘整齐。过氧化氢酶和氧化酶阴性。菌株生长的温度范围是 20~37℃,最适温度为 28~30℃。生长的 pH 范围 6.5~9.0,最适 pH 范围为 7.5~8.0。生长的盐度范围是 0~6%(m/V)NaCl,最适盐度为 0~2%。能水解淀粉和明胶,但不能水解尿素和纤维素。吲哚产生阴性,VP 试验阳性。能产生类脂酯酶(C8)、白氨酸芳胺酶、萘酚-AS-BI-磷酸水解酶;而不能产生以下酶类:碱性磷酸酶、酯酶(C4)、类脂酶(C14)、缬氨酸芳胺酶、胱氨酸芳胺酶、胰蛋白酶、胰凝乳蛋白酶、酸性磷酸酶、α-半乳糖苷酶、β-半乳糖苷酶、β-糖醛酸苷酶、α-葡萄糖苷酶、β-葡萄糖苷酶、N-乙酰-葡萄糖胺酶、α-甘露糖苷酶、β-岩藻糖苷酶、赖氨酸脱羧酶、鸟氨酸脱羧酶。Biolog GEN III 结果显示,能被用作唯一碳源的糖类有:葡聚糖、蔗糖、D-松二糖、α-D-葡萄糖、果糖、肌苷、夫西地酸、山梨醇、D-阿拉伯糖醇、甘油、果胶、四氮唑紫、四唑蓝、对羟基-苯乙酸、吐温 40、γ-氨基-丁酸、乙酰乙酸、丙酸、乙酸、丁酸钠。根据 API 50CH 试剂条产酸鉴定,能用来发酵产酸的糖类有:核糖、七叶灵、蔗糖、木糖醇、D-来苏糖、D-塔格糖、

2-酮基-葡萄糖酸盐、5-酮基-葡萄糖酸盐。该物种的模式菌株对萘啶酸（30 μg）、呋喃妥因（30 μg）及磺胺甲基异恶唑（25 μg）有抗性，而对四环素（30 μg）、青霉素 G（1 μg）、氨苄西林（10 μg）、氯霉素（30 μg）、庆大霉素（10 μg）、卡那霉素（30 μg）、羧苄西林（100 μg）、乙酰螺旋霉素（30 μg）、妥布霉素（10 μg）、麦迪霉素（30 μg）、链霉素（10 μg）这些抗生素敏感。细胞主要的极性脂是磷脂酰甘油（PG）、一个未知的磷脂（PL1）、两个未知的磷酸糖脂（PGL1，PGL2），另外还有含量比较少的一个未知的磷脂（PL2）和两个未知的糖脂（GL1，GL2）。主要的醌是 MK-9（H4），MK-9 和 MK-9（H$_2$）。DNA（G+C）含量为 61.8%。

这个物种的模式菌株是 H5^T（=DSM 24315^T =CICC 10486^T），分离自中国青岛沿海地区的沉积物样品，其 16S rDNA 序列在 GenBank 中的收录号为 JN815236。

2. 海洋细菌新属新种——海洋奈尔氏菌（Neiella marina gen. nov., sp. nov.）

海洋细菌 J221 是从海参消化道中分离到的 γ-变形菌纲的一个新物种，经过多相分类，确定为新属新种海洋奈尔氏菌（Neiella marina gen. nov., sp. nov.）（Du et al., 2013b）。

奈尔氏菌属（Neiella gen. nov.）的特征：革兰氏阴性、好氧、嗜常温菌，无芽孢，杆菌，有一到数根鞭毛能够运动，氧化酶阳性、过氧化氢酶阴性，生长需要 NaCl。细胞主要的醌是 Q-8。主要的极性脂是磷脂酰甘油和磷脂酰乙醇胺，另外还含有少量的双磷脂酰甘油、一个未知的胺脂质和一个未知的氨磷脂。这个属的模式种为海洋奈尔氏菌（Neiella marina gen. nov., sp. nov.）。

海洋奈尔氏菌（Neiella marina gen. nov., sp. nov.）的特征：除了奈尔氏菌属已给出的描述之外，海洋奈尔氏菌还有以下特点：细胞大小长为 1.4~1.8 μm，宽为 0.4~0.6 μm。菌株在海洋细菌 2216E 固体培养基上 28℃培养 2 天，形成表面光滑的淡黄色半透明圆形菌落，直径为 2~3 mm，边缘整齐。菌株生长的温度范围在 10~40℃，最适生长温度为 25~28℃。生长的盐度范围在 1%~5%（m/V）NaCl，最适生长盐度为 2%~3%。生长的 pH 范围在 5.0~9.0，最适生长 pH 为 7.5~8.0。能把硝酸盐还原成亚硝酸盐。吲哚产生、柠檬酸盐利用、VP 试验、精氨酸水解酶、脲酶及明胶酶均为阴性；琼胶酶、褐藻胶酶、纤维素酶、淀粉酶及酯酶均为阳性。能被用作唯一碳源的糖类有：L-阿拉伯糖、D-木糖、甘露糖、甘露醇、熊果苷、七叶灵、菊糖、龙胆二糖；根据 API 50CHE 试剂条产酸鉴定，能用来发酵产酸的糖类有：D-木糖、葡萄糖、七叶灵、麦芽糖、蜜二糖、淀粉、肝糖、龙胆二糖、D-塔格糖、5-酮基-葡萄糖酸盐。菌株对卡那霉素（30 μg）、苯唑西林（1 μg）、四环素（30 μg）、多西环素（30 μg）、克林霉素（30 μg）、妥布霉素（30 μg）这些抗生素有抗性；但对头孢唑啉钠（30 μg）、复方新诺明（23.75/1.25 μg）、红霉素（15 μg）、氧氟沙星（5 μg）、大观霉素（100 μg）、利福平（5 μg）、环丙沙星（5 μg）、诺氟沙星（10 μg）、庆大霉素（10 μg）这些抗生素敏感。细胞中的主要脂肪酸组成为 summed feature 3（$C_{16:1}\omega7c$ 和/或 $C_{16:1}\omega6c$ 29.04%），$C_{16:0}$（28.93%）和 $C_{18:1}\omega7c$（26.15%）。DNA（G+C）含量为 46.8%。

这个物种的模式菌株是 J221^T（=CGMCC 1.10130^T= NRRL B-51319^T），分离自海参消化道，其 16S rDNA 序列在 GenBank 中的收录号为 EU513001。

3. 海洋细菌新属新种——中华黄海杆菌（*Gilvimarinus chinensis* gen. nov., sp. nov.）

海洋细菌 QM42 是从养殖水域海水中分离得到的 γ-变形菌纲的一个新物种，经过多相分类，确定为新属新种中华黄海杆菌（*Gilvimarinus chinensis* gen. nov., sp. nov.）（Du et al., 2009）。

黄海菌属（*Gilvimarinus* gen. nov.）的特征：革兰氏阴性、能运动、无芽孢的杆状菌，对弧菌抑制剂 O/129 不敏感。氧化酶和过氧化氢酶均为阳性。生长需要 NaCl。这个属的模式种为中华黄海杆菌（*Gilvimarinus chinensis* gen. nov., sp. nov.）。

中华黄海杆菌（*Gilvimarinus chinensis* gen. nov., sp. nov.）的特征：除了黄海菌属已给出的描述之外，中华黄海杆菌还有以下特点。细胞大小长为 1.5~2.5 μm，宽为 0.6~0.7 μm。在海洋细菌 2216E 固体培养基上，菌落呈淡黄色、表面光滑、圆形突起、边缘整齐、直径 1.0~2.5 mm。菌株生长的温度范围 4~40℃，最适温度为 28~30℃。生长盐度范围 1%~10%（*m/V*）NaCl，在 3%~8%生长良好，最适盐度为 5%。不能把硝酸盐还原为亚硝酸盐。柠檬酸盐利用、VP 试验、精氨酸水解酶和明胶酶均为阴性；脲酶、琼胶酶、几丁质酶和淀粉酶均为阳性。能被用作唯一碳源的糖类有：葡萄糖、葡聚糖、纤维二糖、D-半乳糖、龙胆二糖、麦芽糖、甘露糖、蜜二糖、β-甲基-D-木糖苷、海藻糖、松二糖、L-谷氨酸；不能用作唯一碳源的糖类有：D-阿拉伯糖醇、赤藓醇、L-岩糖、肌醇、甘露醇、棉子糖、鼠李糖、山梨醇、蔗糖、木糖醇、L-苏氨酸、L-丝氨酸、D-丝氨酸、L-亮氨酸、L-苯丙氨酸。能用葡萄糖、木糖、乳糖及纤维二糖来发酵产酸，而不能用甘露糖、半乳糖、果糖、鼠李糖、阿拉伯糖、卫矛醇、肌醇、蔗糖及海藻糖来发酵产酸。菌株对氯霉素、庆大霉素、青霉素 G、氨苄西林、羧苄西林、红霉素、诺氟沙星、阿米卡星这些抗生素敏感，但是对磺胺甲恶唑和 O/129 有抗性。细胞中的主要脂肪酸组成为 $C_{16:1}ω7c/iso-C_{15:0}$ 2-OH，$C_{18:1}ω7c$ 和 $C_{16:0}$。DNA（G+C）含量为 51.9%。

这个物种的模式菌株是 $QM42^T$（=$CGMCC\ 1.7008^T$=$DSM19667^T$），分离自中国青岛沿海的一个养殖水域海水，其 16S rDNA 序列在 GenBank 中的收录号为 DQ822530。

4. 海洋细菌新物种——淡黄色噬琼胶菌（*Agarivorans gilvus* sp. nov.）

海洋细菌 WH0801 是从沿海浅滩的海藻表面分离得到的 γ-变形菌纲 *Agarivorans* 属的一个新物种，经过多相分类，确定为新种淡黄色噬琼胶菌（*Agarivorans gilvus* sp. nov.）（Du et al., 2011a）。

淡黄色噬琼胶菌（*Agarivorans gilvus* sp. nov.）的特征：革兰氏阴性、无芽孢的杆状菌，通过一根端生鞭毛运动。在海洋细菌 2216E 固体培养基上 28℃培养 48 h 后，菌落呈淡黄色、表面光滑、直径 2.5~3.5 mm。严格好氧，能降解琼脂，在菌落周围有一个清晰的凹陷区域（直径为 6~8 mm）。菌株生长的 pH 范围是 6.5~9.5，最适 pH 为 8.4~8.6。生长的盐度范围是 0.5%~5%（*m/V*）NaCl，最适盐度为 3%，生长需要 NaCl。生长的温度范围是 10~45℃，最适温度为 28~32℃。氧化酶、过氧化氢酶、β-半乳糖苷酶、VP 试验均为阳性；柠檬酸盐利用、H_2S 产生、精氨酸水解酶、吲哚产生均为阴性。能水解七叶灵和淀粉，但是不能水解尿素和明胶。不能把硝酸盐还原为亚硝酸盐。能产生碱性磷酸盐酶、酯酶（C4）、类脂酯酶（C8）、白氨酸芳胺酶、缬氨酸芳胺酶、酸性磷酸酶、萘酚-AS-BI-磷酸水解酶、β-半乳糖苷酶及β-葡萄糖苷酶，而不能产生类脂酶（C14）、胱氨酸芳胺酶、胰蛋白酶、胰凝乳蛋白酶、α-半乳糖苷酶、β-糖醛酸苷酶、α-葡萄糖苷酶、N-乙酰-葡萄糖胺酶、α-甘露糖苷酶、β-岩藻糖苷酶。不能用作唯一碳源的糖类有：甘油、赤藓醇、D-阿拉伯糖、核糖、L-木糖、阿东醇、β-甲基-D-木糖苷、葡萄糖、果糖、山梨糖、鼠李糖、卫矛醇、肌醇、甘露醇、山梨醇、α-甲基-D-甘露糖苷、α-甲基-D-葡萄糖苷、N-乙酰-葡糖胺、苦杏仁苷、纤维二糖、麦芽糖、蜜二糖、蔗糖、海藻糖、菊粉、松三糖、棉子糖、木糖醇、D-松二糖、D-来苏糖、D-塔格糖、D-岩糖、L-岩糖、D-阿拉伯糖醇、L-阿拉伯糖醇、葡萄糖酸盐、2-酮基-葡萄糖酸盐、5-酮基-葡萄糖酸盐。能用来发酵产酸的糖类有：苦杏仁苷、L-阿拉伯糖、木糖、D-半乳糖、葡萄糖、果糖、甘露糖、甘露醇、N-乙酰-葡糖胺、七叶灵、柳醇、纤维二糖、麦芽糖、乳糖、蔗糖、淀粉、肝糖、龙胆二糖。对复方新诺明（23.75/1.25 μg）、四环素（30 μg）、克林霉素（30 μg）、羧苄西林（100 μg）、乙酰螺旋霉素（30 μg）、妥布霉素（30 μg）、麦迪霉素（30 μg）这些抗生素有抗性，而对萘啶酸（30 μg）、庆大霉素（120 μg）、氯霉素（30 μg）及链霉素（25 μg）等抗生素敏感。细胞中的主要脂肪酸组成为 $C_{16:1}\omega7c/15$ iso 2OH（36.35），$C_{16:0}$（22.29），$C_{18:1}\omega7c$（20.46），$C_{12:0}$（10.16%），$C_{14:0}$3-OH/$_{16:1}$ iso I（5.66%）和$C_{14:0}$（3.41%）。DNA（G+C）含量为48.5%。

该物种的模式菌株是 WH0801^T（=CGMCC 1.10131^T = NRRL B-59247^T），采自中国威海沿海浅滩的海藻表面，其16S rDNA序列在GenBank中的收录号为GQ200591。

5. 海洋放线菌新物种——海洋棒杆菌（*Corynebacterium marinum* sp. nov.）

海洋放线菌D7015是从海洋沉积物中分离到的放线菌属（*Corynebacterium*）的一个新物种，经过多相分类，确定为新种海洋棒杆菌（*Corynebacterium marinum* sp. nov.）（Du et al.，2010）。

海洋棒杆菌（*Corynebacterium marinum* sp. nov.）的特征：革兰氏阳性、非运动、类白喉短杆菌，一些细胞可以"V"形排列。在海洋细菌2216E固体培养基上28℃培养48 h后，菌落呈圆形、突起、缺刻状、黄色，像乳脂一样黏稠，直径为0.5~1.5 mm。兼性厌氧，过氧化氢酶阳性，氧化酶阴性。甲基红试验阴性，VP试验阳性，能还原硝酸盐，可以裂解马的血细胞。不能水解七叶灵和尿素，不能液化明胶，但能水解酪蛋白、淀粉、支链淀粉及Tween 20~80。菌株生长的温度范围是4~37℃，最适温度为30~32℃。生长的盐度范围是0~8%（*m/V*）NaCl，最适盐度为1%。根据API50CH，能被用作唯一碳源的糖类有：七叶灵、柳醇、麦芽糖、肝糖；能用来发酵产酸的糖类有：葡萄糖、麦芽糖、蔗糖、肝糖，但是不能用核糖、木糖、甘露醇和乳糖来发酵产酸。能产生类脂酯酶（C8）、白氨酸芳胺酶、胰凝乳蛋白酶、萘酚-AS-BI-磷酸水解酶、吡嗪酰胺酶、β-糖醛酸苷酶；不能产生酯酶（C4）、类脂酶（C14）、缬氨酸芳胺酶、胱氨酸芳胺酶、胰蛋白酶、碱性磷酸盐酶、吡咯烷基芳基酰胺酶、酸性磷酸酶、α-半乳糖苷酶、β-半乳糖苷酶、α-葡萄糖苷酶、β-葡萄糖苷酶、N-乙酰-葡萄糖胺酶、α-甘露糖苷酶、β-岩藻糖苷酶是阴性。模式菌株对萘啶酸（30 μg）、呋喃妥因（50 μg）、四环素（100 μg）、磺胺甲基异恶唑（25 μg）等抗生素有抗性，但是对氨苄西林（25 μg）、氯霉素（50 μg）、庆大霉素（10 μg）、卡那霉素（30 μg）、羧苄西林（100 μg）、链霉素（25 μg）等抗生素敏感。细胞主要的脂肪酸组成是 $C_{18:1}\omega 9c$（56.18%），$C_{16:0}$（38.02%），$C_{16:1}\omega 7c$（4.45%），$C_{18:0}$（1.0%）和 $C_{14:0}$（0.35%）。DNA（G+C）含量为 65.0%。

该物种的模式菌株是 $D7015^T$（=$CGMCC\ 1.6998^T$ = $NRRL\ B-24779^T$），分离自中国青岛一个火力发电厂附近的沿海沉积物，其 16S rDNA 序列在 GenBank 中的收录号为 DQ219354。

6.2 小型底栖生物丰度、生物量和次级生产力

小型底栖生物是底栖生态系统中的重要组成部分，构成了底栖食物网的基本环节，是碎屑食物链的重要成员，是许多经济鱼、虾和贝类幼体阶段的优质饵料。由于它们种类繁多、种群数量极大、生活周期短，因而它们的代谢活动直接关系着系统内有机质的代谢和无机营养元素的再生，在整个底栖生态系统的物质循环和能量流动中起着极其重要的作用。在河口和深海，它们的生产力等于或超过大型底栖生物（Gerlach，1977；Platt and Warwick，1980；Heip et al.，1985）。研究海洋底栖生态系统的生物学过程，研究水层-底栖的耦合机制，有必要对小型底栖动物的数量动态和群落结构进行研究。

渤海是我国唯一的内海，是我国海洋生物和油气资源的主要产区之一。渤海三面环陆，沿岸河口浅水区营养盐丰富，饵料生物繁多，是经济鱼、虾、蟹类的产卵场、育幼场和索饵场。渤海中部深水区既是黄渤海经济鱼、虾、蟹类洄游的集散地，又是渤海地方性鱼、虾、蟹类的越冬场。我国海域小型底栖动物的研究最早始于渤海。以 1985~1987 年开展的中-美黄河口水下三角洲沉积动力学研究为开端，开启了我国海域小型底栖动物生态学研究领域。小型底栖动物主要类群的分类鉴定和区系生态方面主要以中国海洋大学张志南教授为主的研究团队在黄河口水下三角洲（张志南等，1989，1990a，1990b）和黄渤海潮间带（张志南，1991；张志南和钱国珍，1990；Zhang，1990，1991，1992；张志南等，1994）开始启动。这些研究为今后诸多项目的开展提供了难以估量的背景资料。此后的中-英合作 Darwin Initiative 和渤海小型底栖动物生物多样性项目（1995~1997 年，1997~2000 年），国家自然科学基金委员会的重大项目"渤海生态系统动力学与生物资源持续利用"（1997~2002 年），国家自然科学基金委员会重点项目"渤海中南部底栖动物生产过程及生物多样性集成研究"（2008~2012 年），以及国家自然科学基金委员会"九五"以来资助的多个面上项目，极大地推动了渤海海域小型底栖动物生态学研究的发展。至此，渤海小型底栖生物生态学研究已获得很多重要阶段性成果（张志南，2000；张志南等，2001a，b；慕芳红等，2001a，b；郭玉清等，2002a，b，c，d；Hope and Zhang，1995；Mu et al.，2001；Guo and Zhang，2000；Guo et al.，2001a，b，c；Guo and Warwick，2001；Zhou et al.，2007）。

本节根据 2008 年 8 月及 2009 年 6 月在渤海海域进行的调查所获得的样品，进行该类动物的数量分布及群落结构的研究，以期探讨：①渤海海域小型底栖动物的数量分布格局；②渤海海域小型底栖动物类群组成；③影响其数量分布及类群组成的主要环境因子；④渤海海域小型底栖动物群落十年际动态。

6.2.1 方法概述

1. 研究海域与站位

研究样品分别于 2008 年 8 月和 2009 年 6 月采自 37°~41°N，118°~122°E 的渤海海域，共计 33 个站位，站位分布见图 6-7。

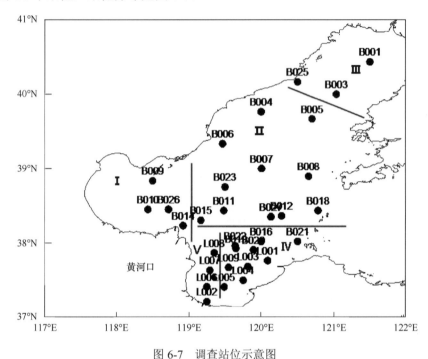

图 6-7 调查站位示意图
Ⅰ为渤海湾东部；Ⅱ为渤海中部；Ⅲ为辽东湾；Ⅳ为莱州湾；Ⅴ为黄河口水下三角洲

2. 取样方法

利用 0.1 m² 改进型 Gray-O'Hara 箱式取样器采集未受扰动的沉积物样品 3 箱，使用内径为 2.9 cm 的取样管（有机玻璃注射器改装），从各箱中取 1 个芯样，芯样长 8 cm，取出后立即按 0~2 cm、2~5 cm 和 5~8 cm 分层装瓶；剩余样品供大型底栖动物分选。样品现场 5%海水福尔马林溶液固定，带回实验室进行分选。取表层 0~5 cm 沉积物装塑料袋用作粒度分析。叶绿素和脱镁叶绿酸取 2 个重复芯样，芯样长 8 cm，按 0~2 cm、2~5 cm 和 5~8 cm 分别装袋，−20℃低温保存，带回室内进行分析。

3. 小型底栖动物样品室内分选和计数

分选前，首先在每瓶样品中加入 3~5 ml 虎红染液（0.1g 虎红染料溶于 100 ml 5%的海水福尔马林中），搅拌混合均匀，染色 24 h。然后将样品倒在 500 μm（小型底栖生物的上限）和 31 μm 两层网筛上用自来水冲洗，以除去样品中的黏土和粉砂（当样品中砾石和砂含量高时，先采用淘洗法淘洗 10 次，以除去砾石和粗砂）。将 31 μm 网筛上残留的沉积物样品用相对密度为 1.15 g/cm³ 的 Ludox-TM（Giere，1993）溶液分别转移至 100 ml 离心管中，Ludox 溶液的量为沉积物量的 3~4 倍，搅拌均匀，以 1800 r/min 的转速离心

10 min,将上清液倒出,重复离心3次。将3次离心所得的上清液合并后,再通过31 μm 网筛,过滤掉 Ludox 溶液,然后用自来水把样品转移到带平行线的培养皿中。最后在解剖镜下挑选生物。将所有的小型生物全部检出,按线虫、桡足类、多毛类等不同类群分别计数,并用5%的福尔马林溶液分别保存于小瓶中。

将每个样品的计数乘以系数10,再除以取样管面积(内径为2.9 cm),即得小型底栖生物的丰度值($ind/10\ cm^2$)。利用小型底栖生物各个类群的丰度值,乘以相对应类群个体的平均干重得到小型底栖生物各类群的生物量。其中,小型底栖生物不同类群个体的平均个体干重参照 Widbom(1984)的研究结果,而桡足类的平均个体干重参照 McIntyre(1964)的研究结果。生产量的计算则采用间接计算的方法,利用 $P=9B$(Coull,1988)。式中,P 为生产量[$\mu g\ dwt/(10\ cm^2 \cdot a)$];$B$ 为生物量($\mu g\ dwt/10\ cm^2$)。

4. 数据处理与统计分析

本书使用 surfer8.0 软件绘制站位图分布和等值线图。为了解环境因子的分布规律及关系,应用统计软件 SPSS17.0 对获得的数据进行相关分析。另外,采用大型多元统计软件(Plymouth:PRIMER5.0),分析研究海域小型底栖动物数量分布及类群组成特征。

6.2.2 渤海海域小型底栖生物的类群组成

在研究海域,共鉴定出自由生活线虫(Nematoda)、底栖桡足类(Copepoda)、多毛类(Polychaeta)、介形类(Ostracoda)、双壳类(Bivalvia)、腹足类(Gastropoda)、动吻类(Kinorhyncha)、涡虫类(Turbellaria)、海螨类(Halacaroidea)、寡毛类(Oligochaeta)、端足类(Amphipoda)、异足类(Tanaidacea)、等足类(Isopoda)、十足类(Decapoda)、涟虫类(Cumacea)、枝角类(Cladocera)、水螅(Hydrozoa)、蛇尾类(Ophiuroidea)、缓步动物(Tardigrada)、昆虫类(Insecta)和其他类(Others)21 个小型底栖生物类群(表 6-2)。其中自由生活海洋线虫是最优势的类群,丰度和生物量平均优势度分别为90.5%和 43.7%;其他较为重要的类群依次是底栖桡足类、双壳类、多毛类、动吻类和介形类(表 6-2 和图 6-8)。

6.2.3 渤海海域小型底栖生物的丰度与分布

1. 渤海小型底栖生物的丰度与水平分布

研究海域小型底栖生物的平均丰度为(975 ± 819) $ind/10cm^2$,最高值出现在渤海湾口的 B021 号站位,丰度达到(3042 ± 1054) $ind/10cm^2$;最低值出现在莱州湾 L007 号站位,丰度仅为(69 ± 71) $ind/10cm^2$。莱州湾及黄河口邻近海域小型底栖动物丰度较低(<1000 $ind/10cm^2$),渤海中部及北部近岸海域小型底栖动物丰度较高(图 6-9)。

研究海域线虫、桡足类、多毛类、动吻类等主要优势类群丰度的水平分布见图 6-10。桡足类较集中地分布在渤海湾口近岸;多毛类在近岸海域分布较多;动吻类在大多数站位很少出现,莱州湾和渤海中部没有出现,但在辽东湾丰度极高;双壳类动物在渤海湾口大量出现;介形类则仅在莱州湾丰度较高。由小型底栖生物主要类群的水平分布可以看出,它们的数量分布在不同站位间是不均匀的。经 One-Way ANOVA 检验,各站位间

表 6-2 小型底栖生物各类群的平均丰度、生物量和生产量

类群	丰度/(ind/10cm^2)	优势度/%	生物量/(μg dwt/10cm^2)	优势度/%	生产量/(μg dwt/10cm^2·a)
线虫 Nematoda	882.87±750.24	90.53	356.06±298.27	43.73	3204.53±2684.42
桡足类 Copepoda	37.48±50.98	3.84	70.85±94.40	8.70	637.61±849.64
多毛类 Polychaeta	10.59±8.61	1.09	150.65±118.90	18.50	1355.87±1070.10
动吻类 Kinorhyncha	3.37±10.21	0.35	6.74±20.43	0.83	60.64±183.84
双壳类 Bivalvia	28.73±60.12	2.95	120.74±252.47	14.83	1086.68±2272.23
介形类 Ostracoda	3.02±7.80	0.31	78.56±202.92	9.65	707.05±1826.32
端足类 Amphipoda	0.72±1.59	0.07	10.53±23.73	1.29	94.79±213.58
异足类 Tanaidacea	0.09±0.33	0.01	1.42±4.88	0.17	12.78±43.93
等足类 Isopoda	0.16±0.35	0.02	2.37±5.25	0.29	21.30±47.22
十足类 Decapoda	0.03±0.12	0.00	0.47±1.86	0.06	4.26±16.76
涟虫 Cumacea	0.71±1.68	0.07	2.60±5.90	0.32	23.36±53.13
涡虫 Turbellaria	0.14±0.34	0.01	0.50±1.21	0.06	4.47±10.87
腹足类 Gastropoda	0.25±0.53	0.03	1.06±2.22	0.13	9.54±19.99
海螨 Halacaroidea	0.17±0.72	0.02	0.26±1.09	0.03	2.37±9.83
寡毛类 Oligochaeta	0.05±0.27	0.00	0.66±3.75	0.08	5.96±33.74
枝角类 Cladocera	0.35±1.04	0.04	9.03±26.97	1.11	81.23±242.76
水螅 Hydrozoa	0.02±0.09	0.00	0.06±0.31	0.01	0.50±2.81
昆虫 Insecta	0.02±0.09	0.00	0.24±1.34	0.03	2.13±12.05
缓步动物 Tardigrada	0.02±0.09	0.00	0.06±0.31	0.01	0.50±2.81
蛇尾 Ophiuroidea	0.14±0.43	0.01	0.22±0.65	0.03	1.94±5.86
其他 Others	6.31±13.89	0.65	1.23±2.60	0.15	11.11±23.38
总数 Meiofauna	975.24±819.06		814.29±639.46		7328.61±5755.13

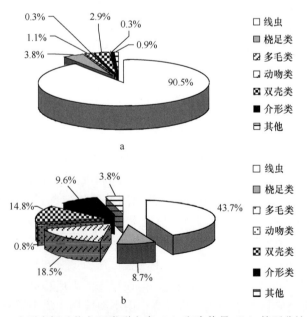

图 6-8 小型底栖动物主要类群丰度（a）和生物量（b）的百分比组成

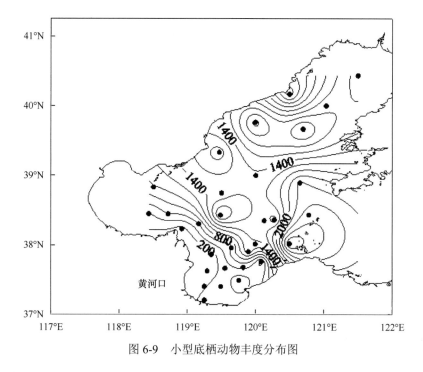

图 6-9 小型底栖动物丰度分布图

的差别为极显著（$P<0.01$），很好地表明了底栖生物的斑块分布特性。这是由于小型底栖生物生活的沉积环境的不同造成的。

2. 渤海小型底栖生物的垂直分布

对研究海域小型底栖生物垂直分布进行测定（图 6-11），结果表明，该海域小型底栖生物分布于沉积物表层 0~2 cm 的数量比例平均为 66.1%±16.7%，分布于 2~5 cm 的比例平均为 24.3%±13.6%，5~8 cm 的比例为 9.6%±6.0%。本书中取芯样 0~5 cm 的取样效率为 90.3%。海洋线虫分布于表层 0~2 cm 的数量比例为 66.3%±16.9%。

6.2.4 渤海海域小型底栖生物的生物量和生产量

研究海域小型底栖生物平均生物量为（814±639）μg dwt/10cm^2，最大值出现在 B018 站位，其值为（2550±3002）μg dwt/10cm^2，在渤海湾口形成了小型底栖动物生物量高值区（图 6-12）。最低值出现在位于莱州湾的 L007 号站位 [（71±74）μg dwt/10 cm^2]。莱州湾内小型底栖动物生物量均较低。小型底栖生物的生物量分布趋势与其丰度分布趋势基本一致。研究海域小型底栖动物平均生产量为（7328±5755）μg dwt/（10 cm^2·a），生产量分布与生物量分布完全一致（图 6-13）。

6.2.5 影响小型底栖动物数量分布及类群组成的环境因子

研究海域小型底栖动物丰度与受测环境因子的相关分析显示，小型底栖动物丰度与水深呈极显著的正相关（Pearson $r = 0.557$，$P<0.01$）。小型底栖动物生物量与水深呈极显著的正相关（Pearson $r = 0.597$，$P<0.01$），与粉砂-黏土含量和 MD$_\phi$ 呈显著的负相关（Pearson $r = -0.424$ 和-0.405，$P<0.05$）。各优势类群丰度与环境因子的相关系数见

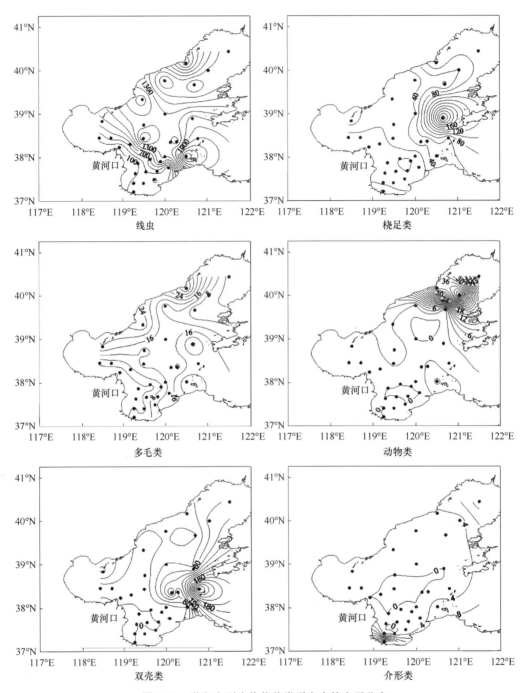

图 6-10 渤海小型生物优势类群丰度的水平分布

表 6-3。海洋线虫、桡足类、多毛类、双壳类动物丰度分布与水深呈显著的正相关（均 $P<0.05$）。此外，桡足类丰度分布与沉积物 Chl-a 和 Pheo-a 含量呈显著的正相关（$P<0.05$）；多毛类与底层盐度正相关（$P<0.05$）；双壳类则与沉积物粒度参数负相关（$P<0.05$）。

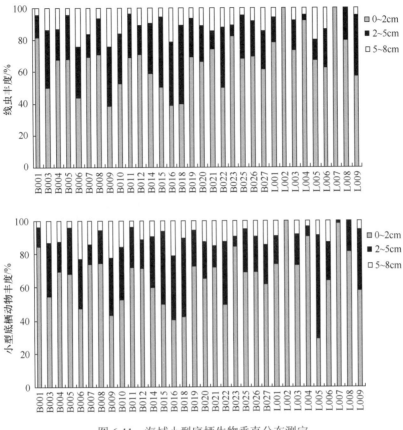

图 6-11 海域小型底栖生物垂直分布测定

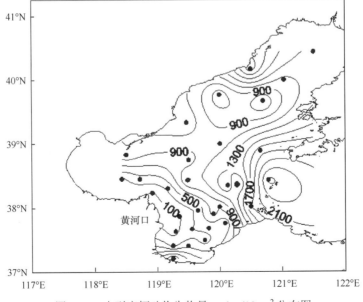

图 6-12 小型底栖动物生物量 μg dwt/10cm^2 分布图

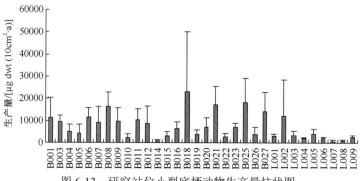

图 6-13 研究站位小型底栖动物生产量柱状图

表 6-3 小型底栖生物与环境因子的相关系数

丰度/生物量	水深/m	底层温度/℃	底层盐度	粉砂-黏土含量/%	MD_Φ	Chl-a/(μg/g)	Pheo-a/(μg/g)	OM/%
小型底栖动物丰度/(ind/10cm^2)	0.557**	0.180	0.337	−0.227	−0.216	0.097	0.118	0.024
小型底栖动物生物量/[μg dwt/(10cm^2·a)]	0.597**	0.001	0.348	−0.424*	−0.405*	0.197	0.203	−0.134
小型底栖动物生产量/[μg dwt/(10cm^2·a)]	0.597**	0.001	0.348	−0.424*	−0.405*	0.197	0.203	−0.134
线虫丰度/(ind/10cm^2)	0.505**	0.211	0.322	−0.182	−0.178	0.071	0.095	0.033
桡足类丰度/(ind/10cm^2)	0.602**	−0.126	0.208	−0.226	−0.180	0.434*	0.436*	0.120
多毛类丰度/(ind/10cm^2)	0.417*	0.016	0.404*	−0.339	−0.235	0.199	0.205	−0.053
动吻类丰度/(ind/10cm^2)	0.272	−0.058	0.259	−0.249	−0.197	−0.168	−0.165	−0.174
双壳类丰度/(ind/10cm^2)	0.548**	0.017	0.226	−0.462**	−0.431*	−0.070	−0.080	−0.141
介形类丰度/(ind/10cm^2)	−0.101	−0.286	0.000	−0.090	−0.162	0.291	0.287	−0.237

对研究海域小型底栖动物类群组成与环境因子的 BIOENV 分析显示，小型底栖动物类群组成不是简单地受一两个因子的控制，其群落结构受环境因子的综合影响。小型底栖生物主要受水深、底层温度、MD_Φ 和 Chl-a 等的综合影响，而水深、底层温度和 MD_Φ 是决定小型底栖生物类群组成的最重要因素（表 6-4）。

表 6-4 小型底栖生物类群与环境因子相关性分析结果

ρ	水深	底层温度	底层盐度	粉砂-黏土含量	MD_Φ	Chl-a	Pheo-a	OM
0.461	√	√			√	√		
0.457	√	√	√		√	√		
0.453	√	√			√		√	
0.452	√	√	√		√		√	
0.451	√	√			√			
0.447	√	√				√		√
0.443	√	√	√					
0.440	√	√			√		√	√
0.436	√	√			√		√	
0.435	√	√	√	√	√			

小型底栖动物的分布及类群组成受许多沉积环境因子的影响。沉积物中的有机质含量、叶绿素 a（Chl-a）及其降解产物脱镁叶绿酸（Pheo-a）是底栖生物赖以生存的有机环境，是底栖生物的食物来源（Rysgaard et al.，1994）。不同类型的底质以及水深、底层水盐度、沉积物含水量和有机质含量等是控制底栖生物群落分布与结构的重要因素（Warwick and Buchanan，1970；Heip et al.，1985；Coull，1988；Somerfield and Warwick，1996）。本研究结果显示，水深、底层温度和沉积物 MD_ϕ 是决定渤海海域小型底栖动物分布及类群组成的最重要因素。

Wieser（1960）、Hopper 和 Meyers（1967）提出，具有更多生态位的生境中，出现的小型底栖动物，特别是海洋线虫物种数量也更多。他们同时还认为当粉砂-黏土含量降低，粒径增加时，其异质性增加，多样性提高。在砂质底沉积物中，由于间隙动物的存在，线虫的多样性高于泥质底沉积物，同时也存在着更多的特异种（Heip，1980）。本研究结果显示，MD_ϕ 是决定渤海海域小型底栖动物类群组成的重要因素，显示了相似的结果。

水深决定了沉降到海底的浮游植物碎屑的质量和数量，因此对小型底栖动物的分布及类群组成的影响非常重要（Schratzberger et al.，2004）。在陆架海域，随水深的增加小型底栖动物可利用的浮游植物碎屑数量减少，会使小型底栖动物数量减少。Coull（1998）和 Soltwedel（2000）的研究显示，小型底栖动物丰度及生物多样性随水深的增加而降低。本研究小型底栖动物总丰度及主要类群丰度与水深的相关分析显示，其丰度随水深的增加而增加。渤海海域水深和对小型底栖动物分布及类群组成的影响是间接影响。因为渤海海区平均水深为 19.2 m，海区整体水深较浅，莱州湾、辽东湾以及近岸水域水深普遍小于 20 m，最浅处水深为 3 m（详见第 2 章）。渤海海域是相对封闭的内海，河流入海物质对渤海沉积物的贡献量大（乔淑卿等，2010）。以黄河、辽河、滦河等为主的径流带来大量泥沙的同时带来大量的陆源营养物质。但是在莱州湾、辽东湾以及近岸水域因为强烈的湍流和水体高浑浊度限制了浮游植物和底栖藻类的光合作用。因此沉向底部的藻类残体量少，以此为主要食物源的小型底栖动物丰度较低。随着黄河口及海湾沿岸向外水深逐渐增加，受河流影响减少，水体浑浊度减小，利于浮游植物和底栖藻类的光合作用，形成小型底栖动物的高值区。

黄河、辽河等入海河流冲淡水的影响还体现在研究海域沉积物特征及水温的分布。受其影响黄河口及其邻近海域底层水温较高；同时受陆地工业等影响，环渤海近岸底层水温也普遍较高，底层水温由近岸向外海逐渐降低，调查海区东部靠近外海的区域底层水温较低。本研究中，多毛类丰度随水温的降低呈现较明显的减少趋势，受温度影响较为显著。

沉积物叶绿素 a 是小型底栖动物的主要食物来源之一，一般有底栖藻类和浮游藻类沉降到底层形成。沉积物中叶绿素 a 的含量表示底栖生物的食物来源及沉积物环境的好坏，是影响小型底栖动物丰度及其生物量的重要环境因子之一。本书研究结果显示，渤海小型底栖动物，特别是底栖桡足类分布与叶绿素的含量呈显著的正相关，说明研究海域沉积物叶绿素含量是控制小型底栖动物，特别是桡足类分布的主要因素之一。

综上所述，本研究小型底栖动物的数量分布及类群组成受多种环境因子的综合作用，其中，水深、底层温度和沉积物 MD_ϕ 是决定渤海海域小型底栖动物分布及类群组成的最重要因素。同时，渤海受到黄河、辽河等入海河流影响较大，泥沙淤积和冲淡水的影响对该海域水文及沉积物粒度特征的影响较大，从而给栖居其中的底栖动物带来影响。

6.2.6 渤海十年际小型底栖动物群落数量变化趋势

从 20 世纪 80 年代起有关渤海海域小型底栖动物生态学研究已经较多。受海上取样、室内分选方法及分选网筛孔径的差异，对不同时期小型底栖动物平均丰度的比较存在一定的误差。但是，仍可看出一般趋势。

本书渤海小型底栖动物平均丰度为 [(975±819) ind/10 cm²]，高于 1986 年渤海海域黄河口及其邻近海域小型底栖动物调查结果 [(789±292) ind/10 cm²]（张志南等，1989），高于 1998~1999 年渤海海域平均丰度 [(869±509) ind/10 cm² 和 (632±399) ind/10 cm²]，低于 1997 年渤海海域平均丰度 [(2300±1206) ind/10 cm²]（郭玉清等，2002a；慕芳红等，2001a；详见表 6-5）。需要指出的是 1997 年仅有 5 个采样站位，丰度偏高，不具代表性。如果不予考虑 1997 年度数据，小型底栖动物丰度一般趋势将更加清晰：在过去 30 年里，渤海小型底栖动物丰度和生物量逐渐增加。海洋线虫丰度也具此趋势。然而，底栖桡足类丰度却在逐渐减少，因此线虫与底栖桡足类数量比值逐渐增加。

表 6-5　研究海域小型底栖动物丰度、生物量、生产量与历史资料的比较

采样地点及时间	小型底栖动物丰度/（ind/10cm²）	海洋线虫丰度/（ind/10cm²）	桡足类丰度/（ind/10cm²）	线虫与桡足类数量比	文献
渤海黄河口水下三角洲及其邻近水域 1986/7~8	789±292	527±262	131±73	4	张志南等，1989
渤海 1997/6	2300±1206	2151±1158	92±62	61	慕芳红等，2001a；郭玉清等，2002a
渤海 1998/9	869±509	758±475	66±57	19	慕芳红等，2001a；郭玉清等，2002a
渤海 1999/4	632±399	558±340	51±62	25	慕芳红等，2001a；郭玉清等，2002a
渤海 2008/8	975±819	883±750	37±51	41	本书

以往的研究中，小型底栖动物分选多采用 0.05 mm 或 0.043 mm 孔径的网筛，而本书采用 0.031 mm 网筛，可能会导致本次研究所得结果高于历史数据。刘晓收（2005）曾估算残留在 31~50 μm 网筛的小型底栖动物数量。他的结果显示，残留在 50 μm 网筛上的小型底栖动物占总数的 91.12%，31 μm 网筛上的占 8.88%，残留在 50 μm 网筛上的线虫占总数的 90.27%，31 μm 网筛上的占 9.73%，残留在 50 μm 网筛上的桡足类占总数的 99.98%，31 μm 网筛上的占 0.08%（刘晓收，2005）。本书中，与 20 世纪 80 年代相比，小型底栖动物及海洋线虫丰度分别增加 60% 和 23%，远大于刘晓收指出的网筛变细带来的数量增加。而桡足类数量减少更是与网筛选择没有直接关系。因此，网筛孔径变细不是引起过去 30 年小型底栖动物丰度增加的根本原因。Zhou 等（2007）的研究显示，20 世纪 80 年代至 90 年代渤海沉积物粒度及有机质含量发生了显著变化，沉积物粒度变细，有机质含量增加，从而导致大型底栖动物群落结构发生变化，多毛

类、双壳类及甲壳类等小型个体数量增加，棘皮动物等较大个体类群数量减少。本次研究渤海沉积物 MD_ϕ 低于 90 年代，与 80 年代结果相当；有机质含量则显著高于 80 年代，但是显著低于 90 年代；沉积物叶绿素 a、脱镁叶绿酸与 90 年代相差不大（详见第 2 章）。以上结果虽然未能显示近 30 年来渤海沉积环境变化与小型底栖动物数量、生物量变化直接相关关系，沉积环境的变化影响栖息于此的底栖动物数量及分布是不争的事实。我们需要对渤海过去 30 年或更长时间的小型底栖动物数量分布与环境因子进行更细致的相关分析，寻找其主要原因。此外，一直以来渤海渔业发展和污染给渤海海域生态环境带来了巨大的影响。渤海是个半封闭的浅海，沿岸江河纵横，有大小河流 40 多条，陆源污水污染物随水流进入渤海。渤海沿岸河口浅水区营养盐丰富，饵料生物繁多，是经济鱼、虾、蟹类的产卵场、育幼场和索饵场。渤海中部深水区既是黄渤海经济鱼、虾、蟹类洄游的集散地，又是渤海地方性鱼、虾、蟹类的越冬场，海洋资源的开发是环渤海地区经济发展重要的领域之一。因此，过去 30 年来渤海受到人类活动的严重影响。底栖动物群落的许多指标，包括丰度、生物量，可反映出人类干扰的环境胁迫对渤海生态系统的影响。因此，本节发现的小型底栖动物丰度、生物量的变化也是对该海区人类干扰的响应。

6.2.7　渤海海域分区小型底栖动物群落数量变化趋势

渤海海域可划分为黄河口水下三角洲、渤海湾、辽东湾、莱州湾和渤海中部 5 个区。张志南等（1989）根据小型底栖动物类群组成的变化，小型底栖动物与大型底栖动物数量之比，大型底栖动物的密度、生物量和种数，以及线虫的优势种组成等生物参数，进行的分区与自然分区基本吻合，代表不同分区支持不同底栖动物群落。

本节根据以上分区方案，将渤海海域小型底栖动物按不同分区进行分析发现，各区小型底栖动物数量有显著差异（ANOVA $F=3.408$，$P<0.05$）。黄河口水下三角洲小型底栖动物丰度最低，渤海中部和辽东湾小型底栖动物丰度最高（表 6-6）。不同分区小型底栖动物类群 MDS 排序结果显示黄河口水下三角洲小型底栖动物群落不同于渤海湾东部、辽东湾和渤海中部（图 6-14）。小型底栖动物群落类群组成结构的差异检验结果显示了不同分区小型底栖动物类群组成也具有显著差异（ANOSIM Global $R=0.363$，$P<0.01$），特别是黄河口水下三角洲和莱州湾小型底栖动物类群组成与其他 3 区差异极显著。

Ⅰ. 渤海湾东部：平均水深 19 m，平均盐度 31.4，沉积物以粒度最小，以细粉砂为主，沉积物叶绿素 a 含量最低，但有机质含量较高，海洋线虫为最优势类群（占小型底栖动物总丰度的 90%）。与 20 世纪 80 年代数据比较，小型底栖动物丰度增加，海洋线虫优势度增加。

Ⅱ. 渤海中部：平均水深 26 m，是渤海海域水深最深的区域。平均盐度 31.3，沉积物以粗粉砂为主，有机质含量最高。与 20 世纪 80 年代数据比较，小型底栖动物丰度显著增加，海洋线虫优势度显著增加（53% vs 90%）。

Ⅲ. 辽东湾区：平均水深 22 m，平均盐度 31，沉积物以粒度最粗，以细砂为主，沉积物叶绿素 a、有机质含量均较低，海洋线虫占小型底栖动物总丰度的 85%。

Ⅳ. 莱州湾区：平均水深 15 m，平均盐度 30，沉积物以细砂为主，沉积物叶绿素 a

表 6-6 渤海海域不同分区主要环境特征和生物丰度

区域	采样时间	渤海湾东部	渤海中部	辽东湾	莱州湾	黄河口水下三角洲	ANOVA 检验 F	文献
水深/m	21 世纪前 10 年	19.6	25.7	21.6	15.4	10.7	6.398**	本书
底层温度/℃	21 世纪前 10 年	25.4	21.6	22.5	21.3	19.3	2.308	本书
底层盐度	21 世纪前 10 年	31.4	31.3	31	30.3	29.5	8.226**	本书
粉砂-黏土含量/%	21 世纪前 10 年	85.7	71.9	55.9	73.2	75.1	0.626	本书
MD_Φ	21 世纪前 10 年	6.18	5.41	4.41	4.84	5.05	1.365	本书
Chl-a/(μg/g)	21 世纪前 10 年	0.22	0.98	0.38	0.93	1.11	1.419	本书
Pheo-a/(μg/g)	21 世纪前 10 年	1.03	3.05	1.44	2.86	3.1	1.544	本书
OM/%	21 世纪前 10 年	1.46	1.65	0.75	0.85	0.66	4.380**	本书
小型底栖动物丰度[a]	20 世纪 80 年代	430	840	—	890	770		张志南等, 1989
	21 世纪前 10 年	520±365	1458±698	1429±786	820±900	150±87	3.408*	本研究
海洋线虫丰度[a]	20 世纪 80 年代	280(63%)	450(53%)	—	650(65%)	660(86%)		张志南等, 1989
	21 世纪前 10 年	469±310 (90%)	1312±607 (90%)	1215±752 (85%)	783±872 (96%)	115±53 (77%)	3.105*	本研究
桡足类丰度[a]	20 世纪 80 年代	80(21%)	170(20%)	—	140(6%)	60(8%)		张志南等, 1989
	21 世纪前 10 年	19±22 (4%)	55±76 (4%)	84±23 (6%)	19±17 (2%)	18±18 (12%)	1.728	本书

注:a.丰度单位:ind/10 cm²;*表示 $P<0.05$;**表示 $P<0.01$。

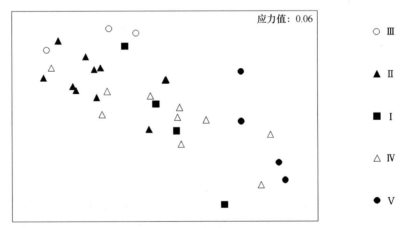

图 6-14 研究站位小型底栖动物群落 MDS 排序图
Ⅰ为渤海湾东部;Ⅱ为渤海中部;Ⅲ为辽东湾;Ⅳ为莱州湾;Ⅴ为黄河口水下三角洲

浓度较高,有机质含量中等,海洋线虫优势非常显著,占小型底栖动物总丰度的 96%。与 20 世纪 80 年代数据比较,小型底栖动物丰度变化不显著,但海洋线虫优势度增加显著(65% vs 96%)。

Ⅴ. 黄河口水下三角洲区：目前黄河的入海口位于渤海湾与莱州湾交汇处，是1976年人工改道后经清水沟淤积塑造的新河道。据统计，黄河输送至河口地区的泥沙平均约为10亿t/a，在黄河口三角洲形成泥沙的主要沉积区。该区平均水深11 m，平均盐度为30，沉积物以较粗的粗粉砂颗粒为主，沉积速率高，沉积物叶绿素a和脱镁叶绿酸含量相对高，但有机质含量显著低于其他区。小型底栖动物以海洋线虫和桡足类为主（占总丰度的89%）。与20世纪80年代数据比较，该区小型底栖动物数量降低80%，海洋线虫优势降低9%。

6.2.8 渤海海域小型底栖动物次级生产力

为便于与其他海域大型、小型底栖动物进行比较，将本次研究小型底栖动物转换为去灰干重，计算生物量及生产量。本次研究中，渤海海域小型底栖动物平均生物量为（0.73±0.41）g dwt/（m^2·a），高于20世纪90年代小型底栖动物平均生物量，与其他海域平均生物量无显著差异（表6-7）。该值远低于渤海90年代大型底栖动物平均生物量，仅为大型底栖动物生物量的1/10（表6-7）。表明渤海底栖生物量主要来源是大型底栖动物。与其他海域大型底栖动物生物量比较，渤海小型底栖动物生物量也非常之微小，不足胶州湾大型底栖动物生物量的1/100，东海大型底栖动物生物量的1/2。

但是，拥有如此小生物量的渤海海域小型底栖动物平均次级生产量却为（6.53±3.69）g dwt/（m^2·a），与渤海20世纪90年代大型底栖动物次级生产力相当[6.53 g dwt/（m^2·a）和6.49 g dwt/（m^2·a）]，甚至高于南黄海、东海海域大型底栖动物次级生产力（表6-7）。本研究辽东湾小型底栖动物次级生产量最高[（11.67±4.23）g dwt/（m^2·a）]，相当于我国海域大型底栖动物次级生产力平均水平[11.36 g dwt/（m^2·a）]。以上结果表明小型底栖动物在渤海海域是主要的次级生产者之一，与大型底栖动物一同在该海域生物地化循环中占有重要位置。

表6-7 中国海域底栖动物次级生产力比较

研究海域	年份	纬度范围/°N	生物量/（g dwt/m^2）	生产量/[g dwt/（m^2·a）]	文献
小型底栖动物					
渤海	2008~2009	37~41	0.73±0.41	6.53±3.69	本书
渤海湾东部	2008~2009	38~39	0.41±0.44	3.70±3.50	本书
渤海中部	2008~2009	38~40	1.02±0.56	10.18±5.84	本书
辽东湾	2008~2009	40~41	1.30±0.47	11.67±4.23	本书
莱州湾	2008~2009	37~38	0.52±0.45	4.68±4.06	本书
黄河口水下三角洲	2008~2009	37~38	0.38±0.55	3.42±4.93	本书
黄河口及其邻近海域	2006	37~39	0.37	3.29	Hua et al., 2010
渤海	1998~1999	37.5~39	0.4	3.63	郭玉清等, 2002c
胶州湾	1995~1997	36~36.2	1.19	9.09	张志南等, 2001c
南黄海（夏季）	2000	34~37	1.1	9.85	张志南等, 2002
南黄海（夏季）	2003	34~37	0.98	8.8	Liu et al., 2005
南黄海（冬季）	2003~2004	32~37	0.94	8.41	张艳等, 2007
东海/黄海	2000	25~36	0.73	6.54	张志南等, 2004

续表

研究海域	年份	纬度范围/°N	生物量/（g dwt/m²）	生产量/[g dwt/(m²·a)]	文献
东海/黄海	2001	25~36	0.26	2.31	张志南等，2004
长江口及其邻近海域	2003	28~32	1.25	11.28	华尔等，2005
大型底栖动物					
黄河口及其邻近海域	2006	37~39	4.81	5.09	Hua et al.，2010
渤海	1998~1999	37.5~39	7.69	6.49	于子山等，2001
胶州湾	2003	36.05~36.15	81.95	47.34	袁伟等，2007
胶州湾	2000-2004	35.98~36.13	16.3	13.41	李新正等，2005
胶州湾	1998~1999	35.98~36.13	22.22	18.64	李新正等，2005
南黄海	2000~2001	32~36	4.87	4.98	Li et al.，2005a
南黄海	2001~2003	33~37	4.08	4.09	Li et al.，2005c
东海	2000~2001	25~31	1.23	1.62	Li et al.，2005b
长江口	2004	30.5~32	2.58	3.52	刘勇等，2008
长江口及其邻近海域	2003	28~32	6.79	10.98	翟世奎等，2008
厦门海域	2004	24.15~24.75	6.77	9.68	周细平等，2008
厦门海域（海坛海峡）	2005~2006	24.4~24.75	10.6	10.58	吕晓梅等，2008
大亚湾	2004	22.5~23	14.99	10.22	杜飞雁等，2008
平均			14.22	11.28	

6.3 渤海自由生活海洋线虫群落结构及生物多样性

自由生活海洋线虫（简称海洋线虫）是海洋底栖环境中最丰富的后生动物，是小型底栖动物中最重要的类群。海洋线虫在整个底栖生态系统能量流动和物质循环中起特殊作用，因而成为一种较好的实验研究材料。随着小型底栖生物生态学研究工作的深入，自由生活海洋线虫作为一种潜在的人类扰动的指示生物，已经引起人们的广泛关注（Coull and Chandler，1992）。其多样性指数和群落分布格局的变化，在水生生态系统中可以作为环境监测的有效工具（Heip，1980；Tietjen and Lee，1984；Moore and Bett，1989）。

本节将根据渤海中南部典型站位自由生活海洋线虫群落的调查结果，①分析该海域海洋线虫群落结构及多样性特征；②分析该海域线虫多样性的十年际变化规律。

6.3.1 研究方法概述

1. 研究海域与站位

本节在渤海中南部海域选取 7 个典型站位开展相关研究，站位来自渤海海域 2006 年 11 月、2008 年 8 月和 2009 年 6 月航次，站位分布见图 6-15。

2. 线虫封片的制作和种类鉴定

由于线虫个体较小，必须制成封片，然后在显微镜下观察研究。封片前首先对虫体透明，将挑选出的线虫转移到胚胎培养皿中，加入一定量的乙醇甘油（50%乙醇：甘油 9：1），放入干燥箱。两周后，乙醇和水挥发，甘油渗入虫体，使虫体透明，便于观察鉴定。

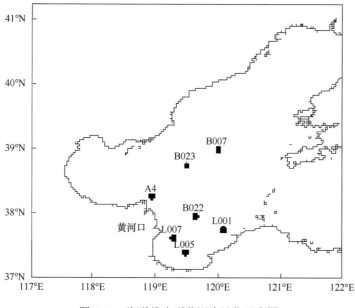

图 6-15 海洋线虫群落调查站位示意图

制片时，先将载玻片（厚度 1~1.2 mm）和盖玻片（厚度 0.13~0.17 mm）用 0.1%的盐酸乙醇浸泡 24 h，再用 75%的乙醇浸泡，取出后擦干备用。在备好的载玻片上，滴甘油一滴。挑选体积大小一致的线虫 10~20 条，转移至甘油中。选取直径与虫体直径大致相同的玻璃珠 3 粒均匀放置于甘油滴的边缘，然后加盖玻片，周边用中性树胶封闭，制好的玻片放入干燥箱中，待树胶干固后即可观察。

观察和测量主要是在 Olympus BH-2 型微分干涉相差显微镜下进行，利用描图仪绘图，然后利用地图仪测量线虫的体长、最大体宽、头宽、尾长等各项指标并进行读数。根据 Platt 和 Warwick（1983，1988）及 Warwick 等（1998）将自由生活海洋线虫鉴定到分类实体单元或种的水平。

3. 线虫摄食类型的划分

Wieser（1953）根据线虫的口腔类型和取食方式，把线虫分为 4 种功能类群，他认为口腔结构的不同代表了不同的摄食机制。

1A 型：选择性沉积食性者。不具口腔或口腔很小，依靠食道的吸力，以细菌大小的有机颗粒为食。

1B 型：非选择性沉积食性者。具有不具齿的杯状口腔，依靠食道的吸力和唇部及口腔前部的运动获得食物。主要以腐烂的有机质碎屑为食。

2A 型：刮食者或硅藻捕食者。具有带小齿的口腔，将食物刮起，刺破其细胞壁，吸取其中的细胞液。以底栖硅藻为食。

2B 型：捕食者或杂食者。具有带大颚的发达口腔，将被捕食者整体吞食，或刺破其细胞壁，吸取其中的胞液。以底栖硅藻为食或其他小型线虫、多毛类幼体等为食。

4. 多样性指数计算

本书使用 PRIMER6.0 进行数据处理，分析线虫群落物种多样性指数，包括物种的丰富度（d）、种数（S）、香农-威纳指数（H'）、均匀性指数（J'）、优势度指数（λ）；和分类多样性指数，包括分类多样性指数（Δ）、分类差异指数（Δ^*）、等级物种多样性指数（Δ^+）和分类差异变异指数（Λ^+）、公式如下所述。

1）物种的丰富度（d）：

$$d = (S-1)/\log_2 N \tag{6-1}$$

式中，S 为种类数；N 为个体总数。

2）香农-威纳多样性指数（H'）：

$$H' = -\sum (N_i/N)\log_2(N_i/N) \tag{6-2}$$

式中，N 为样品个体总数；N_i 为第 i 种的个体数。

3）Pielou 均匀度指数（J'）：

$$J' = H'/\log_2 S \tag{6-3}$$

式中，H' 为多样性指数；S 为种类的数目。

4）Simpson 优势度指数（λ）：

$$\lambda = \frac{\sum N_i(N_i-1)}{N(N-1)} \tag{6-4}$$

5）分类多样性指数 Δ（taxonomic diversity）：

$$\Delta = \left[\sum\sum_{i<j}\omega_{ij}x_ix_j\right]/[N(N-1)/2] \tag{6-5}$$

式中，X_i 为第 i 个种的丰度；X_j 为第 j 个种的丰度；ω_{ij} 为连接种 i 和 j 种的路径长度。

6）分类差异指数 Δ^*（taxonomic distinctness）：

$$\Delta^* = \left[\sum\sum_{i<j}\omega_{ij}x_ix_j\right]/\left[\sum\sum_{i<j}x_ix_j\right] \tag{6-6}$$

7）等级多样性指数 Δ^+（average taxonomic distinctness based on presence/absence of species）：

$$\Delta^+ = \left[\sum\sum_{i<j}\omega_{ij}\right]/[S(S-1)]/2 \tag{6-7}$$

式中，S 为样方中出现的种数。

8）分类差异变异指数 Λ^+（variation in taxonomic distinctness）：

$$\Lambda^+ = \left[\sum\sum_{i<j}(\omega_{ij}-\Delta^+)^2\right]/[S(S-1)/2] \tag{6-8}$$

9）总分类差异度 $S\Delta^+$（total taxonomic distinctness），是群落总路径长度的度量，公式为

$$S\Delta^+ = \sum_i\left[(\sum_{j\neq i}\omega_{ij})/(S-1)\right] \tag{6-9}$$

6.3.2 渤海中南部海洋线虫群落结构

1. 海洋线虫群落结构

本次研究共鉴定出海洋线虫 81 种或分类实体单元，分属 59 属 22 科。将研究海区各站位作为一个整体通过 SIMPER 分析（表 6-8 和表 6-9），得到研究海域前 5 位优势科

为希阿利线虫科（Xyalidae）（38.4%），轴线虫科（Axonolaimidae）（19.0%），联体线虫科（Comesomatidae）（16.8%），线型线虫科（Linhomoeidae）（9.6%），和囊咽线虫科（Sphaerolaimidae）（3.5%），优势度达 87.2%；前 5 位优势属为 *Parodontophora*，*Dorylaimopsis*，*Pseudosteineria*，*Daptonema*，*Elzalia* 等，优势度达 65.4%；前 10 位优势种是 *Parodontophora marina*，*Pseudosteineria* sp，*Dorylaimopsis rabalaisi*，*Elzalia* sp1，*Monhystera* sp2，*Daptonema* sp2，*Dorylaimopsis* sp3，*Neochromadora* sp1，*Metadesmolaimus* sp，*Sphaerolaimus* sp2，优势度达 80.0%。

表 6-8 研究站位 SIMPER 优势属分析（截取 90%） （单位：%）

属名	贡献率	累计比例	属名	贡献率	累计比例
Parodontophora	27.79	27.79	*Sphaerolaimus*	5.01	75.42
Dorylaimopsis	19.45	47.25	*Neochromadora*	3.58	79
Pseudosteineria	7.1	54.35	*Terschellingia*	3.54	82.54
Daptonema	5.76	60.11	*Metadesmolaimus*	3.1	85.64
Elzalia	5.28	65.39	*Filitonchus*	2.52	88.16
Monhystera	5.02	70.41	*Linhystera*	2.51	90.67

表 6-9 研究站位 SIMPER 优势种分析（截取 90%） （单位：%）

种名	贡献率	累计比例	种名	贡献率	累计比例
Parodontophora marina	32.23	32.23	*Sphaerolaimus* sp2	2.69	79.94
Pseudosteineria sp	8.36	40.59	*Linhystera* sp1	2.62	82.56
Dorylaimopsis rabalaisi	7.96	48.55	*Paramesacanthion* sp	1.62	84.18
Elzalia sp1	6.14	54.68	*Halalaimus* sp1	1.49	85.67
Monhystera sp2	5.67	60.36	*Terschellingia* sp2	1.45	87.12
Daptonema sp2	5.11	65.47	*Leptolaimus* sp1	1.4	88.52
Dorylaimopsis sp3	4.27	69.73	*Terschellingia austenae*	1.24	89.76
Neochromadora sp1	3.95	73.68	*Sphaerolaimus* sp1	1.22	90.98
Metadesmolaimus sp	3.57	77.25			

对线虫群落在种和属的水平上进行 Cluster 聚类分析，树状聚类图清晰地显示在种和属的水平上图形无显著差异。根据种水平 4 次方根转换的种-丰度矩阵的 Cluster 聚类分析和 MDS 排序图，树状聚类图相似性较低，在相似性 35%处大体可将研究站位划分为 3 组（图 6-16 和图 6-17）。

a 组：仅包括 L007 站位，代表黄河口水下三角洲；

b 组：包括 A4 和 L001 站位，代表近岸；

c 组：包括 B007、B023、B022 和 L005 站位，代表渤海中部和莱州湾海区。c 组 4 个站位在相似性 50%处又可分为渤海中部组（c1，B007 和 B023 站位）和莱州湾组（c2，B022 和 L005 站位）（图 6-16、图 6-17）。

3 个站位组合的线虫优势种明显不同，各组优势种不尽相同（表 6-10）；依据经 4 次方根转换的种类——丰度矩阵进行的 ANOSIM 检验表明 3 组之间的差异显著（Global Test：R=0.939，P=0.01）。

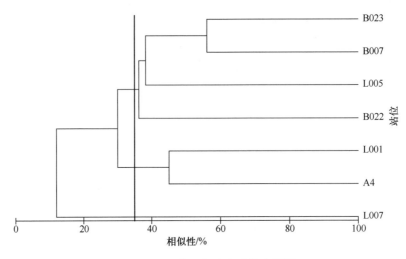

图 6-16　研究站位线虫群落聚类图

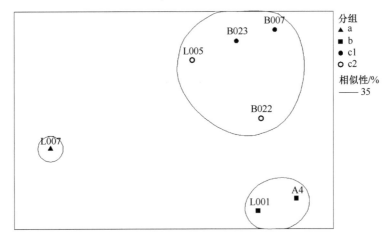

图 6-17　研究站位线虫群落 MDS 排序图

线虫群落结构的变化受多种环境因子的影响。研究站位 BIOENV 分析表明：水深和沉积物 Chl-a 是解释研究站位线虫群落结构的最佳环境因子组合（$\rho=0.473$），而水深单因子与线虫群落结构的匹配度最高（$\rho=0.648$）。水深决定着许多其他因子，如由浮游植物降解产生的到达海底的碳元素的质和量，因而，水深是最普遍的一个影响线虫群落结构的因子，随海水深度的增加线虫密度减少（Thiel，1975）。以线虫群落数据划分的三个站组与其环境变量之间匹配较好。

a 组 L007 站，代表了水深最浅（3 m），位于黄河口三角洲区域，是黄河泥沙的沉积区，有大量较大颗粒泥沙沉积，沉积物粒级最粗（MD_ϕ 为 4.0）；沉积物 Chl-a 和有机质含量最低；线虫群落优势种明显，以 *Pseudosteineria* sp 占绝对优势（64%）。

b 组包括 A4 和 L001 站，代表了水深较浅的近岸海域（15~20 m），离岸较近，沉积物 MD_ϕ 平均为 5.6，沉积物 Chl-a 浓度最高（平均 1.31 μg/g），有机质含量为 0.69%；线虫群落以线虫以 *Parodontophora marina*（17%）和 *Dorylaimopsis rabalaisi*（16%）为最优势种，占总丰度的 33%。

表 6-10 研究海域三个站位组线虫群落 SIMPER 优势种分析（截取 90%）

种名	黄河口水下三角洲（a 组-L007）	近岸（b 组-A4，L001）	渤海中部（c1 组-B007，B023）	莱州湾（c2 组-L005，B022）
Aegialoalaimus sp			2.86	
Axonolaimus sp				9.99
Campylaimus gerlachi			3.40	
Cobbia sp1			3.60	
Daptonema sp1				9.99
Daptonema sp2			5.85	
Desmolaimus sp			2.41	
Dorylaimopsis rabalaisi		16.06	2.41	
Dorylaimopsis sp3				9.99
Dorylaimopsis turneri	10.26			
Eleutherolaimus stenosoma			2.41	
Elzalia sp1		10.74	3.77	11.88
Filitonchus sp2			3.17	
Halalaimus sp1			5.49	
Halalaimus sp2			2.41	
Halalaimus sp3			2.41	
Leptolaimus sp1			3.92	
Linhystera sp1			4.57	
Linhystera sp3			3.60	
Metadesmolaimus sp	10.26		3.60	9.99
Microlaimus sp1			3.60	
Monhystera sp2			7.43	
Neochromadora sp1		10.74	3.60	
Oxystomina sp1		10.74	3.17	
Paramesacanthion sp	10.26			
Parodontophora marina		17.47	5.59	18.19
Polygastrophora sp		10.74		
Pseudosteineria sp	64.11			9.99
Sphaerolaimus sp1			2.86	
Sphaerolaimus sp2		12.77		9.99
Terschellingia austenae			4.66	
Terschellingia sp2			3.60	
合计	94.78	89.26	90.37	90.01

c 组位于渤海中部和莱州湾：c1 代表了渤海中部，包括 B007 和 B023 站，水深>20 m，MD_ϕ 平均为 4.9，平均沉积物 Chl-a 浓度和有机质含量较高(分别为 0.71 μg/g 和 0.89%)；

线虫群落种类丰富，没有绝对优势种（优势度>10%），优势度最高的为 *Monhystera* sp2，*Daptonema* sp2，*Parodontophora marina*，*Halalaimus* sp1 和 *Terschellingia austenae*，累计占总丰度 30%。c2 组包括 L005 和 B022 站位代表莱州湾，水深<15 m，MD_ϕ 平均为 5.6，平均沉积物 Chl-a 浓度为 1.09 μg/g，有机质含量最高（1.68%）；线虫以 *Parodontophora marina* 和 *Elzalia* sp1 为最优势种，占总丰度的 30%。

2. 海洋线虫群落内摄食类型的格局

作为同一个类群，尽管线虫具有相似的形态结构，但在沉积物中，它们占据不同的营养级。它们的食物来源包括细菌、藻类和有机碎屑等，有些种类捕食其他的线虫、幼小的多毛类和寡毛类（Heip et al., 1985）。线虫口腔的不同结构，代表了不同的摄食机制，线虫摄食类型的变化反映了沉积物中食物来源的不同。

对研究海域线虫摄食类型进行分析表明：按海洋线虫丰度，非选择性沉积食性者（1B）为最优势类型，占总丰度的 43%；其次为刮食者（2A）和选择性沉积食性者（1A），分别占总丰度的 36% 和 15%；捕食者仅占 6%（图 6-18）。总体而言渤海海域海洋线虫以沉积食性者（1A+1B）为优势类型，占总丰度的 58%，但是，在不同的海区摄食类群组成并不相同（图 6-18）。BIOENV 分析表明：水深、MD_ϕ 和沉积物有机质含量（OM）则是解释线虫摄食结构的最佳组合（$\rho=0.427$）。

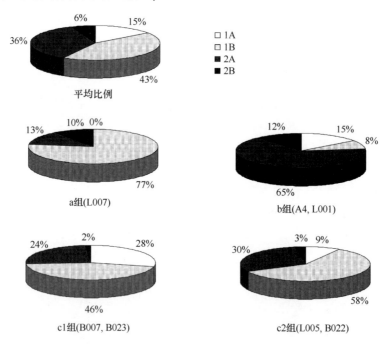

图 6-18 研究站位线虫 4 种摄食类型平均比例

c 组以沉积食性者（1A+1B）占优，渤海中部和莱州湾站位的区别主要体现在 1A 类型的多寡。渤海中部 1A 类型异常丰富，其比例是莱州湾的 3 倍（分别为 28% 和 9%）。渤海中部和莱州湾海域（c 组）水深较深，浮游植物生产力较高，因此向底层沉降的有机碎屑含量高，故也支持沉积食性者为主的线虫群落。根据 Vanhove 等（1999）的研究，虽然均为沉积食性，1B 数量与新鲜有机质含量有关，而 1A 数量则与较早沉降的有机质含量有关。渤海中部海洋水层向底层沉降的新鲜有机碎屑量高，不仅足够被 1B 取食，还有大量碎屑沉积后供 1A 型取食，表明线虫群落食物供给充足。莱州湾海域，虽然沉积物有机质含量最高，可能多为向底层沉降的新鲜有机碎屑，基本可满足 1B 取食，但可供 1A 取食的碎屑量较少。以上结果表明，莱州湾线虫群落可能受食物限制。

a 组（L007 站位）海洋线虫以 1B 为最优势类型，没有出现 1A 类型。L007 站位于黄河口水下三角洲，水深最浅，陆源物质的输入量多，悬浮体含量高，水体浑浊，阻碍了藻类的正常生长发育，但随陆源输入有大量有机碎屑沉积，故线虫群落以沉积食性为优势。但是由于受黄河径流的影响，悬浮—沉积—再悬浮过程明显，沉积物有机质含量低，仅以非选择性沉积食性者为主。

b 组（近岸站组，A4 和 L001 站位）海洋线虫优势类型为 2A（占总丰度的 65%），1A+1B 仅占 23%。b 组站位离岸近，水深浅，但悬浮体含量低，适宜底层藻类的生长发育，因此，刮食者的食物源丰富，形成以刮食者为优势类型的线虫群落。本组沉积物 Chl-a 浓度最高表明该组底栖藻类最丰富。此外，本组 2B 类型比例比其他组合高（12%），高营养级类群丰富，表明了该海域海洋线虫群落的复杂性。

3. 海洋线虫群落的年龄结构

为了说明线虫群落的年龄结构，将线虫分为幼龄个体、成熟的雄性个体（以具交接器为准）和成熟的雌性个体（以怀卵或具发育好的卵巢为准）。详细观察统计了研究海域 7 个典型站位幼龄个体数及雌雄比（表 6-11）。结果显示，研究站位雌性个体数量远多于雄性个体，雌雄个体比例平均为 1.57，L001 站位该值最高达到 3.22。研究站位线虫幼龄个体平均占总丰度的 52.1%。其中，L007 站位幼龄个体比例最低（20.5%），B023 站位幼龄个体所占比例最高（59.5%）。本研究海域幼龄个体占优势，而且雌性成熟个体数量远多于雄性，可能是研究海域多数线虫种群正处于繁殖期导致的。One-Way ANOVA 分析结果表明，三个站位组合间的幼龄个体比例差异极显著（$F=20.97$，$P<0.01$），但雌雄比没有显著的差异（$F=1.108$，$P>0.05$）。

表 6-11 研究站位雌雄个体数、幼龄个体数、雌雄比及幼龄个体比例

	A4	L001	B007	B023	B022	L005	L007	平均
雌性/雄性	1.58	3.22	1.56	1.45	2.00	1.32	1.82	1.57
幼龄/总体/%	38.8	29.6	49.0	59.5	51.4	52.9	20.5	52.1

6.3.3 渤海中南部海洋线虫多样性

1. 海洋线虫群落物种多样性

7 个研究站位中，海洋线虫丰度最高值出现在渤海中部站位 B023 站位，丰度（1370±178）ind/cm^2；最低值出现在黄河口水下三角洲 L007 号站位，丰度仅为（60±37）ind/cm^2（表 6-12）。渤海中部站组（c1 组）线虫丰度显著高于其他站位（ANOVA $F=88.585$，$P<0.0.1$）。各站位种数 S 分布趋势与丰度相同，与丰度显著正相关（$r=0.966$，$P<0.0.1$）。

表 6-12 渤海中南部研究站位海洋线虫多样性指数和环境变量

指数	B007	B023	B022	L005	A4	L001	L007
丰度	1314.3±559.1	1369.8±178.1	434.7±250.6	315.1±116.7	149.5±44.8	91.4±51.3	60.1±37.2
S	51	45	20	23	19	14	6
d	7.39	6.31	3.75	3.9	3.77	2.98	1.23
J'	0.79	0.65	0.75	0.74	0.84	0.66	0.66
H' ($\log_2$)	4.47	3.6	3.25	3.34	3.58	2.51	1.69
λ	0.08	0.15	0.16	0.16	0.12	0.32	0.44
Δ	82.3	70.1	68.2	62.8	76.3	60	52.6
Δ^*	89.1	82.4	81.1	74.3	85.7	87	93
Δ^+	87.6	88.8	85	87.5	89.8	88.7	88.3
$S\Delta^+$	4470	3997.7	1700	2011.4	1705.6	1242.3	530
Λ^+	291.5	284.5	301.3	284.7	238.8	278.3	405.6
水深/m	21	20	17	11	18	16	3
MD_Φ	4.1	6.8	5.6	4.4	5.7	5.4	4
Chl-a/ (μg/g)	0.911	1.162	0.514	1.036	0.062	2.552	0.577
Pheo-a/ (μg/g)	2.733	3.793	1.993	3.073	0.407	6.739	1.436

物种多样性研究结果显示（图 6-19），由渤海中部至莱州湾方向，d 和 H 逐渐降低，λ 逐渐增加。J 在各站位间的变化不显著。对各物种多样性指数进行单因素方差分析，结果表明，线虫物种多样性指数 S、d 在渤海中部（c1 组，B007 和 B023 站位）和其他站位间差异显著（$P<0.01$），大小排序以渤海中部（c1 组）最高，黄河口水下三角洲（a 组，L007 站位）最低，即 c1>c2>b>a。相反，黄河口水下三角洲线虫群落 λ 值显著高于其他站组（$P<0.01$）。线虫群落 H 和 J 在站组间的差异不显著（$P>0.05$）。k-优势度曲线揭示研究站位中，渤海中部 B007 站位和 B023 站位具有最高的物种多样性，黄河口水下三角洲 L007 站位物种多样性最低（图 6-20）。

渤海中南部海洋线虫多样性指数，与水深和沉积环境各变量之间关联性不显著（表 6-13），仅 H 和 Δ 与水深呈显著的正相关性（$P<0.05$），说明渤海中南部线虫群落的物种多样性受水深的影响较为显著。尽管本节线虫多样性指数与沉积物粒径的相关性不显著（$P>0.05$），线虫的多样性与沉积物的粒径的相关性已被许多研究证实。Wieser（1960）及 Hopper 和 Meyers（1967）提出，具有更多生态位的生境中，出现的物种数量也更多。他们同时还认为当粉砂-黏土含量降低，粒径增加时，其异质性增加，多样性提高。在砂质底沉积物中，由于间隙动物的存在，线虫的多样性高于泥质底沉积物，同时也存在着更多的特异种（Heip, 1980）。较粗粒径沉积物中由于小生境的存在，其生态位更广，因而可以使相近种共存（McIntyre and Murison, 1973）。本节 B007 站位沉积物粉砂-黏土含量最低，为 51%，线虫多样性结果显示，该站 H 最高，并且有许多同属相近种共存，如有 3 个 *Halalaimus* 属、3 个 *Dorylaimopsis* 属的种共存。

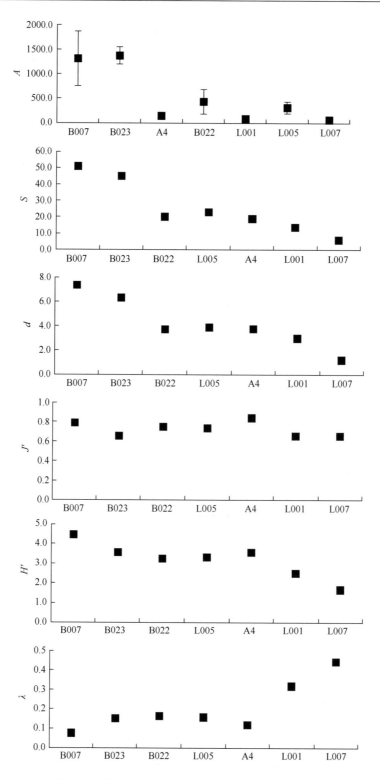

图 6-19 研究海域各站位线虫丰度（A，ind/10cm^2）和物种多样性指数的变化（S，d，J'，H'和λ）

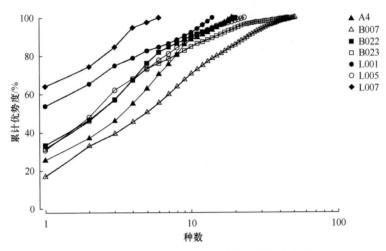

图 6-20 研究站位海洋线虫群落 k-优势度曲线

表 6-13 海洋线虫多样性指数与环境变量之间的 Pearson 非参数相关性检验

	水深/m	底层水温度/℃	底层水盐度	MD_Φ	Chl-a/（μg/g）	Phaeo-a/（μg/g）	OM/%
J'	0.669	−0.261	0.451	−0.114	−0.602	−0.593	−0.406
S	0.692	0.264	0.47	0.206	0.000	0.091	0.610
d	0.790	0.160	0.573	0.239	0.003	0.097	0.569
H'	0.834*	−0.002	0.578	0.185	−0.203	−0.116	0.322
λ	−0.81	0.09	−0.527	−0.291	0.291	0.195	−0.307
Δ	0.867*	−0.098	0.682	0.204	−0.316	−0.25	0.198
Δ^*	−0.155	0.060	0.101	−0.285	−0.009	−0.096	−0.300
Δ^+	−0.089	−0.768	0.214	0.17	0.131	0.074	0.054
$S\Delta^+$	0.694	0.246	0.478	0.215	0.002	0.094	0.616
Λ^+	−0.810	0.642	−0.762	−0.523	−0.100	−0.162	−0.263

* $P<0.05$。

2. 海洋线虫群落分类多样性

渤海海洋线虫分类多样性的空间分布差异并没有物种多样性那么明显（图 6-21），单因素方差分析表明平均分类多样性指数 Δ、分类差异度指数 Δ^*、平均分类差异度指数 Δ^+ 和分类差异度变异指数 Λ^+ 在三个站位组间的差异均不显著（$P>0.05$）。总分类差异度 $S\Delta^+$ 在渤海中部区与其他区间的差异显著（$P<0.05$），与物种多样性指数 S 和 d 具有紧密正相关关系。

3. 线虫分类差异度对渤海底栖生态环境的指示

以渤海潮下带海洋线虫 147 属作为背景名录（郭玉清，2000；张志南等，2001a，b；本书），作出平均分类差异度指数 Δ^+ 和分类差异度变异指数 Λ^+ 的期望平均值及 95% 的置信区间的漏斗图（图 6-22）。结果显示，7 个研究站位中，仅有 1 个站位（L007）的分类差异度变异指数 Λ^+ 显著偏离期望平均值（图 6-22），表明该站处于较为严重的人为干扰之下。

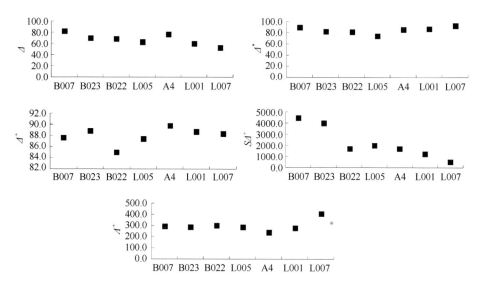

图 6-21 研究海域各站位线虫分类多样性指数的变化（Δ、Δ^*、Δ^+、$S\Delta^+$ 和 Λ^+）

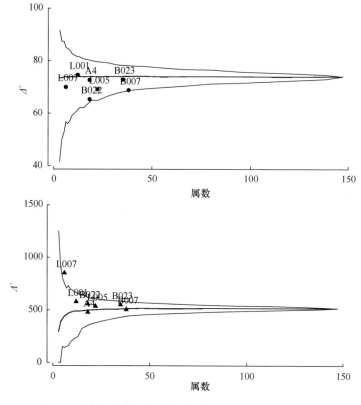

图 6-22 渤海中南部海洋线虫平均分类差异度指数 Δ^+ 和
分类差异度变异指数 Λ^+ 的 95%置信漏斗曲线

6.3.4 渤海中南部海洋线虫群落多样性十年际变化

在过去 30 年里，渤海海域潮下带海洋线虫共准确鉴定 35 个科 147 个属 196 种或分类实体单元，种名录见附录2。

为了准确分析近20年来渤海中南部海洋线虫群落的变化，将本次研究结果与1986年6月、1997年6月该海域9个站位的研究结果进行比较，站位图见图6-23。本节结果与1986年渤海中南部海洋线虫群落的调查结果（张志南等，2001b）进行比较可以发现，该海域海洋线虫群落结构发生了一些变化，可体现在优势科的变化（表6-14）。

黄河口水下三角洲线虫群落以希阿利线虫科（Xyalidae）为最优势科，但色矛线虫科（Chromadoridae）线虫在2008~2009年研究站位未出现。莱州湾线虫群落最优势科在1986年为轴线虫科（Axonolaimidae）（44.8%），2008~2009年希阿利线虫科（Xyalidae）

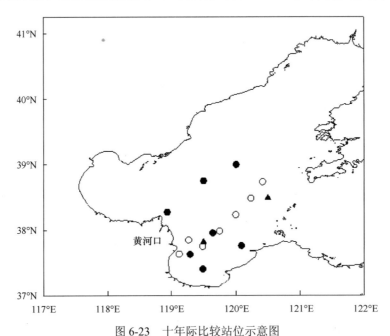

图6-23 十年际比较站位示意图

实心圆表示2008年站位，空心圆表示1986年站位，实心三角表示1997年站位

表6-14 20世纪80年代至21世纪初渤海中南部海洋线虫优势科的变化

	1986年	比例/%	2008~2009年	比例/%
莱州湾	Axonolaimidae 轴线虫科	44.8	Xyalidae 希阿利线虫科	72.6
	Comesomatidae 联体线虫科	15.4	Axonolaimidae 轴线虫科	16.4
	Linhomoeidae 线型线虫科	13.2	Comesomatidae 联体线虫科	4.1
渤海中部	Chromadoridae 色矛线虫科	21.1	Xyalidae 希阿利线虫科	26.7
	Comesomatidae 联体线虫科	19.5	Monhysteridae 单宫线虫科	23.8
水下三角洲	Xyalidae 希阿利线虫科	58.3	Xyalidae 希阿利线虫科	64.1
	Linhomoeidae 线型线虫科	13.0	Comesomatidae 联体线虫科	15.4
	Chromadoridae 色矛线虫科	8.9	Linhomoeidae 线型线虫科	10.3
	thoracostomopsidae 腹口线虫科	5.9	Thoracostomopsidae 腹口线虫科	10.3

线虫一跃成为最优势科（72.6%）。渤海中部海区线虫群落优势科的变化最为显著。1986年该区线虫以色矛线虫科（Chromadoridae）和联体线虫科（Comesomatidae）（均属于色

矛目 Chromadorida）为优势科，占总丰度的 40.6%。2008~2009 年渤海线虫优势科则完全不同于 1986 年，由单宫目（Monhysterida）的希阿利线虫科（Xyalidae）和单宫线虫科（Monhysteridae）线虫为最优势科，占总丰度的 50.5%。

此外，本书站位与郭玉清（2000）1998~1999 年的近黄河口站位（包括了莱州湾口及渤海中西部站位）有重叠，本节对重叠海区海洋线虫群落进行了比较。在 1998~1999 年，该海区海洋线虫群落以轴线虫科（Axonolaimidae）（*Parodontophora marina*）、线型线虫科（Linhomoeidae）（*Eleutherolaimus* sp）和联体线虫科（Comesomatidae）（*Dorylaimopsis rabalaisi* 和 *Sabtieria* sp）为优势（郭玉清，2000）。特别在莱州湾口以 *Parodontophora marina* 和 *Dorylaimopsis rabalaisi* 优势极显著（郭玉清，2000）。本节结果与此结果相同，在莱州湾的 B022 和 L005 站位 *P. marina* 仍是非常显著的优势种，占总丰度的 18%（表 6-10）。然而，如上所述在渤海中部线虫群落以单宫目（Monhysterida）的希阿利线虫科（Xyalidae）和单宫线虫科（Monhysteridae）为最优势科，以 *Monhystera* sp2、*Daptonema* sp2、*P. marina*、*Halalaimus* sp1 和 *Terschellingia austenae* 为最优势种（均>5%），*P. marina* 和 *D. rabalaisi* 优势度明显降低，而 *D. rabalaisi* 优势度为 2.4%，不在前 10 种范围内（表 6-10）。本结果揭示渤海中部海洋线虫群落发生改变，优势种更替，摄食类型也由刮食者向沉积食性转变。这可能与沉积环境的改变有关，特别与沉积物有机碎屑量的变化有关。与 1986 年和 1997 年的数据进行比较显示，本次研究渤海中部站位沉积物有机质含量及 Phaeo-a 浓度在 20 年间虽然有所降低，但并不显著；然而 Chl-a 浓度显著降低（表 6-15），可能是底层藻类数量降低所致。由于向底层沉降的有机碎屑并未发生大的变化，为沉积食性者提供了更好的机会。

海洋线虫拥有高度的物种多样性和功能多样性，从滨海带的高潮线直到深海大洋的最深海沟处，从寒冷的两极直到深海脊上的高温热泉生物群落均有它们的分布（Lambshead，1993；Lambshead and Boucher，2003）。在浅海潮下带，由于水体的扰动、有机物质的输入等原因线虫多样性往往较高。已有报道显示在我国温带浅海海域，南黄海线虫物种多样性 H' 最高（3.84~5.85，刘晓收，2005），渤海中南部海洋线虫多样性 H'（1.69~4.47）与东海长江口邻近海域相近（2.09~3.86；Hua et al.，2014）。但是，渤海线

表 6-15　不同采样时间海洋线虫多样性及环境变量的比较

	1986 年 [a]（n=7）		1997 年 [a]（n=2）		2008~2009 年 [b]（n=9）		F	显著性
	平均	SD	平均	SD	平均	SD		
水深	20	7	24	9	14	6	1.687	0.226
MD$_\Phi$	5.47	0.76	4.65	1.91	5.17	1.01	0.550	0.590
Chl-a/（μg/g）	2.82	1.85	—	—	0.97	0.79	5.897	0.032
Phaeo-a/（μg/g）	8.83	8.64	—	—	2.88	2.03	3.138	0.102
OM/%	1.35	0.43	—	—	0.97	0.78	1.285	0.279
d	6.5	1.8	8.5	2.1	4.2	2.1	4.739	0.028
H'（log$_2$）	4.2	0.6	4.8	0.7	3.2	0.9	4.745	0.028
J'	0.8	0.1	0.8	0.1	0.7	0.1	2.144	0.157
λ	0.1	0.0	0.1	0.0	0.2	0.1	3.294	0.070

a. 对张志南等（2001）渤海中南部数据平均获得；b. 对本书 7 个站位数据平均获得。

虫多样性在过去 20 年间显著地降低了。表 6-15 显示，在 20 年间线虫丰富度指数 d 和多样性指数 H' 显著降低，优势度 λ 增加。造成线虫多样性变动的原因很多，然而，食物是一个很重要的因素。如上文提到，沉积物有机碎屑量的变化对线虫摄食类型产生影响，最终导致多样性变动。此外，近几十年来沿岸工业、渔业和海产养殖、石油及天然气开采、海上运输等对渤海海域生态环境具有很大的影响。受到人类活动的长期影响，渤海海域生物群落结构及多样性必然发生变化。虽然本研究涉及站位有限，线虫多样性降低的趋势却已是不争的事实。

6.4 渤海底栖桡足类群落结构及生物多样性

底栖桡足类（绝大多数是猛水蚤）是一类小型低等甲壳动物，是海洋仔、稚、幼鱼和虾蟹的重要饵料，在底栖食物网中具有重要的作用，同时还是海洋污染监测的重要类群。新中国成立以来我国海洋浮游桡足类研究具有长足的进步，但海洋底栖桡足类的研究一直没有得到足够的重视，分类学基础极其薄弱，也阻碍了生态学相关领域的发展。

本书对渤海 1997~1999 年，以及 2008 年共 5 个航次的猛水蚤标本进行了分类学和生态学研究。5 个航次分别为 1997 年 5 月航次、1997 年 6 月航次、1998 年 9 月航次、1999 年 4 月航次和 2008 年 8 月航次，以下简称为 975、976、989、994 和 088 航次。

6.4.1 研究方法

取样、染色和分选方法同本章 6.3 节。

使用 Olympus BH-2 显微镜将底栖桡足类鉴定至种或分类实体单元；底栖桡足类的制片采用三种方法：悬滴制片法、三明治制片法和解剖制片法（慕芳红，2000）。使用 Nikon Optiphot 20 和 Zeiss Axioskop 干涉相差显微镜（带显微绘图仪）进行新种的观察和绘图；扫描电子显微镜下进行重要特征的细节观察。猛水蚤分类系统以及分类学特征的术语参见 Huys 和 Boxshall（1991）及 Huys 等（1996）。

采用 PRIMER 5.0 和 SPSS17.0 进行数据统计分析。多变量统计分析包括 Cluster、MDS、PCA、ANOSIM、SIMPER、BIOENV、BVSTEP 等。多样性指数包括物种数（S）、种类数量（N）、香农-威纳信息指数（H'）、种丰富度指数（d）、均匀度指数（J'）。后三种指数计算公式如下：

香农-威纳指数：

$$H' = -\sum (P_i \times \ln P_i) \tag{6-10}$$

式中，P_i 为群落中属于第 i 种个体的比例，若总个体数为 N，第 i 种个体数为 n_i，则 $P_i = n_i/N$。

物种的丰富性指数（margalef's species richness）：

$$d = (S-1)/\ln N \tag{6-11}$$

式中，d 为物种的丰富度指数；S 为种类的数目；N 为个体总数。

均匀性指数（pielou's evenness）：

$$J' = H'/\ln S \tag{6-12}$$

式中，H' 为香农-威纳指数；S 为种类的数目。

6.4.2 底栖桡足类的分类和生物多样性

1. 分类学研究

渤海猛水蚤目前发现 18 科 51 属 116 种（种名录见附录 3）。

渤海调查站位的猛水蚤种类中目前已发表新属 2 个，新种 8 个。新属为 *Neoacrenhydrosoma*、*Sinamphiascus*，新种包括：*Neoacrenhydrosoma zhangi*、*Bulbamphiascus plumosus*、*B. spinulosus*、*Sinamphiascus dominatus*、*Stenhelia sheni*、*S. taiae*、*Scottolana geei*、*Onychostenhelia bispinosa*。

重新描述了 *Scottolana bulbifera*（Chislenko，1971），*Bulbamphiascus imus*（Brady，1872）。

对 *Stenhelia* 属进行了系统发育分析并修订了该属：将 *Stenhelia*（*Delavalia*）提升至属 *Delavalia*；将原先错误被定为次异名属的 *Beatricella* 重新恢复至属的地位，*S. aemula* 定为其模式种；新建 *Anisostenhelia* 属容纳 *S. asetosa*，并给出 *Stenhelia* 属的检索表。

给出 Stenheliinae 亚科到属的检索表。

以上分类学成果详见 Mu 和 Huys（2002，2004）、Mu 和 Gee（2000）、Huys 和 Mu（2008）、Gee 和 Mu（2000）。

2. 底栖桡足类的多样性

（1）975 和 976 航次

A. 优势种类

975 航次潍河口一个站位 XY 共鉴定出底栖桡足类 5 科 7 属 11 种。976 航次 5 个站位共鉴定出底栖桡足类 9 科 27 属 43 种，其优势种类见表 6-16。这 10 个种类的丰度累计达 71.66%。975 航次潍河口站位种类组成与 976 航次 5 个站位具有较大区别，11 种底栖桡足类中有 8 种仅见于该河口站位，包括 *Microarthridion* sp2、*Tichidium*（*Neotachidius*）sp1、*Kollerua* sp2、*Limnocletodes behningi*、*Halectinosoma* sp7、*Halectinosoma* sp8、*Longipedia kikuchii*、*Paralaophonte* sp1（表 6-16）。

表 6-16 976 航次优势种及其优势度

种类	比例/%	累计比例/%
Danielssenia typica	22.19	22.19
Amphiascoides sp2	10.63	32.82
Sinamphiascus dominatus	9.14	41.96
Pseudameira sp1	6.78	48.73
Heteropsyllus major	5.17	53.90
Proameira sp1	4.88	58.78
Sigmatidium sp1	3.98	62.76
Neoacrehydrosoma zhangi	3.30	66.07
Amphiascoides sp1	3.10	69.16
Onychostenhelia bispinosa	2.49	71.66

B. 多样性指数

975、976 航次各站位的多样性指数见表 6-17。6 个站位比较，潍河口 XY 站底栖桡足类数量最高，但丰富度、香农-威纳指数和均匀度指数都是最低的，反映了该河口站位较低的多样性水平。

表 6-17　975、976 航次各站位底栖桡足类多样性

站位	种数 S	数量 N	丰富度 d	香农-威纳指数 H'	均匀度 J'
ST1	27	65.4	6.2	2.3	0.7
ST2	7	7.7	3.0	1.7	0.9
ST3	12	20.3	3.7	2.2	0.9
ST4	12	50.0	2.8	1.8	0.7
ST5	23	68.7	5.2	2.6	0.8
XY	10	84.7	2.0	0.6	0.2

C. 多样性与环境因子的关系

多样性与主要环境因子的 Spearman 非参数相关性检验结果（表 6-18）表明，丰富度、香农-威纳指数和均匀度与所测环境因子均无显著相关性。仅数量与水深呈极显著相关。

表 6-18　976 航次多样性指数与主要环境因子相关性的非参数检验

指数	砂	粉砂	黏土	MD_Φ	QD_Φ	异质性指数	水深
种数	0.230	−0.280	−0.112	−0.122	−0.101	0.639	0.843
数量	0.611	−0.642	−0.439	−0.489	−0.388	0.364	0.980**
丰富度	0.010	−0.078	0.087	0.095	0.046	0.743	0.676
香农-威纳指数	0.328	−0.206	−0.424	−0.365	−0.423	−0.479	0.516
均匀度	−0.235	0.367	0.003	0.086	−0.156	0.060	−0.867

** $P<0.01$。

（2）989 航次

A. 优势种类

989 航次 20 个站位共鉴定出底栖桡足类 14 科 40 属 77 种。其优势种类见表 6-19。这 13 个种类的丰度累计比例达 71.25%。

表 6-19　989 航次优势种及其优势度

种名	比例/%	累计比例/%
Sinamphiascus dominatus	14.29	14.29
Heteropsyllus major	14.23	28.52
Pseudameira sp1	7.95	36.47
Scottolana bulbifera	5.65	42.13
Amphiascoides sp1	5.01	47.14
Danielssenia typica	3.91	51.05
Microarthridion sp3	3.83	54.87
Halectinosoma sp13	3.25	58.12
Amphiascoides sp2	3.07	61.19
Pseudameira sp3	2.75	63.95
Bulbamphiascus plumosus	2.71	66.65
Haloschizopera sp1	2.39	69.04
Halectinosoma sp5	2.21	71.25

B. 多样性指数

989 航次各站位底栖桡足类多样性指数见表 6-20。丰富度指数、香农-威纳指数的结果较为一致，位于渤海海峡中部的站位（A2、A4、C4）和渤海中西部的站位（D3、D4、D5、E4、E5）的值高于渤海其他站位。但均匀度指数显示除了 A1、D5、G2~G5 站以外，其他各站位的值相差不大。G5、D5 站丰富度指数高，但均匀度指数很低。在 G5 站 *Sinamphiascus dominatus* 和 *Pseudameira* sp1 两个种类分别占该站位总数量的 47.8%和 24.8%，合计 72.6%；D5 站 *Heteropsyllus major* 和 *Amphiascoides* sp1 两个种类占总数量的 55.2%和 7.3%，合计 62.5%，造成这两个站位均匀性指数最低。A1、G2~G4 站位丰富度、均匀度和香农-威纳指数都很低。

C. 多样性与环境因子的关系

989 航次多样性与主要环境因子的 Spearman 非参数相关性检验结果（表 6-21）表明水深与种数、数量、丰富度指数和香农-威纳指数呈现显著或极显著的正相关，而沉积物的中值粒径与上述 4 个指数呈显著或极显著的负相关，说明随着水深的增加、沉积物变粗，底栖桡足类的多样性呈现上升的趋势。铜与底栖桡足类的种数、数量、香农-威纳指数呈显著的负相关，铅与数量、砷与丰富度呈显著的负相关，说明猛水蚤对重金属较为敏感，调查海域重金属含量已影响到底栖桡足类的多样性。

表 6-20 989 航次各站位底栖桡足类多样性

站位	种数 S	数量 N	丰富度 d	香农-威纳指数 H'	均匀度 J'
A1	14	75.0	3.01	1.85	0.70
A2	28	83.0	6.11	2.69	0.81
A4	33	337.5	5.50	2.94	0.84
B1	8	25.0	2.17	1.83	0.88
B2	10	49.5	2.31	1.82	0.79
C4	21	133.5	4.09	2.32	0.76
D2	9	10.0	3.47	2.01	0.92
D3	16	45.0	3.94	2.38	0.86
D4	17	70.0	3.77	2.31	0.81
D5	29	278.5	4.97	2.01	0.60
E1	11	49.5	2.56	1.89	0.79
E2	10	39.5	2.45	1.95	0.85
E3	12	39.0	3.00	2.17	0.88
E4	23	79.5	5.03	2.64	0.84
E5	16	60.5	3.66	2.49	0.90
G1	16	108.0	3.20	2.29	0.83
G2	9	32.5	2.30	1.52	0.69
G3	15	140.0	2.83	2.00	0.74
G4	15	143.5	2.82	1.97	0.73
G5	24	231.5	4.22	1.76	0.56

表 6-21　989 航次多样性指数与主要环境因子相关性的非参数检验

环境因子	种数 S	数量 N	丰富度 d	香农-威纳指数 H'	均匀度 J'
石油总量	−0.161	−0.182	−0.118	0.009	0.207
铜	−0.502*	−0.457*	−0.417	−0.490*	0.040
铅	−0.399	−0.472*	−0.280	−0.345	0.110
铬	−0.280	−0.377	−0.153	−0.098	0.305
砷	−0.429	−0.172	−0.481*	−0.230	0.358
汞	−0.249	−0.400	−0.124	−0.260	0.005
镉	−0.372	−0.374	−0.265	−0.216	0.236
砂	0.580**	0.601**	−0.440	0.531*	−0.079
粉砂	−0.422	−0.508*	−0.288	−0.347	0.111
黏土	−0.502*	−0.397	−0.436	−0.527*	−0.024
$MD\phi$	−0.604**	−0.547*	−0.491*	−0.579**	0.045
异质性指数	0.446*	0.554**	0.284	0.438	−0.027
水深	0.867**	0.742**	0.811**	0.555*	−0.254

* $P<0.05$，** $P<0.01$。

（3）994 航次

A. 优势种类

994 航次 20 个站位共鉴定底栖桡足类 14 科 47 属 79 种。其优势种类见表 6-22。这 13 个种类的丰度累计比例达 70.74%。

表 6-22　994 航次优势种及其优势度

种名	比例/%	累计比例/%
Sinamphiascus dominatus	12.28	12.28
Heteropsyllus major	11.02	23.30
Amphiascoides sp1	8.70	32.00
Halectinosoma sp5	6.25	38.24
Pseudameira sp1	5.40	43.65
Halectinosoma sp2	5.19	48.84
Halectinosoma sp13	3.72	52.56
Enhydrosoma intermedia	3.51	56.07
Stylicletodes sp2	2.32	58.39
Bulbamphiascus plumosus	2.25	60.63
Sigmatidium sp1	2.04	62.67
Danielssenia typica	2.04	64.70
Stenhelia sp4	1.75	66.46
Scottolana bulbifera	1.47	67.93
Haloschizopera sp1	1.47	69.40
Amphiascoides sp2	1.33	70.74

B. 多样性指数

994 航次各站位底栖桡足类多样性指数见表 6-23。位于渤海海峡中部的站位（A4、D5）丰富度和香农-威纳指数值最高。D2、D3、G3、G4 站位的丰富度和香农-威纳指数值最低。均匀度指数值 D2、E3、E4、G3、A2 站位较高，G4、G5 站位最低，其他各站位相差不大。20 个站位中 G4、G5、B1、A1 站位所有的多样性指数值都较低。

表 6-23 994 航次各站位底栖桡足类多样性

站位	种数	数量	丰富度	香农-威纳指数	均匀度
A1	9	31	2.33	1.89	0.86
A2	7	18	2.08	1.83	0.94
A4	31	237	5.49	3.00	0.87
B1	14	144	2.62	1.95	0.74
B2	16	77	3.45	2.22	0.80
C4	11	53	2.52	2.02	0.84
D2	2	3	0.91	0.64	0.92
D3	3	5	1.24	0.95	0.87
D4	13	72	2.81	1.85	0.72
D5	26	242	4.55	2.57	0.79
E1	13	81	2.73	1.99	0.77
E2	14	52	3.29	2.38	0.90
E3	5	5	2.49	1.61	1.00
E4	12	22	3.56	2.39	0.96
E5	15	104	3.01	2.13	0.79
G1	20	108	4.06	2.55	0.85
G2	11	37	2.77	1.93	0.81
G3	5	13	1.56	1.52	0.95
G4	5	12	1.61	1.10	0.68
G5	14	109	2.77	1.78	0.67

C. 多样性与环境因子的关系

多样性与主要环境因子的 Spearman 非参数相关性检验结果（表 6-24）表明，994 航次所测 11 个环境因子中，水深与底栖桡足类的种数、数量和丰富度显著正相关；粉砂含量与丰富度显著负相关。

表 6-24 994 航次多样性指数与主要环境因子相关性的非参数检验

环境因子	种数 S	数量 N	丰富度 d	香农-威纳指数 H'	均匀度 J'
叶绿素 a（0~2 cm）	0.185	0.102	0.209	0.221	−0.126
叶绿素 a（2~5 cm）	−0.280	−0.264	−0.282	−0.156	0.188
脱镁叶绿酸（0~2 cm）	0.050	−0.028	0.142	0.169	0.074
脱镁叶绿酸（2~5 cm）	−0.176	−0.184	−0.152	−0.148	−0.159
含水量	−0.139	−0.174	−0.065	−0.110	0.111
有机质	0.120	0.029	0.205	0.180	0.228
砂砾	−0.229	−0.198	−0.246	−0.328	−0.381
砂	0.403	0.377	0.373	0.304	−0.157
粉砂	−0.442	−0.361	−0.451*	−0.376	0.124
黏土	−0.200	−0.274	−0.118	−0.083	0.161
MD_Φ	−0.305	−0.337	−0.237	−0.185	0.202
异质性指数	0.285	0.251	0.258	0.167	−0.186
水深	0.477*	0.477*	0.467*	0.370	0.039

* $P<0.05$。

（4）088 航次

A. 优势种类

088 航次 5 个站位共鉴定出底栖桡足类 9 科 18 属 25 种。其优势种类见表 6-25。这 5 个种类的丰度累计比例达 74.34%。其中 *Sinamphiascus dominatus* 仍为最优势的种类。

表 6-25 088 航次优势种及其优势度

种名	比例/%	累计比例/%
Sinamphiascus dominatus	31.52	31.50
Paramphiascella sp1	14.35	45.87
Heteropsyllus major	13.41	59.28
Pseudomeria sp1	9.41	68.69
Pseudobradya sp2	5.65	74.34

B. 多样性指数

088 航次各站位底栖桡足类多样性指数见表 6-26。其中位于渤海中部的 B008 站位香农-威纳指数和丰富度指数最高。位于莱州湾口的 B019 站位香农-威纳指数最低，但该站位均匀度指数最高。

C. 多样性与环境因子的关系

多样性与主要环境因子的 Spearman 非参数相关性检验结果（表 6-27）表明，仅均匀度与沉积物的粉砂-黏土含量显著正相关。

表 6-26 088 航次各站位底栖桡足类多样性

站位	种数 S	数量 N	丰富度 d	香农-威纳指数 H'	均匀度 J'
B001	6.33	34.67	1.84	1.68	0.94
B008	9.67	66.00	2.24	1.76	0.84
B018	8.00	67.00	1.67	1.42	0.68
B019	4.50	6.50	1.84	1.38	0.95
B009	6.33	14.33	1.99	1.47	0.81

表 6-27 088 航次多样性指数与主要环境因子相关性的非参数检验

环境因子	种数 S	数量 N	丰富度 d	香农-威纳指数 H'	均匀度 J'
水深	0.821	0.600	0.359	0.300	−0.600
底层水温	−0.667	−0.500	−0.205	−0.100	0.300
底层水盐度	0.564	0.300	0.564	0.500	−0.700
粉砂-黏土含量	−0.359	−0.600	0.410	0.000	0.900*
MDϕ	−0.359	−0.700	0.564	−0.100	0.700
叶绿素 a	0.359	0.200	0.205	0.100	0.300
脱镁叶绿酸	0.359	0.200	0.205	0.100	0.300
有机碳	0.051	−0.300	0.667	0.400	0.700

* $P<0.05$。

（5）底栖桡足类多样性的十年际变化

在 20 世纪末调查的航次和 21 世纪 088 航次中选取了 5 个位置相邻或基本吻合的站位，其中 976 航次的 ST5 站、989 航次的 G4、E5、D3、G1 站依次与 088 航次 B001、

B008、B018、B019、B009 站相对应,研究了底栖桡足类多样性十年际变化情况(图6-24)。

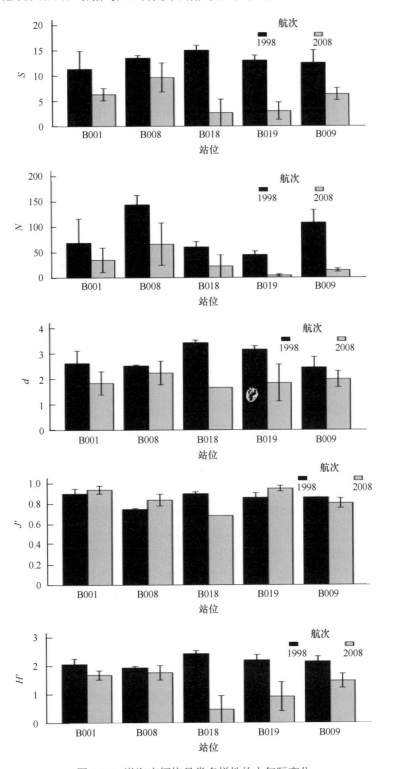

图6-24 渤海底栖桡足类多样性的十年际变化

结果表明，比起 20 世纪 90 年代末，088 航次底栖桡足类的多样性指数，包括种数（F=25.535，P<0.01）、数量（F=8.877，P<0.01）、丰富度（F=11.037，P<0.01）和香农-威纳指数（F=14.951，P=0.001<0.01）都呈现极显著的下降。仅均匀度指数变化不显著（F=0.006，P>0.05）。引起多样性下降的原因尚待进一步研究。

（6）底栖桡足类多样性指数随远离黄河口的变化

以上几个航次的多样性分析都表明，底栖桡足类的多样性受水深和沉积物粒度影响较大。渤海由黄河口水下三角洲经莱州湾、渤海中部至渤海海峡，总的趋势是沉积物颗粒由细变粗，受黄河影响的水动力过程影响很大。底栖桡足类群落可能沿着这一环境梯度而演替（慕芳红等，2001b），群落演替的一个重要指标就是多样性的变化。图 6-25 显示了底栖桡足类多样性指数随远离黄河口的变化。可见底栖桡足类的种数随着远离黄河口而增加；丰度在黄河口水下三角洲较高，在 40 km 处降至最低，然后又逐渐升高；香农-威纳指数随着远离黄河口，总体呈现上升趋势。

6.4.3 底栖桡足类的群落结构

1. 聚类分析

RELATE 检验表明 989 和 994 航次桡足类群落结构变化格局显著相关（ρ=0.357，P<0.05）。因此将两航次数据进行综合分析以获得更广泛意义上的群落分布的空间格局。对以上两航次的底栖桡足类的丰度数据进行平均和平方根转换后，按 Bray-Curtis 相似性系数构建聚类，依据 28%、38% 和 43% 相似水平，划分出 5 个可能的组合（图 6-26），分别为组合 1：A2、A4、D5；组合 2：G1、G3、G4；组合 3：B1、B2、E1；组合 4：D3、E2、E3、E4、G2；组合 5：A1、C4、D4、E5、G5。D2 站比较特殊，与其他站位的相似程度均小于 30%。

2. MDS 排序分析

MDS 排序结果见图 6-27，将各站位组合投射到渤海站位示意图（图 6-28）上，可反映出底栖桡足类群落与渤海自然地理的密切关系。组合 1：位于渤海海峡中北部；组合 2：位于辽东湾的南部；组合 3：位于莱州湾北部和渤海湾东部；组合 4：位于渤海的中部；组合 5：位于渤海的东部。由此可见从渤海西南部的黄河水下三角洲经过渤海中部至渤海海峡，随着远离黄河水下三角洲，桡足类群落大致呈连续分布。

3. SIMPER 分析

989 和 994 航次共鉴定桡足类 115 种，其中大部分是稀有种，在进行两向交叉 SIMPER 分析时，对桡足类丰度数据进行了平方根转换以对稀有种的作用加权，并且只选取了对组合间的不相似性贡献超过 50% 的种类加以比较，结果见表 6-28。

可以构划出三组不同种类组，第一组种类将位于渤海海峡中北部的站位组合 1 和其他站位组合明显地分开，这些种类如 *Danielssenia typica*、*Fladenia* spp、*Haloschizopera* sp1、*Stenhelia* spp、*Paramphiascella* sp1、*Stylicletodes* sp1、*Eurycletodes* sp1、*Sigmatidium* sp1；第二组种类对分布于渤海海峡内的组合间的不相似性起作用，这些种类如 *Zosime* sp1、

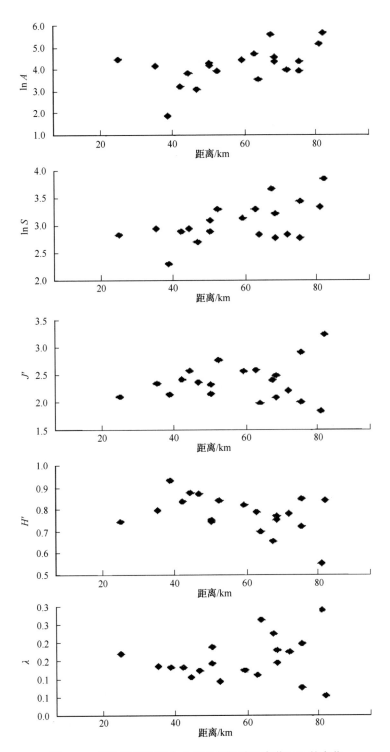

图 6-25 渤海底栖桡足类多样性指数随远离黄河口的变化

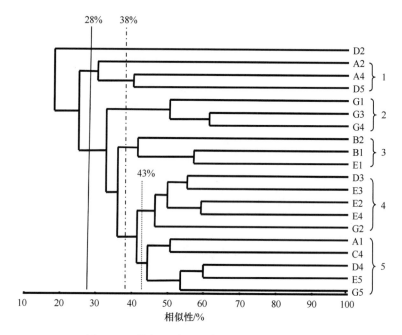

图 6-26 渤海 20 个站位桡足类聚类分析结果

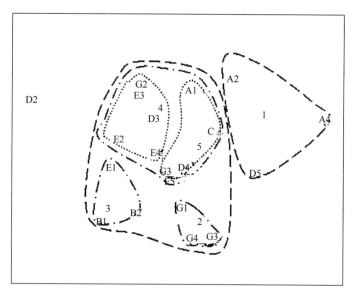

图 6-27 渤海 20 个站位桡足类 MDS 排序分析结果（应力值=0.13）

Bulbamphiascus spp，*Halectinosoma* spp，*Enhydrosoma intermedia*，*Scottolana bulbifera*；第三组种类对所有组合间的不相似性起作用，这些种类如 *Heteropsyllus* major，*Sinamphiascus dominatus*，*Amphiascoides* spp，*Halectinosoma* sp2，*Pseudameira* sp1。第二组的种类比较稀少，说明渤海海峡内的站位之间差异不明显。而渤海海峡中部的站位与其他站位组合间的种类组成的差异较大。

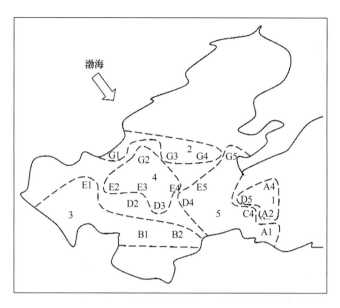

图 6-28 渤海示意图，示 5 个站位组合的位置

表 6-28 SIMPER 分析结果，示站位组合间种类的差异

种名	1		5		4		3	2		5
Heteropsyllus major	47	>	16	>	0	<	2	3	<	16
Sinamphiascus dominatus sp.nov	3	<	24	>	4	<	7	20	<	24
Haloschizopera sp1	5	>	0					8	>	0
Danielssenia typica	13	>	2							
Amphiascoides sp1	7	>	3	>	0	<	13	7	>	3
Stenhelia sp3	6	>	0							
Heteropsyllus sp2	8	>	0							
Pseudameira sp1	5	<	12	>	4			5	<	12
Halectinosoma sp2	7	>	4	>	1	<	3	1	<	4
Fladenia sp1	8	>	0							
Stylicletodes sp2	7	>	0							
Paramphiascella sp1	3	>	0							
Stenhelia（s）sp1	5	>	1							
Stenhelia（D）sp2	3	>	0							
Fladenia sp2	3	>	0							
Sigmatidium sp1	4	>	0							
Eurycletodes sp1	4	>	0							
Microarthridion sp3	5	>	2							
Amphiascoides sp2	5	>	1	<	4	>	0			
Zosime sp1			2	>	0					
Bulbamphiascus spp			2	<	3			4	>	2
Proameira sp1			2	>	0					
Halectinosoma sp5			2	>	1	<	15	3	>	2
Enhydrosoma intermedia			2	>	2	<	6			
Halectinosoma sp13					5	>	1	0	<	5
Microarthridion sp1					0	<	3			
Scottolana sp1					1	<	4	12	>	2
Halectinosoma sp16					0	<	3			
Stenhelia sp4					1	<	3			
Pseudameira sp3							0	12	>	0

4. 群落结构和环境因子之间的关系

(1) BVSTEP 分析

结果表明,沉积物表层(0~2 cm)脱镁叶绿酸、粉砂-黏土含量和深度这3个环境因子的综合能对底栖桡足类群落结构划分作出最佳解释,这3种环境因子与桡足类丰度之间的相关系数为0.59。

(2) BIOENV 分析

各环境因子与桡足类群落结构之间的相关系数见表6-29。相关系数相对较高的前5种环境因子包括了沉积物的各种粒度参数和水深。其中砂和粉砂-黏土含量列在前2位。

表 6-29 各环境因子与桡足类群落结构相关性分析结果

环境因子	ρ	环境因子	ρ
砂	0.32	汞	0.106
粉砂-黏土	0.318	脱镁叶绿酸(0~2 cm)	0.104
水深	0.3	叶绿素 a(2~5 cm)	0.077
砂砾	0.258	铬	0.061
黏土	0.245	镉	0.059
铅	0.215	有机质	0.037
粉砂	0.207	叶绿素 a(0~2 cm)	0.027
铜	0.175	脱镁叶绿酸(2~5 cm)	0.013
含水量	0.167	石油	-0.056
砷	0.146		

将以上 BVSTEP 和 BIOENV 分析筛选出的重要环境因子投射到桡足类的 MDS 排序图上(图6-29),能够更清楚地观察到环境因子对桡足类群落结构影响的程度。

(3) PCA 分析

用 BVSTEP 筛选出的3个环境因子做 PCA 分析,见图6-30,PC1 和 PC2 相加可以解释90%的信息量,根据这3个环境因子所做的 PCA 图与根据桡足类所做的 MDS 图极其相似,说明桡足类群落主要是随这3种环境因子的梯度而变化的,这3种环境因子是控制桡足类群落结构的主要因素。

(4) ANOSIM 检验

对基于桡足类丰度划分的站位组合之间的环境因子差异性进行检验,结果表明这5个站位组合间环境因子的差异极显著($R=0.416$,$P<0.001$)。

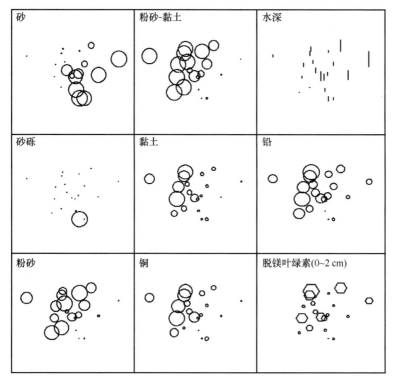

图 6-29 单个环境因子叠加于桡足类 MDS 排序图

图表示这些环境因子对底栖桡足类群落结构的影响，符号的大小代表环境因子值的大小

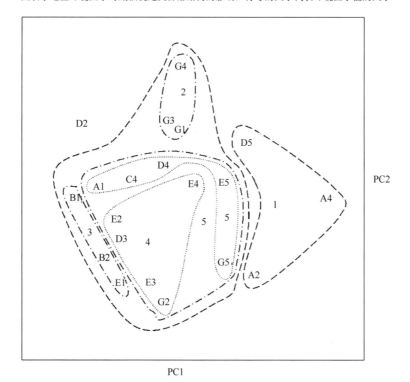

图 6-30 3 个重要环境因子的 PCA 分析结果（叠加上 5 个生物的站位组合）

6.4.4 结论

1)调查海域可划分为 5 个底栖桡足类群落,它们分别位于渤海海峡的中北部、辽东湾的南部、莱州湾北部和渤海湾东部、渤海中部以及渤海东部。位于渤海海峡的底栖桡足类群落优势种明显,能与海峡以内的群落明显区分,而海峡以内的各海域的底栖桡足类群落呈现连续性分布,群落间界限不明显。渤海由黄河口水下三角洲经莱州湾、渤海中部至渤海海峡,沉积物颗粒总的趋势是由细变粗,底栖桡足类群落可能沿着这一环境梯度而演替。底栖桡足类多样性受水深和沉积物粒度影响较大:多样性与水深、砂含量呈现显著正相关,而黏土含量与多样性呈现显著负相关,同样反映了黄河水动力过程对沉积环境的影响。从 20 世纪末到 21 世纪初十年间渤海研究站位底栖桡足类多样性显著下降。

2)虽然粉砂-黏土含量、Pheo-a 含量和水深是决定桡足类群落分布的主要环境因子,但相关系数较低。除重金属污染外,石油污染等其他污染以及渔业底拖网等人类扰动也可能对桡足类的群落结构和多样性产生一定的影响。

3)本书仅限于等深线 10 m 以深的海域,而沿岸河口、港湾、养殖区和石油平台是人类活动直接影响的海域,为了了解人类活动对渤海生态系统的影响,以及生态系统各组分对这类影响的响应和反馈,亟需开展从潮间带直到陆架浅海的同步系列周期性和长期性调查和分析。

参 考 文 献

杜飞雁, 王雪辉, 李纯厚, 等. 2008. 大亚湾大型底栖动物生产力变化特征. 应用生态学报, 19(4): 873-880

郭玉清, 张志南, 慕芳红. 2002a. 渤海小型底栖动物丰度的分布格局. 生态学报, 22(9): 1463-1469

郭玉清, 张志南, 慕芳红. 2002b. 渤海海洋线虫与底栖桡足类数量之比的应用研究. 海洋科学, 26(12): 27-31

郭玉清, 张志南, 慕芳红. 2002c. 渤海小型底栖动物生物量的初步研究. 海洋学报, 24(6): 76-83

郭玉清, 张志南, 慕芳红. 2002d. 不同采样时期渤海自由生活海洋线虫种类组成的比较. 生态学报, 22(10): 1622-1628

郭玉清. 2000. 渤海自由生活海洋线虫的群落结构和多样性. 中国海洋大学博士学位论文.

华尔, 张志南, 张艳. 2005. 长江口及邻近海域小型底栖动物丰度和生物量. 生态学报, 25(9): 2234-2242

李新正, 王洪法, 张宝琳. 2005. 胶州湾大型底栖动物次级生产力初探. 海洋与湖沼, 36(6): 527-533

刘晓收. 2005. 南黄海鳀鱼产卵场小型底栖动物生态学研究. 中国海洋大学硕士学位论文

刘勇, 线薇薇, 孙世春, 等. 2008. 长江口及其邻近海域大型底栖动物生物量、丰度和次级生产力的初步研究. 中国海洋大学学报: 自然科学版, 38(5): 749-756

吕国强, 苗婷婷, 邢翔, 等. 2011. 海洋琼胶降解细菌的筛选及 HQM9 琼胶酶研究. 海洋湖沼通报, 4: 32-39

吕小梅, 方少华, 张跃平, 等. 2008. 福建海坛海峡潮间带大型底栖动物群落结构及次级生产力. 动物学报, 54(3): 428-435

苗婷婷, 邢翔, 杜宗军, 等. 2012. 柄海鞘共附生细菌的分离培养与系统发育多样性研究. 海洋科学进展, 30(1): 111-118

慕芳红, 张志南, 郭玉清. 2001a. 渤海小型底栖动物的丰度和生物量. 青岛海洋大学学报, 31(6):

897-905

慕芳红. 2000. 渤海桡足类的分类学和生态学研究. 青岛海洋大学博士学位论文.

慕芳红, 张志南, 周红. 2001b. 渤海底栖桡足类群落结构的研究. 海洋学报, 23(6): 120-127

乔淑卿, 石学法, 王国庆, 等. 2010. 渤海底质沉积物粒度特征及输运趋势探讨. 海洋学报, 32(4): 139-147

于子山, 张志南, 韩洁. 2001. 渤海大型底栖动物次级生产力的初步研究. 青岛海洋大学学报, 31(6): 867-871

袁伟, 张志南, 于子山. 2007. 胶州湾西部海域大型底栖动物次级生产力初步研究. 应用生态学报, 18(1): 145-150

翟世奎, 孟伟, 于志刚, 等. 2008. 三峡工程一期蓄水后的长江口海域环境. 北京: 科学出版社

张艳, 张志南, 黄勇, 等. 2007. 南黄海冬季小型底栖生物丰度和生物量. 应用生态学报, 18(2): 411-419

张志南, 谷峰, 于子山. 1990a. 黄河口水下三角洲海洋线虫空间分布的研究. 海洋与湖沼, 21(1): 11-19

张志南, 李永贵, 图立红, 等. 1989. 黄河口水下三角洲及其邻近水域小型底栖动物的初步研究. 海洋与湖沼, 20(3): 197-207

张志南, 林岇旋, 周红, 等. 2004. 东黄海春秋季小型底栖动物的丰度和生物量. 生态学报, 24(5): 997-1005

张志南, 慕芳红, 于子山, 等. 2002. 南黄海鳀鱼产卵场小型底栖生物丰度和生物量. 青岛海洋大学学报, 32(2): 251-258

张志南, 钱国珍. 1990. 小型底栖生物取样方法的研究. 海洋湖沼通报, 4: 37-42

张志南, 图立红, 于子山. 1990b. 黄河口及其邻近海域大型底栖动物的初步研究(二)生物与沉积环境的关系. 青岛海洋大学学报, 20(2): 45-52

张志南, 于子山, 段榕琦, 等. 1994. 虾池纳潮期日本刺沙蚕幼虫数量及其沉降的研究, 3: 248-258

张志南, 周红, 郭玉清, 等. 2001a. 黄河口水下三角洲及其邻近水域线虫群落结构的比较研究. 海洋与湖沼, 32(4): 436-444

张志南, 周红, 慕芳红. 2001b. 渤海线虫群落的多样性及中型模型分析. 生态学报, 21(11): 1808-1814

张志南, 周红, 于子山, 等. 2001c. 胶州湾小型底栖动物的丰度和生物量. 海洋与湖沼, 32(2): 139-147

张志南. 1991. 秦皇岛砂滩海洋线虫的数量研究. 青岛海洋大学学报, 21(1): 63-75

张志南. 2000. 水层-底栖耦合生态动力学研究的某些进展. 青岛海洋大学学报, 30(1): 115-122.

Connon S A, Giovannoni S J. 2002. High-throughput methods for culturing microorganisms in very-low-nutrient media yield diverse new marine isolates. Applied and Environmental Microbiology, 68: 3878-3885

Coull B C, Chandler G T. 1992. Pollution and meiofauna: Field, laboratory, and mesocosm studies. Oceanography and Marine Biology: An Annual Review, 23: 399-489

Coull B C. 1988. Ecology of the marine meiofauna. In: Higgins R P, Thiel H. Introduction to the study of meiofauna. Washington DC: Simthsonian Institution Press: 18-38

Du Z J, Jordan E M, Rooney A P, et al. 2010. *Corynebacterium marinum* sp. nov. isolated from coastal sediment. Intenational Journal of Systematic Evolutionary Microbiology, 60(8): 1944-1947

Du Z J, Lv G Q, Rooney A P, et al. 2011a. *Agarivorans gilvus* sp. nov., isolated from seaweed. Intenational Journal of Systematic Evolutionary Microbiology, 61(3): 493-496

Du Z J, Miao T T, Lin X Z, et al. 2013a. *Flaviflexus huanghaiensis* gen. nov., sp. nov., a novel actinobacterium of the family Actinomycetaceae. Intenational Journal of Systematic Evolutionary Microbiology, 63: 1863-1867

Du Z J, Miao T T, Rooney A P, et al. 2013b. *Neiella marina* gen. nov., sp. nov., isolated from sea cucumber Apostichopus japonicus. Intenational Journal of Systematic Evolutionary Microbiology, 63: 1597-601

Du Z J, Zhang D C, Liu S N, et al. 2009. *Gilvimarinus chinensis* gen. nov., sp. nov., an agar-digesting marine bacterium within the γ-proteobacteria isolated from coastal seawater in Qingdao, China. Intenational Journal of Systematic Evolutionary Microbiology, 59(12): 2987-2990

Du Z J, Zhang Z W, Miao T T, et al. 2011b. Draft genome sequence of a novel agar-digesting marine bacterium HQM9. Journal of Bacteriology, 193(17): 4557-4558

Gee M, Mu F H. 2000. A new genus of Cletodidae (Copepoda: Harpacticoida) from the Bohai Sea, China. Journal of Natural History, 34: 809-822

Gerlach S A. 1977. Attraction of decaying organisms as a possible cause for patchy distribution of nematodes in a Bermuda beach. Ophelia, 16: 151-165

Giere O. 1993. Meiobenthology. Berlin: Springer-Verlay Press

Green B D, Keller M. 2006. Capture the uncultured majority. Current Opinion in Biotechnology, 17: 236-240

Guo Y Q, Somerfield P J, Warwick R M, et al. 2001a. Large-scale patterns in the community structure and biodiversity of freeling nematodes in the Bohai Sea, China. Journal of Marine Biology Association of the UK, 81: 755-763

Guo Y Q, Zhang Z N, Mu F H. 2001b. Biomass of meiofenthic in the Bohai Sea, China. Acta Oceanologica Sinica, 20(3): 435-442

Guo Y Q, Warwick R M. 2001. Three new species of free-living nematodes from the Bohai Sea, China. Journal of Natural History, 35: 1575-1586

Guo Y Q, Zhang Z N. 2000. A new species of Terschellingia (Nematoda) from the Bohai Sea, China. Journal of Ocean University of Qingdao, 30(3): 487-492

Heip C, Vincx M, Vranken G. 1985. The ecology of marine nematodes. Oceanography and Marine Biology: An Annual Review, 23: 399-489

Heip C. 1980. Meiobenthos as a tool in the assessment of marine environmental quality. Rapports et procès-verbaux des réunions/Conseil Permanent International pour l' Exploratiòn de la Mer, 179: 182-187

Holmes D E, Nevin T L, Woodard K P, et al. 2007. *Prolixibacter bellariivorans* gen nov, sp nov, a sugar-fermenting, psychrotolerant anaerobe of the phylum Bacteroidetes, isolated from a marine-sediment fuel cell. Intenational Journal of Systematic Evolutionary Microbiology, 57: 701-707

Hope W D, Zhang Z N. 1995. New nematodes from the Yellow Sea, *Hopperia hexadentata* n. sp. and *Ceronema deltensis* n. sp. (Chromadorida: Comesomatidae), with observation on morphology and systematis. Invertebrate Biology, 114: 119-138

Hopper B E, Meyers S P. 1967. Population studies on benthic nematodes within a subtropical seagrass community. Marine Biology, 1: 85-96

Hua E, Zhang Z N, Zhou H, et al. 2014. Biodiversity of free-living marine nematodes in the Yangtze River estuary and its adjacent waters. Proceedings of the Biological Society of Washington, 127(1): 23-34

Hua E, Zhou H, Zhang Z N, et al. 2010. Estimates of autumntime benthic secondary production in Laizhou Bay and adjacent Bohai Sea waters. Journal of Ocean University of China, 9(3): 279-285

Huys R, Boxshall G A. 1991. Copepod Evolution. London: The Ray Society

Huys R, Gee J M, Moore C G, et al. 1996. Marine and brackish water harpacticoid copepods. Part 1. In: Barnes R S K, Crothers J H. Synopses of the British Fauna (New Series), 51: i–viii, 1-352. London: Field Studies Council

Huys R, Mu F H. 2008. Description of a new species of *Onychostenhelia Ito* (Copepoda, Harpacticoida, Miraciidae) from the Bohai Sea, China. Zootaxa, 1706: 51-68

Krieg N R, Staley J T, Brown D R, et al. 2010. Bergey's Manual of Systemaic Bacteriology Second edition Volume 4. New York: Springer

Lambshead P J D, Boucher G. 2003. Marine nematode deep-sea biodiversity – hyperdiverse or hype. Journal of Biogeography, 30: 475-485

Lambshead P J D. 1986. Sub-catastrophic sewage and industrial waste contamination as revealed by marine nematode faunal analysis. Mainer Ecology Progress Series, 29: 247-260

Lambshead P J D. 1993. Recent developments in marine benthic biodiversity research. Océanis, 19: 5-24

Li X Z, Wang J B, Wang H F. 2005a. Secondary production of macrobenthos in the southern Yellow Sea. Chinese Journal of Applied and Environmental Biology, 11(6): 702-705

Li X Z, Wang J B, Wang H. F, et al. 2005b. Secondary production of macrobenthos from the East China Sea.

Chinese Journal of Applied and Environmental Biology, 11(4): 459-462

Li X Z, Zhang B L, Wang H F. 2005c. Secondary productiong of macrobenthos from the anchovy spawning ground in the Southern Yellow Sea. Chinese Journal of Applied and Environmental Biology, 11(3): 324-327

Liu X S, Zhang Z N, Huang Y. 2005. Abundance and biomass of meiobenthos in the spawning ground of anchovy (Engraulis japanicus) in the southern Huanghai Sea. Acta Oceanologica Sinica, 24(3), 94-104

Ludwig W, Euzeby J, Whitman W B. 2010. Road map of the phyla Bacteroidetes, Spirochaetes, Tenericutes (Mollicutes), Acidobacteria, Fibrobacteres, Fusobacteria, Dictyoglomi, Gemmatimonadetes, Lentisphaerae, Verrucomicrobia, Chlamydiae, and Planctomycetes. In: Krieg N R, Staley J T, Brown D R, et al. Bergey's manual of systematic bacteriology, Volume 4. New York: Springer: 1-10

McIntyre A D, Murison D J. 1973. The meiofauna of a flatfish nursery ground. Journal of the Marine Biological Association of the United Kingdom, 53: 93-118

McIntyre A D. 1964. The meiofauna of sub-littoral muds. Journal of the Marine Biological Association of the United Kingdom, 44: 665-674

Mitchell L, Morrison H G, Huber J A, et al. 2006. Microbial diversity in the deep sea and the underexplored "rare biosphere". PNAS, 103(32): 12115-12120

Moore C G, Bett B J. 1989. The use of meiofauna in marine pollution impact assessment. Zoological Journal of Linnean Society, 96: 263-280

Mu F H, Gee M. 2000. Two new species of *Bulbamphiascus* (Copepoda: Harpacticoida: Diosaccidae) and a related new genus, from the Bohai Sea, China. Cahiers De Biologie Marine, 41: 103-135

Mu F H, Huys R. 2002. New species of *Stenhilia* (Copepoda, Harpacticoida, Diosaccidae) from the Bohai Sea with notes on subgeneric division and phylogenetic relationships. Cahiers De Biologie Marine, 43: 179-206

Mu F H, Huys R. 2004. Canuellidae (Copepoda, Harpacticoida) from the Bohai Sea, China. Journal of Natural History, 38: 1-36

Mu F H, Somerfield P J, Warwick R M, et al. 2001. Large-scale spatial patterns in the community structure of harpacticoid copepods in the Bohai Sea, China. The Raffles Bulletin of Zoology, 50(1): 17-26

Na H, Kim S, Moon E Y, Chun J. 2009. *Marinifilum fragile* gen. nov., sp. nov., isolated from tidal flat sediment. Intenational Journal of Systematic Evolutionary Microbiology, 59: 2241-2246

Platt H M, Warwick R M. 1980. The significance of free-living nematodes to the littoral ecosystem. In: The Shore Environment and Ecosystem. London and New York: Academic Press: 729-759

Platt H M, Warwick R M. 1983. Free-Living Marine Nematodes, Part I: British Enoplids. Cambridge: Cambridge University Press

Platt H M, Warwick R M. 1988. Free-Living Marine Nematodes, part II: British Chromadorids. New York: Leiden.

Qu L, Zhu F, Hong X, et al. 2011. *Sunxiuqinia elliptica* gen. nov., sp. nov., a member of the phylum Bacteroidetes isolated from sediment in a sea cucumber farm. Intenational Journal of Systematic Evolutionary Microbiology, 61: 2885-2889

Rysgaard S N, Risgaard-Petersen N, Peter S N, et al. 1994. Oxygen regulation of nitrification and denitrification in sediments. Limnology and Oceanography, 39: 1643-1652

Schratzberger M, Whomersley P, Kilbride R, et al. 2004. Structure and taxonomic composition of subtidal nematode and macrofauna assemblages at four stations around the UK coast. Journal of the Marine Biological Association of the United Kingdom, 84(2), 315-322

Simu K, Holmfeldt K, Zweifel U L, et al. 2005. Culturability and coexistence of colony-forming and single-cell marine bacterioplankton. Appl Environ Microbiol, 71: 793-800

Soltwedel T. 2000. Metazoan meibenthos along continental margins: A review. Progress in Oceanography, 46: 59-84

Somerfield P J, Warwick R M. 1996. Meiofauna in marine pollution monitoring programmes: A laboratory manual. Ministry of Agriculture Fisheries and Food Directorate of Fisheries Research

Thiel H. 1975. The size structure of the deep-sea benthos. Internationale Revueder gesamten Hydrokiologie

60: 575-606

Tietjen J H, Lee J J. 1984. The use of free-living nematodes as a bioassay for estuarine sediments. Marine Environmental Research, 11: 233-251

Vanhove S, Arntz W, Vincx M. 1999. Comparative study of the nematode communities on the southeastern Weddell Sea shelf and slope (Antarctica). Marine Ecology Progress Series, 181: 237-256

Warwick R M, Buchanan J B. 1970. The meiofauna of the coast of Northumberland Ⅰ: The structure of the nematode population. Journal of the Marine Biological Association of the United Kingdom, 50: 129-146

Warwick R M, Platt H M, Somerfield P J. 1998. Free living marine nematodes, Part III: Monhystera. Synopses of the British Fauna (New Series). No. 53. Shrewsbury: Field Studies Council.

Widbom B. 1984. Determination of average individual dry weight and ash-free dry weight in different sieve fractions of marine meiofauna. Marine Biology, 84: 101-108

Wieser W. 1953. Die Beziehung zwischen Mundhöhlengestalt, Ernährungsweise und Vorkommen bei freilebenden marinen Nematoden. Eine skologisen-morphologische studie. Arkiv für Zoologie, 4: 439-484

Wieser W. 1960. Benthic studies in Buzzards Bay, II. The meiofauna. Limnology and Oceanography, 5: 121-137

Zhang Z N. 1990. A new species of the Genus *Thalassiranus* de Man, 1889 (Nematoda, Adenophora, Ironidae) from the Bohai Sea, China. Journal of Ocean University of Qingdao, 20(3): 103-108

Zhang Z N. 1991. Two new species of marine nematodes from the Bohai Sea, China. Journal of Ocean University of Qingdao, 21(2): 49-60

Zhang Z N. 1992. Two new species of the Genus *Dorylaimopsis* Dittevsen, 1918 (Nematoda, Adenophora, Comesmatidae) from the Bohai Sea, China. Chinese Journal of Oceanology and Limnology, 10(1): 31-39

Zhou H, Zhang Z N, Liu X S, et al. 2007. Changes in the shelf macrobenthic community over large temporal and spatial scales in the Bohai Sea, China. Journal of Marine Systems, 67: 312-321

第7章 底栖生物粒径谱与次级生产力

7.1 概念、图形表达和图形特征

7.1.1 概念

随着宏生态学（macroecology）的兴起，已有近40年历史的海洋粒径谱研究更加受到人们的广泛关注，并广泛用于各种水体的群落结构描述和生态机制解释。

粒径谱（biomass size spectra）是从群落的角度对生态系统进行研究的方法，它将某一特定生态系统中的群落看作一个整体，按照个体大小将所有生物划分为不同的粒级（size class），而不考虑每个个体属于哪个分类阶元。可以将粒级看作人为划分的生态位，每个粒级的生物具有相似的食物颗粒大小、代谢速率和生活史周期，而不同的粒级间又存在由捕食引起的能量流动关系。因此，如果把每个粒级中的生物量或数量按照粒级大小排列，就会形成能够表达群落结构的有规律谱线——粒径谱（Sheldon et al.，1972）。

生态系统中的食物网结构通常是相当复杂的，对各个营养级的划分也没有绝对的界限，因此很难通过传统的分类学手段来研究群落的能量流动状况。而生物个体大小却和营养级呈现密切联系，因此可以通过研究粒径谱结构有效地推测某一群落的能量流动（Kerr，1974；Sprules and Munawar，1986）。

与经典的依靠分类阶元来表达群落结构的方法相比，粒径谱方法不依赖分类学知识，易于自动化，能够极大提高研究效率。同时，粒径谱从群落整体角度研究生态系统，更易于展现出生态系统的宏观结构。因此，粒径谱已经成为一种常用的描述群落结构和解释生态学机制的手段和方法，并在渔业管理和环境监测中发挥出独特的优势（Kerr and Dickie，2001）。

7.1.2 粒径谱的图形表达方式

1. Sheldon 型粒径谱

Sheldon 和 Parsons 首次用库尔特计数器（coulter counter）对水体中颗粒物的直径和浓度进行了分析。当他们采用颗粒物直径的对数划分粒级后，颗粒直径和对应粒级颗粒浓度作图时发现，虽然测量的颗粒直径范围跨度达到上千倍，但不同粒级的颗粒密度却仅有数倍的差异（Sheldon and Parsons，1967；Sheldon et al.，1972）。此后该现象在海洋、湖沼和溪流生态系统中不断地被观测到（Sprules et al.，1991；Boudreau and Dickie，1992）。后来的研究对颗粒大小按对数划分粒级，并采用双对数坐标表示颗粒大小和对应粒级生物丰度或生物量，这种表达形式被称为 Sheldon 型粒径谱（sheldon-type biomass size spectra，BSS）（Gaedke，1992）。Sheldon 型粒径谱的回归直线见公式：

$$B_i = bw_i^a \ [\text{或} \log_2(B_i) = \log_2 a + b\log_2 w_i] \tag{7-1}$$

式中，w_i 为第 i 粒级的平均生物个体重量；B_i 为第 i 个粒级范围内的所有生物生物量之和；a 和 b 为回归系数。

目前对于粒级的划分单位并不统一。最初的研究将以等值球形粒径（equivalent spherical diameter，ESD）为粒级划分单位的图形称为粒径谱（size spectra）（Sheldon and Parsons，1967），而将以生物量为划分单位的称为生物量谱（biomass spectra），而后又出现用体积（Rodriguez et al.，2002）、含碳量（Gaedke，1992）和能量（Boudreau and Dickie，1992）作为划分单位的，虽然它们之间存在一定差异，参数不能直接比较（Han and Straskraba，1998），但现在一般都将其通称为粒径谱（biomass size spectra）。

2. 正态化粒径谱

Platt 和 Denman（1978）将能量沿粒级的传递简化为一个连续的过程，因此可以用单位粒级的正态化生物量密度 [$\beta(w) = B(w)/\Delta w$] 取代 Sheldon 型粒径谱的纵坐标，绘制正态化粒径谱（normalized biomass size spectra，NBSS）。其中，w 为某一粒级的个体平均生物重量；$B(w)$ 表示该粒级范围内的生物量；Δw 表示该粒级生物个体重量跨度。正态化粒径谱的回归直线可以用公式表示：

$$\beta_i = bw_i^a \ [\text{或} \log_2(\beta_i) = \log_2 a + b\log_2 w_i] \tag{7-2}$$

稳定生态系统中正态化粒径谱近似一条随粒级增大而减小的直线，其斜率约为 -1。随后，Borgmann（1987）指出，当代谢与体重关系的指数及生长与体重关系的指数相等时，正态化粒径谱与 Sheldon 型粒径谱是一致的，只是两者斜率相差 1。由于将正态化粒径谱图形能够更好地应用于定量分析和积分运算，粒径谱的数学形式更易于利用，因此正态化粒径谱得到广泛应用。

Vidondo 认为 Sheldon 型和正态化粒径谱在方法上有缺陷，提出在社会学中大量使用的 Pareto 分布用于粒径谱分析（Vidondo et al.，1997），但该方法还没有得到广泛应用（Vanaverbeke et al.，2003；Boix et al.，2004）。

7.1.3 粒径谱图形的特征

1. 粒径谱整体结构

在研究群落粒级分布时大量证据表明，大洋水体中 Sheldon 型粒径谱整体结构具有平滑、线性和连续的特性，粒径谱图形线性回归分析的斜率略大于 0。在大量野外观测数据的基础上，Sheldon 等（1972）认为水体生态系统中不同粒级生物量大致相同。Boudreau 和 Dickie（1992）利用 Sheldon 型粒径谱对环境差异巨大的 7 种水体生态系统比较后发现，虽然各种生态系统的生产力和群落结构差异巨大，但当同时考虑水层和底栖群落后，粒径谱的斜率却非常相似，并认为可以通过粒径谱的这一特征来预测生态系统中的渔业产量。Sprules 和 Munawar（1986）利用正态化粒径谱对 66 个湖泊水体的浮游群落结构分析表明，不同生态系统的正态化粒径谱近似直线，且斜率接近，这与 Sheldon 型粒径谱的研究结果一致。对其他贫营养环境的调查结果也呈现出同样结果（Rodriguez et al.，1990；Gaedke，1992；Shalapyonok et al.，2001）。

可以认为在稳定的生态系统中，粒径谱的整体结构有近似直线的趋势，且正态化粒径谱斜率为-1（Cavender-Bares，2001）。因此，分析粒径谱整体结构通常采用直线回归方法来研究。在稳定生态系统的正态化粒径谱直线回归参数中，截距表示群落的生产力高低，即流通能量的绝对数值；斜率表示能量在群落中的传递效率，斜率越负，不同营养级间的能流效率就越低；相关系数（R）表示粒径谱的线性测度，即与理想模型（Platt and Denman，1978）的吻合程度，相关系数接近1，粒径谱图形近似直线，表明不同营养级间能量传递效率的一致性高（Sprules and Munawar，1986；Kamenir et al.，2004）。

不同营养条件生态系统的粒径谱整体结构对比显示：①与富营养环境（如富营养湖泊和底栖群落）相比，贫营养环境（如大洋和贫营养湖泊）的粒径谱趋于有更负的斜率。表明贫营养条件下，生物为获得营养要消耗更多能量；②环境稳定的贫营养型生态系统中（如大洋和贫营养湖泊）的粒径谱图形更接近直线分布（相关系数大）。表明在环境稳定的贫营养条件下，生物粒级分布主要受能量限制，而在富营养生态系统和理化条件剧烈变化的条件下，除能量供应以外的其他因素，对生物粒级分布也起到重要影响（Sprules and Munawar，1986；Gin et al.，1999）。

2. 粒径谱的次级结构

在对底栖群落的研究中发现，粒径谱在整体结构表现出线性的前提下，呈现出多峰状分布。底栖群落的 Sheldon 型粒径谱中普遍存在3个生物量密度的钟形峰，这3个钟形峰分别对应于细菌、小型底栖动物和大型底栖动物，且钟形峰的位置相当保守（Schwinghamer，1981；Warwick，1984）。随后，在富营养和中等营养型湖泊浮游生物群落粒径谱也发现类似的峰形结构分布（Sprules et al.，1983；Havlicek and Carpenter，2001），并认为浮游群落粒径谱与底栖群落粒径谱之间峰和谷的位置存在互补关系（Sprules et al.，1983）。在溪流底栖群落中，由于理化环境变化十分剧烈，粒径谱分布在各个季节呈现出不规则变化，但全年平均结果仍呈现出三峰分布规律（Stead et al.，2005）。值得注意的是，在利用类似于粒径谱方式表达的珊瑚礁鱼类群落的营养级谱研究中，发现不同营养级的生物量也呈现出类似于钟形峰的次级结构，这暗示粒径谱的次级结构与群落内能流结构是一致的（Gascuel et al.，2005）。但由于营养级谱的研究数据十分罕见，对于粒径谱次级结构是否能够准确反映能流结构还需进一步的数据来验证。多数研究认同粒径谱的峰形结构的保守性（Sprules and Goyke，1994；Kamenir et al.，2004），但对其成因和影响因素还存在争论（Robson et al.，2005）。

Sprules 和 Goyke（1994）在利用残差分析方法发现湖泊生态系统中似乎还存在周期性的稳定三级结构，此后也有类似报道（Havlicek and Carpenter，2001）。但由于粒径谱方法的限制，三级结构包含的数据有限，进一步分析较为困难。

7.2 理论基础

在粒径谱理论中，多数模型都是基于群落中的能量是由小个体生物到大个体生物流动这一假设。利用同位素分析底栖动物和鱼类营养级的结果表明，虽然对某一特定物种内的个体不能用个体大小来推算其营养级，但对于整个群落而言，不同物种间个体大小与其营养级间存在线性关系（France et al., 1998; Jennings et al., 2001）。

7.2.1 Kerr 模型

粒径谱的理论发展和野外观测是相互促进的。在 Sheldon 提出粒径谱的观测证据后不久，Kerr 就建立了粒径谱最初的理论模型。Kerr 模型有两条基本假设：①生物的生长速率和代谢率都与生物大小呈指数函数关系；②捕食者个体大小与猎物个体大小比值稳定（比值为 R）。由此可依据能量在食物链中的传递过程来构建粒径谱模型：

$$\frac{N_i W_i}{N_{i+1} W_{i+1}} = \frac{q^b}{p_{i+1}} \left(\frac{\alpha_{i+1} W_{i+1}^{\gamma+b-1}}{k} \right) \qquad (7\text{-}3)$$

式中，i 和 $i+1$ 为两个相邻营养级；N_i 和 N_{i+1} 为两个相邻营养级的生物数量；W_i 和 W_{i+1} 为两个相邻营养级的平均体重；b、k、p、α、γ 为与代谢-体重关系（代谢率 $T=\alpha W^\gamma$）和生长-体重关系（$\Delta W = kW^{1-b}$）相关的常数；p 为捕食者的同化效率；q 为相邻营养级的个体重量之比。可以认为 $\gamma \approx 1-b$，考虑到生物量 $B=N\times W$，在稳定生态系统中相邻营养级生物量的比值恒定（Kerr, 1974）。

该模型使人们认识到能够利用粒径谱特征来反映整个群落内部生物的一些基本属性，如平均生物生长速率、代谢速率、食物链中的能量传递效率，而这些属性是很难通过以前的分类学手段来定量研究的。该模型对粒级的定义是离散的，能够较好吻合 Sheldon 型粒径谱的整体特征。

7.2.2 Thiebaux-Dickie 模型

Kerr 模型能够合理地解释粒径谱整体结构的平滑、线形和连续的特性，也能够解释粒径谱斜率的稳定性。但对于粒径谱的次级结构的保守性则不能作出合理解释（Kerr and Dickie, 2001）。

Thiebaux 和 Dickie（1993）认为 Kerr 模型在利用能量传递规律时，将能量传递效率约束为定值是有缺陷的。因此，他们在模型中将营养级中能够被下一营养级利用（转化为生产力）的生物量与该营养级的生物量之比，修改为与生物个体大小呈指数关系的函数（$P_i/B_i=W_i^{-a}$）。由此推导出的粒径谱模型——Thiebaux–Dickie 模型为一系列具有周期变化的抛物线：

$$\log \beta(w) = \frac{c_0}{2} (\log w - \log w_0)^2 + \log(\beta_0) + H(\log w) \qquad (7\text{-}4)$$

式中，β 为正态化的生物量；w 为生物个体重量；c_0 为与生产力、能流效率和猎物-捕食者个体大小比例有关的常数；$(\log w_0, \log \beta_0)$ 为抛物线的顶点；$H(\log w)$ 为 $\log w$ 的周期函数，周期为 $|\log R|$（Thiebaux and Dickie, 1993）。

Thiebaux–Dickie 模型表明，即使不考虑外部影响，粒径谱也能够表现出具有周期的峰形次级结构，且各峰状结构代表的营养级之间呈等比例关系。Thiebaux–Dickie 模型在解释湖泊水层生态系统时，能够很好地拟合粒径谱图形，并准确地预测了渔业产量和解释了外界环境引起的群落结构波动（Sprules and Goyke, 1994）。同时，Thiebaux–Dickie

7.2.3 粒径谱理论与宏生态学幂法则的统一

宏生态学利用幂法则来描述大时空尺度上的多物种间生态学关系。系统复杂性（complexity）理论认为自然界的绝大多数系统都是由复杂的网络结构构成，但许多变量之间可以用幂法则（power-law）关系（$Y=bX^a$）来描述（Strogatz，2001）。其中，X 为自变量；Y 为因变量；a 为无量纲指数（scaling exponent）；b 为正规化常数（normalization constant）（Marquet et al.，2005）。幂法则有着深刻的物理学和数学基础，所以在物理、社会、生物等领域有着很强的普适性（Strogatz，2001）。不同尺度系统之间的幂法则关系可以叠加，任意两个幂函数 $f_1(X)=bX^a$，$f_2(X)=b'X^{a'}$ 叠加得到的嵌套函数 $\{f_1[f_2(X)]=b(b'X^{a'})^a=(bb')X^{(aa')}\}$ 仍然是幂函数。所以分子和细胞水平的幂法则关系可以反映为个体水平上的幂法则关系，进而反映到生态系统水平（West and Brown，2005）。

宏生态学将生态系统看作一个复杂的网络，能量流动、物质循环、信息传递等过程都在这个网络中进行（Strogatz，2001）。生物个体大小不仅是生物最容易测量的特征，也是生物最重要特征之一，生物的很多性质，如代谢速率、生产力、内禀增长率、能量需求、食物尺寸、捕食者尺寸、死亡率、预期寿命、营养级位置等属性都与生物个体大小有密切联系（Peters，1983；Jennings et al.，2001；Marquet et al.，2005）。因此，可以利用群落中生物个体大小分布来研究群落能量流动、物质传输、营养级结构，预测群落生产力、代谢率和死亡率等（Schwinghamer，1983；Gaedke，1993；Cohen et al.，2003）。因此，在宏生态学研究中，常用幂法则来表示生物个体大小与生态学参数间的关系（Peters，1983），以生物个体大小为自变量的幂法则已广泛地被实验数据所证实（West and Brown，2005）。

West 等（1997，1999）从数学角度证明了幂法则的普适性，并提出四分幂法则（quarter-power scaling laws），或称为异速生长法则（allometric scaling）。他假设生物体为了使自身与环境间交换面积最大化，其交换界面应服从分形几何，并利用分形几何严格证明管状生命系统（如血管、呼吸管和植物的维管束）的代谢率与个体重量的最优指数为 3/4，而不是欧氏几何（euclidean geometry）预测的 2/3，其他与呼吸和循环有关的变量也都与个体重量呈幂函数关系，且指数为 1/4 的倍数，其预测结果与实测结果吻合（West et al.，1997）。其后，又对其分形模型进行改造，以简洁的方式证明代谢率的幂法则不仅适用于多细胞生物，也适用于单细胞生物（West et al.，1999）。

虽然还存在争议（Dodds et al.，2001），但对实测数据的大量研究认为个体体重与代谢强度的幂函数指数为 3/4，其他相关代谢特征与个体体重也符合四分幂法则（Gillooly et al.，2001；Banavar et al.，2002）。在与生物体大小相关的宏生态学幂法则研究中，发现四分幂法则广泛存在（Brown et al.，2002；West and Brown，2005）。在对大量数据进行统计分析的基础上，宏生态学认为种群密度与个体大小间的关系符合四分幂法则——如果不考虑不同物种间的能量流动，种群密度与个体大小的幂指数应该为 -0.75（Enquist et al.，1998）。

根据宏生态学对种群密度与个体大小间关系的研究结果，生产者和植食动物符合四分幂法则（幂函数指数约为-3/4），但第二级消费者（肉食动物）的幂函数指数约为-1。如果将第二级消费者的种群密度用可利用的猎物生产量加以校正，则第二级消费者的种群密度与个体大小也服从四分幂法则（Carbone and Gittleman，2002）。Brown 和 Gillooly（2003）根据 Tuesday 湖的食物网和粒级分布资料，提出由于高营养级生物以低营养级生物为食物来源，包含不同营养级的正态化粒径谱斜率应该为-1，而在各个营养级内部，正态化粒径谱的斜率则为-3/4。Marquet 等（2005）认为，正是由于幂法则在不同营养级间的不连续分布，使得粒径谱图形呈现出峰状分布，从而将水生态系统的正态化粒径谱概念与宏生态学的幂法则统一起来。

7.3 应用及前景

7.3.1 反映群落结构，研究环境变化的影响

由于粒径谱能够反映群落结构信息，又有深刻的理论基础，与传统的利用分类阶元研究群落的方法有很好的互补性，粒径谱方法正逐步成为一种表示群落结构的手段被广泛使用于各种水体生态系统（De Leeuw et al.，2003；Bowden，2005；Richardson et al.，2005）。以生态系统能流过程为基础的粒径谱理论，突破了传统以种群为基础的群落结构观念，为我们提供了简便实用的从群落整体角度构建各种理论模型的手段（Duplisea et al.，2002；Armstrong，2003），并可以用于模拟和解释环境因子对群落结构的影响（Benoit and Rochet，2004；Quiroga et al.，2005），极大地提高了对群落结构的认识。

粒径谱的理论基础也使粒径谱可以广泛应用于计算各种群落水平的生态学参数，如群落生产力（Boudreau and Dickie，1992；Cyr and Peters，1996；邓可等，2005）、群落动态（Zhou and Huntley，1997）、个体增长率（Edvardsen et al.，2002）、种群死亡率（Edvardsen et al.，2002）、代谢（Gerlach et al.，1985）、呼吸（Heip et al.，2001）、内禀增长率（Zhou and Huntley，1997）、能流效率（Jennings et al.，2002）和生活史策略（Thygesen et al.，2005）等，而这些群落水平的参数在此之前很难测量。有理由相信，粒径谱将成为一种与传统阶元方法同等重要的研究群落结构和功能的手段。

1. 渔业资源管理

由于世界性的渔业过捕，渔业资源在许多海域日益枯竭，人们认识到生态系统是复杂的，如果想要制订有效的渔业管理措施，首先需要筛选出一套能够全面反映水域生态系统变化的渔业管理指标（Rice and Rochet，2005）。

Sainsbury 根据世界范围内的 9 个海域多年底层鱼类捕获资料，对群落粒径谱进行了大尺度分析，发现粒径谱斜率和截距对渔业的反应是敏感的，认为粒径谱方法可以有效地用于长期渔业管理（Bianchi et al.，2000）。Duplisea 等（2002）建立了衍拖网干扰频率对底栖动物粒径谱影响的数学模型，用于预测干扰对底栖动物生产力的影响，得到的结果与实际相符。随后该模型被用于预测休渔政策对底栖动物生产力的影响，结论认为仅靠季节性的休渔而不降低总体拖网强度，并不能增加底栖动物的生产量（Dinmore et al.，2003）。大量对鱼类群落粒径谱的研究表明，在总体生物量和物种丰富度不变的情

况下，鱼类粒径谱的变化能够敏感地反映出渔业对鱼类群落结构的影响（Daan et al.，2005；Piet and Jennings，2005）。渔业对鱼类群落结构会产生直接和间接两方面的影响：直接影响是去除群落中大个体生物；间接影响是小个体鱼类在缺乏大个体生物的条件下，捕食压力减小，竞争优势增强，生物量增加。因此，在存在渔业捕捞的情况下，粒径谱的斜率会变得更负（Piet and Jennings，2005）。由于间接影响对粒径谱参数影响更大，因此粒径谱变化对渔业的响应周期较长，不适合作为监测渔业资源的短期指标，而适合作为长期监测指标（Shin et al.，2005）。但也有研究者认为，粒径谱对渔业的响应机制远比想象的复杂（Benoit and Rochet，2004）。

由于粒径谱包含了大量群落结构信息，并能够反映群落的生态学功能，有深刻的理论基础，易于构建研究模型（Gislason and Rice，1998），而且粒径谱数据易于获得，处理简单，不需要太多专业培训，因此可作为一种理想的渔业资源管理的中长期监测指标（Shin et al.，2005）。联合国粮食及农业组织（FAO，2003）和国际海洋勘探理事会（ICES，2005）已经将鱼类群落粒径谱的参数，作为一种候选的基于生态系统的渔业监测指标。相信在不久的将来，粒径谱方法将作为渔业资源管理的一项重要指标发挥出巨大价值。

2. 环境监测

粒径谱参数作为环境健康检测指标也极具潜力（Rice，2003）。由于能够利用粒径谱数据对大面积水域迅速作出评估，粒径谱参数被认为是一种有潜力的环境评估指标（Yurista et al.，2005）。不久前，美国环境保护局（United States Environmental Protection Agency，EPA）已经将粒径谱参数作为一种极有潜力的生态系统状态指标，委托马里兰大学（University of Maryland）加以研究（EPA，2005），并认为鱼类粒径谱能够作为对人为扰动的监测指标（Jung and Houde，2005），浮游动物粒径谱则能够反映水体的富营养化程度（Kimmel et al.，2006）。可以预见，粒径谱方法将成为一种重要的生态监测指标。

7.3.2 构建生态系统动力学模型

生态系统动力学模型通常是将水体中的生物按分类地位和栖息环境分为几个分室（浮游植物、浮游动物、鱼类和底栖动物）后，研究分室之间的能流过程，各个分室被看作一个整体，而没有内部结构。因此，如果要更细致地描述生态系统，就必须增加分室的数目，而这必然会大大增加系统的复杂性，导致计算量的极大增加（Gin et al.，1998）。

粒径谱理论为生态系统动力学模型提供了新的途径，可以在不增加分室的基础上，依据分室内部的粒径谱结构来构建更精巧的生态动力学模型。粒径谱理论很大程度上是基于能流理论，可以很容易地将各个分室内部的能流结构用粒径谱公式来表达，因此粒径谱理论可以为生态系统动力学模型提供简洁和有效的表达方式（Gin et al.，1998）。Hurtt 和 Armstrong（1996）对多种动力学模型进行比较后发现，当在模型中考虑浮游植物粒级分布后，模型可以被大大简化而不会降低有效性。粒径谱理论在生态动力学模型中首先被用来描述氮循环和碳循环（Moloney and Field，1991；Carr，1998；Fasham et al.，1999），而后，Gin 等（1998）将粒径谱用于模拟浮游生物动态，得到满意的模拟结果，并认为粒径谱模型可靠。Armstrong（2003）此后又利用基于粒径谱理论的动力学模型模拟了 IronEx II 的试验数据，提出浮游动物粒径谱特征在 Fe 加富后的生态系统中起到关键的控制作用。当前，粒径谱理论已经被应用于精细的生态系统动力学模型中（Fulton et al.，2004）。

7.4 渤海水域底栖动物粒径谱

粒径谱参数被认为是一种极具潜力的环境评估指标。粒径谱表示的是生物量或数量与粒径大小关系的各种曲线或直线，是从群落的角度对生态系统进行研究的方法。粒径谱理论将某一特定生态系统中的群落看作一个整体，按照个体大小将所有生物划分为不同的粒级，便于不同生态系统的比较，探讨生态系统对环境变化的整体效应和响应机制。底栖生物，是指一些生活于海洋沉积物底内、底表以及以水中物体（包括生物体和非生物体）为依托而栖息的生物生态类群，包括底栖植物和底栖动物（蔡立哲，2006）。底栖动物则包括大部分动物分类系统（门、纲）的代表，是潮间带生态系统中最重要的类群，是对环境变化及人类扰动的敏感指示生物。粒径谱理论的引入为底栖生态学研究提供了新的方法。与经典的依靠分类阶元进行底栖动物群落特征的描述相比，粒径谱方法可以不依赖分类学知识，避免因分类鉴定不准确而引起的分析误差，更易于操作。

粒径谱理论首先由 Sheldon 和 Parsons 于 1967 年提出，直至今日在浮游生物和渔业资源等领域得到了实质性的应用。底栖生物粒径谱的研究稍晚，首先由 Schwinghamer（1981，1988）提出，继而 Warwick 和 Gerlach 扩展应用于整个底栖生态系统（Warwick，1984；Gerlach et al.，1985；王睿照和张志南，2003）。Warwick（1984）用生物量谱和代谢谱来说明大、小型和微型生物构成的波峰和谷底，解释幼虫的定着和补充机制。自 20 世纪 90 年代，国外底栖生物粒径谱和生物量谱的研究十分活跃，多数工作针对完整的生物群落探讨粒径谱的规律性特点。由于能够利用粒径谱数据对大面积水域迅速作出评估，粒径谱参数开始成为一种极具潜力的环境评估指标（Yurista et al.，2005）。近些年，对底栖生物粒径谱的研究更多地以粒径谱回归曲线的斜率和截距反映生态系统的结构和功能。很多研究将斜率和截距作为描述底栖动物群落结构的重要指标（Quiroga et al.，2005；Queirós et al.，2006；Sellanes et al.，2007）。我国粒径谱/生物量谱的研究已经起步（王新刚和孙松，2002；王睿照和张志南，2003）。在浮游生物（王荣等，1988，2002；韩希福和王荣，2000；吴成业和焦念志，2005；左涛等，2008）、渔业资源（Jin，2004；Xu and Jin，2005）及底栖生物（林岢旋等，2004；邓可等，2005；华尔和张志南，2009）中有了一定的应用和研究成果。

本书在以往研究的基础上，对渤海海域底栖动物构建粒径谱图形，补充我国底栖动物粒径谱研究基础资料。

7.4.1 研究方法概述

1. 研究海域和站位

研究样品由"东方红 2 号"调查船和"向阳红 9 号"于 2006 年 11 月和 2008 年 8 月采自渤海海域（37°~39°N，118°~122°E）的 8 个站位。站位分布图见图 7-1。

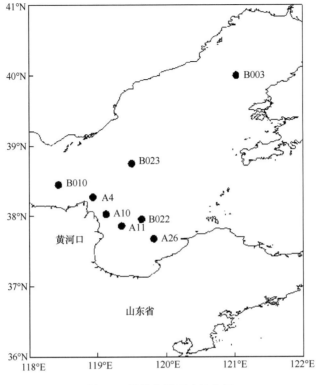

图 7-1 渤海海域研究站位图

2. 取样方法

采用 0.1 m² 改进型 Gray-O'Hara 箱式取样器采集沉积物样品。使用内径为 2.9 cm 的取样管（有机玻璃注射器改装），从箱式取样器中取 3 个重复芯样，芯样长 8 cm，5% 甲醛溶液固定，带回室内进行小型底栖动物分选。其余沉积物现场经 1.0 mm 和 0.5 mm 孔径网筛过滤装瓶，5% 甲醛溶液固定，带回室内进行大型底栖动物分选（林岿旋等，2004；邓可等，2005；华尔和张志南 2009）。

同时，取表层 0~5 cm 沉积物装塑料袋用作粒度分析。叶绿素和脱镁叶绿酸取两个重复芯样，芯样长 8 cm，−20℃低温保存，带回室内进行分析。

小型底栖动物在显微镜下测量每个生物体的体长（L，单位 mm）和最大体宽（W，单位 mm），并由式（7-5）计算出各个类群个体的体积（V，单位 nl）：

$$V = C \times L \times W^2 \tag{7-5}$$

式中，系数 C 依类群不同而不同（Higgins and Thiel, 1988）。大型底栖动物标本经吸水纸吸去体表水分后，利用感量为 0.1 mg 的电子分析天平称重（湿重），并以湿重∶体积=1.1∶1 换算其体积（其中带厚壳的双壳类和腹足类按 2∶1 换算）（Schwinghamer, 1988）。

3. 生物量粒径谱绘制

以 $\log_2$ 转换的个体干重生物量（单位为 μg DW[①]/m²）为横坐标划分粒级，以 $\log_2$ 转

[①] DW 为干重。

换的各粒级总生物量（单位为µg DW/m²）为纵坐标，绘制 Sheldon 型粒径谱图（BSS）。

以 $\log_2$ 转换的个体干重生物量（单位为µg DW/m²）为横坐标划分粒级，以 $\log_2$ 转换的 $B_i/\Delta w_i$ 为纵坐标绘制标准化粒径谱图（NBSS）。其中，B_i 为第 i 粒级总生物量（单位为µg DW/m²），Δw_i 为 i 粒级个体干重的变化幅度（µg）（Sprules and Munawar，1986）。由于，大个体生物丰度小，采样误差大，所以在绘制标准化粒径谱的过程中，包含粒级 −6~14 共 21 个粒级，没有包括粒级大于 14 的生物。

7.4.2 环境因子

研究站位水深 12~27 m，环境因子测定结果见表 7-1。除 B003 站位，研究站位沉积物粉砂-黏土含量在 80%以上，以黏土质粉砂为主。B023 站位沉积物叶绿素、脱镁叶绿酸含量和有机质含量均为最高，A4 站位最低。

表 7-1 研究站位环境因子

站位	航次	经度/°W	纬度/°N	水深/m	底温/℃	底盐	粉砂-黏土/%	中值粒级 φ	叶绿素/（µg/g）	脱镁叶绿酸/（µg/g）	有机质/%
A4	200611	118.94	38.27	18	14.2	31.2	86.7	5.7	0.1	0.41	0.43
A10	200611	119.13	38.03	14	13.5	30.1	96.6	6.8	0.4	0.49	0.43
A11	200611	119.35	37.86	15	14.5	30.1	96.6	6.9	1.2	0.96	0.98
A26	200611	119.82	37.68	18	14.2	29.9	83.7	5.0	0.4	0.94	0.11
B003	200808	121.03	40.00	12	18.9	31.6	46.4	3.7	0.3	1.22	0.57
B010	200808	118.43	38.45	18	25.4	31.4	98.9	6.9	0.1	0.78	1.82
B022	200808	119.64	37.96	19	24.0	30.2	85.9	5.6	0.5	1.99	0.97
B023	200808	119.5	38.75	27	—	—	96.0	6.8	1.2	3.79	2.64

7.4.3 底栖动物丰度和生物量

研究站位小型底栖动物丰度和生物量最高值均出现在 B023 站位，其丰度为（1.419±0.214）×10⁶ ind/m²，生物量为（0.79±0.21）g DW/m²。其中，海洋线虫生物量为（0.55±0.07）g DW/m²，占小型底栖动物总生物量的 70%。丰度和生物量最低值出现在 A4 站位（表 7-2），海洋线虫生物量占小型底栖动物总生物量的 39.8%。小型底栖动物丰度和生物量在研究站位间的差异是显著的（F=5.282 和 3.456，P<0.05）。

大型底栖动物丰度最高为（973±448）ind/m²（A4 站位），生物量最高值为（6.98±7.63）g DW/m²（A4 站位）。大型底栖动物丰度最低为（303±120）ind/m²（B010 站位），生物量最低值为（2.63±0.47）g DW/m²（B023 站位）。大型底栖动物丰度在研究站位间的差异是显著的（F=3.050，P<0.05）；而生物量在各站位间的差异不显著（P>0.05）。

7.4.4 生物量粒径谱

由图 7-2 各研究站位生物量粒径谱形状可以看出，生物量呈现由小型底栖动物向大型底栖动物递增的趋势，普遍出现了双峰模式。但值得注意的是，在 B003 站出现了三峰模式，生物量从−6 粒级开始增加，在−4 粒级达到第一个高峰，主要由海洋线虫构成；

表 7-2 研究站位底栖动物丰度及生物量

站位	丰度						生物量/(g DW/m²)					
	海洋线虫/(10⁶ ind/m²)		小型底栖动物/(10⁶ ind/m²)		大型底栖动物/(ind/m²)		海洋线虫		小型底栖动物		大型底栖动物	
	Mean	S.D.	Mean	S.D.	Mean	S.D.	Mean	S.D.	Mean	S.D.	Mean	S.D.
A4	0.149	0.045	0.162	0.044	973.33	448.37	0.06	0.02	0.16	0.05	6.98	7.63
A10	0.218	0.077	0.239	0.092	326.67	68.07	0.09	0.03	0.25	0.23	4.75	3.08
A11	0.797	0.168	0.822	0.167	330.00	75.50	0.32	0.07	0.44	0.14	5.34	5.34
A26	0.918	0.381	0.957	0.255	680.00	355.11	0.37	0.1	0.54	0.21	3.48	2.59
B003	0.843	0.072	1.057	0.132	580.00	425.68	0.34	0.03	1.05	0.31	3.14	2.95
B010	0.351	0.205	0.371	0.223	303.33	120.14	0.14	0.08	0.25	0.19	2.95	2.99
B022	0.435	0.251	0.451	0.264	816.67	132.79	0.17	0.10	0.30	0.19	3.44	1.69
B023	1.370	0.178	1.419	0.214	806.67	153.73	0.55	0.07	0.79	0.21	2.63	0.47

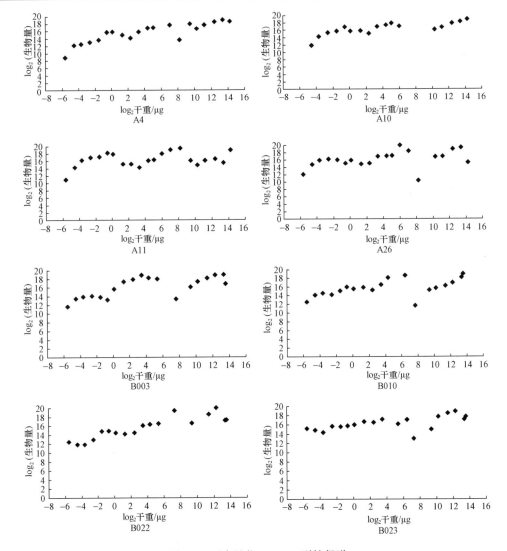

图 7-2 研究站位 Sheldon 型粒径谱

随后降低，在粒级 0 形成一个波谷后继续增加，在 4 粒级形成第二高峰；经过 8 粒级降低后生物量再次增加，最终在 13 粒级达到第三高峰值。A4、A10、A11、A26 和 B010 站位生物量粒径谱也均表现出类似的三峰模式。本研究结果显示，粒级−6~0 主要是海洋线虫；粒级 1~8 则主要是除海洋线虫以外的其他小型底栖动物类群，如桡足类、多毛类、涡虫、介形动物、端足类、异足类等和一些小个体大型底栖动物；粒级>9 的主要为大型底栖动物。海洋线虫、小型底栖其他类群和大型底栖动物分别形成 3 个波峰，并在它们的交汇处（粒级 1~3 和粒级 8~11）形成波谷。

渤海海域各站位 Sheldon 型粒径谱图形相似，呈现了三峰模式，波峰波谷的位置基本一致，三峰结构在粒级上分别对应自由生活海洋线虫、其他小型底栖动物类群和大型底栖动物。Schwinghamer（1981）对加拿大芬迪湾和大西洋沿岸内湾的底栖生物群落构建的粒径谱图形显示，小型和大型底栖动物分别形成波峰，通常成为双峰模式，并在交汇处形成波谷（0.5~1 mm ESD，粒级 6~10）。该波谷是底栖群落粒径谱研究中的一个保守现象（邓可等，2005）。Warwick（1984）认为该波谷的形成是生物自身进化机制的结果，0.5~1 mm ESD 生物无法生存或不利于生存，大型、小型底栖动物各自形成具有内在生物学特性的进化单元在该粒级附近分开，只有少数大型底栖动物的幼虫会暂时性地落入该粒级。随着幼虫的生长，它们很快进入更高的粒级，因此该粒级总是维持着较低的生物量。Schwinghamer（1988）、Warwick（1984）、Gerlach 等（1985）的研究结果均符合大型-小型底栖动物生物量双峰模式。本书中，有明显的大型-小型底栖动物波谷（粒级 8~10），该波谷的出现与上述研究结果基本一致。但是，至今对生物量粒径谱峰型结构和成因的认识并不统一。Drags 等（1998）、Duplisea（2000）的研究结果显示，其粒径谱结果并不服从双峰模式，并且也没有明显的大型-小型底栖动物波谷的出现。有关生物量粒径谱峰型结构的争论仍在继续。

本书中，小型底栖动物粒级范围内出现生物量峰值，证明了小型底栖动物在黄河口邻近海域底栖食物网中区别于大型底栖动物的重要地位，与 Schwinghamer（1981）的研究结果基本一致。但是值得指出的是，与 Schwinghamer 经典的大型、小型底栖动物双峰模式相比，本节 BSS 在小型底栖动物粒级范围内分化出 2 个次波峰，分别是海洋线虫波峰和其他小型底栖动物类群波峰，在其交汇处形成一新的波谷（粒级 1~3），该波谷也是海洋线虫和其他小型底栖动物过渡区。海洋线虫生物量粒径谱的单峰模式是普遍存在的，波峰出现在−5~0 粒级内，出现早晚与研究站位沉积物物理扰动频率有关（Vanaverbeke et al.，2003）。其他小型底栖动物类群形成的另一生物量峰不能被简单地认为是随机现象。Duplisea 和 Hargrave（1996）在加拿大芬迪湾小型底栖动物生物量粒径谱研究中也获得了相同的结果。在他们的研究中，正常的沉积环境，小型底栖动物生物量粒径谱为典型的双峰模式，第一个生物量峰由海洋线虫构成，第二个峰由除海洋线虫以外其他小型底栖动物类群形成。Duplisea（2000）还分析指出，当沉积环境受到有机质富集胁迫时，第二个生物量峰会模糊化。Duplisea（2000）对其原因的分析认为，第二个生物量峰由其他小型底栖动物类群构成，而它们往往对有机质富集较为敏感，从而降低了相应粒级的生物量。因此，小型底栖动物第二个生物量峰的出现可能与海洋线虫的生物量相对密度或沉积环境状况有关。有关该模式的普遍性和其产生的原因有待于进一步的深入研究。海洋线虫与其他小型底栖动物各自形成生物量波峰，表明它们在底栖食物网中的功能并不完全等同。

7.4.5 标准化生物量粒径谱

各站的标准化粒径谱图见图 7-3，各站回归具有极显著意义（$P<0.001$）。各站斜率变化范围为 $-0.859 \sim -0.607$，各站差异不显著（表 7-3）。截距最大的站位为 A26 站（16.331），截距最小的站位为 A4 站（15.035），各站差异也不显著。

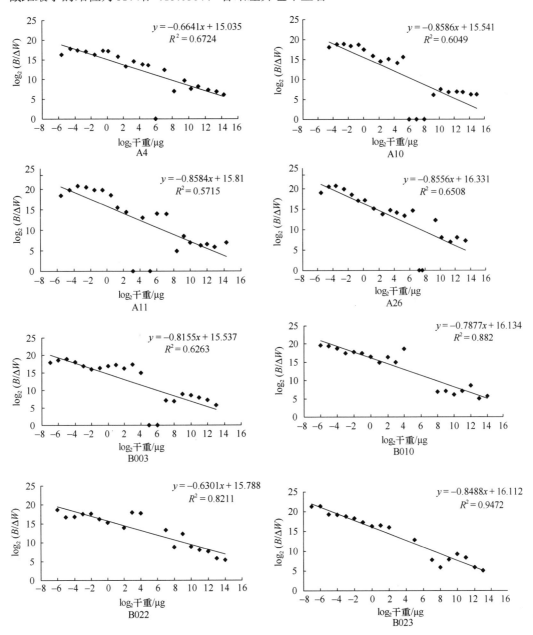

图 7-3 研究站位标准化生物量粒径谱

B 为各粒级总生物量（$\mu g\ DW/m^2$）；ΔW 为各粒级个体干重的变化幅度（μg）

表 7-3 研究站位标准化生物量粒径谱回归系数

站位	截距 $\log_2 a$	斜率 b	回归系数 R^2
A4	15.035	−0.664	0.672
A10	15.541	−0.859	0.605
A11	15.810	−0.859	0.572
A26	16.331	−0.856	0.651
B003	15.135	−0.647	0.821
B010	15.881	−0.739	0.887
B022	15.610	−0.607	0.825
B023	15.938	−0.786	0.946
平均	15.660	−0.752	0.747

7.4.6 与黄、东海粒径谱的比较

渤海、黄海及东海底栖动物粒径谱峰型较为一致，均呈现典型的双峰模式（图 7-4）。在粒级 0~5（1~32 μg 个体干重）形成小型底栖动物波峰，在粒级 12~15（4~33 mg 个体干重）形成大型底栖动物波峰，大型-小型底栖动物生物量波谷出现在粒级 3~8（8~256 μg 个体干重）。但是，波峰波谷出现的粒级稍有差异（4~6）。其中，东海大型-小型底栖动物生物量波谷出现的粒级在这几个海域中最小（粒级 3 起），渤海最大（粒级 6 起）。波谷的位置会根据沉积环境的特点发生移动，沉积物粒径较大时，小型底栖动物个体大，波谷会向更高的粒级移动；当沉积物粒径较小时，个体较大的穴居生活者增加，波谷会出现在较低的生物个体粒级处（Strayer, 1991）。此外，其他各种因素也会影响粒径谱结构，如相关研究显示个体粒级与溶解氧浓度有关（Chapelle and Peck, 1999; Quiroga et

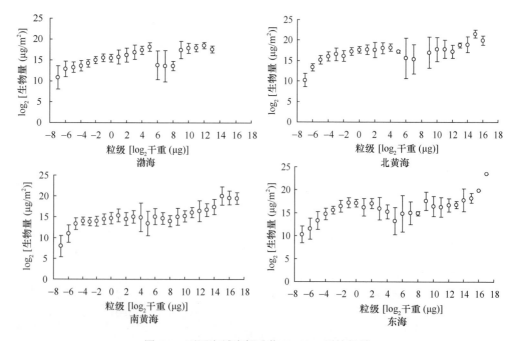

图 7-4 不同海域底栖动物 Sheldon 型粒径谱

al.，2005）。与其他海域相比，东海各站位沉积物 MD_ϕ 值最大（6.7±2.4），沉积物粒径相对较小，波谷粒级小；而渤海粉砂含量高，MD_ϕ 值最小（5.8±1.3），沉积物粒径相对较大，波谷粒级大。

此外，渤海和黄海部分站位均出现了小型底栖动物范围内的 2 个次波峰：第一个出现在-3 粒级（0.125 µg DW，ESD 60 µm），主要由海洋线虫构成；第二个出现在粒级 2（4 µg DW，ESD 191 µm），由除海洋线虫以外的其他小型底栖动物类群构成。波谷则位于粒级-3~-2（0.125~0.25µg DW，ESD 60~76µm），是海洋线虫和其他小型底栖动物过渡区（图 7-5）。

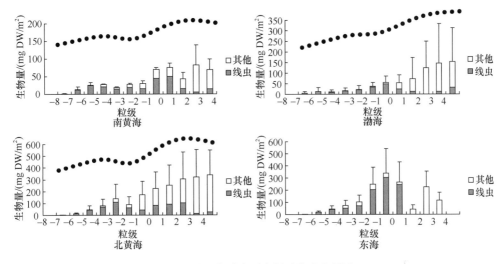

图 7-5　不同海域小型底栖动物生物量谱

总体而言，渤海底栖动物生物量谱结构与东、黄海海域相似，代表相似生境。

标准化粒径谱的参数可用于进行不同生态系统之间的比较，斜率代表生态系统的营养输入状况和营养循环效率（Sprules and Munawar，1986），可以指示环境因子对水生生物群落生产力的影响（Kerr and Dickie，2001）。斜率越小，不同营养级间的能流效率就越低。Quiroga 等（2005）、Sellanes 等（2007）、Saiz-Salinas 和 Ramos（1999）研究指出，底栖动物 NBSS 斜率均很好地指示了缺氧、厄尔尼诺周期等对底栖动物群落的影响。本研究中，底栖动物群落标准化生物量粒径谱斜率落在-0.664~-0.859，与东海、黄海、南黄海研究结果基本一致（表 7-4）。与 Livingstone 岛浅水区结果接近（Saiz-Salina and Ramos，1999）；与智利大陆架大型底栖动物冬春 NBSS 斜率结果也十分相似（Sellanes et al.，2007）。这表明，粒径谱斜率较准确地反映了陆架浅海生态系统营养循环的特征。斜率作为描述底栖动物群落结构的重要指标具有普遍意义。

相关研究显示，标准化粒径谱的另外一个参数——截距可反映生物量水平的高低（Quiroga et al.，2005；Schwinghamer，1988；Macpherson and Gordoa，1996）。渤海海域底栖动物标准化粒径谱的截距低于东海和北黄海截距，而略高于南黄海结果（表 7-4），预示着渤海海域生物量水平介于东海和黄海之间，与底栖动物生物量结果相符（表 7-4），与历史资料相符（于子山等，2001；Li et al.，2005）。与世界其他海洋比较，我国海域

表 7-4 渤海底栖动物粒径谱参数与其他海域的比较

海域	截距 $\log_2 a$	斜率 b	回归系数 R^2	粒级范围 /μm	生物量 /（g DW/m²）
渤海（本书）	15.660	−0.752	0.7470	−6~14	4.56
北黄海[a]	16.593	−0.708	0.9150	−6~14	9.34
南黄海[a]	14.334	−0.682	0.9181	−6~14	6.05
东海[a]	15.982	−0.698	0.8856	−6~14	7.92
智利 OMZ 海域[b]	4.673	−0.837	0.810	−2~9	0.20~96.29
智利 OMZ 外[b]	2.746	−0.463	0.800	−2~9	1.94~69.90
智利大陆架[c] 1997~1998 年冬春	3.806	−0.803	0.650	−2~8	51.65
智利大陆架[c] 2002~2003 年夏秋非厄尔尼诺周期	4.976	−1.066	0.660	−2~8	68.42
智利大陆架[c] 1997~1998 年夏秋厄尔尼诺周期	3.304	−0.633	0.640	−2~8	41.90
南极洲[d] 水深<100 m	7.790	−0.760	0.830	−2~10	426
南极洲[d] 100 m <水深<200 m	8.430	−1.250	0.910	−2~10	136
南极洲[d] 水深>200 m	7.590	−1.310	0.830	−2~10	104

a. 参考文献 Hua 等（2013）；b. 参考文献 Quiroga 等（2005）；c. 参考文献 Sellanes 等（2007）；d. 参考文献 Saiz-Salina 和 Ramos（1999）。

底栖动物标准化粒径谱截距显著高于世界其他海域研究结果，但是其生物量却显著低于世界其他海域（表 7-4）。华尔和张志南（2009）认为采样方法不同和粒级范围不一致可能是引起较大差异的主要原因。一方面，采样工具不同，生物量估算本身存在误差。本节涉及的我国海域底栖动物采样工具为 0.1 m² 箱式采泥器；Quiroga 等（2005）和 Sellanes 等（2007）的研究采用直径为 95 mm 的多管采泥器取分样，总面积 0.0142 m²；Saiz-Salinas 和 Ramos（1999）采用 0.1 m² 的抓斗采泥器。因此在计算生物量时会带来不同程度的误差。另一方面，底栖动物粒级范围不同，回归方程中的截距必然差距较大。本节涉及的我国海域底栖动物粒径谱包括大型和小型底栖动物粒级范围（−6~14），各粒级生物量变幅大，截距大；而其他研究中仅考虑大型底栖动物粒级范围（−2~10），各粒级生物量变幅相对较小，截距较小。由表 7-4 也可看出，截距随粒级范围变大而增加，表明截距的大小与粒级选择有一定的关系。鉴于以上原因，在利用截距进行不同海域、不同环境、不同研究的比较时，应当注意采样方法的一致性，更要注意粒级选择的一致性，尽量避免误差，才可较为准确地指示实际数据。否则，不建议根据截距指示生物量水平的高低。

7.5 粒径谱与底栖次级生产力

底栖动物群落次级生产力是生态系统动力学研究的重要参数。为了获得方便、准确的大型底栖动物次级生产力计算方法，许多研究人员建立了不同的计算公式（Brey,

1990; Morin and Bourasseau, 1992; Tumbiolo and Downing, 1994)。这些计算公式的建立基础是大型底栖动物种群特点（如生命周期、最大个体干重、平均个体干重、平均生物量等）或环境因子的特点（如温度、水深等）与次级生产力或 P/B 值的相关关系。在众多经验公式中，转换后的 Brey1990 公式是目前我国最常用的估算大型底栖动物群落次级生产力的经验公式（于子山等，2001）。小型底栖动物群落次级生产力常采用固定系数法（$P/B=9$）进行换算（Higgins and Thiel，1988）。邓可等（2005）借鉴 Blanco 等（1998）浮游生物群落次级生产力计算公式，将粒径谱方法引入底栖动物群落次级生产力计算。目前，利用该公式计算了南黄海、黄河口邻近海域典型站位底栖动物群落次级生产力（邓可等，2005；华尔和张志南，2009）。

7.5.1 研究方法概述

1. 研究海域和站位

研究样品由"东方红 2 号"调查船和"向阳红 9 号"于 2006 年 11 月和 2008 年 8 月采自渤海海域（37°~39°N，118°~122°E）的 8 个站位。站位分布图见图 7-1。

2. 群落次级生产力的计算

通过标准化粒径谱（NBSS），可以计算任意两个粒级（W_i，W_j）间的次级生产力，公式如下（邓可等，2005）：

$$P = \frac{a \times c}{b+d+1}(w_J^{b+d+1} - w_i^{b+d+1}) \tag{7-6}$$

式中，a 和 b 由标准化生物量粒径谱回归式（7-7）获得。

$$\log\beta(w) = \log a + b \times \log w \tag{7-7}$$

Blanco 等（1998）在浮游生物粒径谱研究中，对全粒径谱采用了相同的系数进行计算。但是，大型底栖动物和小型底栖动物是两个有显著差异的类群，具有相对独立的生态学参数（Banse and Mosher，1980；Schwinghamer，1983；Schwinghamer et al., 1986）。因此在计算底栖动物群落次级生产力时，邓可等（2005）提出采用不同的参数分别进行计算。大型和小型底栖动物回归系数不同，以生物量干重粒级 4 为界分别计算。大型底栖动物 c、d 分别为 22.97 和 −0.304，小型底栖动物为 4.81 和 −0.337（Schwinghamer et al.，1986；邓可等，2005）。

同时，本节利用最常用的 3 个公式计算了研究站位大型底栖动物群落次级生产力，并与 NBSS 计算的生产力进行比较，公式见表 7-5。

表 7-5 大型底栖动物群落次级生产力计算经验公式

文献	公式	缩写	单位
Brey（1990）	$\log P = 0.27 \log A + 0.737 \log B - 0.4$ ［式（7-8）］	Brey	A (ind/m^2) B (g DW/m^2)
Morin 和 Bourassa（1992）	$\log P = -0.75 + 1.01 \log B - 0.34 \log w + 0.037T$ ［式（7-9）］	M&B	B 和 w (g DW/m^2) T (℃)
Tumbiolo 和 Downing（1994）	$\log P = 0.18 + 0.97 \log B - 0.22 \log w + 0.04T - 0.14T \log(D+1)$ ［式（7-10）］	T&D	B (g DW/m^2) w (mg DW/m^2) T (℃) D (m)

P. 生产力；B. 平均生物量；A. 平均丰度；w. 平均个体干重；T. 底温；D. 水深。

7.5.2 NBSS 计算底栖动物次级生产力

用粒径谱方法计算的底栖动物次级生产力平均为 8.521 g DW/（m²·a），最高值 15.681 g DW/（m²·a），出现在 B022 站，而最低值 4.865 g DW/（m²·a）出现在 A10 站（表 7-6）。在研究站位大型底栖动物的次级生产力占总次级生产力的 60%~89%，是底栖生态系统中次级生产力主要的贡献者。与大型底栖动物相比，小型底栖动物次级生产力占总次级生产力的 11%~40%，平均占总次级生产力的 34%。特别是在 A10 和 A11 站，小型底栖动物次级生产力占总次级生产力的 40%。

表 7-6 研究站位标准化生物量粒径谱回归系数

站位	截距 $\log_2 a$	斜率 b	回归系数 R^2	粒级范围 /μm	次级生产力/ [g DW/ (m²·a)]		
					大型底栖动物	小型底栖动物	总次级生产力
A4	15.035	−0.664	0.672	−6~14	6.535	1.121	7.656
A10	15.541	−0.859	0.605	−5~15	3.049	1.887	4.936
A11	15.810	−0.859	0.572	−6~15	3.678	2.366	6.044
A26	16.331	−0.856	0.651	−6~14	5.101	3.382	8.482
B003	15.135	−0.647	0.821	−7~13	6.917	1.188	8.104
B010	15.881	−0.739	0.887	−6~14	7.392	2.146	9.538
B022	15.610	−0.607	0.825	−6~14	14.066	1.615	15.681
B023	15.938	−0.786	0.946	−7~13	5.375	2.349	7.725
平均	15.660	−0.752	0.747		6.514	2.007	8.521

相关分析显示，大型底栖动物次级生产力与 NBSS 斜率呈显著的正相关（$\log r=0.851$；$P<0.05$）；小型底栖动物次级生产力与 NBSS 斜率呈负相关（$\log r=-0.751$；$P<0.05$）。

7.5.3 次级生产力研究方法的比较

用粒径谱方法计算的大型底栖动物次级生产力与 Brey、T&D 和 M&B 方法计算结果进行比较发现，NBSS 方法大型底栖动物次级生产力与 M&B 方法计算结果相近，但高于其他方法（表 7-7）。One-way ANOVA 分析显示，NBSS 方法计算结果与各常用公式计算的大型底栖动物次级生产力结果差异不显著（$F=2.044$，$P>0.05$）。但是，NBSS 结果普遍较高。NBSS 方法计算小型底栖动物次级生产力与固定系数法（$P/B=9$），结果接近，但略低（ANOVA $F=4.863$，$P=0.05$）。

表 7-7 底栖动物次级生产力粒径谱方法计算与其他方法的比较

方法	A4	A10	A11	A26	B003	B010	B022	B023
大型底栖动物								
P（NBSS）	6.535	2.901	3.499	5.101	6.917	7.392	14.066	5.375
P（Brey）	7.318	4.253	2.936	4.345	3.910	2.290	4.381	3.390
P（T&D）	6.193	3.758	2.766	3.702	4.777	3.504	5.904	3.895
P（M&B）	6.682	3.513	2.561	4.148	5.689	5.625	10.010	7.245
小型底栖动物								
P（NBSS）	1.121	1.964	2.366	3.382	1.121	1.887	2.366	3.382
P（固定系数法）	1.437	2.253	3.961	4.850	1.437	2.253	3.961	4.850

Platt 和 Denman（1978）在 Sheldon 型粒径谱的基础上改进获得了标准化粒径谱。同时，摒弃了传统营养级的概念，认为能量流动沿着粒径谱从小个体到大个体可以看作一个连续的过程，因此标准化粒径谱可进行直线回归，并可用于积分计算。由于次级生产力和生物个体重量有指数关系（Peters，1983），利用标准化粒径谱的可积分性可以求出群落次级生产力。利用粒径谱计算群落次级生产力有离散模型和连续模型两种计算方法（Blanco et al.，1998）。离散模型是对每个粒级的生物分别进行计算后汇总得到群落次级生产力。国外利用生物量粒径谱计算底栖动物群落次级生产力多采用的离散模型（Gerlach et al.，1985；Schwinghamer et al.，1986）。该方法对粒径谱粒级间隔的选择很敏感（Vidondo et al.，1997；Blanco et al.，1998）。连续模型则利用标准化粒径谱的可积分特性，将整个粒径谱看作一个连续的能量流动过程，因此对粒径谱图形的偶然变化有较强适应性（Vidondo et al.，1997）。

邓可等（2005）借鉴 Blanco 等（1998）浮游生物群落次级生产力计算公式，提出底栖动物群落次级生产力计算公式。该公式以生物量干重粒级 4 为界，采用不同参数分别计算大型和小型底栖动物次级生产力。为进一步验证该公式的准确性，本研究利用 NBSS 方法计算了渤海典型站位大型和小型底栖动物次级生产力，并与常用的经验公式进行比较。

NBSS 方法计算的大型底栖动物次级生产力结果与 Brey、T&D 和 M&B 3 个经验公式计算结果差异不显著，但其结果普遍高于其他方法。NBSS 方法与 Brey 经验公式本质上同属于依赖生物大小计算次级生产力的经验方法。但是本书中 NBSS 方法计算结果高于 Brey 公式结果，存在高估的情况。这可能与粒径谱粒级不连续有关。粒级不连续将影响标准化粒径谱的直线回归参数，进而引起依此计算的次级生产力的高估。粒级不连续是指粒径谱某个粒级缺失生物体。在大型和小型底栖动物交汇粒级范围内（6~10 粒级）较容易出现此种情况。本研究中，多数站位在大型底栖动物粒级范围内存在粒级不连续情况（详见 7.5 节），导致 NBSS 计算结果与其他结果相比略高。因此，在使用 NBSS 方法估算大型底栖动物群落次级生产力时应当注意粒级的连续性，尽量多采集生物样本补齐各粒级，才能保证 NBSS 方法准确地估算大型底栖动物群落次级生产力。

NBSS 法计算的小型底栖动物次级生产力与固定系数法结果接近，均略低。不同环境小型底栖动物 P/B 值具有显著的差异，不同类群的 P/B 值也存在显著的差异（Schwinghamer et al.，1986）。因此，通过该系数计算的次级生产力和实际情况之间有一定的偏差，存在高估的情况。而 NBSS 方法对不同粒级生物分别计算，考虑了生物大小对 P/B 值的影响，其结果更为可靠。与以营养级或分类阶元为基础的生产力计算方法相比，粒径谱方法更为简单，可避免因对生物特性的把握不准而引起的计算误差。

总体而言，利用 NBSS 方法可以较准确地估算底栖动物群落次级生产力，但仍然需要在更广的范围对该方法估算次级生产力加以验证。

7.6　我国粒径谱研究现状和展望

我国的粒径谱研究目前已经起步（王荣，2000；王新刚和孙松，2002；王睿照和张志南，2003），建立了东海、黄海底栖动物粒径谱，证实了底栖粒径谱的多峰状分布（林岿璇等，2004；华尔和张志南，2009；Hua et al.，2013），并利用粒径谱理论对南黄海底栖动物群落生产力和耗氧量进行了计算，得到可信结果（邓可等，2005；华尔和张志南，2009；Hua et al.，2013）。在粒径谱研究方法上也开展了初步研究（吴成业和焦念志，2005）。但总体来说，我国的粒径谱研究无论在方法上，还是理论上，都与国际先进水平有较大差距。

由于生态系统的复杂性和混沌现象的普遍存在，群落粒径谱对环境变化和渔业捕捞的响应一直是研究的难点（Benoit and Rochet，2004），而响应机制却是粒径谱得到广泛应用的前提条件。因此应该将粒径谱对环境的响应机制作为当前的研究重点。

与传统的分类学调查相比，粒径谱方法一个重要优势在于易于通过自动化极大提高调查效率，从而可以快速建立大量背景资料（Beaulieu et al.，1999）。而我国目前的调查手段自动化程度低，因此急需引进或开发粒径谱测量仪器。

由于每个生态系统的粒径谱都有一定的独特性（Stead et al.，2005），要将粒径谱理论用于实践，就必须首先了解该生态系统的粒径谱背景资料。而我国目前缺乏粒径谱研究历史数据的现状，阻碍了我国粒径谱理论和应用的迅速发展。因此，我国应迅速在包括各大渔场在内的重要海域开展粒径谱的背景调查工作，并尝试利用历史数据进行生态规律解释和渔业资源管理。

参 考 文 献

蔡立哲. 2006. 海洋底栖生物生态学和生物多样性研究进展. 厦门大学学报, 45(2): 83-89
邓可, 张志南, 黄勇, 等. 2005. 南黄海典型站位底栖动物粒径谱及其应用. 中国海洋大学学报, 35(6): 1005-1010
韩希福, 王荣. 2000. 粒径谱和能量谱的应用. 见: 唐启升, 苏纪兰. 中国海洋生态系统动力学研究. 关键科学问题与研究发展战略. 北京: 科学出版社: 104-107
华尔, 张志南, 张艳. 2005. 长江口及其邻近海域小型底栖生物丰度和生物量. 生态学报, 25(9): 2234-2242
华尔, 张志南. 2009. 黄河口邻近海域底栖动物粒径谱研究. 中国海洋大学学报, 39(5): 971-978
林岿璇, 张志南, 王睿照. 2004. 东、黄海典型站位底栖动物粒径谱研究. 生态学报, 24(2): 241-245
王荣. 2000. 粒径谱和生物量谱. 见: 苏纪兰, 秦蕴珊. 当代海洋科学学科前沿. 北京: 学苑出版社: 282-284
王荣, 李超伦, 张武昌. 2002. 不同粒径浮游动物的能值分析. 见: 唐启升, 苏纪兰. 中国海洋生态系统动力学研究. II 渤海生态系统动力学过程. 北京: 科学出版社: 158-165
王荣, 林雅蓉, 刘孝贤. 1988. 太平洋表层水某些生物海洋学要素和颗粒谱的分布规律研究. 海洋与湖沼, 19(6): 505-517
王睿照, 张志南. 2003. 海洋底栖生物粒径谱的研究. 海洋湖沼通报, (4): 61-68
王新刚, 孙松. 2002. 粒径谱理论在海洋生态学研究中的应用. 海洋科学, 26(4): 36-39
吴成业, 焦念志. 2005. 海洋浮游生物粒径谱分析技术. 高技术通讯, 15(4): 71-74
于子山, 张志南, 韩洁. 2001. 渤海大型底栖动物次级生产力的初步研究. 青岛海洋大学学报, 31(6): 867-871
左涛, 王俊, 金显仕, 等. 2008. 春季长江口邻近外海网采浮游生物的生物量谱. 生态学报, 28(3): 1174-1182

左涛, 王俊, 唐启升, 等. 2008. 秋季南黄海网采浮游生物的生物量谱. 海洋学报, 30(5): 71-80

Armstrong R A. 2003. A hybrid spectral representation of phytoplankton growth and zooplankton response: The "control rod" model of plankton interaction. Deep Sea Research II, 50: 22-26

Banavar J R, Damuth J, Maritan A, et al. 2002. Supply-demand balance and metabolic scaling. Proceedings of the National Academy of Sciences of the United States of America, 99(16): 10506-10509

Banse K, Mosher S. 1980. Adult body mass and annual production/biomass relationships of field populations. Ecological Monographs, 50(3): 335-379

Beaulieu S E, Mullin M M, Tang V T, et al. 1999. Using an optical plankton counter to determine the size distributions of preserved zooplankton samples. Journal of Plankton Research, 21: 1939-1956

Benoit E, Rochet M J. 2004. A continuous model of biomass size spectra governed by predation and the effects of fishing on them. Journal of Theoretical Biology, 226(1): 9-21

Bianchi G, Gislason H, Graham K, et al. 2000. Impact of fishing on size composition and diversity of demersal fish communities. ICES Journal of Marine Science, 57(3): 558-571

Blanco J M, Quinones R A, Guerrero F, et al. 1998. The use of biomass spectra and allometric relations to estimate respiration of planktonic communities. Journal of Plankton Research, 20(5): 887-900

Boix D, Sala J, Quintana X D, et al. 2004. Succession of the animal community in a Mediterranean temporary pond. Journal of the North American Benthological Society, 23(1): 29-49

Borgmann U. 1987. Models on the slope of, and biomass flow up, the biomass size spectrum. Canadian Journal of Fisheries and Aquatic Sciences, 44: 136-140

Boudreau P R, Dickie L M. 1992. Biomass spectra of aquatic ecosystems in relation to fisheries yield. Canadian Journal of Fisheries and Aquatic Sciences, 49: 1528-1538

Bowden D A. 2005. Quantitative characterization of shallow marine benthic assemblages at Ryder Bay, Adelaide Island, Antarctica. Marine Biology(Berlin), 146(6): 1235-1249

Brey T. 1990. Estimating production of macrobenthic invertebrates from biomass and mean individual weight. Mccsforsch, 32: 329-343

Brown J H, Gillooly J F. 2003. Ecological food webs: High-quality data facilitate theoretical unification. Proceedings of the National Academy of Sciences, 100(4): 1467-1468

Brown J H, Gupta V K, Li B L, et al. 2002. The fractal nature of nature: Power laws, ecological complexity and biodiversity. Philosophical transactions of the Royal Society of London. Biological Sciences Series B, 357(1421): 619-626

Carbone C, Gittleman J L. 2002. A common rule for the scaling of carnivore density. Science, 295(5563): 2273-2276

Carr M E. 1998. A numerical study of the effect of periodic nutrient supply on pathways of carbon in a coastal upwelling regime. Journal of Plankton Research, 20(3): 491-516

Cavender-Bares K K, Rinaldo A, Chisholm S W. 2001. Microbial size spectra from natural and nutrient enriched ecosystems. Limnology and Oceanography, 46(4): 778-789

Chapelle G, Peck L. 1999. Polar gigantism dictated by oxygen availability. Nature, 399: 114-115

Cohen J E, Jonsson T, Carpenter S R. 2003. Ecological community description using the food web, species abundance, and body size. Proceedings of the National Academy of Sciences of the United States of America, 100(4): 1781-1786

Cyr H, Peters R H. 1996. Biomass-size spectra and the prediction of fish biomass in lakes. Canadian Journal of Fisheries and Aquatic Sciences, 53(5): 994-1006

Daan N, Gislason H, Pope J G, et al. 2005. Changes in the North Sea fish community: evidence of indirect effects of fishing. ICES Journal of Marine Science, 62(2): 177-188

De Leeuw J J, Nagelkerke L A J, Van Densen W L T, et al. 2003. Biomass size distributions as a tool for characterizing lake fish communities. Journal of Fish Biology, 63(6): 1454-1475

Dinmore T A, Duplisea D E, Rackham B D, et al. 2003. Impact of a large-scale area closure on patterns of fishing disturbance and the consequences for benthic communities. ICES Journal of Marine Science, 60(2): 371-380

Dodds P S, Rothman D H, Weitz J S. 2001. Re-examination of the "3/4-law" of Metabolism. Journal of

Theoretical Biology, 209(1): 9-27

Drags A, Radziejewska T, Warzocha J. 1998. Biomass size spectra of near-shore shallow-water benthic communities in the Gulf of Gdansk(Southern Baltic Sea). Marine Ecology, 19: 209-228

Duplisea D E. 2000. Benthic organism biomass size-spectra in the Baltic Sea in relation to the sediment environment. Limnology and Oceanography, 45(3): 558-568

Duplisea D E, Hargrave B T. 1996. Response of meiobenthic size-structure, biomass and respiration to sediment organic enrichment. Hydrobiologia, 339: 161-170

Duplisea D E, Jennings S, Warr K J, et al. 2002. A size-based model of the impacts of bottom trawling on benthic community structure. Canadian Journal of Fisheries and Aquatic Sciences, 59(11): 1785-1795

Edvardsen A, Zhou M, Tande K S, et al. 2002. Zooplankton population dynamics: Measuring in situ growth and mortality rates using an Optical Plankton Counter. Marine Ecology Progress Series, 227: 205-219

Enquist B J, Brown J H, West G B. 1998. Allometric scaling of plant energetics and population density. Nature, 395(6698): 163-165

EPA. 2005. New indicators of coastal ecosystem condition. Washington DC: Office of Research and Development

FAO Fisheries Department. 2003. The ecosystem approach to fisheries. FAO Technical Guidelines for Responsible Fisheries, 4 (Suppl. 2). Rome, FAO

Fasham M J R, Boyd P W, Savidge G. 1999. Modeling the relative contributions of autotrophs and heterotrophs to carbon flow at a Lagrangian JGOFS station in the Northeast Atlantic: The importance of DOC. Limnology and Oceanography, 44(1): 80-94

France R, Chandler M, Peters R. 1998. Mapping trophic continua of benthic foodwebs: body size-delta^{15}N relationships. Marine Ecology Progress Series, 174: 301-306

Fulton E A, Smith D M, Johnson C R. 2004. Biogeochemical marine ecosystem models I: IGBEM——A model of marine bay ecosystems. Ecological Modelling, 174(3): 267-307

Gaedke U. 1992. The size distribution of plankton biomass in a large lake and its seasonal variability. Limnology and Oceanography, 37(6): 1202-1220

Gaedke U. 1993. Ecosystem analysis based on biomass size distributions: A case study of a plankton community in a large lake. Limnology and Oceanography, 38(1): 112-127

Gascuel D, Bozec Y-M, Chassot E, et al. 2005. The trophic spectrum: Theory and application as an ecosystem indicator. ICES Journal of Marine Science, 62(3): 443-452

Gerlach S A, Hahn A E, Schrage M. 1985. Size spectra of benthic biomass and metabolism. Marine Ecology Progress Series, 26: 161-173

Gillooly J F, Brown J H, West G B, et al. 2001. Effects of size and temperature on metabolic rate. Science, 293(5538): 2248-2251

Gin K Y H, Chisholm S W, Olson R J. 1999. Seasonal and depth variation in microbial size spectra at the Bermuda Atlantic time series station. Deep-Sea Research I, 46(7): 1221-1245

Gin K Y H, Guo J, Cheong H-F. 1998. A size-based ecosystem model for pelagic waters. Ecological Modelling, 112(1): 53-72

Gislason H, Rice J. 1998. Modelling the response of size and diversity spectra of fish assemblages to changes in exploitation. ICES Journal of Marine Science, 55(3): 362-370

Han B P, Straskraba M. 1998. Size dependence of biomass spectra and population density: 1. The effects of size scales and size intervals. Journal of Theoretical Biology, 191(3): 259-265

Havlicek T D, Carpenter S R. 2001. Pelagic species size distributions in lakes: Are they discontinuous. Limnology and Oceanography, 46(5): 1021-1033

Heip C H R, Duineveld G, Flach E, et al. 2001. The role of the benthic biota in sedimentary metabolism and sediment-water exchange processes in the Goban Spur area(NE Atlantic). Deep-Sea Research II, 48(14-15): 3223-3243

Higgins R P, Thiel H. 1988. Introduction to the study of meiofauna. Washington D C: Smithsonian Institute Press

Hua E, Zhang Z N, Warwick R M, et al. 2013. Pattern of benthic biomass size spectra from shallow waters in the East China Seas. Marine Biology, 160: 1723-1736

Hurtt G C, Armstrong R A. 1996. A pelagic ecosystem model calibrated with BATS data. Deep-Sea Research II, 43(2): 653-683

ICES. 2005. Report of the Working Group on Ecosystem Effects of Fishing Activities(WGECO). ICES Headquarters, Copenhagen. ACE: 04

Jennings S, Warr K J, Mackinson S. 2002. Use of size-based production and stable isotope analyses to predict trophic transfer efficiencies and predator-prey body mass ratios in food webs. Marine Ecology Progress Series, 240: 11-20

Jennings S, Pinnegar J K, Polunin N V C, et al. 2001. Weak cross-species relationships between body size and trophic level belie powerful size-based trophic structuring in fish communities. Journal of Animal Ecology, 70(6): 934-944

Jin X S. 2004. Long-term changes in fish community structure in the Bohai Sea, China. Estuarine, Coastal and Shelf Science, 59: 163-171

Jung S, Houde E. D. 2005. Fish biomass size spectra in Chesapeake Bay. Estuaries, 28(2): 226-240

Kamenir Y, Dubinsky Z, Zohary T. 2004. Phytoplankton size structure stability in a meso-eutrophic subtropical lake. Hydrobiologia, 520(1-3): 89-104

Kerr S R. 1974. Theory of size distribution in ecological communities. Journal of the Fisheries Research Board of Canada, 31: 1859-1862

Kerr S R, Dickie L M. 2001. The biomass spectrum: A predator-prey theory of aquatic production. New York: Columbia University Press

Kimmel D G, Roman M R, Zhang X. 2006. Spatial and temporal variability in factors affecting mesozooplankton dynamics in Chesapeake Bay: Evidence from biomass size spectra. Limnology and Oceanography, 51(1): 131-141

Li X Z, Zhang B L, Wang H F. 2005. Secondary production of macrobenthos from the Anchovy spawning ground in the Southern Yellow Sea. Chinese Journal of Applied and Environmental Biology, 11(3): 324-327

Macpherson E, Gordoa A. 1996. Biomass spectra in benthic fish assemblages in the Benguela system. Marine Ecology Progress Series, 138: 27-32

Marquet P A, Quiñones R A, Abades S, et al. 2005. Scaling and power-laws in ecological systems. Journal of Experimental Biology, 208(9): 1749-1769

Moloney C L, Field J G. 1991. The size-based dynamics of plankton food webs. 1. A simulation model of carbon and nitrogen flows. Journal of Plankton Research, 13(5): 1003-1038

Morin A, Bourasseau N. 1992. Modèles empiriques de la production annuelle et du rapport P/B d'inbertébrés benthiques d'eau courante. Canadian Journal of Fisheries and Aquatic Sciences, 49: 532-539

Peters R H. 1983. The Ecological Implications of Body Size. Cambridge: Cambridge University Press

Piet G J, Jennings S. 2005. Response of potential fish community indicators to fishing. ICES Journal of Marine Science, 62(2): 214-225

Plante C, Downing J A. 1989. Production of freshwater invertebrate populations in lake. Canadian Journal of Fisheries and Aquatic Sciences, 46: 1489-1498

Platt T, Denman K. 1978. The Structure of Pelagic Marine Ecosystems. Rapports et procès-Verbaux des réunions Conseil Permanent International Pourl' Exploration de laMer, 173: 60-65

Queirós A M, Hiddink J G, Kaiser M J, et al. 2006. Effects of chronic bottom trawling disturbance on benthic biomass, production and size spectra in different habitats. Journal of Experimental Marine Biology and Ecology, 335: 91-103

Quiroga E, Quiñones R, Palma M, et al. 2005. Biomass size-spectea of macrobenthic communities in the oxygen minimum zone off Chile. Estuarine, Coastal and Shelf Science, 62: 217-231

Rice J C. 2003. Environmental health indicators. Ocean and Coastal Management, 46: 235-259

Rice J C, Rochet M-J. 2005. A framework for selecting a suite of indicators for fisheries management. ICES Journal of Marine Science, 62(3): 516-527

Richardson K, Markager S, Buch E, et al. 2005. Seasonal distribution of primary production, phytoplankton biomass and size distribution in the Greenland Sea. Deep Sea Research Part I: Oceanographic Research Papers, 52(6): 979-999

Robson B J, Barmuta L A, Fairweather P G. 2005. Methodological and conceptual issues in the search for a relationship between animal body-size distributions and benthic habitat architecture. Marine and Freshwater Research, 56(1): 1-11

Rodriguez J, Echevarria F, Jimenez-Gomez F. 1990. Physiological and ecological scalings of body size in an oligotrophic, high mountain lake(La Caldera, Sierra Nevada, Spain). Journal of Plankton Research, 12(3): 593-599

Rodriguez J, Jimenez-Gomez F, Blanco J M, et al. 2002. Physical gradients and spatial variability of the size structure and composition of phytoplankton in the Gerlache Strait(Antarctica). Deep-Sea Research Part II, Topical Studies in Oceanography, 49: 693-706

Saiz-Salinas J I, Ramos A. 1999. Biomass size-spectra of macrobenthic assemblages along water depth in Antarctica. Marine Ecology Progress Series, 178: 221-227

Schwinghamer P. 1988. Influence of pollution along a natural gradient and in a mesocosm experiment on biomass-size spectra of benthic communities. Marine Ecology Progress Series, 46: 199-206

Schwinghamer P. 1983. Generating ecological hypotheses from biomass spectra using causal analysis: A benthic example. Marine Ecology Progress Series, 13(2-3): 151-166

Schwinghamer P. 1981. Characteristic size distributions of integral benthic communities. Canadian Journal of Fisheries and Aquatic Sciences, 38(10): 1255-1263

Schwinghamer P, Hargrave B, Peer D, et al. 1986. Partitioning of production and respiration among size groups of organisms in an intertidal benthic community. Marine Ecology Progress Series, 31(2): 131-142

Sellanes J, Quiroga E, Neira C, et al. 2007. Changes of macrobenthos composition under different ENSO cycle conditions on the continental shelf off central Chile. Continental Shelf Research, 27: 1002-1016

Shalapyonok A, Olson R J, Shalapyonok L S. 2001. Arabian Sea phytoplankton during Southwest and Northeast Monsoons 1995: Composition, size structure and biomass from individual cell properties measured by flow cytometry. Deep-Sea Research II, 48: 1231-1261

Sheldon R W, Parsons T R. 1967. A continuous size spectrum for particulate matter in the sea. Journal of the Fisheries Research Board of Canada, 24: 909-915

Sheldon R W, Paraksh A, Sutcliffe W H. 1972. The size distribution of particles in the ocean. Limnology and Oceanography, 17: 327-340

Shin Y J, Rochet M J, Jennings S, et al. 2005. Using size-based indicators to evaluate the ecosystem effects of fishing. ICES Journal of Marine Science, 62(3): 384-396

Sprules W G, Goyke P. 1994. Size-based structure and production in the pelagia of Lakes Ontario and Michigan. Canadian Journal of Fisheries and Aquatic Sciences, 51(11): 2603-2611

Sprules W G, Munawar M. 1986. Plankton size spectra in relation to ecosystem productivity, size, and perturbation. Canadian Journal of Fisheries and Aquatic Sciences, 43(9): 1789-1794

Sprules W G, Brandt S B, Stewart D J, et al. 1991. Biomass size spectrum of the Lake Michigan pelagic food web. Canadian Journal of Fisheries and Aquatic Sciences, 48(1): 105-115

Sprules W G, Casselman J M, Shuter B J. 1983. Size distribution of pelagic particles in lakes. Canadian Journal of Fisheries and Aquatic Sciences, 40: 1761-1769

Stead T K, Schmid-Araya J M, Schmid P E, et al. 2005. The distribution of body size in a stream community: One system, many patterns. Journal of Animal Ecology, 74(3): 475-487

Strayer D. 1991. Perspectives on the size structure of lacustrine zoobenthos, its causes, and its consequences. Journal of the North American Benthological Society, 10: 210-221

Strogatz S H. 2001. Exploring complex networks. Nature, 410(6825): 268-276

Thiebaux M L, Dickie L M. 1993. Structure of the body-size spectrum of the biomass in aquatic ecosystems: A consequence of allometry in predator-prey interactions. Canadian Journal of Fisheries and Aquatic Sciences, 50(6): 1308-1317

Thygesen U H, Farnsworth K D, Andersen K H, et al. 2005. How optimal life history changes with the community size-spectrum. Proceedings of the Royal Society Biological Sciences Series B, 272(1570): 1323-1331

Tumbiolo M L, Downing J A. 1994. An empitical model for the prediction of secondary production in marine benthic invertebrate populations. Marine Ecology Progress Series, 114: 165-174

Vanaverbeke J, Steyaert M, Vanreusel A, et al. 2003. Nematode biomass spectra as descriptors of functional changes due to human and natural impact. Marine Ecology Progress Series, 249: 157-170

Vidondo B, Prairie Y T, Blanco J M, et al. 1997. Some aspects of the analysis of size spectra in aquatic ecology. Limnology and Oceanography, 42(1): 184-192

Warwick R M. 1984. Species-size distributions in marine benthic communities. Oecologia, 61: 32-41

West G B, Brown J H. 2005. The origin of allometric scaling laws in biology from genomes to ecosystems: Towards a quantitative unifying theory of biological structure and organization. The Journal of Experimental Biology, 208(9): 1573-1592

West G B, Brown J H, Enquist B J. 1999. The fourth dimension of life: Fractal geometry and allometric scaling of organisms. Science, 284(5420): 1677-1679

West G B, Brown J H, Enquist B J. 1997. A general model for the origin of allometric scaling laws in biology. Science, 276(5309): 122-126

Xu B D, Jin X S. 2005. Variations in fish community structure during winter in the southern Yellow Sea over the period 1985–2002. Fisheries Research, 71: 79-91

Yurista P, Kelly J R, Miller S. 2005. Evaluation of optically acquired zooplankton size-spectrum data as a potential tool for assessment of condition in the Great Lakes. Environmental Management, 35(1): 34-44

Zhou M, Huntley M E. 1997. Population dynamics theory of plankton based on biomass spectra. Marine Ecology Progress Series, 159: 61-73

第 8 章 底栖动物的分类学多样性及其对环境的指示

近 30 年伴随环渤海经济的快速发展,在污染、过捕、富营养化等人为干扰和全球变化的双重压力下,渤海正面临着生态系统功能退化、生物多样性丧失的威胁。对渤海的生物多样性现状及其变化趋势的评估是科学管理渤海生态系统的重要前提。根据 2006 年 11 月、2008 年 8 月和 2009 年 6 月在渤海海域 57 个站位所采集的大型底栖动物样品数据,并集成 20 世纪 80 年代和 90 年代的历史资料,对渤海海域大型底栖动物多样性的时空分布规律和近 30 年的变化趋势进行分析。

生物多样性包括种内的(遗传多样性)、种间的(有机体多样性)和群落间的(生态多样性)多样性三层含义。有机体多样性包括了物种多样性方面,也包括种间的分类关联度(taxonomic relatedness),或种以上的分类等级信息,即分类多样性和分类差异度方面(Warwick and Clarke,2001)。传统的物种多样性(species diversity)基于种丰富度和均匀度,而种的丰富度依赖于取样大小,与取样的努力程度有关。大部分传统物种多样性指数都或多或少受到取样努力程度的影响。物种多样性指数只有当取样方法、取样大小和生境类型都能得到严格控制的情况下才能进行多样性比较和变化评估,因而在大时空尺度的多样性比较研究中应用困难。根据种间的分类距离测度的分类多样性在很多方面弥补了物种多样性的不足。分类多样性和分类差异度更具有生态学相关性,受生境类型差异影响较小,对人为干扰的强度呈单调响应。而分类多样性和分类差异度对种数缺乏依赖性的这种特征对于将它应用在比较历史数据和比较取样努力程度未受控制、未知或不等的研究中具有深远的意义(Clarke and Warwick,2001a,b)。

8.1 航次和站位分布

渤海大型底栖动物群落数据源于从 1985~2009 年 9 个航次共 150 个站位的调查结果。20 世纪 80 年代中-美黄河口水下三角洲沉积动力学联合研究(1985~1987 年),涉及 1985 年 6 月(856 航次),1986 年 8 月(868 航次)和 1987 年 10 月(8710 航次)3 个航次共 58 个站位;90 年代渤海生态动力学及生物资源可持续利用国家自然科学基金重大项目(1997~2001 年),共 3 个航次 35 个站位,即 1997 年 6 月(976 航次),1998 年 9 月(989 航次)和 1999 年 4 月(994 航次)。2006 年 11 月(0611 航次),2008 年 8 月(088 航次)和 2009 年 6 月(096 航次)作为本重点基金项目的 3 个主要航次,共涉及 57 个站位(图 8-1)。

为了更好地了解渤海大型底栖动物多样性的空间分布规律,以 119°E 和 121°E,38°N 和 40°N 为界,将研究海域大致划分为莱州湾(54 个站位)、渤海中部(67 个站位)、渤海湾(25 个站位)、辽东湾(4 个站位)。从取样站位的分布来看,更集中于渤海中南部,而中北部及辽东湾分布站位较少。20 世纪 80 年代和 90 年代站位大多分布于莱州湾、

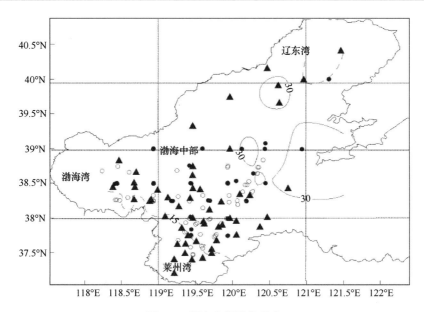

图 8-1　渤海取样站位分布

○ 856、898、8710 航次取样站位；● 976、989、994 航次取样站位；▲ 0611、088、096 航次取样站位；图中虚线和实线分别为 15 m 和 30 m 等深线

渤海湾及邻近的渤海中南部海域，21 世纪第一个 10 年 3 个航次的站位分布覆盖了除渤海海峡以外的大部分海域（图 8-1）。

8.2　生物多样性的度量方法

生物多样性的评估既考虑了传统的物种多样性方面，还对近年来国际上新提出的分类多样性和系统发育多样性方面进行评估，特别利用分类差异度指数和分类差异度变异指数，结合其他群落测度来评价渤海大型动物多样性和生态系统健康状况。

8.2.1　多样性指数

多样性指数通过 PRIMER 6 软件包的 DIVERSE 程序计算。

1. 物种多样性指数的计算

（1）种丰富度（Margalef's species richness index）

计算公式为

$$d = (S-1)/\log N \tag{8-1}$$

式中，d 为物种的丰富度；S 为物种的数目；N 为个体总数。

（2）香农-威纳多样性指数（Shannon-Wiener diversity index）

计算公式为

$$H' = -\sum (N_i/N) \log (N_i/N) \tag{8-2}$$

式中，H' 为多样性指数；N 为样方个体总数；N_i 为第 i 种的个体数。

（3）均匀度（Pielou's evenness index）

计算公式为
$$J' = H'/\log S \tag{8-3}$$

（4）Simpson 指数（Simpson index）

计算公式为
$$1-\lambda' = 1 - \{\sum [N_i/(N_i-1)]^2\}/[N(N-1)] \tag{8-4}$$

式中，λ' 为 Simpson 优势度指数；N 为样方个体总数；N_i 为第 i 种的个体数。

（5）Hill 指数（Hill，1973）

计算公式为
$$N_\infty = 1/\max\{N_i/N\} \tag{8-5}$$

式中，N_∞ 为几个 Hill 多样性指数之一，相当于均匀度的另外一种度量。

（6）Sanders 稀疏法（Sanders，1986）

计算公式为
$$\mathrm{ES}_n = \sum_{i=1}^{S}\left[1 - \frac{(N-N_i)!(N-n)!}{(N-N_i-n)!N!}\right] \tag{8-6}$$

式中，ES_n 为在具有 n 个个体的样方中期望出现的种数，可用于大小不同样方间多样性的比较；N 为样方个体总数；N_i 为第 i 种的个体数。

2. 分类多样性指数的计算

（1）分类多样性指数 Δ（average taxonomic diversity）

这是一个与 Simpson 指数相关的指数，但同时包含了分类等级的信息。公式为
$$\Delta = \left[\sum\sum_{i<j}\omega_{ij}x_i x_j\right]/[N(N-1)/2] \tag{8-7}$$

式中，Δ 为样方中每对个体在系统发育分类树状图中平均的路径长度；x_i 为第 i 个种的丰度；x_j 为第 j 个种的丰度；ω_{ij} 为连接种 i 和 j 种的路径长度；N 为样方个体总数。

（2）分类差异度指数 Δ^*（average taxonomic distinctness）

与分类多样性指数相同，只是在计算两个个体之间平均的路径长度时，忽略相同物种个体之间路径的长度，其公式为
$$\Delta^* = \left[\sum\sum_{i<j}\omega_{ij}x_i x_j\right]/\left[\sum\sum_{i<j}x_i x_j\right] \tag{8-8}$$

（3）平均分类差异度指数 Δ^+（average taxonomic distinctness based on presence/absence of species）

这个指数是基于有或无的定性数据，即种名录计算的样方中两个物种之间的平均路

径长度。公式为

$$\Delta^+ = \left[\sum\sum_{i<j}\omega_{ij}\right]\Big/[S(S-1)/2] \tag{8-9}$$

式中，S 为样方中出现的种数。

（4）分类差异度变异指数 Λ^+（variation in taxonomic distinctness）

公式为

$$\Lambda^+ = \left[\sum\sum_{i<j}(\omega_{ij}-\Delta^+)^2\right]\Big/[S(S-1)/2] \tag{8-10}$$

（5）总分类差异度（total taxonomic distinctness）

是群落总路径长度的度量，公式为

$$S\Delta^+ = \sum_i\left[(\sum_{j\neq i}\omega_{ij})/(S-1)\right] \tag{8-11}$$

3. 系统演化多样性指数的计算

由 Faith（1942，1944）提出的两个系统演化多样性指数 Φ^+ 和 $S\Phi^+$ 与 Δ^+ 和 $S\Delta^+$ 有相似的含意，表示一个群落中两个物种间在系统发育树上的平均路径长度及群落系统发育树的总路径长度。不过这两个指数与物种丰富度有着显著相关性，因此很大程度上受到取样努力程度的影响。

8.2.2 多样性指数及其他群落特征对渤海底栖环境健康状况的指示

1. 渤海大型底栖动物主种名录及分类差异度的期望检验

以渤海近 30 年 9 个调查航次所获得 373 种大型底栖动物主种名录为背景，计算平均分类差异度指数 Δ^+ 和分类差异度变异指数 Λ^+ 的期望平均值及 95% 的置信范围，在此基础上对实测值进行期望检验，结果表示为 95% 置信漏斗曲线和椭圆图。若实测值落在 95% 置信范围之外，则表明实测值显著低于或高于期望平均值。低于期望平均值的站位暗示其生物群落处于一定程度人为干扰或环境胁迫之下。分类差异度期望检验通过 PRIMER 6 的 TAXDTEST 程序完成。

2. 其他群落结构特征的应用

（1）k-优势度曲线

将累积等级丰度对种的对数序列作图形成的平滑曲线，是由 Lambshead 等（1983）提出的一种比较群落多样性（优势度）高低的图示方法。

（2）丰度-生物量比较曲线（ABC 曲线）

这是 Warwick（1986）针对大型底栖动物群落提出的用于探测有机质污染和人为干扰水平的一种图示方法。群落中丰度和生物量两条 k-优势度曲线的相对位置可以表明群落所处的干扰水平和污染程度：生物量位于丰度曲线之上，表示较高的污染水平，两条曲线交叉表示中等程度的干扰，生物量位于丰度曲线下方则表示未受污染。两条曲线的相对位置可以量化为一个 W 统计量，当该统计量接近或低于 0 值时表明群落可能受到中等或较严重的污染。

（3）相对散布指数（relative dispersion，RD）

Warwick 和 Clarke（1993）在对不同的环境影响研究中注意到，与对照地点相比，受污染地点样方之间的变异增加，提示这种变异本身可作为群落受到干扰的特征。变异大小可以用相对散布指数来衡量，这个指数通过 PRIMER6 的 MVDISP 程序计算。

8.3 结　果

8.3.1 渤海大型底栖动物多样性的空间分布规律

1. 物种多样性

渤海大型底栖动物的物种多样性呈现出较清晰的空间分布规律。对各物种多样性指数进行单因素方差分析，结果表明，4 个海域的物种多样性指数均存在显著差异（$P<0.05$），S、d、H' 和 ES_{100} 在 4 个海域的大小排序以辽东湾最高，即辽东湾>>渤海中部>莱州湾≥渤海湾。均匀度 J' 最高的是渤海中部，其次是辽东湾、渤海湾，莱州湾最低（表 8-1~表 8-4）。k-优势度曲线揭示 4 个海域中，渤海中部具有最高的物种多样性，其次是辽东湾，莱州湾，物种多样性最低的是渤海湾（图 8-2）。k-优势度曲线的结果与均匀度 J' 的结果一致。

表 8-1　莱州湾大型底栖动物多样性指数近 30 年来 9 个调查航次的平均值

航次 （站位数）	856 ($n=8$)	868 ($n=7$)	8710 ($n=9$)	976 ($n=1$)	989 ($n=2$)	994 ($n=2$)	0611 ($n=12$)	088 ($n=4$)	096 ($n=9$)	总平均值 ($n=54$)
经度/°E	119.63	119.66	119.63	119.51	119.75	119.76	119.73	119.80	119.54	119.67
纬度/°N	37.78	37.84	37.77	37.84	37.76	37.76	37.69	37.95	37.57	37.77
水深/m	17	18	16	17	16	16	16	19	12	16
N/(ind/m^2)	1062	2234	1092	2136	432	2648	578	663	1849	1410
S	24	41	34	45	27	47	26	32	28	34
d	3.74	5.43	5.01	5.74	4.37	5.75	3.91	4.76	3.80	4.72
J'	0.60	0.71	0.74	0.91	0.85	0.71	0.82	0.77	0.60	0.75
H'（$\log_e$）	1.93	2.66	2.59	2.92	2.73	2.70	2.60	2.64	1.96	2.53
H'（$\log_2$）	2.78	3.84	3.74	4.58	3.94	3.89	3.75	3.81	2.83	3.68
$1-\lambda'$	0.66	0.83	0.82	0.82	0.91	0.86	0.87	0.86	0.71	0.82
$N\infty$	2.86	4.84	5.29	5.29	6.43	3.45	4.76	3.97	2.65	4.39
ES_{100}	17	24	23	25	21	24	21	23	16	21
Δ	57	74	72	82	81	77	76	71	60	72
Δ^*	87	89	88	91	89	90	88	82	84	88
Δ^+	84	88	90	88	89	89	87	87	89	88
$S\Delta^+$	2044	3631	3040	3957	2341	4133	2230	2749	2511	2960
Λ^+	362	305	270	208	300	293	324	353	312	303
Φ^+	61	59	62	57	61	57	63	59	62	60
$S\Phi^+$	1456	2414	2889	2583	1608	2592	1560	1867	1722	2077
W	—	—	—	−0.072	0.355	0.171	0.235	0.236	0.077	0.167
RD	0.963	1.174	1.189	—	1.560	0.931	1.194	0.187	1.000	1.025

表 8-2 渤海中部大型底栖动物多样性指数近 30 年来 8 个调查航次的平均值

航次 （站位数）	856 ($n=10$)	868 ($n=7$)	8710 ($n=7$)	976 ($n=2$)	989 ($n=10$)	994 ($n=11$)	0611 ($n=9$)	088 ($n=11$)	总平均值 ($n=67$)
经度/°E	119.95	119.88	119.90	120.00	120.01	119.81	119.46	120.04	119.88
纬度/°N	38.44	38.53	38.47	38.64	38.45	38.55	38.26	38.37	38.46
水深/m	27	26	25	28	27	25	22	22	25
$N/(\text{ind/m}^2)$	118	1665	961	3031	1215	1810	970	1014	1348
S	16	47	41	50	41	46	39	34	39
d	3.20	6.31	5.92	6.16	5.68	6.07	5.62	4.90	5.48
J'	0.91	0.81	0.81	0.77	0.78	0.78	0.81	0.71	0.80
$H'(\log_e)$	2.47	3.12	2.97	3.02	2.88	2.97	2.94	2.49	2.86
$H'(\log_2)$	3.56	4.50	4.28	4.35	4.15	4.28	4.23	3.59	4.12
$1-\lambda'$	0.90	0.93	0.91	0.92	0.90	0.91	0.89	0.83	0.90
$N\infty$	5.68	6.92	5.56	6.02	4.43	5.77	4.74	3.77	5.36
ES_{100}	16	28	27	26	25	26	28	21	25
Δ	68	79	82	80	79	81	76	75	78
Δ^*	76	85	90	86	87	89	86	90	86
Δ^+	79	87	89	87	89	88	88	87	87
$S\Delta^+$	1264	4099	3651	4289	3644	4013	3425	2959	3418
Λ^+	358	322	287	329	299	305	317	352	321
Φ^+	64	55	59	55	59	58	57	57	58
$S\Phi^+$	1012	2590	2390	2725	2413	2629	2207	1944	2239
W	—	—		0.148	0.223	0.232	0.324	0.085	0.202
RD	0.970	0.636	0.654	1.000	0.966	0.985	0.641	1.054	0.863

表 8-3 渤海湾大型底栖动物多样性指数近 30 年来 8 个调查航次的平均值

航次 （站位数）	856 ($n=4$)	868 ($n=4$)	8710 ($n=2$)	976 ($n=1$)	989 ($n=3$)	994 ($n=2$)	0611 ($n=4$)	088 ($n=5$)	总平均值 ($n=25$)
经度/°E	118.66	118.63	118.51	118.51	118.83	118.49	118.77	118.91	118.66
纬度/°N	38.50	38.32	38.51	38.50	38.67	38.75	38.43	38.60	38.54
水深/m	20	18	19	19	21	24	19	20	20
$N/(\text{ind/m}^2)$	87	465	986	1610	4897	1276	1273	639	1404
S	9	23	24	36	40	40	40	38	31
d	2.80	3.49	3.25	4.74	4.98	5.40	5.59	5.90	4.52
J'	0.79	0.83	0.64	0.79	0.58	0.80	0.73	0.85	0.75
$H'(\log_e)$	1.51	2.47	1.94	2.84	2.11	2.93	2.69	3.10	2.45
$H'(\log_2)$	2.18	3.56	2.80	4.09	3.04	4.23	3.89	4.47	3.52
$1-\lambda'$	0.75	0.86	0.70	0.91	0.70	0.92	0.84	0.93	0.83
$N\infty$	4.25	4.34	2.47	5.03	2.57	6.62	3.56	6.39	4.40
ES_{100}	8	19	16	22	18.	24	25	28	20
Δ	67	73	67	84	61	82	72	81	73
Δ^*	91	85	96	91	84	89	85	87	89
Δ^+	90	87	92	87	90	89	89	88	89

续表

航次 （站位数）	856 ($n=4$)	868 ($n=4$)	8710 ($n=2$)	976 ($n=1$)	989 ($n=3$)	994 ($n=2$)	0611 ($n=4$)	088 ($n=5$)	总平均值 ($n=25$)
$S\Delta^+$	759	1976	2154	3132	3558	3530	3546	3379	2754
Λ^+	285	314	234	228	290	293	304	345	287
Φ^+	81	66	67	60	60	59	58	58	64
$S\Phi^+$	679	1442	1558	2167	2367	2342	2292	2230	1885
W	—	—	—	0.292	0.118	0.296	0.244	0.330	0.256
RD	1.396	1.667	1.458	—	1.320	1.897	1.021	1.160	1.417

— 表示未获得数据。

表 8-4　辽东湾大型底栖动物多样性指数 976 和 088 航次的平均值

航次 （站位数）	976 ($n=1$)	088 ($n=3$)	总平均值 ($n=4$)
经度/°E	121.37	121.00	121.19
纬度/°N	40.41	40.19	40.30
水深/m	28	17	23
N/(ind/m^2)	4283	2394	3339
S	71	77	74
d	8.37	9.94	9.16
J'	0.76	0.79	0.78
$H'(\log_e)$	3.22	3.39	3.31
$H'(\log_2)$	4.65	4.89	4.77
$1-\lambda'$	0.92	0.91	0.92
$N\infty$	4.43	7.82	6.13
ES_{100}	31	36	34
Δ	82	79	81
Δ^*	89	87	88
Δ^+	85	88	87
$S\Delta^+$	6065	6785	6425
Λ^+	356	334	345
Φ^+	49	51	50
$S\Phi^+$	3483	3844	3664
W	0.154	0.143	0.149
RD	—	1.111	1.111

2. 分类多样性和分类差异度

渤海大型底栖动物分类多样性和系统演化多样性的空间分布规律并没有物种多样性那么明显，单因素方差分析表明平均分类多样性指数 Δ、分类差异度指数 Δ^*、平均分类差异度指数 Δ^+ 和分类差异度变异指数 Λ^+ 在 4 个海域的差异均不显著。系统演化多样性指数 Φ^+ 的空间分布格局正好与物种多样性相反，即辽东湾<渤海中部≤莱州湾≤渤海

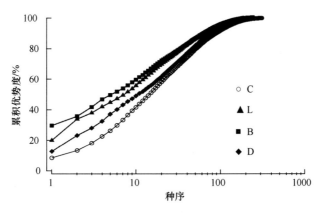

图 8-2 近 30 年渤海大型底栖动物群落的 k-优势度曲线
C. 渤海中部；L. 莱州湾；B. 渤海湾；D. 辽东湾

湾。然而，这种结果很大程度上是由于这个指数与 S 的紧密负相关关系（表8-5），并不是多样性空间变化格局的真实反映。同样，总分类差异度 $S\Delta^+$ 和总系统演化多样性 $S\Phi^+$ 由于与物种丰富度之间的显著正相关性（表8-5），其空间分布呈现出与物种多样性基本一致的格局。

分类多样性指数 Δ 由于与物种多样性之间的正相关关系（表8-5），其在近30年间空间分布格局的变化基本与物种多样性一致（图8-3、图8-4）。分类差异度指数 Δ^*、平均分类差异度指数 Δ^+ 和分类差异度变异指数的 Λ^+ 空间分布规律基本一致，以下几个需要重点关注的海域：唐山至秦皇岛附近海域，另一个是莱州湾的黄河口附近和龙口附近海域。这些海域存在一个分类差异度的低值区和分类差异度变异指数的相对高值区，同时也是物种多样性的低值区，表明可能存在较为严重的人为干扰。

3. 其他群落结构特征

丰度-生物量比较曲线 W 统计量在渤海存在两个接近0的低值区，分别位于渤海湾外侧的唐山附近海域以及莱州湾的黄河口和龙口附近海域（图8-5）。这两个低值区的位置在20世纪90年代和21世纪00年代基本一致，表明这些海域存在中等程度甚至较为严重的人为干扰。W 统计量空间分布格局与物种多样性和分类多样性的空间分布格局具有较大的相似度（图8-3、图8-4）。

8.3.2 渤海大型底栖动物多样性的十年际变化

总体而言，渤海大型底栖动物物种多样性21世纪00年代较20世纪80和90年代有所增加，主要反映在优势度的下降，这可以从3个年代 k-优势度曲线的比较看出（图8-6）。20世纪渤海大型底栖动物种类组成中出现了优势度较高的种，如双壳类的凸壳肌蛤 *Musculista senhousia*、紫壳阿文蛤 *Alvenius ojianus* 在个别站位的最大密度可分别达 4907 ind/m^2 和 9200 ind/m^2，而棘皮动物的日本倍棘蛇尾 *Amphioplus japonicus* 和心形海胆 *Echinocardium cordatum* 的最大密度分别为 967 ind/m^2 和 1213 ind/m^2，以这样的高密度出现的种在21世纪00年代已不多见了。引起这种变化的一个重要因素是近几十来黄河口经历的人工改道和改汊以及黄河断流带来的径流量和输沙量的变化。1976年，黄河

表 8-5　渤海大型底栖动物不同多样性指数间的 Spearman 非参数相关性检验

	N	S	d	H'	J'	$1-\lambda'$	ES_{100}	$N\infty$	Δ	Δ^*	Δ^+	Λ^+	$S\Delta^+$	Φ^+	$S\Phi^+$
S	0.707**														
d	0.511**	0.958**													
H'	ns	0.664**	0.794**												
J'	−0.610**	ns	ns	0.535**											
$1-\lambda'$	ns	0.418**	0.568**	0.925**	0.748**										
ES_{100}	0.289**	0.813**	0.918**	0.931**	0.291**	0.745**									
$N\infty$	−0.186*	0.279**	0.421**	0.797**	0.779**	0.948**	0.581**								
Δ	ns	0.451**	0.568**	0.820**	0.562**	0.821**	0.711**	0.784**							
Δ^*	ns	ns	ns	ns	ns	ns	ns	ns	0.408**						
Δ^+	ns	ns	ns	ns	ns	ns	ns	ns	0.204*	0.457**					
Λ^+	ns	ns	ns	ns	ns	ns	ns	ns	ns	−0.347**	−0.811**				
$S\Delta^+$	0.706**	0.998**	0.955**	0.660**	ns	0.410**	0.810**	0.270**	0.461**	ns	0.255**	ns			
Φ^+	−0.506**	−0.824**	−0.808**	−0.567**	ns	−0.365**	−0.700**	−0.243**	−0.289**	ns	ns	−0.337**	−0.802**		
$S\Phi^+$	0.707**	0.991**	0.947**	0.656**	ns	0.409**	0.801**	0.268**	0.460**	ns	0.171*	−0.173	0.994**	−0.753**	
W	−0.484**	ns	ns	0.553**	0.768**	0.613**	0.445**	0.552**	0.554**	ns	ns	ns	ns	ns	ns

* $P<0.05$，** $P<0.01$，ns：不显著。

资料来源：Zhou 等，2012。

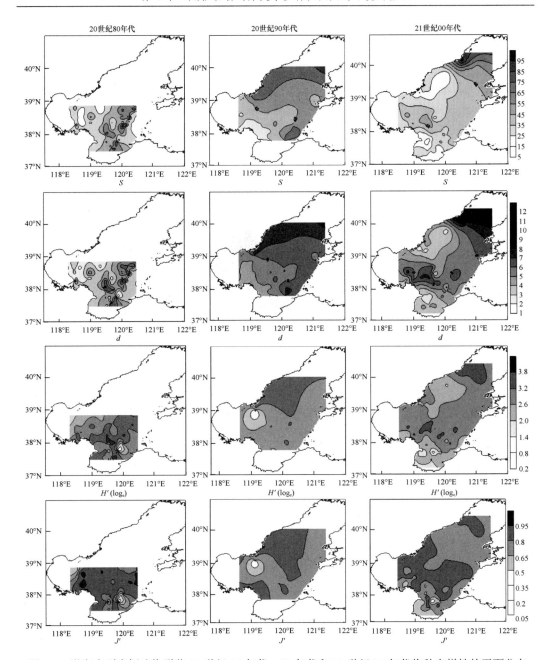

图 8-3 渤海大型底栖动物群落 20 世纪 80 年代、90 年代和 21 世纪 00 年代物种多样性的平面分布

入海口实施人工截流改道，由刁口河入海口改道清水沟流路；1996 年在黄河入海口处施行人工改汊，向东北方向入海。1976~2008 年，黄河入海年径流量和年输沙量总体均呈下降趋势。80 年代初期径流量和输沙量达到最大，1997 年黄河的径流量和输沙量达历史最小值，2002~2009 年进行了 9 次调水调沙，这两项人工干预措施使黄河口的水沙环境发生了较明显的改善（韩广轩等，2011）。黄河入海口改道和改汊及黄河断流的影响极大程度上改变了渤海的底栖环境，但对不同海域的影响程度有所不同。因此我们将就不同海域的沉积环境和大型底栖动物多样性的十年际变化情况分别加以讨论。

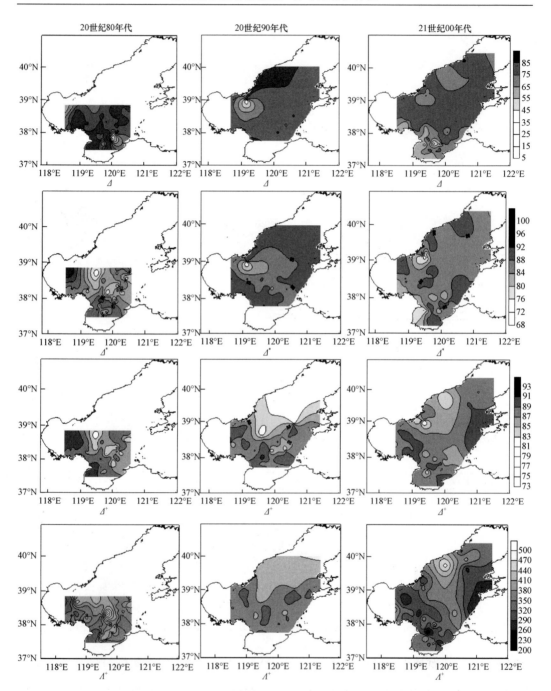

图 8-4 渤海大型底栖动物群落 20 世纪 80 年代、90 年代和 21 世纪 00 年代分类多样性和分类差异度的平面分布

1. 莱州湾

莱州湾位于渤海南部，平均水深 16 m（表 8-1）。大型底栖动物 30 年平均丰度 1 410 ind/m² （432~2648 ind/m²），小型底栖生物平均丰度 949 ind/10cm²。近 30 年莱州湾沉积物叶绿素 a 和脱镁叶绿酸含量呈明显减少的趋势（表 8-6）。有机质含量在 20 世纪 90 年

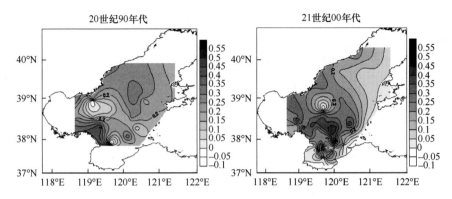

图 8-5 渤海大型底栖动物群落 20 世纪 90 年代和 21 世纪 00 年代丰度-生物量比较曲线 W 统计量的平面分布

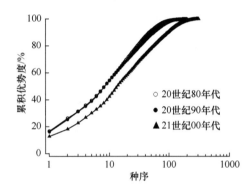

图 8-6 渤海大型底栖动物群落 20 世纪 80 年代、90 年代和 21 世纪第一个 10 年 k-优势度曲线

表 8-6 渤海各海域环境变量平均值十年际的变化

年代位置 （站位数）	20 世纪 80 年代				20 世纪 90 年代				21 世纪第一个 10 年			
	莱州湾 (n=24)	渤海中部 (n=24)	渤海湾 (n=10)	辽东湾	莱州湾 (n=5)	渤海中部 (n=23)	渤海湾 (n=6)	辽东湾 (n=1)	莱州湾 (n=25)	渤海中部 (n=20)	渤海湾 (n=9)	辽东湾 (n=3)
纬度/°N	37.80	38.48	38.43	—	37.77	38.51	38.67	40.01	37.69	38.58	38.52	40.19
经度/°E	119.64	119.91	118.62	—	119.71	119.91	118.67	121.37	119.67	119.79	118.85	121.00
水深/m	17	26	19	—	16	26	22	28	15	24	20	17
底温/°C	19	16	18	—	—	—	—	—	17	18	19	22
底盐	28.7	31.8	31.9	—	—	33.0	—	—	30.0	31.3	31.5	30.8
底氧 DO/（mg/L）	—	—	—	—	—	—	—	—	8.53	8.19	8.36	—
叶绿素 a/（μg/g）	6.12	2.68	1.42	—	2.92	3.47	7.47	—	0.85	0.71	0.25	0.38
脱镁叶绿酸/（μg/g）	14.78	5.68	—	—	4.21	4.12	10.57	—	2.08	2.12	1.02	1.44
有机质含量/%	0.76	0.68	0.55	—	1.79	2.45	3.75	—	0.59	1.16	1.00	0.75
粉砂-黏土含量/%	93	66	99	—	98	63	85	44	80	82	83	56
中值粒径 MD_ϕ	3.19	5.48	7.68	—	6.86	5.82	7.48	3.87	5.13	5.79	5.89	4.41
分选系数 QD_ϕ	0.82	1.94	1.79	—	2.40	2.56	2.56	1.67	1.93	2.16	2.25	2.83
小型底栖生物丰度 /（ind/10cm²）	—	834	—	—	1056	2631	1213	3839	842	1204	519	1245

— 表示未获得数据。

资料来源：Zhou 等，2012。

代最高,与沉积物粒度的变化相呼应(90年代粉砂-黏土含量增加,中值粒径减小),可能与90年代后期黄河断流加剧、输沙量减少有关。

莱州湾大型底栖动物物种多样性未有明显的变化趋势(图8-7),但20世纪90年代无论是物种丰富度还是均匀度都高于80年代和21世纪第一个10年,80年代均匀度较低,

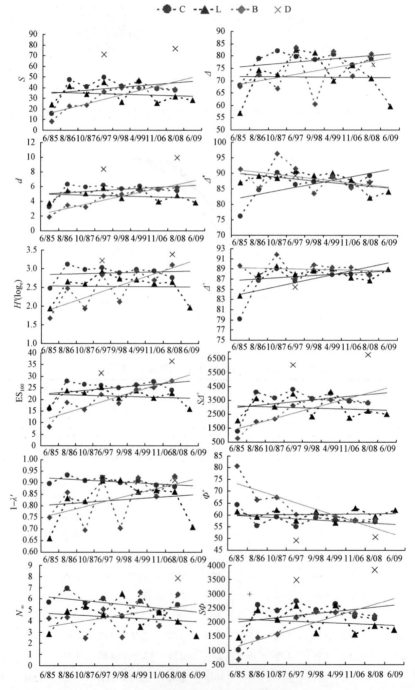

图 8-7 渤海大型底栖动物多样性近 30 年来的变化趋势(Zhou et al., 2012)
C. 渤海中部;L. 莱州湾;B. 渤海湾;D. 辽东湾

而 21 世纪第一个 10 年物种丰富度较低表 8-1。90 年代莱州湾较高的大型底栖动物丰度和物种多样性显然是对沉积环境变化的响应。

30 年来,莱州湾大型底栖动物分类多样性和系统演化多样性也未有明显的改变趋势(图 8-7),仅有分类差异度指数 Δ^* 略呈下降趋势。

莱州湾大型底栖动物多样性 30 年来的变化表现出两头低、中间高的特点(表 8-1),综合各多样性指数的 PCA 排序显示,其多样性时间变化轨迹为一不规则的环路(图 8-8a),856 航次与 096 航次的多样性特征比较接近。

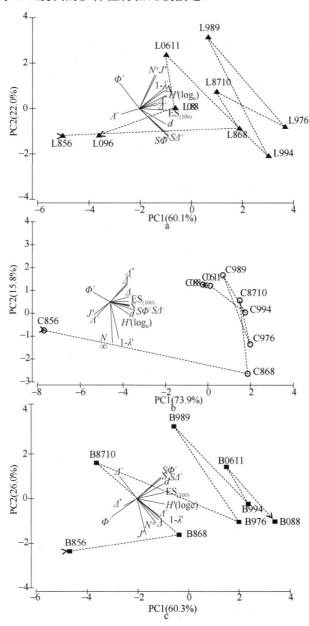

图 8-8 渤海大型底栖动物 14 个多样性指数的 PCA 排序,显示在 a,莱州湾(L)、b,渤海中部(C)、c,渤海湾(B)近 30 年来生物多样性的时间变化轨迹(Zhou et al.,2012)

2. 渤海中部

渤海中部平均水深 25 m。大型底栖动物 30 年平均丰度 1348 ind/m² （118~3031 ind/m²），小型底栖生物平均丰度 1556 ind/10cm²（表 8-2）。渤海中部沉积物有机质含量在 20 世纪 80 年代较低，90 年代有机质含量、叶绿素 a 均达到较高水平，相应地大型底栖动物和小型底栖动物丰度也达到历史高值（表 8-6、表 8-7）。值得注意的是渤海中部的粉砂-黏土含量 21 世纪较 20 世纪增加了 20%，但沉积物叶绿素 a 含量却处于历史低值（表 8-6）。

表 8-7 渤海大型底栖动物丰度、多样性指数、W 统计量和相对散布度（RD）在 20 世纪 80 年代、90 年代和 21 世纪第一个 10 年的平均值

年代 位置 （站位数）	20 世纪 80 年代				20 世纪 90 年代				21 世纪第一个 10 年			
	莱州湾 (n=24)	渤海中部 (n=24)	渤海湾 (n=10)	辽东湾	莱州湾 (n=5)	渤海中部 (n=23)	渤海湾 (n=6)	辽东湾 (n=1)	莱州湾 (n=25)	渤海中部 (n=20)	渤海湾 (n=9)	辽东湾 (n=3)
$N/$(ind/m²)	1415	815	418	—	1739	1657	3142	4283	1049	965	921	2394
S	33	32	17	—	40	44	39	71	28	38	39	77
d	4.71	4.90	2.80	—	5.29	5.91	5.08	8.37	4.01	5.52	5.76	9.94
J'	0.69	0.85	0.79	—	0.82	0.78	0.69	0.76	0.73	0.79	0.80	0.79
$H'(\log_e)$	2.39	2.80	2.05	—	2.78	2.93	2.50	3.22	2.38	2.84	2.92	3.39
$1-\lambda'$	0.77	0.91	0.78	—	0.86	0.91	0.81	0.92	0.81	0.88	0.89	0.91
$N\infty$	4.35	6.01	3.93	—	5.06	5.21	4.33	4.43	3.87	5.12	5.13	7.82
ES_{100}	21	22	14	—	23	26	21	31	19	26	27	36
Δ	68	75	69	—	80	80	72	82	69	78	77	79
Δ^*	88	83	90	—	90	88	87	89	86	88	86	87
Δ^+	87	84	89	—	89	88	89	85	88	88	88	88
$S\Delta^+$	2880	2787	1521	—	3477	3877	3478	6065	2414	3360	3453	6785
Λ^+	311	327	287	—	267	304	298	356	324	332	327	334
Φ^+	61	60	72	—	58	58	60	49	62	57	58	51
$S\Phi^+$	1973	1874	1160	—	2261	2543	2325	3483	1667	2158	2257	3844
W	—	—	—	—	0.15	0.22	0.21	0.15	0.18	0.25	0.29	0.14
RD	0.96	0.98	1.38	—	1.49	0.98	1.30	—	1.13	0.83	0.93	0.89

— 表示未获得数据。
资料来源：Zhou 等，2012。

与莱州湾相似，渤海中部大型底栖动物物种多样性 30 年来没有明显的变化趋势，但分类多样性，特别是分类差异度（Δ^+，Δ^*）呈上升趋势（图 8-7）。20 世纪 80 年代渤海中部偏低的分类差异度，主要出现在 1985 年 6 月航次（表 8-2），10 个站位中有 8 个站位的平均分类差异度都显著低于期望平均值（图 8-9）。该航次异常低的多样性还表现在极低的丰度（118 ind/m²）和物种丰富度方面（S=16，d=3.20）。

渤海中部 14 个多样性指数的 PCA 排序显示 30 年来大型底栖动物多样性的时间变化轨迹（图 8-8b）：除了 856 航次的极端低的物种多样性外，其他航次的多样性主要沿

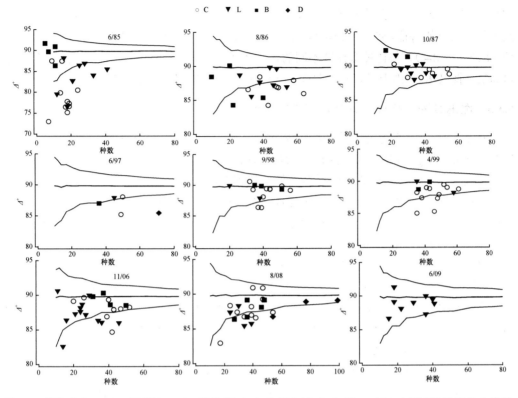

图 8-9　渤海中部（C），莱州湾（L），渤海湾（B）和辽东湾（D）近 30 年 9 个调查航次平均分类差异度指数 Δ^+ 的 95%置信漏斗曲线（Zhou et al.，2012）

PC2 轴改变，该轴综合了大部分分类差异度和均匀度方面的信息。

3. 渤海湾

渤海湾位于渤海西南部，平均水深 20 m。渤海湾的沉积环境十年际变化幅度较大，叶绿素 a 含量在 20 世纪 90 年代达到最高值（平均 7.47 mg/kg），而 21 世纪以来又出现了历史最低值（平均 0.25 mg/kg）。有机质含量从 20 世纪 80 年代的历史低值 0.55%上升到 90 年代的 3.75%，增加近 7 倍（表 8-6）。90 年代的高有机质含量和叶绿素 a 含量与大型底栖动物的数量变化相呼应，其丰度从 856 航次的最低值 87 ind/m^2 持续上升到 989 航次的历史最高值 4897 ind/m^2，而后逐渐下降（表 8-3）。这个历史高值主要与长偏顶蛤 *Modiolus elongatus* 和日本倍棘蛇尾 *Amphioplus japonicus* 的大量出现有关。

渤海湾大型底栖动物物种多样性总体呈上升趋势，特别表现在物种丰富度方面，单因素方差分析表明渤海湾 20 世纪 80 年代的每站种数显著低于 90 年代和 21 世纪第一个 10 年。分类差异度 Δ^+ 呈现与莱州湾相似的略微下降趋势（图 8-7）。

PCA 排序分析表明渤海湾大型底栖动物多样性沿 PC1 轴自左向右呈曲折式前进的时间轨迹，该轴主要包含了物种多样性的信息（图 8-8c）。

4. 辽东湾

辽东湾位于渤海北部，平均水深 23 m，沉积物粉砂-黏土含量在 4 个海域中最低

（44%~56%，表 8-6），底质类型以粉砂质砂（TS）为主。辽东湾大型底栖动物具有高丰度、高物种丰富度的特征，976 和 088 两个航次 4 个站位平均丰度为 3339 ind/m^2，每站平均种数 74 种（表 8-4）。与物种多样性不同的是，在辽东湾，并没有出现一个分类差异度的明显高值（图 8-6）。由于只有两次取样，无法对多样性的十年际变化趋势作出判断。

8.3.3 渤海物种多样性与分类多样性之间的关系

基于种丰富度和均匀度的传统的物种多样性难以在大的空间和时间尺度上进行多样性的比较和变化评估，其原因在于物种多样性，特别是种丰富度与取样大小，即取样努力程度有关。多样性指数对取样努力的依赖程度可以通过与大型底栖动物个体数或种数进行相关分析获得。此外，如果多样性指数之间具有高度相关性，那么它们所反映的多样性信息存在重叠；如果它们之间没有显著相关性，也就说明它们彼此是正交的关系，所能提供的多样性信息就更多。

渤海近 30 年来 9 个调查航次的大型底栖动物多样性进行 Spearman 非参数相关分析（表 8-5），结果显示物种多样性指数中除香农-威纳指数 H' 和辛普森指数 $1-\lambda'$ 之外，其余几个多样性指数，特别是物种数 S 与个体数 N 之间呈显著相关性，说明 H' 和 $1-\lambda'$ 这两个多样性指数对取样努力程度的依赖性较小，是较好的两个指数。

在各分类多样性指数中，Δ、Δ^*、Δ^+ 及 Λ^+ 与个体数 N 都没有显著的依赖关系（表 8-5），因而不受取样努力程度的影响；其中 Δ^*、Δ^+ 及 Λ^+ 与所有物种多样性指数都呈正交关系，因而作为物种多样性的补充，能提供生物多样性更全面的信息。但是总分类差异度指数 $S\Delta^+$、系统演化多样性指数 Φ^+ 和总系统演化多样性指数 $S\Phi^+$ 与个体数 N 及种数 S 之间显著相关。值得注意 W 统计量与个体数 N 呈负相关，与均匀度 J' 呈正相关，因此在一定程度上也会受到取样努力程度的影响。

8.3.4 大型底栖动物多样性与渤海环境变量之间的关系

渤海大型底栖动物多样性，与所测定的水体和沉积环境除粉砂含量以外的各变量之间都存在某种关联（表 8-8）。不过物种多样性与分类多样性相比，更大程度上受到环境变量的影响，特别是与水深、沉积物有机质含量、沉积物的分选系数和小型底栖生物丰度之间呈显著的正相关性。物种丰富度与水深呈正相关，而丰度则与底层水盐度呈负相关，随盐度的增加而减少，说明渤海大型底栖动物群落的物种多样性受到黄河等河流冲淡水的影响。此外，物种多样性与沉积物中的砂含量呈正相关，而与细颗粒的黏土含量呈负相关，说明由长期气候变化和人为活动引起的黄河输沙量和径流量的变化会改变渤海的沉积环境，从而影响并改变大型底栖动物多样性大尺度时空分布格局。

8.3.5 黄渤海大型底栖动物分类差异度和系统演化多样性总体评估

1. 大型底栖动物主种名录

为全面了解渤海大型底栖动物分类多样性的现况，并为分类差异度的期望检验提供背景种名录，我们参考《中国海洋生物种类与分布》（黄宗国，2008）、《中国海洋生物名录》（刘瑞玉，2008），以及《中国海陆架及邻近海域大型底栖生物》（李荣冠，2003）

表 8-8 渤海大型底栖动物多样性指数与环境变量之间的 Spearman 非参数相关性检验

	N	S	d	H'	J'	$1-\lambda'$	ES_{100}	N_∞	Δ	Δ^*	Δ^+	Λ^+	$S\Delta^+$	Φ^+	$S\Phi^+$	W
水深/m	ns	0.292**	0.326**	0.304**	ns	0.274**	0.295**	0.259**	0.204*	ns	ns	ns	0.281**	−0.260**	0.282**	ns
底温/℃	0.480**	0.432**	0.365**	ns	−0.336**	ns	0.273*	ns	ns	ns	ns	ns	0.445**	−0.263**	0.447**	0.299*
底盐	−0.247**	0.512**	ns	ns	0.329**	ns	ns	ns	ns	ns	ns	ns	ns	ns	ns	ns
叶绿素 Chl-a/（μg/g）	ns	ns	ns	ns	ns	ns	ns	ns	ns	−0.229*	ns	ns	ns	ns	ns	ns
脱镁叶绿酸 Pha-a/（μg/g）	0.402**	0.301**	ns	ns	ns	ns	ns	ns	ns	ns	ns	ns	0.301**	ns	0.334**	ns
有机质%	0.416**	0.489**	0.442**	0.297**	ns	0.222*	0.344**	0.218*	0.316**	0.238*	ns	ns	0.493**	−0.280**	0.505**	ns
砂%	ns	ns	ns	0.267**	ns	0.289**	ns	0.251*	0.202**	ns	ns	ns	ns	ns	ns	ns
粉砂%	ns	ns	ns	ns	ns	ns	ns	ns	ns	ns	ns	ns	ns	ns	ns	ns
黏土%	ns	ns	ns	−0.254**	ns	−0.215*	−0.226*	ns	ns	ns	ns	ns	ns	0.236*	ns	ns
中值粒径 MD_ϕ	ns	ns	ns	0.325**	ns	0.247**	0.355**	0.227**	0.349**	0.208*	−0.227*	ns	0.377**	−0.228**	0.381**	ns
分选系数 QD_ϕ	0.244**	0.369**	0.394**	0.294**	ns	0.220*	0.329**	ns	ns	0.221*	−0.254*	ns	ns	−0.315**	ns	ns
偏态	ns	ns	0.229*	ns	ns	ns	ns	ns	ns	ns	0.254*	ns	ns	ns	ns	ns
小型底栖生物丰度（ind/10cm²）	ns	0.420**	0.468**	0.389**	ns	0.255**	0.411**	0.340**	0.393**	ns	ns	ns	0.416**	−0.432**	0.404**	ns

* $P<0.05$，** $P<0.01$，ns：不显著。

系统整理了黄渤海分布的，包括潮间带和潮下带各种生境底内和底上以及浅表底栖的大型动物1436种，隶属17门35纲88目374科877属，其在各分类阶元的分布情况见表8-9。

表8-9 黄渤海大型底栖动物的门类及相应种数

门	纲	目	科	属	种
多孔动物门 Porifera		4	7	7	10
刺胞动物门 Cnidaria	3	6	19	36	53
扁形动物门 Plathyhelminthes	1	1	4	4	4
纽形动物门 Nemertea	2	3	8	15	21
环节动物门 Annelida	2	13	53	210	389
棘头动物门 Cephalorhyncha	1	1	1	1	1
星虫动物门 Sipuncula	2	3	3	3	4
螠虫动物门 Echiura	1	1	2	5	5
软体动物门 Mollusca		20	124	301	454
节肢动物门 Arthropoda	2	11	87	181	313
苔藓动物门 Bryozoa	1	2	23	46	83
腕足动物门 Brachiopoda	2	2	2	2	3
帚虫动物门 Poronida	1	1	1	1	3
内肛动物门 Entoprocta	1	1	1	1	1
棘皮动物门 Echinodermata	5	14	26	43	62
半索动物门 Hemichrdata	1	1	3	4	4
尾索动物门 Urochordata	1	3	9	16	24
脊索动物门 Chordata	1	1	1	1	1
总计	35	88	374	877	1436

汇总20世纪80年代3个航次（856、868、8710）、90年代3个航次（956、989、994）和21世纪第一个10年3个航次（0611、0808、0906）取得的实际资料，共整理了渤海大型底栖动物584种，其中鉴定到种的为373种，隶属于10门15纲44目149科291属（表8-10）。

表8-10 渤海潮下带大型底栖动物在各分类阶元的数量分布

门	纲	目	科	属	种
刺胞动物门 Cnidaria	1	2	2	2	2
环节动物门 Annelida	1	10	40	108	134
星虫动物门 Sipuncula	1	1	1	1	1
螠虫动物门 Echiura	1	1	1	2	2
棘头动物门 Cephalorhyncha	1	1	1	1	1
软体动物门 Mollusca	2	11	48	96	121
节肢动物门 Arthropoda	1	9	45	67	96
腕足动物门 Brachiopoda	1	1	1	1	1
棘皮动物门 Echinodermata	5	7	9	12	14
脊索动物门 Chordata	1	1	1	1	1
总计	15	44	149	291	373

渤海海域底栖动物区系简单，李新正（2011）依据 1958~1960 年的近海海洋综合科学考查（全国海洋普查）、1999 年以来在黄海、东海进行的大型海洋生态调查项目和 2003 年以来在全国海域开展的 908 专项调查等总结报道渤海大型底栖生物 413 种，其中多毛类和软体动物为主要贡献类群，与我们的结果很接近。

2. 大型底栖动物分类差异度和系统演化多样性

对黄渤海各种类型生境分布的 1436 种大型底栖动物种名录计算分类差异度和系统演化多样性，以便对黄渤海的分类多样性和系统演化多样性的情况进行总体评估（表 8-11）。黄渤海大型底栖动物的平均分类差异度 $\varDelta^+$ 为 92.6，分类差异度变异为 219.5，总分类差异度为 133010；黄渤海系统演化多样性 $\varPhi^+$ 为 32.6，总系统演化多样性的值为 46783。曲方圆和于子山（2010）整理报道了黄海大型底栖动物 1360 种，分属于 17 门 35 纲 91 目 368 科 842 属，其平均分类差异指数为 93.7，分类差异变异指数为 213.6。由于黄海和渤海的种类组成存在很大的重叠，因此黄海的情况与我们所获得的黄渤海的情况总体比较接近。

表 8-11　根据主种名录计算的黄渤海大型底栖动物分类差异度和系统演化多样性的理论平均值

	S	$\varDelta^+$	$\varLambda^+$	$S\varDelta^+$	$\varPhi^+$	$S\varPhi^+$
黄渤海底栖动物	1436	92.6	219.5	133010	32.6	46783
渤海潮下带底栖动物	373	89.8	283.3	33491	38.9	14517

依据近 30 年来 9 个调查航次所获得的 373 种大型底栖动物作为主种名录，计算出渤海潮下带大型底栖动物平均分类差异度的理论平均值为 89.8，分类差异度变异指数为 283.3，总分类差异度为 33491，系统演化多样性 $\varPhi^+$ 为 38.9，总系统演化多样性的值为 14517（表 8-11）。

8.3.6　分类差异度和其他群落特征对渤海底栖生态环境的指示

1. 平均分类差异度 $\varDelta^+$ 和分类差异度变异指数 $\varLambda^+$ 与期望值偏离的统计检验

以渤海潮下带 373 种大型底栖动物作为背景种名录，作出平均分类差异度指数 $\varDelta^+$ 和分类差异度变异指数 $\varLambda^+$ 的期望平均值及 95% 的置信区间的漏斗图和结合两个指数的椭圆图，在图上对应种数位置叠加调查站位的 $\varDelta^+$ 和 $\varLambda^+$ 的实际观测值（图 8-8、图 8-10）。结果显示，在近 30 年来 9 个调查航次的 150 个站位中，73 站位有至少一个分类差异度指数显著偏离期望平均值，占总数的近 50%；有 29 个站位的平均分类差异度指数 $\varDelta^+$ 和分类差异度变异指数 $\varLambda^+$ 同时偏离期望平均值，占总数的 19%（表 8-12）。也就是说保守地估计，至少有 1/5 的渤海潮下带海域处于较为严重的人为干扰之下。进一步研究发现，这些受到人为干扰的站位的分布，并不局限在某个特定海域，在莱州湾、渤海湾、辽东湾及渤海中部都有分布，也并不局限在特定的年代，而是从 20 世纪 80 年代就已经出现（图 8-10）。利用分类学多样性对渤海底栖环境的指示结果表明，虽然渤海不同海域在环境质量上有所不同，但环境污染和人为干扰对渤海底栖生态系统的影响更多地是发生在局域尺度上而非区域尺度上。

黄渤海大型底栖动物平均分类差异度理论值的计算，所依据的主种名录来源于黄渤海的所有底栖生境，包括软底和硬底的潮间带生境。而我们实际取样站位大多属于 10 m 等深线以外的渤海潮下带软底生境（仅 096 航次位于莱州湾的 L7 站水深 3 m），并且运用采泥器取样所获得的底栖动物多为底内动物，对底上和浅表底栖动物的取样效率不高。此外，大型底栖动物中的某些分类鉴定困难的类群，如纽虫、苔藓虫等，往往难以鉴定到种，因而在实际计算分类差异度时，大多被排除。以上几个因素是在选择以什么主种名录为背景对实际取样站位的分类差异度进行统计学检验时需要考虑的。若以黄渤海所有生境分布的 1436 种大型底栖动物主种名录为背景进行统计检验，则超过 80% 的实际取样站位平均分类差异度 Δ^+ 的观测值都将显著低于期望值平均值，这显然是对渤海底栖环境状况"恶化"的过度指示。当对主种名录无法准确定义时，我们建议采用实际调查获得的种名录为背景进行分类差异度的统计检验，可能是一个较保守但稳妥的方法。

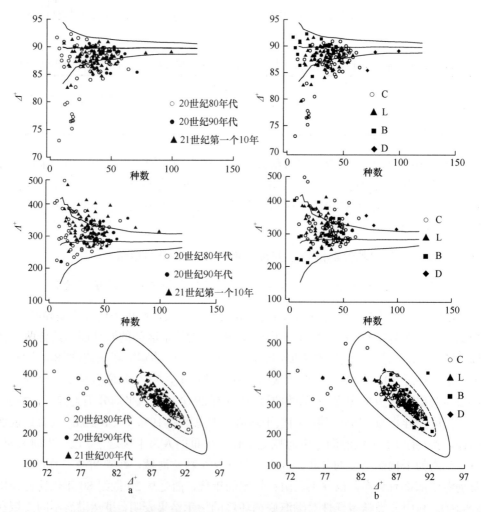

图 8-10　渤海大型底栖动物在 a，不同年代　b，不同位置　平均分类差异度指数 Δ^+ 和分类差异度变异指数 Λ^+ 95% 漏斗置信曲线及结合二者绘制的椭圆图（Zhou et al., 2012）

C. 渤海中部；L. 莱州湾；B. 渤海湾；D. 辽东湾

2. 丰度-生物量比较曲线的 W 统计量

渤海生态环境的退化也可通过丰度-生物量比较曲线的 W 统计量探测。尽管 20 世纪 90 年代和 21 世纪 00 年代渤海各海域 W 统计量的平均值都在 0 以上（表 8-7），但个别站位的值可低至 −0.072（1997 年 6 月航次，莱州湾 BH2 站）。在 90 年代和 21 世纪 00 年代全部 92 个调查站位中，有 19 个站位的 W 统计量接近或小于 0 值（$W<0.1$），占总数的 21%（表 8-12）。这个比例与通过分类差异度方法估计的比例接近，表明大约 1/5 的渤海底栖环境可能处于中等程度至较为严重的人为干扰之下。但是，分类差异度和 W 统计量对环境的指示并不完全一致，这可以从 W 与 Δ^+ 和 Λ^+ 之间不存在显著相关看出来（表 8-5）。

表 8-12 渤海大型底栖动物群落平均分类差异度和分类差异度变异指数同时偏离期望平均值和 W 统计量小于 0.1 的站位数占总调查站位数的比例

	莱州湾		渤海中部		渤海湾		辽东湾		总计	
	Δ^+ 和 Λ^+	W	Δ^+ 和 Λ^+	W	Δ^+ 和 Λ^+	W	Δ^+ 和 Λ^+	W	Δ^+ 和 Λ^+	W
20 世纪 80 年代	6/24	—	4/24	—	1/10	—	—	—	11/58	—
20 世纪 90 年代	0/5	1/5	3/23	4/23	0/6	1/6	1/1	0/1	4/35	6/35
21 世纪第一个 10 年	5/25	8/25	6/20	4/20	2/9	0/9	1/3	1/3	14/57	13/57
总计	11/54	9/30	13/67	8/43	3/25	1/15	2/4	1/4	29/150	19/92
总计比例	20%	30%	19%	19%	12%	7%	50%	25%	19%	21%

— 表示未获得数据。

3. 群落相对散布指数（relative dispersion，RD）

相对散布通过比较群落结构变异的大小指示群落受干扰的程度，相对散布指数越大，说明群落结构变异越大，指示受到的人为干扰越大。我们计算了不同年代渤海大型底栖动物群落的散布指数，20 世纪 80 年代、90 年代和 21 世纪 00 年代分别为 1.043、0.493 和 1.144（表 8-13），这与分类差异度偏离期望平均值的站位比例所暗示的结果一致，各年代的比例分别为 19%、11% 和 25%（表 8-12）。这一结果说明 90 年代底栖环境状况相对较好，21 世纪第一个 10 年最差。然而，当比较各海域的相对散布指数时，显示渤海中部最小（0.863），渤海湾最大（1.417），莱州湾（1.025）和辽东湾（1.111）居中。这个结果与分类差异度和 W 统计量所显示的结果不一致。渤海湾的 W 值平均最高（0.256），分类差异度偏离期望平均值的站位比例最低（12%），指示渤海湾的环境状况最好，这与相对散布指数所指示的结果相反。

表 8-13 渤海大型底栖动物群落在不同年代和不同海域的相对散布指数

年代	20 世纪 80 年代	20 世纪 90 年代	21 世纪第一个 10 年	
散布指数	1.043	0.493	1.144	
海域	莱州湾	渤海中部	渤海湾	辽东湾
散布指数	1.025	0.863	1.417	1.111

利用群落多样性指数和群落特征的其他指数来评估生物多样性的状况并对环境的健康状况作出评价的做法简单直观，易于量化，容易被环境监测机构所接受。例如，蔡立哲等（2002）提出利用海洋底栖动物以 2 为底的香农-威纳指数 H' 作为监测环境有机质污染的指标，并建议将多样性指数污染评价范围分为 5 级：无底栖动物为严重污染；$H'<1$，为重度污染；$H'=1~2$，为中度污染；$H'=2~3$ 为轻度污染；$H'>3$ 为清洁。按照这个标准，渤海大型底栖动物的 $H'<3$，即受到轻度或以上污染的站位比例 20 世纪 80 年代为 26%，90 年代为 3%，21 世纪 00 年代占 14%。指示 80 年代的渤海底栖环境最差，90 年代最好。这个比例在 4 个海域中分别为渤海湾 28%，莱州湾 24%，渤海中部 3%，辽东湾 0%，指示渤海湾和莱州湾污染较为严重，辽东湾和渤海中部较清洁。

然而，仅凭一个指数来指示生物多样性的状况或生态环境状况显然是过于简单，因为生物群落和多样性本身是多维的，而一个单维的指数相比于多维的群落结构来说敏感性会低得多。况且不同多样性指数反映了多样性的不同方面，各种指数所指示的干扰类型也不相同。例如，已知丰度-生物量曲线法更适用于对有机质污染的指示，而不适合于重金属污染。鉴于以上原因，各多样性指数和群落特征指数对渤海底栖生态环境的指示出现不一致甚至是矛盾的结果也不足为奇。因此，对渤海生态环境和生物多样性需要运用多种指数，从不同的方面进行更为综合、全面的评估。

参 考 文 献

蔡立哲, 马丽, 高阳, 等. 2002. 海洋底栖动物多样性指数污染程度评价标准的分析. 厦门大学学报(自然科学版), 41(5): 641-646
韩广轩, 栗云召, 于君宝, 等. 2011. 黄河改道以来黄河三角洲演变过程及其驱动机制. 应用生态学报, 22(2): 467-472
黄宗国. 2008. 中国海洋生物种类与分布. 北京: 海洋出版社
李荣冠. 2003. 中国海陆架及邻近海域大型底栖生物. 北京: 海洋出版社
李新正. 2011. 我国沿海大型底栖生物多样性研究及展望: 以黄海为例. 生物多样性, 19(6): 676-684
刘瑞玉. 2008. 中国海洋生物名录. 北京: 科学出版社
曲方圆, 于子山. 2010. 分类多样性在大型底栖动物生态学方面的应用: 以黄海底栖动物为例. 生物多样性, 18(2): 150-155
Clarke K R, Warwick R M. 2001a. Changes in marine communities: An approach to statistical analysis and interpretation. 2nd ed. Plymouth: PRIMER-E Ltd
Clarke K R, Warwick R M. 2001b. A further biodiversity index applicable to species list: Variation in taxonomic distinctness. Marine Ecology Progress Series, 216: 265-278.
Faith D P. 1992. Conservation evaluation and phylogenetic diversity. Biological Conservation, 61: 1-10
Faith D P. 1994. Phylogenetic pattern and the quantification of organismal biodiversity. Philosophical Transaction of the Royal Society of London B, 345: 45-58
Hill M O. 1973. Diversity and evenness: a unifying notation and its consequences. Ecology, 54: 427-432
Lambshead P J D, Platt H M, Shaw K M. 1983. The detection of difference among assemblages of marine benthic species based on an assessment of dominance and diversity. Journal of Natural History, 17: 859-874
Sanders H L. 1986. Marine benthic diversity: A comparative study. American Naturalist, 102: 243-282
Warwick R M. 1986. A new method for detecting pollution effects on marine macrobenthic communities.

Marine Biology, 92: 557-562

Warwick R M, Clarke K R. 1993. Increased variability as a symptom of stress in marine communities. Journal of Experimental Marine Biology and Ecology, 172: 215-226

Warwick R M, Clarke K R. 2001. Practical measures of marine biodiversity based on relatedness of species. Oceanography and Marine Biology: An Annual Review, 39: 207-231

Zhou H, Zhang Z N, Liu X S, et al. 2012. Decadal change in sublittoral macrofaunal biodiversity in the Bohai Sea, China. Marine Pollution Bulletin, 64: 2364-2373

第 9 章 底栖动物的分子生物多样性及系统演化

9.1 多毛类的分子生物多样性及系统演化

多毛类是环节动物门最大的一个纲,绝大多数种类营底栖生活,是海洋底栖生物的重要组成部分,也是经济甲壳类、鱼类及其他海洋动物的饵料,在维持海洋底栖生态系统的正常运作、环境监测和渔业养殖方面具有重要作用(吴宝玲等,1997)。随着生态学和生物多样性研究的开展,越来越突显多毛类的分类鉴定在生态学、环境监测和其他领域的应用价值和需求。由于多毛类复杂的生活史和丰富的多样性,也由于传统分类鉴定手段潜在的局限性和不断缩减的分类学家队伍,多毛类分类学的发展面临巨大挑战(廖秀珍和林荣澄,2006),生态学研究常常受制于分类学的滞后。DNA 条形编码(DNA barcoding)技术是一种新的生物分类方法,它是分子生物学和生物信息学相结合的产物。成熟的基因扩增及测序技术,结合发达的网络与信息技术,给我们提供了以 DNA 为基础的系统分类方法,这是一种新的 DNA 分类方法(Hebert et al.,2003a,b;王鑫和黄兵,2006;王剑峰和乔格侠,2007;陈念和付晓燕,2008),然而国际上对 DNA 条形编码和分子鉴定方法的可行性还存在争议。世界多毛类动物有 80 余科 13000 余种,我国目前记录有 69 科 1180 多种,但是目前利用 DNA 条形编码技术对海洋底栖多毛类研究方面的工作较少(韩洁和林旭吟,2007)。到 2014 年 7 月为止,隶属于国际条形码协会的 BOLD 数据库中已登记的多毛类条形编码共有 11025 条,包括 1411 个形态学种和 1825 个 BIN,大部分多毛类还未完成 DNA 条形编码和分子鉴定。

本章拟对本书作者周红已经开展的多毛类 DNA 条形编码工作和分子生物多样性的前期研究结果进行总结,利用 DNA 条形编码技术对潮间带和潮下带不同生境的底栖多毛类进行系统学分析,基于国际条形码数据库平台 BOLD 构建我国海多毛类的参考数据库,以多毛类进化速率较快的线粒体细胞色素 C 氧化酶亚单位 I (COI)(mitochondrial cytochrome C oxidase subunit I)基因序列片段为 DNA 条形码分子标记,辅以相对略为保守的线粒体 16S rDNA,以此为基础构建分子系统发育树及分析多毛类的种内和种间遗传分歧,揭示我国多毛类隐存种和分子生物多样性现状,探讨多毛类的分类地位和系统演化关系,结合形态学和生态学特征研究青岛砂质潮间带和岩礁海藻附植多毛类样品进行分子鉴定的可行性研究,为深入了解多毛类的分子生物多样性提供科学依据,对丰富多毛类基因库和推动多毛类的分子系统学和分子生态学研究具有重要意义。

9.1.1 中国海多毛类和其他底栖无脊椎动物 DNA 条形码参考数据库

中国海多毛类和其他底栖无脊椎动物 DNA 条形码参考数据库是我们基于 BOLD 数据库平台构建的子数据库。截至 2014 年 7 月,已对中国海多毛类和其他底栖动物共 1105 个个体,184 种进行了 DNA 条形编码,其中,获得 COI-5P 有效条码 602 个(占 54%),

完成编码的种数为 137 种（占 74%），共 160 个 BIN。此外，该数据库还包括 54 个个体 7 种多毛类的 16S 有效序列。从分类学构成来看，该数据库所完成的 DNA 条形编码 96% 为环节动物门多毛纲 Polychaeta，共计 1100 个，其余 4%为节肢动物门软甲纲 Malacostraca、蛛形纲 Arachnida 和介形纲 Ostracoda，毛颚动物门箭虫纲 Sagittoidea、软体动物门无板纲 Aplacophora、纽虫动物门无针纲 Anopla（图 9-1）。

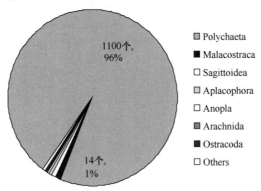

图 9-1　中国海多毛类和其他底栖无脊椎动物 DNA 条形码参考数据库的分类学构成

9.1.2　中国海多毛类隐存物种和分子生物多样性现状

1. 各科情况

利用 2009 年渤海莱州湾（9 个站位），2008 年渤海（14 个站位），2011 年黄渤海（6 月 26 个站位，11 月 16 个站位）和 2010 年南海大亚湾（4 个站位），以及青岛和大连潮间带采集的大型底栖动物分子生物学样品，我们现已获得中国海多毛类有效条码 560 个，隶属于 10 目 35 科 78 属，合计 112 种（表 9-1）。

表 9-1　中国海多毛类各科已经完成 DNA 条形编码的个体数、种数、BIN 数及 BIN 海域分布

科	个体数	种数	BIN 数	BIN 海域分布			
				渤海	北黄海	南黄海	南海大亚湾
仙虫科 Amphinomidae	12	1	1	1	1	0	0
小头虫科 Capitellidae	31	3	8	5	2	3	2
竹节虫科 Maldanidae	22	6	9	3	2	4	1
豆维虫科 Dorvilleidae	1	1	1	0	0	0	1
欧努菲虫科 Onuphidae	3	1	1	1	0	0	0
索沙蚕科 Lumbrineridae	36	8	10	4	2	7	2
花索沙蚕科 Oenonidae[①]	2	2	2	1	0	1	0
海蛹科 Opheliidae	8	3	3	1	0	2	0
锥头虫科 Orbiniidae	16	5	5	2	0	2	1
角吻沙蚕科 Goniadidae	33	2	3	2	3	3	0
吻沙蚕科 Glyceridae	21	2	7	4	1	3	2
海女虫科 Hesionidae	13	2	6	4	1	0	2
齿吻沙蚕科 Nephtyidae	25	6	6	5	1	0	1
沙蚕科 Nereididae	69	10	9	3	2	7	0

续表

科	个体数	种数	BIN 数	BIN 海域分布			
				渤海	北黄海	南黄海	南海大亚湾
拟特须虫科 Paralacydoniidae	20	1	1	1	1	1	0
怪鳞虫科 Pholoidae	4	1	1	0	0	0	1
叶须虫科 Phyllodocidae	13	4	3	2	0	3	0
白毛虫科 Pilargidae	22	3	6	4	0	0	2
多鳞虫科 Polynoidae	20	5	5	3	0	1	1
锡鳞虫科 Sigalionidae	8	2	2	1	1	2	0
裂虫科 Syllidae	9	4	5	0	0	5	0
帚毛虫科 Sabellariidae	1	1	1	1	0	0	0
缨鳃虫科 Sabellidae	5	3	3	2	1	0	0
独指虫科 Cossuridae	1	1	1	0	0	1	0
异毛虫科 Paraonidae	15	3	3	2	2	1	0
磷虫科 Chaetopteridae	2	1	2	1	1	0	0
长手沙蚕科 Magelonidae	5	1	1	1	1	1	0
杂毛虫科 Poecilochaetidae	4	2	2	1	0	0	1
海稚虫科 Spionidae	47	13	17	9	5	7	2
双栉虫科 Ampharetidae	4	2	3	1	2	0	0
丝鳃虫科 Cirratulidae	15	5	6	2	2	2	1
扇毛虫科 Flabelligeridae	13	2	2	2	0	1	0
不倒翁虫科 Sternaspidae	40	1	4	3	1	0	1
蛰龙介科 Terebellidae	17	2	6	5	0	1	1
毛鳃虫科 Trichobranchidae	3	3	3	2	1	0	0
合计 35 科	560	112	148	79	33	57	23

① 该科包括投交到 GenBank 中的一种。

中国海多毛类的隐存物种和分子多样性状况也可以通过形态物种多样性（实线）与分子物种多样性（虚线）两条累积曲线的比较反映出来（图 9-2），显然分子多样性要高于形态多样性，表明有相对高比例的隐存种存在。112 个形态学种共包括 148 个 DNA 条形码种，即 BIN（barcode index number）或分子可操作分类单元 MOTU（molecular operational taxonomic unit），估计隐存种的比例平均占总种数的 30%以上，这与 BOLD 数据库世界多毛类隐存种的比例比较接近。

36 个科中有 14 个科存在隐存种，其中尤以小头虫科 Capitellidae、竹节虫科 Maldanidae、吻沙蚕科 Glyceridae、白毛虫科 Pilargidae、海女虫科 Hesionidae、不倒翁虫科 Sternaspidae、蛰龙介科 Terebellidae 和海稚虫科 Spionidae 中隐存种的数量（>2）或比例（>100%）较高，与这些科的形态分类学难度有关（表 9-1）。沙蚕科 Nereididae 和叶须虫科 Phyllodocidae 的种数超过 BIN 数，是由于中华沙蚕 *Nereis sinensis* 和长须沙蚕 *Nereis longior*、乳突叶须虫 *Phyllodoce papillosa* 和中华叶须虫 *Phyllodoce chinensis* 具有相同的 DNA 条形码，提示它们可能是同物异名。

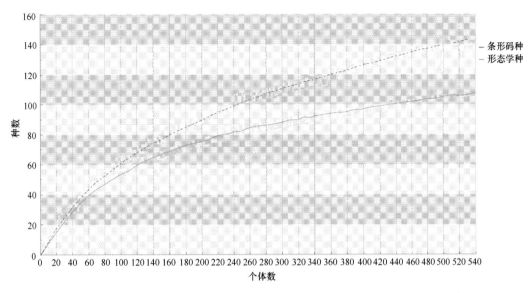

图 9-2 中国海多毛类形态多样性（实线）与分子多样性（虚线）的累积曲线比较

BIN 在各海域的分布并不能反映各海域的分子多样性状况，因为我们的取样主要集中在渤海，对黄海的取样不够充分，对南海的取样只限于大亚湾的 4 个站位。渤海的 79 个 BIN 主要来自潮下带生境，取样比较充分，基本能够反映渤海潮下带生境多毛类分子多样性的状况。

2. 世界分布种不倒翁虫 *Sternaspis scutata*

不倒翁虫属 *Sternaspis* Otto，1821 包括 13 种，多数仅在世界几个地方有所报道（Sendall and Salazar-Vallejo，2013）。该属中的不倒翁虫 *Sternaspis scutata*（Ranzani，1817）最早描述于地中海，但被认为是世界性分布种。我国学者也将该种描述为中国四海域广泛分布的唯一一种不倒翁虫，在生态学调查中往往成为底栖动物的最优势种类。然而，该种是否是真正的广分布种一直以来也存在争议，如 Pettibone（1954）认为该种是不倒翁虫属的唯一的一种，而 Ushakov（1955）和 Hartman（1959）则更倾向于把该种看作是包含了几个种的首异名。究竟中国海的不倒翁虫有没有隐存种存在？如果有，那么它们是 *S. scutata* 还是描述于西北太平洋的 *Sternaspis costata* von Marenzeller，1879？中国海不倒翁虫与报道于北美、南美和地中海的同属其他种的系统发育关系如何？我们以 COI 和 16S rDNA 为分子标记，对采自我国渤海、黄海和南海大亚湾的 100 个不倒翁虫进行了 DNA 条形编码和 16S rDNA 序列分析，并与基因库获得的地中海分布的 *S. scutata* 以及分布于美洲东太平洋（不列颠哥伦比亚，阿拉斯加和智利）的同属种进行比对。

根据莱州湾 2009 年 6 月（9 个站位），渤海 2008 年 8 月（14 个站位），黄渤海 2011 年 6 月（26 个站位）和 11 月（16 个站位）共 4 个航次的分子生物学样品的分析结果，可以看出不倒翁虫在黄渤海丰度和生物量分布情况（图 9-3）。其主要分布于在渤海南部，少量分布在北黄海的山东半岛沿岸。平均丰度 74 ind/m^2，平均生物量 0.59 gww/m^2。其分布的底层水盐度范围为 28.5~32.5，水深 10~28 m，沉积物类型主要为粉砂-黏土质。

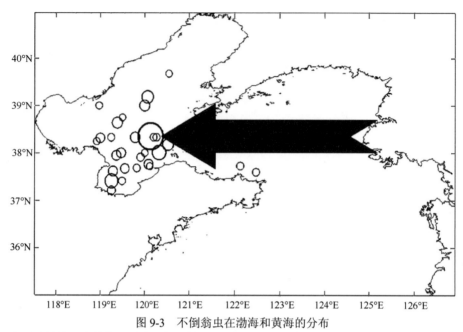

图 9-3 不倒翁虫在渤海和黄海的分布

DNA 条形码分析揭示在黄渤海分布的 3 个同域性分支之间的 K2P 遗传距离在 19%~23%；平均丰度为 74 ind/m² （10~380 ind/m²）；平均生物量为 0.59 gww/m²；平均底盐：31.0（28.5~32.5）；平均水深：23 m（10~28 m）；沉积物类型：粉砂-黏土质

从成功获取的 40 个有效 DNA 条形码中可看出我国海分布的不倒翁虫至少有 4 个分支（图 9-4），其中 *Sternaspis* sp. HZ01、*S. costata*、*Sternaspis* sp. HZ02 3 个分支以高度

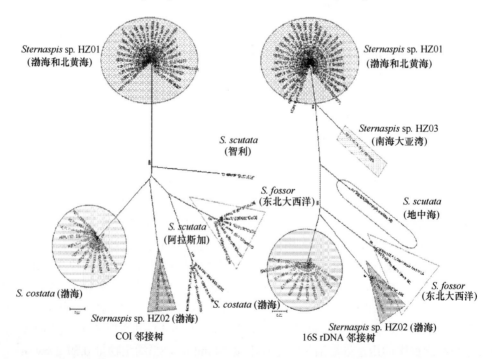

图 9-4 基于 COI 和 16S rDNA 序列构建的不倒翁虫属系统发育树（NJ 树）

的同域性分布在渤海的同一站位（2008 年 8 月航次的 B027 站）（图 9-3，箭头所指，该站位不倒翁虫丰度达到 380 ind/m^2）。*Sternaspis* sp. HZ03 分支分布于南海大亚湾。

形态学研究表明其中的一个分支应是报道于西北太平洋的 *S. costata*。另外的两个分支形态上与 *S. scutata* 相似，但其 16S rDNA 序列与分布于地中海的 *S. scutata* 有很大的遗传分歧（图 9-4）。这两个分支之间 COI 的 K2P 遗传距离达到 23%，而与分布于阿拉斯加和智利两个分支的遗传距离都在 20%以上。显然，在我国和世界其他海域报道的 *S. scutata* 至少包括了 5 个以上的隐存种，而长期以来我国报道的 *S. scutata* 并不分布于中国海。在我国 4 海域分布的广分布种 *S. scutata* 实际上并不是广分布种，而是包含了至少 4 个不同隐存种的、具有极强同域性分布的地方种。

9.1.3 多毛类群落生态学与 DNA 条形码和分子系统演化的整合研究

DNA 条形码技术为解决生态学研究中的分类学难题提供了一种全新的解决方案。将 DNA 条形码与生态学研究的整合不仅有助于更为准确地鉴定种类，也能为有效地检验物种假说提供形态学、生态学、生物地理学和系统演化的信息（Zhou et al.，2010）。我们以青岛砂质潮间带和岩礁海藻两种生境的多毛类群落为例，从野外取样、实验室处理到数据分析各方面证实将 DNA 条形码分子鉴定与群落生态学整合研究的可行性。

1. 多毛类样品

样品采自太平角的岩相潮间带中低潮区的海藻（鼠尾藻和叉节藻）以及青岛第三海水浴场和仰口海水浴场砂质潮间带中潮区。用于 DNA 条形编码的潮间带底栖多毛类共 13 种，分别是条斑模裂虫（*Syllis vittata*）、千岛模裂虫（*Syllis adamantens kurilensis*）、异须沙蚕（*Nereis heterocirrata*）、旗须沙蚕（*Nereis vexillosa*）、双管阔沙蚕（*Platynereis bicanaliculata*）、双齿围沙蚕（*Perinereis aibuhitensis*）、仙居虫（*Naineris laevigata*）、短毛海鳞虫（*Halosydna brevisetosa*）、红纹腹钩虫［*Scolelepis*（*Scolelepis*）*daphoinos*］、四索沙蚕（*Lumbrineris tetraura*）、短叶索沙蚕（*Lumbrineris* cf. *latreilli*）、花索沙蚕（*Arabella iricolor*）和青岛多眼虫（*Polyophthalmus qingdaoensis*）。在本书中获得了 22 条单倍型序列，其中 COI 序列 10 条，16S rDNA 序列 12 条。分子系统学分析还包含了从 GenBank 获得的与本研究有关的多毛类序列 20 条，以及来自厦门大学未投交 GenBank 的序列 2 条（廖秀珍和林荣澄，2006）。所分析物种的相关信息见表 9-2。

表 9-2 研究材料的标本名录及相关信息（Zhou et al.，2010）

种名	标本编号	采样时间（年.月.日）	采集地点或序列来源	GenBank 序列号	
				COI	16S
条斑模裂虫 *Syllis vittata*	J4	2008.03.20	太平角鼠尾藻	GU362691	GU362678
千岛模裂虫 *Syllis adamantens kurilensis*	J5	2008.08.29	太平角鼠尾藻	GU362692	GU362679
斑纹钻穿裂虫 *Trypanosyllis zebra*			GenBank	EF123786	EF123817
异须沙蚕 *Nereis heterocirrata*	J1	2008.03.20	太平角鼠尾藻	GU362684	—
旗须沙蚕 *Nereis vexillosa*	J2	2008.08.23	三浴中潮	—	GU362677
游沙蚕 *Nereis pelagica*			GenBank		AY340470
双管阔沙蚕 *Platynereis bicanaliculata*	N5	2008.10.28	太平角鼠尾藻	GU362685	—

续表

种名	标本编号	采样时间（年.月.日）	采集地点或序列来源	GenBank 序列号	
				COI	16S
褐片阔沙蚕 *Platynereis dumerilii*			GenBank	AF178678	—
双齿围沙蚕 *Perinereis aibuhitensis*	N3	2008.08.23	三浴中潮	GU362686	—
双齿围沙蚕 *Perinereis aibuhitensis*			厦门潮间带	**	—
新加坡围沙蚕 *Perinereis singaporiensis*			GenBank	EU835665	—
仙居虫 *Naineris laevigata*	L8	2008.10.28	太平角鼠尾藻	GU362690	GU362680
仙居虫 *Naineris laevigata*			GenBank	—	FJ612463
有齿居虫 *Naineris dendritica*			GenBank	—	AY532345
短毛海鳞虫 *Halosydna brevisetosa*	P16	2008.10.28	太平角鼠尾藻	—	GU362674
短毛海鳞虫 *Halosydna brevisetosa*	P17	2008.03.20	太平角鼠尾藻	—	GU362675
短毛海鳞虫 *Halosydna brevisetosa*	K7	2008.11.30	太平角叉节藻	—	GU362673
短毛海鳞虫 *Halosydna brevisetosa*			GenBank	AY894313	—
方背鳞虫 *Lepidonotus squamatus*			GenBank	AY894316	DQ779620
方背鳞虫 *Lepidonotus squamatus*			GenBank	AY839581	—
红纹腹钩虫 *Scolelepis*（*Scolelepis*）*daphoinos*	N6	2008.08.30	仰口中潮	GU362687	GU362676
鳞腹钩虫 *Scolelepis*（*Scolelepis*）*squamata*			GenBank	AF138956	—
四索沙蚕 *Lumbrineris tetraura*	I1，L4*	2008.08.23	三浴中潮	GU362689	GU362682
四索沙蚕 *Lumbrineris tetraura*			GenBank	EU352318	—
四索沙蚕 *Lumbrineris tetraura*			厦门潮间带	**	—
短叶索沙蚕 *Lumbrineris* cf. *japonica*	L3	2008.10.28	太平角鼠尾藻	GU362688	GU362683
短叶索沙蚕 *Lumbrineris* cf. *latreilli*			GenBank	—	AY838833
圆头索沙蚕 *Lumbrineris inflate*			GenBank	—	AY838832
Lumbrineris magnidentata			GenBank	—	DQ779621
Lumbrineris funchalensis			GenBank	—	AY838831
花索沙蚕 *Arabella iricolor*	P13	2008.08.23	三浴中潮	GU362693	GU362681
青岛多眼虫 *Polyophthalmus qingdaoensis*	K8	2008.11.30	太平角叉枝藻	—	GU362672
Armandia bilobata			GenBank	—	DQ779604
星虫动物外群 *Siphonosoma australe*			GenBank	EF521191	EF521185

—表示本书中未获得序列；*来自两个个体的相同序列；**未在 GenBank 发表的序列。

2. 试剂和药品

蛋白酶 K—TaKaRa

10×PCR Buffer—TaKaRa & Fermentas

dNTP（2 mmol/L）—TOYOBO

$MgCl_2$（25 mmol/L）— Fermentas

Taq DNA 聚合酶（5U/μl）—TaKaRa & Fermentas

BM 2000 DNA Maker—Biomed

6×DNA Loading Buffer—Solarbio

琼脂糖—GENE TECH（SHANG HAI）COMPANY LIMITED

引物—生工生物工程（上海）股份有限公司
COI：LCO1490 5′-GGTCAACAAATCATAAAGAT ATTGG-3′
　　　HCO2198 5′-TAAACTTCAGGGTGACCAAAAAATCA-3′
16S r DNA：16S-ARL 5′-CGCCTGTTTATCAAAAACAT-3′
　　　　　　16S-BRH 5′-CCGGTCTGAACTCAGATCACGT-3′
EDTA—国药集团化学试剂有限公司
Tris—上海善普化工科技有限公司
冰醋酸—莱阳经济技术开发区精细化工厂
50× TAE Buffer：100ml 0.5mol/L EDTA，调节 pH 到 8.0；加 242g Tris 碱，加水灭菌；冷却后加 57.1ml 冰醋酸；加已灭菌的 ddH$_2$O 定容至 1L。
海洋动物组织基因组 DNA 提取试剂盒—TIANGEN BIOTECH

3. 主要仪器、设备

PCR 仪——BIOER TC-24/H（b）
凝胶成像系统——Tine-do X3
电泳槽——Mupid-2plus
TG16-W 微量高速离心机——湖南湘仪离心机有限公司
电子分析天平——上海民桥精密科学仪器有限公司
SZ-1 型快速混匀器——江苏国胜实验仪器厂
LX-100 手掌型离心机——江苏其林贝尔仪器制造有限公司
超低温冰箱——FORMA 公司
水浴锅——北京永光明医疗仪器厂
不锈钢手提式灭菌锅—上海申安医疗器械厂
移液器——Finnpipette & Biohit & Gilson

4. 样品的采集、处理和形态学鉴定

样品采集于 2007 年 11 月~2008 年 11 月，青岛太平角岩相潮间带及其邻近的第二和第三海水浴场沙滩（图 9-5）（36°02′N；120°21′E），以及距离较远的仰口海水浴场沙滩

图 9-5　青岛太平角潮间带的取样地点

(36°14′N，120°40′E)。采集砂质潮间带底内多毛类采用半定量过筛（网筛孔径 0.1 mm）的方法和岩礁海藻附植的多毛类采用冲洗的方法，然后过筛将其分选。样品分成两部分，用于形态学鉴定的样品用 5%福尔马林固定；用于分子生物学研究的样品用 95%（V/V）乙醇固定。多毛类的形态学鉴定主要依据《中国动物志》和相关的分类学专著完成（吴宝铃等，1981，1997；杨德渐和孙瑞平，1988；孙瑞平和杨德渐，2004）。

5. 分子生物学研究

对于已完成形态学鉴定的多毛类样品，选取优势种进行 DNA 条形编码和分子鉴定。

（1）基因组 DNA 的提取

用蒸馏水将样品冲洗干净，以清除多毛类体表附着的碎屑、杂质等，以免污染 DNA。之后放置于空气中使得乙醇自然挥发约 30 min，在近尾处切下约米粒大小的组织块，剩余部分藏于–20℃冰箱中保存。所取组织块分别采用蛋白酶 K 法和试剂盒制备的方法提取 DNA。

经改进优化后的蛋白酶 K 方法提取 DNA 的步骤如下：

1）将预处理后的样品组织块放入 0.5 ml 的离心管中，向其中加入 20 μl 双蒸水，放于超低温冰箱中，–84℃冷冻过夜。

2）将样品取出，待其融化后加入 10 μl 10×PCR Buffer 和 10 μl 蛋白酶 K（20 mg/ml），混匀后，55℃的水浴 3~4 h，水浴期间将离心管取出振荡混匀，再放回继续消解。消化至组织块基本或完全消解，因有些样品会残留部分刚毛。

3）消解之后，95℃水浴或者金属浴 30 min，以使蛋白酶失活，为避免其影响之后的 PCR 反应。

4）待温度降到室温，将其放于高速离心机中，12000 r/min 离心 1 min，之后置于冰箱中–20℃保存，在做 PCR 时一般取 4~5μl 上清液做模板。

试剂盒（海洋动物组织基因组 DNA 提取试剂盒）的提取方法步骤如下：

1）切取不少于 30 mg 的组织材料，放入装有 200 μl GA 缓冲液的离心管中，涡旋振荡 15 s。

2）加入 20 μl 蛋白酶 K（20 μl/ml）溶液，涡旋均匀，简短离心以去除管盖内壁的水珠。在 56℃放置，直至组织完全溶解，简短离心以去除管盖内壁水珠，在进行下一步骤。

3）加入 200 μl 缓冲液 GB，充分颠倒混匀，70℃放置 10 min，溶液应变清亮，简短离心以去除管盖内壁水珠。

4）加入 200 μl 无水乙醇，充分颠倒混匀，此时可能会出现絮状沉淀，简短离心以去除管盖内壁水珠。

5）将上一步所得溶液和絮状沉淀都加入一个吸附柱 CB3 中（吸附柱放入收集管中），12000 r/min 离心 30 s，倒掉废液，将吸附柱 CB3 放回收集管中。

6）向吸附柱 CB3 中加入 500 μl 缓冲液 GD，12000 r/min 离心 30 s，倒掉废液，将吸附柱 CB3 放入收集管中。

7）向吸附柱 CB3 中加入 700 μl 漂洗液 PW，12000 r/min 离心 30 s，倒掉废液，将

吸附柱 CB3 放入收集管中。

8）向吸附柱 CB3 中加入 500 μl 漂洗液 PW，12000 r/min 离心 30 s，倒掉废液。

9）将吸附柱 CB3 放回收集管中，12000 r/min 离心 2 min，倒掉废液。将吸附柱 CB3 置于室温放置数分钟，以彻底晾干吸附材料中残余的漂洗液。

10）将吸附柱 CB3 转入一个干净的离心管中，向吸附膜的中间部位悬空滴加 50 μl 洗脱液 TE，室温放置 2~5 min，12000 r/mim 离心 2 min，将溶液收集到离心管中，之后置于冰箱中−20℃保存。

（2）PCR 扩增和测序

扩增 COI 和 16S r DNA 采用通用引物（Folmer et al.，1994；Palumbi，1996）。
COI：LCO1490 5′-GGTCAACAAATCATAAAGAT ATTGG-3′
　　　HCO2198 5′-TAAACTTCAGGGTGACCAAAAAATCA-3′
16S r DNA：16S-ARL 5′-CGCCTGTTTATCAAAAACAT-3′
　　　　　 16S-BRH 5′- CCGGTCTGAACTCAGATCACGT-3′

COI 和 16S rDNA 的扩增条件：每一样品的反应体系为 50 μl，其中 10×PCR buffer 5 μl，2 mmol/L dNTP 5 μl，10 μmol/L 引物每种各 2 μl，5 u/μl 的 *Taq* 酶 0.5 μl，DNA 模板 5 μl，加 ddH$_2$O 补足体系至 50 μl。

COI 和 16S rDNA 的反应程序：95℃预变性 5 min，接 95℃变性 30 s，43℃退火 30 s，72℃延伸 1 min，39 个循环，最后再 72℃延伸 8 min。

取一部分 PCR 扩增产物经 1%琼脂糖凝胶电泳，经溴化乙锭染色后在紫外灯下凝胶成像检测条带（彭居俐等，2009）。

未纯化的 PCR 产物直接送交生工生物工程（上海）有限公司测序。

6. 数据分析处理

（1）群落数据分析

利用 PRIMER（plymouth routines In multivariate ecological research）软件包（Clarke et al.，2001）进行群落数据的 Cluster 聚类分析并采用该软件所包含的 Simper 程序找出对群落内相似性贡献最大的责任种。由于不同生境多毛类的取样方法不同，为了在半定量的丰度数据间获得可比性和给予稀有种更多的权重，在进行 Cluster 聚类分析前将丰度数据进行标准化和双平方根转换。

（2）分子系统学分析

DNA 序列数据通过 DNASTAR 软件中的 SeqMan 程序进行编辑，采用 MEGA5.0（Tamura and Kumar，2002）软件中的 Clustal W 程序（Thompson et al.，1994）对所得序列的核苷酸组成进行对位排列，在此基础上统计核苷酸组成并计算种内和种间的 *p*-距离和 LogDet（Tamura-Kumar）遗传距离（Thompson et al.，1994）。LogDet 距离考虑了在进化中核甘酸组成的偏向，是对遗传距离的有偏估计，以此距离为基础用邻接法 neighbor-joining（NJ）构建分子系统发育树。发育树用 1000 次自展重复抽样统计给出各分支的置信度。

7. 潮间带底栖多毛类种类组成和群落结构

对从 4 个取样地点获得的共 33 种 324 个个体的多毛类的种丰度数据运用 PRIMER 软件中包含的 Cluster 和 Simper 程序进行群落划分和相似性比例分析。

聚类分析（图 9-6）在大约 15% 的相似性水平上将潮间带底栖多毛类群落划分为砂质潮间带群落和海藻附植群落区两个组。组 I 包括青岛第二海水浴场低潮，第三海水浴场中、低潮区和仰口海水浴场中、低潮组成的砂质潮间带多毛类群落；组 II 包括不同月份青岛太平角岩相潮间带中、低潮区鼠尾藻 *Sargassum thunbergii* 和叉节藻 *Amphiroa zonata* 的附植多毛类群落。

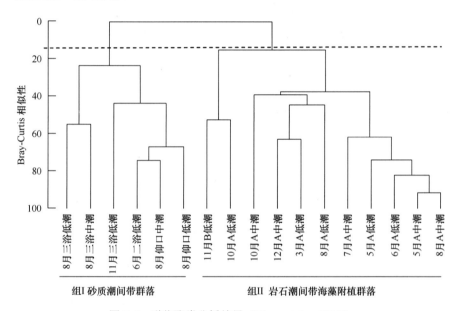

图 9-6 群落聚类分析结果（Zhou et al., 2010）
A. 鼠尾藻；B. 叉节藻

运用 PRIMER 软件中的 Simper 程序来确定对每个组内相似性贡献较大的责任种和每个组内的优势种（表 9-3）。在第 I 组即砂质潮间带群落中，红纹腹钩虫 [*Scolelepis* (*Scolelepis*) *daphoinos*] 和旗须沙蚕 *Nereis vexillosa* 是对组内相似性贡献最大也是数量最占优势的两个种，二者的累积贡献比例达 89.2%，占群落总个体数的 74.4%；第二组即海藻附植多毛类群落的优势种是异须沙蚕 *Nereis heterocirrata* 和千岛模裂虫 *Syllis adamantens kurilensis*，二者的累积贡献比例达 89.8%，占群落总个体数的 64.6%。两个群落的 33 种多毛类中，除花索沙蚕 *Arabella iricolor* 在太平角岩相潮间带和附近的第三海水浴场沙滩同时出现外，其余种在不同生境的分布未有重叠。

8. 潮间带底栖多毛类 DNA 条形编码及系统学分析

对 13 种多毛类样品的 COI 和 16S rDNA 基因进行扩增和测序。获得的蛋白质编码基因 COI 序列片段平均长度 610 bp，平均 GC 含量 41.3%（表 9-4）。除了在仙居虫中出

表 9-3 SIMPER 相似性比例分析结果，给出了对每个群落内相似性贡献较大的责任种的平均优势度、贡献度比例和累积贡献度比例（Zhou et al.，2010）

种名	平均优势度/%	贡献比例/%	累积贡献比例/%
砂质潮间带群落 sandy beach community			
红纹腹钩虫 *Scolelepis*（*Scolelepis*）*daphoinos*	56.3	83.9	83.9
旗须沙蚕 *Nereis vexillosa*	18.1	5.3	89.2
四索沙蚕 *Lumbrineris tetraura*	3.5	4.0	93.2
加州齿吻沙蚕 *Nephtys californiensis*	5.6	2.5	95.7
张氏神须虫 *Eteone*（*Mysta*）*tchangsii*	2.2	2.0	97.7
马丁海稚虫 *Spio martiensis*	1.3	1.1	98.8
须鳃虫 *Cirriformia filigera*	1.3	1.2	100.0
岩石潮间带海藻附植群落 seaweed epiphytic community			
异须沙蚕 *Nereis heterocirrata*	41.8	71.4	71.4
千岛模裂虫 *Syllis adamantens kurilensis*	22.8	18.4	89.8
青岛多眼虫 *Polyophthalmus qingdaoensis*	10.2	2.4	92.2
短毛海鳞虫 *Halosydna brevisetosa*	2.2	2.9	95.1
仙居虫 *Naineris laevigata*	1.8	1.5	96.6
条斑模裂虫 *Typosyllis vittata*	3.4	1.3	97.9
双管阔沙蚕 *Platynereis bicanaliculata*	4.7	1.0	98.9
独齿围沙蚕 *Perinereis cultrifera*	0.9	0.4	99.4
圆头索沙蚕 *Lumbrineris inflata*	1.0	0.4	99.8
富氏钙鳃虫 *Dodecaceria fewkesi*	0.8	0.2	100.0

资料来源：Zhou et al.，2010。

表 9-4 10 种多毛类 COI 序列片段的碱基组成

多毛类	片段长度/bp	碱基的组成/%			
		T（U）	C	A	G
双管阔沙蚕 N5	611	33.2	20.9	27.0	18.8
双齿围沙蚕 N3	611	31.8	26.0	23.6	18.7
异须沙蚕 J1	611	31.8	24.2	25.9	18.2
花索沙蚕 P13	611	25.7	28.3	27.8	18.2
四索沙蚕 L4	611	29.1	25.9	29.3	15.7
短叶索沙蚕 L3	611	31.4	22.6	29.8	16.2
条斑模裂虫 J4	611	30.0	21.8	31.1	17.2
千岛模裂虫 J5	611	31.1	21.1	30.6	17.2
红纹腹钩虫 N6	611	36.5	22.6	22.7	18.2
仙居虫 L8	608	27.3	26.0	30.8	16.0
平均	610	30.8	23.9	27.9	17.4

资料来源：Zhou et al.，2010。

现了一个密码子缺失外，其余 8 种多毛类没有出现插入/缺失，因而对 COI 序列的对位排列比较简单。扩增的线粒体 16S rDNA 片段长度变化较大（435~494 bp），平均 462 bp，碱基组成中 GC 平均含量为 38.1%（表 9-5）。这两个基因的低 GC 含量与 PCR 扩增反应的较低退火温度（43℃）相符。但 16S rDNA 序列在不同多毛类种间出现大量的插入/缺失，给对位排列造成困难，因此在系统学分析过程中将出现间隙，对位排列含糊的位点采用完全删除的方法，最后保留 263 个位点，以此计算遗传距离和构建系统发育树。

表 9-5 10 种多毛类 16S rDNA 序列片段的碱基组成

多毛类	片段长度/bp	碱基的组成/%			
		T（U）	C	A	G
短毛海鳞虫 P17	464	33.8	18.5	28.9	18.8
短毛海鳞虫 K7	464	33.8	18.5	28.7	19.0
短毛海鳞虫 P16	464	33.8	18.5	28.7	19.0
旗须沙蚕 J2	442	28.3	19.7	34.4	17.6
花索沙蚕 P13	494	22.5	24.3	34.8	18.4
四索沙蚕 L4I1	461	26.2	20.4	33.8	19.5
短叶索沙蚕 L3	457	26.9	19.3	34.4	19.5
条斑模裂虫 J4	467	30.0	17.1	35.5	17.3
千岛模裂虫 J5	466	31.3	15.9	35.6	17.2
红纹腹钩虫 N6	461	31.5	17.6	34.1	16.9
青岛多眼虫 K8	435	31.3	17.5	27.8	23.4
仙居虫 L8	473	24.3	23.0	32.1	20.5
平均	462	29.5	19.2	32.4	18.9

资料来源：Zhou et al.，2010。

本书利用实验获得的测序结果，结合从 GenBank 中获得的一些相关基因序列，构建了多毛类的分子系统发育树。发育树以星虫动物为外群，分别以 COI 和 16S rDNA 序列片段为基础，基于 LogDet（Tamura-Kumar）遗传距离进行 1000 次自展检验的 70%多数一致性 NJ 树（图 9-7、图 9-8）。

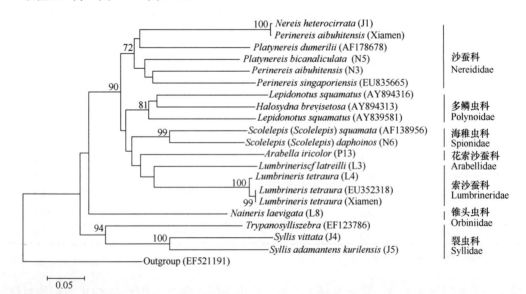

图 9-7 利用 COI 序列构建的系统发育树（NJ 树），比例尺表示 LogDet 遗传距离（Zhou et al.，2010）

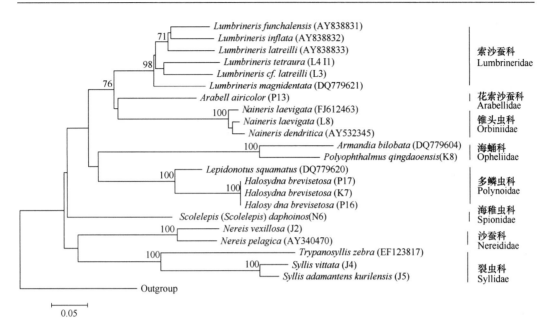

图 9-8 利用 16S rDNA 序列构建的系统发育树（NJ 树），比例尺表示 LogDet 遗传距离
（Zhou et al.，2010）

（1）利用线粒体 COI 基因构建分子系统树

从图 9-3 中可见，基于 COI 基因构建的系统树，虽然在高级分类阶元之间的系统发育关系解析度不高（图中自展支持率小于 70%的分支没有标明），但能提供同属内不同种之间和同种不同种群之间支持率较高的亲缘关系。

本书从青岛砂质潮间带获得的四索沙蚕（L4）COI 序列，与从 GenBank 中获得的同种序列（EU352318）和厦门潮间带的同种序列形成一单系，支持率为 100%（图 9-7），而二者的遗传距离为 0.01（表 9-6），该距离仍处于种内变异范围。EU352318 是由国家海洋局第三海洋研究所投交到 GenBank 的，其与来自厦门潮间带的同种序列之间遗传距离为 0.00，推测该样品也应采自厦门潮间带。

隶属于海稚虫科的红纹腹钩虫（N6）与鳞腹钩虫（AF138956）构成了一单系，支持率为 99%（图 9-7），说明两者之间有很近的亲缘关系，但遗传距离为 0.16（表 9-6），已远远超出了通常认可的种内变异范围（0.03）（Hebert et al.，2003b）。这两个种在过去的形态学分类中，曾一度未被区分开。鳞腹钩虫[*Scolelepis*（*Scolelepis*）*squamata*（Müller，1806）]分布于西北大西洋和地中海沿岸水域，在我国海域未见分布。周进（2008）经过研究，将在我国北方沿海非常常见但长期被记录为鳞腹钩虫的标本重新鉴定为一个新种，即红纹腹钩虫 [*Scolelepis*（*Scolelepis*）*daphoinos* sp. nov.（Zhou et al.，2009）]。本研究的 DNA 条形编码，为这两个种的形态学区分提供了分子生物学证据。

由多鳞虫科的 3 条序列形成的单系支持率仅 81%（图 9-7），且同属于方背鳞虫（*Lepidonotus squamatus*）的两条序列（AY839581 和 AY894316）之间遗传距离为 0.22，也已超出了种内变异范围，但由于这三条序列都来自 GenBank，具体原因尚待查明。

表 9-6 多毛类基于 COI 基因的种内和种间 p-距离，显示 21 个单倍型序列两两之间平均每个位点的碱基差别个数

	1	2	3	4	5	6	7	8	9	10	11	12	13	14	15	16	17	18	19	20
1. *Syllis vittata* (J4)																				
2. *Syllis adamantens kurilensis* (J5)	0.19																			
3. *Trypanosyllis zebra* (EF123786)	0.29	0.25																		
4. *Halosydna brevisetosa* (AY894313)	0.31	0.32	0.31																	
5. *Lepidonotus squamatus* (AY894316)	0.31	0.32	0.28	0.20																
6. *Lepidonotus squamatus* (AY839581)	0.31	0.32	0.29	0.20	0.22															
7. *Nereis heterocirrata* (J1)	0.32	0.29	0.30	0.26	0.25	0.27														
8. *Platynereis bicanaliculata* (N5)	0.30	0.31	0.29	0.24	0.22	0.23	0.24													
9. *Platynereis dumerilii* (AF178678)	0.31	0.30	0.27	0.25	0.25	0.24	0.22	0.20												
10. *Perinereis aibuhitensis* (N3)	0.32	0.32	0.30	0.24	0.28	0.23	0.22	0.20	0.22											
11. *Perinereis aibuhitensis* (厦门)	0.33	0.29	0.30	0.26	0.25	0.27	0.00	0.23	0.22	0.22										
12. *Perinereis singaporiensis* (EU835665)	0.29	0.29	0.30	0.22	0.23	0.26	0.25	0.19	0.22	0.19	0.25									
13. *Perinereis cf. latreilli* (L3)	0.30	0.31	0.29	0.27	0.26	0.23	0.25	0.22	0.25	0.26	0.25	0.27								
14. *Lumbrineris tetraura* (L4)	0.30	0.30	0.28	0.24	0.26	0.26	0.27	0.27	0.25	0.23	0.27	0.23	0.20							
15. *Lumbrineris tetraura* (厦门)	0.30	0.30	0.28	0.24	0.26	0.26	0.27	0.27	0.25	0.24	0.27	0.24	0.20	0.01						
16. *Lumbrineris tetraura* (EU352318)	0.30	0.30	0.28	0.24	0.26	0.25	0.27	0.24	0.25	0.24	0.26	0.24	0.22	0.01	0.00					
17. *Arabella iricolor* (P13)	0.30	0.33	0.31	0.25	0.28	0.22	0.27	0.22	0.27	0.25	0.25	0.26	0.24	0.23	0.24	0.24				
18. *Scolelepis* (*Scolelepis*) *daphoinos* (N6)	0.30	0.30	0.29	0.23	0.25	0.23	0.25	0.24	0.23	0.25	0.25	0.25	0.23	0.24	0.23	0.23	0.24			
19. *Scolelepis* (*Scolelepis*) *squamata* (AF138956)	0.32	0.33	0.32	0.23	0.25	0.25	0.25	0.24	0.25	0.25	0.25	0.26	0.23	0.24	0.24	0.24	0.23	0.15		
20. *Naineris laevigata* (L8)	0.29	0.29	0.29	0.28	0.29	0.29	0.29	0.28	0.25	0.26	0.29	0.27	0.28	0.25	0.26	0.26	0.27	0.29	0.28	
21. Outgroup	0.32	0.30	0.30	0.28	0.29	0.32	0.33	0.29	0.30	0.30	0.32	0.31	0.31	0.27	0.27	0.27	0.31	0.28	0.30	0.28

资料来源：Zhou 等，2010。

该系统发育树虽然将沙蚕科的沙蚕属 *Nereis*、阔沙蚕属 *Platynereis* 和围沙蚕属 *Perinereis* 置于同一分支下，但自展支持率低于 70%（图 9-7），因而没能解决这 3 个属之间的亲缘关系。值得注意的是来自厦门潮间带的双齿围沙蚕（*Perinereis aibuhitensis*）序列与我们采自青岛砂质潮间带的同种序列（N3）之间的遗传距离高达 0.22（图 9-7、表 9-6），而与我们采自太平角鼠尾藻的异须沙蚕序列（J1）之间在遗传上最为接近（遗传距离 0.002，自展支持率 100%）。我们也已意识到可能存在形态学鉴定错误（廖秀珍和林荣澄，2006）。我们的数据表明来自厦门潮间带的双齿围沙蚕应为异须沙蚕。

（2）利用线粒体 16S rDNA 基因构建分子系统树

以 16S 为基础构建的系统发育树，在树枝的末端节点支持率较高，但在较高的分类水平上可信度仍然较低（图 9-8）。

在图 9-8 中，由沙蚕科的旗须沙蚕（J2）和游沙蚕（AY340470），锥头虫科的仙居虫（L8, FJ612463）和有齿居虫（AY532345），海蛹科的青岛多眼虫（K8）与 *Armandia bilobata*（DQ779604）以及多鳞虫科的方背鳞虫（DQ779620）和短毛海鳞虫（K7，P17，P16）构成的单系支持率为 100%。其中，同属于沙蚕属的两个种间 16S rDNA 序列的遗传距离为 0.10，而我们获得的仙居虫序列（L8）与从 GenBank 中获得的同种序列（FJ612463）以及有齿居虫序列（AY532345）之间遗传距离均为 0.03（表 9-7），提示这 3 条序列可能代表了 3 个近似的种。对位排列分析结果表明采自太平角叉节藻的短毛海鳞虫（K7）与在不同日期同采自太平角鼠尾藻的短毛海鳞虫样品 P16 和 P17（表 9-2）的 16S rDNA 序列片段只有一个碱基的差异，三者两两之间的遗传距离均为 0.00（表 9-7），这个差别是否与种群生态位的分化有关抑或只是随机突变的结果有待获得更多的样品做进一步研究。

裂虫科的千岛模裂虫（J5）和条斑模裂虫（J4）首先形成一自展支持率为 100%的分支，该支又与斑纹钻穿裂虫（EF123817）构成一单系，支持率为 100%（图 9-8），与 COI 系统树（图 9-6）显示的结果完全一致。

值得注意的是在索沙蚕科的分枝上，采自太平角鼠尾藻的 L3 和采自第三海水浴场中潮带的 I1/L4 序列之间的 16S rDNA 遗传距离为 0.17（表 9-6），这两个序列与从 GenBank 获得的同属其他种序列组成了一个支持率为 98%的单系（图 9-8）。由于我们在太平角鼠尾藻上只获得 1 个索沙蚕样品且不完整，起初根据形态学特征定名为四索沙蚕（*Lumbrineris tetraura*），后经重新鉴定，发现其形态学特征更接近短叶索沙蚕 *Lumbriner latreilli*，但其与 GenBank 获得的短叶索沙蚕序列（AY838833）之间的遗传距离高达 0.15（表 9-6），提示该种的分类地位有待明确。杨德渐和孙瑞平（1988）曾讨论过短叶索沙蚕与日本索沙蚕（*Lumbrineris japonica*）为两个近似种，但我们没能从 GenBank 中获得日本索沙蚕的 16S rDNA 序列，因此我们尚无法确定该种是否更接近日本索沙蚕。

9. 讨论和结论

本书用于 DNA 条形码和分子鉴定的多毛类样品采集生境主要分两种：砂质潮间带和岩礁海藻。对砂质海滩生境样品的采集，包括青岛第二海水浴场、第三海水浴场、仰口海水浴场，海藻上样品的采集主要来自青岛太平角岩相潮间带，包括鼠尾藻和叉节藻，这两种海藻上附植动物的种类和数量较多，可能是由于两种海藻的生长型为多毛类

表 9-7 多毛类基于 16s rDNA 基因的种内和种间 p-距离，显示 23 个单倍型序列两两之间平均每个位点的碱基差别个数

	1	2	3	4	5	6	7	8	9	10	11	12	13	14	15	16	17	18	19	20	21	22
1. *Syllis vittata* (J4)																						
2. *Syllis adamantens kurilensis* (J5)	0.06																					
3. *Trypanosyllis zebra* (EF123817)	0.28	0.26																				
4. *Halosydna brevisetosa* (K7)	0.38	0.39	0.40																			
5. *Halosydna brevisetosa* (P17)	0.38	0.39	0.40	0.00																		
6. *Halosydna brevisetosa* (P16)	0.38	0.39	0.40	0.00	0.00																	
7. *Lepidonotus squamatus* (DQ779620)	0.37	0.37	0.37	0.12	0.12	0.12																
8. *Nereis vexillosa* (J2)	0.33	0.35	0.36	0.32	0.32	0.32	0.26															
9. *Nereis pelagica* (AY340470)	0.36	0.36	0.36	0.30	0.30	0.30	0.27	0.10														
10. *Lumbrineris tetraura* (L4l1)	0.37	0.35	0.35	0.33	0.33	0.33	0.27	0.30	0.32													
11. *Lumbrineris latreilli* (AY838833)	0.37	0.36	0.38	0.31	0.31	0.31	0.27	0.30	0.32	0.14												
12. *Lumbrineris* cf. *latreilli* (L3)	0.35	0.37	0.36	0.28	0.28	0.28	0.29	0.32	0.32	0.13	0.15											
13. *Lumbrineris funchalensis* (AY838831)	0.37	0.35	0.38	0.30	0.30	0.30	0.26	0.33	0.35	0.14	0.11	0.15										
14. *Lumbrineris magnidentata* (DQ779621)	0.37	0.37	0.35	0.29	0.29	0.29	0.27	0.32	0.32	0.15	0.14	0.13	0.13									
15. *Lumbrineris inflate* (AY838832)	0.38	0.38	0.36	0.29	0.29	0.29	0.25	0.31	0.31	0.14	0.11	0.14	0.10	0.14								
16. *Arabella iricolor* (P13)	0.37	0.37	0.35	0.30	0.30	0.30	0.27	0.33	0.33	0.22	0.21	0.19	0.22	0.21	0.21							
17. *Scolelepis* (*Scolelepis*) *daphoinos* (N6)	0.35	0.36	0.34	0.29	0.29	0.29	0.27	0.27	0.28	0.29	0.27	0.27	0.28	0.28	0.27	0.26						
18. *Armandia bilobata* (DQ779604)	0.44	0.44	0.42	0.38	0.38	0.38	0.36	0.43	0.43	0.37	0.37	0.40	0.36	0.35	0.37	0.36	0.41					
19. *Polyophthalmus qingdaoensis* (K8)	0.44	0.44	0.43	0.37	0.37	0.37	0.33	0.42	0.41	0.38	0.35	0.40	0.37	0.35	0.37	0.38	0.37	0.17				
20. *Naineris laevigata* (L8)	0.38	0.38	0.41	0.32	0.32	0.32	0.30	0.35	0.35	0.26	0.27	0.24	0.25	0.24	0.27	0.23	0.32	0.39	0.37			
21. *Naineris laevigata* (FJ612463)	0.39	0.38	0.41	0.31	0.31	0.31	0.30	0.37	0.36	0.25	0.26	0.24	0.25	0.23	0.27	0.23	0.32	0.39	0.37	0.03		
22. *Naineris dendritica* (AY532345)	0.40	0.39	0.42	0.31	0.31	0.31	0.30	0.37	0.36	0.26	0.27	0.24	0.25	0.25	0.28	0.24	0.32	0.39	0.37	0.03	0.03	
23. Outgroup	0.40	0.40	0.38	0.34	0.34	0.34	0.30	0.31	0.32	0.33	0.34	0.32	0.33	0.33	0.32	0.31	0.30	0.39	0.42	0.30	0.30	0.31

提供了更加异质的空间环境和更丰富的有机质食物来源。多毛类的群落结构在两种不同的生境没有重叠，砂质潮间带群落和岩礁海藻群落各自有其特有的种类组成。砂质潮间带的代表种有红纹腹钩虫、旗须沙蚕和四索沙蚕等，而岩相海藻附植多毛类群落以异须沙蚕、千岛模裂虫、青岛多眼虫和短毛海鳞虫等种类为代表。生境的不同亦可导致多毛类的遗传组成出现较大差异。研究中发现了采自太平角鼠尾藻和采自第三海水浴场中潮带的两个索沙蚕种群的 16S rDNA 的遗传距离达 0.17，表明这两个种群由于生境不同，经历长期独立进化，已经发展为两个物种。

DNA 条形码被认为是一种能使物种鉴定更加快捷的方法。用于 DNA 条码研究的标准基因，首先应足够保守，可以利用通用引物进行大范围的扩增；另外，应有足够的变异来区分不同物种，从而进行鉴定（彭居俐等，2009）。目前还没有哪个基因可以作为分子标记对整个生物界进行建树（廖秀珍和林荣澄，2006）。对动物界物种进行 DNA 条形编码研究通常采用线粒体 COI 基因的一段序列作为分子标记。对于真核生物分子分类最受争议的部分就是缺乏一致的遗传距离作为不同分类阶元差距的标准（Clark，1969），也就是说两个体间的 DNA 组成相差多少可认定为种间差异而不是种内差异。有学者认为以 COI 条形编码，种内平均遗传距离的 10 倍可用作区分物种的标准距离，这个阈值是 3%（Hebert et al.，2003b），但也有学者反对用一个固定的距离值作为区分物种的标准（Mikkelsen et al.，2007）。我们认为这个遗传距离阈值对一些形态分类上存在争议和不确定性的物种能提供有价值的参考，但需要结合所研究物种的系统发育、地理分布、生态学和形态学进行更准确的物种鉴定。参考这个标准，我们认为采自厦门潮间带的双齿围沙蚕（廖秀珍和林荣澄，2006）应与采自青岛岩相海藻上的异须沙蚕为同一种（二者的 COI 遗传距离为 0.2%，见表 9-6）。而我国北方沿海的常见种红纹腹钩虫与分布于西北大西洋和地中海沿岸水域的鳞腹钩虫（周进，2008）为两个不同的种（二者的 COI 遗传距离为 16%，见表 9-6）。本书发现 COI 基因序列可以作为种间分类的良好工具，但由于变异较快，不能解析更高分类阶元之间的系统演化关系。若要解决属或科以上分类阶元的系统演化关系，需结合利用进化更慢、更为保守的基因标记，如细胞核 18S rDNA 基因。在本书中同时选择了 16S rDNA 基因序列，与 COI 配合共同对多毛类进行分子鉴定，因我们发现在对一个群落进行条形编码的过程中，由于各物种的 DNA 序列变异较大，因而给扩增带来了困难。采用通用引物进行 COI 基因扩增和测序的成功率较低。16S rDNA 也是一个线粒体基因，变异度也较高，在研究环节动物种内、种间和相近属间的系统发生关系时，也是一种国际使用广泛的分子标记。该基因相比 COI 基因更容易扩增和测序，因此可作为对 COI 条形编码基因的辅助。通过对两个基因序列构建的系统发育树进行比较后发现，一些种间的亲缘关系，如在千岛模裂虫（J5）、条斑模裂虫（J4）和斑纹钻穿裂虫之间，能够得到一致的结果（图 9-7、图 9-8）。然而 16S rDNA 序列的种内和种间距离相应减小，如千岛模裂虫与条斑模裂虫的 COI 遗传距离为 20%，而二者的 16S rDNA 距离仅为 6%（表 9-6、表 9-7），前者大约为后者的 3 倍，因而种内遗传变异的参考阈值应降至 1%左右。

多毛类具有丰富的多样性，其分类工作还有待近一步规范。如何将形态学、生态学及分子生物学的研究进行有效地结合，以便对多毛类进行更准确的分类，是今后研究的发展方向。本书将 DNA 条形编码应用于潮间带底栖多毛类的群落生态学研究中，可能是这种结合研究的途径之一。我们期望通过 DNA 条码的运用，能更准确地鉴定物种，以便更好地了解多毛类群落的多样性和群落结构；同时，群落中的每个被编码物种也将获得更丰富的生态学（如优势度、生境和分布）信息，这样获得的 DNA 条码就不仅是一个简单的基因序列片段，对于利用条码进行物种的鉴定就更为准确，并有助于了解物种的演化原因和进程。

本书可以得出如下结论：

1）砂质潮间带和岩礁海藻附植多毛类的群落结构在两种不同的生境没有重叠，各自有其特有的种类组成。砂质潮间带的代表种有红纹腹钩虫、旗须沙蚕和四索沙蚕等，而岩相海藻附植多毛类群落以异须沙蚕、千岛模裂虫、青岛多眼虫和短毛海鳞虫等种类为代表。

2）COI 基因序列可以作为种间分类的良好工具，但由于变异较快，不能解析更高分类阶元之间的系统演化关系。16S rDNA 比 COI 基因更容易扩增和测序，可作为对 COI 条形编码基因的辅助。

9.2　自由生活海洋线虫的分子生物多样性及系统演化

9.2.1　海藻附植线虫的分子生物多样性及系统演化

以 18S rDNA 部分序列为分子标记，对采自青岛太平角岩石潮间带海藻上的 15 种海藻附植线虫进行了分子生物多样性的研究，并根据最大复合似然模型构建了这 15 种海藻附植线虫的系统演化关系（图 9-9）。

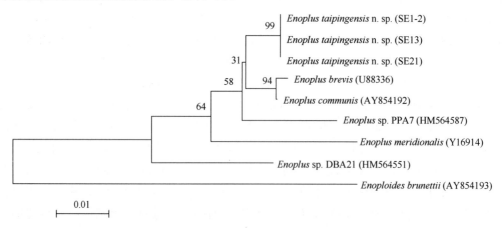

图 9-9　利用 18S rDNA 序列构建的 *Enoplus* 属 6 个种的邻接树以比例尺表示遗传距离，图中给出了每个分支的自展支持值。样品代码和 GenBank 序列号在括号内标示

线虫总 DNA 提取采用单条线虫 NaOH 法（Floyd et al.，2002；Bhadury et al.，2006），以 Nem_18S_F 和 Nem_18S_R 线虫专用引物扩增并测序长度约为 900 bp 的 18S rDNA 部分序列（Floyd et al.，2005）。

本书结合了 2007 年 11 月至 2008 年 10 月之间开展的对青岛太平角岩石潮间带海藻附植线虫的连续 12 个月采样的生态学调查（陈海燕，2010），共鉴定出 35 个形态学种或分类实体单元，优势种为 *Enoplus* cf. *communis* 和 *Eurystomina ophthalmopra*。前者由 Zhang 和 Zhou（2012）根据形态和分子生物学特征描述为一新种 *Enoplus taipingensis* n. sp.（图 9-9、表 9-8）。

表 9-8 基于 18S rDNA 序列的 *Enoplus* 属 6 个种之间以及与外群之间的 *p*-距离

	1	2	3	4	5	6
1. *Enoplus taipingensis* n. sp.						
2. *Enoplus communis*	0.012					
3. *Enoplus brevis*	0.014	0.002				
4. *Enoplus* sp.PPA7	0.024	0.024	0.026			
5. *Enoplus* sp.DBA21	0.038	0.048	0.045	0.055		
6. *Enoplus meridionalis*	0.040	0.033	0.036	0.048	0.067	
7. *Enoploides brunettii*	0.100	0.102	0.100	0.105	0.097	0.100

以 18S rDNA 作为分子标记比较成功地推演了 15 种海藻线虫的系统演化关系（图 9-10）。相对于色矛目，嘴刺目分支得到较高的自展置信值支持（95）。

嘴刺目包含两个超科：矛咽线虫超科（97）和瘤线虫超科（100）分别获得较高的自展置信值支持（图 9-10）。然而，矛咽线虫超科的 4 个科［嘴刺线虫科（Enoplidae）光皮线虫科（Phanodermatidae）前感线虫科（Anticomatidae）狭线虫科（Leptsomatidae）］之间的系统演化关系无法得到清楚的解析。相比之下，瘤线虫超科的 2 个科［瘤线虫科（Oncholaimidae）矛线虫科（Enchelidiidae）］3 个种之间的系统演化关系则比较明确。

色矛目 5 个科中，除色矛线虫科（Chromadoridae）外，其余 4 个科［双盾线虫科（Diplopeltidae），微咽线虫科（Microlaimidae），单茎线虫科（Monoposthiidae），杯咽线虫科（Cyatholaimidae）］都各自形成自展置信值较高的分支（图 9-10）。

图 9-10 的结果显示，以 18S rDNA 部分序列为标记进行海藻线虫分子鉴定是十分可行的，因为每个线虫种都得到了 100 的自展置信值。

9.2.2 中国海自由生活海洋线虫 DNA 条形码参考数据库

从 2013 年开始，我们基于国际条形码 BOLD 数据库平台构建了中国海自由生活海洋线虫 DNA 条形码参考数据库。目前，这个数据库还处在雏形阶段，但从初步获得的 DNA 序列数据，也可以对中国自由生活海洋线虫的 DNA 条形编码及分子生物多样性状况略见一斑。

截至 2014 年 7 月，我们已完成了黄渤海潮间带和潮下带自由生活海洋线虫共 192 个个体，52 种的 DNA 条形编码，其中，获得 COI-5P 标准条码 36 个（占 19%），完成编码的种数为 15 种（占 29%），共 19 个 BIN（图 9-11（a））。此外，该数据库还包括 127 个个体（占 66%）40 种海洋线虫（占 77%）的 18S rDNA 有效序列（图 9-12（b））。以上比例反映出以 COI-5P 对海洋线虫条形编码的成功率要比多毛类（54% 和 74%）更低，因此编码的难度增加。相比之下，我们获得的海洋线虫 18S rDNA 部分序列的成功率要

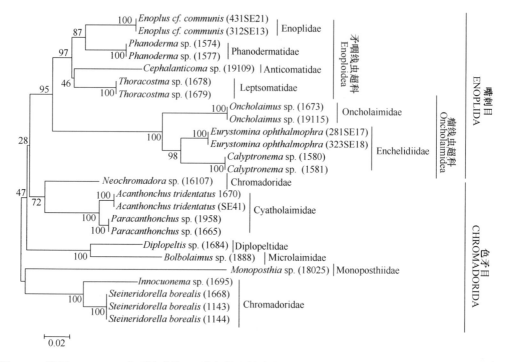

图 9-10 利用 18S rDNA 序列构建的 15 种海藻附植线虫系统发育树（邻接树），比例尺表示基于最大复合似然模型计算的遗传距离，图中给出了每个分支 10000 次重复抽样的自展置信值

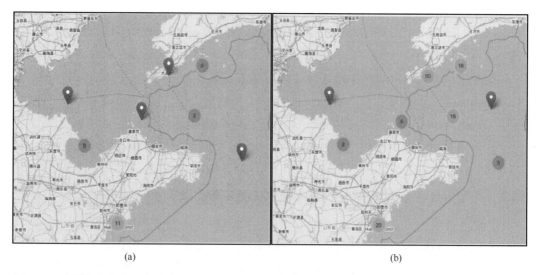

图 9-11 中国海自由生活海洋线虫 DNA 条形码参考数据库中 36 个 COI-5P 条形码（a）和 127 个 18S rDNA 序列（b）在黄渤海的地理分布

高很多。这个结果与小型底栖动物的演化速率较快有关，COI 线粒体基因，相对于更加保守的 18S rDNA 细胞核核糖体基因，应用通用引物进行扩增和测序的难度更大。这也是为什么国际上对于线虫（包括淡水、海洋和寄生）的分子鉴定鲜有采用 COI 基因，而大部分采用 18S rDNA 基因的原因。

从分类学构成来看，该数据库包含的 52 种海洋线虫隶属于 5 个目，以体型较大的嘴刺目（Enoplida）所占比例最高（54%）（图 9-12），其次是色矛目（Chromadorida）（17%）和单宫目（Monhysterida）（15%）。这一方面反映了取样生境的线虫分类组成，另一方面与个体大小对 DNA 条形编码的难易程度影响有关。

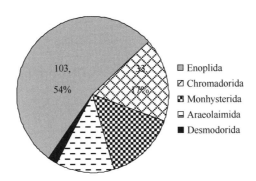

图 9-12　中国海自由生活海洋线虫 DNA 条形码参考数据库的分类学构成

该数据库包含 19 科海洋线虫，均分布于黄海和渤海，约占黄渤海已经报道的 34 科的一半以上（表 9-9）。通过分子鉴定与形态学鉴定获得的种数相当，共计 44 种，占目前黄渤海已有记录的 246 种海洋线虫的 18%。

表 9-9　中国海自由生活海洋线虫各科 DNA 条形编码的个体数、种数、DNA 条码数及其分布

科	个体数 N	种数 S	DNA 条码数		渤海潮下带	黄海潮下带	黄海潮间带
			COI	18S			
联体线虫科 Comesomatidae	10	4	0	7	1	9	0
色矛线虫科 Chromadoridae	6	3	0	2	0	3	3
杯咽线虫科 Cyatholaimidae	4	3	0	3	0	1	3
单茎线虫科 Monoposthiidae	1	1	0	1	0	0	1
色拉支线虫科 Selachinematidae	2	2	0	1	0	2	0
链环线虫科 Desmodoridae	1	1	1	1	1	0	0
闪光线虫科 Draconematidae	1	1	1	1	0	1	0
前感线虫科 Anticomidae	19	5	0	3	0	15	4
矛线虫科 Enchelidiidae	17	3	4	3	0	3	14
嘴刺线虫科 Enoplidae	14	1	1	1	0	0	14
狭线虫科 Leptosomatidae	9	4	0	3	0	0	9
瘤线虫科 Oncholaimidae	5	2	1	4	0	0	5
吸咽线虫科 Oxystominidae	2	1	0	1	0	0	2
光皮线虫科 Phanodermatidae	16	2	1	2	0	0	16
丹麦棒线虫科 Rhabdodemaniidae	2	2	2	2	1	1	0
腹口线虫科 Thoracostomopsidae	6	2	3	2	1	5	0
线型线虫科 Linhomoeidae	2	2	0	2	0	2	0
囊咽线虫科 Sphaerolaimidae	12	2	4	4	4	8	0
希阿利线虫科 Xyalidae	8	3	1	1	0	3	5
合计 19 科	137	44	19	44	8	53	76

参 考 文 献

陈海燕. 2010. 用分子鉴定方法对岩礁海藻附植动物多样性和生态学的探索研究. 中国海洋大学硕士学位论文

陈念, 付晓燕. 2008. DNA 条形码: 物种分类和鉴定技术. 生物技术通讯, 19(4): 629-631

韩洁, 林旭吟. 2007. 多毛纲(Polychaeta)动物系统学的研究进展. 北京师范大学学报(自然科学版), 5: 548-553

彭居俐, 王绪祯, 王丁, 等. 2009. 基于线粒体 COI 基因序列 DNA 条形码在鲤科鮈属鱼类物种鉴定中的应用. 水生生物学报, 33(2): 271-276

廖秀珍, 林荣澄. 2006. 多毛类 18S rDNA 和 COI 基因序列片段及其分子系统发育研究. 台湾海峡, 25(4): 490-497

孙瑞平, 杨德渐. 2004. 中国动物志. 第 33 卷. 北京: 科学出版社

王剑峰, 乔格侠. 2007. DNA 条形编码在蚜虫类昆虫中的应用. 动物分类学报, 32(1): 153-159

王鑫, 黄兵. 2006. DNA 条形编码技术在动物分类中的研究进展. 生物技术通, 4: 67-72

吴宝铃, 孙瑞平, 杨德渐. 1981. 中国近海沙蚕科研究. 北京: 海洋出版社

吴宝铃, 吴启泉, 丘建文, 等. 1997. 中国动物志. 第十卷. 北京: 科学出版社

杨德渐, 孙瑞平. 1988. 中国近海多毛环节动物. 北京: 农业出版社

周进. 2008. 中国海异毛虫科和海稚虫科分类学和地理分布研究. 中国科学院研究生院(海洋研究所)博士学位论文

Bhadury P, Austen M C, Bilton D T, et al. 2006. Development and evaluation of a DNA-barcoding approach for the rapid identification of nematodes. Marine Ecology Progress Series, 320: 1-9

Clark R B. 1969. Systematics and phylogeny: Annelida, Echiura, Sipuncula. In: Florkin M, Sheer B T. Chemical Zoology. New York: Academic Press: 1-68

Clarke K R, Warwick R M. 2001. Change in marine communities: An approach to statistical analysis and interpretation. 2nd edition. Plymouth: PRIMER-E

Floyd R, Abebe E, Papert A, et al. 2002. Molecular barcodes for soil nematode identification. Molecular Ecololy, 11: 839-850

Floyd R M, Rogers A D, Lambshead P J D, et al. 2005. Nematode-specific PCR primers for the 18S small subunit ribosomal rRNA gene. Molecular Ecology Notes, 5: 611-612

Folmer O, Black M, Hoeh W et al. 1994. DNA primers for amplification of mitochondrial cytochrome *c* oxidase subunit I from diverse metazoan invertebrates. Molecular Marine Biology and Biotechnology, 3: 294-299

Hartman O. 1959. Catalogue of the polychaetous annelids of the world. Part II. Allan Hancock Foundation Publications Occasional Paper, 28: 355-628

Hebert P D N, Cywinska A, Ball S L, et al. 2003a. Biological identifications through DNA barcodes. Proceedings of the Royal Society of London B Biological Science, 270: 313-321

Hebert P D N, Ratnasingham S, deWaard J R. 2003b. Barcoding animal life: Cytochrome c oxidase subunit 1 divergences among closely related species. Proceedings of the Royal Society of London B Biological Science, 270 (Suppl. 1): S96-S99

Mikkelsen N T, Schander C, Willassen E. 2007. Local scale DNA barcoding of bivalves (Mollusca): A case study. Zoologica Scripta, 36: 455-463

Palumbi S R. 1996. Nucleic acids II: the polymerase chain reaction. In: Hillis D M, Moritz C, Mable B K. Molecular Systematics. 2nd ed. Sunderland, Massachusetts: Sinauer Associates: 205-247

Pettibone M H. 1954. Marine polychaete worms from Point Barrow, Alaska, with additional records from the Atlantic and North Pacific. Proceedings of the United States National Museum, 103: 203-356

Sendall K, Salazar-Vallejo S I. 2013. Revision of *Sternaspis* Otto, 1821 (Polychaeta, Sternaspidae). ZooKeys, 286: 1-74

Tamura K, Kumar S. 2002. Evolutionary distance estimation under heterogeneous substitution pattern among lineages. Molecular Biology and Evolution, 19: 1727-1736

Thompson J D, Higgins D G, Gibson T J. 1994. CLUSTAL W: improving the sensitivity of progressive multiple sequence alignment through sequence weighting, position-specific gap penalties and weight matrix choice. Nucleic Acids Research, 22: 4673-4680

Ushakov P V. 1955. Polychaeta of the Far Eastern Seas of the USSR. Jerusalem (transl. 1965): Israel Program for Scientific Translations

Zhang Z N, Zhou H. 2012. *Enoplus taipingensis*, a new species of marine nematode from the rocky intertidal seaweeds in the Taiping Bay, Qingdao. Acta Oceanologica Sinica, 31: 102-108

Zhou J, Ji W W, Li X Z. 2009. A new species of *Scolelepis* (Polychaeta: Spionidae) from sandy beaches in China, with a review of Chinese *Scolelepis* species. Zootaxa, (2236): 36-49

Zhou H, Zhang Z N, Chen, H Y et al. 2010. Integrating a DNA barcoding project with an ecological survey: A case study on temperate intertidal polychaete communities in Qingdao, China. Chinese Journal of Oceanography and Limnology, 28: 899-910

第 10 章 底栖动物的摄食过程

食物联系是海洋生态系统结构与功能的基本表达形式,能量通过食物链-食物网转化为各营养层次生物生产力,形成生态系统的生物资源产量,并对生态系统的服务和产出及其动态产生影响(唐启升,1999)。因此,食物网及其营养动力学过程研究是海洋生态系统动力学研究的重要内容。

"食物网结构与生态系统营养动力学关系"是 GLOBEC 的 4 个基本任务之一(GLOBEC《科学计划》和《实施计划》,1995 年、1999 年),近年国际 GLOBEC/IMBER(Integrated Marine Biogeochemistry and Ecosystem Research)计划的一个重要内容是要建立从"病毒到鲸鱼"的完整的海洋食物网营养结构,并为此建立了"E2E Food Webs"工作组,把 End-to-End Food Webs 定义为"food webs that incorporate interactions among organisms and between organisms and their physical and chemical environments."指出该计划应在食物网不同水平、不同过程上开展。

海洋底栖生物(marine benthos)是由生活在海洋基底表面或沉积物中的各种生物组成,既包括大型海藻、维管植物和单细胞藻类等海洋底栖植物,也包括微生物以及大部分动物分类系统(门、纲)的代表,种类繁多,生活类型多样。根据其在沉积物中的位置,可分为底内动物(infauna)、底上动物(epifauna)和沉积物海水界面生活的游泳底栖生物(necton benthos);根据分选样品网筛孔径大小,可划分为微型(microbenthos)、小型(meiobenthos)和大型底栖生物(macrobenthos)。底栖动物摄食类型也多种多样,有沉积食性(deposit feeding)、滤食(filter feeding)、牧/啃食(grazing)和捕食(predating)等。其食物来源复杂,如在河口生态系统中,底栖生物的能量来源包括陆源或河源有机物质、湿地碎屑、浮游生物、大型海藻、底栖微藻和溶解有机物等。因此,它们既能直接利用底栖初级生产力,还能直接滤食水体中的颗粒有机物质,也能利用沉积物中的有机碎屑,构成碎屑食物链和小食物网,加速有机物质的分解和矿化、促进营养盐的再生和沉积物-海水界面营养物质的交换和运转,是水层-底栖耦合的关键环节(张志南,2000;张志南和周红,2004)。因此底栖生物群落在海洋生态系统的能量流动和物质循环中起着重要的作用,对其进行食物网结构和营养动力学研究非常重要。

10.1 研 究 进 展

Lindeman(1942)提出十分之一定律,标志着生态学从定性走向定量的开始。Steele(1974)对以往海洋食物网研究进行了总结,并采用简化食物网的方法研究了黑海、北海食物网和热带食物链,据此描述了能量从初级生产者向鱼的流动。随着人们对生态系统结构和功能的更多关注,食物网结构和能流在不同海域得以进一步研究,尤其是生态系统营养模型的应用是海洋食物网研究的重要进展。然而研究工作大多集中于水层。

相对于水层，底栖生物之间的营养关系更为复杂。首先沉积物的媒介作用提高了生境的多样性，底栖生物种类繁多，其物种数远远超过水层中的大型浮游动物、鱼类和海洋哺乳类的总和，但是这些丰富多彩的底栖生物，目前仅有不足 1%的物种被人们发现和记录（Snelgrove，1999）。如此繁多的种类之间形成了错综复杂的营养结构。此外底栖动物食物选择和摄食强度随时空及食物可利用性变化很大，可随空间（海域、生境）、时间（年份、季节，昼夜，潮汐）、生活史不同阶段、食物粒级大小等发生剧烈变化，许多底栖动物可根据食物的可获得性对其食物结构进行调节（Moens and Vincx，1996；Sundbäck et al.，1996）。同时，底栖生物的分类鉴定，尤其是小型和微型生物的分类鉴定相对困难，其个体微小，生活于沉积物中难以观察和分离，因此研究工作量大、实验难度大，传统的技术方法无法满足研究需要，新兴技术往往使用价格昂贵，测定分析不便，以上多种因素造成底栖食物网和摄食生态研究相对滞后。

食物网结构和能流研究中存在的一个共性问题是按照种类描述出的食物网异常复杂，即使进行定性研究也很难理出头绪，更不用说对其营养关系和能流过程进行定量研究，底栖食物网研究更是如此。因此在很多海洋生态营养模型中，由于研究基础的薄弱性和研究的困难性，往往把底栖生物群落的食物网整体作为一个黑箱子来看待。为了更好地反映底栖海洋食物网及其能流过程，应采用简化食物网的策略来研究海洋底栖食物网及其营养动力学，并且兼顾简化与细化之间的平衡（唐启升，1999）。按照这个思路，国内外底栖食物网和摄食生态相关研究可以归纳为以下几个方面。

10.1.1 摄食及营养关系的研究

主要目的是了解底栖动物的摄食对象以及摄食率，了解物种间的营养关系，研究结果是建立食物网及研究其能流过程的重要基础，可为食物网的构建提供最基础的资料。该领域相关研究工作非常多而零散，下面举例介绍大型底栖无脊椎动物，仔、稚、幼鱼，小型底栖动物和原生动物的摄食研究。由于底栖生态系统能量的主要基础在于底栖藻类和有机碎屑，因此很多研究是以这些小颗粒物质作为被摄食对象来研究底栖生物对食物的利用及其效率。

1. 大型底栖无脊椎动物的摄食

因为涉及对沉积物有机碎屑和水体下沉或再悬浮颗粒物的利用，沉积食性和滤食性底栖动物是大型底栖动物中最常被研究的摄食者。例如，螺属的种类 *Hydrobia ulvae* 是大西洋西海岸的泥滩最常见的沉积食性者，以该种作为研究对象进行了大量的摄食研究。结果表明底栖微藻是该种重要的食物来源之一，它们对底栖硅藻的摄食率可达 1.12~1.33 μg C / (ind·h)（Blanchard et al.，2000）、 0.04~2.08 μg C / (ind·h)（Haubois et al.，2005），其次是细菌，对细菌的摄食率可达 1149 ng C / (ind·h)（Pascal et al.，2008a，b）。Pascal 等（2009）研究了潮间带大型和小型底栖动物对细菌的摄食，结果表明细菌碳源大多数流向大型底栖动物 *Hydrobia ulvae*，其次是线虫，猛水蚤利用较少。一般认为沉积食性大型底栖动物对食物不具选择性或选择性较低，Haubois 等（2005）发现 *Hydrobia ulvae* 对微藻的摄食没有呈现出细胞颗粒大小的选择性，但另外一些摄食试验表明沉积食性者摄食存在一定的颗粒选择现象，如王诗红和张志南（1998a）发现日本刺沙蚕在摄食沉积物时偏向于选择较大的沉积物颗粒，与最适觅食模型的结论相反。有关滤食性大型底栖动物的研究，Jordana 等（2001）开展了季节性研究，调查了滤食性多毛类 *Ditrupa arietina* 的食源及其摄食影响因素。Yokoyama 和 Ishihi（2003）研究了双壳类 *Theora lubrica* 的食物来源，指出该种的主要食物来源有两大类，水体 POM 和底栖微藻，其中底栖微藻占的比例较大。

2. 底上生活仔、稚、幼鱼对小型底栖动物的摄食

在海洋沉积物中，线虫丰度常占有最优势的地位，猛水蚤居次，然而猛水蚤却被捕食者大量选择性地摄食，在摄食者消化道中的比例远远超过其他小型底栖动物类群。McCall（1992）报道了底上生活的幼鱼 *Platichthys stellatus* 对猛水蚤 *Microarthndion littorale* 有选择的大量摄食。Sibert（1979）发现三文鱼幼鱼大量摄食猛水蚤 *Harpacticus uniremis*，其在消化道中的比例远远超过沉积物中猛水蚤所占小型底栖动物的比例。Hicks（1984）发现石斑鱼幼鱼大量选择性摄食猛水蚤 *Parastenhelia megarostrum*。究其原因，有人认为猛水蚤具有生活于沉积物表层或沉积物-水界面，活动性强易被发现，营养价值高、含有大量不饱和脂肪酸等特点，是其被大量选择性摄食的主要原因，但同时也有人认为线虫可能也是捕食者的重要食物来源，但其会被很快消化掉，因此在消化道内含物的分析中不占优势（Gee，1989；Coull，1990）。

3. 小型底栖动物的摄食

其食物虽然来源多种多样，但是大多数的小型底栖动物被认为是主要以碎屑及其附着的微藻、细菌和原生动物为食（Montagna et al.，1995a，b；Alongi，1988；Ansari，2005）。在深海沉积物中，细菌可能构成小型底栖动物的主要食物基础，细菌的丰度和小型底栖动物的丰度呈显著正相关（Reghukumar et al.，2001）；在近岸小型底栖动物丰度常与沉积物中叶绿素含量显著相关，表明底栖藻类可能是小型底栖动物重要的食物来源（Riera et al.，1996；Middleburg et al.，2000；Moens et al.，2002）。

小型底栖动物某些种类的食性及其摄食率的研究：Carman 和 Thistle（1985）研究了3种底栖猛水蚤的食性及其分布随食物颗粒变化的变化；Azovsky 等（2005）分析了潮间带沙滩几种优势猛水蚤胃含物，认为猛水蚤摄食具有高度的选择特异性，因此尽管沉积物中底栖微藻具有很高的丰度，猛水蚤仍受食物限制；Pace 和 Carman（1996）研究了4种猛水蚤利用底栖硅藻的情况，发现其食物选择上具有很大的种间差异性；王诗红等（2002）研究了日本刺沙蚕幼体对底栖微藻的摄食率。Urban-Malinga 和 Moens（2006）研究报道了小型多毛类利用有机碎屑的重要性。Leduc 和 Probert（2009）研究了食细菌线虫 *Rhabditis (Pellioditis) mediterranea* 在有机碎屑利用中的作用。

食性和摄食率与环境因子（包括生物和非生物）的关系：Decho（1988）调查了3种猛水蚤摄食底栖硅藻的摄食率随潮汐周期的变化；Carman 和 Thistle（2000）调查了3种猛水蚤的摄食，发现其摄食具有明显的昼夜节律，在正午出现摄食高峰；Troch 等（2005，2006）研究了硅藻的密度和沉积物粒径对几种猛水蚤摄食率的影响；Wyckmans

等（2007）研究了底栖微藻的多样性对猛水蚤摄食的影响。

4. 原生动物的摄食

因其个体柔软易破碎，其摄食和被摄食情况不易观察，相关报道较少。例如，Diederichs 等（2003）研究了纤毛虫 *Tetrahymena pyriformis* 对底栖细菌的摄食。Pascal 等（2008a）研究了有孔虫 *Ammonia tepida* 对底栖微藻和细菌的摄食及其影响因素。Hamels 等（2001）在室内沉积物环境中，利用从沙质潮间带分离的线虫和纤毛虫首次进行了定量捕食实验，发现线虫对纤毛虫的捕食率为 0.19~10.18 ind/h，且捕食率与纤毛虫的现存量呈正相关，认为从微藻、细菌到线虫，碳的转移很大程度上以底栖小食物网中的纤毛虫等原生动物为中间环节。

10.1.2 类群层次

主要工作集中于研究大型或小型底栖动物某个类群对微型底栖生物的摄食。自从 Montagna（1984a）改进了 Daro 的浮游动物摄食模型，采用三室模型进行了小型底栖动物摄食底栖微藻和细菌的实验之后，很多底栖动物的摄食研究都采用该模型，利用放射性和稳定同位素技术在潮间带、河口和近岸环境开展了大量研究工作。在 20 世纪 80 年代和 90 年代，放射性同位素示踪实验方法是进行该领域研究的主流方法，这些工作以 Mantagna（1983，1984a，1984b）、Mantagna 和 Yoon（1991），以及 Mantagna 等（1995a，b）的系列工作最为经典，我国季如宝和张志南（1994）在虾池开展了小型底栖动物摄食硅藻的研究。进入 21 世纪，近 10 年来，稳定同位素技术在该领域得到广泛应用，以此进行了大量的营养关系和营养动态研究（Middleburg et al.，2000；Moens et al.，2002；Evrard et al.，2008，2010），其中以 Moens、Middelburg 及其合作者们的研究较为经典。这些研究为底栖生态系统营养动态研究提供了资料，为生态模型建设提供了基础参数。

对底栖微藻摄食的研究结果产生了两种假说：食物限制假说认为，小型底栖动物可因过度消费底栖微藻而形成食物限制，如 Blanchard（1991）在大西洋岸边的牡蛎养殖池的研究发现，小型底栖动物的摄食率高于底栖微藻的初级生产力；Montagna 和 Yoon（1991）在河口的研究也表明，河口有机质输入促进了底栖微藻生长和小型底栖动物摄食率的增加，但小型底栖动物摄食率是底栖微藻初级生产力的 2~6 倍；Carman 等（1997）开展的微宇宙实验发现底栖桡足类每天可消费底栖微藻生物量的 68%~112%，认为底栖微藻对小型动物形成食物限制；当底栖桡足类被污染致死时，底栖微藻暴发，在无污染的对照组，底栖微藻却保持稳定状态。另外一种观点则认为底栖微藻的生产能满足小型底栖动物的摄食需要，不会形成食物限制。例如，Montagna（1984a）在对泥质潮间带的研究中发现小型底栖动物平均每小时仅去除底栖硅藻生物量的 1%，依据底栖微藻的周转率，其初级生产可满足小型底栖动物的摄食需要，并保持底栖微藻群落的稳定状态；Pinckney 等（2003）研究表明，小型底栖动物虽能摄食底栖微藻生物量的 117%，但其摄食率却比底栖微藻的净生产率低 16%。

对于细菌的摄食，大部分试验表明小型底栖动物消耗细菌现存量的比例在 0.03%~37%（Sundbäck et al.，1996；Montagna，1984a；Montagna and Yoon，1991；Epstein and Shiaris,1992;杜永芬等,2009)。原生动物对细菌的摄食研究结果有很大分歧:Epstein (1997) 的研究结果显示细沙沉积物中的原生动物可摄食高达 48%的底栖细菌生产量;Lee 和 Patterson(2002)研究认为底栖鞭毛虫每天可消费底栖细菌现存量的 64%。但其他一些研究结果却显示底栖原生动物仅能利用不足 5%的底栖细菌生产量(Epstein and Shiaris,1992;Kemp,1988,1990;Hamels et al.,2001a,b;Königs and Cleven,2007)。因此底栖细菌对底栖小食物网的作用虽然得到公认,但其所提供碳源的具体去向和比例尚不明确。

10.1.3 功能群或营养种层次

尽管生态系统中生物群落的种类组成会有显著的变化,但食物资源的利用方式、功能群的组成相对稳定,因此可采用划分功能群或营养种的方法来简化海洋生态系统的食物网及其营养动力学过程,选择生物群落中发挥关键作用的功能群及其主要种类来研究食物网。功能群及其主要种类的研究已成为当前食物网及其营养动力学过程研究的重要内容。例如,Grall 等(2006)在近岸食物网分析中,将大型底栖动物划分为水体滤食者、表层滤食者、底上选择性沉积食性者和底内选择性沉积食性者进行分析;Mincks 等(2008)对大陆架底栖食物网进行研究时,将大型底栖动物分为表层沉积食性者、亚表层沉积食性者、悬浮食性者、无脊椎捕食者/刮食者和鱼类几个功能群进行分析;蔡德陵等(2001a)在崂山湾潮间带研究了底栖生物的碳稳定同位素组成的变化,之后将生物分成水体和底栖两大类,然后再按食性分成 POM 捕食者、浮游食性鱼类、底栖滤食性动物和底栖杂食性动物四大类,并比较了崂山湾生态系统与其他 8 个生态系统碳同位素测定结果。小型底栖动物中海洋线虫往往占有优势地位,根据其口腔结构,按摄食习性可将其划分为 4 个基本类型:1A. 选择性沉积食性;1B. 非选择沉积食性;2A. 附植食性;2B. 捕食者/杂食性(Jensen,1987),按照这种标准进行线虫功能群的划分,深入探讨线虫的营养阶层和动态是进行底栖小食物网研究的一个前沿。

10.1.4 粒径谱层次

生物粒径谱是生态系统的重要特征,反映生态系统结构和功能及系统内部的动态联系。随着粒径谱的概念产生,传统的捕食者和猎物之间的关系被打破了。海洋底栖生物食物网错综复杂,食性类型随环境变化而变化,所以研究底栖生物群落的能量流动比较困难。然而群落的生产力和单个生物个体大小有密切的关系,可以利用生物粒径谱来估算生态系统生产力,与传统的种类鉴定模式和营养级分析模式相互补充。它摆脱了具体一对一的捕食与被捕食的关系,从总体上宏观研究生态系统中不同粒级成员之间量的关系,为海洋生态系统的营养状况和食物网内的能流状况提供了研究思路(王睿照和张志南,2003)。

粒径谱模型假设较高粒级的生物占据较高的营养级,与较低粒级间存在摄食与被摄食的关系,Jennings 等(2002a)在北海将大型底栖动物群落进行了粒级划分,并通过 ^{15}N 稳定同位素对各粒级的营养级进行了分析,发现这二者显著正相关,验证了该假设。在进一步的研究中,Jennings 等(2002b)使用粒级生产量结合 ^{15}N 进行的营养级分析来预测食物网中营养传递效率以及捕食/猎物生物量比率,认为其研究结果与耗时耗力的食性分析或者模型分析所得的结果一致,因此认为结合粒级和稳定同位素来分析食物网营养结构及其动态可为海洋生态建模,以及评估海洋生态系统的人为扰动提供简便而有力的工具。但以上工作目前局限于底层鱼类和大型底栖无脊椎动物,而身体更为细小的小型和微型底栖生物的研究因稳定同位素样品提取、处理和分析的困难性未见报道。

10.1.5 生态系统食物网研究

由于小型和微型底栖动物提取和鉴定的困难性,食物网研究在沉积环境中一般仅考虑大型底栖动物以及悬浮有机物 SOM(suspended organic matter)和颗粒有机物(particulate organic matter)等食物来源。即使涉及小型和微型底栖动物,也往往把小型底栖动物或微型底栖动物作为一个营养单元来看待。

针对大型底栖食物网结构及其营养动态,国内外报道了从潮间带到深海多个典型海域的食物网,如 Grall 等(2006)研究分析了大西洋东北部 maerl bed 中大型底栖动物群落及其营养阶层;Hoshika 等(2006)比较研究了三口湾鳗草场大型底栖生物食物网及其能量来源。Schaal 等(2010)对潮间带岩礁食物网进行了研究;Iken 等(2001)对深海底栖食物网进行了研究;Schaal 等(2008)对潮间带岩石和软底两种环境的底栖食物网及其相互关系进行了研究分析;Mincks 等(2008)对西南极岛大陆架底栖食物网进行了研究;蔡德陵等(2001a)对崂山湾潮间带食物网结构进行了研究;全为民(2007)应用稳定同位素分析对长江口盐沼湿地食物网进行了研究;Peterson(1999)对利用稳定同位素追踪有机物质在底栖食物网的输入和转移进行了综述。

关于小型和微型底栖生物的食物网研究,Kuipers 等(1981)根据对潮间带的能流分析,认为由细菌等微型生物及小型后生动物组成的底栖食物网应视为一个结构完整的复合体,其组分具有个体小、生命周期短、单位体积代谢率高且营养结构复杂等特点,据此提出了底栖小食物网(small benthic food web)的概念。现代研究将超微型(pico级)细菌及藻类纳入底栖小食物网的范畴(Epstein,1997;Pinckney et al.,2003;类彦立和徐奎栋,2008)。探讨微型和小型底栖生物间的营养关系及其能量流动研究是了解底栖小食物网的关键工作,虽然底栖小食物网的重要性已得到认识,然而实际研究工作在方法学上仍存在很多障碍(类彦立和徐奎栋,2008;杜永芬等,2009)。

关于底栖食物网研究的一个重要进展是自 20 世纪 80 年代以来盛行的食物网结构的网络分析,一个典型的例子就是对 6 个生态系统的食物网结构的网络分析,包括欧洲的波罗的海和 Ems 河口、美洲的切萨皮克湾、秘鲁的上升流和非洲的斯瓦科普河口和本哥拉上升流系统(Baird et al.,1991)。研究内容包括生态系统的网络分析、营养结构、生态系统循环结构以及系统结构的全球指数测量,分别建立了包括水层和底栖系统的食物网能流模型,为全球海域不同生态系统的食物网结构对比提供了范例(Ulanowicz,2004)。

10.2 国内研究概况

我国学者对海洋食物网的研究工作多集中于研究各大海区生物资源种类的食物组

成、分析和计算其营养级和食物关系,尤其是对近海鱼类或虾蟹类等经济无脊椎动物的摄食习性和饵料组成做了较多的工作(张其永等,1981;韦晟和姜卫民,1992;邓景耀等,1986,1997;程济生和朱金声,1997;杨纪明,2001a,2001b;薛莹,2005;张月平和陈丕茂,2005;张月平和2005;李忠义,2006;黄良民等,2008;纪炜炜,2011)。此外,一些研究工作进一步应用生态通道模型,如 Ecopath 模型对渤海(仝龄和唐启升,2000;冯剑丰等,2010)、东海(李睿等,2010;李云凯等,2010)、长江口及毗邻水域(林群等,2009)、南海(陈作志和邱永松,2010;刘玉等,2007)、大亚湾(王雪辉等,2005)、北部湾(陈作志等,2006,2008)及枸杞海藻场(赵静等,2010)等海域的生态系统食物网结构、能量流动进行了分析。薛莹和金显仕(2003)综述了鱼类食性和食物网研究进展,唐启升(1999)分析了海洋食物网和高营养层次营养动力学研究进展及我国的研究状况,对我国近海需要深入研究的问题和研究策略提出了建议。相比水层,底栖食物网的研究开展较晚。除前文提及的国内研究工作外,王诗红和张志南(1998b)研究了中国对虾对日本刺沙蚕的摄食率;张青田等(2005)对塘沽潮间带大型底栖动物营养结构进行了分析;余婕等(2008)对崇明东滩大型底栖动物的食源进行了分析;葛宝明等(2008)研究了灵昆岛东滩潮间带大型底栖动物功能群及营养等级构成;商栩等(2009)研究了长江口盐沼湿地不同初级生产者的相对营养贡献及入侵物种互花米草对该湿地食物网的影响。我国学者自20世纪90年代中期以来,作为中国海洋生态动力学(GLOBEC I、II)内容一部分,先后在胶州湾、渤海中南部及南黄海冷水团建立了一系列水层底栖耦合模型,并对各海区生态系统变量的季节变化进行了模拟,揭示了营养盐的海底融出及陆源输入在浅海生态系统能量运转中的显著作用。另外,模拟的结果显示了渤海初级生产中,约有13%进入了主食物链,约有20%向底部转移作为底栖食物网的能源(张志南,2000)。可见,我国底栖食物网及其营养动态研究虽然起步较晚,但在近10余年来已取得较快的进展。

10.3 主要研究方法

如前所述,海洋底栖食物网研究的滞后性除了受底栖生物间异常复杂的营养关系的影响外,很大程度上还受限于方法学上的困难,而同位素技术、荧光技术、分子生物学技术的发展为海洋底栖食物网以及摄食生态研究提供了有力工具,以下列举几种常见的研究方法。

10.3.1 食性分析法

食性分析法即通过测定动物消化道中的食物了解动物近期的摄食情况。早期的摄食研究多采用这种方法,其优点是直观,缺点是测量的只是动物被分析前所摄取的食物,存在有一定的偶然性。另外,它不能区分对所摄取食物消化吸收的难易程度,往往偏向于较难消化的食物。所以这种方法不能提供动物长期的摄食信息以及食性变化情况,存在一定的局限性。此外,这种方法不适于应用于个体较小的生物,如测定小型底栖生物消化道的食物存在一定的实际操作困难。

10.3.2 荧光标记技术

荧光标记技术一般应用于原生动物,如鞭毛虫、纤毛虫等对底栖细菌和微藻的摄食。例如,Starink 等(1994)采用该方法研究了原生动物对底栖细菌的摄食率;Diederichs 等(2003)使用该方法研究了纤毛虫(*Tetrahymena pyriformis*)对底栖细菌的摄食。但荧光标记技术在后生底栖动物的摄食研究中却极少使用,一方面因为在这些动物的消化道中,荧光染色的细菌或微藻难以被识别,另一方面像线虫这类动物有时会分泌体外消化酶进行食物的体外水解,这种摄取往往难以被测定。

10.3.3 放射性同位素技术

该技术经济不需要非常昂贵的分析仪器。应用该技术进行了大量的摄食生态学研究,取得了丰硕的成果。但是由于对环境和人体的副作用,近年来其使用受到很多限制。但在 20 世纪 80 年代、90 年代,有关底栖生物,特别是小型底栖生物摄食实验大多数采用放射性同位素示踪方法进行。

10.3.4 稳定同位素技术

由于生物组织中的碳氮稳定同位素可以提供较长期的摄食信息、食物网中的物质和能量传递信息,这为研究食物网的碳来源、能量流动、营养结构等奠定了可靠的基础。因此稳定同位素技术在底栖食物网及营养动力学研究中得到越来越广泛地应用。

从初级生产者到消费者,碳稳定同位素的相对丰度变化很小,大约 1‰或者没有变化,因而可以用来指示食物的来源,而氮稳定同位素通常随着营养等级升高而富集,并且富集量相对恒定,大约每个营养等级富集 3.4‰,所以可以用来评估生物的营养等级。因此,将其与传统的食性分析法相结合可以得到关于食物来源和生物间营养关系的重要信息。稳定同位素还可作为标记物进行现场和室内摄食实验,进行定量化研究,而且对环境和人体基本无危害。

将稳定同位素应用于底栖食物网研究时,大型底栖生物可以采用较为常规的方法,但是对小型和微型底栖生物目前尚缺乏高效、清洁的样品提取技术。小型底栖生物个体微小,如线虫的个体平均干重仅 0.4 μg 左右抑或更低,往往需要成百上千的个体才能满足测量样品量。鞭毛虫和纤毛虫等原生动物个体柔软易破碎,难以提取;微生物样品则涉及核酸或脂肪酸的提取和纯化技术。这些大大阻碍了稳定同位素技术在小型和微型底栖生物研究中的应用。

稳定同位素技术也在不断地改进。Carman 和 Fry(2002)报道了一种改进的稳定同位素分析方法使得小剂量样品的测定成为可能,其样品量≥1 μg N 和 2 μg C 即可测量,这为采用稳定同位素技术进行小型和微型底栖生物研究带来了福音。

10.3.5 特定化合物同位素分析技术

将稳定同位素技术深入到分子水平上,通过脂肪酸、氨基酸、核酸等分子的稳定同位素特征可以更细致更准确地了解食物网的营养结构、物质和能量的传递过程。已有的工作如 Boschker 和 Middelburg(2002),以及 Boschker 等(1999,2005)对气相色谱-

燃烧-同位素比值质谱技术（GC-C-IRMS 技术）在微型生物中的应用进行了探讨和研究。Middelburg 等（2000）使用该方法测定了底栖细菌的 PLFA（phospholipid fatty acid）的 ^{13}C，Oakes 等（2005）发展了对叶绿醇进行分析测定底栖微藻稳定同位素方法。Evrard 等（2008）应用特异性 PLFA，对以前难以从沉积物提取和分离的硅藻、蓝细菌和细菌等微型底栖生物进行稳定同位素测定和相应的摄食研究。该技术的发展使得应用稳定同位素示踪技术研究底栖小食物网的碳循环成为可能。该技术的缺点在于前处理流程长，仪器、耗材昂贵，样品分析价格高，为一般样品稳定同位素测试价格的 10 倍以上。而且前处理流程长可能引起测定结果的偏差，其可靠性还未得到充分评估。

10.4 莱州湾小型底栖动物对底栖微藻的摄食研究

底栖微藻（microphytobenthos，MPB）是指生活在水-底界面上能进行光合作用的微型自养生物，主要包括硅藻（diatom）、绿藻（chlorophyte）及蓝细菌（cyanobacteria），是近海主要的初级生产者。据估计大约 33%的大陆架海底能接受足够的光进行正的群落净生产（Gattuso et al.，2006），近海水域底栖藻类的生物量甚至超过上层水中浮游植物的生物量（MacIntyre et al.，1996；McGlathery et al.，2004），每年全球近海（＜200 m）底栖微藻有机碳的产量约为 0.5 Gt（Cahoon，1999），因此底栖初级生产在全球海洋初级生产中具有重要地位，可为近海生态系统提供大量的碳源。

小型底栖动物是底栖动物群落的重要类群，虽然个体微小，但在浅海其丰度大约在 10^6 ind/m^2 这一量级，在近岸、河口、海湾和深海其生物量可与大型底栖动物基本相当，构成底栖食物网的重要环节，并可刺激、加速微生物的生产和代谢，促进营养元素的再生，在全球生物地化循环中占有重要的位置（张志南和周红 2004）。浅海生态系统中底栖微藻的初级生产有多少经由小型底栖动物进入更高营养级是一个令人感兴趣的问题，近 30 年来科学家对这一问题进行了不少研究，但有关小型底栖生物摄食底栖微藻的研究大多集中于各种潮间带环境，潮下带（Evrard et al.，2010；Sundbäck et al.，1996）研究极少。我国有关小型底栖动物对底栖微藻摄食生态研究仅见两篇报道，分别在潮间带（王诗红等，2002）和虾池（季如宝和张志南，1994）中进行。

渤海是我国唯一的内海，是典型的半封闭浅海，海域面积约 7.7 万 km^2，最深处位于老铁山水道附近，为 86 m，平均水深仅 18 m，深度小于 30 m 的海域占总面积的 93.5%，深度小于 10 m 的极浅海水域占渤海总面积的 26%。莱州湾绝大部分水深小于 10 m，受黄河输入影响较大，是中国近海中生物生产力较高的海域（中国海洋志编纂委员会，2003），底栖生物生产力在这一浅海生态系统中的作用令人关注。然而由于历史研究的薄弱性，该海域底栖初级生产量以及小型底栖动物对底栖初级生产利用中的作用尚不明确，并且考虑到该海域的特殊性，来自于其他海域底栖初级生产-小型底栖动物环节的摄食率参数可能不适用于该海域生态建模工作。

本书的主要目的：应用稳定同位素 ^{13}C 同步示踪技术研究渤海莱州湾小型底栖动物对底栖微藻的摄食以了解小型底栖动物对底栖微藻初级生产的利用情况，以期为我国渤海中南部生态系统营养动力学研究以及生态模型提供基础数据。

10.4.1 材料和方法

1. 实验地点

实验于 2009 年 6 月在渤海莱州湾 L001 站进行。L001 站位于 120°05.310′E，37°45.645′N，处于莱州湾东北角（图 10-1）。该站位环境因子见表 10-1。

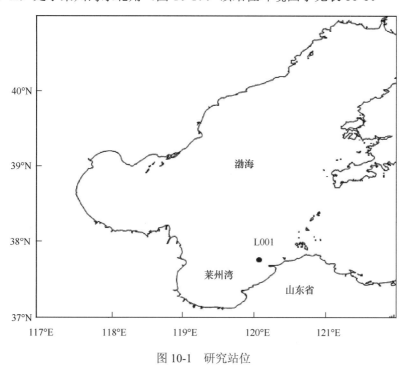

图 10-1 研究站位

表 10-1 研究站位环境因子

站位	水深/m	透明度/m	表温/℃	表盐	底温/℃	底盐	沉积物类型	有机质含量/%
L001	15.5	3.5	19.98	30.84	16.65	31.5	黏土质粉砂	0.939

2. 实验设计

使用船载箱式采泥器采集未受扰动沉积物，吸去上覆水，将 PVC 管插入沉积物至 5 cm 深，移出并在下端密封 PVC 管，共取 10 管，每个 PVC 管中沿管壁缓缓加入经 45 μm 孔径玻璃纤维滤膜过滤海水 180 ml，尽量避免对沉积物的扰动，放置稳定 1 h。另按常规方法采集小型底栖生物定量样品 3 个（0~5 cm 深），甲醛固定。

随机选择 2 个 PVC 管作为对照，分别缓缓加入过滤海水 20 ml；剩余 8 个 PVC 管中，分别缓缓加入 $NaH_{13}CO_3$ 溶液 20 ml（浓度为 3.6 mg/ml），随机选择其中 4 个用黑布和橡皮圈蒙口作为暗处理，剩余 4 个作为光处理，放置进行实验 4 h。实验结束后将管内上覆水吸干，用现场过滤海水将管内沉积物全部转移到样品瓶中，立即冷冻保存。

3. 样品处理和测试

样品实验室解冻后，采用 LUDOX 密度梯度离心法分离沉积物中的底栖微藻（相对密度 1.27）和小型底栖动物（相对密度 1.15），底栖微藻经预燃 45 μm 孔径玻璃纤维滤膜过滤，小型底栖动物在体视显微镜下以钨针分选，经去离子水清洗后，置入 5 mm×3.5 mm 锡囊中，60℃下烘干 12 h，封口。0.1 μg 精度超微量分析天平称重。实验过程佩带无尘橡胶手套。样品送往美国加利福尼亚大学 UC Davis Stable Isotope Facility 使用同位素比率质谱仪（Europa Integra）进行测定。

4. 数据分析方法

底栖硅藻的生物量以沉积物中叶绿素 a（μg/g）含量换算的有机碳重（mg C/10 cm^2）表示，换算系数参照 Jonge（1980）3 年逐月对潮间带底栖微藻 C/Chl-a 比率结果所得的平均值（48）。底栖微藻对 ^{13}C 的富集率及小型底栖动物的摄食率计算方法见 Boschker 和 Middelburg（2002）。

使用 SPSS 17.0 软件进行数据统计分析。

10.4.2 实验结果与讨论

1. 底栖微藻生物量

实验站位 0~2 cm、2~5 cm 叶绿素含量分别为（5.36±3.52）μg/g、（1.38±0.66）μg/g。通过转化系数 48，换算出该站位底栖微藻生物量为 40.13 mg C/10 cm^2。底栖微藻的有机碳占该站位总有机碳含量的 3.29%。

2. 小型底栖动物的丰度和生物量

该站位小型底栖动物总丰度为（1358.81±248.21）ind/10cm^2；生物量为（679.87±73.88）μg dwt/10 cm^2；从丰度看，线虫为最优势的类群，其次为桡足类、动吻、多毛类、涟虫和介形类。从生物量看，最高的仍是线虫，其他依次为多毛类、桡足类、介形类、涟虫、动吻（表 10-2）。

表 10-2 研究站位小型底栖动物主要类群的丰度和生物量

类群	丰度/(ind/10cm^2)		相对丰度/%	生物量/(μg·dwt/10cm^2)		生物量比例/%
线虫	1323.43	264.23	97.40	529.37	105.69	77.86
桡足类	21.94	23.02	1.61	40.81	42.82	6.00
多毛类	3.54	3.00	0.26	49.54	42.04	7.29
动吻	4.25	0.00	0.31	8.49	0.00	1.25
涟虫	3.54	5.00	0.26	12.38	17.52	1.82
介形类	1.42	2.00	0.10	36.80	52.04	5.41

3. 示踪实验结果和讨论

（1）底栖微藻天然 δ^{13}C

该站位底栖微藻天然 δ^{13}C 值为（−21.02±0.31）‰。线虫天然 δ^{13}C 值为（−20.23±1.32）‰，小型底栖动物其他类群天然 δ^{13}C 值为（−19.75±1.17）‰。France（1995）总结了历史研究结果，认为河源或者湖泊生活的微藻 δ^{13}C 值要低于海洋微藻，海洋中

浮游微藻的 $\delta^{13}C$ 值要低于底栖微藻。蔡德陵等（2001b）曾研究渤海 POM、SOM、浮游动物和大型底栖动物的 ^{13}C 丰度，其范围为 $-25.67‰\sim-17.42‰$。渤海浮游生物的 $\delta^{13}C$ 值要低于大型底栖生物，大型底栖生物 $\delta^{13}C$ 值范围为 $-22.51‰\sim-17.42‰$，而浮游生物为 $-25.67‰\sim-21.99‰$，认为 $\delta^{13}C$ 的差异反映了食物来源的差异，反映了底栖与浮游两个食物网底部同位素组成的不同。

海洋藻类的 $\delta^{13}C$ 变化范围较宽，其原因至今未被完全认识，除了因提取和测试方法不同造成的变动外，其他可能的影响因素包括：溶解无机碳（DIC）的同位素组成和浓度、光合作用中羧化酶的同位素分流作用、环境温度、植物细胞内的 CO_2 或 HCO_3^- 浓度等（蔡德陵等，1999）。国外报道的底栖微藻 ^{13}C 丰度，较高的如 Moens 等（2005）报道的 $(-14.3\pm0.3)‰\sim(-15.7\pm0.9)‰$，较低的如 Maddi（2003）报道的 $-24.6‰\sim-20.0‰$，介于中间的如 Currin 等（1995）报道的 $-17.6‰$，Riera 等（2004）报道的 $-18.0‰\sim-15.6‰$，Evrard 等（2010）报道的 $(-16.3\pm1.4)‰$。莱州湾研究站位底栖微藻 ^{13}C 丰度值与历史报道比较相对较低，原因可能包括：黄河输入的碳源 ^{13}C 丰度较低，黄河在 5 月、6 月 POC 的 $\delta^{13}C$ 值仅为 $-28.7‰\sim-26.8‰$，年平均值为 $-26.2‰$（Cai，1994）；渤海初级生产中，约有 20%向底部转移作为底栖食物网的能源（张志南，2000），而浮游藻类 ^{13}C 丰度较低，沉降后对沉积物中微藻的 ^{13}C 丰度产生影响。

（2）稳定同位素同步示踪实验结果

图 10-2 显示了在光照和黑暗情况下底栖微藻、线虫群落和其他类群总体 ^{13}C 丰度的增加值。底栖微藻、线虫和小型底栖动物的其他类群都表现出了一定程度暗吸收（表 10-3），光照条件下底栖微藻的 ^{13}C 吸收水平不高，可能原因包括：该站位水深 15.5 m，且受风浪扰动，以及黄河携带陆源悬浮颗粒的影响，透明度仅 3.5 m，到达沉积物的光线已衰减到较低的水平，该站位底栖微藻的初级生产能力本身较低；底栖微藻大量的初级生产是以胞外聚合物（extracellular polymeric substances，EPS）的形式分泌到体外，这部分初级生产可占总初级生产量的 42%~73%，（Goto et al.，1999），它们最终为异养细菌所利用或被非选择沉积食性生物所利用（Evrard et al.，2008），但在底栖微藻样品

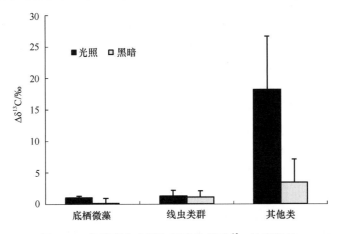

图 10-2　各类群在光照和黑暗条件下 ^{13}C 的富集量

表 10-3 光照和黑暗条件下 MPB^{13}C 富集率、线虫及其他类群摄食率

	光照	黑暗	差值	黑暗占光照的比例/%
MPB 初级生产	271.13	154.72	116.41	57.06
线虫摄食率	1.28	0.12	1.16	9.38
其他类群摄食率	2.87	0.7	2.17	24.39
小型底栖动物摄食率	4.15	0.82	3.33	19.76

注：MPB 初级生产、小型底栖动物、线虫和其他类摄食率的单位为 ng C/（10 cm^2·h）。

提取和测定过程无法被测定出来；底栖微藻在提取和前处理过程中存在一定的同位素泄露问题。

线虫是该站位小型底栖动物最优势的类群，占总丰度的 97.40%，从生物量看线虫占小型底栖动物总生物量的 77.86%，多毛类居第二位，其次是桡足类和介形类，其余各类仅占总生物量的 3.07%。由于稳定同位素样品大小的局限（样品应含有 200~2000μg C，样品干重为 1 mg ± 0.2 mg），本实验线虫以外其他类群无法提取足够的样品量进行分析，未能对其进一步地区分测定。实验结果表明线虫对底栖微藻的摄食率低于其他小型底栖动物类群的摄食率。Montagna 等（1984a）和 Montagna 等 1991）对小型底栖动物摄食研究的结果也表明，小型底栖动物的摄食活动被阶段性小型底栖动物所控制，而且在多数情况下，多毛类幼体为主宰者。更直接的研究结果表明，小型多毛类对底栖微藻的摄食与其他小型底栖动物相比占有绝对的优势（Montagna et al.，1995b）。季如宝和张志南（1994）在虾池的研究工作也表明，多毛类对底栖微藻的个体摄食率要高于线虫，但因为线虫的丰度高，所以总体摄食率在各类群中最高。Goldfinch 和 Carman（2000）发现线虫对底栖微藻的摄食仅占小型底栖动物对底栖微藻摄食总量的 1%~5%。这些结果与我们的试验结果相符。

本实验小型底栖动物对底栖微藻的摄食仅占底栖微藻初级生产的 2.86%。以往小型底栖动物群落对底栖微藻的摄食研究中，部分研究发现小型底栖动物能够显著利用底栖微藻的现存量，每小时能去除底栖微藻现存量的 1%（Montagna et al.，1995b），有时甚至超过其初级生产（Blanchard，1991）。Montagna（1984a）在 South Carolina estuary 发现小型底栖动物的摄食与底栖微藻初级生产基本相当；Montagna（1984b）、Montagna 和 Yoon（1991）发现在潮下带小型底栖动物摄食超过了底栖微藻的初级生产；而另外一些研究却发现小型底栖动物对底栖微藻生物量的利用非常低，小于 10%（Carman et al.，1997；Goldfinch and Carman，2000）。

此外季节也对小型底栖动物摄食底栖微藻产生重要影响：Pinckney 等（2003）研究发现，小型底栖动物 6 月对底栖微藻的摄食高达其生物量的 116.7%，明显超过底栖微藻的现存量，但在 1 月该比例仅为 7.6%，但不管是在冬季还是夏季，摄食率占初级生产的比例都低于 16%（冬季 15.3%，夏季 9.7%），表明即使保持较高的摄食压力，底栖微藻群落的初级生产也足以支持小型底栖动物的摄食。Goldfinch 和 Carman（2000）研究发现 5 月的摄食率占底栖微藻生物量的 22%~100%，但是在 1 月仅为 0.1%~8%。Sundbäck 等（1996）在瑞典西海岸发现小型底栖动物对底栖微藻初级生产的利用较低，在夏季不

足 10%，在其他季节为 30%~60%。

本实验结果表明小型底栖生物每小时摄食的微藻仅占底栖微藻初级生产的 2.86%（表 10-4），远远低于底栖微藻的生产力水平。小型底栖生物的食物来源丰富多样，除了底栖微藻和有机碎屑，底栖微生物、原生动物、真菌、溶解有机碳等都构成其食物来源。研究站位底栖微藻的有机碳仅占沉积物总有机碳的 3.29%，在莱州湾这样一个受陆源影响较大的浅海海湾，上层水体沉降的微藻和碎屑，丰富的陆源有机碎屑在小型底栖动物食物组成中可能占有更大的比例，构成碎屑食物链的起端。小型底栖动物，尤其是占绝对优势的线虫群落可能不是作为主要的牧食者，而是直接或者间接地利用有机碎屑，构成碎屑食物链的主要环节。有研究表明渤海部分站位 20 世纪 80 年代至 90 年代，1B/2A 比率（非选择性沉积食性/附植食性线虫）发生了明显的变化，即非选择性沉积食性线虫明显增加，附植食性线虫明显减少（冯士筰等，2007）。因此底栖微藻的初级生产可能仅构成研究站位小型底栖动物所利用的碳源的一小部分，而剩余的初级生产可能被大型底栖动物、原生动物、异养细菌所利用，或者被垂直混合到上层水体（杨世民和刘光兴，2009）。Evrard 等（2010）研究表明大型底栖动物多毛类天然 $\delta^{13}C$ 丰度为 $-15.5‰~-13.1‰$，表明其碳源主要来自于底栖硅藻。

表 10-4　小型底栖动物及其类群摄食量占 MPB 生产量的比例

	摄食量占 MPB 生产量/%
线虫	1.00
其他类群	1.86
小型底栖动物总计	2.86

渤海的注入河流有黄河、海河、辽河等，年径流量约 $888×10^8 m^3$，其中黄河的径流量最大，而黄河以高含沙量著称，平均年输沙量为 $16×10^8 t$，渤海的沉积环境、营养盐浓度、渔业资源和物种多样性等状况受黄河影响极大。渤海悬浮物的来源主要是周围河流的输入和海底沉积物的再悬浮以及大气风力输送的尘土沉降。从悬浮物质量浓度角度可以把渤海划分为 4 个大的区域：渤海海峡低质量浓度区、黄河三角洲为中心向莱州湾，渤海湾呈东南-西北向延伸海域、辽东湾、渤海湾和辽东湾之间渤海西北海岸外的区域。其中黄河三角洲为中心向莱州湾，渤海湾呈东南-西北向延伸海域是高悬浮物质量浓度区，质量浓度水平从每升十几毫克到每升几百毫克，悬浮物浓度沿着山东半岛沿岸向外迅速降低，代表了来源于黄河的渤海悬浮物向黄海输送的过程（冯士筰等，2007）。该区域悬浮物含量高，海水的透明度低，底栖藻类的初级生产因光线的衰减受到很大影响。

本实验站位位于莱州湾东北角，属于上述第二个区域中受黄河悬浮物影响逐渐减弱的海域，水深接近渤海平均水深。该站位底栖初级生产力水平较低，只有较低比例的底栖初级生产进入小型底栖动物环节，而且底栖微藻生物量仅占沉积物有机质很小的比例，结合莱州湾受陆源输入和上层水体有机碎屑沉降影响较大的情况，初步认为，在莱州湾及渤海中部受黄河输入影响较大的海域，底栖系统以碎屑食物链为主，牧食食物链的重要性较低。由于以往底栖初级生产-小型底栖动物环节的能流研究主要在潮间带开展，而潮间带初级生产力水平要远远高于渤海潮下带，被小型底栖动物利用的底栖初级生产量的比例也远远高于渤海潮下带，因此渤海生态营养模型中底栖初级生产中小型底栖动物环节能流参数的选取不适于采用潮间带研究结果。

本实验仅研究了春末一个季节一个站位小型底栖动物对底栖微藻的摄食。小型底栖动物对食物的选择性往往随海域和季节变化发生变化。为了更好地勾勒出莱州湾底栖食物网及其能流通量，应该全面详细地分析底栖生物群落各组分（包括微藻和蓝细菌、异养微生物、原生动物，小型和大型底栖动物，底上游泳动物），上层水体浮游植物，POC和SOC的稳定同位素丰度及其空间和季节变化，开展系统和深入研究。

（3）稳定同位素同步示踪实验方法学探讨

A. 实验时间

实验时间的长短对稳定同位素添加示踪实验很关键，因为 ^{13}C 以无机物形式添加，被初级生产者摄取并转化为有机碳，进而传递给消费者，这个过程若时间过短，有机碳还未来得及传递或者传递量有限，不足以被测到；若时间过长，同位素在底栖生态系统中发生了再循环。研究表明底栖微藻对 ^{13}C 摄取极为迅速（Evrard et al., 2008; Middelburg et al., 2000），线虫对 ^{13}C 的摄取也几乎是即时的（Middelburg et al., 2000; Moens et al., 2002）。底栖微藻固定的 ^{13}C 可在 2 h 内经由初级消费者传递到捕食者（Middelburg et al., 2000），因此历史报道的类似摄食实验大多数是基于 4 h 的摄食结果。本实验底栖微藻和小型底栖动物对 ^{13}C 的吸收要低于历史报道，除了前述的自然原因以外，实验方法上可能存在的影响因素为以往实验大都在潮间带进行，或将水深较浅的潮下带底栖微藻和小型动物群落带回实验室受控系统中进行，而本实验测定的底栖群落采自潮下带，在调查船上进行试验，底栖微藻和小型生物的生理和摄食行为可能仍受到一定的影响，这种情况下 4 h 的实验可能还不足以底栖微藻和小型底栖动物富集足够的 ^{13}C。因此本实验结果可能会低估了实际初级生产和摄食率。

B. 实验方法

在提取底栖微藻时，由于在潮下带开展工作无法采用潮间带常用的光诱导微藻垂直迁移提取方法，而采用了 Ludox 密度梯度离心方法进行提取（Hamilton, 2005），提取物中可能包含了沉降的浮游微藻以及密度相同的其他碎屑，因此，实验中所得的底栖微藻的 ^{13}C 丰度可能低于实际值。此外影响稳定性碳同位素比值精度主要有两个方面的因素，即生物自身和处理过程。处理过程，包括保存、分离、酸化、干燥等阶段都会影响结果的准确性和客观性。微型和小型底栖动物样品处理过程相对于大型底栖动物来说耗时费力，底栖微藻在 Ludox 提取和过滤过程，小型底栖动物在解剖镜下分选过程中，因为耗时较长，也会产生部分同位素泄漏，对实验结果可能产生一定的影响。因此，在研究包含微藻、细菌这样微型生物的底栖食物网时，需要摸索更为快捷方便的生物体分离方法或者采用特定化合物稳定同位素分析技术，提取微型生物脂肪酸、氨基酸、核酸等大分子，测定其稳定同位素丰度。

（4）结论

研究站位底栖微藻天然 $\delta^{13}C$ 值为（-21.02 ± 0.31）‰。线虫天然 $\delta^{13}C$ 值为

(-20.23±1.32)‰，其他类天然 $\delta^{13}C$ 值为（-19.75±1.17）‰，底栖微藻 ^{13}C 丰度相对较低可能受黄河的河源碳输入及上层水体浮游微藻沉降的影响。

研究站位底栖微藻初级生产力远远低于潮间带水平，仅为 116.41 ng C/（10cm²·h），研究站位水体悬浮物遮蔽造成的光限制可能是初级生产力水平较低的原因。

小型底栖动物摄食率为 3.33 ng C/（10 cm²·h），线虫对底栖微藻未表现出明显的摄食富集，小型底栖动物其他类群的摄食率高于线虫。

小型底栖动物对底栖微藻的摄食仅占其初级生产力的 2.86%，莱州湾和渤海中部小型底栖生物是碎屑食物链的主要环节，在牧食食物链中的重要性较低。渤海生态营养模型建设中，底栖微藻-小型底栖动物环节能流参数的选取不宜选用潮间带研究结果。

参 考 文 献

蔡德陵, 毛兴华, 韩贻兵. 1999. $^{13}C/^{12}C$ 比值在海洋生态系统营养关系研究中的应用——海洋植物的同位素组成及其影响因素的初步探讨. 海洋与湖沼, 30(3): 306-314

蔡德陵, 洪旭光, 毛兴华, 等. 2001a. 崂山湾潮间带食物网结构的碳稳定同位素初步研究. 海洋学报, 23(4): 41-47

蔡德陵, 王荣, 毕洪生. 2001b. 渤海生态系统的营养关系: 碳同位素研究的初步结果. 生态学报, 21(8): 1354-1359

陈作志, 邱永松, 贾晓平. 2006. 北部湾生态通道模型的构建. 应用生态学报, 17(6): 1107-1111

陈作志, 邱永松, 贾晓平, 等. 2008. 基于 Ecopath 模型的北部湾生态结构和功能. 中国水产科学, 15(3): 460-468

陈作志, 邱永松. 2010. 南海北部生态系统食物网结构、能量流动及系统特征. 生态学报, 30(18): 4855-4865

程济生, 朱金声. 1997. 黄海主要经济无脊椎动物摄食特征及其营养层次的研究. 海洋学报, 19(6): 102-108

邓景耀, 姜卫民, 杨纪明, 等. 1997. 渤海主要生物种间关系及食物网研究. 中国水产科学, 4(4): 1-7

邓景耀, 孟田湘, 任胜民. 1986. 渤海鱼类食物关系的初步研究. 生态学报, 6(4): 356-364

杜永芬, 徐奎栋, 类彦立. 2009. 海洋微型和小型底栖生物相互作用研究综述. 海洋科学集刊, 49: 152-162

冯剑丰, 朱琳, 王洪礼. 2010. 基于 EwE 的渤海近岸海洋生态系统特性的研究. 海洋环境科学, 29(6): 781-803

冯士筰, 张经, 魏皓. 2007. 渤海环境动力学导论. 北京: 科学出版社

葛宝明, 鲍毅新, 程宏毅, 等. 2008. 灵昆岛东滩潮间带大型底栖动物功能群及营养等级构成. 生态学报, 28(10): 4796-4804

黄良敏, 张雅芝, 潘佳佳, 等. 2008. 厦门东海域鱼类食物网研究. 台湾海峡, 27(1): 64-73

季如宝, 张志南. 1994. ^{14}C 示踪法测定养虾池小型底栖动物对底栖硅藻的摄食. 青岛海洋大学学报, 24(总83): 199-205

纪炜炜. 2011. 东海中北部主要游泳动物食物网结构和营养关系初步研究. 中国科学院海洋研究所博士毕业论文

莱莉 C M, 帕森斯 T R. 2000. 生物海洋学导论. 张志南, 周红, 等译. 青岛: 青岛海洋大学出版社

类彦立, 徐奎栋. 2008. 底栖纤毛虫原生动物的生态学研究进展. 水生生物学报, 32(Suppl): 155-160

李睿, 韩震, 程和琴, 等. 2010. 基于 ECOPATH 模型的东海区生物资源能量流动规律的初步研究. 资源科学, 32(4): 600-605

李云凯, 禹娜, 陈立侨, 等. 2010. 东海南部海区生态系统结构与功能的模型分析. 渔业科学进展, 31(2): 30-39

李忠义. 2006. 应用稳定同位素技术研究长江口及南黄海水域主要鱼类摄食生态和食物网结构. 厦门大学博士学位论文

林群, 金显仕, 郭学武, 等. 2009. 基于Ecopath模型的长江口及毗邻水域生态系统结构和能量流动研究. 水生态学杂志, 2(2): 28-36

刘玉, 姜涛, 王晓红, 等. 2007. 南海北部大陆架海洋生态系统Ecopath模型的应用与分析. 中山大学学报, 46(1): 123-127

全为民. 2007. 长江口盐沼湿地食物网的初步研究: 稳定同位素分析. 复旦大学博士学位论文

商栩, 管卫兵, 张国森, 等. 2009. 互花米草入侵对河口盐沼湿地食物网的影响. 海洋学报, 31(1): 132-142

唐启升. 1999. 海洋食物网与高营养层次营养动力学研究策略. 海洋水产研究, 20(2): 1-11

仝龄, 唐启升. 2000. 渤海生态通道模型初探. 应用生态学报, 11(3): 435-440

王睿照, 张志南. 2003. 海洋底栖生物粒径谱的研究. 海洋湖沼通报, 4: 61-68

王诗红, 张志南, 吕瑞华. 2002. 丁字湾潮间带日本刺沙蚕幼体对底栖微藻的摄食率. 青岛海洋大学学报, 32(3): 409-414

王诗红, 张志南. 1998a. 日本刺沙蚕摄食沉积物的实验研究. 青岛海洋大学学报, 28(4): 587-592

王诗红, 张志南. 1998b. 中国对虾对日本刺沙蚕的摄食率研究. 海洋与湖沼, 29(5): 482-487

王雪辉, 杜飞雁, 邱永松, 等. 2005. 大亚湾海域生态系统模型研究 I 能量流动模型初探. 南方水产, 1(3): 1-8

韦晟, 姜卫民. 1992. 黄海鱼类食物网的研究. 海洋与湖沼, 23(2): 182-192

薛莹. 2005. 黄海中南部主要鱼种摄食生态和鱼类食物网研究. 中国海洋大学博士学位论文

薛莹, 金显仕. 2003. 鱼类食性和食物网研究评述. 海洋水产研究, 24(2): 76-87

杨纪明. 2001a. 渤海无脊椎动物的食性和营养级研究. 现代渔业信息, 16(9): 8-16

杨纪明. 2001b. 渤海鱼类的食性和营养级研究. 现代渔业信息, 16(10): 10-19

杨世民, 刘光兴. 2009. 北黄海典型水域春夏季浮游植物的昼夜变化. 中国海洋大学学报, 39(4): 611-616

余婕, 刘敏, 侯立军, 等. 2008. 崇明东滩大型底栖动物食源的稳定同位素示踪. 自然资源学报, 23(2): 319-326

张其永, 林秋眠, 林尤通等. 1981. 闽南-台湾浅滩鱼类食物网研究. 海洋学报, 3(2): 275-290

张青田, 胡桂坤, 倪蕊等. 2005. 塘沽潮间带大型底栖动物营养结构的初步分析. 海洋湖沼通报, 3: 73-78

张月平. 2005. 南海北部湾主要鱼类食物网. 中国水产科学, 12(5): 621-631

张月平, 陈丕茂. 2005. 南沙岛礁周围水域主要鱼类食物网. 南方水产, 1(6): 23-33

张志南. 2000. 水层底栖耦合生态动力学研究的某些进展. 青岛海洋大学学报, 36(1): 115-122

张志南, 周红. 2004. 国际小型底栖生物研究的某些进展. 中国海洋大学学报, 34(5): 799-806

赵静, 章守宇, 许敏. 2010. 枸杞海藻场生态系统能量流动模型初探. 上海海洋大学学报, 19(1): 98-104

中国海洋志编纂委员会. 2003. 中国海洋志. 郑州: 大象出版社: 686-687

Alongi D M. 1988. Microbial-meiofauna interrelationships in some tropical intertidal sediments. Journal of Marine Research, 46: 349-365

Ansari Z A. 2005. Inter-relationship between marine meiobenthos and microbes. In: Ramaiah N. Marine microbiology: Facets & opportunities. India: National Institute of Oceanography: 175-179

Azovsky A I, Saburova A, Chertoprood E S, et al. 2005. Selective feeding of littoral harpacticoids on diatom algae: Hungry gourmands.Marine Biology, 148: 327-337

Baird D M, Glade J M, Ulanowicz R E. 1991. The compareative ecology of sixmarine ecosystems. PhilosophicalTransactions of the Royal Society B, 333: 15-29

Blanchard G F. 1991. Measurement of meiofauna grazing rates on microphytobenthos: Is primary production a limiting factor. Journal of Experimental Marine Biology and Ecology, 147: 37-46

Blanchard G F, Guarini J M, Provot L, et al. 2000. Measurement of ingestion rate of *Hydrobia ulvae* (Pennant) on intertidal epipelic microalgae: The effect of mud snail density. Journal of Experimental Marine Biology and Ecology, 255: 247-260

Boschker H T S, Brouwer J F C, Cappenber T E. 1999. The contribution of macrophyte-derived organic matter to microbial biomass in salt-marsh sediments: Stable carbon isotope analysis of microbial biomarkers. Limnology and Oceanography, 44: 309-319

Boschker H T S, Kromkamp J C, Middelburg J J. 2005. Biomarker and carbon isotopic constraints on bacterial and algal community structure and functioning in a turbid, tidal estuary. Limnology and Oceanography, 50(1): 70-80

Boschker H T S, Middelburg J J. 2002. Stable isotopes and biomarkers markers in microbial ecology. FEMS Microbiology Ecology, 40: 85-95

Cahoon L B. 1999. The role of benthic microalgae in neritic ecosystems. Oceanography and Marine Biology Annual Review, 37: 47-86

Carman K R, Fleeger J W, Pomarico S M. 1997. Response of a benthic food web to hydrocarbons contamination. Limnology and Oceanography, 42: 561-571

Carman K R, Fry B. 2002. Small-sample methods for $\delta^{13}C$ and $\delta^{15}N$ analysis of the diets of marsh meiofaunal species using natural abundance and tracer-addition isotope techniques. Marine Ecology Progress Series, 240: 85-92

Carman K R, Thistle D. 2005. Microbial food partitioning by three species of benthic copepods. Marine Biology, 88: 143-148

Coull B C. 1990. Are members of the meiofauna food for higher trophic levels. Transactions of the American Microscopical Society, 109: 233-246

Currin C A, Newell S Y, Paerl H W. 1995. The role of standing dead *Spartina alterniflora* and benthic microalgae in salt marsh food webs: Considerations based on multiple stable isotope analysis. Marine Ecology Progress Series, 121: 99-116

Decho A W. 1988. How do harpacticoid grazing rates differ over a tidal cycle? Field verification using chlorophyll-pigment analyses. Marine Ecology Progress Series, 45: 263-270

Diederichs S, Beardsley C, Cleven E. 2003. Detection of ingested bacteria in benthic ciliates using fluorescence in situ hybridization. Systematic and Applied Microbiology, 26: 624-630

Epstein S S. 1997. Microbial food webs in marine sediments. I. Trophic interactions and grazing rates in two tidal flat communities. Microbial Ecology, 34: 188-198

Epstein S S, Shiaris M P. 1992. Rates of microbenthic and meiobenthic bacterivory in a temperate muddy tidal flat community. Applied and Environmental Microbiology, 58: 2426-2431

Evrard V, Cook P L M, Veuger B, et al. 2008. Tracing carbon and nitrogen incorporation and pathways in the microbial community of a photic subtidal sand. Aquatic Microbial Ecology, 53: 257-269

Evrard V, Soetaert K, Heip C H R, et al. 2010. Carbon and nitrogen flows through the benthic food web of a photic subtidal sandy sediment. Marine Ecology Progress Series, 416: 1-16.

France R. 1995. Carbon-13 enrichment in benthic compared to planktonic algae: foodweb implications. Marine Ecology Progress Series, 124: 307-312

Gattuso J P, Gentili B, Duarte C M, et al. 2006. Light availability in the coastal ocean: impact on the distribution of benthic photosynthetic organisms and their contribution to primary production. Biogeosciences, 3: 489-513

Gee J M. 1989. An ecological economic review of meiofauna as food for fish. Zoological Journal of the Linnean Society, 96: 243-261

Goldfinch A C, Carman K R. 2000. Chironomid grazing on benthic microalgae in a Louisiana salt marsh. Estuaries, 23: 536-547

Goto N, Kawamura T, Mitamura O, et al. 1999. Importance of extracellular organic carbon production in the total primary production by tidal-flat diatoms in comparison to phytoplankton. Marine Ecology Progress

Series, 190: 289-295

Grall J, Loch F L, Guyonnet B, et al. 2006. Community structure and food web based on stable isotopes (δ^{15}N and δ^{13}C) analysis of a North Eastern Atlantic maerl bed. Journal of Experimental Marine Biology and Ecology, 338: 1-15

Hamels I, Moens T, Muylaert K, et al. 2001a. Trophic interactions between ciliates and nematodes from an intertidal flat. Aquatic Microbial Ecology, 26: 61-72

Hamels I, Muylaert K, Casteleyn G, et al. 2001b. Uncoupling of bacterial production and flagellate grazing in aquatic sediments: A case study from an intertidal flat. Aquatic Microbial Ecology, 25: 31-42

Hamilton S K, Sippel S J, Bunn S E. 2005. Separation of algae from detritus for stable isotope or ecological stoichiometry studies using density fractionation in colloidal silica. Limnology and Oceanography: Methods, 3: 149-157

Haubois A G, Guarini G M, Richard P, et al. 2005. Ingestion rate of the deposit-feeder *Hydrobia ulvae* (Gastropoda) on epipelic diatoms: Effect of cell size and algal biomass. Journal of Experimental Marine Biology and Ecology, 317: 1-12

Hicks G R F. 1984. Spatio-temporal dynamics of a meiobenthic copepod and the impact of predation disturbance. Journal of Experimental Marine Biology and Ecology, 81: 47-72

Hoshika A, Sarker M J, Ishida S, et al. 2006. Food web analysis of an eelgrass (*Zostera marina*) meadow and neighbouring sites in Mitsukuchi Bay(Seto Inland Sea, Japan)using carbon and nitrogen stable isotope ratios. Aquatic Botany, 85: 191-197

Iken K, Brey T, Wand U, et al. 2001. Food web structure of the benthic community at the Porcupine Abyssal Plain (NE Atlantic): A stable isotope analysis. Progress in Oceanography, 50: 383-405

Jennings S, Pinnegar J K, Polunin N V C, et al. 2002a. Linking size-based and trophic analyses of benthic community structure. Marine Ecology Progress Series, 226: 77-85

Jennings S, Warr K J, Mackinson S. 2002b. Use of size-based production and stable isotope analyses to predict trophic transfer efficiencies and predator-prey body mass ratios in food webs. Marine Ecology Progress Series, 240: 11-20

Jensen P. 1987. Feeding ecology of free-living aquatic nematodes. Marine Ecology Progress Series, 35: 187-196

Jonge V D. 1980. Fluctuations in the organic carbon to chlorophyll a ratios for esfurine benfhic cliatiom populations. Marine Ecology Progress, 2(4); 345-353

Jordana E, Charles F, Gre'mare A, et al. 2001. Food sources, ingestion and absorption in the suspension-feeding polychaete, *Ditrupa arietina* (O. F. MÜller). Journal of Experimental Marine Biology and Ecology, 266: 219-236

Kemp P F. 1990. The fate of benthic bacterial production. Aquatic Science, 2: 109-124

Kemp P F. 1988. Bacterivory by benthic ciliates: significance as a carbon source and impact on sediment bacteria. Marine Ecology Progress Series, 49: 163-169

Königs S, Cleven E J. 2007. The bacterivory of interstitial ciliates in association with bacterial biomass and production in the hyporheic zone of a lowland stream. FEMS Microbiology Ecology, 61: 54-64

Kuipers B R, De Wilde P, Creutzberg F. 1981. Energy flow in a tidal flat ecosystem. Marine Ecology Progress Series, 5: 215-221

Leduc D, Probert P K. 2009. The effect of bacterivorous nematodes on detritus incorporation by macrofaunal detritivores: A study using stable isotope and fatty acid analyses. Journal of Experimental Marine Biology and Ecology, 371: 130-139

Lee W J, Patterson D J. 2002. Abundance and biomass of heterotrophic flagellates and factors controlling their abundance and distribution in sediments of Botany Bay. Microbial Ecology, 43: 467-481

Lindeman R L. 1942. The trophic-dynamic aspect of ecology. Ecology, 23(4): 399-417

MacIntyre H L, Geider R J, Miller D C. 1996. Microphytobenthos: The ecological role of the secret garden of unvegetated, shallow-water marine habitats: distribution, abundance and primary production. Estuaries，19: 186-201

Maddi P. 2003. Use of Primary Production by Benthic Invertebrates in a Louisiana Salt-Marsh Food Web.

Andhra University, India. Master's Thesis

McCall N. 1992. Source of harpacticoid copepods in the diet of juvenile starry flounder. Marine Ecology Progress Series, 86: 41-45

McGlathery K J, Sundbäck K, Anderson I C. 2004. The importance of primary producers for benthic nitrogen and phosphorus cycling. In: Nielsen S L, Banta G T, Pedersen M F. Estuarine nutrient cycling: The influence of primary producers. Netherlands: Kluwer Academic Publishers: 231-261

Middelburg J J, Barranguet C, Boschker H T S, et al. 2000. The fate of intertidal microphytobenthos carbon: An in situ ^{13}C- labeling study. Limnology and Oceanography, 45: 1224-1234

Mincks S L, Smith C R, Jeffreys R M, et al. 2008. Trophic structure on the West Antarctic Peninsula shelf: Detritivory and benthic inertia revealed by δ^{13}C and δ^{15}N analysis. Deep Sea Research Part II: Topical Studies in Oceanography, 55(22-23): 2502-2514

Moens T, Bouillon S, Gallucci F. 2005. Dual stable isotope abundances unravel trophic position of estuarine nematodes. Journal of the Marine Biological Association of the United Kingdom, 85: 1401-1407

Moens T, Luyten C, Middelburg J J, et al. 2002. Tracing organic matter sources of estuarine tidal flat nematodes with stable carbon isotopes. Marine Ecology Progress Series, 234: 127-137

Moens T, Vincx M. 1996. Do meiofauna consume primary production? About many questions and how to answer them. In: Baeyens J, Dehairs F, Geoyens L. Integrated marine system analysis. European network for integrated marine system analysis. NFWO minutes of the first network meeting (Brugge, 29. 02. 96-02. 03. 96): 188-202

Montagna P A. 1984a. In situ measurement of meiobenthic grazing rates on sediment bacteria and edaphic diatoms. Marine Ecology Progress Series, 18: 119-130

Montagna P A. 1984b. Competition for dissolved glucose between meiobenthos and sediment microbes. Journal of Experimental Marine Biology and Ecology, 76: 177-190

Montagna P A. 1983. Live controls for radioisotope tracer food chain experiments using meiofauna. Marine Ecology Progress Series, 12: 43-46

Montagna P A, Yoon W B. 1991. The effect of freshwater inflow on meiofaunal consumption of sediment bacteria and microphytobenthos in San Antonio Bay, Texas, U. S. A. Estuarine, Coastal and Shelf Science, 33: 529-547

Montagna P A, Bauer J E, Hardin D, et al. 1995a. Meiofaunal and microbial trophic interactions in a natural submarine hydrocarbon seep. Vie et Milieu, 45: 17-25

Montagna P A, Blanchard G F, Dinet A. 1995b. Effect of production and biomass of intertidal microphytobenthos on meiofaunal grazing rates. Journal of Experimental Marine Biology and Ecology, 185: 149-165

Oakes J M, Revill A T, Connolly R M, et al. 2005. Measuring carbon isotope ratios of microphytobenthos using compound-specific stable isotope analysis of phytol. Limnology and Oceanography: Methods, 3: 511-519.

Pace M C, Carman K R. 1996. Interspecific differences among meiobenthic copepods in the use of microalgal food resources. Marine Ecology Progress Series, 143: 77-86

Pascal P, Dupuy C, Richard P, et al. 2008a. Bacterivory in the common foraminifer *Ammonia tepida*: isotope tracer experiment and the controlling factors. Journal of Experimental Marine Biology and Ecology, 359: 55-61

Pascal P Y, Dupuy C, Mallet C, et al. 2008b. Bacterivory by benthic organisms in sediment: quantification using ^{15}N-enriched bacteria. Journal of Experimental Marine Biology and Ecology, 355: 18-26

Pascal P Y, Dupuy C, Richard P, et al. 2009. Seasonal variation in consumption of benthic bacteria by meio- and macrofauna in an intertidal mudflat. Limnology and Oceanography, 54(4): 1048-1059

Peterson B J. 1999. Stable isotopes as tracers of organic matter input and transfer in benthic food webs: A review. Acta Oecologica, 20(4): 479-487

Pinckney J L, Carman K R, Lumsden S E, et al. 2003. Microalgal-meiofaunal trophic relationships in muddy intertidal estuarine sediments. Aquatic Microbial Ecology, 31: 99-108

Raghukumar C P, Lokabharathi P A, Ansari Z A, et al. 2001. Bacterial standing stock, meiofauna and sediment nutrient characteristics: indicator of benthic disturbance in the Central Indian Basin. Deep-Sea Research II, 48: 381-399

Riera P, Richard P, Gremare A, et al. 1996. Food source of intertidal nematodes in the Bay of Marennes-Oleron(France), as determined by dual stable isotope analysis. Marine Ecology Progress Series, 142: 303-309

Riera P, Stal L, Nieuwenhuize J. 2004. Utilization of food sources by invertebrates in a man-made intertidal ecosystem (Westerschelde, the Netherlands): aδ^{13}C and δ^{15}N study. Journal of the Marine Biological Association of the United Kingdom, 84: 323-326

Schaal G, Riera P, Leroux C. 2008. Trophic coupling between two adjacent benthic food webs within a man-made intertidal area: A stable isotopes evidence. Estuarine, Coastal and Shelf Science, 77: 523-534

Schaal G, Riera P, Leroux C, et al. 2010. A seasonal stable isotope survey of the food web associated to a peri-urban rocky shore. Marine Biology, 157: 283-294

Sibert J R. 1979. Detritus and juvenile salmon production in the Nanaimo estuary: II. Meiofauna available as food to juvenile chum salmon (*Oncorhynchus keta*). Journal of the Fisheries Board of Canada, 36: 497-503

Snelgrove P V R. 1999. Getting to the bottom of marine biodiversity: Sedimentary habitats. BioScience, 49: 129-138

Starink M, Krylova I N, Bar-Gilissen M J, et al. 1994. Rates of benthic protozoan grazing on free and attached sediment bacteria measured with fluorescently stained sediment. Applied and Environmental Microbiology, 60: 2259-2264

Steele J H. 1974. The Structure of Marine Ecosystems. Cambridge: Harvard University Press

Sundbäck K, Nilsson P, Nilsson C, et al. 1996. Balance between autotrophic and heterotrophic components and processes in microbenthic communities of sandy sediments: A field study. Estuarine, Coastal and Shelf Science, 43: 689-706

Troch M D, Houthoofd L, Chepurnov V, et al. 2006. Does sediment grain size affect diatom grazing by harpacticoid copepods. Marine Environmental Research, 61: 265-277

Troch M D, Steinarsdóttir M B, Chepurnov V, et al. 2005. Grazing on diatoms by harpacticoid copepods: Species-specific density-dependent uptake and microbial gardening. Aquatic Microbial Ecology, 39: 135-144

Ulanowicz R E. 2004. Quantitative methods for ecological network analysis. Computational Biology and Chemistry, 28 : 321-339

Urban-Malinga B, Moens T. 2006. Fate of organic matter in Arctic intertidal sediments: is utilisation by meiofauna important. Journal of Sea Research, 56(3): 239-248

Wyckmans M, Chepurnov V, Vanreusel A, et al. 2007. Effects of food diversity on diatom selection by harpacticoid copepods. Journal of Experimental Marine Biology and Ecology, 345: 119-128

Yokoyama H, Ishihi Y. 2003. Feeding of the bivalve *Theora lubrica* on benthic microalgae: Isotopic evidence. Marine Ecology Progress Series, 255: 303-309

第 11 章 底栖动物的生物扰动过程

11.1 生物扰动研究动态、定义

生物扰动（bioturbation）是指底栖动物在摄食、排泄、掘穴和运动等生命活动过程中，对沉积物本体及沉积物-水界面间的溶质交换和颗粒迁移的影响和改变（Berner，1980）。生物扰动作用的形式因底栖动物不同生活习性而异，大体可划分为对沉积物的改造（reworking），生物灌溉（bioirrigation）、生物沉降（biodeposition）、生物再悬浮（bioresuspension）和生物扩散（biodiffusion）。

生物扰动的直接作用结果是对沉积物的垂直搬运和混合，加速间隙水与上覆水的物质通量交换，以及微型生物和小型生物（小食物网）对有机质的分解、矿化和代谢过程。生物扰动过程促使洞穴（或管道）周围的间隙水得到充氧，并可极大地增大沉积物的含水量，从而促进粪球的形成和再悬浮，生物扰动的沉积物含水量通常超过 50%，甚至接近 80%~90%。因此，风驱动的波浪和潮汐流很容易导致生物扰动区沉积物的再悬浮。生物扰动对不同类型微生物的分布和活动产生重要影响，结果可能提高微生物分解者的有氧呼吸比例，从而加速 POM 的矿化速度，另外一方面，生物扰动也可能促使 POM 与较深层沉积物混合，在那里进行另一类代谢过程，硫酸盐被还原为 H_2S，并且消耗氧气。

食沉积物的动物的摄食活动不仅促进 POM 的矿化，而且可控制细菌和微型分解者的数量。有关研究表明，这些生物在吞食底泥的同时将 POM 联系在一起的细菌、纤毛虫、扁虫、线虫的集合体一并吞食进去，但它们对 POM 的消化率很低，实际上主要消化吸收的是细菌、原生动物和小型动物等活的成分，对相对惰性的成分消化吸收的很少，并重新排泄到环境中，这些排泄物再次被细菌、原生动物和小型生物重新拓殖，并被食沉积物的动物再次利用，反复循环。

国际上生物扰动作为海洋生态学的一个重要内容，早在 20 世纪 50 年代和 60 年代就已开展了大量的工作（Rhoads，1963）。

20 世纪 70 年代至 80 年代，中美黄河口和长江口水下三角洲及邻近海域的沉积物动力学研究广泛使用了高效能的箱式采样器、沉积物表层 X 摄影和放射性核素测定沉积速度等，取得了一大批研究成果。

20 世纪 80 年代至 90 年代，生物扰动作为水层-底栖系统耦合过程的一个重要机制受到全球海洋通量研究（JGOFS）和陆海相互作用（LOIZS）研究的极大重视。

生物扰动过程的定量化研究已取得明显的进展，建立了一批生物扰动模型。

Jones 和 Jago（1993）使用先进的地球物理技术（声波反射、电子抗体）现场研究了穴居大型动物对沉积物性质的改造，由视频数字仪和计算机影像分析组成的"REMOTS"系统已被用于海底监测。1995 年英国在沿岸沉积物特性调查（littoral investigation of sediment properties, LISP)中应用了环行通量系统(annular flux system),在 Humber 河口的 Skeffling 泥滩上沿一条长 2.2 km 的自然断面,选取 5 种不同地型,在 8 个站位上进行了现场实验,获得了此 8 个站位沉积物的侵蚀的"临界流速值",同时发现波罗的海白樱蛤(*Macoma boltica*)的扰动作用使沉积物的再悬浮率提高了 4 倍,同时发现紫贻贝的存在使有机颗粒的生物沉降率最大时可达天然沉降率的 40 倍,普利茅斯海洋研究所(PML)用两年半的时间对英国 Tamary 河口沿 15 km 的断面,选取 6 个典型站位,同时进行了野外和室内实验,定量化研究了生物扰动、扩散和物理扰动对金属元素和营养盐在沉积物/海水界面传输方面的相对贡献,结果表明生物扰动对营养盐扩散的加强至少是 10 倍,金属元素为 3~6 倍。

关于生物扰动过程的报道均为定量研究,一批生物扰动模型,如颗粒输运扩散模型、箱式模型、信号处理模型及液体输运的扩散-反应模型、平流模型、虽然极少与地球化学通量和整体生态系统相关联,但代表了新的发展动向。目前国际上空间尺度最大、最复杂的浅海区域生态系统模型(ERSEM I,II 1990~1995 年)已将生物扰动亚模型作为一种反馈机制耦合到整体模型中。现仍继续广泛使用放射性同位素 ^{210}Pb、^{173}Cs 和 ^{234}Th 等进行现场测定生物扰动导致的 POC 和 DOC 通量变化。

国内对于生物扰动的研究起步较晚。最早的工作始于 20 世纪 80 年代初期的国际合作,开展了中美长江口和黄河口水下三角洲沉积动力学调查,引进美国 70 年代技术,利用箱式采泥器,X 射线摄影,放射性同位素和现场生物测试,获得了表层沉积物生物扰动的剖面图,并据此判别了长江口和黄河口水下三角洲及其附近水域的生物扰动带,通过中英合作,建立了生物扰动实验系统(AFS)并开展了生物沉降,再悬浮和侵蚀率的实验研究并利用荧光砂示踪法研究了菲律宾蛤仔、紫彩血蛤和心形海胆对沉积物的垂直搬运效果(于子山等,1999;韩洁等,2001;杜永芬和张志南,2004),此外,还通过同位素方法测定了生物扰动对深渊沉积物颗粒垂直迁移速率的影响(李凤业等,1996;杨群慧和周怀阳,2004)。

近 10 余年来,在长江口潮间带开展了生物扰动对沉积物-水界面影响的一系列研究,证实了生物扰动对沉积物生物地化循环的影响。研究结果指出在富营养条件下,生物扰动能使 NO_3^- 在上覆水中积累(余婕等,2004)。刘敏和侯立军(2003)研究结果指出,生物扰动能促进有机氮的矿化过程,并促进沉积物中 NH_4^+ 向 NO_3^- 的转化;刘杰等(2008)的研究证实了蟹类生物扰动对长江口潮滩 DIN 释放有强烈影响。近来,邓可(2012)分别对青岛胶州湾菲律宾蛤仔、崇明岛中潮带潭氏泥蟹和海南清澜港红树林秀丽长方蟹进行了生物扰动的实验模拟,研究了生物扰动对界面分子扩散和营养盐交换能量的影响,取得了一系列有价值的实验数据。

11.2 心形海胆的生物扰动对沉积物颗粒垂直分布的影响

生物扰动是指底栖动物通过自身的活动(如摄食、建管和筑穴等),使沉积物的物理和化学结构发生变化(于子山等,1999,2000),对沉积物-海水界面的物质交换有着显著的影响。心形海胆 *Echinlocardium cordatum*(Pennant,1777)在莱州湾东部及渤海海峡都有相当数量的分布，构成大型底栖生物群落的优势种，该种在沉积物-海水界面的物质交换中起着重要的作用。本书研究目的就是利用荧光示踪沙作为示踪颗粒，研究在心形海胆的扰动下，沉积物示踪颗粒悬浮进入水体及向深层垂直迁移的量。

11.2.1 取样站位、实验生物和实验设计

本实验是 1999 年 5 月在"东方红 2 号"船对渤海进行调查时进行的。沉积物及心形海胆取自位于渤海海峡的 A2 站（120°35′ E，37°59′ N）。该站水深 42.8 m，底质类型为砂质粉砂（其中 32~125 μm 的颗粒占 64.09%）。所采心形海胆的壳长 3.3~3.6 cm，壳高（口面和反面之间的距离）约为 2.3 cm。

选 6 只直径 10 cm 长 40 cm 的 PVC 管，在箱式采泥器（0.1 m²）采上沉积物样品后，在其中插管，每管取芯样 30 cm 深。然后将 6 只管子置于船上冷库（−18℃）冷冻 24 h，以杀死管中所有动物。冷冻后的管子分别编号为 A1、A2、C1、B1、B2、C2。在 A1、A2、C1 管的沉积物表面均匀撒一层直径 50 μm 的示踪沙（10 g，约 3690×45000 粒，下同）在 B1、B2、C2 管沉积物表面下 10 cm 处均匀撒同样重量的一层示踪沙。在 A1、A2、B1、B2 管的沉积物表面各放一只现场采的心形海胆，C1、C2 不放海胆作为对照。将 6 只管子垂直置于一圆形大玻璃钢水槽中，缓慢向水槽中注入海水，使水面没过管口 10 cm。连续充气，每天换水 1/2。实验期间水温为 10.5~16.5℃，海水盐度为 31~32，实验持续 10 天。10 天之后，将每管泥样从表层开始水平分层，每层厚 1.5 cm，分层样品置于 1000 ml 烧杯中，加水至 500 ml；搅匀后取 10 ml 置于另一 1000 ml 烧杯中，加水至 500 ml，搅匀后取 10 ml 置于带方格的培养皿中，在解剖镜下计数示踪沙的数量。

11.2.2 数据处理

沉积物示踪颗粒在海胆的扰动下，垂直迁移率采用如下公式：

$$迁移率 = \frac{迁移的示踪颗粒(\%)}{动物干重(g) \times 扰动面积(cm^2) \times 扰动时间(天)} \quad (11-1)$$

11.2.3 由于海胆的扰动而悬浮进入水体的示踪沙的量

实验期间因连续充气而使大玻璃钢水槽中海水产生一定的运动，这种物理运动会使沉积物表层示踪沙悬浮进入水体，C1 为不放海胆的对照管，所以 C1 中丢失的示踪沙量即为非生物扰动（物理扰动）而悬浮进入水体的量，这个量为 1101.1×45000 粒（以下单位同），占 C1 管中总示踪沙量的 23.5%（表 11-1）。A1 和 A2 管的示踪沙总丢失量分别为 3349.1 粒和 2703 粒，分别占总数量的 71.4% 和 57.6%，抛掉物理扰动量 2248 和 1601.9，各占总示踪沙量的 47.9% 和 34.2%，平均为 41%（表 11-1）。

11.2.4 海胆的扰动使示踪沙向下垂埋迁移量

由表 11-1，A1 和 A2 管中示踪沙的最大分布深度均是 6.0~7.5 cm 层，这也是心形海胆的最大分布深度。另外还可以从表 11-1 的结果得到验证，B1 和 B2 管中的示踪沙位于 10 cm 深处，10 天以后，示踪沙（极少量）向上和向下只移动一层，6.0~7.5 cm

层以上没有示踪沙分布，说明在这两管中的心形海胆向下的分布也没有超过 7.5 cm（表 11-2）。

表 11-1 心形海胆扰动后沉积物表面示踪颗粒的垂直分布

示踪沙分层/cm	A1 示踪沙数量/45000 粒	A1 各层所占比例/%	A2 示踪沙数量/45000 粒	A2 各层所占比例/%	C1 示踪沙数量/45000 粒	C1 各层所占比例/%
0~1.5	972.7	72.5	1738.7	87.5	3568.9	99.4
1.5~3.0	239.3	17.9	203.3	10.2	20	0.6
3.0~4.5	103.3	7.7	33.3	1.7	0	0
4.5~6.0	20.3	1.5	9	0.5	0	0
6.0~7.5	5.3	0.4	2.7	0.1	0	0
7.5~9.0	0	0	0	0	0	0
9.0~10.5	0	0	0	0	0	0
10.5~12.0	0	0	0	0	0	0
累计	1340.9	100	1987	100	3588.9	100
示踪沙总丢失量/个	3349.1（45000 个）		2703（45000 个）		1101.1（45000 个）	
生物扰动丢失量/个	2248（45000 个）		1601.9（45000 个）		0	
生物扰动丢失率/%	47.9		34.2		0	
垂直迁移率/g(cm²·d)	9.6×10^{-3}		6.8×10^{-3}		0	

注：示踪沙的数量为重复 3 次测定的平均值。

表 11-2 心形海胆扰动后沉积物表面下 10 cm 深处示踪颗粒的垂直分布

示踪沙分层/cm	B1 示踪沙数量/45000 粒	B1 各层所占比例/%	B2 示踪沙数量/45000 粒	B2 各层所占比例/%	C2 示踪沙数量/45000 粒	C2 各层所占比例/%
0~1.5	0	0	0	0	0	0
1.5~3.0	0	0	0	0	0	0
3.0~4.5	0	0	0	0	0	0
4.5~6.0	0	0	0	0	0	0
6.0~7.5	0	0	0	0	0	0
7.5~9.0	5.3	0.1	2.7	0.06	7.3	0.2
9.0~10.5	4397.3	99.2	4314	99.75	4186.7	99.5
10.5~12.0	31	0.7	8.3	0.19	11	0.3
12.0~13.5	0	0	0	0	0	0
13.5~15.0	0	0	0	0	0	0
15.0~16.5	0	0	0	0	0	0
累计	4433.6	100	4325	100	4205	100

注：示踪沙的数量为重复 3 次测定的平均值。

从 A1 和 A2 管中的示踪沙（不包括悬浮进入水体的示踪沙）的数量分布看，绝大多数都分布在表层 0~1.5 cm 内，分别为 72.5%和 87.5%。这与实验中所观察的现象相符合，在 10 天的实验中，我们经常可以看到海胆反口面的一束棘透过一小洞隙露在沉积物表面。A1 和 A2 中分别有 27.5%和 12.5%（平均为 20%）的示踪颗粒垂直向下迁移。根据迁移率公式所计算的 A1 和 A2 管中的示踪砂的垂直迁移率分别为 $9.6×10^{-3}/(g·cm^2·d)$ 和 $6.8×10^{-3}/(g·cm^2·d)$，平均为 $8.2×10^{-3}/(g·cm^2·d)$。

11.2.5 心形海胆的生物扰动效应评价

本节所测得的心形海胆的最大分布深度是 6~7.5 cm，这与海胆的食性及其所栖息环境是相一致的。心形海胆为典型的沉积食性者，摄食沉积物中的有机质，排出粪便。在软泥环境中，有机质主要分布在表层，随着深度的增加，有机质及溶解氧的含量迅速减少，这就决定了海胆的活动范围主要在表层。国外学者在泥质沉积物中做了类似的现场实验，他们在距沉积物表面 6.3 cm 深处加入示踪颗粒，14 天后，示踪颗粒没有明显迁移现象。其整个实验中所测得的最大迁移深度不超过 11 cm，一般在 7~8 cm。其原因是因为泥质沉积物中大型底栖动物的垂直分布深度较浅，根据其实测结果，在沉积物 6 cm 以下的大型底栖动物十分稀少。本节作者曾用示踪沙做了紫彩血蛤的扰动实验，因紫彩血蛤是沙质潮间带生活的滤食性种类，所以测得了 12 cm 的最大分布深度（于子山等，1999）。

心形海胆通过自身的活动，分别使约 47.9%（A1 管）和 34.2%（A2 管）的示踪颗粒悬浮进入水体这两个数字的差别可能主要是由于两个海胆的大小不同，即活动能力不同所致。A1 和 A2 管中海胆的干重分别为 3.655 g 和 2.350 g。

心形海胆的生物扰动，导致其活动范围内（0~7 cm）的沉积物颗粒上下混合，并促使颗粒态和溶解态的物质释放进入水体再悬浮，其中悬浮进入水体的沉积物示踪颗粒平均有 41%（10 天的扰动量），由此证明心形海胆在沉积物-海水界面生原要素的地球化学循环中占有非常重要的地位。定量研究特别是现场实验定量研究心形海胆等生物的扰动作用，对深入开展水层和底层耦合的研究将是非常有意义的。

11.3 菲律宾蛤仔的生物扰动对沉积物颗粒垂直分布的影响

生物扰动（bioturbation）是指底栖动物通过摄食、建管和筑穴等使沉积物的物理和化学结构发生重要变化，对沉积物-海水界面的物质交换和能量运转有显著的影响(Rhoads, 1974；张志南, 2000)。本节利用化学稳定的荧光砂作为沉积物的示踪颗粒，研究在大型底栖双壳贝类菲律宾蛤仔的扰动下，沉积物再悬浮以及向深层垂直迁移的通量，以期为养殖水域水底界面关键生态学过程和水层-底栖耦合建模提供基本参数。

11.3.1 材料与方法

1. 取样环境和实验材料

蛤仔采自青岛市汇泉湾潮间带，分两种规格在室内玻璃缸（30 cm×30 cm×30 cm）中暂养：较大个体组，规格Ⅰ，壳长（33.51±1.17）mm；较小个体组，规格Ⅱ，壳长（24.17±1.12）mm，沉积物取自与蛤仔同一生境内。

2. 实验方法

扰动实验在中国科学院麦岛育苗中心室内进行。实验设计如图 11-1 所示,用备好的 PVC 管(L=20 cm,ϕ=10 cm)在选定的样点现场插管,采集未受扰动的沉积物约 15 cm 深,同时测定环境因子。PVC 管分 A,B,C 3 组,分别代表投饵实验组、无饵实验组和无蛤对照组。按照实验设计分别在 PVC 管的沉积物表面或 8 cm 深处均匀的撒一层平均粒径为 50 μm 的示踪沙;然后在 A、B 管的沉积物表面放入实验生物,蛤 I 放置 3 个个体,蛤 II 放置 5 个个体。将管子垂直置于玻璃缸中,缓慢地注入新鲜的过滤海水,没过管口约 10 cm。实验期间,水温为 23.5~27.0℃,盐度为 31~32,连续充气,每天换水 1/2~4/5,每日投喂球等鞭金藻(*Isochrysis galbana*,又称为 3011)。持续 15 天后,将每管沉积物样品从表层开始水平分层,每层 1 cm,每层沉积物混合均匀后取样,置于带方格的培养皿中,解剖镜下计算示踪颗粒数量。

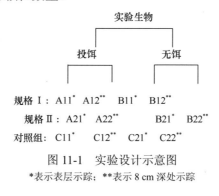

图 11-1 实验设计示意图

*表示表层示踪;**表示 8 cm 深处示踪

3. 数据处理

沉积物示踪颗粒在生物扰动作用下垂直迁移率以下列公式计算(于子山等,1999):

$$迁移率 = \frac{迁移的示踪颗粒(\%)}{生物体重(g) \times 扰动面积(cm^2) \times 扰动时间(天)} \quad (11-2)$$

实验数据统计采用 Excel 2.1 软件,实验差异的显著性检验用 SPSS 10.0 中 ANOVA。

11.3.2 结果与分析

1. 沉积物表层示踪结果

实验期间,连续充气、换水等物理扰动使海水产生运动,沉积物被扰动后示踪沙的分布状态、表层示踪沙悬浮量以及垂直向下迁移率见图 11-2。表 11-3 给出了各参数 ANOVA 分析结果。C11 和 C21 分别为投饵组和无饵组的对照,其参数值分别代表了蛤仔以外的扰动使示踪沙悬浮进入水体的量和迁移比例,分析显示,各参数在实验组与对照组间存在极显著性差异(P<0.01)。A11、A21、B11 和 B21 管中示踪沙总丢失量分别为 47.7%、42.8%、41.3%和 29.5%,减去对照扰动量,则蛤仔扰动丢失率分别为 34.7%、29.8%、30.1%和 18.2%。分别有 46.6%、39.4%、35.7%和 22.8%的示踪颗粒经扰动后向沉积物深层迁移,表层示踪颗粒在蛤仔的生物扰动作用下的垂直迁移率分别为 $1.47 \times 10^{-5}/(g \cdot cm^2 \cdot d)$、$2.27 \times 10^{-5}/(g \cdot cm^2 \cdot d)$、$1.41 \times 10^{-5}/(g \cdot cm^2 \cdot d)$ 和 $1.42 \times 10^{-5}/(g \cdot cm^2 \cdot d)$。

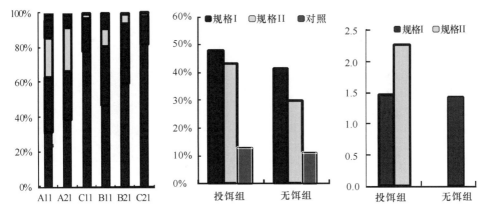

图 11-2 表层各扰动参数的比较

表 11-3 表层扰动参数 ANOVA 分析结果

对照 CK	组别	迁移率/%					悬浮量/%				
		均数差值	标准误	P 值 Sig.	95%可信区间		均数差值	标准误	P 值 Sig.	95%可信区间	
					上限	下限				上限	下限
C11	A11	−46.5667*	3.8326	0.000	−54.9171	−38.2162	−34.6667*	6.3667	0.000	−48.5386	−20.7948
	A21	−39.3667*	3.8326	0.000	−47.7171	−31.0162	−29.8333*	6.3667	0.001	−43.7052	−15.9614
	C21	4.3667	3.8326	0.277	−3.9838	12.7171	1.7333	6.3667	0.790	−12.1386	15.6052
C21	B11	−35.6333*	3.8326	0.000	−43.9838	−27.2829	−30.0667*	6.3667	0.000	−43.9386	−16.1948
	B21	−22.8000*	3.8326	0.000	−31.1504	−14.4496	−18.1667*	6.3667	0.015	−32.0386	−4.2948
A11	A21	7.2000*	3.8326	0.005	−1.1504	15.5504	4.8333	6.3667	0.462	−9.0386	18.7052
	B11	15.3000*	3.8326	0.002	6.9496	23.6504	6.3333	6.3667	0.339	−7.5386	20.2052
B21	A21	−20.9333*	3.8326	0.000	−29.2838	−12.5829	−13.4000	6.3667	0.057	−27.2719	0.4719
	B11	−12.8333*	3.8326	0.006	−21.1838	−4.4829	−11.9000	6.3667	0.086	−25.7719	1.9719

*均数差值的显著水平为 0.05。

ANOVA 分析显示壳长和饵料均对扰动产生影响:随壳长增大,示踪沙悬浮进入水体的量增多,垂直迁移的比例增加,前者无显著性差异,后者差异显著;单位湿重的垂直迁移率降低,但无显著性差异。各参数值有饵组均大于无饵组,其中悬浮量和迁移率无显著性差异,垂直迁移百分比差异显著。实验结束后,各实验组蛤仔的栖息深度大蛤为 6~11 cm;小蛤为 5~9 cm。贝类因摄食而产生的身体运动对沉积物产生扰动,正是蛤仔的栖息深度和摄食活动导致不同参数指标的差异。

2. 沉积物 8 cm 深处示踪结果

经过扰动后 8 cm 深处示踪沙在垂直上下两个方向都发生迁移,分布状态和垂直迁移率见图 11-3。各参量的 ANOVA 分析见表 11-4。C12 和 C22 分别为投饵组和无饵组对照,各参数的差异性分析表明:实验组与对照组间差异极显著。A12 分别有 36.3%和 16.0%的示踪颗粒经蛤仔扰动后向上和向下迁移,其垂直迁移率分别为 $1.31\times10^{-5}/(g\cdot cm^2\cdot d)$ 和 $0.58\times10^{-5}/(g\cdot cm^2\cdot d)$;A22 管示踪颗粒向上向下迁移量分别为 25.2%和 11.1%,垂直迁移率分别为 $1.75\times10^{-5}/(g\cdot cm^2\cdot d)$ 和 $0.77\times10^{-5}/(g\cdot cm^2\cdot d)$。无饵实验组 C22 为对照,

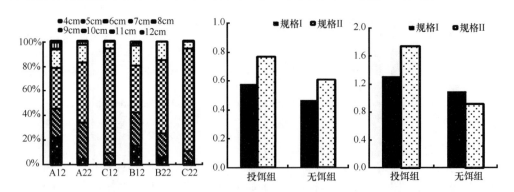

图 11-3 8 cm 深处各扰动参数的比较

表 11-4 8 cm 深处扰动参数 ANOVA 分析结果

对照	组别	迁移率/%					悬浮量/%				
		均数差值	标准误	P 值	95%可信区间		均数差值	标准误	P 值	95%可信区间	
					上限	下限				上限	下限
C12	A12	−36.333*	2.899	0.000	−42.649	−30.017	−15.967*	1.717	0.000	−19.708	−12.225
	A22	−25.200*	2.899	0.000	−31.516	−18.884	−11.133*	1.717	0.000	−14.875	−7.392
	C22	−1.433	2.890	0.630	−7.749	4.883	0.133	1.717	0.939	−3.608	3.875
C22	B12	−31.800*	2.899	0.000	−38.116	−25.481	−13.633*	1.717	0.000	−17.375	−9.892
	B22	−14.533*	2.899	0.000	−20.849	−8.217	−9.677*	1.717	0.000	−13.418	−5.935
A12	A22	11.133*	2.899	0.002	4.817	17.449	4.833*	1.717	0.016	1.092	8.575
	B12	3.100	2.899	0.306	−3.216	9.416	2.467	1.717	0.176	−1.275	6.208
B22	A22	−9.233*	2.899	0.008	−15.549	−2.917	−1.590	1.717	0.373	−5.331	2.151
	B12	−17.2667*	2.899	0.000	−23.5826	−10.951	−3.957*	1.717	0.040	−7.698	−0.2154
C12	A12	−36.333*	2.899	0.000	−42.6492	−30.017	−15.967*	1.717	0.000	−19.708	−12.225

﹡均数差值的显著水平为 0.05。

B12 组向上向下迁移量分别为 31.8%和 13.6%，垂直上下迁移率分别为 $1.1 \times 10^{-5}/(g \cdot cm^2 \cdot d)$ 和 $0.46 \times 10^{-5}/(g \cdot cm^2 \cdot d)$；B22 管对应值分别为 14.5%和 9.7%，$0.92 \times 10^{-5}/(g \cdot cm^2 \cdot d)$ 和 $0.61 \times 10^{-5}/(g \cdot cm^2 \cdot d)$。就实验中两种规格而言，随个体增大迁移比例增大，而垂直迁移率降低，但无显著性差异；饵料因子分析结果为有饵组大于无饵组，除上移比例和上移率在小蛤间差异明显外，其他参数均无显著性差异。

11.3.3 讨论

本节研究的菲律宾蛤仔属大型底栖滤食性双壳贝类，倒立埋栖于泥沙中。蛤仔在穴中随潮水降落做上下升降运动，伸出水管索食，从而使颗粒物质发生转移，进而改变沉积物的理化性质。本节测得的蛤仔的最大分布深度为 11 cm，这与在潮间带采样时测得的深度基本一致；表层示踪沙的最大迁移深度 5 cm，8 cm 深处向上迁移所达最小深度为 4 cm，可能与放置的示踪沙数量有关。Gontier 等（1991）在泥质沉积物中做了类似的试验，他在距沉积物表层 6.3 cm 处加入示踪颗粒，14 天后，示踪颗粒无明显迁移现象，其整个实验所测的最大迁移深度不超过 11 cm，一般在 7~8 cm，原因是泥质沉积物中大型底栖动物的垂直分布较浅；于子山等（1999，2000）分别做了紫彩血蛤（*Nuttallia olivacea*）和心形海胆（*Echinocardium cordatum*）的类似扰动实验，紫彩血蛤是砂质潮间带滤食性种类,测得了 12 cm 的最大分布深度,心形海胆的活动范围主要在表层,测得的最大分布深度是 6~7.5 cm。本实验增加了不同壳长和饵料因子的对比实验,首次在自然状态下测定了滤食性双壳贝类的扰动作用下表层沉积物颗粒悬浮进入水体的通量,而心形海胆的向上悬浮量只代表了沉积性食者的扰动参数,另外在心形海胆的实验中,采用冷冻处理沉积物以杀死所有生物的方法与本节保持其自然状态是实验设计中最大的差别(于子山等,2000)。本节投饵实验组测得的表层示踪沙垂直向下迁移率、8 cm 深处垂直向下迁移比例和迁移率与紫彩血蛤的测定值基本相当,而表层垂直向下迁移比例和 8 cm 深处垂直向上迁移比例、迁移率较紫彩血蛤偏低,原因是二者均是沙栖滤食种,并且两组实验采用的生物规格具有相似的壳长和湿重;但菲律宾蛤仔的最大栖息深度较紫彩血蛤浅,本实验的深层示踪沙设在 8 cm 深处(紫彩血蛤为 10 cm),并且实验周期存在差异。尽管本实验尽量最大限度模拟自然条件,但是由于潮间带、潮汐等物理运动和其他生态条件的复杂性,因此本实验得出的结论存在部分局限性。如果同时进行室内模拟和野外现场实验,则实验结果更具有理论和现实意义。

本实验结果及相关资料均表明,滤食性双壳贝类对沉积物具有一定的生物扰动作用,按照传统概念,生物扰动是指底栖动物,特别是沉积性大型动物的活动对沉积物初级结构造成的改变,然而,本研究显示菲律宾蛤仔通过自身的活动分别使 28.2%的示踪沙悬浮进入水体和 36.1%的示踪沙垂直下移,其生物扰动导致其活动范围内的沉积物颗粒上下混合,并促使颗粒态和溶解态的物质释放进入水体再悬浮,由此证明菲律宾蛤仔不仅通过摄食(生物沉降)控制水层生态系统,且通过生物扰动影响沉积物-海水界面生源要素的交换通量,定量研究其生物扰动作用对深入开展水层和底栖耦合等重要过程非常有意义;从应用角度来看,选择合适的滤食性双壳类与经济种类混养,不但能通过其生物沉降作用净化水质,还能通过生物扰动作用净化沉积物(Yoshiyuki and Fatos,2000)。

11.4 应用生物扰动实验系统(AFS)研究双壳类生物沉降作用

11.4.1 材料与方法

1. 实验现场简介

两处实验地点均选在胶州湾潮间带泥滩。1998 年 11 月的实验地点(S01)位于胶州湾东北岸,白沙河口外,流亭跨海大桥下的高潮带上部泥滩。距离岸边约 10 m。

1999 年 1 月的实验地点(S02,S03)位于薛家岛内侧,唐岛湾北岸的潮间带泥滩,此处海滩距离最近的村庄约 1 km,附近没有滩涂养殖产业,受人为扰动程度较小。S02 和 S03 的选取是沿一条天然断面,从北岸的废弃虾池边开始,在高潮带中部和中潮带上部各设一取样点。高潮带取样点距岸边约 25 m,中潮带取样点距离岸边约 120 m。

2. 生物扰动实验系统

包括环形水槽及其驱动盘、12V 直流微电机及控制系统,OBS 浊度传感器及其附属装置等。该系统全部引进英国20世纪90年代中期技术，传感器及微电机购自美国CA公司，水槽部分由青岛海洋仪器厂加工。整个系统的组装、验收和试运转，均在青岛海洋大学生态动力学实验室内进行。

该系统可通过驱动盘的转动（由直流电机驱动）带动水流，模拟1~50 cm/s的海流速度。同时，以OBS传感（optical back scatter sensor）测得水中悬浮颗粒浓度的变化。该系统的基本结构和操作原理见有关文献（Widdows et al.，1998；张志南等，2002；韩洁等，2001）。

3. 测定方法、现场采样

在刚退去潮水的泥滩，用特制的不锈钢1/4圆弧形采泥器采样，面积0.0425 m^2，深度为8~10 cm，宽10 cm。采样时尽量减少人为扰动，同时在采样点周围挖取沉积物样品，用作沉积物粒度分析。

4. 室内实验过程

沉积物装入水槽；新鲜海水轻轻泵入水槽，放入实验动物，观察直到钻入沉积物并开始正常生活；在实验开始前，使水槽中海水以5 cm/s的流速稳定转动，充分混合；10 min后，放出一定体积的海水到对照缸中（对照缸尺寸为25 cm×10 cm×30 cm，放水到20 cm高处）。继续使驱动盘以5 cm/s的速度转动1 h，并记录OBS读数。统计检验表明，在1 h内，对照缸和对照水槽（未放入实验动物）的沉降率无显著差异（$P>0.05$）。

11.4.2 数据处理

净化率的计算公式如下：

$$CR = (V_t) \times (LnC_1 - LnC_2) / (t) \tag{11-3}$$

式中，CR为净化率（1/h）；V_t为水槽中水体的总体积（L）；C_1和C_2分别为生物沉降阶段开始和结束时刻的水中悬浮颗粒的体积；t为实验周期（h），因为实验所用的时间为1 h。

生物沉降率则可由以下公式求出：

$$BR = (CR_f - CR_c) \times (SPM) \times (1/S_f) \tag{11-4}$$

式中，BR为生物沉降率，[g/(m^2·h)]；CR_f为水槽中的净化率（L/h）；CR_c为对照缸中的净化率（1/h）；SPM为所用新鲜海水的平均悬浮颗粒重量（值为0.045g/L）；S_f为实验水槽的底面积（值为0.17m^2）。

11.4.3 结果

1. 沉积物特性和大型动物区系

由表11-5可知，S01、S02和S03 3个站位随着粉砂-黏土含量的减少（63.27%~44.30%）颗粒直径由细变粗（Md$_\phi$5.01~3.80），分选度加大（QD$_\phi$3.20~4.59）。3个站位的生物区系有明显的不同，S01站共采到5种，密度为78 ind/m^2，生物量为1.25 g/m^2，优势种是彩虹明樱蛤，其次是多毛类的叶须虫、寡节甘沙蚕和寡鳃齿吻沙蚕；中潮带的S02站共采到 6 种，密度为 150 ind/m²，占优势的是秀丽织纹螺，其次是多毛类的中蚓虫和一种纽虫，生物量为 0.94 g/m²；位于流亭高潮带的 S03 站共采到 5 种，密度为 66 ind/m²，生物量仅 0.68 g/m²，生物区系与 S01 和 S02 两站迥然不同，双齿围沙蚕占压倒优势，其次是中蚓虫和一种纽虫。3 个站位生物区系的共同特点是，动物种类贫乏，密度和生物量均低。唐岛湾的高潮带（S03 站位）缺少滤食性双壳类，而唐岛湾的中潮带（S02）占优势的是小型的腹足类秀丽织纹螺的幼龄个体。平均个体体重只有 44 mg，系植物食性和杂食性，流亭高潮带（S03 站）占优势的是一种小型滤食性双壳类，平均个体重量为 36 mg，也处于幼龄阶段。以上分析表明，与大型实验种类相比，自然生物区系的生物沉降作用可忽略不计。

表 11-5　各采样点的沉积物粒度分析结果

站号	位置	粒级含量/%				名称及代号			粒度系数	
		砾	砂	粉砂	黏土					
S01	流亭高潮带	1.83	34.90	47.20	16.07	砂质粉砂 ST	5.01	3.20	0.26	1.59
S02	唐岛湾中潮带	1.52	42.11	42.88	13.49	砂质粉砂 ST	4.51	3.18	0.21	0.68
S03	唐岛湾高潮带	14.92	40.78	24.45	19.85	砂 S	3.80	4.59	0.19	0.90

2. 大型底栖滤食性动物的活动和生物沉降率

表 11-6 列出了两种大型底栖滤食性动物的净生物沉降率。与自然水体的颗粒沉降率相比，由大型滤食性生物造成的生物沉降率十分明显。最高的净生物沉降率 15.04 g/m² 出现在唐岛湾高潮带的 S03 站，此时的生物密度也最高，为 200 ind/m²。

表 11-6 还给出了生物沉降率和自然沉降率的比率，这些比值均超过了 1∶1，其中最高的为 4.3∶1，最低的为 1.4∶1，平均为 2.8∶1。这些数据表明生物沉降在沉积物-海水界面物质交换中占据优势地位。

表 11-6　两种滤食性双壳类的净生物沉降率

站位名称	位置	实验生物	数量	密度/(ind/m²)	清滤率（L/h）			自然沉降率	生物沉降量（g/m²）	生物沉降量[g/(m²·h·ind)]	生物沉降率/自然沉降率
					水槽	对照缸	净清滤率				
S01	流亭高潮带	菲律宾蛤仔	17	100	11.73	3.35	8.38	1.03	2.58	0.15	2.5∶1
			24	141	15.01	3.26	11.75	1.01	3.62	0.15	3.6∶1
S02	唐岛湾中潮带	缢蛏	14	82	17.30	7.16	10.14	1.86	2.64	0.19	1.4∶1
			26	153	43.90	10.41	33.49	2.71	8.73	0.34	3.2∶1
S03	唐岛湾高潮带	缢蛏	23	135	21.29	8.04	13.25	2.86	4.71	0.20	1.6∶1
			34	200	52.15	9.82	42.33	3.49	15.04	0.44	4.3∶1
平均			23	135	26.89	7.01	19.89	2.16	6.22	0.25	2.8∶1

不同密度下缢蛏的生物沉降率的比较表明，每个站位在不超过沉积物的环境容纳量的条件下，随着滤食性双壳类密度的增加，生物沉降率也呈增加的趋势；而在相近密度下，不同站位生物沉降率的差异可能是由于站位之间沉积物的类型不同，扰动生物需要对不同环境产生不同的适应反应，因而影响了其滤食过程的滤食效率。

相近密度下菲律宾蛤仔和缢蛏的生物沉降率的比较表明，在低密度时，它们的生物沉降效率相近，尤其在个体净生物沉降率上体现得更为明显。而当两种生物密度一同增加后，S01、S03 两个高潮带站位的数据是非常相近的，说明这两种扰动生物当生境相似时，它们的反应和生理状态也基本一致。而 S02 的数据高于另外两个，其原因是多方面的，如生境的差异（S02 是唯一的一个中潮带部位）、所使用缢蛏的生理状态的可能差异，等等。

3. 与自然水体的颗粒沉降作用相比

双壳类动物的生物沉降作用在调节沉积物-海水界面物质通量方面起着同样重要的作用，本实验所选用的两种滤食性贝类（菲律宾蛤仔和缢蛏）的生物沉降率都高于自然沉降率。

菲律宾蛤仔个体的生物沉降率平均为 0.15g/（$m^2 \cdot h \cdot ind$），平均净生物沉降率为自然颗粒沉降率的 3.05 倍。缢蛏个体的生物沉降率平均为 0.29g/（$m^2 \cdot h \cdot ind$），平均净生物沉降率为平均自然颗粒沉降率的 2.63 倍。大型扰动生物的生物沉降率与其生物密度具有紧密的正相关关系（$r=0.90$, $P<0.05$）。以上实验结果与 Widdows 等（1998）在 Humber 河口泥滩上所得结果十分相近。生物扰动实验系统（AFS）为在我国开展沉积物-海水界面的生物扰动过程研究提供了一种有效的实验手段。

11.5 生物扰动与生物地化循环

11.5.1 样品采集、培养方法、数据处理

1. 样品采集

用箱式采泥器采集沉积物样品，用内径为 10 cm 的有机玻璃管采集无人为扰动的沉积物柱状样。而在潮间带，则直接于低潮时在研究站位用内径为 10 cm 的有机玻璃管采集无人为扰动的沉积物柱状样。在采样后 6 h 内分层切割并用聚乙烯密封袋保存于-20℃冰冻条件下，用于测定粒度、孔隙率、有机碳和总氮。间隙水采用 Rhizon sampler 采样器采集（Seeberg-Elverfeldt et al., 2005）。通过微孔滤膜抽吸沉积物中的间隙水。沉积物深度为 15 cm。经 0.45 μm 孔径的微孔滤膜过滤后，避光保存，作为培养用上覆水。

2. 沉积物-水界面培养系统及培养方法

沉积物-水界面培养系统采用封闭式培养方式，模仿 Hall 等（1996）的磁力搅拌培养系统设计。培养管高度为 30 cm，内径为 5 cm。采用外置的旋转磁场为动力，带动培养管内的磁力搅拌子以 60~80 r/min 的速度旋转。磁力搅拌子采用环式悬挂设计固定于培养管盖上，调节磁力搅拌子高度，使磁力搅拌子距离沉积物-水界面 5 cm，确保培养管内水体均匀混合且不会搅动沉积物（图 11-4）。

培养方法，样品采集后 6h 内运回实验室，缓慢加入经 0.45 μm 孔径微孔滤膜过滤的上覆水，使培养管内沉积物和上覆水深度均为 15 cm。

3. 培养实验分组情况

见图 11-5：A 组用于测定菲律宾蛤仔的排泄率，B 组用于测定菲律宾蛤仔养殖前自

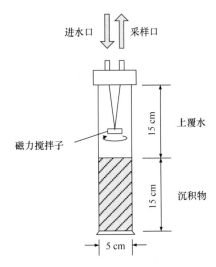

图 11-4 沉积物-水界面通量培养装置示意图（邓可等，2009）

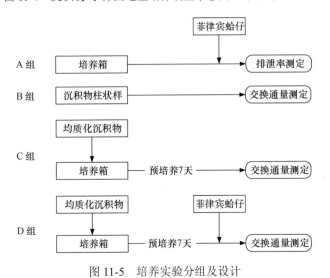

图 11-5 培养实验分组及设计

然条件下沉积物-水界面营养盐交换通量的背景值，C 组用于测定无菲律宾蛤仔扰动条件下的沉积物-水界面营养盐交换通量，D 组用于测定菲律宾蛤仔扰动条件下的沉积物-水界面营养盐交换通量。

4. 沉积物-水界面扩散通量的计算

底界面扩散通量采用 Fick's 第一定律计算（Berner，1980）：

$$J = \phi \times D_s \times dC/dx\big|_{z=0} \tag{11-5}$$

式中，J 为扩散通量；ϕ 为表层沉积物孔隙率；dC/dx 采用表层间隙水与上覆水间的营养盐浓度梯度计算；D_s 为沉积物中分子扩散系数。

5. 沉积物-水界面交换通量的计算

沉积物-水界面营养盐交换通量（Flux）由培养管内上覆水营养盐浓度随时间变化的

斜率计算得到，计算公式为（Aller et al.，1985；刘素美等，1999）

$$\text{Flux} = \frac{\Delta C}{\Delta t} \times \frac{V}{A} \tag{11-6}$$

式中，C 为培养系统内上覆水中营养盐的校正浓度；t 为培养时间；V 为培养系统中的上覆水体积；A 为沉积物-水界面表面积。

在以上沉积物-水界面通量计算过程中，正值表示营养盐由沉积物向上覆水方向迁移，负值表示营养盐由上覆水向沉积物方向迁移。

6. 生物扰动海域沉积物-水界面营养盐交换通量的计算

存在生物扰动的整个区域沉积物-水界面的营养盐交换通量依据公式计算：

$$F = \frac{d}{d_b} \times F_b + (1 - \frac{d}{d_b}) \times F_0 \tag{11-7}$$

式中，F_b 为生物扰动培养组的沉积物-水界面营养盐交换通量；F_0 为排除生物扰动培养组的沉积物-水界面营养盐交换通量；d 为自然条件下的生物扰动强度；d_b 为生物扰动培养组的生物扰动强度。在此，生物扰动强度用单位面积中底栖动物密度来表示。

11.5.2 结果

1. 间隙水营养盐垂直分布及分子扩散速率

B 组间隙水 $NO_3^- + NO_2^-$—N 垂直分布与 C 组较接近，在所有深度 $NO_3^- + NO_2^-$—N 浓度都低于 1 μmol/L，远低于上覆水 $NO_3^- + NO_2^-$—N 浓度（16.7 μmol/L）。B 组表层间隙水 NH_4^+—N 浓度为 13.6 μmol/L，略低于 C 组和 D 组。表层间隙水 NH_4^+—N 浓度都高于上覆水（14.2 μmol/L），并随深度增加浓度逐渐增加，到 3 cm 以深处 NH_4^+—N 浓度趋于稳定。B 组间隙水 PO_4^{3-}—P 垂直分布与 C 组相近，C 组和 D 组表层间隙水 PO_4^{3-}—P 浓度均高于上覆水。B 组间隙水 SiO_3^{2-}—Si 浓度梯度略小于 C 组和 D 组，C 组和 D 组间隙水 SiO_3^{2-}—Si 浓度随深度变化的变化趋势相似，表层间隙水浓度都高于上覆水，且随深度增加浓度逐渐增加，浓度梯度驱动的分子扩散是沉积物-水界面物质交换过程的重要组成部分。依据沉积物-水界面营养盐浓度梯度计算得到分子扩散速率见表 11-7。

表 11-7　沉积物-水界面营养盐分子扩散速率　　［单位：mmol/（m²·d）］

分组	DIN	$NO_3^- + NO_2^-$	NH_4^+	PO_4^{3-}	SiO_3^{2-}
C	−0.042	−0.385	0.343	0.009	0.027
D	0.366	0.065	0.301	0.041	0.399

2. 沉积物-水界面营养盐交换通量及生物扰动的影响

菲律宾蛤仔营养盐排泄速率（A 组）和 B、C 和 D 组沉积物-水界面营养盐交换通量及其随培养时间变化的变化见图 11-6 和图 11-7。菲律宾蛤仔 DIN 排泄速率平均为（4.19±0.59）μmol/（g·d）[8.44±1.18mmol/（m²·d）]，与姜祖辉等（1999）测定结果（15℃条件下 NH_4^+—N 排泄率为 5.05~6.86 μmol/（g·d）近似，菲律宾蛤仔 PO_4^{3-}—P 平均排泄速率为（0.258±0.013）μmol/（g·d）[0.52±0.03 mmol/（m²·d）]，排泄物中无机态 N：P

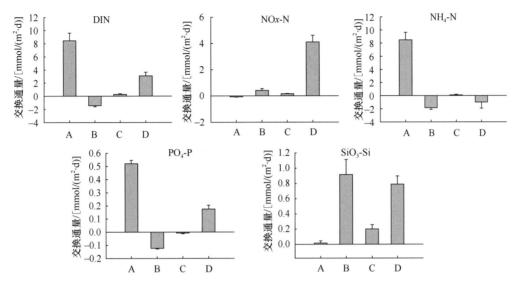

图 11-6 沉积物-水界面营养盐交换通量与菲律宾蛤仔排泄速率

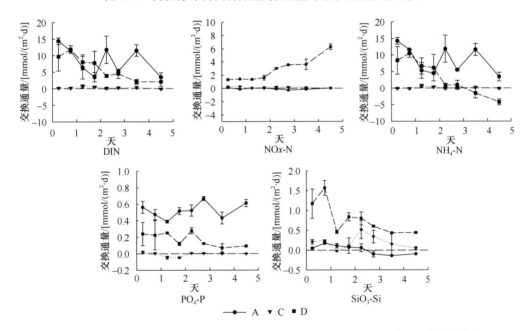

图 11-7 菲律宾蛤仔排泄速率与沉积物-水界面营养盐交换通量随培养时间变化的变化

虚线是指示沉积物-水界面营养盐交换通量平衡点（交换通量等于0）。各组均测定两个平行样，图示两次平行测定结果的平均值和测定范围

约为 16∶1（原子比），与 Redfield 比值一致。

B 组 DIN 和 PO_4^{3-}—P 由上覆水向沉积物方向都有极显著迁移（$P<0.01$），沉积物-水界面 DIN 与 PO_4^{3-}—P 交换速率之比约为 12∶1（原子比）。对胶州湾沉积物-水界面的现场培养实验也观察到 DIN 和 PO_4^{3-}—P 向沉积物方向的迁移，与本研究结果一致（范士亮，2007）。与 DIN 和 PO_4^{3-}—P 迁移方向相反，沉积物中 SiO_3^{2-}—Si 向水层方向存在显著释放（$P<0.05$）。

无生物扰动的 C 组沉积物释放 DIN 平均速率为（0.270±0.090）mmol/（m²·d），仅为菲律宾蛤仔 DIN 排泄速率的 3%。

在培养实验最初 2 天，D 组沉积物-水界面 DIN 平均交换通量为（9.31±1.34）mmol/（m²·d），与单位面积菲律宾蛤仔排泄率（A 组）相比没有显著差异（P=0.29），但随培养时间增加，D 组沉积物释放 DIN 速率逐渐减小（图 11-7）。D 组培养实验最初 2 天 DIN 在沉积物-水界面交换通量以 NH_4^+—N 释放为主，NH_4^+—N 释放速率为 NO_3^-+NO_2^-—N 释放速率的 5.6 倍。但在培养 2 天后，D 组沉积物释放 DIN 速率[平均值为（3.10±0.57）mmol/（m²·d）]显著减少（P<0.01），沉积物 NO_3^-+NO_2^-—N 释放速率[平均值为（4.10±0.51）mmol/（m²·d）]显著增加（P<0.01），NH_4^+—N 则逐渐由沉积物向上覆水方向迁移转变为由上覆水向沉积物方向迁移。在此期间，D 组沉积物 DIN 释放通量仅为单位面积菲律宾蛤仔排泄率的 37%。因此，为反映生物扰动稳定时的沉积物-水界面营养盐交换通量，图 11-7 中 D 组采用培养 3~5 天时测定的营养盐交换通量与其他各组进行比较。

无生物扰动的 C 组 PO_4^{3-}—P 由上覆水向沉积物方向有微弱迁移[平均交换通量为（-0.007±0.006）mmol/（m²·d）]，而依据浓度梯度预测的 PO_4^{3-}—P 分子扩散则为由沉积物向上覆水方向释放[0.009 mmol/（m²·d）]。D 组中沉积物-水界面 PO_4^{3-}—P 交换通量平均值为（0.175±0.029）mmol/（m²·d），仅占单位面积菲律宾蛤仔 PO_4^{3-}—P 排泄量的 34%。D 组沉积物释放 DIN 和 PO_4^{3-}—P 速率比值约为 18:1（原子比），略高于排泄物中无机态 N:P 比。

C 组沉积物 SiO_3^{2-}—Si 平均释放通量为（0.200±0.058）mmol/（m²·d），显著高于通过浓度梯度预测的沉积物-水界面分子扩散速率[0.027 mmol/（m²·d）]。D 组沉积物 SiO_3^{2-}—Si 释放速率显著高于 C 组（P<0.01），其平均释放通量为（0.789±0.107）mmol/（m²·d）。

C 组沉积物释放 NO_3^-+NO_2^-—N 速率略慢于 B 组。虽然 B 组 NH_4^+—N 和 PO_4^{3-}—P 由上覆水向沉积物迁移极显著（P<0.01），C 组沉积物与上覆水间 NH_4^+—N 和 PO_4^{3-}—P 交换却不显著。C 组沉积物-水界面 SiO_3^{2-}—Si 迁移速率显著慢于 B 组。C 组培养用沉积物在均质化过程中筛除了沉积物中的大型底栖动物，因此生物扰动作用的差异可能是 B 组与 C 组间沉积物-水界面营养盐交换速率差异的原因。

11.5.3 讨论

1. 菲律宾蛤仔对沉积物-水界面营养盐交换通量的影响

在间隙水中氧化氛围较强时，NH_4^+能够通过硝化作用氧化为 NO_3^-或 NO_2^-（Jenkins and Kemp，1984）。生物扰动可以加速上覆水溶氧向沉积物扩散，增强沉积物的氧化氛围（Wenzhofer and Glud，2004）。

在本研究中，D 组在培养后期沉积物中 DIN 释放以 NO_3^-+NO_2^-—N 为主，且沉积物释放 NH_4^+—N 的速率显著低于菲律宾蛤仔 NH_4^+—N 排泄速率（P<0.01），表明在菲律宾蛤仔生物扰动条件下沉积物中存在迅速的硝化过程。

硝化作用能够为沉积物缺氧层中反硝化作用提供 NO_3^-，因此硝化作用能够促进沉积物中的反硝化过程，这种硝化-反硝化耦合能够有效减少沉积物 DIN 的释放（Jensen et al.，1994）。D 组间隙水中存在高浓度的 NO_3^-+NO_2^-—N，为沉积物中硝化-反硝化耦合过程提供了条件。由于 D 组沉积物释放 DIN 的速率仅为蛤仔排泄 NH_4^+—N 速率的 37%，可以认为菲律宾蛤仔生物扰动对沉积物中反硝化过程的促进，部分抵消了菲律宾蛤仔排泄的 DIN 向水层的释放。

此外，生物扰动能够加速上覆水溶氧向间隙水中的扩散（Wenzhofer and Glud，2004），也可能促进沉积物中有机质的降解过程，从而使间隙水中 PO_4^{3-} 升高。

在无生物扰动时，沉积物-水界面营养盐交换主要由浓度差驱动的分子扩散作用构成（Boudreau，1997），而在存在生物扰动时，底栖动物生物灌溉活动能够加速沉积物-水界面物质交换过程（Tahey et al.，1994）。由于间隙水 SiO_3^{2-} 浓度高于上覆水作用能够加速沉积物中 SiO_3^{2-}—Si 向水层释放。

2. 菲律宾蛤仔养殖对胶州湾水层生源要素的影响

评估贝类养殖对水体生源要素的影响主要涉及两个方面：①贝类促进营养盐再生过程对水层初级生产力营养盐需求的贡献（周毅等，2002a；周兴，2006）；②滤食性贝类对水层生源要素的清除作用（Lindqvist et al.，2009）。底栖贝类排泄能够直接释放溶解态营养盐，其中有部分最终进入水层，完成营养盐的再生过程。

周毅等（2002a）估算四十里湾夏季双壳类排泄的 N 和 P 分别能够满足该海域浮游植物初级生产消耗量的 44%和 40%。周兴（2006）依据菲律宾蛤仔的排泄率估算胶州湾蛤仔养殖将释放 NH_4^+—N 约 16.4 t/d，PO_4^{3-}—P 约 7.2 t/d。蒋红等（2006）认为乳山湾菲律宾蛤仔能够排泄 DIN 约 86.3 t/a，溶解无机磷（DIP）约 15 t/a。

但在生物扰动作用下，底栖贝类排泄的营养盐仅有部分能够通过沉积物-水界面最终释放到水层中。对比菲律宾蛤仔生物扰动条件下（D 组）沉积物释放的营养盐和菲律宾蛤仔排泄释放的营养盐（A 组）表明菲律宾蛤仔能够排泄大量 DIN 和 PO_4^{3-}—P，但在生物扰动作用下，沉积物释放的营养盐仅占其排泄总量的 37%（DIN）和 34%（PO_4^{3-}—P）。Welsh 和 Castadelli（2004）也认为沉积物释放的 NH_4^+—N 普遍少于底栖动物排泄物中的 NH_4^+—N。

滤食性贝类养殖缓解水层富营养化的作用正被逐渐认识（Lindqvist et al.，2009）。养殖贝类在收获时以生物量形式将生源要素从生态系统中移除（周毅等，2002b）。此外，滤食性贝类以水层浮游生物或有机碎屑为食，将水体中的生源要素转移到生物体内，再以粪便、假粪等颗粒形态将生源要素转移到沉积物中，完成生物沉降过程（张志南和周宇，2000）。贝类排泄物中的溶解态营养盐也可能被底栖微生物或藻类利用，或成为沉积颗粒被埋藏，或被转化为生物难于利用的形态（Kautsky and Wallentinus，1980）。沉积物也会吸附部分溶解态的 NH_4^+—N 或 PO_4^{3-}—P（Mackin and Aller，1984；Sundby et al.，1992）。

目前对贝类养殖清除水体生源要素的能力主要通过渔获量进行估算。对烟台四十里湾的研究表明，贝类养殖每年能以生物量形式从该海域清除 600 t N 和 39.4 t P（周毅等，2002b）。Lindahl 等（2005）认为贝类养殖将清除 Gullmar 湾水层中约 20%的 N。

在本研究中，菲律宾蛤仔养殖除能以渔获量形式移除部分生源要素外，还能够通过生物扰动作用改变沉积物中生源要素的生物地化过程，增强菲律宾蛤仔移除水体生源要素的能力。

菲律宾蛤仔排泄释放营养盐的 N：P 比约为 16，与 Redfield 比一致，而排泄的溶解态 SiO_3—Si 可以忽略。在菲律宾蛤仔生物扰动条件下，沉积物向水层释放的营养盐中 Si：N：P 比约为 5：18：1，营养盐释放通量中 N：P 与 Redfield 比基本一致，但 Si：N 和 Si：P 低于 Redfield 比。一般认为海洋硅藻中 Si：N：P 的比例为 16：16：1（Brzezinski，1985；王保栋，2003）。假设菲律宾蛤仔从水体滤食的食物中 Si：N：P 与硅藻相同，菲律宾蛤仔养殖对水体中 Si 的清除效率高于对 N、P 的清除效率。

3. 菲律宾蛤仔养殖对胶州湾生源要素的影响

胶州湾海域菲律宾蛤仔产量达到 $32×10^4$ t，占胶州湾海水养殖总量的 45%以上（任一平等，2006），且菲律宾蛤仔对胶州湾颗粒有机碳现存量的日摄食压力达到 90%（张继红等，2005），因此，菲律宾蛤仔养殖可能对胶州湾海域生源要素的收支平衡产生重要影响。

依据胶州湾海域 2003 年菲律宾蛤仔养殖产量（鲜重）$32×10^4$ t（任一平等，2006）、菲律宾蛤仔 DIN 平均排泄率 4.19 μmol/（g·d）、PO_4^{3-}—P 平均排泄率 0.258 μmol/（g·d）（图 11-6）计算，养殖菲律宾蛤仔每年排泄 DIN-N 约 $6.85×10^3$ t，排泄 PO_4^{3-}—P 约 $9.34×10^2$ t。假设在生物扰动作用下，菲律宾蛤仔排泄物中 DIN 和 PO_4^{3-}—P 经沉积物-水界面返回水层的比例与本书结果相同（分别为 37%和 34%），胶州湾蛤仔养殖海域每年有 $2.53×10^3$ t DIN-N 和 $3.18×10^2$ t PO_4^{3-}—P 经沉积物-水界面再生返回水层。

郭永禄等（2005）调查得到胶州湾底播养殖菲律宾蛤仔干出肉率（干出肉率=干肉重/带壳鲜重）平均为 6.7%。依据胶州湾海域 2003 年菲律宾蛤仔养殖产量 $32×10^4$ t（带壳鲜重）（任一平等，2006）、每克蛤仔干肉中含有机氮 20.94 mg、有机磷 2.32 mg（李丽等，2003）计算，胶州湾内菲律宾蛤仔捕捞每年从胶州湾生态系统中清除有机氮和有机磷分别为 $4.49×10^2$ t 和 50 t。

本节采用食物吸收率来反推菲律宾蛤仔的滤食能力。菲律宾蛤仔对食物中有机氮的吸收率为 53.9%，对有机碳的吸收率为 55.7%（张继红等，2005），在此假定菲律宾蛤仔对有机磷的吸收率与有机氮的吸收率相同，均为 53.9%。

将上述胶州湾养殖菲律宾蛤仔排泄量（每年 $6.85×10^3$ t DIN、$9.34×10^2$ t PO_4^{3-}-P）和捕捞量（每年 $4.49×10^2$ t 有机氮、50 t 有机磷）结果代入公式：$I=(U+G)$，可计算得到菲律宾蛤仔每年自水层滤食的颗粒物中含有机氮 $1.35×10^4$ t，含有机磷 $1.82×10^3$ t。

依据公式 $F=I-(U+G)$ 得到菲律宾蛤仔每年通过粪便（含假粪）排出体外的氮为 $6.24×10^3$ t，排出体外的磷为 $8.42×10^2$ t。

菲律宾蛤仔养殖对胶州湾水层生源要素收支的影响可以归纳为图 11-8。胶州湾养殖菲律宾蛤仔能够从水体中滤食大量浮游生物和有机碎屑，但仅有 19%的氮（$2.53×10^3$ t/a）和 17%的磷（$3.18×10^2$ t/a）以无机营养盐形态完成再生过程返回到水层中，其余部分除以生物量形式被捕捞，还能够转化为生物难于利用的形态，或成为沉积颗粒被埋藏。依据沉积物-水界面生源要素净交换通量计算，菲律宾蛤仔养殖每年能够从胶州湾水体中清除约 $1.05×10^4$ t N 和 $1.46×10^3$ t P。Liu 等（2007）通过胶州湾营养盐收支平衡计算证实胶州湾是氮和磷的一个重要的汇。菲律宾蛤仔养殖能够促进胶州湾水体中氮和磷的清除过程，是胶州湾氮和磷汇的一个重要组成部分。

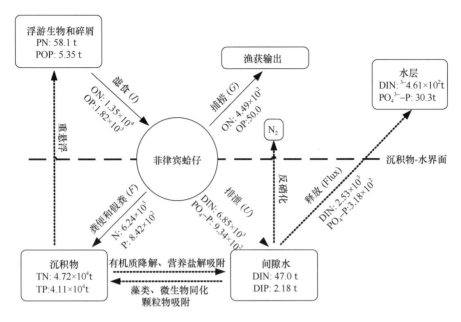

图 11-8 菲律宾蛤仔养殖对胶州湾氮、磷收支的影响

生源要素通量单位为 t/a；实线箭头表示菲律宾蛤仔直接参与的生物地化过程，虚线箭头表示菲律宾蛤仔生物扰动作用影响下的生物地化过程；年渔获输出量与捕捞通量数据相同，故未列出

本研究按胶州湾水体悬浮颗粒物平均浓度 17 mg/L 计算。胶州湾悬浮颗粒物中平均氮含量为 0.14%，有机磷含量为 129 μg/g（Liu et al.，2007），以胶州湾水体总体积 $2.44×10^9$ m^3 计（Liu et al.，2005），胶州湾颗粒态悬浮物（包括浮游生物和碎屑）氮储存量为 58.1 t，磷储存量 5.35 t。据此，可计算出菲律宾蛤仔对胶州湾水层颗粒态 N 和 POP 现存量的平均日摄食压力（=日滤食量÷现存量×100%）分别为 64%和 93%，与张继红等（2005）估算的菲律宾蛤仔对胶州湾水层颗粒有机碳现存量的日摄食压力（90%）接近。虽然沉积物再悬浮产生的有机质也能够成为滤食性底栖动物的食物来源（Kasim and Mukai，2006），但如此高的摄食压力表明养殖菲律宾蛤仔对水体颗粒物浓度和初级生产具有重要的限制作用。

生物扰动能够改变沉积物中生物地化过程和有机质的分解速率（Mortimer et al.，1999；Lohrer et al.，2004），因此本研究由于考虑了生物扰动的作用，对菲律宾蛤仔养殖在营养盐再生中作用的估测结果要优于仅依据排泄率估算的结果。与通过渔获量计算贝类养殖对生源要素的清除能力相比，本研究考虑了生物扰动条件下的沉积物-水界面营养盐交换通量，因此能够更准确定量菲律宾蛤仔养殖对水层生源要素的影响。

11.5.4 小结

1）菲律宾蛤仔的生物扰动作用能够部分抵消其排泄的 DIN 和 PO_4^{3-} 向水层的释放，因此菲律宾蛤仔排泄的营养盐中仅有 37%（DIN）和 34%（PO_4^{3-}）能够补充到胶州湾水层中，完成营养盐的再生过程。

2）菲律宾蛤仔养殖除能以渔获量形式移除部分生源要素外，其生物扰动作用对沉积物生源要素生物地化过程的改变，增强了菲律宾蛤仔移除水层生源要素的能力。因此菲律宾蛤仔养殖能够有效减缓胶州湾富营养化趋势。

3）在菲律宾蛤仔扰动条件下，沉积物向水层释放的营养盐中 Si：N：P 的原子比为 5：18：1。营养盐释放通量中 N：P 比与 Redfield 比基本一致，但 Si：N 比远低于 Redfield 比。因此菲律宾蛤仔养殖对水层 Si 的清除效率高于对 N 和 P 的清除效率，这可能会进一步加剧胶州湾水体中 Si 限制。

参 考 文 献

邓可, 杨世伦, 刘素美, 等. 2009. 长江口崇明东滩冬季沉积物-水界面营养盐通量. 华东师范大学学报(自然科学版), 3: 17-27

邓可, 刘素美, 张桂玲, 等. 2012. 菲律宾蛤仔养殖对胶州湾沉积物-水界面生源要素迁移的影响. 环境科学, 33(3): 792-793

邓可. 2012. 我国典型近岸海域沉积物-水界面营养盐交换通量及生物扰动的影响. 中国海洋大学博士学位论文

杜永芬, 张志南. 2004. 菲律宾蛤仔的生物扰动对沉积物颗粒垂直分布的影响. 中国海洋大学学报, 34(6): 988-992

范士亮. 2007. 胶州湾菲律宾蛤仔 (Ruditapes philippinarum) 群落底栖生物生产力的现场实验研究. 中国海洋大学硕士学位论文

郭永禄, 任一平, 杨汉斌. 2005. 胶州湾菲律宾蛤仔生长特征研究. 中国海洋大学学报, 35(5): 779-784

韩洁, 张志南, 于子山. 2001. 菲律宾蛤仔 (Ruditapes philippinarum) 对潮间带水层-沉积物界面颗粒通量影响的研究. 青岛海洋大学学报, 31(5): 723-729

蒋红, 崔毅, 陈碧鹃, 等. 2006. 乳山湾菲律宾蛤仔可溶性氮、磷排泄及其与温度的关系. 中国水产科学, 13(2): 237-242

姜祖辉, 王俊, 唐启升. 1999. 菲律宾蛤仔生理生态学研究 I. 温度、体重及摄食状态对耗氧率及排氨率的影响. 海洋水产研究, 20(1): 40-44

李风业, 谭长伟, 史玉兰等. 1996. 冲绳海槽沉积物混合作用的研究. 海洋科学, 6: 54-57

李丽, 陶平, 安凤飞. 2003. 大连沿海 8 种双壳类贝的营养成分分析. 中国公共卫生管理, 19(2): 153-155

刘杰, 陈振楼, 许世远, 等. 2008. 蟹类底栖动物对河口潮滩无机氮界面交换的影响. 海洋科学, 32(002): 10-16

刘敏, 侯立军. 2003. 底栖穴居动物对潮滩沉积物中营养盐早期成岩作用的影响. 上海环境科学, 22(003): 180-184

刘素美, 张经, 于志刚, 等. 1999. 渤海莱州湾沉积物-水界面溶解无机氮的扩散通量. 环境科学, 20: 12-16

任一平, 徐宾铎, 慕永通. 2006. 青岛市海洋功能区划对海洋渔业发展的影响分析. 中国海洋大学学报(社科版), 2: 17-19

王保栋. 2003. 黄海和东海营养盐分布及其对浮游植物的限制. 应用生态学报, 14(7): 1122-1126

杨群慧, 周怀阳. 2004. 中国多金属结核合同区近表层沉积物生物扰动作用的过剩^{210}Pb 证据. 科学通报, 49(21): 2198-2203

余婕, 刘敏, 侯立军, 等. 2004. 底栖穴居动物对潮滩 N 迁移转化的影响. 海洋环境科学, 23(2): 1-4

于子山, 王诗红, 张志南等. 1999. 紫彩血蛤的生物扰动对沉积物颗粒垂直分布的影响. 青岛海洋大学学报(自然科学版), 29(2): 279-282

于子山, 张志南, 韩洁, 等. 2000. 心形海胆的生物扰动对沉积物颗粒垂直分布的影响. 中国学术期刊文摘(科技快报), 6(1): 95-97

张继红, 方建光, 孙松, 等. 2005. 胶州湾养殖菲律宾蛤仔的清滤率、摄食率、吸收效率的研究. 海洋与

湖沼, 36(6): 548-555

张志南. 2000. 水层-底栖耦合生态动力学研究的某些进展. 青岛海洋大学学报(自然科学版), 30(1): 115-122

张志南, 周宇. 2000. 应用生物扰动实验系统 (Annular Flux System) 研究双壳类生物沉降作用. 青岛海洋大学学报(自然科学版), 30(2): 270-276

张志南, 周宇, 韩洁, 等. 1999. 生物扰动实验系统(AFS)的基本结构和工作原理. 海洋科学, 6: 28-30

张志南, 周宇, 韩洁, 等. 2002. 应用生物扰动实验系统(Annular Flux System)研究双壳类生物沉降作用. 青岛海洋大学学报, 30(2): 270-276

周兴. 2006. 菲律宾蛤仔(*Ruditapes philippinarum*)对胶州湾生态环境影响的现场研究. 中国科学院海洋研究所博士学位论文

周毅, 杨红生, 何义朝, 等. 2002a. 四十里湾几种双壳贝类及污损动物的氮、磷排泄及其生态效应. 海洋与湖沼, 33(4): 424-431

周毅, 毛玉泽, 杨红生, 等. 2002b. 四十里湾栉孔扇贝清滤率、摄食率和吸收效率的现场研究. 生态学报, 22(9): 1455-1462

Aller R C, Mckin J E, Ullman W J, et al. 1985. Early chemical diagenesis, sediment-water solute exchange, and storage of reactive organic matter, near the mouth of Changjiang, East China Sea. Continent al Shelf Research, 4(1/2): 227-251

Berner R A. 1980. Early Diagenesis, A Theoretical Approach. Princeton: Princeton University Press

Boudreau B P. 1997. Diagenetic Models and Their Implementation: Modelling Transport and Reactions in Aquatic Sediments. Berlin: Springer Verlag

Brzezinski M A. 1985. The Si: C: N ratio of marine diatoms: interspecific variability and the effect of some environmental variables. Journal of Phycology, 21(3): 347-357

Gontier G, Gerino M, Stora G, et al. 1991. A new tracer technique for in situ experimental study of bioturbation process. In: Kershaw P J, Woodham D S. Radionuclides in the Study of Marine Processes. Elsevier: Applied Science: 187-196

Hall P O J, Hulth S, Hulthe G, et al. 1996. Benthic nutrient fluxes on a basin-wide scale in the Skagerrak(North- Eastern North Sea). Journal of Sea Research, 35(1-3): 123-137

Jenkins M C, Kemp W M. 1984. The coupling of nitrification and denitrification in two estuarine sediments. Limnology and Oceanography, 29: 609-619

Jensen K, Sloth N P, Risgaard-Petersen N, et al. 1994. Estimation of nitrification and denitrification from microprofiles of oxygen and nitrate in model sediment systems. Applied and Environmental Microbiology, 60(6): 2094-2100

Jones S E, Jago C F. 1993. *In situ* assessment of modification of sediments properties by burrow invertebrate. Marine Biology, 115: 133-142

Kasim M, Mukai H. 2006. Contribution of benthic and epiphytic diatoms to clam and oyster production in the Akkeshi-ko estuary. Journal of Oceanography, 62: 267-281

Kautsky N, Wallentinus I. 1980. Nutrient release from a Baltic Mytilus-red algal community and its role in benthic and pelagic productivity. Ophelia, Sup. 1: 17-30

Lindahl O, Hart R, Hernroth B, et al. 2005. Improving marine water quality by mussel farming: A profitable solution for Swedish society. Ambiology, 34(2): 131-138

Lindqvist S, Norling K, Hulth S. 2009. Biogeochemistry in highly reduced mussel farm sediments during macrofaunal recolonization by *Amphiura filiformis* and *Nephtys* sp. Marine Environmental Research, 67(3): 136-145

Liu S M, Zhang J, Chen H T, et al. 2005. Factors influencing nutrient dynamics in the eutrophic Jiaozhou Bay, North China. Progress in Oceanography, 66: 66-85

Liu S M, Li X N, Zhang J, et al. 2007. Nutrient dynamics in Jiaozhou Bay. Water, Air and Soil Pollution: Focus, 7(6): 625-643

Lohrer A M, Thrush S F, Gibbs M M. 2004. Bioturbators enhance ecosystem function through complex biogeochemical interactions. Nature, 431(7012): 1092-1095

Mackin J E, Aller R C. 1984. Ammonium absorption in marine sediments. Limnology and Oceanography, 29: 250-257

Mortimer R J G, Davey J T, Krom M D, et al. 1999. The effect of macrofauna on porewater profiles and nutrient fluxes in the intertidal zone of the Humber Estuary. Estuarine, Coastal and Shelf Science, 48(6): 683-699

Rhoads D C. 1963. Rates of sediment reworking by Yoldia limatula in Buzzards Bay, Massachusetts, and Long Island Sound. Journal of Sedimentary Research, 33(3): 723

Rhoads D C. 1974. Organism-sediment relations on the muddy sea floor. Oceanography and Marine Biology: An Annual Review, 12: 263-300

Seeberg Elverfeldt J, Schlüter M, Feseker T, et al. 2005. Rhizon sampling of pore waters near the sediment / water interface of aquatic systems. Limnology and Oceanography: Methods, (3): 361-371

Sundby B, Gobeil C, Silverberg N, et al. 1992. The phosphorus cycle in coastal marine sediments. Limnology and Oceanography, 37(6): 1129-1145

Tahey T M, Duineveld G C A, Berghuis E M, et al. 1994. Relation between sediment-water fluxes of oxygen and silicate and faunal abundance at continental shelf, slope and deep-water staions in the northwest Mediterranean. Marine Ecology Progress Series, 104: 119

Welsh D T, Castadelli G. 2004. Bacterial nitrification activity directly associated with isolated benthic marine animals. Marine Biology, 144(5): 1029-1037

Wenzhofer F, Glud R N. 2004. Small-scale spatial and temporal variability in coastal benthic O-2 dynamics: Effects of fauna activity. Limnology and Oceanography, 49: 1471-1481

Widdows J, Brinsley M D, Bowley N. 1998. A Benthic annular flume for in situ measurement of suspension feeding/biodeposition rates and erosion potential of intertidal cohesive sediment. Estuarine Coastal Shelf Science, 46: 27-38

Yoshiyuki N, Fatos K. 2000. Effect of filter-feeding bivalves on the distribution of water quality and nutrient cycling in a eutrophic coastal lagoon. Marine System, 26: 209-210

第 12 章　渤海生态动力学水层-底栖耦合模式的研究

人口增长、经济发展、资源开发以及全球环境变化等因素使人类的生存空间面临前所未有的压力。近海水体的富营养化、赤潮的频发、生物多样性的减少、鱼病突发，以及灾害性事件等所造成的经济损失和对环境、资源的破坏，使人们普遍意识到海洋生态，特别是近海生态对于人类生存与发展的重要性。现代海洋学从建立的初期就已经决定了它的性质：物理、生物、化学、地质等多学科交叉的综合应用科学。随着海洋调查、观测的进行，人们对海水运动、生物种群、地质地貌和海水成分等问题了解得加深，海洋学家们不再满足于对现象直观描述性的理解，从而开始了对各种过程机制的研究和探讨。作为海洋学的一个分支，海洋生态学是"研究海洋生物与其环境相互作用的科学"（杨纪明，1994），动态的和定量的研究是其发展的必然趋势。为了获取海洋生态系统连续演变图像，建立基于生态系统的能流、物流分析的动力学模型和进行数值的模拟，已成为海洋生态学研究的最重要方面之一（吴增茂和俞光耀，1996；吴增茂等，1996）。

水层-底栖生态耦合的动态分析是深入系统地了解海洋生态系统结构与功能的启动点，也是在区域尺度上或更大时空尺度上开展生态动力学和生物资源补充机制研究的核心内容之一。众所周知，由太阳能和营养盐驱动的海洋植物的初级生产启动了海洋中的啃食食物链，颗粒性有机物质（POM）通过生物泵、湍流和平流输运及沉降到海底表面，推动了海洋中的另一条食物链——主要是沉积型的碎屑食物链。海洋生态系统通过能流和物流的传递而将水层系统与底栖系统耦合为一体，因此建立水层-底栖生态耦合动力学模型和进行生态过程动态模拟研究，是海洋生态动力学及生物资源可持续利用研究的主要手段，特别是为陆架浅海资源开发与管理提供重要科学依据（张志南，2000）。

渤海是一个半封闭海区，平均水深 18 m，面积约 7.7×10^4 km^2。南北长约 55 万 m（37°00′~41°00′ N），东西宽约 34.6×10^4 m（117°30′~126°00′ E），通常被分为莱州湾、渤海湾、辽东湾和渤海中部 4 部分。渤海拥有众多的入海河流，如黄河、辽河、海河等，是多种经济鱼虾、贝类产卵捕食的重要场所。但近 30 年来，渤海的生态环境、生物多样性和种群结构等都发生了很大的变化，导致经济产值下降，甚至是赤潮频繁发生，这已引起了国家和周边人民的高度重视。在国家自然科学重点基金项目（40730847）的支持下，对黄河口（2006 年 11 月）以及渤海大部分区域（2008 年 8 月）的生态环境进行了 2 次深入调查研究，获得较为丰富的资料；此前，1998~1999 年，中-德合作进行了 2 次大规模的类似调查。本章内容利用这些调查数据，结合历史资料及相关文献，利用多箱模型对渤海水层-底栖耦合生态系统进行模拟研究。揭示海洋生态系统能流、物流结构和各海区生态变量的季节变化特征。

12.1 海洋生态系统与动力学模型

12.1.1 海洋生态系统

1. 海洋生态系统的定义

英国生态学家 Tansley（1935）首先提出了生态系统的概念，强调系统中生物和非生物组分在结构上和功能上的统一。海洋生态系统是指在一定的海域内，生物成分和非生物成分通过物质循环和能量流动的相互作用而构成生态学功能单位。海洋生态系统的非生命部分主要包括：处于物质循环中的各种无机物质，如氮、磷、氧、二氧化碳、水和各种无机盐等；有机化合物，包括蛋白质、糖类、脂类和腐殖质等；气候因素，主要有太阳辐射能、气温、湿度、风和降水等；另外还包括水温、盐度、碱度、海水深度、潮汐、海流、水团以及不同海底的地质状况等海洋环境因素。生态系统中的生命部分可分为生产者、消费者和分解者三大功能类群。海洋生态系统中的生产者是指所有海洋中的自养生物，包括水层中的浮游植物、自养细菌和各种附着在浅海底的底栖藻类。这些生物可以通过光合作用把太阳辐射能转化为化学能，储藏在有机物中，从而启动海洋食物链，为消费者和分解者提供能量来源。生态系统中的消费者是指以各种动、植物及细菌类为食物的动物，根据食物种类的不同可分为植食动物、肉食动物、杂食动物、食碎屑者和寄生生物。分解者是生态系统中的重要组成部分，它可以将动植物死亡后的残体分解为无机物释放到环境中，供生产者重新吸收和利用（冯士筰等，1999）。

2. 海洋生态系统的基本特征

作为一个独立的生态系统单位，海洋生态系统具有以下基本特征：

（1）高度多样性和复杂性

由于海洋生物和栖息环境（化学的、物理的）的高度多样性，海洋生态系统也表现了结构、功能和类型的多样性和复杂性，非线性过程时期最基本的和主导过程（吴增茂和俞光耀，1996；吴增茂等，1996）。生态系统的多样性是最高层次的生物多样性，与生物圈内生境、生物群落和生态过程等的多样化有关，也与生态系统内部生境差异和生态过程的多样性所引起的及其丰富的种群多样化有关（冯士筰等，1999）。

（2）自组织作用

生态系统是一个具有自我调节能力的自组织系统，主要表现在能够自动地将无序状态转变为有序状态。生态系统中各种过程及其子过程的相互作用都可以通过或正或负、直接或间接的反馈来进行调节，使其结构达到有序化（吴增茂和俞光耀，1996）。通常情况下，生态系统能在很大程度上克服和消除外来干扰，保持自身的稳定和有序。然而当外来的干扰超过一定的限度，生态系统的自我调节能力就会受到损害，引起生态失调，进而导致生态危机（冯士筰等，1999）。海洋赤潮就是其中一例，城市污水、工业废气物以及农业上过量的化肥的排放导致海水富营养化，从而引起海洋植物种类组成发生变化,致使某些单细胞藻类暴长,造成低氧或缺氧环境,引发大量鱼类和无脊椎动物的死亡,更为严重的还可导致底栖生物群落结构发生变化。

(3) 开放性

开放性是生态系统的又一基本特征,生态系统的各个层次之间和系统内各界面间,以及系统与周围环境之间都存在着物质、能量和信息的交换(Blackford and Radford,1995)。海洋生态系统通过海-气、海-陆以及海-底界面与全球气候变化产生相互影响。

海洋生态系统研究是由观测实验研究、理论研究以及应用管理研究 3 个部分组成,是生物海洋学、化学海洋学与物理海洋学等学科的相互交叉与综合的研究。海洋生态研究的最终目的是了解其动态变化及内在机制,为海洋的可持续发展与海洋生物资源的可持续利用提供科学依据(唐启升和苏纪兰,2000;唐启升等,2005)。

3. 海洋生态系统的研究历史及现状

海洋生态系统的研究已有 100 多年的历史。但前期主要是描述性的研究,人类开始认识到海洋生态系统与自身利益密切相关并进行定量系统的研究起始于 20 世纪 50 至 60 年代。60 年代以来,有关海洋生态系统结构、功能、食物链和生物生产力等方面的研究才逐渐增多(Steele,1962,1974;Eppley,1972;Steele and Henderson,1976;Jørgensen,1979;Baretta and Ruardij,1988)。60 年代后,气候异常和人类生存环境与资源状况不断恶化,引起了各国政府和人民的高度重视。70 年代中期提出了世界气候研究计划(WCRP),在 1986 年提出了国际地圈生物圈研究计划(IGBP),并相继提出了一系列具体研究计划,如热带海洋与大气计划(TOGA)、世界海洋环流实验(WOCE)、全球海洋通量联合研究(JGOFS)、海洋科学与生物资源计划(OSLR)、海岸带陆海相互作用(LOICZ)、全球海洋真光层研究(GOEZS)和全球海洋观测系统(GOOS)等,这些计划包含了大量的海洋生态系统的研究,而且在这些计划的发展过程中,人们进一步认识到海洋物理过程与生物资源变化是密不可分的,海洋生物资源的变动并非完全受捕捞的影响,全球气候波动也是一个非常重要的原因,海洋生物活动又通过"生物泵"影响全球碳循环,进而导致全球气候的波动。1991 年政府间海洋学委员会(IOC)、国际海洋研究科学委员会(SCOR)、国际海洋考察理事会(ICES)和国际北太平洋海洋科学组织(PICES)等联合发起了"全球海洋生态系统动力学研究计划"(GLOBEC),并于 1995 年遴选为国际地圈生物圈计划(IGBP)的核心计划。2003 年,IGBP 和 SCOR 联合制定了一个新的全球海洋系统的"海洋生物化学和生态系统的整体研究"计划 IMBER,侧重研究与地球系统和全球变化紧密联系的海洋生物地球化学循环和海洋食物网的相互作用,寻求气候和海洋生物化学过程对海洋生态系统影响的全面了解。随着这些计划的实施,海洋生态系统的研究变得异常活跃,并进入强调"动力学"研究的时期(吴增茂和俞光耀,1996a;王辉,1998),海洋生态系统的模型研究成为一个非常重要的方面(刘桂梅等,2003)。

我国在海洋生态系统方面的研究起始于 20 世纪 60 年代后期。80 年代开始了侧重于基础性调查研究的工作,如"胶州湾生态学和生物资源"(1980~1983 年)、"渤海水域渔业资源、生态环境及其增殖潜力的调查研究"(1981~1985 年)、"三峡工程对长江口生态系的影响"(1985~1987 年)、"闽南-台湾浅滩渔场上升流区生态系研究"(1987~1990 年)和 1992~1995 年的"渤海增殖生态基础调查研究"等,并取得了一批非常宝贵的研究成果(邹景忠等,1983;郭玉洁和杨则禹,1992;翁学传等,1992;吕瑞华,1993;崔毅等,1994;宁修仁等,1995;朱鑫华等,1996;焦念志等,1998),这些工作为开展近海生态动力学研究奠定坚实的基础。我国于 1992 年进入 GLOBEC 国际指导委员会,在积极参与国际 GLOBEC 计划和北太平洋 GLOBEC 区域计划发展的同时,努力推动中国 GLOBEC 的发展(唐启升等,2005)。1994 年在国家自然科学基金委员会支持下,开展了我国海洋生态系统动力学发展战略研究,着手制订我国海洋生态系统动力学发展规划。1995 年成立了 SCOR 中国 GLOBEC 科学指导委员会和 IGBP 中国 GLOBEC 科学工作组。1996 年国家自然科学基金委员会启动了"渤海生态系统动力学与生物资源持续利用"重大项目,以渤海为研究区域,开展对虾早期生活史与栖息地关键过程、浮游动物种群动力学、食物网营养动力学和生态系统动力学模型等方面的研究,为深入研究近海生态系统奠定了良好的基础。2004 年完成的国家重点基础研究发展计划项目:"东、黄海生态系统动力学与生物资源可持续利用(1999~2004 年)",目的在于发展我国在陆架浅海生态系统动力学的理论体系,为解决我国在近海海洋可持续发展过程中出现的资源与环境问题,及建立新的管理体制提供科学依据。该项目的实施使我国海洋生态动力学方面的研究进入了一个新的阶段。

12.1.2 海洋生态动力学模型

1. 海洋生态动力学模型的定义

模型就是针对某个系统或过程的简化描述和抽象,通过模型来模拟过去,还可以预测未来(王辉,1998)。海洋生态模型是将有机组织的层次、分布、丰度和生产力扰动与食物条件、摄食关系及非生物环境的演变联系起来的一种有效方法,是将物理、生物、化学过程定量化的一种途径(吴增茂和俞光耀,1996a;魏皓等,2001)。其最终目的在于揭示海洋生态系统变化的机制,模拟和预测它的变化,为维持海洋生态系统的健康发展和重建提供科学的依据和决策。

2. 海洋生态动力学模型的研究方法和建模原则

海洋中的生物和化学过程与物理过程最明显的不同之处在于能量转变过程的时空差异性和多样性。就物理海洋模型而言,虽然还无法从数学模型上精确地描述海水湍流混合过程,但控制海水运动和温、盐变化的方程组却适用于任何海域。与物理过程相比,海洋生物、化学过程要复杂得多,控制生态系统的生物过程在不同的海域存在着明显的差异,即使在某个固定海域,生物的多样性以及食物层次间的时空变化都会造成模型自身复杂化。因此,严格地说,不存在一个适用各海域的海洋生态动力学模型。虽然原则上不存在适用于各海域或大湖的生态模型,但建模过程和数值模拟仍有程序可寻(张素香等,2006)。建模和数值模拟研究中应遵循以下原则(吴增茂和俞光耀,1996a):

1) 研究的内容应包括系统中的全部的基本生物学方面及其与环境相互作用方面的组合。

2）要有合适的空间和时间分辨率，并且生态系统模拟研究既要进行物质平衡诊断又要进行系统演变预测分析。

3）纯理论的概念化的东西应避免使用，除非已经过实验资料检验，并且证明其是有效的。

4）最好采用显式的手法与灵活的数学技巧，也就是说，模型中使用的数学公式必须能再显已知的过程，而不是臆断一个数学公式去表现一个系统的某种行为。

5）生物量平衡和营养动力学的计算应以顶级捕食者开始，并且可将这些顶级捕食处理为系统的强迫函数。

遵循以上原则前提下，建模的过程大体上可归为以下几个步骤（张素香等，2006）：

1）确定模型结构、变量及作用力，研究的内容应包括系统中的全部的基本生物学方面及其与环境相互作用方面的组合。

2）选试生物过程的经验公式，纯理论的概念化的东西应避免使用，除非已经过实验资料检验，并且已证明其是有效的。

3）选择生物参数，时间、空间的调查、实验结果作为首选，在不具备这个条件的前提下，遴选注意时空的相似性。

4）验证稳定性和参数的敏感性，要有合适的空间和时间分辨率，并且生态系统模拟研究既要进行物质、能量平衡诊断又要进行系统演变预测分析。

3. 海洋生态动力学模型的结构特征和分类

由于海洋生物物种多样性及生态环境的多样性，决定了在不同营养层次及生物种群间相互作用，以及物流、能流、信息流交换过程的复杂性。因此海洋生态动力学模型都具有非常复杂的结构特征（吴增茂和俞光耀，1996）：

（1）非线性动力学特征

由于生态系统中各主要子过程，如竞争、共生、捕食与被捕食等过程都具有非线性动力学的特征，因此也就决定了非线性过程是生态动力学模型中的基本的主导过程。

（2）具有层次性

生态系统各层次之间及系统内各界面间，以及系统与环境间都存在着物质、能量和信息的交换，所以说具有层次性是生态动力学模型的另外一个基本特征。

由于海洋生态动力学模型的结构特征以及物理环境场及生物条件的不同，因此形成了一系列特定的生态系统动力学模型。海洋生态系统动力学模型的分类方法很多，可以依据科学目的、研究对象的时间与空间特征以及数值求解方法等的不同予以分类。由于生态系统具有层次性，因而也可依据模型中作为状态变量研究的最高的营养层次来分类（张素香等，2006）。

从涉及浮游动物不同研究层次来划分有如下几种模型：

（1）过程模型

最初广泛应用于种群动力学的模型有许多可以看作是过程模型。这种模型主要用来解决生物个体的生理机能或生理参数和生物功能间的关系,以回归方程、直线或曲线表示。特点是能较好地反映数据样本的统计特征,用来确定表达率及确定性模型所需参数。但往往难以刻画生物过程的动力学规律。

(2) 个体模型

个体模型、种群模型和种间模型这三种模型分别以个体、个体的集合体、不同生物种类为研究对象。个体模型通常用来计算个体能量收支和生长。为了更好地与实际相结合,通常在个体模型基础上建立种群模型,即把种群看成是个体的集合体,每个个体用它自身的变量、年龄、大小、重量等表示。这种模型与物理模型相耦合,计算量大,通常被用来模拟某一种类的形态、生长及发展的变化,也可以模拟在物理条件影响下的运动轨迹。种间模型是增加了其他生物种类,用于研究不同种类之间的相互捕食等关系。

(3) 系统模型

生态系统模型近几年出现的很多,更趋于物理、化学与生物相结合。主要研究系统内能量流动、物质循环和信息流及其稳态调节机制。另外一种海洋生态系统动力学模型研究重在突出物理与生物相互作用机制研究对复杂的生态系统动力学的影响。最简单的包含浮游动物的生态系统模型仅含有 3 个变量:营养盐(N)、浮游植物(P)、浮游动物(Z),也称为 NPZ 模型。

从所研究生态系统的空间处理来划分有如下四种模型。

(1) 箱式模型

把所研究的区域按照一定的水文及生态特性,在空间上划分为一个或多个子空间,构成"箱子"。在箱子内部所有生态变量是均匀的,箱子之间及箱子与外界通过物质交换量来联结。以此方式建立起来的模型就是箱式模型。箱式模型的优点是简便易行,便于对区域海洋生态系统进行管理提供科学依据。缺点是不便于进行动力机制研究。且一般空间分辨率缺失或较低,这一方法一般适用于半封闭海湾或区域海等。

(2) 一维模型

一般是指对于海洋生态系统某点的垂向建立模式,进行生态特征的模拟。这一方法特别适宜于生态系统的变量水平方向变化不甚明显的海区或开阔的大洋区域,有时对揭示某一区域生态主要变量的年变化的主要控制因素非常有用。

(3) 二维模型

通常是指在水平二维空间内所建立的模型,也可包括像河口宽度平均的模型,海洋生态系统通常有显著的水平变化特征,如浮游植物的斑块分布就是一例,使用二维模型对此类问题非常有效。

(4) 三维模型

三维模型是生态系统建模的高级阶段,可以模拟生态系统在三维空间的分布特征。

由于所需基础资料和对过程的认识较多,因此一般比较复杂,现在三维模型仍处在刚开始发展阶段。

4. 海洋生态模型研究历史及现状

海洋生态系统模型产生于1949年,Riley等(1949)耦合了浮游植物和浮游动物的变化方程,建立了西北大西洋的食物链模拟模型,这一有效尝试大大推动了海洋生态系统研究的发展。从20世纪50年代末到80年代生态模式有了很大的发展,而且这一阶段混合层生态系统模型占主导地位。1958年Steele开始了混合层箱式生态系统模型的研究工作,该模型假定混合层内生物是均匀的。此后,Platt等(1981)及Evans和Parslow(1985)在混合层的P-Z-N模式也做了大量的工作。Lassen和Nielsen(1972)建立了一个简单的初级生产力数学模型,并将其应用于北海的生态系统研究。Kremer和Nixon(1978)建立一个Narragansett湾的海洋生态系统模型,模型主要强调碳的通量研究。Fasham等(1990)建立了一个包含浮游植物、浮游动物、细菌、营养盐氮及碎屑的混合层模式,并耦合了Princeton北大西洋环流模式,研究了浮游植物和氮在海洋混合层中的循环。首先在模型中考虑水层与底栖生态系统关系的是Steele,于1974年发表了关于浮游生物食物链和水层底栖渔业关系的北海模型。之后,Baretta和Ruardij(1988)建立了一个应用于荷兰EMS河口的生态模型,模型中包括水层、底栖、沿岸浅海底生态系统3个子模型,系统地考虑了水层与底栖生态系统的相互耦合作用。

到20世纪90年代,随着计算机的发展,海洋生态动力学的研究进入了一个异常活跃的阶段,而且在模型中开始考虑完整的生物过程和复杂的物理过程,此时的生态动力学模型开始向两个方向发展,一个方向是侧重于生物过程的细节和各生物过程的相互作用,考虑完整的水层和底栖生态系统的耦合;另一个方向是侧重于复杂的物理过程对海洋生态系统的影响,多为三维物理-生物耦合生态模型,而且此类模型一般不考虑水层与底栖的耦合作用。

最具代表性的是欧洲北海的ERSEM生态模型(Blackford and Radford,1995;Ruardij and Roaphorst,1995;Beukema and Baratta,1995;Varela et al.,1995),由北海周边国家丹麦、英国、德国、西班牙等7个国家联合研制,是水层-底栖耦合生态模型的代表。该模型描述了水层和底栖生态系统相互作用,模型分为浮游、底栖和输运3部分,并将北海分为15个箱子,包含了浮游植物、浮游动物、营养盐、底栖生物和鱼类等50多个生态变量。底栖系统分为3层,并考虑了生物扰动的作用。模式中生物组分以功能群的形式表示。物理场由实测资料驱动的三维斜压水动力模型(POM)而得。在ERSEM I的基础发展的ERSEM II(Lenhart et al.,1997;Blackford,1997),考虑了更为详尽的生态变量和生物过程。将北海分为130个箱子,其中85个含有底栖界面;同样以POM驱动;考虑了太阳辐射、温度、悬浮物质和河流输入的控制作用;在北部区域,据夏季的温度层化现象将箱子分为两层。Petihatis等(1999)对该模型作了少许改进,模拟了1995年4月至1996年6月地中海潟湖的营养盐动力学,取得了很好的模拟结果。此外,Radford(1994)利用普利茅斯海洋实验室建立的包括15个功能群,150个独立的生物过程的水层-底栖耦合箱式生态模型,模拟了Bristol海峡和Sever河口的浮游植物、浮游动物、硝酸盐及盐度10年间的变化。

进入21世纪，海洋生态系统模型的研究工作有更进一步的发展，开始向三维水层-底栖耦合方向发展。Franks 和 Chen（2001）将一个简单的 P-Z-N 水层生态模型耦合一个复杂的 M_2 潮强迫的三维物理模型，模拟了缅因湾浮游植物和营养盐型的分布。Azumaya 等（2001）分别利用一维和三维的 P-Z-N-D 模型，研究了水体垂向垂直稳定性和营养盐浓度对日本 Funka 湾 1981 年春季硅藻水华的作用；结果表明，由于加热作用引起的水体稳定性对 Funka 湾硅藻水华的发生起着非常重要的作用，另外还发现此次硅藻水华的限制因子是硝酸盐而非硅酸盐。Gregoire 和 Lacroix（2001）利用一个简单的 P-Z-N-D 生态模型与三维水动力模型相结合，研究黑海溶解氧和氮的收支，并量化分析了特殊物理-生物-化学过程对水-气交换的作用。在对日本三河湾和东京湾的研究过程中，Sohma 等（2000，2001，2008）逐步建立了一个三维水层-底栖耦合生态模型 ECOHYM；该模型将氧、碳、氮、磷的循环过程进行耦合，主要生态变量有浮游植物、浮游动物、氮、磷、溶解氧、碎屑和底栖营养盐及悬浮和沉积摄食者；主要物理过程包括物质的输运、由海水流速引起的涡动黏滞性和底栖系统的平流扩散及生物扰动。

我国在海洋生态系统动力学方面的研究起步较晚。徐永福（1993）曾使用一个浮游生态模型描述了发生在海洋上层的生物过程。Cui 等（1997）利用一个包括浮游植物、浮游动物、细菌及营养盐为状态变量的生态模型模拟了春季东中国海生态系统的变化。Gao（1998）利用一个包括浮游植物、浮游动物、营养盐和碎屑 4 个状态变量的浮游生态系统模型模拟了渤海不同区域初级生产力的年变化。俞光耀等（1999）和吴增茂等（1999）建立了胶州湾北部水层模式并对胶州湾生态系统的年变化进行了模拟分析。魏皓、赵亮等（魏皓等，2001，2003；赵亮等，2002；Wei et al.，2004b；Zhao and Wei，2006）在 Moll（1998）建立的浮游生态系统磷循环模式——ECOHAM1 的基础上，加入氮循环，并考虑了浮游植物、无机氮、磷和沉积物碎屑来研究氮、磷营养盐的循环规律，并利用该模式模拟了渤海氮磷营养盐循环，估算了它们的收支情况。田恬等（2003）将此模型移植到对黄海的研究中，模拟了黄海无机氮、活性磷酸盐和叶绿素的年循环规律，估算了黄海营养盐的收支情况和季节差异。刘哲（2004）将该模型应用到对胶州湾生态系统的研究中，模拟了该海域与富营养化密切相关的水体交换与营养盐收支过程。

但是，国内大多数的研究工作是围绕着水层生态系统而进行的，对于水层-底栖耦合方面的研究相对缺乏。水层-底栖生态系统的耦合的模型研究首先应用于养虾池的生态演变过程（翟雪梅和张志南，1998），模式中浮游和底栖生态系统的耦合主要通过 POC 的沉降、沉积物营养盐的溶出和生物扰动来实现的。吴增茂等（2001）建立了胶州湾生态系统的水层-底栖耦合的生态模式，并成功模拟了胶州湾生态系统 13 个生态变量的季节变化，这是国内第一个水层-底栖耦合生态系统模型，为我们深入开展浅海水层-底栖耦合生态系统模型研究积累了经验和知识。在此基础上，张新玲等（张新玲，2002；Zhang et al.，2006）建立了渤海多箱模型，将渤海分为 6 个区域，对其水层-底栖耦合生态系统的动力学特征及其演变进行了模拟分析。万小芳、李杰等（万小芳，2003；Wan et al.，2005；李杰，2005；李杰等，2006）建立了黄海冷水团水层-底栖耦合垂直一维模型，对该海域生态系统各生态变量垂向结构的季节变化特征、物流能流结构特征、微食物环的贡献、营养盐的收支循环、初级生产力和新生产力等问题进行了比较系统的研究。在此基础上，本章对渤海水层-底栖生态动力学多箱模型进行调整，结合2006年11月和2008年8月的两次调查结果以及近年来的观测资料。分别对1998年9月至1999年8月和2008年8月至2009年7月两个时段渤海水层-底栖生态动力学过程进行模拟研究，比较分析两时段内各生源要素季节变化过程的异同，进一步探讨渤海水层-底栖生态系统的动力学特点和演变机制。

12.2 渤海水层-底栖耦合生态系统多箱模型

12.2.1 模型介绍

1. 模型特点

（1）基本变量

渤海水层-底栖耦合生态系统多箱模型（张新玲，2002；Zhang et al.，2006），是在胶州湾北部水层模型（俞光耀等，1999；吴增茂等，1999）和水层-底栖耦合单箱模型（吴增茂等，2001）的基础上建立起来的，分为水层和底栖生态系统两部分，通过沉降和再悬浮过程考虑了二者之间的耦合。其中，水层生态系统模式中主要考虑了浮游植物（P）、浮游动物（Z）、颗粒有机碳（POC）、溶解有机碳（DOC）、总无机氮（TIN）、总无机磷（TIP）和溶解氧（DO）7个生态状态变量；底栖部分包括大型底栖生物（MacroB）、小型底栖生物（MeioB）、底栖细菌（Bbac）、沉积物碎屑（Det）、间隙水中的总无机氮和总无机磷（BTIN、BTIP）（图12-1）。

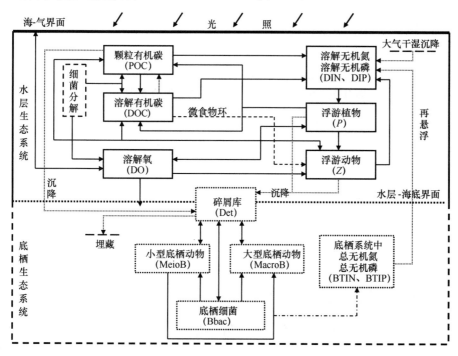

图12-1 渤海水层-底栖耦合模型能流结构框图

(2) 网格设置

渤海是一个典型的陆架浅海,平均水深只有18.7m,而且海区的气象扰动非常频繁,海水的垂直混合比较剧烈,物理、生物、化学等要素在垂直方向基本上呈均匀分布。对本节研究所涉及的海温观测资料进行综合分析的结果显示:渤海秋季无温跃层出现,春季除了在渤海海峡口外存在强温度跃层外,其他区域没有明显跃层出现。综合以上两因素,模型中不进行垂向分层,根据渤海的自然分区,只在水平方向划分为6个箱子(莱州湾、渤海湾、辽东湾、渤海海峡、渤海中西部和渤海中东部)(图12-2),考虑了箱子与箱子之间的侧边界通量交换。

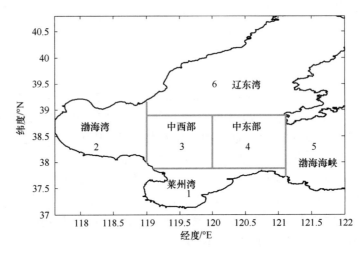

图12-2 渤海水层-底栖耦合生态系统模型分区图

(3) 微食物环

众多观测结果表明(焦念志和肖天,1995;肖天,2000;肖天和王荣,2003),包括渤海在内的中国近海年际次级生产与初级生产有着很高的比值(高于0.2),微食物环在近海生态系统能量转换中起着重要作用。在模型中,通过一个简单的参数化方案将微食物环的作用加到动力方程中。

2. 模型方程

(1) 水层生态系统亚模型

A. 浮游植物(P:mgC/m^3)

浮游植物作为渤海水层-底栖耦合生态系统的主要初级生产者,通过光合作用增殖;同时,新陈代谢(细胞外分泌和呼吸作用)、死亡(被浮游动物捕食和自然死亡)和沉降是浮游植物主要的消耗过程。

$$\frac{dP}{dt} = B_1 - B_2 - B_3 - B_4 - B_6 - B_7 + Q_{adv} \quad (12\text{-}1)$$

1) B_1——光合作用增殖。光合作用与水温（T），营养盐浓度（DIN、DIP）及光照强度（I）有关：

$$B_1 = a_1 \times V_1(T) \times \mu_1(\text{DIP}, \text{DIN}) \times \mu_2(I) \times P \tag{12-2}$$

式中，a_1 为浮游植物最大生长速率。

水温（T）对光合作用的限制以高斯概率曲线表示：

$$V_1(T) = \begin{cases} \exp\left[-\text{KTG}_1(T-\text{TM}_1)^2\right] & T \leqslant \text{TM}_1 \\ 1 & \text{TM}_1 < T < \text{TM}_2 \\ \exp\left[-\text{KTG}_2(T-\text{TM}_2)^2\right] & T \geqslant \text{TM}_2 \end{cases} \tag{12-3}$$

式中，TM_1，TM_2 为光合作用最适温度的上、下限；KTG_1、KTG_2 分别为水温低于 TM_1 或高于 TM_2 时对光合作用的影响系数。

根据 Michaelis-Menton（M-M）关系（Dugdale，1967），光合作用生长率营养盐的限制系数为

$$\mu_1(\text{DIP}, \text{DIN}) = \min\left(\frac{\text{DIN}}{K_\text{N} + \text{DIN}}, \frac{\text{DIP}}{K_\text{P} + \text{DIP}}\right) \tag{12-4}$$

式中，K_N、K_P 分别为营养盐氮、磷的半饱和常数。

光限制采用 Steele（Steele，1962；Radach，1983）函数：

$$\mu_2(I) = \frac{I}{I_\text{opt}} \exp\left(1 - \frac{I}{I_\text{opt}}\right) \tag{12-5}$$

式中，I_opt 为光合作用最适光强；I 为有效辐照强度，是海面太阳辐射（I_0）和海水消光系数（K_ext）的函数（Beer-L Law）：$I = I_0 e^{-K_\text{ext} \times Z}$，$Z$ 为海平面以下海水深度。箱式模型考虑的是每个箱体的平均状态，因而 Z 取海水透光层的平均深度：$Z = 0.7 \times S$，S 为海水透明度。影响消光系数的主要因子有纯水的消光性质、浮游植物的自遮以及悬浮物质等其他因素引起的消光。在本书中，消光系数采用 Radach（1983）表达式：

$$K_\text{ext} = K_0 + K_1 \text{Chla} + K_2 \sqrt[3]{\text{Chla}^2} \tag{12-6}$$

2) B_2——浮游植物细胞外分泌。

$$B_2 = \mu_3(P) B_1, \quad \mu_3(P) = 0.135 \exp(-0.00201 \text{Chl}_C) \times P \tag{12-7}$$

式中，Chl_C 为浮游植物叶绿素与碳含量的比值。

3) B_3——呼吸消耗。

$$B_3 = V_3(T) \times P, \quad V_3(T) = a_2 \exp(b_2 T) \tag{12-8}$$

式中，a_2 为浮游植物的呼吸速率；b_2 为温度系数。

4) B_4——浮游动物摄食。浮游动物对浮游植物的摄食是初级生产力向高营养级传递的起始，过程的准确描述对生态系统的模拟具有至关重要的作用，因而受到很

多学者的重视，提出了不同的描述方式（高会旺，1998），如最简单的线性关系 $B_4 = bPZ$（Klein and Steele，1985），Mechaelis-Menten 关系式 $B_4 = G_m Z \dfrac{P}{P+h}$（Fasham et al.，1990；Radach，1983）和 Ivlev 关系式（Franks et al.，1986）。在本书中采用 Ivlev 函数形式：

$$B_4 = V_4(T,P) \times Z, \quad V_4(T,P) = G_m Q_{10}^{(T-10)/10} \left[1 - e^{-\lambda(P-P_0)}\right] \quad (12\text{-}9)$$

式中，λ 为 Ivlev 常数；P_0 为饵料的阈值浓度。

5）B_6——浮游植物死亡

$$B_6 = V_6(T) \cdot P, \quad V_6(T) = a_4 \exp(b_4 T) \quad (12\text{-}10)$$

式中，a_4 为浮游植物死亡速率；b_4 为温度系数。

6）B_7——浮游植物沉降。

$$B_7 = W_p \dfrac{\partial p}{\partial z} \quad (12\text{-}11)$$

式中，W_p 为沉降速度。

B. 浮游动物（Z：mgC/m^3）

浮游动物的个体差异较大，本研究中将所有的浮游动物作为一个功能群来考虑。与浮游动物有关的生物过程主要有：对浮游植物和颗粒有机物的摄食、排粪、排泄、呼吸、自然死亡，以及其他原因造成的死亡。

$$\dfrac{dZ}{dt} = B_4 + B_{Zpoc} + B_5 - B_8 - B_9 - B_{10} - B_{11} + Q_{adv} \quad (12\text{-}12)$$

1）B_{Zpoc}——浮游动物对 POC 的摄食。浮游动物的食物主要来源于浮游植物和海水中的颗粒有机物质，但它对二者的摄食率和同化率相差很大。已有研究证明，在食物资源丰富的情况下，浮游动物更倾向于摄食有生命的物质（浮游植物）。在本模型中，将二者分开考虑。浮游动物对 POC 的摄食同样采用 Ivlev 函数形式：

$$B_{Zpoc} = V_{Zpoc}(T,P) \times Z, \quad V_{Zpoc}(T,P) = G_{Zpoc} Q_{10}^{(T-10)/10} \left[1 - e^{-\lambda(POC-POC_0)}\right] \quad (12\text{-}13)$$

式中，G_{Zpoc} 为浮游动物对 POC 的最大摄食率；λ 为 Ivlev 常数；POC_0 为饵料的阈值浓度。

2）B_5——微食物环的作用的参数化方案。

$$B_5 = a_{mfw} P_{mfw}, \quad P_{mfw} = \lambda_m (T/T_{10})^{1.2} \times DOC, \quad T_{10} = 10\text{°C} \quad (12\text{-}14)$$

3）B_8，B_9——浮游动物排粪量及排泄量（包括呼吸、胞外排泄）。

$$\begin{cases} B_8 = (1-e) \times B_4 + (1-e_{poc}) \times B_{Zpoc} \\ B_9 = (e-g) \times (B_4 + B_{Zpoc}) \end{cases} \quad (12\text{-}15)$$

式中，e 为浮游动物对浮游植物的同化率；e_{poc} 为浮游动物对 POC 的同化率；g 为浮游动物总成长速率。e 和 g 的取值范围分别为 62%~77% 及 28%~34%，e_{poc} 值要远小于 e。

4) B_{10}——浮游动物的死亡。

$$B_{10} = V_7(T) \times Z, \quad V_7(T) = a_5 \exp(b_5 T) \tag{12-16}$$

式中，a_5 为浮游动物死亡速率；b_5 为温度系数。

5) B_{11}——浮游动物被捕食。

$$B_{11} = g_Z \times Z \tag{12-17}$$

式中，g_Z 为高级捕食者对浮游动物的摄食比率。

C. 颗粒有机碳（POC：mgC/m^3）

海水中的颗粒有机物主要包括有生命的颗粒有机物（浮游植物、浮游动物、原生动物及细菌等）和无生命的有机碎屑（浮游生物的尸体和粪块、蜕皮等）。本模式中POC是指水体中无生命的有机悬浮颗粒，由浮游动物的粪便颗粒和浮游植物、浮游动物的尸体组成。

$$\frac{d[POC]}{dt} = B_6 + B_8 + B_{10} - Z_B - B_{12} - B_{13} - B_{14} + (1-a_{mfw})P_{mfw} + Q_{adv} \tag{12-18}$$

1) Z_B——POC被浮游动物大量吞食时向DOC的转化。

$$Z_B = \varphi \times B_{Zpoc} \tag{12-19}$$

式中，φ 为转化比率（Anderson and Williams，1998）。

2) B_{12}——被细菌分解转化为无机物。

$$B_{12} = V_8(T,DO) \times POC, \quad V_8(T,DO) = a_6 \exp(b_6 T) \times \frac{DO}{DO_1 + DO} \tag{12-20}$$

式中，V_8 为POC的分解速率；a_6 为 0℃时的分解速率；b_6 为温度系数；DO_1 为溶解氧的半饱和值（当 $DO = DO_1$ 时分解速率降至最大速率的1/2）。

3) B_{13}——分解剩余物转变成DOC。

$$B_{13} = \zeta \times B_{12} \tag{12-21}$$

式中，ζ 为分解转化速率。

4) B_{14}——POC的沉降量。

$$B_{14} = W_{POC} \frac{\partial [POC]}{\partial t} \tag{12-22}$$

式中，W_{POC} 为POC的沉降速率。

该项同浮游植物的沉降项体现了水层生态系统向底栖生态系统物质、能量的输运。

D. 溶解态有机碳（DOC：mgC/m^3）

海水中的溶解有机物的含量要比颗粒有机物大两个数量级，是海洋异养细菌最主要的能量来源（黄凌风和郭丰，2000）。溶解有机物主要来源于浮游植物细胞分泌，大型海藻有机物的溶出，浮游动物、细菌等的排泄，海洋有机碎屑的溶出，以及陆地径流中有机物的输入。

本模型中，与POC有关的生物过程主要考虑浮游植物的胞外分泌和颗粒有机物被细菌分解过程中产生的有机碳，其中一部分DOC由细菌分解为无机物而消耗，此外还考虑了海底的溶出和入海河流的补充。

$$\frac{d[DOC]}{dt} = B_2 + B_{13} + Z_B - B_{15} - P_{mfw} + Q_{DOC} + Q_{adv} \quad (12\text{-}23)$$

1) B_{15}——被分解为无机物的量。

$$B_{15} = V_9(T, DO) \times DOC, \quad V_9(T, DO) = a_7 \exp(b_7 T) \times DO/(DO_2 + DO) \quad (12\text{-}24)$$

式中，a_7 为 0℃时 DOC 的无机化速率；b_7 为温度系数；DO_2 为氧限制的半饱和值。

2) Q_{DOC}——为海底溶出和陆源输入的补充项。

E. 总无机磷（DIP：mgP/m³）

与磷酸盐有关的生物过程主要有：浮游植物光合作用的消耗，浮游植物的呼吸和浮游动物的呼吸和排泄产生磷，以及 POC 和 DOC 被细菌分解过程中产生的一部分无机磷；渤海磷酸盐还与周围入海河流的营养盐输入、海底溶出、大气沉降，以及与北黄海的营养盐交换有关。缺乏渤海连续的大气沉降观测资料，且有研究（王保栋等，2002）表明黄、渤海大气沉降所提供的无机氮只占到浮游植物总需求量的约 3%。因此，模式中不考虑大气沉降对营养盐的补充的作用。

$$\frac{d[DIP]}{dt} = \frac{P_m}{C_m} \left\{ [P:C_P](-B_1 + B_3) + [P:C_z]B_9 + [P:C_{POM}]B_{12} + [P:C_{DOM}]B_{15} \right\} + B_{16} + Q_{PO_4^{3-}} + Q_{adv} \quad (12\text{-}25)$$

1) $[P:C_P]$，$[P:C_z]$，$[P:C_{POM}]$ 和 $[P:C_{DOM}]$ 分别为浮游植物，浮游动物以及悬浮与溶解态有机物中的磷与碳的原子数之比，根据 Redfield-Ratio 均取为 1∶106；P_m/C_m=31∶12，为磷与碳的原子量之比。

2) B_{16}——海底溶出 DIP。

$$B_{16} = V_{10}(T, DO)/H_{Dep}, \quad V_{10}(T, DO) = a_8 \exp(b_8 T - \gamma_P \times DO) \quad (12\text{-}26)$$

式中，a_8 为 DIP 的海底溶出速率；b_8 为温度系数；γ_P 为受 DO 浓度控制的抑制系数；H_{Dep} 为各箱的水深。

3) $Q_{PO_4^{3-}}$——DIP 陆源输入量。

F. 总无机氮（DIN：mgN/m³）

$$\frac{d[DIN]}{dt} = \frac{N_m}{C_m} \left\{ [N:C_p](-B_1 + B_3) + [N:C_z]B_9 + [N:C_{POM}]B_{12} + [N:C_{DOM}]B_{15} \right\} + B_{17} + Q_{DIN} + Q_{adv} \quad (12\text{-}27)$$

1) $[N:C_p] = [N:C_Z] = [N:C_{POM}] = [N:C_{DOM}] = 16∶106$，$N_m/C_m = 14∶16$。

2) B_{17}——海底溶出 DIN。

$$B_{17} = V_{11}(T, DO)/H_{Dep}, \quad V_{11}(T, DO) = a_9 \exp(b_9 T - \gamma_N \times DO) \quad (12\text{-}28)$$

式中，a_9 为 DIN 的海底溶出速率；b_9 和 γ_N 类似于 b_8 和 γ_p。

3) Q_{DIN}——DIN 陆源输入项。

G. 溶解氧（DO：mgO/m³）

溶解氧在海洋生态系统中起着非常重要的作用：浮游植物光合作用释放出氧气，浮游生物的呼吸、排泄及细菌分解有机物消耗氧气。除了以上生物过程外，DO 还与底泥氧消耗（主要包括沉积物的分解、底栖动物的呼吸、氮的氧化等）和曝气作用有关。

$$\frac{d[DO]}{dt} = [TOD:C_P](B_1-B_3) - [TOD:C_Z]B_9 - [TOD:C_{POM}]B_{12} - [TOD:C_{DOM}]B_{15} - D_6 + D_7 \quad (12-29)$$

1) TOD——生态量无机化过程中氧的需要量。

根据一般的氧化还原反应式及 Redfield-Ratio 比值，可得

$[TOD:C_P] = [TOD:C_Z] = [TOD:C_{POM}] = [TOD:C_{DOM}] = 3.47$。

2) D_6——底泥氧消耗引起水体中溶解氧浓度的下降率。

$$D_6 = V_{12}(T)/H_{Dep}, \quad V_{12}(T) = a_{10}\exp[b_{10}(T-T_b)] \quad (12-30)$$

式中，V_{12} 为单位面积氧的消耗率；T_b 为海底温度；a_{10} 为水温 $T=T_b$ 时的耗氧速率；b_{10} 为温度系数。

3) D_7——再曝气作用。

氧气在水体和大气间的交换称为曝气作用，当水体中的氧含量低于氧饱和度时，氧气从大气中进入水体；反之，氧气则从水体中进入大气。

$$D_7 = K_a(DO_s - DO)/H_{Dep}$$

式中，DO_s 为水中氧的饱和含量，用 FOX 公式计算（Jørgensen et al.，1991）；K_a 为再曝气速率，取值在 0.15~0.7（1/d）（Jørgensen et al.，1991；Fasham et al.，1990；Mononey and Fied，1991；Michio et al.，1994）。

（2）底栖生态系统亚模型

底栖生态系统的能量主要来源于水层生态系统。浮游植物和颗粒有机物沉降至底栖沉积物中，为底栖生物提供了食物来源；通过再悬浮作用，底部矿化产生的溶解态营养盐又被输送到水层中，构成了真光层新生产力的基础。另外，生物沉降（水层中颗粒有机物滤食性动物主动滤食后，作为粪球被沉降至沉积物的表面或内部的过程）也是水层-底栖耦合的一个重要过程（Wassmann，1984，1990；张志南，2000）。但由于资料缺乏，本研究不考虑生物沉降过程。

底栖生态亚模型中，将底栖生物划分为 3 个多功能群：大型底栖生物、小型底栖生物和底栖细菌。在大型、小型底栖生物及细菌分析中分别引进标准生物的概念（Ebenhoh et al.，1995）。

A. 大型底栖动物（MacroB：mgC/m²）

大型底栖动物食物主要来源于小型底栖动物、底栖细菌和底栖碎屑。摄入的能量用于其自身的生长、呼吸和排泄。除了自然死亡外，大型底栖生物还被某些鱼类和海洋哺乳类所捕食。

$$\frac{dMacroB}{dt} = (\alpha_{Det} + \alpha_{Meio} + \alpha_{Bac} - Maresp - Madea) \times MacroB \quad (12-31)$$

1) α_{Det}、α_{Meio}、α_{Bac}——大型底栖动物对有机碎屑、小型底栖动物及细菌的摄食速率。

$$\begin{cases} \alpha_{\text{Det}} = \alpha_1 \left[\text{Det}/(\text{Det} + K_{D1}) \right] \\ \alpha_{\text{Meio}} = \alpha_2 \left[\text{MeioB}/(\text{MeioB} + K_M) \right] \\ \alpha_{\text{Bac}} = \alpha_3 \left[\text{Bbac}/(\text{Bbac} + K_{B1}) \right] \end{cases} \qquad (12-32)$$

式中，α_1、α_2、α_3 分别为大型底栖动物对碎屑、小型底栖动物及细菌的摄食系数；K_{D1}、K_M、K_{B1} 为与之对应的摄食半饱和常数。

2) Maresp——大型底栖动物呼吸耗能速率。

$$\text{Maresp} = \lambda_1 \times t_q^{1.05} \times (\alpha_{\text{Det}} + \alpha_{\text{Meio}} + \alpha_{\text{Bac}}) \qquad (12-33)$$

式中，λ_1 为大型底栖动物呼吸耗能常数；t_q 为温度系数，与海底温度 T_b 有关：

$$t_q = \exp\left[0.1 \times (T_b - 10) \times \ln 2 \right] \qquad (12-34)$$

3) Madea——大型底栖动物排泄、死亡耗能速率。

$$\text{Madea} = (\alpha_4 \times t_q^{1.05} + \alpha_5) \qquad (12-35)$$

式中，α_4、α_5 分别为排泄和死亡系数。

B. 小型底栖动物（MeioB：gC/m^2）

小型底栖动物的食物主要来源于对底栖有机碎屑的摄食，能量消耗主要由呼吸、排泄引起，另外与之有关的生物过程为自然死亡和被大型底栖动物的摄食。

$$\frac{d\text{MeioB}}{dt} = (\beta_{\text{Det}} + \beta_{\text{Bac}} - \text{Meiresp} - \text{Meidea}) \times \text{MeioB} - \alpha_{\text{Meio}} \times \text{MacroB} \qquad (12-36)$$

1) β_{Det}、β_{Bac}——小型底栖动物对碎屑、细菌的摄食速率。

$$\begin{cases} \beta_{\text{Det}} = \beta_1 \left[\text{Det}/(\text{Det} + K_{D2}) \right] \\ \beta_{\text{Bac}} = \beta_2 \left[\text{Bbac}/(\text{Bbac} + K_{B2}) \right] \end{cases} \qquad (12-37)$$

式中，β_1、β_2 分别为小型底栖动物对碎屑和细菌的摄食系数；K_{D2}、K_{B2} 为对应的半饱和常数。

2) Meiresp——小型底栖动物呼吸耗能速率。

$$\text{Meiresp} = \lambda_2 \times t_q^{1.05} \cdot (\beta_{\text{Det}} + \beta_{\text{Bac}}) \qquad (12-38)$$

式中，λ_2 为小型底栖动物呼吸耗能常数。

3) Meidea——小型底栖动物排泄、死亡耗能速率。

C. 底栖细菌（Bbac：mgC/m^2）

与底栖细菌有关的生物过程主要有：对有机碎屑的摄食，底栖细菌的呼吸和死亡，以及被大型和小型底栖动物所摄食。

$$\frac{d\text{Bbac}}{dt} = \gamma_{\text{Det}} - (\text{Bacresp} + \text{Bacdea}) \times \text{Bbac} - \alpha_{\text{Bac}} \times \text{MacroB} - \beta_{\text{Bac}} \times \text{MeioB} \qquad (12-39)$$

1) γ_{Det}——底栖细菌摄食碎屑。

$$\gamma_{\text{Det}} = \gamma_1 \times t_q^{1.05} \times \text{Det} \qquad (12-40)$$

式中，γ_1 为摄食速率。

2）Bacresp——底栖细菌呼吸耗能速率。

$$\text{Bacresp} = \lambda_3 \times t_q^{1.05} \times \gamma_{\text{Det}} \tag{12-41}$$

式中，λ_3 为底栖细菌呼吸耗能常数。

3）Bacdea——底栖细菌排泄、死亡耗能速率。

D. 有机碎屑（Det：mgC/m^2）

海洋底质中的有机碎屑主要由水层环境中的颗粒有机物质（POC 和浮游植物）的沉降和底栖生物死亡后的尸体构成，底栖生物的摄食是其主要的损耗项。

$$\frac{\text{dDet}}{\text{d}t} = W_{\text{POM}} \times \text{POC} + W_P \times P + (\text{Madea} - \alpha_{\text{Det}}) \times \text{MacroB} + (\text{Meiodea} - \beta_{\text{Det}}) \times \text{MeioB} - \gamma_{\text{Det}} \tag{12-42}$$

该方程再次反映出了水层-底栖生态系统的耦合过程：水层中颗粒有机物及浮游植物沉降到海底进入碎屑库，两者的沉降速率分别为 W_{POC} 和 W_P（见水层亚模型）。

E. 底栖亚模型中的总无机氮、总无机磷（BTIN：mgN/m^2，BTIP：mgP/m^2）

$$\begin{cases} \dfrac{\text{dBTIN}}{\text{d}t} = \text{TIN}_{\text{reg}} - \text{TIN}_{\text{up}} \\ \dfrac{\text{dBTIP}}{\text{d}t} = \text{TIP}_{\text{reg}} - \text{TIP}_{\text{up}} \end{cases} \quad \text{(Ruardij and Roaphorst，1995)} \tag{12-43}$$

1）TIN_{reg}、TIP_{reg}——再生的无机氮、无机磷。

参照文献（Ebenhoh et al.，1995）给出的有关资料，大型、小型底栖生物及其呼吸排出物中 C∶N∶P = 1000∶143∶9.5，底栖细菌中 C∶N∶P = 1000∶200∶15。据此得出：

$$\begin{cases} \text{TIN}_{\text{reg}} = \alpha_{\text{N}} \times [0.167 \times (\text{Maresp} \times \text{MacroB} + \text{Meiresp} \times \text{MeioB}) + 0.233 \times \text{Bacresp} \times \text{Bbac}] \\ \text{TIP}_{\text{reg}} = \alpha_{\text{P}} \times [0.025 \times (\text{Maresp} \times \text{MacroB} + \text{Meiresp} \times \text{MeioB}) + 0.039 \times \text{Bacresp} \times \text{Bbac}] \end{cases} \tag{12-44}$$

式中，α_{N}，α_{P} 为经验系常数。

2）TIN_{up}、TIP_{up}——向水层输送的无机氮、无机磷。

依据物理分析知从底层向水层生态子系统的总无机氮、磷输运速率同底层与水层间的浓度差直接相关。于是有：

$$\begin{cases} \text{TIN}_{\text{up}} = \beta_{\text{N}} \times t_q \times (\text{BTIN} - \text{TIN}) \\ \text{TIP}_{\text{up}} = \beta_{\text{P}} \times t_q \times (\text{BTIP} - \text{TIP}) \end{cases} \tag{12-45}$$

式中，β_{N}、β_{P} 为经验常数，取 $\beta_{\text{N}} = 0.025$，$\beta_{\text{P}} = 0.048$。

3. 参数取值

本节所用参数，除特别说明外，均参照俞光耀等（1999）、徐永福和王明星（1998）、Blackford 和 Radford（1995）、Kowe 等（1998）、Gregoire 和 Lacroix（2001）、Skogen 和 Soiland（1998）、Nakata 和 Taguchi（1982）、Oguz 等（1999）、Wang 等（1999）、Roelke（2000）、Tett 等（1986）、Taguchi 和 Nakata（1998）、Eigenheer 等（1996）、Ebenhoh 等

(1995)、Baretta 和 Ruardij（1988）及 USACE（1984），并依据渤海水层-底栖生态系统的特点以及环境特征确定（表 12-1）。

表 12-1　模式中主要参数说明及其取值

参数	说明	取值
a_1	浮游植物最大生长速率	0.933 天
TM_1	光合作用最适温度下限	18.0℃
TM_2	光合作用最适温度上限	23.0℃
KTG_1	水温低于 TM_1 时对光合作用生长影响系数	0.005（$1/℃^2$）
KTG_2	水温高于 TM_2 时对光合作用生长影响系数	0.001（$1/℃^2$）
K_N	浮游植物生长营养盐氮半饱和常数	28.0（mgN/m^3）
K_P	浮游植物生长营养盐磷半饱和常数	3.0（mgP/m^3）
I_{opt}	光合作用最适光强	150（W/m^2）
C_{CHL}	浮游植物叶绿素与碳含量比值	0.0261（mgChl/mgC）
a_2	浮游植物的呼吸速率	0.03（1/d）
b_2	浮游植物呼吸速率的温度系数	0.0993（1/℃）
a_3	浮游动物对浮游植物的最大摄食率	0.28（1/d）
λ	Ivlev 常数	0.021
P_0	饵料（浮游植物）的阈值浓度	40.0（mgC/m^3）
a_4	浮游植物死亡速率	0.02（1/d）
b_4	浮游植物死亡速率的温度系数	0.0993（1/℃）
W_p	浮游植物沉降速度	0.173（m/d）
G_{Zpoc}	浮游动物对 POC 的最大摄食率	0.28（1/d）
POC_0	饵料（POC）的阈值浓度	40.0（mgC/m^3）
a_{mfw}	微食物环作用速度	0.3（$mgC/m^3 d$）
λ_m	微食物环"Ivlev 常数"	0.0015
e	浮游动物对浮游植物的同化率	0.70
e_{poc}	浮游动物对 POC 的同化率	0.10
g	浮游动物总成长速率	0.31
a_5	浮游动物死亡速率	0.54（1/d）
b_5	浮游动物死亡速率的温度系数	0.0643（1/℃）
g_Z	高级捕食者对浮游动物的摄食比率	0.01
φ	POC 被浮游动物大量吞食时向 DOC 的转化率	0.23
a_6	0℃ 时 POC 的分解速率	0.20（1/d）
b_6	POC 的分解速率的温度系数	0.70（1/℃）
DO_1	POC 分解过程溶解氧的半饱和值	4000（mgO/m^3）
ζ	POC 分解转化剩余物向 DOC 的转化比率	0.25
W_{POC}	POC 的沉降速率	0.432（m/d）
a_7	0℃ 时 DOC 的无机化速率	0.02（1/d）
b_7	DOC 的无机化速率的温度系数	0.0693（1/℃）
DO_2	DOC 分解过程溶解氧的半饱和值	4000（mgO/m^3）
a_8	DIP 海底溶出的速率	2.45（$mgP/m^2 d$）
b_8	DIP 海底溶出的速率的温度系数	0.06（1/℃）
γ_P	DIP 海底溶出受 DO 浓度控制的抑制系数	0.1 [$1/（mgO/m^3）$]

续表

参数	说明	取值
a_9	DIN 海底溶出的速率	24.5（mgN/m^{2}d）
b_9	DIN 海底溶出的速率的温度系数	0.06（1/℃）
γ_N	DIN 海底溶出受 DO 浓度控制的抑制系数	0.1 [1/(mgO/m^3)]
a_{10}	水温 $T = T_b$ 时的耗氧速率	1500（mgO/m^{2}d）
b_{10}	耗氧速率的温度系数	0.0377（1/℃）
K_a	再曝气速率	0.15（1/d）
α_1	大型底栖动物对碎屑的摄食系数	0.02（1/d）
α_2	大型底栖动物对小型底栖动物的摄食系数	0.075（1/d）
α_3	大型底栖动物对底栖细菌的摄食系数	0.075（1/d）
K_{D1}	大型底栖动物对碎屑摄食的半饱和常数	6400（mgC/m^2）
K_M	大型底栖动物对小型底栖动物摄食的半饱和常数	1300（mgC/m^2）
K_{B1}	大型底栖动物对底栖细菌摄食的半饱和常数	1100（mgC/m^2）
λ_1	大型底栖动物呼吸耗能常数	0.238
α_4	大型底栖动物排泄系数	0.008（1/d）
α_5	大型底栖动物死亡系数	0.012（1/d）
β_1	小型底栖动物对碎屑的摄食系数	0.01（1/d）
β_2	小型底栖动物对细菌的摄食系数	0.075（1/d）
K_{D2}	小型底栖动物对碎屑摄食的半饱和常数	6800（mgC/m^2）
K_{B2}	小型底栖动物对细菌摄食的半饱和常数	1000（mgC/m^2）
λ_2	小型底栖动物呼吸耗能常数	0.21
Meidea	小型底栖动物排泄、死亡耗能速率	0.05（1/d）
γ_1	底栖细菌对碎屑的摄食速率	0.03（1/d）
λ_3	底栖细菌呼吸耗能常数	0.3
Bacdea	底栖细菌排泄、死亡耗能速率	0.05（1/d）
α_N	再生无机氮计算经验常数	0.01
α_P	再生无机磷计算经验常数	0.28
β_N	海底向水层输送无机氮计算经验常数	0.025
β_P	海底向水层输送无机磷计算经验常数	0.048

12.2.2 模拟区域的物理环境

1. 日平均有效光照强度

太阳辐射是地球大气与海洋的主要能量来源。任何生态系统的能量循环都离不开太阳辐射的驱动，因而在生态系统动力学模型研究中，太阳辐射的研究是非常重要的。由于海上太阳辐射资料较为缺乏，因而利用经验方法来估算太阳辐射成为非常必要的手段。张新玲等（2001）分析了渤海太阳辐射和云量的关系，验证了 Dobson 和 Smith（1988）经验公式估算渤海太阳辐照度的可行性。本研究模型中，采用以上方法计算到达渤海海面的日平均太阳总辐射，其中云量资料取自中国内海及毗邻海域海洋气候图集（中国气象局国家气象中心，1995）。渤海（38.5°N）海面月平均反照率参照 Radach 和 Moll（1993），由其他纬度线性外推得出（表 12-2）。

表 12-2　海面月平均反照率

纬度	1月	2月	3月	4月	5月	6月	7月	8月	9月	10月	11月	12月
60.0°N	0.28	0.12	0.09	0.07	0.07	0.07	0.06	0.07	0.09	0.10	0.16	0.44
57.5°N	0.24	0.11	0.09	0.07	0.07	0.07	0.06	0.07	0.08	0.09	0.15	0.36
54.0°N	0.20	0.11	0.08	0.07	0.06	0.06	0.06	0.07	0.07	0.09	0.13	0.28
50.0°N	0.11	0.10	0.09	0.07	0.06	0.06	0.06	0.07	0.07	0.08	0.11	0.12
38.5°N	0.10	0.09	0.07	0.06	0.05	0.05	0.05	0.06	0.06	0.07	0.09	0.10

资料来源：Radach and Moll，1993。

计算结果（图 12-3）显示，整个渤海海面有效太阳辐照度夏季 7 月为最高，冬季 12 月出现最小值。不同海区有效辐照度有所差异，而且不同季节差异不同，夏季各海区差异最小，冬季差异最大，且以莱州湾太阳辐射为最高，辽东湾最低。

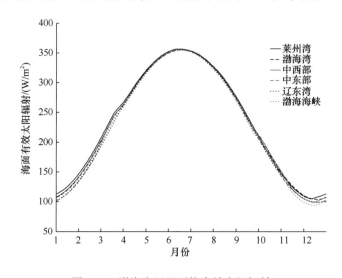

图 12-3　渤海海区日平均有效太阳辐射

2. 海水温度

各海区海水温度由月平均海表温度的历史资料（中国气象局国家气象中心，1995）线性内插得出（图 12-4）。

3. 营养盐陆源输入

模型方程中考虑了不同箱子营养盐 DIN、DIP 的陆源输入，同时考虑了不同季节陆源输入的差异。其中莱州湾（箱子 1）的陆源输入主要来自于黄河，而辽东湾（箱子 6）主要受大辽河、滦河影响。莱州湾（箱子 2）与海河相连，但由于近年来，上游水利工程兴建以及降雨量减少，海河干流每年绝大多数时间主要起着河道式水库作用，基本上没有流量（20 世纪 90 年代末，流量仅有 $0.2\times10^9\,\mathrm{m}^3/\mathrm{a}$）（夏斌，2007）；因此模型中不考虑海河对渤海营养盐的补充。

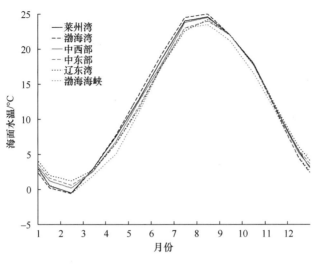

图 12-4　渤海海区表层水温季节变化

模型中对于营养盐的设置如表 12-3 所示，表中有两个值的前者为对 1998~1999 年模拟时段的设置，后者为 2008~2009 年模拟时段的设置；只有一个数值的表示两个模拟时段采用同样的设置。其中流量主要参考夏斌（2007）研究结果进行设置，营养盐浓度设置综合了 Zhang（1996）、张晓晓等（2011）、张鹏等（2011）的研究成果。同时，模型中考虑到了河流入海流量的季节变化。

表 12-3　渤海各入海河流历史平均年流量及营养盐浓度

河流	年流量/（$10^9 m^3/a$）	NO_3^-/（μmol/L）	NO_2^-/（μmol/L）	NH_4^+/（μmol/L）	PO_4^{3-}/（μmol/L）
大辽河	10.6/7.77	7.5	4.4	12.5	1.75
滦河	1.86/1.63	74.2	0.2	—	0.51
黄河	29.2/12.25	121.0/260.6	0.6/8.13	12.7*	0.36

4. 侧边界通量

本节模型系统为多箱模型，各箱水体间通过侧边界进行着物质交换。各箱间的各月平均交换通量是根据渤海各月 6 级以上大风时数以及渤海余流场季节变化（王辉等，1993；Huang et al.，1995）诊断出来的，约束条件为各箱水体保持平稳。

12.2.3　模式初值

渤海生态环境大型综合性调查历史上曾有 4 次：1959~1960 年、1982~1983 年、1992~1993 年、1998~1999 年。这 4 次系统性的调查在渤海的物理海洋（费尊乐，1984，1986；王辉等，1993；Wei et al.，2004a）、海洋化学（林庆礼等，1991；刘素美等，1999；于志刚等，2000；宋金明等，2000；Zhang et al.，2004）、生物（白雪娥和庄志猛，1991；康元德，1991；崔毅等，1994；唐启升和孟田湘，1997；张武昌和王荣，2001；Zhang and Wang，2000；马喜平等，2000a，2000b；肖天和王荣，2003；魏皓等，2003；Wei et al.，2004b）等方面的研究都取得了显著的进展。

基于中-德双方于 1998 年 9 月 24 日至 10 月 8 日和 1999 年 4 月 28 日至 5 月 12 日对渤海生态环境的联合调查，以及国家自然科学基金重点项目（40730847）资助下 2008 年 8 月 26 日至 9 月 11 日的深入调查所获资料。本研究利用部分优化的渤海水层-底栖耦合生态模型，分别对 1998 年 9 月 24 日至 1999 年 8 月 23 日和 2008 年 8 月 26 日至 2009 年 8 月 25 日渤海水层-底栖生态系统的特征进行模拟研究，比较两时段内各生源要素季节变化过程的异同，进一步探讨引起渤海水层-底栖生态系统 10 年变迁的动力学机制。

为了动力数值模拟赋初值及模拟结果的对比分析需要，表 12-4 给出了每个箱子各生态变量的平均值，该均值由各箱子中所包含的所有观测站的实测资料根据各站位加权平均计算而得。莱州湾、渤海湾和渤海中部是主要的模拟分析区域，渤海海峡和辽东湾这两个区域的模拟结果仅用于为相邻区域提供侧边界条件。

表 12-4 渤海水层-底栖耦合生态系统季节变化模拟初值（1998 年/2008 年）

生态变量	莱州湾	渤海湾	渤海中西部	渤海中东部	辽东湾
P/（mgC/m^3）	100.4/183.4	93.8/199.0	80.1/235.4	73.8/230.2	46.1/151.7
Z/（mgC/m^3）	16.4/35.8	8.6/27.0	10.8/31.2	13.7/34.0	11.1/30.0
TIN/（mgN/m^3）	117.9/300.1	29.1/221.8	50.2/147.4	26.4/67.0	15.7/65.8
TIP/（mgP/m^3）	2.1/2.0	4.6/7.1	6.7/3.0	8.0/4.2	3.2/3.2
POC/（mgC/m^3）	401.3/398.7	369.0/453.0	281.3/540.4	199.0/427.4	210.5/322.0
DOC/（10^{3}mgC/m^3）	2.192/3.553	2.167/3.952	2.150/4.013	2.026/4.046	1.847/3.988
DO/（10^{3}mgO/m^3）	7.0/5.8	6.5/5.7	6.0/5.6	7.0/5.7	6.5/5.7
BTIN（mgN/m^2）	133.2/296.4	26.6/209.6	51.8/187.7	31.9/89.0	66.1/72.2
BTIP（mgP/m^2）	2.1/2.5	4.8/5.8	7.3/6.2	8.5/5.3	13.4/4.9
MacroB（10^{3}mgC/m^2）	0.608/3.803	5.319/5.424	1.815/8.725	0.532/3.821	10.16/1.65
MeioB（mgC/m^2）	108.4/250.2	251.8/228.1	209.9/459.9	107.6/902.1	478.8/1275.0
Bbac（mgC/m^2）	25.4/233.8	43.0/268.3	3.4/158.3	18.8/102.5	7.7/68.9
Det（10^{3}mgC/m^2）	5.328	4.800	4.944	5.112	4.704

1998~1999 年模拟时段，BTIN、BTIP、Bbac 和 Det 的初值主要参照（吴增茂等（2001）和 Ebenhoh 等（1995）估计得出；除以上 4 个变量，2008~2009 年模拟时段中，Det 的初值沿用 1998 年的，POC、DOC、Z 是依据其他生态变量的同期观测值以及历史资料诊断得出。在后面对模拟结果的分析中可以看到，对于初值的估计可能存在误差，但在水文、气象、生物、化学等驱动条件的共同作用下，经过较短时间的计算，模拟结果很快就能达到一个相对的稳定态。也就是说，模型对于初值场的误差有一定的订正作用。

在模型体系及以下内容中，生态变量 P、Z、POC、DOC 以 mgC/m^3 计量，MacroB、MeioB、Bbac 和 Det，都以 mgC/m^2 计量。TIN、TIP、Btin、Btip 和 DO 分别以 mgN/m^3、mgP/m^3、mgN/m^2、mgP/m^2、mgO/m^3 来计量。

12.3 模拟结果分析

12.3.1 水层生态系统模拟结果

1. 浮游植物和浮游动物

为表述方便及页面简洁,在后文对模拟结果的分析,分别以 M98、M08 表示 1998~1999 年和 2008~2009 年两个模拟时段。

Gao(1998)指出,渤海浮游植物和浮游动物不仅有着明显的季节变化,而且不同海域也有很大差异;对于浮游植物,一年中有两个高峰期:春季 3 月和秋季 9、10 月。唐启升和孟田湘(1997)的研究也显示了相似的变化趋势;浮游动物与浮游植物有着相似的季节变化趋势,只是位相略微滞后;不同海区其生物量和季节变化趋势都有所差异。

浮游植物的模拟结果如图 12-5 显示,M98 和 M08 的模拟结果呈现较一致的变化趋势。浮游植物生物量的年变化中存在两个高值和两个低值,浮游植物生物量主高峰出现在春季,次高峰出现在夏秋季,而低值出现在冬季和春末夏初。同期的调查结果(王俊,2003)也验证了 M98 峰值春季高于夏秋季的模拟结果。

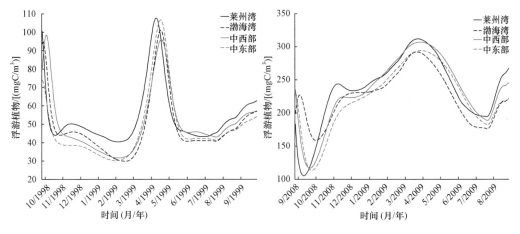

图 12-5 浮游植物模拟结果

浮游植物生物量模拟结果在不同海区的位相和振幅存在一定差异。两个时段的模拟结果均显示莱州湾水华出现在 2 月,早于渤海湾和渤海中部海区,且具有整个渤海最高的生产力。上述特征与唐启升和孟田湘(1997)的研究结果相一致。敏感性实验显示,这主要是由莱州湾春季无机氮含量较高引起的。比较 M08 与 M98 浮游植物的模拟结果,两者最明显的差别在于 M08 量值的明显升高。将叶绿素的监测结果(幕建东,2009)转化为生物碳,渤海湾 2008 年 5 月、7 月的浮游植物分别为 325 mgC/m³、173 mgC/m³,与 M08 的模拟结果极其接近,验证了模型对浮游植物生物量的描述具有较高的可信度。

浮游植物生物量的这种季节变化趋势主要受太阳辐照度、水温以及营养类含量的影响。对比渤海表层水温和有效太阳辐照度(图 12-3 和图 12-4)可以发现,春季随着太阳辐照度的增强,海水温度开始升高,以及冬季积累的营养盐类物质都有利于浮游植物的生长，浮游植物大量繁殖，出现春季高峰值。而莱州湾的太阳辐照度和表层水温较其他海区上升较快，并且黄河径流的输入造成莱州湾春季总无机氮含量较高是该海区浮游植物春季水华略早于其他海区的主要原因。

图 12-6 表明浮游动物生物量季节变化趋势与浮游植物相似，但位相滞后于浮游植物。

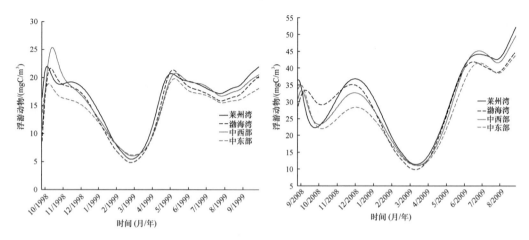

图 12-6 浮游动物模拟结果

2. 总无机氮和总无机磷

由表 12-4 调查结果可以看出，1998 年 9 月，除了箱子 1 外，其他箱子 TIN/TIP 原子数远小于 16：1。由此可知，莱州湾浮游植物的生长主要受磷限制，其他海区为氮限制。这主要是与黄河径流对莱州湾总无机氮的大量输入有关。然而，2008 年 8 月这种情况发生了明显的改变，即使 TIN/TIP 原子数比值最低的箱子 4，也达到了 35：1。说明 10 年后，渤海浮游植物的初级生产由氮限制转变为磷限制。

对均值的分析或许太片面，可能会因为个别数据点的极端不匹配值导致整个海区都呈现磷限制。因此，有必要对数据进行更为细致的分析。2008 年 8 月航次对营养盐的调查，共采样 22 个站点，分为表层、10 m 水深和底层 3 类样品，所有数据点营养盐 N：P 原子比均超过 16（21~359）。如图 12-7 所示，无论表层还是底层水体中，磷限制的强

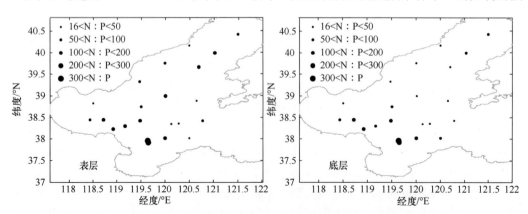

图 12-7 渤海各海区初级生产磷限制强度分布图

度都比较大；表层和近岸的磷限制更强，说明限制元素的转换不是底部溶出营养盐比例可能发生改变所引起，而是由于大气干湿沉降、径流输入对于渤海 N 营养盐过量补充所导致。

渤海总无机氮和磷有着相似的季节变化趋势。根据 1992~1993 年实测资料（唐启升和孟田湘，1997）可知，对于整个渤海，TIN 和 TIP 的最大值出现在冬季，最小值出现在春季，总无机磷分布比较均匀，而对于 TIN，另一个高值出现在秋季黄河口附近。各海区总无机磷和总无机氮的模拟结果图 12-8 和图 12-9 显示，2 个模拟时段 TIN 和 TIP 的变化趋势基本一致，最小值出现在春季，最大值出现在冬季。对照浮游植物的模拟结果可以发现，总无机氮、总无机磷的季节变化趋势与浮游植物生物量有着很好的相关性，浮游植物的光合作用吸收致使浮游植物春季高峰期对应的是 TIN 和 TIP 的低值期，而冬季浮游植物的低值对应着营养盐的高值。春季，由于光照和水温都开始上升，适合于浮游植物的生长，而冬季积累的大量的总无机氮和磷（TIN、TIP）为浮游植物提供了丰富的营养物质，浮游植物开始大量繁殖，生物量达到最高峰。而浮游植物的迅速生长消耗了大量的营养盐，致使海水中的总无机氮和总无机磷含量迅速降低。此后，由于夏季陆

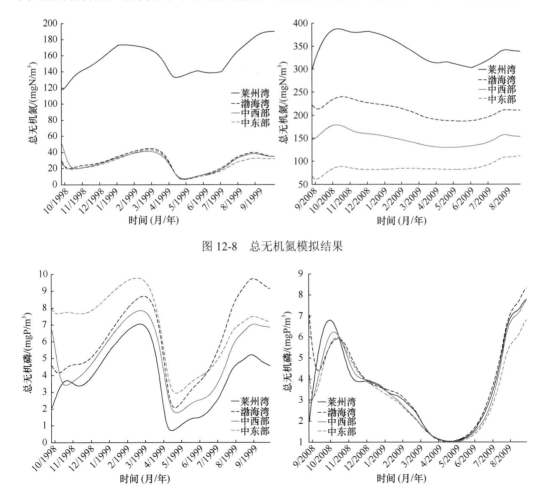

图 12-8　总无机氮模拟结果

图 12-9　总无机磷模拟结果

源输入量的增大,营养盐类物质开始有所回升。冬季,太阳辐射量的减少和水温的降低限制了浮游植物的生长,此时浮游植物对 TIN 和 TIP 的吸收消耗降为最低,因而营养盐开始积累并达到一年中的最高值。

M98 时段的模拟结果还可以看出,莱州湾 TIN 的浓度远大于渤海其他海区,这主要是由黄河大量的陆源输入造成的;正因为高浓度 TIN 的存在,与之对应的 TIP 浓度在各海区中则为最低。M08 时段 TIN 整体水平都有提高,尽管各海区浓度差较 M98 时段更大,但从量级的层面来看却更为接近;正因为渤海 TIN 浓度整体的提升,致使在光合作用旺盛的季节,各海区 TIP 浓度较低且更为接近。图 12-8 和图 12-9 对比分析可以看到,渤海初级生产的限制元素发生了根本的转变,M98 的结果显示,除了莱州湾,整个渤海还是以氮限制为主;M08 的结果中,尽管渤海中东部的限制强度较弱,但整个渤海全年均呈现磷限制,特别是春季的限制强度最大。限制元素发生根本转变的模拟结果与前面对观测资料的分析比较一致,阚文静等(2010)、彭士涛等(2010)的研究也验证了这一观点。

2009 年 6 月对莱州湾调查结果显示:TIP 浓度均值 3.46 mgP/m^3,TIN-322 mgN/m^3。与 M08 同期模拟结果基本一致。

3. 颗粒有机碳和溶解有机碳

DOC 浓度的变化趋势是夏季高,冬季低。1998~1999 年的观测资料显示:4 月、5 月 DOC 浓度稍高于秋季 9 月、10 月,高值主要出现在莱州湾和渤海湾。POC 的变化趋势与 DOC 相似。

图 12-10 和图 12-11 显示了 DOC 和 POC 季节变化的模拟结果。M98 模拟时段,DOC 低值出现在冬季和 8 月,高值出现在 5 月、6 月和 9 月,这种变化特征与英吉利海峡(Anderson and Williams,1998)相似。模式结果同样显示了在渤海不同海区 DOC 的浓度值有着很大的变化,莱州湾明显高于其他海区,与观测结果一致。由于没有观测的有力支持,M08 时段 DOC 的初值由其他生物量诊断得出,变动较大。相对于 M98 时段,M08 时段 DOC 模拟结果变化较大,虽然整体的演变趋势与 M98 的结果大致相同,但峰、谷值的出现时段略有偏差,这可能是由于浮游植物、浮游动物浓度整体升高所导致。POC 的季节变化位相和波形与 DOC 相似。低值期发生在冬末夏初,高值主要出现在秋季。

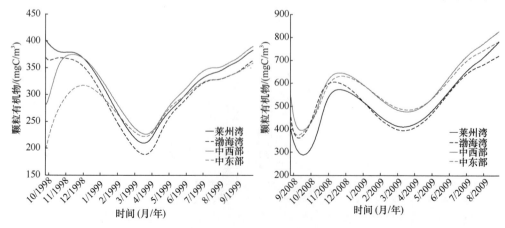

图 12-10 颗粒有机碳模拟结果

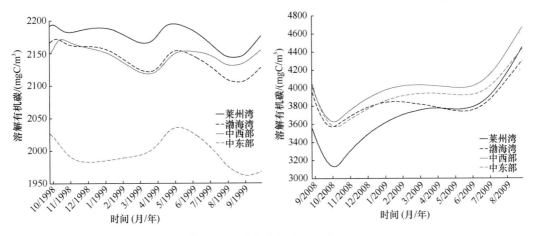

图 12-11 溶解有机碳模拟结果

另外模拟结果显示,溶解有机碳(DOC)的这种季节变化趋势和水平分布特点与海洋中的浮游生物量有着很好的对应关系,生物活动强的季节(春夏季),DOC 的含量也高。海水中 DOC 主要来源于浮游植物的细胞外分泌以及细菌分解 POC,因而,浮游植物的大量生长繁殖为 DOC 提供了丰富的能量来源。M98 和 M08 两个时段的模拟结果都表现出上述特征,由于涉及生物过程较少,POC 与浮游生物季节变化的一致性较 DOC 更好。

4. 溶解氧

不论是变化趋势还是在量值上,渤海各海区溶解氧的模拟结果都与实测资料有着很好的一致性,2 月为高值期 $[(1\sim1.2)\times10^4\,\text{mgC/m}^3]$,8 月为低值期 $[(0.5\sim0.6)\times10^4\,\text{mgC/m}^3]$。模拟结果见图 12-12,同林庆礼等(1991)、张竹琦(1992),以及唐启升和孟田湘(1997)的观测结果相吻合。

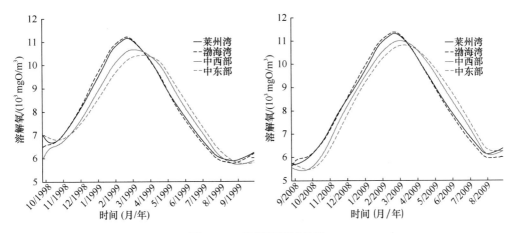

图 12-12 溶解氧模拟结果

海水中溶解氧的含量与海水温度有着密切的关系。冬季水温低,氧的溶解度增大,因而海水中的溶解氧含量高;而夏季水温的升高降低了氧在海水中的溶解度,溶解氧含量低。

12.3.2 底栖生态系统模拟结果

图 12-13~图 12-16 是模拟的大、小型底栖生物，碎屑、细菌以及沉积物间隙水总无机氮和磷的季节变化趋势。可以看出，由于渤海初级生产力的提高，M08 时段各底栖生

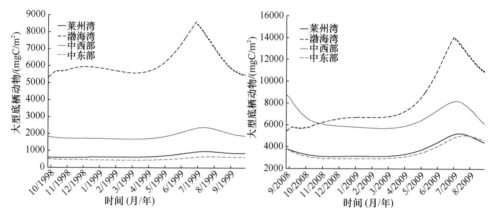

图 12-13　大型底栖动物模拟结果

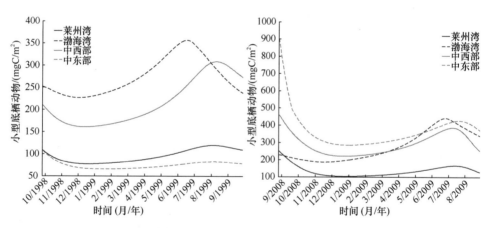

图 12-14　小型底栖动物模拟结果

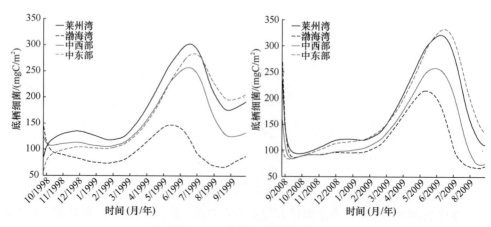

图 12-15　底栖细菌模拟结果

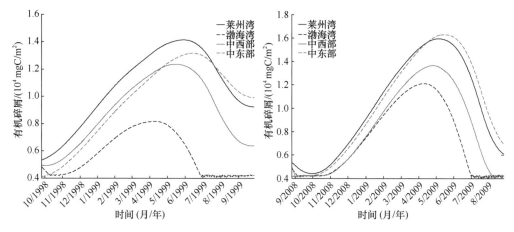

图 12-16 有机碎屑模拟结果

源要素的量值较 M98 时段的模拟结果都有不同程度的提高。对于大型底栖动物来说，高值出现在夏季 6~10 月，低值出现在 2~4 月；小型底栖动物的高值出现在 6~8 月。这两者的变化特征与胶州湾一致（焦念志和肖天，1995）。对于底栖细菌来说，最大值发生在 6 月、7 月，与实测结果相比较是合理的。有机碎屑的峰值出现在 5~7 月，但不同的海区其变化图形的位相和振幅也不同。底栖总无机氮和磷的实测资料非常少，但从模式结果可以看出 3~5 月是底栖总无机氮的低值期，底栖总无机磷的变化趋势与氮相似。

12.3.3 结论

本节利用改进的水层-底栖耦合生态动力学模型，分时段模拟了渤海 1998 年 9 月至 1999 年 8 月和 2008 年 8 月至 2009 年 7 月生态系统各生态变量的季节变化及其水平分布。对间隔 10 年的两个时段内，各生源要素浓度及季节演变趋势发生改变的动力学机制进行了初步探讨。加深了我们对相互联系的各生态变量的理解，有助于对半封闭浅海生态系统的预测和管理。尽管模型成功模拟了渤海水层-底栖生态系统的变化特点，由于目前对部分生态变量发展变化的动力学机制认识还不够全面，加上本研究可利用的资料所限，模型对于部分生态变量季节变化、年际变化的把握能力还不够准确。随着对水层-底栖耦合生态系统理解、认识的加深，在将来的研究工作中仍需对多箱模型作进一步的改进，以期得到更合理的结果。

参 考 文 献

白雪娥, 庄志猛. 1991. 渤海浮游动物生物量及其主要种类数量变动的研究. 渔业科学进展, 12: 71-92

崔毅, 杨琴芳, 宋云利. 1994. 夏季渤海无机磷酸盐和溶解氧分布及其相互关系. 海洋环境科学, 13(4): 31-35

费尊乐. 1984. 近海水域漫衰减系数的估算. 黄渤海海洋, 2(1): 26-29

费尊乐. 1986. 渤海海水透明度与水色的研究. 黄渤海海洋, 4(1): 33-40

冯士筰, 李凤岐, 李少菁. 1999. 海洋科学导论. 北京: 高等教育出版社: 272-346

郭玉洁, 杨则禹. 1992. 浮游植物. 胶州湾生态学和生物资源. 北京: 科学出版社: 136-169

黄凌风, 郭丰. 2000. 微食物环及其在能流、物流过程中的作用. 见: 唐启升, 苏纪兰等. 中国海洋生态

系统动力学研究 I 关键科学问题与研究发展战略. 北京: 科学出版社: 212-217
焦念志, 王荣, 李超伦. 1998. 东海春季初级生产力与新生产力的研究. 海洋与湖沼, 29(2): 135-140
焦念志, 肖天. 1995. 胶州湾的微生物二次生产力. 海洋通报, 40(9): 829-832
阚文静, 张秋丰, 胡延忠, 等. 2010. 渤海湾水体富营养化与有机污染状况初步评价. 海洋通报, 29(2): 172-175
康元德. 1991. 渤海浮游植物的数量分布和季节变化. 渔业科学进展, 12: 31-54
高会旺. 1998. 海洋浮游生态系统分析及模型研究. 青岛海洋大学博士后研究工作报告
李杰. 2005. 黄海冷水团新生产力及微食物环作用年变化特征的模拟分析. 中国海洋大学硕士学位论文
李杰, 吴增茂, 万小芳. 2006. 黄海冷水团新生产力及微食物环作用分析. 中国海洋大学学报 (自然科学版), 36(2): 193-199
林庆礼, 宋云利, 杨琴芳, 等. 1991. 渤海增殖水化学环境. 海洋水产研究, 12: 11-30
刘桂梅, 孙松, 王辉. 2003. 海洋生态系统动力学模型及其研究进展. 地球科学进展, 18(3): 427-432
刘素美, 张经, 于志刚, 等. 1999. 渤海莱州湾沉积物-水界面溶解无机氮的扩散通量. 环境科学, 20: 12-16
刘哲. 2004. 胶州湾水体交换与营养盐收支过程数值模型研究. 中国海洋大学博士学位论文
吕瑞华. 1993. 山东沿海浮游植物的同化系数. 青岛海洋大学学报, 23(3): 49-54
马喜平, 孙松, 高尚武. 2000a. 胶州湾水母类生态的初步研究 I. 群落结构及其年季变化. 海洋科学集刊, 42: 91-99
马喜平, 孙松, 高尚武. 2000b. 胶州湾水母类生态的初步研究 II. 数量时空变化及同环境因子的关系. 海洋科学集刊, 42: 100-107
幕建东. 2009. 渤海重要渔业水域生态环境质量状况评价. 中国海洋大学硕士学位论文
宁修仁, 刘子琳, 史君贤. 1995. 渤、黄、东海初级生产力和渔业生产力评估. 海洋学报, 17(3): 72-83
彭士涛, 周然, 李野, 等. 2010. 渤海湾氮磷时空变化规律研究. 南开大学学报(自然科学版), 43(5): 8-14
宋金明, 罗延馨, 谢鹏程. 2000. 渤海沉积物-海水界面附近磷与硅的生物地球化学循环模式. 海洋科学, 24(12): 30-32
唐启升, 孟田湘. 1997. 渤海生态环境和生物资源分布图集. 青岛: 青岛出版社
唐启升, 苏纪兰. 2000. 中国海洋生态系统动力学研究 I 关键科学问题与研究发展战略. 北京: 科学出版社
唐启升, 苏纪兰, 孙松, 等. 2005. 中国近海生态系统动力学研究进展. 地球科学进展, 20(12): 1288-1299
田恬, 魏皓, 苏健, 等. 2003. 黄海氮磷营养盐的循环收支研究. 海洋科学进展, 21(1): 1-10
王保栋, 单保田, 战闰, 等. 2002. 黄、渤海无机氮收支模式初探. 海洋科学, 26(2): 33-36
王辉. 1998. 海洋生态系统模型研究的几个基本问题. 海洋与湖沼, 29(4): 341-346
王辉, 苏志清, 冯士筰, 等. 1993. 渤海三维风生-热盐-潮致 Lagrange 余流数值计算. 海洋学报, 15(1): 9-21
王俊. 2003. 渤海近岸浮游植物种类组成及其数量变动的研究. 海洋水产研究, 24(4): 44-50
万小芳. 2003. 黄海冷水团水域水层-底栖耦合生态系统建模研究. 青岛海洋大学硕士学位论文
魏皓, 赵亮, 武建平. 2001. 浮游植物动力学模型及其在海域富营养化研究中的应用. 地球科学进展, 16(2): 220-225
魏皓, 赵亮, 冯士筰. 2003. 渤海浮游植物生产量与初级生产力变化的三维模拟. 海洋学报, 25(S2): 75-81
翁学传, 朱兰部, 王一飞. 1992. 水文要素的结构和变化. 胶州湾生态学和生物资源. 北京: 科学出版社: 20-38
吴增茂, 俞光耀. 1996. 海洋生态系统动力学模型的基本特征及其研究进展. 地球科学进展, 11(1): 13-18

吴增茂, 俞光耀, 娄安刚. 1996. 浅海环境物理学与生物学过程相互作用研究. 青岛海洋大学学报, 26(2): 165-171
吴增茂, 俞光耀, 张志南, 等. 1999. 胶州湾北部水层生态动力学模型与模拟(II)水层生态动力学的模拟研究. 青岛海洋大学学报, 29(3): 429-435
吴增茂, 翟雪梅, 张志南, 等. 2001. 胶州湾北部水层-底栖耦合生态系统的动力数值模拟分析. 海洋与湖沼, 20(3): 443-453
夏斌. 2007. 2005年夏季环渤海16条主要河流的污染状况及入海通量. 中国海洋大学硕士学位论文
肖天. 2000. 海洋细菌在微食物环中的作用. 海洋科学, 24(7): 4-6
肖天, 王荣. 2003. 渤海异养细菌生产力. 海洋学报, 25(S2): 58-65
徐永福. 1993. 模拟浮游生物的季节变化. 生态学报, 15(3): 245-250
徐永福, 王明星. 1998. 海洋生物过程在海洋吸收大气二氧化碳中的作用. 气象学报, 56(4): 436-445
杨纪明. 1994. 海洋生态学的发展趋势. 海洋科学, 1: 16-19
俞光耀, 吴增茂, 张志南, 等. 1999. 胶州湾北部水层生态动力学模型与模拟(I)胶州湾北部水层生态动力学模型. 青岛海洋大学学报, 29(3): 421-428
于志刚, 米铁柱, 谢宝东, 等. 2000. 二十年来渤海生态环境参数的演化和相互关系. 海洋环境科学, 19(1): 15-19
翟雪梅, 张志南. 1998. 虾池生态系统能流结构分析. 青岛海洋大学学报, 26(2): 275-282
张鹏, 邹立, 姚晓, 等. 2011. 黄河三角洲潮间带营养盐的输送通量研究. 海洋环境科学, 30(1): 76-81
张素香, 李瑞杰, 罗锋, 等. 2006. 海洋生态动力学模型的研究进展. 海洋湖沼通报, 4: 121-129
张武昌, 王荣. 2001. 胶州湾桡足类幼虫和浮游生纤毛虫的丰度与生物量. 海洋与湖沼, 32(3): 280-287
张晓晓, 姚庆祯, 陈洪涛, 等. 2011. 黄河下游营养盐浓度季节变化及其入海通量研究. 中国海洋大学学报, 40(7): 82-88
张新玲. 2002. 渤海水层-底栖耦合生态系统的多箱建模和关键性问题的实验研究. 青岛海洋大学博士论文
张新玲, 郭心顺, 吴增茂, 等. 2001. 渤海海面太阳辐照度的观测分析与计算方法研究. 海洋学报, 23(2): 46-51
张志南. 2000. 水层-底栖耦合生态动力学研究的某些进展. 青岛海洋大学学报, 30(1): 115-122
张竹琦. 1992. 渤海、黄海 (34°N) 溶解氧年变化特征及水温的关系. 海洋通报, 11(5): 41-45
赵亮, 魏浩, 冯士筰. 2002. 渤海氮磷营养盐的循环和收支. 环境科学, 23(1): 78-81
中国气象局国家气象中心 (NMC). 1995. 中国内海及毗邻海域海洋气候图集. 北京: 气象出版社
朱鑫华, 杨纪明, 唐启升. 1996. 渤海鱼类群落结构特征的研究. 海洋与湖沼, 27(1): 6-13
邹景忠, 董丽萍, 秦保平. 1983. 渤海湾富营养化和赤潮问题的初步探讨. 海洋环境科学, 2(2): 41-54
Anderson T R, Williams P J Ie B. 1998. Modeling the seasonal cycle of dissolved organic carbon at stations E1 in English Channel Estuarine. Coastal and Shelf Science, 46(1): 93-109
Azumaya T, Isoda Y, Noriki S. 2001. Modeling of the spring bloom in Funka Bay, Japan. Continental Shelf Research, 21(5): 473-494
Baretta J, Ruardij P. 1988. Tidal flat estuaries: simulation and analysis of the Ems Estuary. Ecological Studies, 71: 1-353
Beukema J, Baretta B J. 1995. European regional seas ecosystem model-I. Netherlands Journal of Sea Research, 33(3/4): 229-483
Blackford J C, Radford P J. 1995. A structure and methodology for marine ecosystem modeling. Netherlands Journal of Sea Research, 33(3/4): 247-260
Blackford J C. 1997. An analysis of benthic biological dynamics in a North Sea ecosystem model. Journal of Sea Research, 38(3/4): 213-230
Cui M, Wong R, Hu D. 1997. Simple ecosystem model of the central part of the East China Sea in spring. Chinese Journal of Oceanology and Limnology, 15(1): 80-87

Dobson F W, Smith S D. 1988. Bulk models of solar radiation at sea. Quarterly Journal of the Royal Meteorological Society, 114(479): 165-182

Dugdale R C. 1967. Nutrient limitation in the sea: dynamics, identification, and significance. Limnology and Oceanography, 12(4): 685-695

Ebenhoh W, Kohlmeier C, Radford P J. 1995. The benthic biological submodel in the European Regional Seas Ecosystem Model. Netherlands Journal of Sea Research, 33(3/4): 423-452

Eigenheer, Kühn W, Radach G. 1996. On the sensitivity of ecosystem box model simulations on mixed-layer depth estimates. Deep-Sea Research I, 43(7): 1011-1027

Eppley R W. 1972. Temperature and phytoplankton growth in the sea. Fish Bull Nat Ocean Atmos Adm, 1063-1085

Evans G T, Parslow J S. 1985. A model of annual plankton cycles. Biological Oceanography, 3: 327-347

Fasham M J R, Ducklow H W, Mckelvie S M. 1990. A nitrogen-based model of plankton dynamics in the oceanic mixed layer. Journal Marine Research, 48: 591-639

Franks P J S, Wroblewski J S, Flierl G R. 1986. Behavior of a simple plankton model with food-level acclimation by herbivores. Marine Biology, 91: 121-129

Franks P J S, Chen C. 2001. A 3-D prognostic numerical model study of Georges bank ecosystem. Part II: biological-physical model. Deep-Sea Research II, 48(1/3): 457-482

Fransz H G, Colebrook J M, Gamble J C, et al. 1991. The zooplankton of the North Sea. Netherlands Journal of Sea Research, 28(s 1-2): 1-5

Gao H W. 1998. Modeling annual cycle of primary production in different regions of the Bohai Sea. Fisheries Oceanography, 7(3/4): 258-264

Gregoire M, Lacroix G. 2001. Study of the oxygen budget of the Black Sea waters using a 3D coupled hydrodynamical-biogeochemical model. Journal of Marine Systems, 31(1/3): 175-202

Huang D J, Chen Z Y, Su J. 1995. Modeling of the barotropic process in the Bohai Sea. Acta Oceanologica Sinica, 14(3): 337-353

Jørgensen S E. 1979. Handbook of environmental data and ecological parameter. Society for Ecological Modeling

Jørgensen S E, Nielsen S N, Jørgensen L A. 1991. Hand book of Ecological Parameters and Ecotoxicology. Amsterdam: Elsevier

Klein P, Steele J H. 1985. Some physical factors affecting ecosystems. Journal of Marine Research, 43: 337-350

Kowe R, Skidmore R E, Whitton B A, et al. 1998. Modeling phytoplankton dynamics in the River Swales, an upland river in NE England. The Science of the Total Environment, 210/211: 535-546

Kremer J N, Nixon S W. 1978. A Coastal Marine Ecosystem: Simulation and Analysis. Berlin Heidelberg New York: Springer: 1-217

Lassen H, Nielsen B. 1972. Simple mathematical model for the primary production and a function of the phosphate concentration and incoming solar energy applied to the North Sea. ICES, C. M. L: 6. Plankton Comm

Lenhart H J, Radach G, Ruardij P. 1997. The effects of river input on the ecosystem dynamics in the continental coastal zone of the North Sea using ERSEM. Journal of Sea Research, 38(3/4): 249-274

Michio J K, Masato U, Yoskiyasa I. 1994. Numerical simulation model for quantitative management of aquaculture. Ecological Modeling, 72: 21-40

Moll A. 1998. Regional distribution of primary production in the North Sea simulated by a three-dimensional model. Journal of Marine Systems, 16(1/2): 157-170

Mononey C L, Fied J G. 1991. The size-based dynamics of plankton food webs, I. A simulation model of carbon and nitrogen flows. Journal of Plankton Research, 13: 1003-1038

Nakata K, Taguchi K. 1982. Numerical simulation of eutrophication model in coastal bay estuary by eco-hydrodynamic model; (2)Ecological modeling. Bulletin of the National Research Instiute for Pollution and Resocerces 12(3): 17-36

Oguz T, Ducklow H W, Malanotte-Rizzoli P, et al. 1999. A physical-biochemistry model of plankton production and nitrogen cycling in the Black Sea. Deep-Sea Research I, 46: 597-636

Petihatis G, Triantafyllou G, Koutsoubas D, et al. 1999. Modeling the annual cycles of nutrients and phytoplankton in a Mediterranean lagoon(Gialova, Greece). Marine Environmental Research, 48(1): 37-58

Platt T, Mann K H, Ulanowicz R E. 1981. Mathematical models in biological oceanography. UNESCO, Monographs on Oceanographic Methodology, 7: 156

Radford P J. 1994. Pre- and post-barrage scenarios of the relative productivity of benthic and pelagic subsystems of the Bristol Channel and Severn Estuary. Biological Journal of the Linnean Society, 51(1/2): 5-16

Riley G A, Stommel H, Bumpus D F. 1949. Quantitative ecology of plankton of Western North Atlantic. Bulletin of the Bingham Oceanographic Collection, 12(3): 1-169

Ruardij R, Roaphorst W V. 1995. Benthic nutrient regeneration in the ERSEM ecosystem of the North Sea. Netherlands Journal of Sea Research, 33(3/4): 453-483

Radach G. 1983. Simulations of phytoplankton dynamics and their interactions with other system components during FLEX'76. In: Suendermann J, Lena W. North Sea Dynamics. Berlin Heidelberg: Springer-Verlag: 584-610

Radach G, Moll A. 1993. Estimation of the variability of production by simulating annual cycle of phytoplankton in the central North Sea. Progress in Oceanography, 31: 339-419

Roelke D L. 2000. Copepod food-quality threshold as a mechanism influencing phytoplankton succession and accumulation of biomass, and secondary productivity: a modeling study with management implications. Ecological Modeling, 134(2/3): 245-274

Skogen M D, Soiland H. 1998. A user's guide to norwecom V2. 0: The Norwegian ecological model system. Fisken OG Havet NR

Steele J H. 1958. Plant production in the northern North Sea. Scottish Home Department Marine Research, 7: 1-36

Steele J H. 1962. Environmental control of photosynthesis in the sea. Limnology and Oceanography, 7(2): 137-150

Steele J H. 1974. The Structure of Marine Ecosystem. Cambridge: Harvard University of Press

Steele J H, Henderson E W. 1976. Simulation of vertical structure in a planktonic ecosystem. Scottish Fish Research Report, 5: 1-27

Sohma A, Sato T, Nakata K. 2000. New numerical model study on a tidal flat system seasonal, daily and tidal variation. Spill Science and Technology Bulletin, 6(2): 173-185

Sohma A, Sekiguchi Y, Kuwae T et al. 2008. A benthic-pelagic coupled ecosystem model to estimate the hypoxic estuary including tidal flat-Model description and validation of seasonal/daily dynamics. Ecological Modelling, 215(1/3): 10-39

Sohma A, Sekiguchi Y, Yamada H et al. 2001. A new coastal marine ecosystem model study coupled with hydrodynamics and tidal flat ecosystem effect. Marine Pollution Bulletin, 43(7/12): 187-208

Taguchi K, Nakata K. 1998. Analysis of water quality in Lake Hamana using a coupled physical and biochemical model, Modelling hydrodynamically dominated marine ecosystems(Special issue). Journal of Marine Systems, 16(1/2): 107-132

Tansley A G. 1935. The use and abuse of vegetational concepts and terms. Ecology, 16: 284-307

Tett P, Edwards A, Jones K. 1986. A model for the growth of shelf-sea phytoplankton in summer. Estuarine, Coastal and Shelf Science, 23(5): 641-672

USACE (United States Army Corps of Engineers). 1984. Shore Protection Manual. Coastal Engineering Research Center, US Government Printing Office, Washington, DC, 4th ed.

Varela R A, Gruzado A, Gabaldon J E. 1995. Modelling primary production in the North Sea using the European Regional Seas Ecosystem Model. Netherlands Journal of Sea Research, 33(3/4): 337-361

Wan X, Wu Z, Zhang X, et al. 2005. Simulation study of the coupled pelagic-benthic ecosystem of the Yellow Sea Cold Water Mass. Chinese Journal of Oceanology and Limnology, 23(4): 393-399

Wang P F, Martin J, Morrison G. 1999. Water quality and eutrophication in Tampa bay, Florida. Estuarine,

Coastal and Shelf Science, 49(1): 1-20

Wassmann P. 1984. Sedimentation and benthic mineralization of organic detritus in a Norwegian fjord. Marine Biology, 83: 83-94

Wassmann P. 1990. Relationship between primary production in the boreal coastal zone of the north Atlantic. Limnology and Oceanography, 35: 464-471

Wei H, Hainbucher D, Pohlmann T, et al. 2004a. Tidal-induced Lagrangian and Eulerian mean circulation in the Bohai Sea. Journal of Marine Systems, 44(3/4): 141-151

Wei H, Sun J, Moll A, et al. 2004b. Phytoplankton dynamics in the Bohai Sea-observations and modeling. Journal of Marine Systems, 44(3/4): 233-251

Zhang J. 1996. Nutrient elements in large Chinese estuaries. Continental Shelf Research, 16(8): 1023-1045

Zhang J, Yu Z G, Raabe T, et al. 2004. Dynamics of inorganic nutrient species in the Bohai seawaters. Journal of Marine Systems, 44(3/4): 189-212

Zhang W, Wang R. 2000. Rapid changes in stocks of ciliate microzooplankton associated with a hurricane in the Bohai Sea(China). Aquatic Microbial Ecology, 23: 97-101

Zhang X L, Wu Z M, Li J, et al. 2006. Modeling study of seasonal variation of the pelagic-benthic ecosystem characteristics of the Bohai Sea. Journal of Ocean University of China, 5(1): 21-28

Zhao L, Wei H. 2006. The influence of physical factors on the variation of phytoplankton and nutrients in the Bohai Sea. Journal of Oceanography, 61: 335-342

附 录 1

2008~2009年渤海大型底栖动物种名录

Annelida 环节动物门
  Polychaeta 多毛纲
    Amphinomida 仙女虫目
      Amphinomidae 仙虫科
        Eurythoe 犹帝虫属
          Eurythoe parvecarunculata 小瘤犹帝虫
  Canalipalpata 管触须目
    Sabellidae 缨鳃虫科
      Branchiomma 鳍缨虫属
        Branchiomma cingulata 斑鳍缨虫
      Chone 管缨虫属
        Chone sp. 管缨虫
      Myxicola 胶管虫属
        Myxicola infundibulum 胶管虫
  Nereidida 沙蚕目
    Glyceridae 吻沙蚕科
      Glycera 吻沙蚕属
        Glycera alba 白色吻沙蚕
        Glycera chirori 长吻沙蚕
        Glycera convolura 卷旋吻沙蚕
    Hesionidae 海女虫科
      Ophiodromus 潜虫属
        Ophiodromus angustifrons 狭细蛇潜虫
    Lacydoniidae 特须虫科
      Paralacydonia 拟特须虫属
        Paralacydonia paradoxa 拟特须虫
    Magelonidae 长手沙蚕科
      Magelona 长手沙蚕属
        Magelona cincta 尖叶长手沙蚕
        Magelona japonica 日本长手沙蚕
    Nephtyidae 齿吻沙蚕科
      Aglaophamus 内卷齿蚕属
        Aglaophamus sinensis 中华内卷齿蚕
      Nephtys 齿吻沙蚕属

  Nephtys caeca 囊叶齿吻沙蚕
  Nephtys oligobranchia 寡鳃齿吻沙蚕
  Nephtys polybranchia 多鳃齿吻沙蚕
Nereidae 沙蚕科
 Neathes 刺沙蚕属
  Neanthes flava 黄色刺沙蚕
 Nectoneanthes 全刺沙蚕属
  Nectoneanthes oxypoda 锐足全刺沙蚕
 Nereis 沙蚕属
  Nereis longior 长须沙蚕
 Pseudonereis 伪沙蚕属
  Pseudonereis variegata 杂色伪沙蚕
Syllidae 裂虫科
 Ehlersia 刺裂虫属
  Ehlersia cornuta 额刺裂虫
 Sphaerosyllis 猬球裂虫属
  Sphaerosyllis pirifera 特猬球裂虫

Phyllodocimorpha 叶须虫目
 Acrocirridae 顶须虫科
  Acrocirrus 顶须虫属
   Acrocirrus validus 强壮顶须虫
 Ampharetidae 双栉虫科
  Ampharete 扇栉虫属
   Ampharete sp. 扇栉虫
  Amphicteis 双栉虫属
   Amphicteis gunneri 双栉虫
  Melinna 米列虫属
   Melinna cristata 米列虫
 Amphinomidae 仙虫科
  Chloeia 海毛虫属
   Chloeia fusca 棕色海毛虫
  Linopherus 拟刺虫属
   Linopherus ambigna 含糊拟刺虫
   Linopherus pancibranchiata 边鳃拟刺虫
 Aphroditidae 鳞沙蚕科
  Aphrodita 鳞沙蚕属
   Aphrodita talpa 海鼠鳞沙蚕
 Arenicolidae 沙蠋科
  Arenicola 巴西沙蠋属
   Arenicola brasiliensis 巴西沙蠋
 Capitellidae 小头虫科
  Capitella 小头虫属

Capitella capitata 小头虫
Notomastus 背蚓虫属
 Notomastus latericeus 背蚓虫

Cirratulidae 丝鳃虫科
Chaetozone 刚鳃虫属
 Chaetozone setosa 刚鳃虫
Cirratulus 丝鳃虫属
 Cirratulus filiformis 细丝鳃虫
Cirriformia 须鳃虫属
 Cirriformia filigera 毛须鳃虫

Cossuridae 单指虫科
Cossurella 拟单指虫属
 Cossurella aciculata 双形拟单指虫

Flabelligeridae 扇毛虫科
Brada 肾扇虫属
 Brada sp. 鳃肾扇虫
Pherusa 海扇虫属
 Pherusa. cf. *bengalensis* 孟加拉海扇虫

Goniadidae 角吻沙蚕科
Glycinde 甘吻沙蚕属
 Glycinde gurjanovae 寡节甘吻沙蚕

Heterospionidae 异稚虫科
Heterospio 异稚虫属
 Heterospio sinica 中华异稚虫

Lumbrineridae 索沙蚕科
Lumbrineris 索沙蚕属
 Lumbrineris cruzensis 双唇索沙蚕
 Lumbrineris heteropoda 异足索沙蚕
 Lumbrineris inflata 圆头索沙蚕
 Lumbrineris latreilli 短叶索沙蚕
 Lumbrineris longifolia 长叶索沙蚕
 Lumbrineris nagae 纳加索沙蚕

Maldanidae 竹节虫科
Asychis 短脊虫属
 Asychis gotoi 五岛短脊虫
Euclymene 真节虫属
 Euclymene annandalei 持真节虫
 Euclymene lombricoides 曲强真节虫
Isocirrus 节须虫属
 Isocirrus cf. *watsoni* 漏斗节须虫
Nicomache 征节虫属
 Nicomache personata 带楯征节虫

Praxillella 拟节虫属
 Praxillella pacifica 太平洋拟节虫
 Praxillella praetermissa 拟节虫

Onuphidae 欧努菲虫科
 Epidiopatra 旋巢沙蚕属
  Epidiopatra hupferiana 旋巢沙蚕

Opheliidae 海蛹科
 Ophelina 角海蛹属
  Ophelina acuminata 角海蛹

Orbioiidae 锥头虫科
 Haploscoloplos 锥虫属
  Haploscoloplos elongatus 长锥虫
 Phylo 矛毛虫属
  Phylo ornatus 叉毛矛毛虫

Oweniidae 欧文虫科
 Owenia 欧文虫属
  Owenia fusiformis 欧文虫

Paraonidae 异毛虫科
 Aricidea 独指虫属
  Aricidea fragilis 独指虫

Pilargiidae 白毛虫科
 Sigambra 钩毛虫属
  Sigambra bassi 巴氏钩毛虫

Poecilochaetidae 杂毛虫科
 Poecilochaetus 杂毛虫属
  Poecilochaetus serpeus 蛇杂毛虫

Polynoidae 多鳞虫科
 Harmothoe 哈鳞虫属
  Harmothoe imbricata 覆瓦哈麟虫
 Lepidonoius 背鳞虫属
  Lepidonoius helotypus 软背鳞虫
  Lepidonoius sagamiana 相模背鳞虫

Polyodontidae 蠕鳞虫科
 Polyodontes 多齿鳞虫属
  Polyodontes melanontus 黑斑多齿鳞虫

Sabellariidae 帚毛虫科
 Lygdamis 似帚毛虫属
  Lygdamis porrectus 舌片似帚毛虫
 Sabellaria 帚毛虫属
  Sabellaria ishikawai 亚洲帚毛虫

Scalibregmidae 梯额虫科
 Hyboscole 瘤首虫属

  Hyboscolex pacificus 太平洋瘤首虫
Sigalionidae 锡鳞虫科
 Sthenolepis 强鳞虫属
  Sthenolepis japonica 日本强鳞虫
Sternaspidae 不倒翁虫科
 Sternaspis 不倒翁虫属
  Sternaspis scutata 不倒翁虫
Terebellidae 蛰龙介科
 Amaeana 似蛰虫属
  Amaeana occidentalis 西方似蛰虫
 Artacama 吻蛰虫属
  Artacama proboscidea 吻蛰虫
 Loimia 扁蛰虫属
  Loimia medusa 扁蛰虫
 Pista 树蛰虫属
  Pista brevibranchia 长鳃树蛰虫
  Pista cristata 树蛰虫
 Terebella 蛰龙介虫属
  Terebella ehrenbergi 埃氏蛰龙介
 Thelepus 乳蛰虫属
  Thelepus plagiostoma 侧口乳蛰虫
Trichobranchidae 毛鳃虫科
 Terebellides 梳鳃虫属
  Terebellides stroemii 梳鳃虫
Spionida 海稚虫目
 Ampharetidae 双栉虫科
  Schistocomus 羽鳃栉虫属
   Schistocomus hiltoni 羽鳃栉虫
 Spionidae 海稚虫科
  Aonides 锥稚虫属
   Aonides oxycephala 锥稚虫
  Boccardiella 蛇稚虫属
   Boccardiella hamata 钩小蛇稚虫
  Laonice 后指虫属
   Laonice cirratta 后指虫
  Prionospio 稚齿虫属
   Paraprionospio pinnata 奇异稚齿虫
   Prionospio japonicus 日本角吻沙蚕
  Spio 腹沟虫属
   Scolelepis squamata 鳞腹钩虫
  Spiophanes 光稚虫属
   Spiophanes sp. 光稚虫

Arthropoda 节肢动物门
 Cirripedia 蔓足纲
  Thoracica 围胸目
   Thoracica 围胸科
    Smilium 刀茗荷属
     Smilium scorpio 棘刀茗荷
 Malacostraca 软甲纲
  Amphipoda 端足目
   Ampeliscidae 双眼钩虾科
    Ampelisca 双眼钩虾属
     Ampelisca bocki 博氏双眼钩虾
     Ampelisca brevicornis 短角双眼钩虾
     Ampelisca cyclops 轮双眼钩虾
     Ampelisca iyoensis 伊予双眼钩虾
     Ampelisca miharaensis 美原双眼钩虾
     Ampelisca misakiensis 三崎双眼钩虾
    Byblis 沙钩虾属
     Byblis japonicus 日本沙钩虾
   Amphilochidae 矛钩虾科
    Gitanopsis 邻钩虾属
     Gitanopsis japonica 日本邻钩虾
   Caprellidea 麦秆虫科
    Caprella 麦秆虫属
     Caprella sp. 麦秆虫
   Corophiidae 蜾蠃蜚科
    Aoroides 刀钩虾属
     Aoroides columbiae 哥伦比亚刀钩虾
    Corophium 蜾蠃蜚属
     Corophium acherusicum 河蜾蠃蜚
     Corophium somemsos 中华蜾蠃蜚
     Corophium triangulapedarum 三齿蜾蠃蜚
    Gammaropsis 拟钩虾属
     Gammaropsis japonicus 日本拟钩虾
     Gammaropsis laevipalmata 平掌拟钩虾
     Gammaropsis nitida 短小拟钩虾
     Gammaropsis utinomii 内海拟钩虾
    Grandidierella 大螯蜚属
     Grandidierella japonica 日本大螯蜚
     Grandidierella macronyx 大螯蜚
    Photis 亮钩虾属
     Photis longicaudata 长尾亮钩虾

Hyalidae 玻璃钩虾科
    Hyale 玻璃钩虾属
        Hyale schmidti 施氏玻璃钩虾
Liljeborgiidae 利尔钩虾科
    Idunella 伊氏钩虾属
        Idunella curvidactyla 弯指伊氏钩虾
    Liljeborgia 利尔钩虾属
        Liljeborjia serrata 锯齿利尔钩虾
        Liljeborjia sinica 中华利尔钩虾
Lysianassidae 光洁钩虾科
    Orchomene 弹钩虾属
        Orchomene breviceps 小头弹钩虾
Melitidae 马尔他钩虾科
    Eriopisella 泥钩虾属
        Eriopisella sechellensis 塞切尔泥钩虾
    Melita 马尔他钩虾属
        Melita koreana 朝鲜马耳他钩虾
        Melita longidactyla 长指马尔他钩虾
        Melita tuberculata 瘤马尔耳钩虾
        Melita denticulata 小齿马耳他钩虾
Oedicerotidae 合眼钩虾科
    Caviplaxus 凹板钩虾属
        Caviplaxus jiaozhouwanensis 胶州湾凹版钩虾
        Caviplaxus longiflagellatus 长鞭凹板钩虾
    Pontocrates 蚤钩虾属
        Pontocrates altamarimus 极地蚤钩虾
    Sinoediceros 华眼钩虾属
        Sinoediceros homopalmulus 同掌华眼钩虾
Phoxocephalidae 尖头钩虾科
    Harpiniopsis 拟猛钩虾属
        Harpiniopsis vadiculus 滩拟猛钩虾
Cumacea 涟虫目
  Bodotriidae 涟虫科
    Bodotria 涟虫属
        Bodotria chinensis 中国涟虫
        Bodotria ovalis 卵圆涟虫
    Eocuma 古涟虫属
        Eocuma lata 宽甲古涟虫
    Heterocuma 异涟虫属
        Heterocuma sarsi 萨氏异涟虫
    Iphinoe 长涟虫属
        Iphinoe tenera 纤细长涟虫

Diastylidae 针尾涟虫科
 Diastylis 针尾涟虫属
  Diastylis tricincta 三叶针尾涟虫
 Dimorphostylis 异针涟虫属
  Dimorphostylis 亚洲异针涟虫

Lcuconidae 尖额涟虫科
 Hemileucon 尖额涟虫属
  Hemileucon bideniaius 二齿半尖额涟虫
 Eudorella 方甲涟虫属
  Eudorella pacifica 太平洋方甲涟虫

Nannastacidae 小涟虫科
 Campylaspis 凸背涟虫属
  Campylaspis amblyoda 笨凸背涟虫
  Campylaspis fusiformis 梭形凸背涟虫
 Cumella 拟涟虫属
  Cumella arguta 光亮拟涟虫

Decapoda 十足目
 Pinnotheridae 豆蟹科
  Xenophthalmus 短眼蟹属
   Xenophthalmus pinnotheroides 豆形短眼蟹
 Alpheidae 鼓虾科
  Alpheus 鼓虾属
   Alpheus brevicristotus 短脊鼓虾
   Alpheus heterocarpus 鲜明鼓虾
   Alpheus japonicus 日本鼓虾
 Callanassidae 美人虾科
  Callianassa 美人虾属
   Callianassa harmaedi 哈氏美人虾
   Callianassa japonica 日本美人虾
 Goneplacidae 长脚蟹科
  Carcinoplax 隆背蟹属
   Carcinoplax vestits 泥足隆背蟹
  Typholcarcinops 仿盲蟹属
   Typholcarcinops sp. 仿盲蟹
 Grapsidae 方蟹科
  Helice 厚蟹属
   Helice wuana 伍氏厚蟹
  Hemigrapsus 近方蟹属
   Hemigrapsus penicillatus 绒毛近方蟹
   Hemigrapsus sinensis 中华近方蟹
 Hippolytidae 藻虾科
  Eualus 安乐虾属

Eualus leptognathus 窄颚安乐虾

Eualus sinensis 中华安乐虾

Heptacarpus 七腕虾属

Heptacarpus rectirostris 长足七腕虾

Laomediidae 泥虾科

Lamoedia 泥虾属

Lamoedia astacina 泥虾

Ogyrididae 长眼虾科

Ogyrides 长眼虾属

Ogyrides orientalis 东方长眼虾

Palaemonidae 长臂虾科

Palaemon 长臂虾属

Palaemon macrodactylus 巨指长臂虾

Palaemon serrifer 锯齿长臂虾

Pasiphaeidae 玻璃虾科

Leptochela 细螯虾属

Leptochela gracilis 细螯虾

Pinnotheribae 豆蟹科

Asthenognathus 倒颚蟹属

Asthenognathus inaequipes 异足倒颚蟹

Pinnitheres 豆蟹属

Pinnitheres sinensis 中华豆蟹

Tritodynamia 三强蟹属

Eucrate crenata 隆线强蟹

Tritodynamia horvathi 霍氏三强蟹

Porcellanidae 瓷蟹科

Raphidopus 细足蟹属

Raphidopus ciliatus 绒毛细足蟹

Portunidae 梭子蟹科

Charybdis 蟳属

Charybdis bimaculata 双斑蟳

Charybdis variegata 变态蟳

Sergestoidea 樱虾总科

Acetes 毛虾属

Acetes chinensis 中国毛虾

Acetes japonicus 日本毛虾

Upogebiidae 蝼蛄虾科

Upgoebia 蝼蛄虾属

    Upgoebia major 大蝼蛄虾
    Upgoebia wuhsienweni 伍氏蝼蛄虾
  Isopoda 等足目
   Anthurae 背尾水虱科
    Paranthura 拟背尾水虱属
     Paranthura japonica 日本拟背尾水虱
   Cirolanidae 浪漂水虱科
    Cirolana 浪漂水虱属
     Cirolana japonensis 日本浪漂水虱
    Cleantis 棒鞭水虱属
     Cleantis planicauda 平尾棒鞭水虱
   Gnathiidae 科
    Paragnathia 属
     Paragnathia formica
  Stomatopoda 口足目
   Squillidae 虾蛄科
    Oratosquilla 口虾蛄属
     Oratosquilla oratoria 口虾蛄
  Tanaidacea 原足目
   Apseudidae 长尾虫科
    Apseudes 长尾虫属
     Apseudes nipponicus 日本长尾虫
Brachiopoda 腕足动物门
 Inaraticulata 无关节纲
  Lingulidae 海豆芽目
   Lingulidae 海豆芽科
    Lingula 海豆芽属
     Lingula unguis 铲形海豆芽
Chordata 脊索动物门
Cephalochordata 头索动物亚门
 Leptocardii 头索纲
  Amphixiformes 文昌鱼目
   Branchiostomidae 文昌鱼科
    Branchiostoma 文昌鱼属
     Branchiostoma lanceolatum 文昌鱼
Vertebrata 脊椎动物亚门
 Osteichthyes 硬骨鱼纲
  Perciformes 鲈形目
   Gobiidae 鳗虎鱼科
    Trypauchen 鳗虎鱼属
     Trypauchen sp. 鳗虎鱼一种

Coelenterata 腔肠动物门
  Anthozoa 珊瑚虫纲
    Pennatulacea 海鳃目
      Pennatulidae 海鳃科
        Pennatula 海笔属
          Pennatula phosphorea 沙箸（海笔）

Echinodermata 棘皮动物门
  Asteroidea 海星纲
    Forcipulata 钳棘目
      Asteriidae 海盘车科
        Asterias 海盘车属
          Asterias amurensis 多棘海盘车
  Echinoidea 海胆纲
    Camarodonta 拱齿目
      Strongylocentrotidae 球海胆科
        Strongylocentrotus 球海胆属
          Strongylocentrotus nudus 光棘球海胆
      Temnopeuridae 刻肋海胆科
        Temnopleurus 刻肋海胆属
          Temnopleurus hardwickii 哈氏刻肋海胆
  Holothuroidea 海参纲
    Apoda 无足目
      Synaptidae 锚参科
        Protankyra 刺锚参属
          Protankyra bidentata 棘刺锚参
  Ophiuroidea 蛇尾纲
    Gnathophiurida 颚蛇尾目
      Amphiuridae 阳遂足科
        Amphioplus 倍棘蛇尾属
          Amphioplus japonicus 日本倍棘蛇尾
        Amphipholis 双鳞蛇尾属
          Amphipholis kochi 柯氏双鳞蛇尾
        Amphiura 阳遂足属
          Amphioplus ancistrotus 钩倍棘蛇尾
          Amphioplus lucidus 光亮倍棘蛇尾
          Amphiura vadicola 滩栖阳遂足

Echiura 螠虫动物门
  Echiuridae 螠纲
    Xenopneusta 无管螠目
      Urechidae 棘螠科
        Listriolobus 铲荚螠属
          Listriolobus brevirostris 短吻铲荚螠

Mollusca 软体动物门
  Bivalvia 双壳纲
    Arcoida 蚶目
      Arcidae 蚶科
        Barbatia 须蚶属
          Barbatia bistrigata 双纹须蚶
        Scapharca 毛蚶属
          Scapharca subcrenata 毛蚶
    Myoida 海螂目
      Corbulidae 篮蛤科
        Potamocorbula 河篮蛤属
          Potamocorbula ustulata 焦河篮蛤
      Hiatellidae 缝栖蛤科
        Panopea 海神蛤属
          Panopea japonica 日本管角贝
    Mytiloida 贻贝目
      Mytilidae 壳菜蛤科
        Arvella 拟锯齿蛤属
          Arvella sinica 中华细齿蛤
      Mytilidae 贻贝科
        Modiolus 偏顶蛤属
          Modiolus elongatus 长偏顶蛤
          Modiolus metcalfei 麦氏偏顶蛤
        Musculus 肌蛤属
          Musculus senhousei 凸镜蛤
        Solamen 安乐贝属
          Solamen spectabilis 娟安乐贝
      Pinnidae 江珧科
        Atrina 深色江珧属
          Atrina pectinata 栉江珧
    Nuculida 胡桃蛤目
      Nuculanidae 吻状蛤科
        Yoldia 云母蛤属
          Yoldia notabilis 醒目云母蛤
      Nuculidae 胡桃蛤科
        Nucula 胡桃蛤属
          Nucula paulula 小胡桃蛤
          Nucula tenuis 橄榄胡桃蛤
    Pholadomyoida 笋螂目
      Thracidae 色雷西蛤科
        Thracia 色雷西蛤属
          Thracia concinna 细巧色雷西蛤

Pterioida 珍珠贝目
  Anomiidae 不等蛤科
    Monia 单筋蛤属
      Monia umbonata 盾形单筋蛤
  Limidae 狐蛤科
    Limaria 雪锉蛤属
      Limaria hakodatensis 函馆雪锉蛤

Veneroida 帘蛤目
  Borniopsis 猿头蛤科
    Kellia 凯利蛤属
      Kellia porculus 豆形凯利蛤
    Pseudopythiaa 绒蛤属
      Pseudopythiaa sagamiensis 相模湾共生蛤
      Pseudopythiaa tsurumaru 尖顶绒蛤
  Carditidae 心蛤科
    Paralepida 拟美蛤属
      Paralepida takii 龙氏拟美蛤
  Kelliellidae 小凯利蛤科
    Alvenius 阿文蛤属
      Alvenius ojianus 紫壳阿文蛤
  Mactridae 蛤蜊科
    Raetellops 波纹蛤属
      Raetellops pulchella 鸟喙小脆蛤
  Montacutidae 孟达蛤科
    Montacutona 孟那蛤属
      Montacutona mutsumanensis 陆奥湾孟那蛤
  Psammobiidae 紫云蛤科
    Gari 地蛤属
      Gari hosoyai 太阳地蛤
    Gobraeus 粗砂蛤属
      Gobraeus kazusensis 沙栖蛤
    Psammotaea 紫蛤属
      Psammotaea elongata 紫蛤
  Semelidae 双带蛤科
    Leptomya 小海螂属
      Leptomya cochlearis 匙形小海螂
      Leptomya minuta 微小海螂
    Theora 理蛤属
      Theora fragilis 脆壳理蛤
  Solenidae 竹蛏科
    Cultellus 刀蛏属
      Cultellus attenuatus 小刀蛏

  Siliqua 荚蛏属
   Siliqua minima 小荚蛏
  Solen 竹蛏属
   Solen dunkerianus 短竹蛏
 Tellinidea 樱蛤科
  Cadella 楔樱蛤属
   Cadella narutoensis 圆楔樱蛤
  Heteromacoma 异白樱蛤属
   Heteromacoma irus 粗异白樱蛤
  Macoma 白樱蛤属
   Macoma incongrua 异白樱蛤
   Macoma praetexta 明细白樱蛤
  Moerella 明樱蛤属
   Moerella iridescens 彩虹明樱蛤
   Moerella jedoensis 江户明樱蛤
   Moerella rutila 红明樱蛤
  Nitidotellina 亮樱蛤属
   Nitidotellina minuta 小亮樱蛤
 Ungulinidae 蹄蛤科
  Felaniella 小猫蛤属
   Felaniella usta 灰双齿蛤
 Veneridae 帘蛤科
  Dosinia 镜蛤属
   Dosinia biscocta 饼干镜蛤
   Dosinia corrugata 薄片镜蛤
   Dosinia japonica 日本镜蛤
  Katelysia 格特蛤属
   Katelysia japonica 日本格特蛤
 Mesodesmatidae 中带蛤科
  Caecella 朽叶蛤属
   Caecella chinensis 中国朽叶蛤
Gastropoda 腹足纲
 Cephalaspidea 头楯目
  Acteocindidae 拟捻螺科
   Decorifer 饰孔螺属
    Decorifer matusimana 纵肋饰孔螺
  Atyidae 阿地螺科
   Bullacta 泥螺属
    Bullacta exarata 泥螺
  Philinidae 壳蛞蝓科
   Philine 壳蛞蝓属
    Philine argentata 银白壳蛞蝓

  Philine kinglipini 经氏壳蛞蝓
- **Retusidae** 囊螺科
  - *Pyrunculus* 梨螺属
    - *Pyrunculus tokyoensis* 东京梨螺
  - *Retyse* 囊螺属
    - *Retyse minima* 小囊螺
  - *Rhizorus* 尖卷螺属
    - *Rhizorus radiola* 尖卷螺
- **Ringiculidae** 露齿螺科
  - *Ringicula* 露齿螺属
    - *Ringicula doliaris* 耳口露齿螺
- **Triolidae** 三叉螺科
  - *Eocylichna* 原盒螺属
    - *Eocylichna cylindrella* 圆筒原盒螺
    - *Eocylichna involuta* 内卷原盒螺

Entomitaeniata 肠虫丑目
- **Pyramidellidae** 小塔螺科
  - *Chemnitzia* 红泽螺属
    - *Chemnitzia acosmia* 无饰红泽螺
  - *Cingulina* 腰带螺属
    - *Cingulina cingulata* 腰带螺
  - *Mormula* 金螺属
    - *Mormula mumia* 哑金螺
  - *Odostomia* 齿口螺属
    - *Odostomia omaensis* 淡路齿口螺
    - *Odostomia subangulata* 微角齿口螺
  - *Pyramidella* 小塔螺属
    - *Pyramidella dolabrata* 彩环小塔螺
    - *Pyramidella minuscula* 小塔螺

Heterogastropoda 异腹足目
- **Epitoniidea** 梯螺科
  - *Papyriscala* 薄梯螺属
    - *Papyriscala yokeyamai* 横山薄梯螺
- **Eulimidae** 光螺科
  - *Eulima* 光螺属
    - *Eulima bifascialis* 双带光螺
    - *Eulima maria* 马丽亚光螺

Mesogastropoda 中腹足目
- **Iravadiidae** 河口螺科
  - *Iravadia* 河口螺属
    - *Iravadia bella* 河口细纹螺

Lacunidae 穴螺科
 Stenotis 脆螺属
  Stenotis oxytropis 尖龙骨脆螺
Naticidae 玉螺科
 Lunatia 镰玉螺属
  Lunatia yokoyamai 横山镰玉螺
 Natica 玉螺属
  Natica vitellus 褐玉螺
 Neverita 扁玉螺属
  Neverita didyma 扁玉螺
Rissoidae 麂眼螺科
 Onoba 罕愚螺属
  Onoba elegantula 文雅罕愚螺
 Rissoina 类麂眼螺属
  Rissoina bureri 小类鹿眼螺

Neogastropoda 新腹足目
 Buccinidae 蛾螺科
  Siphonalia 管蛾螺属
   Siphonalia spadicea 褐管蛾螺
 Nassariidae 织纹螺科
  Nassarius 织纹螺属
   Nassarius siquinjorensis 西格织纹螺
   Nassarius succinct 红带织纹螺
   Nassarius variciferus 纵肋织纹螺
 Turridae 塔螺科
  Crassispira 厚旋螺属
   Crassispira pseudoprinciplis 假主棒螺

Nudibranchia 裸鳃目
 Homoiodorididae 石磺海牛科
  Homoiodoris 石磺海牛属
   Homoiodoris japonica 日本石磺海牛

Opisthobranchia 头楯目
 Triclidae 三叉螺科
  Eocylichna 原盒螺属
   Eocylichna braunsi 圆筒原盒螺

Pyramidellomorpha 肠扭目
 Pyramidellidae 小塔螺科
  Chemnitzia 红泽螺属
   Chemnitzia acosmia 无饰红泽螺

Scaphopoda 掘足纲
 Nodentea 角贝目
  Laevidentaliidae 光滑角贝科
   Episiphon 顶管角贝属
    Episiphon kaochowwanense 胶州湾管角贝

Nemertea 纽形动物门
    Nemertea sp. 纽虫
Bryozoa 苔藓虫动物门
  Phoronida 帚虫纲
    Phoronida 帚虫目
      Phoronidae 帚虫科
        Phoronis 帚虫属
          Phoronis sp. 帚虫
Platyhelminthes 扁形动物门
  Turbellaria 涡虫纲
    Polycladida 多肠目
      Stylochidae 海片蛭科
        Stylochus 海片蛭属
          Stylochus sp. 海片蛭
Sipuncula 星虫动物门
    Sipuncula sp. 星虫

附 录 2

渤海自由生活海洋线虫种名录

泄管纲 SECERNENTEA
杆状线虫目 RHABDITIDA
杆状线虫科 RHABDITIDAE

1. 海洋杆状线虫　　　*Rhabditis marina* Bastian, 1865

泄腺纲 ADENOPHOREA
嘴刺亚纲 ENOPLIA
嘴刺目 ENOPLIDA
嘴刺亚目 ENOPLINA
####### 嘴刺科 ENOPLIDAE

2. 太平角嘴刺线虫　　*Enoplus taipinjaoensis* Zhang & Zhou, 2012

####### 裸口线虫科 ANOPLOSTOMATIDAE

3. 多孔裸口线虫　　　*Anoplostoma copano* Chitwood, 1951
4. 德氏裸口线虫　　　*A. demani* Timm, 1952
5. 独特裸口线虫　　　*A. exceptum* Schulz, 1953
6. 胎生裸口线虫　　　*A. viviparum* Bastian, 1865

####### 光皮线虫科 PHANODERMATIDAE

7. 凯氏光皮线虫　　　*Phanoderma campbelli* Allgen, 1928
8. 长微来茨线虫　　　*Micoletzkyia longispicula* Huang & Cheng, 2011

####### 前感线虫科 ANTICOMIDAE

9. 大头感线虫　　　　*Cephalanticoma major*
10. 牙齿前感线虫　　　*Odontanticoma dentifer* Platonova, 1976
11. 三颈毛拟前感线虫　*Paranticoma triceerviseta* Zhang, 2005
12. 长尾拟前感线虫　　*P. longicaudata* Chitwood, 1951

####### 烙线虫科 IRONIDAE

13. 渤海海线虫　　　　*Thalassironus bohaiensis* Zhang, 1990
14. 加纳三齿线虫　　　*Trissonchulus janetae* Inglis, 1961

####### 吸咽线虫科 OXYSTOMINIDAE

15. 翼吸咽线虫　　　　*Halalaimus alatus* Timm, 1952
16. 双叉吸咽线虫　　　*H. bifidus* Huang et Zhang, 2006
17. 纤细吸咽线虫　　　*H. gracilis* De Man, 1888
18. 螺状吸咽线虫　　　*H. turbidus* Vitiello, 1970
19. 柱尾线形线虫　　　*Nemanema cylindraticaudatum* de Man, 1922
20. 伸长尖口线虫　　　*Oxystomina elongate* Butschli, 1874
21. 秀丽尖口线虫　　　*O. elegans* Platonova, 1971

22. 奇异尖口线虫	*O. Miranda* Wieser, 1953

狭线虫科　LEPTOSOMATIDAE

23. 皇冠甲线虫	*Thoracostoma coranatum* (Eberth 1863)

瘤线虫科　ONCHOLAIMIDAE

24. 杜氏瘤线虫	*Oncholaimus dujardini* Steiner, 1915
25. 多毛瘤线虫	*O. mutisetosus* Huang et Zhang, 2006
26. 尖瘤线虫	*O. oxyuris* Ditlevsen, 1911
27. 中华瘤线虫	*O. sinensis* Zhang et Platt, 1983
28. 斯科瓦瘤线虫	*O. skawaensis* Ditlevsen, 1921

矛线虫科　ENCHELIDIIDAE

29. 沃氏多管球线虫	*Belbolla warwicki* Huang et Zhang, 2005
30. 张氏多管球线虫	*B. zhangi* Guo et Warwick, 2001
31. 眼状阔口线虫	*Eurystomina ophthalmophra* Filipjev, 1921

似三孔线虫亚目　TRIPYLOIDINA
似三孔线虫科　TRIPYLOIDIDAE

32. 狭深咽线虫	*Bathylaimus stenolaimus* Stekhoven et de Coninck, 1933
33. 黄海深线虫	*Bathylaimus huanghaiensis* Huang et Zhang, 2009

丹麦棒线虫科　RHABDODEMANIIDAE

34. 小丹麦棒线虫	*Rhabdodemania minor* Southern, 1914
35. 伊美丹麦棒线虫	*R. imer* Warwick and Platt, 1973

潘都雷线虫科　PANDOLAIMIDAE

36. 里潘都雷线虫	*Pandolaimus doliolum* (Wieser, 1959)

长尾线虫目　TREFUSIIDA
长尾线虫科　TREFUSIIDAE

37. 瑞氏杆线虫	*Rhabdocoma riemanni* Jayasree et Warwick, 1977

色矛亚纲　CHROMADORIA
色矛目　CHROMADORIDA
色矛亚目　CHROMADORINA
色矛线虫科　CHROMADORIDAE

38. 德国色矛线虫	*Chromadorina germanica* Wieser, 1954
39. 异口色矛线虫	*C. heterostomata* Micoltzky, 1922
40. 拟巨咽色矛线虫	*Chromadora macrolaimoides* Steiner, 1915
41. 裸头色矛线虫	*C. nudicapitata* Bastian, 1865
42. 四行点色矛线虫	*C. quadriclinea* Filipjev, 1918
43. 主双色矛线虫	*Dichromadora major* Huang et Zhang, 2010
44. 多毛双色矛线虫	*D. multisetoas* Huang et Zhang, 2010
45. 双线新色矛线虫	*Neochromadora bilineata* Kito, 1978
46. 厚皮光线虫	*Actinonema pachydermatum* Cobb, 1920
47. 尖头拟前色矛线虫	*Prochromadorella atenuata* Gerlach, 1952
48. 光泽花斑线虫	*Spilophorella candida* Gerlach, 1951
49. 奇异花斑线虫	*S. paradoxa* de Man, 1888
50. 布氏短齿线虫	*Steineridora boucheri* n. sp Zhang & Zhou
51. 阿木线条线虫	*Graphonema amokurae* (Ditlevsen) Inglis, 1969

联体线虫科　COMESOMATIDAE

52. 三角洲长颈线虫	*Cervonema deltensis* Hope et Zhang, 1995
53. 六齿霍帕线虫	*Hopperia hexadentata* Hope et Zhang, 1995
54. 异毛拟联体线虫	*Paracomesoma. heterosetosum* Zhang, 1991
55. 拉氏矛咽线虫	*Dorylaimopsis rabalais* Zhang, 1992

56.特氏矛咽线虫	*D. turneri* Zhang，1992
57.翼萨巴线虫	*Sabatieria alata* Warwick，1973
58.线型萨巴线虫	*S. aucudiana* Wieser，1954
59.拟深海萨巴线虫	*S. parabyssalis* Wieser，1954
60.豆毛萨巴线虫	*S. fibulata* Wieser，1954
61.多毛萨巴线虫	*S. hilarula* De Man，1922
62.晶晶毛线虫	*S. jingfingae* Gou et Warwick，2001
63.螺旋管腔线虫	*Vasostoma spiratum* Jensen，1979

杯咽线虫科 CYATHOLAIMIDAE

64.塞氏棘线虫	*Acanthonchus setoi* Wieser，1955
65.大齿星火线虫	*Marylynia macrodentatus* Wieser，1959
66.腹毛拟马丽林恩线虫	*Paramarylynnia subventrosetata* Huang et Zhang，2007
67.大齿异棘虫	*Paracanthonchus macrodon* Ditlevsen，1918

色拉支线虫科 SELACHINEMATIDAE

68.多乳突软咽线虫	*Haetichoanolaimus duodecimopapillatus* Timm，1952
69.内水线虫	*Richtersia inaequalis* Riemann，1966

链环线虫科 DESMODORIDAE

70.小桥链环线虫	*Desmodora pontica* Filipjev，1922
71.库安瘤咽线虫	*Molgolaimus cuanesis* Platt，1973

微咽线虫科 MICROLAIMIDAE

72.细齿球咽线虫	*Bolbolaimus denticulatus* Gerlach，1953
73.海微口线虫	*Microlaimus marinus* (Schulz，1932)

单茎线虫科 MONOPOSTHIIDAE

74.棘突单茎线虫	*Monoposthia costata* (Bastian) de Man，1889

薄咽线虫亚目 LEPTOLAIMINA
纤咽线虫科 LEPTOLAIMIDAE

75.装饰似纤咽线虫	*Leptolaimaimoides punctatus* Huang et Zhang，2006
76.乳突纤咽线虫	*Leptolaimus papillger* de Man，1876
77.俏丽纤咽线虫	*L. venustus* Lorenzen，1972

覆瓦线虫科 CERAMONEMATIDAE

78.卡期迪尼后绒线虫	*Metadasynemella cassidiniensis* Vitiello et Haspeslagh，1972

拟微咽线虫科 PARAMICROLAIMIDAE

79.奇特拟微咽线虫	*Paramicrolaimus mirus* Tchesunov，1988
80.布氏拟微咽线虫	*P. boucheri* Huang et Zhang

项链线虫亚目 DESMOSCOLECINA
项链线虫科 DESMOSCOLECIDAE

81.美洲项链线虫	*Desmoscolex americanus* Chitwood，1936
82.大尾文体线虫	*Quadricoma crassicauda* Timm，1970
83.短喙三体线虫	*Tricoma brevirostris* Cobb，1894

单宫目 MONHYSTERIDA
单宫线虫科 MONHYSTERIDAE

84.不等单宫线虫	*Monhystera dispar* Bastian，1865

希阿利线虫科 XYALIDAE

85.图形似单宫线虫	*Amphimonhystera circula* Guo et Warwick，2001
86.交替吞咽线虫	*Daptonema alternum* Wieser，1956
87.似裂吞咽线虫	*D. fissidens* Cobb，1920
88.管状吞咽线虫	*D. fistulatum* Wieser et Hopper，1967
89.粗环吞咽线虫	*D. maeoticum* Filipjev，1922
90.短尾格来线虫	*Gnomoxyala breviseta* Zhang，1994

91. 瑞氏拟单宫线虫	*Paramonhystera riemanni* Platt, 1973	
92. 豆状前单宫线虫	*Promonhystera faber* Wieser, 1956	
93. 美丽颈毛线虫	*Steineda pulchra* Mawson, 1957	
94. 中华伪颈毛线虫	*Pseudosteineria sinica* Huang & Li, 2010	
95. 尖棘刺线虫	*Theristus acer* Bastian, 1865	
96. 包围吻腔线虫	*Rhynchonema cinctum* Cobb, 1920	

囊咽线虫科　SPHAEROLAIMIDAE

97. 似华丽拟囊咽线虫	*Parasphaerolaimus paradoxus* Ditlevson, 1918
98. 歧异囊咽线虫	*Sphaerolaimus dispar* Filipjev, 1918
99. 岛屿囊咽线虫	*S. islandicus* Ditlevsen, 1926
100. 太平洋囊咽线虫	*S. pacifica* Allgen, 1947

管咽线虫科　SIPHONOLAIMIDAE

101. 长尾管咽线虫	*Siphonolaimus longicaudata* Zhang, 1994
102. 深管咽线虫	*S. profundus* Warwick, 1973

线型线虫科　LINHOMOEIDAE

103. 狭游咽线虫	*Eleutherolaimus stenosoma* de Man, 1907
104. 长毛后线形线虫	*Metalinhomoeus longiseta* Kreis, 1929
105. 奥氏微口线虫	*Terschellingia austenae* Guo et Zhang, 2000
106. 长尾微口线虫	*T. longicaudata* de Man, 1907
107. 长同尾微口线虫	*T. longissimicaudata* Timm, 1962

轴线虫科　AXONOLAIMIDAE

108. 似轴咽齿线虫	*Odontophora axonolaimoides* Timm, 1952
109. 拟同轴咽齿线虫	*O. paraaxonolaimoides* Zhang, 1994
110. 三角洲拟齿线虫	*P. deltensis* Zhang, 2005
111. 海洋拟齿线虫	*P. marina* Zhang, 1991
112. 五垒岛湾拟齿线虫	*P. wuleidaowanens* Zhang, 2005

双盾线虫科　DIPLOPELTIDAE

113. 格氏湾咽线虫	*Campylaimus gerlachi* Timm, 1961
114. 保双毛皮线虫	*Diplopeltula botula* Wieser, 1959
115. 秀丽疏柱线虫	*Araeolaimus elegans* De Man, 1888

湾齿线虫科　APONCHIDAE

116. 巴西联丝线虫	*Synonema braziliense* Wieser, 1956

附 录 3

渤海底栖桡足类种属名录

Order Harpacticoida Sars, 1903
    Suboder Polyarthra Lang, 1944
        Family Longipediidae Boeck, 1865
            Genus *Longipedia* Claus, 1863
                Longipedia kikuchii Itô, 1980
        Family Canuellidae Lang, 1944
            Genus *Scottolana* Por, 1967
                Scottolana bulbifera (Chislenko, 1971)
                Scottolana geei Mu & Huys, 2004
    Suboder Oligoarthra Lang, 1944
        Family Ectinosomatidae Sars, 1903
            Genus *Sigmatidium* Giesbrecht, 1881
                Sigmatidium sp1
            Genus *Microsetella* Brady & Robertson, 1873
                Microsetella norvegica (Boeck, 1865)
                Microsetella rosea (Dana, 1847)
                Microsetella sp2
            Genus *Bradya* Boeck, 1873
                Bradya sp1
            Genus *Ectinosoma* Boeck, 1865
                Ectinosoma sp1
                Ectinosoma sp2
            Genus *Pseudobradya* Sars, 1904
                Pseudobradya sp1
                Pseudobradya sp2
                Pseudobradya sp3
                Pseudobradya sp4
                Pseudobradya sp5
                Pseudobradya sp6
            Genus *Halectinosoma* Lang, 1944
                Halectinosoma sp1
                Halectinosoma sp2
                Halectinosoma sp3

Halectinosoma sp4
Halectinosoma sp5
Halectinosoma sp6
Halectinosoma sp7
Halectinosoma sp8
Halectinosoma sp9
Halectinosoma sp10
Halectinosoma sp11
Halectinosoma sp12
Halectinosoma sp13
Halectinosoma sp14
Halectinosoma sp15
Halectinosoma sp16

Family Tachidiidae Boeck, 1865
Genus *Microarthridion* Lang, 1944
Microarthridion sp1
Microarthridion sp2
Microarthridion sp3
Genus *Neotachidius* Shen & Tai, 1963
Neotachidius triangularis Shen & Tai, 1963

Family Idyanthidae Lang, 1944
Genus *Idyella* Sars, 1909
Idyella exigua Sars, 1906

Family Zosimidae Seifried, 2003
Genus *Zosime* Boeck, 1873
Zosime sp1
Zosime sp2

Family Dactylopusiidae Lang, 1936
Genus *Diarthrodes* Thomson, 1882
Diarthrodes nobilis (Baird, 1845)
Diarthrodes sp1
Genus *Dactylopusioides* Brian, 1928
Dactylopusoides sp1

Family Pseudotachidiidae Lang, 1936
Genus *Idomene* Philippi, 1843
Idomene sp1
Genus *Danielssenia* Boeck, 1873
Danielssenia typica Boeck, 1873
Genus *Fladenia* Gee & Huys, 1990
Fladenia sp1
Fladenia sp2

Genus *Paradanielssenia* Soyer, 1970
 Paradanielssenia sp1
Genus *Sentiropsis* Huys & Gee, 1996
 Sentiropsis sp1

Family Miraciidae Dana, 1846
 Genus *Haloschizopera* Lang, 1944
  Haloschizopera sp1
  Haloschizopera sp2
 Genus *Amphiascus* Sars, 1905
  Amphiascus sp1
 Genus *Typhlamphiascus* Lang, 1944
  Typhlamphiascus sp1
 Genus *Sinamphiascus* Mu & Gee, 2000
  Sinamphiascus dominatus Mu & Gee, 2000
 Genus *Bulbamphiascus* Lang, 1944
  Bulbamphiascus plumosus Mu & Gee, 2000
  Bulbamphiascus spinulosus Mu & Gee, 2000
 Genus *Amphiascoides* Nicholls, 1941
  Amphiascoides sp1
  Amphiascoides sp2
  Amphiascoides sp3
 Genus *Paramphiascella* Lang, 1944
  Paramphiascella sp1
 Genus *Robertgurneya* Lang, 1944
  Robertgurneya sp1
 Genus *Delavalia* Brady, 1880
  Delavalia sp1
  Delavalia sp2
  Delavalia sp3
  Delavalia sp4
  Delavalia sp5
  Delavalia sp6
 Genus *Stenhelia* Boeck, 1865
  Stenhelia sheni Mu & Huys, 2002
  Stenhelia taiae Mu & Huys, 2002
 Genus *Onychostenhelia* Itô, 1979
  Onychostenhelia bispinosa Huys & Mu, 2008

Family Ameiridae Boeck, 1865
 Genus *Ameira* Boeck, 1865
  Ameira sp1
  Ameira sp2

Ameira sp3

Genus *Sarsameira* Wilson, 1924

Sarsameira sp1

Sarsameira sp3

Sarsameira sp4

Genus *Pseudameira* Sars, 1911

Pseudameira sp1

Pseudameira sp2

Pseudameira sp3

Pseudameira sp4

Pseudameira sp5

Pseudameira sp6

Genus *Proameira* Lang, 1944

Proameira signata Por, 1964

Proameira sp2

Proameira sp3

Proameira sp4

Genus *Parameiropsis* Becker, 1974

Parameiropsis sp2

Genus *Parapseudoleptomesochra* Lang, 1965

Parapseudoleptomesochra sp1

Family Canthocamptidae Brady, 1980

Genus *Heteropsyllus* T. Scott, 1894

Heteropsyllus major

Heteropsyllus sp2

Genus *Mesopsyllus* Por, 1959

Mesopsyllus sp1

Mesopsyllus sp2

Genus *Mesochra* Boeck, 1865

Mesochra sp1

Family Cletodidae T. Scott, 1905

Genus *Neoacrehydrosoma* Gee & Mu, 2000

Neoacrehydrosoma zhangi Gee & Mu, 2000

Genus *Enhydrosoma* Boeck, 1873

Enhydrosoma intermedia Chislenko, 1978

Enhydrosoma curticauda Boeck, 1873

Enhydrosoma sp1

Enhydrosoma sp2

Enhydrosoma sp3

Enhydrosoma sp4

Genus *Cletodes* Brady, 1872

    Cletodes dentatus Wells & Rao, 1987
    Cletodes sp2
  Genus *Stylicletodes* Lang, 1936
    Stylicletodes sp1(aff. *S.oligochaeta*)
    Stylicletodes sp2(aff. *S.reductus*)
    Stylicletodes sp3
  Genus *Kollerua* Gee, 1994
    Kollerua longum (Shen & Tai, 1979)
    Kollerua sp3
  Genus *Limnocletodes* Borutzky, 1926
    Limnocletodes behningi Borutzky, 1926
Family Argestidae Por, 1986
  Genus *Eurycletodes* Sars, 1909
    Eurycletodes sp1
Family Normanellidae Lang, 1944
  Genus *Normanella* Brady, 1880
    Normanella sp1
    Normanella sp2
Family Laophontidae T. Scott, 1905
  Genus *Paralaophonte* Lang, 1944
    Paralaophonte sp1
    Paralaophonte sp2
    Paralaophonte sp3
Family Rhizothrichidae Por, 1986
  Genus *Rhizothrix* Brady & Robertson, 1875
    Rhizothrix sp1
Family Harpacticidae Dana, 1846
  Genus *Harpacticus* Milne-Edwards, 1840
    Harpacticus uniremis Krøyer, 1842
Family Peltidiidae Claus, 1860
  Genus *Alteutha* Baird, 1845
    Alteutha interrupta (Goodsir, 1845)
Order Harpacticoida Sars, 1903
  Suboder Polyarthra Lang, 1944
    Family Longipediidae Boeck, 1865
  Genus *Longipedia* Claus, 1863
    Longipedia kikuchii Itô, 1980
Family Canuellidae Lang, 1944
  Genus *Scottolana* Por, 1967
    Scottolana bulbifera (Chislenko, 1971)
    Scottolana geei Mu & Huys, 2004

Suboder Oligoarthra Lang, 1944
    Family Ectinosomatidae Sars, 1903
        Genus *Sigmatidium* Giesbrecht, 1881
            Sigmatidium sp1
        Genus *Microsetella* Brady & Robertson, 1873
            Microsetella norvegica (Boeck, 1865)
            Microsetella rosea (Dana, 1847)
            Microsetella sp2
        Genus *Bradya* Boeck, 1873
            Bradya sp1
        Genus *Ectinosoma* Boeck, 1865
            Ectinosoma sp1
            Ectinosoma sp2
        Genus *Pseudobradya* Sars, 1904
            Pseudobradya sp1
            Pseudobradya sp2
            Pseudobradya sp3
            Pseudobradya sp4
            Pseudobradya sp5
            Pseudobradya sp6
        Genus *Halectinosoma* Lang, 1944
            Halectinosoma sp1
            Halectinosoma sp2
            Halectinosoma sp3
            Halectinosoma sp4
            Halectinosoma sp5
            Halectinosoma sp6
            Halectinosoma sp7
            Halectinosoma sp8
            Halectinosoma sp9
            Halectinosoma sp10
            Halectinosoma sp11
            Halectinosoma sp12
            Halectinosoma sp13
            Halectinosoma sp14
            Halectinosoma sp15
            Halectinosoma sp16
    Family Tachidiidae Boeck, 1865
        Genus *Microarthridion* Lang, 1944
            Microarthridion sp1
            Microarthridion sp2

Microarthridion sp3

Genus *Neotachidius* Shen & Tai, 1963

Neotachidius triangularis Shen & Tai, 1963

Family Idyanthidae Lang, 1944

Genus *Idyella* Sars, 1909

Idyella exigua Sars, 1906

Family Zosimidae Seifried, 2003

Genus *Zosime* Boeck, 1873

Zosime sp1

Zosime sp2

Family Dactylopusiidae Lang, 1936

Genus *Diarthrodes* Thomson, 1882

Diarthrodes nobilis (Baird, 1845)

Diarthrodes sp1

Genus *Dactylopusioides* Brian, 1928

Dactylopusoides sp1

Family Pseudotachidiidae Lang, 1936

Genus *Idomene* Philippi, 1843

Idomene sp1

Genus *Danielssenia* Boeck, 1873

Danielssenia typica Boeck, 1873

Genus *Fladenia* Gee & Huys, 1990

Fladenia sp1

Fladenia sp2

Genus *Paradanielssenia* Soyer, 1970

Paradanielssenia sp1

Genus *Sentiropsis* Huys & Gee, 1996

Sentiropsis sp1

Family Miraciidae Dana, 1846

Genus *Haloschizopera* Lang, 1944

Haloschizopera sp1

Haloschizopera sp2

Genus *Amphiascus* Sars, 1905

Amphiascus sp1

Genus *Typhlamphiascus* Lang, 1944

Typhlamphiascus sp1

Genus *Sinamphiascus* Mu & Gee, 2000

Sinamphiascus dominatus Mu & Gee, 2000

Genus *Bulbamphiascus* Lang, 1944

Bulbamphiascus plumosus Mu & Gee, 2000

Bulbamphiascus spinulosus Mu & Gee, 2000

Genus *Amphiascoides* Nicholls, 1941
  Amphiascoides sp1
  Amphiascoides sp2
  Amphiascoides sp3
Genus *Paramphiascella* Lang, 1944
  Paramphiascella sp1
Genus *Robertgurneya* Lang, 1944
  Robertgurneya sp1
Genus *Delavalia* Brady, 1880
  Delavalia sp1
  Delavalia sp2
  Delavalia sp3
  Delavalia sp4
  Delavalia sp5
  Delavalia sp6
Genus *Stenhelia* Boeck, 1865
  Stenhelia sheni Mu & Huys, 2002
  Stenhelia taiae Mu & Huys, 2002
Genus *Onychostenhelia* Itô, 1979
  Onychostenhelia bispinosa Huys & Mu, 2008

Family Ameiridae Boeck, 1865
Genus *Ameira* Boeck, 1865
  Ameira sp1
  Ameira sp2
  Ameira sp3
Genus *Sarsameira* Wilson, 1924
  Sarsameira sp1
  Sarsameira sp3
  Sarsameira sp4
Genus *Pseudameira* Sars, 1911
  Pseudameira sp1
  Pseudameira sp2
  Pseudameira sp3
  Pseudameira sp4
  Pseudameira sp5
  Pseudameira sp6
Genus *Proameira* Lang, 1944
  Proameira signata Por, 1964
  Proameira sp2
  Proameira sp3
  Proameira sp4

Genus *Parameiropsis* Becker, 1974
    Parameiropsis sp2
Genus *Parapseudoleptomesochra* Lang, 1965
    Parapseudoleptomesochra sp1

Family Canthocamptidae Brady, 1980
Genus *Heteropsyllus* T. Scott, 1894
    Heteropsyllus major
    Heteropsyllus sp2
Genus *Mesopsyllus* Por, 1959
    Mesopsyllus sp1
    Mesopsyllus sp2
Genus *Mesochra* Boeck, 1865
    Mesochra sp1

Family Cletodidae T. Scott, 1905
Genus *Neoacrehydrosoma* Gee & Mu, 2000
    Neoacrehydrosoma zhangi Gee & Mu, 2000
Genus *Enhydrosoma* Boeck, 1873
    Enhydrosoma intermedia Chislenko, 1978
    Enhydrosoma curticauda Boeck, 1873
    Enhydrosoma sp1
    Enhydrosoma sp2
    Enhydrosoma sp3
    Enhydrosoma sp4
Genus *Cletodes* Brady, 1872
    Cletodes dentatus Wells & Rao, 1987
    Cletodes sp2
Genus *Stylicletodes* Lang, 1936
    Stylicletodes sp1(aff. *S.oligochaeta*)
    Stylicletodes sp2(aff. *S.reductus*)
    Stylicletodes sp3
Genus *Kollerua* Gee, 1994
    Kollerua longum (Shen & Tai, 1979)
    Kollerua sp3
Genus *Limnocletodes* Borutzky, 1926
    Limnocletodes behningi Borutzky, 1926

Family Argestidae Por, 1986
Genus *Eurycletodes* Sars, 1909
    Eurycletodes sp1

Family Normanellidae Lang, 1944
Genus *Normanella* Brady, 1880
    Normanella sp1

Normanella sp2

Family Laophontidae T. Scott, 1905

Genus *Paralaophonte* Lang, 1944

Paralaophonte sp1

Paralaophonte sp2

Paralaophonte sp3

Family Rhizothrichidae Por, 1986

Genus *Rhizothrix* Brady & Robertson, 1875

Rhizothrix sp1

Family Harpacticidae Dana, 1846

Genus *Harpacticus* Milne-Edwards, 1840

Harpacticus uniremis Krøyer, 1842

Family Peltidiidae Claus, 1860

Genus *Alteutha* Baird, 1845

Alteutha interrupta (Goodsir, 1845)

附 录 4

多元统计软件 PRIMER 在底栖群落生态学中的应用

20 世纪 70 年代，随着计算机技术的日新月异，多元统计分析技术被广泛应用于群落生态学的研究，由此产生了统计学派的连续统群落概念与传统的优势种学派的刚性群落之间的分水岭。底栖群落生态学的研究在经历了近一个世纪的发展过程中，逐步由单纯的野外观测和描述转入实验生态、对系统演化的考虑及污染和扰动对群落结构的影响评价。对假设的检验，无论在实验室或野外，都变得极为重要。多元统计分析方法在底栖生态学领域的应用也随之得以不断发展和完善。

我国底栖生态学研究虽起步较晚，但伴随着实验生物海洋学及小型底栖生物研究的日趋活跃和对生物扰动、水层-底栖耦合研究的深入，底栖生态学更注重在生态系统水平上对过程和机制的研究。改进传统的丰度-生物量描述方法，在研究和调查中纳入实验/取样设计的理念，在数据处理中采用国际通用的统计方法和软件，已势在必行。这就要求我们对在群落生态研究中应用广泛的多元统计技术有较为全面的了解。本附录从底栖群落生态研究的角度，重点介绍大型多元统计软件 PRIMER（plymouth routines in multivariate ecological research）的方法原理及应用。

1. 方法原理

多元统计分析即多变量分析，是一套能对多元（多种）丰度-生物量数据矩阵作出图形表达和统计检验的技术方法，最常用的有分类（classification）和排序（ordination）。多元统计分析在群落生态研究中的应用基本遵循参数（parametric）和非参数（non-parametric）两条发展路线，前者比较经典，主要应用于陆地植物生态，后者始于 20 世纪 80 年代初，首先在海洋软底群落的研究中得到广泛应用。非参数技术的基础是对两个样品相似性的定义，这个定义有着生物学相关性，所采用的简单等级形式，如'样品 A 与 B 比样品 C 更相似'，降低了对数据必须满足某些统计学假设的要求，应用上更简单和灵活，适用范围更广。

PRIMER 正是基于以等级相似性为基础的非参数多元统计技术而开发的大型多元统计软件，已被广泛应用于海洋群落的结构、功能和生物多样性的研究，并逐渐向生态监测和环境评价的方向发展。早期版本由英国普利茅斯海洋研究所推出，最新版本 PRIMER 6（网址：http://www.primer-e.com/）所包括的主要多元统计分析程序有：①等级聚类 Cluster；②非度量多维标度 MDS（non-metric multi-dimensional scaling）；③主分量分析 PCA（principal components analysis）；④ANOSIM（analysis of similarities）相似性检验；⑤SIMPER（similarity percentages）相似性；⑥BEST（BIOENV/BVSTEP）分析；⑦RELATE 检验。第 6 版在第 5 版的基础上新增了一些分析程序：⑧2STAGE（resemblance matrix for

2nd stage MDS）第 2 阶段相似性矩阵；⑨LINKTREE（linkage trees）链接树分析；⑩MVDISP（multivariate dispersion indices）多元散布度指数；⑪SIMPEROF（similarity profile）相似性剖面；⑫DOMDIS（distance between k-dominance curves as a resemblance matrix）k-优势度曲线距离相似性矩阵。

（1）多变量分析（用于群落结构研究）

群落数据由一套种的丰度或生物量读数构成，包括一个或多个重复样品，它们取自：①同一时间的不同地点（空间分析）；②同一地点的不同时间（时间分析）；③属于各非对照组或受控"处理"的群落；④以上的组合。种×样品矩阵往往十分庞大，使得群落结构的格局不能一目了然。群落数据多元统计分析的目的就是通过对样品间生物关系的某种图形表达，来减少这些矩阵的复杂性，再通过统计检验来确认群落结构的时空变化并将这种变化与变化的环境或实验条件联系起来。

多变量分析包括一系列以等级相似性为基础的非参数技术方法：等级聚类（Cluster）、非度量多维标度（MDS）、ANOSIM 检验、SIMPER 分析、BIOENV/BVSTEP 分析和 RELATE 检验等，以及一种参数排序技术主分量分析（PCA）。它们之间的关系如图 1，主要分析步骤如下：

1）原始生物资料矩阵和环境资料矩阵的建立。

2）样品间（非）相似性测定和（非）相似性矩阵的建立，第 j 与第 k 个样品间的 Bray-Curtis 相似性 S_{jk} 由以下公式计算：

$$S_{jk} = 100 \times \left\{ 1 - \frac{\sum_{i=1}^{p}|y_{ij} - y_{ik}|}{\sum_{i=1}^{p}(y_{ij} + y_{ik})} \right\} \tag{1}$$

式中，y_{ij} 为原始矩阵第 i 行和第 j 列的输入值，即第 j 个样品中第 i 种的丰度（或生物量）（$i=1, 2, \cdots, P$；$j=1, 2, \cdots, n$），y_{ik} 由此类推。

3）计算原始环境矩阵中每对样品间环境组成非相似性，产生一个三角形非相似性矩阵。第 j 与第 k 个样品间的欧氏距离非相似性 d_{jk} 为

$$d_{jk} = \sqrt{\sum_{i=1}^{p}(y_{ij} - y_{ik})^2} \tag{2}$$

4）通过样品的聚类和排序展示群落结构格局。

5）群落结构差异的统计检验，ANOSIM 检验，BIOENV/BVSTEP 分析和 RELATE 检验。

6）群落结构与环境变量的多元相关分析，采用主分量分析（PCA）及 RELATE 相关检验。

（2）单变量分析和生物多样性测定

生物群落的单变量分析和生物多样性测定主要通过 DIVERSE 和 CASWELL 两个程序完成，前者包括了常用的物种多样性、分类学多样性和系统演化多样性指数的计算（图 1），

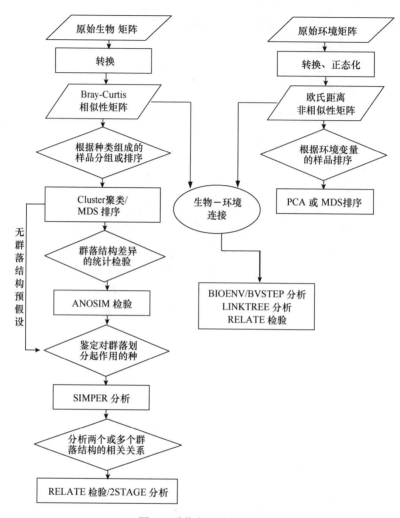

图1 群落多元分析流程

后者用以计算 Caswell 中性模型的 V 统计量。

1) 物种多样性指数:

DIVERSE 程序中 4 种默认的物种多样性指数计算公式如下所列。

香农-威纳信息指数 (Shannon-Wiener information index):

$$H^{'} = -\sum (P_i \times \log P_i) \qquad (3)$$

式中, P_i 为样品中第 i 种的个体数占该样品总个体数之比;log 默认以 e 为底,2 和 10 为可选。

种丰富度指数 (margalef's species richness):

$$d = \frac{S-1}{\ln N} \qquad (4)$$

式中, S 为样品包含的种数; N 为总个体数。

均匀度指数 (Pielou's evenness):

$$J' = \frac{H'}{\ln S} \tag{5}$$

式中，H' 为香农-威纳信息指数；S 为样品包含的种数。

辛普森优势度指数（Simpson's dominance）：

$$1-\lambda' = 1 - \frac{\sum N_i(N_i-1)}{N(N-1)} \tag{6}$$

式中，N_i 为样品中第 i 种的个体数 ［个（ind）］；N 为该样品的总个体数 ［个（ind）］。

此外通过 DIVERSE 还可以实现 Hill 系列多样性指数和 Rarefaction 稀疏方法多样性的测定。

2）分类学多样性和系统演化多样性指数：

分类多样性指数 Δ（average taxonomic diversity）：

$$\Delta = \left[\sum\sum_{i<j}\omega_{ij}x_ix_j\right] \Big/ \left[N(N-1)/2\right] \tag{7}$$

式中，Δ 为样方中每对个体在系统发育分类树状图中平均的路径长度；x_i 为第 i 个种的丰度；x_j 为第 j 个种的丰度；ω_{ij} 为连接种 i 和 j 种的路径长度。

分类差异度指数 Δ^*（average taxonomic distinctness）：

$$\Delta^* = \left[\sum\sum_{i<j}\omega_{ij}x_ix_j\right] \Big/ \left[\sum\sum_{i<j}x_ix_j\right] \tag{8}$$

平均分类差异度指数 Δ^+（average taxonomic distinctness based on presence/absence of species）：

$$\Delta^+ = \left[\sum\sum_{i<j}\omega_{ij}\right] \Big/ \left[S(S-1)/2\right] \tag{9}$$

式中，S 为样方中出现的种数。

分类差异度变异指数 Λ^+（variation in taxonomic distinctness）：

$$\Lambda^+ = \left[\sum\sum_{i<j}(\omega_{ij}-\Delta^+)^2\right] \Big/ \left[S(S-1)/2\right] \tag{10}$$

总分类差异度（total taxonomic distinctness）：

$$S\Delta^+ = \sum_i\left[\left(\sum_{j\neq i}\omega_{ij}\right)/(S-1)\right] \tag{11}$$

2. 应用举例

（1）数据的前期准备——样品间种类组成相似性的测定

1）原始矩阵：

通过野外采集或实验室实验所获得的定量群落数据直接输入 PRIMER（或 EXCEL 工作表）形成一个 p 行（种）和 n 列（样品）的原始矩阵，输入值为每个样品中每个种的丰度或全部个体的总生物量，称为种丰度（或生物量）矩阵。同时将在同一套样品中获得的环境数据输入产生一个与生物矩阵相配套的环境矩阵，行为样品，列为环境（变量），输入值是每个样品中每种环境因子的测定值。矩阵样品可以包括一个或多个取自不同时间、地点或实验"处理"的重复样。

2）样品间（非）相似性测定和（非）相似性矩阵的建立：

样品间（非）相似性的测定和（非）相似性矩阵的建立是进一步分析的基础，包括生物组成的相似性和环境组成的非相似性计算，分别选用不同的（非）相似性系数。计算原始矩阵中每对样品间种类组成的相似性[①]，产生由 $n(n-1)/2$ 个相似性值构成一个三角矩阵。第 j 与第 k 个样品间的 Bray-Curtis 相似性[②]S_{jk} 由式（12）计算：

$$S_{jk} = 100\left\{1 - \frac{\sum_{i=1}^{p}|y_{ij}-y_{ik}|}{\sum_{i=1}^{p}(y_{ij}+y_{ik})}\right\} \quad (12)$$

式中，y_{ij} 为原始矩阵第 i 行和第 j 列的输入值，即第 j 个样品中第 i 种的丰度（或生物量）($i=1,2,\cdots,p$；$j=1,2,\cdots,n$)；y_{ik} 由此类推。

相似性分析之前，必须对原始数据进行转换（transformation）以便对稀有种给予不同程度的加权。转换的剧烈程度（对稀有种的加权程度）按不转换（no transform）→ 平方根转换（$\sqrt{y}$）→ 对数转换或双平方根转换｛log(1+y) 或 $\sqrt[4]{y}$｝→有/无转换（presence/absence）的顺序逐次增加。以 1997 年 6 月渤海 5 个站位 158 种大型底栖动物的丰度矩阵（表 1）为例，经平方根转换后，计算每个站位之间的相似性比例获得以下相似性三角矩阵（表 2）。

表 1 种丰度（个体数）矩阵

种	样品（站位）	1	2	3	4	5
1	海笔	0	0	3	0	0
2	海葵	0	0	0	3	0
⋮	⋮	⋮	⋮	⋮	⋮	⋮
158	鱼	0	3	0	0	0

平方根转换
Bray-Curtis 相似性

表 2 样品间种类组成的相似性（百分数）矩阵

样品（站位）	1	2	3	4	5
1	—				
2	38	—			
3	31	29	—		
4	32	39	21	—	
5	37	32	31	31	—

类似地计算原始环境矩阵中每对样品间环境组成非相似性，产生一个非相似性三角矩阵。第 j 与第 k 个样品间的欧氏距离（Euclidean distance）非相似性 d_{jk} 为

$$d_{jk} = \sqrt{\sum_{i=1}^{p}(y_{ij}-y_{ik})^2} \quad (13)$$

数据先经转换（transformation），然后正态化（normalization）。转换使样品的环境测量值沿环境轴呈近似正态的分布。不同的环境变量所采用的转换应根据数据的性质来决定，倾向于右偏的数据（如污染物浓度）须对数转换，而左偏的数据（如盐度）用反对数转换，沉积物粒度参数可能不必转换。

（2）通过样品的聚类和排序展示群落结构格局

聚类和排序由样品间的相似性三角阵开始。等级聚类技术（Cluster）基于每对样品

---

① 相似性分析可以在原始数据矩阵的每对样品间进行，也可在每对种间进行。样品间的相似性可以是种类组成的相似性，也可能是依据环境因子的相似性。未特别指名的相似性一般是指样品间种类组成的相似性。

② 相似性系数的选择考虑以下两个因素：a）样品间相似性应不受两个样品中都不存在种的影响；b）对少数优势种（大个体种）或多数稀有种（小个体种）的平衡权重。Brat-Curtis 系数满足 a 项，而 b 项可利用不同程度的转换加以灵活调节。

间的某种相似性定义（如 Bray-Curtis）将样品逐级连接成组并通过一个树枝图来表示群落结构。最常用的连接方法为组平均连接（group-average linkage）。聚类分析旨在找出样品的"自然分组"以使组内样品彼此间较组间的样品更相似，但在决定以何种相似性水平来划分组时带有主观任意性。它强调的是组的划分而不是在连续尺度上展现样品间的关系，因此比较适用于环境条件明显不同，使得样品能够明确划分成组的情况。相比之下，排序技术能更好地表达群落对比较连续的非生物环境梯度的响应。非度量 MDS 排序按照样品间的非相似性等级顺序将样品排放在一个（通常是二维的）"地图"（排序图）中，相似性等级与排序图中相应的距离等级的不一致程度则由一个压力系数（stress coefficient）反映出来。两种图形技术的组合使用能更充分地展示群落结构格局，即将在某种相似性水平上得到的聚类分组叠加在以同一种相似性系数为基础的排序图上。例如，基于以上相似性矩阵的渤海 5 个站位大型底栖动物群落的 Cluster 聚类结果在 30% 的水平上（虚线所示）可划为 3 个组，将其叠加在 MDS 排序图上（图 2）。

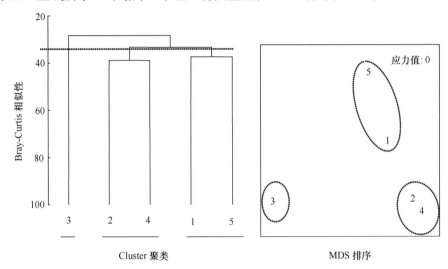

图 2　渤海 5 个站位大型底栖动物群落的 Cluster 聚类和 MDS 排序

（3）群落结构差异的统计检验

被称为"格局分析"的分类和排序，并没有对假设进行统计检验的功能，仅有助于假设的产生。如果取样的过程中包含了取样/实验设计，即取样前已存在某种零假设（如不同地点或不同时间的群落结构没有差异），就可以对群落数据进行多元统计检验。非参数多元方法(ANOSIM)类似于参数的方差分析（单变量 ANOVA 或多变量 MANOVA），是基于相似性等级的置换/随机化检验。分析的起点是样品间种类组成的相似性三角矩阵。PRIMER 可就以下设计给予检验：①单因素设计（1-way layout）；②二因素嵌套设计（2-way nested layout）；③二因素交叉设计（2-way crossed layout）；④无重复二因素交叉设计（2-way crossed layout without replication）。

前 3 种均包含在 ANOSIM 程序中，最后一种可用 ANOSIM2 来处理。因子的不同水平可以代表不同的时间、地点或实验处理。检验的结果除了给出一个总体的 R 统计量和显著水平外，也提供不同水平之间的成对比较，但不能就多重比较问题给予修正。3

个重复样时成对比较的显著水平最小不过 10%，4 个为 3%，5 个为 1%，故若要在 5% 的水平获得显著差异，一般至少需要 4 个重复。

（4）种的分析及鉴定对样品分组起主要作用的种类

种的分析，即计算原始种丰度（生物量）矩阵中每对种之间 Bray-Curtis 相似性并产生一个种相似性三角矩阵。对该矩阵做进一步种的 Cluster 聚类和 MDS 排序，方法如同对样品的分析（图3）。但分析前要将原始数据标准化（standardization），并去掉部分稀有种，只保留那些在任一样品中的丰度（或生物量）占该样品总丰度至少为 $p\%$ 的种（p 一般取 3~10）。

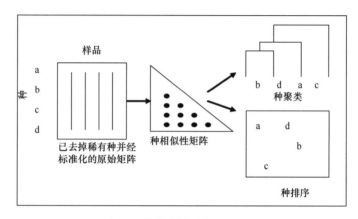

图 3　种的分析示意

对聚类分析划分的样品组，或事先已经设定并由 ANOSIM 检验的样品分组，需要通过 SIMPER 分析进一步将每个种对两个样品组之间非相似性的贡献比例分解并按递减的顺序排列，以便鉴定对样品分组起主要作用的种。

（5）群落结构与环境变量的连接

生物与环境的连接分为直接梯度和间接梯度两种途径。前者是将环境因子嵌入生物数据同时分析。PRIMER 非参数多元技术采用间接梯度法，即首先对非生物数据本身进行分析，再将所得的多元图形与生物数据加以比较。两个图形的匹配程度反映出环境矩阵对生物矩阵的解释程度，并可以找出与生物数据形成最佳匹配的环境变量子集（图4）。

环境数据的多元分析以欧氏距离非相似性矩阵为基础，采用 MDS 或主分量 PCA 排序。PCA 虽始于原始环境矩阵，但其分析过程隐含着一个欧氏距离非相似性矩阵。它将样品视为多维环境变量空间中的点，并投影到一个有两个主分量轴构成的最适平面上（二维 PCA）。数据首先经转换（transformation），然后正态化（normalization）。正态化将不同单位的环境变量变成统一尺度，使得 PCA 排序结果不受测量单位标度变化的影响，如 PCBs 由 g/g 变为 ng/g。图5 是渤海 5 个站位根据水深、粉砂–黏土含量、中值粒径、分选系数和异质性系数 5 个环境变量所作的二维 MDS 和 PCA 排序，其站位的分布显然与基于种类组成的样品 MDS 排序结果（图2）不一致，说明所测的这 5 种环境

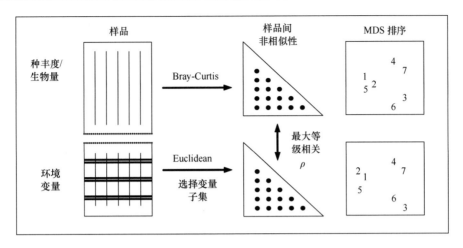

图 4　生物与环境的多元相关分析示意图

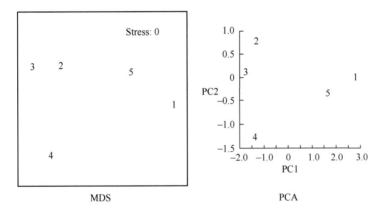

图 5　渤海 5 个站位的环境 MDS 和 PCA 排序

因子不能对观察到的群落结构给予很好的解释,这种不匹配程度可以通过 BIOENV 分析和 RELATE 检验得到进一步证实。

BIOENV 分析旨在找出一个环境变量子集,使其欧氏距离非相似性矩阵与生物样品的 Bray-Curtis 非相似性矩阵之间形成最大的等级相关(图 4)。有 3 种等级相关系数可供选择,即 Spearman、Weighted Spearman 和 Kendall。最大相关意味着测得的环境因子与生物群落的最佳匹配,也即该环境因子组合是对观察到的群落结构的最好解释(但并不代表两者之间存在直接的因果关系)。当环境变量很多时,BIOENV 就变得不太适用,这种情况需要采用原理上类似于逐步多重回归(stepwise multiple regression)的 BVSTEP 分析,逐步找出与群落最佳匹配的环境因子组合。可人为设定一个相关系数 ρ 的阈值(默认阈值 $\rho=0.95$)或 ρ 的最小提高量 $\delta\rho$(默认 $\delta\rho=0.001$),当达到该阈值或 $\delta\rho$ 不再增加时,BVSTEP 分析自动停止,不再继续搜索其他子集。

任何两个相似性(或非相似性)矩阵之间的相关关系可通过 RELATE 分析来实现。相关可以在两个生物矩阵、两个环境矩阵或生物与环境矩阵之间进行,取决于要回答的问题。RELATE 分析最常用于将一个生物相似性矩阵与一个选择的模型进行相关检验,如 seriation 或 cyclicity，以测定该生物群落沿某个自然环境梯度变化的连续性或年周期的循环，缺乏与模型的拟合暗示某种潜在的环境压力。

对渤海 5 个站位底栖群落与环境因子所做的 BIOENV 分析显示对应于水深和中值粒径两因子组合的最大相关系数 ρ 只有 -0.139，RELATE 检验揭示生物和环境（非）相似性矩阵之间没有显著相关（$P=0.80$）。

PRIMER 的应用绝不局限于底栖群落生态学，其遵循的非参数技术路线，与参数多元统计方法（代表软件有 PC-ORD，CANOCO 等）一起，构成生态学研究中重要的数据分析工具。其包含的最新统计方法和多样性指数的计算，有待于用更多的经验数据来加以验证和完善。

参 考 文 献

Clarke K R. 1993. Non-parametric multivariate analyses of changes in community structure. Australian Journal of Ecology, 18: 117-143

Clarke K R, Gorley R N. 2001 & 2006. PRIMER v5 & v6: User manual/tutorial. Plymouth UK: PRIMER-E

Clarke K R, Warwick, R M. 1994 & 2001. Change in marine communities: an approach to statistical analysis and interpretation. 1st edition: Plymouth, UK: Plymouth Marine Laboratory. 2nd edition: Plymouth, UK : PRIMER-E

Field J G, Clarke K R, Warwick R M. 1982. A practical strategy for analysis multispecies distribution patterns. Marine Ecology Progress Series, 8: 37-52

附 录 5

海洋底栖动物的分子鉴定

1. 海洋底栖动物的 DNA 条形编码和分子生物多样性研究进展

DNA 条形编码（DNA barcoding）是一种全新设计的系统，利用一段短的标准基因区作为内部物种标签，提供快速、准确和自动化的物种鉴定（Hebert et al., 2003a, b; Hebert and Gregory, 2005）。在动物中以线粒体细胞色素 C 氧化酶亚基 I 基因 COI 5′端长度为 658 个碱基对的序列为标签。它除了能将生物鉴定到已知种，还能揭示隐存种的存在，加快新物种发现的速度。DNA 条形编码与 DNA 分类（DNA taxonomy）不同，它的目的是帮助生态学家、生物多样性保护者和害虫、入侵种及食物安全控制机构更容易接近林奈分类系统，而不是摈弃具有 250 年历史的林奈系统，提倡整合分类学的研究方法（Foseca et al., 2008）。DNA 条形码的概念一经提出虽然备受争议（如 Collins and Cruickshiank, 2012），但仍然得到迅速发展。2004 年国际条形码合作组织（CBOL）成立，目前已有来自 50 个国家 6 个洲的 200 多个组织机构加入。2010 年由 DNA 条形码之父加拿大圭尔夫大学安大略生物多样性研究所的 Paul Hebert 教授组织发起了国际上最大的生物多样性基因组计划 International Barcode of Life（iBOL），其主旨是扩大 DNA 条形码参考数据库 BOLD（Ratnasingham and Hebert, 2007）的地理和分类覆盖面，该数据库为地球上所有生命建立一个以 BIN（barcode index number）为基础的数字 ID 系统（Ratnasingham and Hebert, 2013）。该计划邀请了 28 个不同国家和地区作为节点，中国、加拿大、美国是 3 个中心结点国家。该计划的目标是到 2015 年完成 500 万个生物标本，包括至少 50 万个物种在内的 DNA 条形编码。到目前为止，BOLD 数据库已完成了 300 余万条序列，包括 14 余万种动物在内的条形编码。

得益于分子生物学技术（特别是 DNA 和基因组测序技术）和生物信息学的进步，DNA 条形码经过十年的发展为生物科学带来了一场深刻的变革，影响到生物多样性的研究方法并改变了我们对生态系统的认识。DNA 条形码的发展表现在两个方面：其一是从 2003 年开始，分类学研究和常规分类鉴定，从微生物到哺乳动物都无一例外地转向以 DNA 为基础的解决方案；其二是从 2005 年开始，由下一代测序或二代测序（next generation sequencing）技术带来的革命性的发展使得环境条形编码（environmental barcoding）的概念被提了出来。同时，DNA 条形编码与下一代测序技术的融合诞生了 DNA 集合系统分类学（DNA metasystematics），使得当今分类学和生物多样性的研究进入到 DNA 集合系统分类学的黄金时代（Hajibabaei, 2012）。基于下一代测序的环境条形编码技术在淡水底栖生物监测中的应用已取得了重要进展（Hajibabaei et al., 2011, 2012），但这项技术应用到海洋生态监测中还为时略早，主要原因是我们对海洋生物多样性的认识远没有对陆地生物那么充分。当务之急是首先建立起海洋生物多样性 DNA 条形码参考数据库（Ekrem et al.，2007），为将基于下一代测序的海洋沉积物和水体环境条形编码技术应用到海洋生物多样性评估和生态监测中做好准备。

国际海洋生物条形码计划（MarBOL）由国际海洋生物普查计划（CMoL）和国际条形码合作组织（CBOL）共同发起，开展海洋生物的 DNA 条形编码。到目前为止，该计划的数据库共搜集 37182 个海洋动物标本的 DNA 条形码序列，对 6199 种海洋动物进行 DNA 条形编码，包括节肢动物门、腕足动物门、脊索动物门（鸟类、鱼类、哺乳类）、棘皮动物门、软体动物门、扁形动物门和多孔动物门，却没有环节动物门和线虫动物门记录。然而其他以生态系统或生态区为目标的 DNA 条形码计划，如珊瑚礁生物条形码计划（coral reef barcode of life）和北极生物条形码计划（polar barcode of life）（Hardy et al.，2011）则包括了更多的海洋动物门类，如多毛类、刺胞动物、毛颚动物、海龟等，所以海洋动物条形编码实际上已覆盖了几乎所有门类。

世界多毛类已描述的种数有 12632 种，但估计有 6230 种尚待描述，已描述种的比例为 67%，其中 DNA 条形码所揭示的隐存种比例估计达 15%（Appeltans et al.，2012）。海洋中隐存姊妹种的比例通常较高（Radulovici et al.，2010），也就是说我们对海洋生物物种多样性的估计往往是偏低的。在 BOLD 数据库中，多毛类有 1826 个 BIN 或"条形码-种"，这个数量占不到世界多毛类已描述种数的 1/5，可见完成世界多毛类 DNA 条形码参考库的建设，还有较长的路要走。

世界已描述的海洋线虫有 6920 种（WoRMS），但估计潜在的新种数量达 50000 种（Appeltans et al.，2012），即已描述种的比例仅为 12%。目前 BOLD 数据库搜集的线虫 DNA 条形码不到 400 种，且大部分是植物寄生线虫。线虫被认为是形态鉴定难度最大的动物类群之一，因此分子鉴定的手段在线虫中应用得较早，但大部分工作都是在土壤线虫和寄生线虫中开展。早在 2002 年，英国爱丁堡大学的 Flody 和其同事（Flody et al.，2002）首次提出用 MOTU 即分子可操作分类单元（molecular operational taxonomic unit）代替形态学物种，对线虫等小型土壤动物进行分子多样性的评估（Blaxter and Flody，2003），并提出了"DNA 分类"的概念（Blaxter，2004）。这个 DNA 条形码以核糖体小亚基 18S rDNA 部分序列为标记，随后在海洋线虫各分类单元中成功应用，能准确地将 97%的海洋线虫鉴定到种（Bhadury et al.，2006），被认为是一种有效的 DNA 条形码。结合显微视频凭证（De Ley et al.，2005）和反向分类（Markmann and Tauz，2005）的方法，海洋线虫的 DNA 条形编码可广泛应用于生物多样性评估。此外，以此为基础，也对海洋线虫生态学和演化的一些基本问题，如广布性、隐存多样性和系统发育关系等以分子生物学的手段开展研究（Derycke et al.，2007；Meldal et al.，2007；Bhadury et al.，2008）。必须强调海洋线虫的 DNA 条形编码大多采用 18S 基因为标记，而有研究表明基于 18S 的条形编码对小型底栖动物多样性的估计偏低（Tang et al.，2012），因为它对姊妹种或近缘种的区分度不够。虽然有对 COI 基因扩增引物的研究（Derycke et al.，2010），但利用的是 COI 3′端序列，与国际条形码组织要求的动物条形编码 COI 5′端的标准序列还不一致，迫切需要设计针对 COI 5′端序列进行有效扩增的引物，而最近在植物寄生线虫多引物扩增方面取得的进展是值得借鉴的（Prosser et al.，2013）。

2. DNA 条形编码和分子生物多样性研究方法

（1）样品保存处理

小型底栖动物样品现场用分子生物学级 DMSO 液（QBiogene）保存，大型底栖动物样品用 95%分析纯乙醇保存。从野外返回实验室后，及早更换固定液一到两次，以防止 DNA 降解。大型、小型底栖动物在解剖镜下分选计数到主要类群，并保存在-20℃冰箱中。

（2）形态学鉴定和图像采集

多毛类通过形态学鉴定到种，海洋线虫鉴定到种或属。对每个形态学种或属，在每个定性样品中选择 5~8 个个体，在每个定量样品中选择 3~5 个个体进行 DNA 条形编码。选择进行 DNA 条形编码的应是较为完整、形态保持良好的个体。被选中的个体在 96 管板中存储，填写凭证标本清单，记录每个待编码个体的种/属名、标本 ID、样品编号、经纬度、采集地点、时间等信息。对每个待编码个体进行图像或录像采集：多毛类利用配备显微成像系统的研究级体视显微镜采集整体和局部图像，而线虫通过配有显微摄像系统的研究级光学显微镜采集整体和头部、尾部、身体中间部位不同放大倍数的图像或视频短片，通过变焦过程记录线虫 3 维分类特征，这项技术称为视频凭证。小型底栖动物以所采集的图像或视频作为虚拟凭证标本。

（3）DNA 条形编码和分子鉴定目标基因

大型底栖动物（多毛类）研究采用国际通用的动物 DNA 条形编码基因线粒体细胞色素氧化酶 COX 1，辅以线粒体 16S rDNA，小型底栖动物（海洋线虫）条形编码以细胞核 18S rDNA 为目标基因，辅以 COX I。通过总 DNA 提取、目标序列的 PCR 扩增和测序获得目标基因的部分序列。

（4）组织 DNA 提取、扩增、测序

多毛类在体中部取一小块组织（米粒大小）用于 DNA 提取，尽量避开刚毛、消化道等，并放在预先装有 95%分析纯乙醇的 96 孔 PCR 板中；单条线虫 DNA 提取，用三蒸水冲洗虫体 2~3 遍，去掉 DMSO 液，较大个体切成 2~3 段，放入预先装有 95%分析纯乙醇的 96 孔 PCR 板中。制备好的组织样品直接寄交加拿大 DNA 条形码中心，通过高通量工作流程进行组织 DNA 提取、扩增、测序。

（5）DNA 条形码参考数据库的构建

获得的 DNA 序列经 Codon Code Aligner 软件进行编辑、剪切和对位排列后，形成批量 FASTA 文件提交到 BOLD（barcode of life data systems）国际条形码数据库共享平台，同时提交样品的凭证标本信息文件、图像文件和原始峰图文件。BOLD 平台允许研究者或机构建立自己的数据库并拥有数据库何时公开的决定权以及对数据库随时进行维护管理的权限。

(6) 分子生物多样性和隐存物种多样性评估

BOLD 数据库平台根据每个样品的 DNA 条形码序列给每个生物样品分配一个条形码索引号（barcode index number，BIN），即每种生物所特有的数字 ID，BIN 不同的个体属于不同的物种。基于这个 BIN 的物种和基于形态学鉴定的物种相比较，可估计隐存物种多样性的比例，还可以纠正形态分类中出现的失误。通过 BOLD 中累积曲线分析（accumulation curve）对基于形态的物种多样性和基于 BIN 的分子多样性评估结果进行比较。

(7) 广布种的分子亲缘地理学结构分析

采用回归分析法研究广布种的种内遗传变异度与地理距离的关系；通过 TCS 网络法分析广布种世系的单倍型地理分布；利用 BOLD 中提供的 Taxon ID Tree 分析工具，以 neighbor joining（NJ）距离法建立基于 K2P 距离模型的系统发育树，在此基础上结合地理分布研究广布种的分子亲缘地理结构。

参 考 文 献

Appeltans W, Ahyong S T, Anderson G, et al. 2012. The magnitude of global marine species diversity. Current Biology, 22: 2189-2202

Barcode of Life Data Systems (BOLD Systems): http: //www. boldsystems. org/

Bhadury P, Austen M C, Bilton D T, et al. 2006. Development and evaluation of a DNA-barcoding approach for the rapid identification of nematodes. Marine Ecology Progress Series, 320: 1-9

Bhadury P, Austen M C, Bilton D T, et al. 2008. Evaluation of combined morphological and molecular techniques for marine nematode (*Terschellingia* spp.) identification. Marine Biology, 154: 509-518

Blaxter M, Floyd R. 2003. Molecular taxonomics for biodiversity surveys: Already a reality. TREND in Ecology and Evolution, 18: 268-269

Blaxter M. 2004. The promise of a DNA taxonomy. Philosophical Transactions of the Royal Society B, doi: 10. 1098/rstb. 2003. 1447

Census of Marine Life (CoML): http: //www. coml. org/

Collins R A, Cruickshiank R H. 2012. The seven deadly sins of DNA barcoding. Molecular Ecology Resources, doi: 10. 1111/1755-0998. 12046

Consortium for the Barcode of Life (CBOL): http: //barcoding. si. edu/dnabarcoding. htm

De Ley P, De Ley I T, Morris K, et al. 2005. An integrated approach to fast and informative morphological vouchering of nematodes for applications in molecular barcoding. Philosophical Transactions of the Royal Society of London Series B Biological Sciences, 360: 1945-1958

Derycke S, Vynckt R V, Vanoverbeke J, et al. 2007. Colonization patterns of Nematoda on decomposing algae in the estuarine environment: Community assembly and genetic structure of the dominant species *Pellioditis marina*. Limnology and Oceanography, 52: 992-1001

Derycke S, Vanaverbeke J, Riqaux A, et al. 2010. Exploring the use of cytochrome oxidase c subunit 1 (COI)for DNA barcoding of free-living marine nematodes. PLoS ONE, 5: e13716

Ekrem T, Willassen E, Stur E. 2007. A comprehensive DNA sequence library is essential for identification with DNA barcodes. Molecular Phylogenetics and Evolution, 43: 530-542

Floyd R, Abebe E, Papert A, et al. 2002 Molecular barcodes for soil nematode identification. Molecular Ecology, 11: 839-850

Foseca G, Derycke S, Moens T. 2008. Integrative taxonomy in two free-living nematode species complexes.

Biological Journal of the Linnean Society, 94: 737-753

Hajibabaei M. 2012. The golden age of DNA metasystematics. Trends in Genetics, 28: 535-537

Hajibabaei M, Shokralla S, Zhou X, et al. 2011. Environmental barcoding: A next-generation sequencing approach for biomonitoring applications using river benthos. PLoS ONE, 6: e17497

Hajibabaei M, Spall J L, Shokralla S, et al. 2012. Assessing biodiversity of a freshwater benthic macroinvertebrate community through non-destructive environmental barcoding of DNA from preservative ethanol. BMC Ecology, 12: 1-10

Hardy S M, Carr C M, Hardman M, et al. 2011. Biodiversity and phylogeography of Arctic marine fauna: Insights from molecular tools. Marine Biodiversity, 41: 195-210

Hebert P D N, Cywinska A, Ball S L, et al. 2003a. Biological identifications through DNA barcodes. Proceedings of the Royal Society of London Series B Biological Science, 270: 313-321

Hebert P D N, Ratnasingham S, deWaard J R. 2003b. Barcoding animal life: cytochrome c oxidase subunit 1 divergences among closely related species. Proceedings of the Royal Society of London Series B Biological Science, 270 (Suppl1): S96-S99

Hebert P D N, Gregory T R. 2005. The promise of DNA barcoding for taxonomy. Systematic Biology, 54: 852-859

Markmann M, Tautz D. 2005. Reverse taxonomy: An approach towards determining the diversity of meiobenthic organisms based on ribosomal RNA signature sequences. Philosophical Transactions of the Royal Society of London Series B Biological Sciences, 360: 1917-1924

Meldal B H M, Debenham N J, De Ley P. 2007. An improved molecular phylogeny of the Nematoda with special emphasis on marine taxa. Molecular Phylogeny and Evolution, 42: 622-636

Prosser S W J, Velarde-Aguilar M G, Egagnon V L O, et al. 2013. Advancing nematode barcoding: A primer cocktail for the cytochrome c oxidase subunit 1 gene from vertebrate parasitic nematodes. Molecular Ecology Resources, doi: 10. 1111/1755-0998. 12082: 1-8

Radulovici AE, Archambault P, Dufresne F. 2010. DNA barcodes for marine biodiversity: Moving fast forward? Diversity, 2: 450-472

Ratnasingham S, Hebert P D N. 2007. BOLD: The barcode of life data system(www. barcodinglife. org). Molecular Ecology Notes, 7: 355-364

Ratnasingham S, Hebert P D N. 2013. A DNA-based registry for all animal species: The barcode index number (BIN) system. PLoS ONE, 8: e66213. doi: 10. 1371/journal. pone. 0066213

Tang C Q, Leasi F, Obertegger U, et al. 2012. The widely used small subunit 18S rDNA molecule greatly underestimates true diversity in biodiversity surveys of the meiofauna. PNAS, 109: 16208-16212